TensorFlow 深度学习算法原理与编程实战

蒋子阳　著

中国水利水电出版社
www.waterpub.com.cn

·北京·

内 容 提 要

TensorFlow 是 Google 研发的人工智能学习系统，是一个用于数值计算的开源软件库。《TensorFlow 深度学习算法原理与编程实战》以基础+实践相结合的形式，详细介绍了 TensorFlow 2.0 深度学习算法原理及编程技巧。通读全书，不仅可以系统了解深度学习的相关知识，还能对使用 TensorFlow 进行深度学习算法设计的过程有更深入的理解。

《TensorFlow 深度学习算法原理与编程实战》共 14 章，主要内容有人工智能、大数据、机器学习和深度学习概述；深度学习及 TensorFlow 框架的相关背景；TensorFlow 的安装；TensorFlow 编程策略；深度前馈神经网络；优化网络的方法；全连神经网络的经典实践；卷积神经网络的基础知识；经典卷积神经网络的 TensorFlow 实现；循环神经网络及其应用；深度强化学习概述；TensorFlow 读取数据的 API；TensorFlow 持久化模型的 API；可视化工具 TensorBoard 的使用；TensorFlow 使用多 GPU 或并行的方式加速计算等。

《TensorFlow 深度学习算法原理与编程实战》内容通俗易懂，案例丰富，实用性强，特别适合对人工智能、深度学习感兴趣的相关从业人员阅读，也适合没有相关基础但是对该方面研究充满兴趣的爱好者阅读。

图书在版编目（ＣＩＰ）数据

TensorFlow 深度学习算法原理与编程实战 / 蒋子阳
著. -- 北京：中国水利水电出版社，2019.1（2021.2 重印）
ISBN 978-7-5170-6822-8

Ⅰ.①T… Ⅱ.①蒋… Ⅲ.①人工智能－算法 ②人工
智能－程序设计　Ⅳ.①TP18

中国版本图书馆 CIP 数据核字(2018)第 209130 号

书　　名	TensorFlow 深度学习算法原理与编程实战 TensorFlow SHENDU XUEXI SUANFA YUANLI YU BIANCHENG SHIZHAN
作　　者	蒋子阳　著
出版发行	中国水利水电出版社
	（北京市海淀区玉渊潭南路 1 号 D 座　100038）
	网址：www.waterpub.com.cn
	E-mail：zhiboshangshu@163.com
	电话：（010）62572966-2205/2266/2201（营销中心）
经　　售	北京科水图书销售中心（零售）
	电话：（010）88383994、63202643、68545874
	全国各地新华书店和相关出版物销售网点
排　　版	北京智博尚书文化传媒有限公司
印　　刷	三河市龙大印装有限公司
规　　格	170mm×230mm　16 开本　38 印张　596 千字　1 插页
版　　次	2019 年 1 月第 1 版　2021 年 2 月第 7 次印刷
印　　数	27001—30000 册
定　　价	99.80 元

凡购买我社图书，如有缺页、倒页、脱页的，本社营销中心负责调换

前 言

2016 年 3 月，AlphaGo 的成功使得人工智能成为人们茶余饭后津津乐道的话题，而实现人工智能的主要方法——深度学习，也作为一个关键词开始出现在公众的视野并迅速被接纳。然而，深度学习并不算是一门比较新的技术或一个比较新的词汇，它在 2006 年就出现了，在后来的一些大赛（如 ILSVRC 计算机视觉大赛）或实际应用上也取得了一定的效果。人工智能在不断地发展，深度学习技术已经在学术界和工业界产生了颠覆性的影响，而之所以在 AlphaGo 之前我们很少接触到深度学习，主要是因为在一些项目上深度学习获得的成功没有像 AlphaGo 那样举世瞩目而已。介绍使用 TensorFlow 实现深度学习，就是笔者写作本书的原因。

2015 年年底面世的 TensorFlow，是 Google 推出的一款开源的实现深度学习算法的框架。TensorFlow 一经出现就获得了极大的关注——一个月内在 GitHub 上获得的 Star 超过 1 万。得益于开源社区提供的众多支持，TensorFlow 得到了飞速的发展。本书以 TensorFlow 2.0 版本为基础编写，并对 TensorFlow 1.x 与 TensorFlow 2.0 在编程方式上的不同也予以了展示，全书兼顾 1.x 与 2.0 的特点，方便读者学习。

本书特色

1. 内容丰富实用、主次分明，符合初学者的学习特点

本书内容涵盖了深度学习算法设计以及使用 TensorFlow 框架时将会用到的一些知识，从内容安排上非常注重这些知识的基础性和实用性。全书对于必须掌握的知识点没有含糊其词，而是进行了细致的说明；仅需大致了解的内容则点到即止。这样的安排不仅让读者对初学阶段必备的知识有了着重的认识，而且也能对比较深入的知识有一个大致的了解。

2. 文字叙述生动有趣，全程伴随实例，用实例学习更高效

按照认知规律，本书将内容的介绍设计得环环相扣，连贯统一。在第 1 部分（第 1~3 章），主要介绍了一些关于深度学习与 TensorFlow 的基

础知识。为了方便后续的编程实践，在这一部分还介绍了 TensorFlow 的安装以及简单的编程使用规则。在第 2 部分（第 4～10 章），主要介绍了关于深度神经网络的设计以及一些网络的 TensorFlow 实现，如果没有第 1 部分介绍的相关内容，在用 TensorFlow 实现这些网络时无疑是充满挑战的。第 3 部分（第 11～14 章）补充了 TensorFlow 的使用，这一部分可以看作 TensorFlow 的高阶用法，熟练掌握这些用法可以使网络的设计事半功倍。

在介绍这些知识时，笔者绝不是板着面孔、用说明书式的语言来讲授，而是以非常生动有趣的语言进行通俗易懂的讲解，确保内容能够较完整地表达写作时最初的本意，在最大程度上帮助读者掌握 TensorFlow 的相关内容。

3. 图文搭配合理，尽量避免学习枯燥无味

尽管笔者尽力让文字通俗易懂，但 TensorFlow 毕竟也是目前"高大上"的技术，所以在书中很多章节不失时机地插入了一些具有说明性的图片。在笔者看来，一张恰当的图片能够节省很多枯燥无味的文字，并起到辅助理解文章内容的作用。

本书内容及体系结构

第 1 部分：探索深度学习之方式的开始

第 1 部分包括前 3 章内容。其中第 1 章是本书的开篇，设置这一章的目的主要是引导读者对人工智能的发展、机器学习与深度学习之间的关系以及人工神经网络的过去有一个初步的了解。此外，本章还涉及 TensorFlow 及深度学习框架的介绍。内容很多，但是却充满了联系。

第 2 章介绍了安装 TensorFlow 的一些方法。本章没有重要知识点，但使用 TensorFlow 框架进行深度学习算法设计或者搭建深度神经网络前将它安装在计算机上是必须的。对于安装过程，按照书中内容执行就好。

第 3 章介绍了一些基本的 TensorFlow 编程策略，可以把这一章的内容看作 TensorFlow 的使用说明书，计算图、张量和会话是在使用 TensorFlow 框架前必须要了解的框架本身的一些机制。这些内容不是非常的"进阶"但却非常的重要。

第 2 部分：TensorFlow 实现深度网络

第 2 部分包括第 4～10 章的内容。第 4 章介绍了深度前馈神经网络。该

网络涵盖的范围比较广，在介绍网络的前向传播过程以及激活函数、损失函数等网络的基本组件时，都选择了比较简明的全连接形式的网络。

第 5 章介绍的是优化网络的方法。用一些优化方法优化网络是必须的。这一章的开始涉及了梯度下降、反向传播的理论；在后续，还针对网络会出现的过拟合现象介绍了一些相应的优化方法。可以说这一章中介绍的方法都是常用的。当然，也适当地给出了 TensorFlow 实现。

第 6 章给出了一个全连神经网络的经典实践案例，其主要内容是通过全连接形式的神经网络实现基于 MNIST 数据集的手写数字识别。在这个实践中用到了第 4 章和第 5 章所讲的绝大部分内容。尽管可以看作一个入门案例，并且所占篇幅也不大，但是起到了总结所学内容的作用。

第 7 章介绍了卷积神经网络。卷积神经网络同样是一种前馈神经网络。不同于全连接的方式，卷积神经网络是稀疏连接的。在这一章介绍了卷积神经网络中卷积层和池化层的 TensorFlow 实现，并在之后以一个使用了 Cifar-10 数据集的简单循环神经网络作为本章中要实践的内容。作为一些补充，最后还添加了一些 TensorFlow 中关于图像处理的 API 的使用。可以说，本章的内容也是非常繁杂的。

第 8 章给出了经典卷积神经网络的 TensorFlow 实现。在第 7 章的基础上，这一章介绍了 LeNet-5、AlexNet、VGGNet、InceptionNet-V3 和 ResNet 5 个经典的卷积神经网络，这些卷积神经网络是按出现时间的先后顺序进行组织的，并且每一个卷积神经网络都提出了一些新的想法，本章内会尽可能地分享这些想法。

第 9 章介绍了循环神经网络。循环神经网络已经不再属于前馈神经网络的范畴，其应用多见于自然语言处理领域（当然也不仅仅是该领域）。除了介绍循环神经网络本身，本章也适当地加入了一些其在自然语言处理领域应用的例子。

第 10 章是一些深度强化学习的内容。深度强化学习是现代通用人工智能的实现方法，本章使用较短的篇幅概述了深度强化学习的相关内容。

第 3 部分：TensorFlow 的使用进阶

第 3 部分包括第 11～14 章的内容。第 11 章介绍了使用 TensorFlow 进行数据读取的相关方法。网络需要数据的输入，为了方便这一过程，TensorFlow 本身提供了一些 API。本章主要讲述的就是这些 API。

第 12 章介绍了 TensorFlow 模型持久化。将训练好的网络模型存储起来并在使用时加载存储好的模型可以节约很多的时间，因为模型的训练过程一般是比较耗时的。本章除了给出模型持久化的实例外，还适当地介绍了 TensorFlow 模型持久化的原理，内容比较全面。

第 13 章介绍了 TensorFlow 自带的 TensorBoard 可视化工具。网络模型中的一些标量数据、图片或者音频数据都可以通过 TensorBoard 工具可视化出来，甚至模型的计算图也可以，这大大方便了我们的调试过程。本章就介绍了如何使用这款方便的工具。

第 14 章介绍了 TensorFlow 加速计算。深度神经网络模型的训练过程中会产生大量的计算，TensorFlow 支持使用多个 GPU 设备或者分布式的方式来并行加快计算的过程。本章先是介绍了并行计算的一些模式，然后重点放在了如何通过代码实现 TensorFlow 使用多个 GPU 设备或者分布式的方式加速计算。

本书读者对象

◎人工智能领域爱好者及相关开发人员　　◎计算机相关专业的学生

◎机器人、自动化行业的人员　　◎数据分析、数据挖掘人员

本书资源下载

本书提供相关代码源文件，有需要的读者可以通过扫描右边的二维码（关注后输入本书书名或 ISBN 号）获取下载链接。若有关于本书的疑问和建议，也可以在公众号留言，我们将竭诚为您服务。

关于作者

本书由蒋子阳编写，同时参与编写的还有张昆、张友、赵桂芹、张金霞、张增强、刘桂珍、陈冠军、魏春、张燕、孟春燕、项宇峰、李杨坡、张增胜、张宇微、张淑凤、伍云辉、孟庆宇、马娟娟、李卫红、韩布伟、宋娟、郑捷、罗雨露、方加青、曾桃园、董建霞、方亚平、李文祥、张梁、邓玉前、刘丽、舒玲莉、孙敖、黄艳娇、刘雁、朱翠元、郭元美、吉珊珊、王若男、李幸、卫亚洁、董天琪、苗琴琴、杨佳莺，在此一并表示感谢！

蒋子阳

目　录

第1部分　探索深度学习之方式的开始

第 2 部分　TensorFlow 实现深度网络

第 3 部分　TensorFlow 的使用进阶

第 1 部分

探索深度学习之方式的开始

第 1 章　开篇

深度学习是本书的一个主题，但在探讨深度学习之前，需要先对人工智能以及机器学习有所了解。本章将首先掀开人工智能历史的神秘面纱并对人工智能的现代实践做一个笼统的介绍，之后带领读者一步步了解机器学习和深度学习是什么，以及这两者与人工智能之间的关系。

"大数据"一词在近几年非常热门，经常伴随着"人工智能"出现，本章也会对大数据做一点相应的介绍。

TensorFlow 框架使我们编写并实验深度学习程序的过程更加轻松，作为本书的另一个主题，当然也不能缺少对其的介绍。关于该框架的使用部分，将放到第 2 章和第 3 章介绍。

1.1　人工智能的发展

1941 年，当世界上第一台电子计算机 [由美国爱荷华州立大学的 John Vincent Atanasoff 教授和他的研究生 Clifford Berry 先生在 1937 年开发的阿塔纳索夫-贝瑞计算机（Atanasoff-Berry Computer，ABC）] 诞生时，研究者们就已经在尝试能否使其变得智能。随着计算机软硬件技术的共同发展，我们能够感受到这一目标正慢慢地变为现实。

人工智能（Artificial Intelligence，AI），是一个主要研究如何制造智能机器或智能系统，借以模拟人类的智能活动，从而延伸人类智能的科学。然而它的发展历史却不是那么美好，甚至可以用"起起落落"来概括。

1.1.1　萌芽

这一阶段大概发生在 20 世纪 50 年代至 70 年代。

　　Alan Mathison Turing 是一位历史上非常杰出的计算机科学和密码学的先驱专家，1950 年诞生的"图灵测试"一词便源于他的一篇论文《*Computing Machinery and Intelligence*（计算机器与智能）》。其内容是：如果计算机能在 5 分钟内回答由人类测试者提出的一系列问题，且超过 30%的回答让测试者误认为是人类所答，则计算机通过测试，称这台机器（计算机）具有智能。同一年，Turing 还预言了创造出具有真正智能的机器的可能性。

　　1956 年可以当作人工智能的元年。这一年，在美国的达特茅斯学院举行了一场由其数学系助理教授 John McCarthy 主持的"人工智能夏季研讨会"。在会议上，McCarthy 提出了人工智能的定义：人工智能就是要让机器的行为看起来就像是人所表现出的智能行为一样。并且他说服了参会者接受"人工智能"一词作为这个领域的专用名称（普遍认为"人工智能"这个词是 McCarthy 想出来的，其实并不是，McCarthy 晚年回忆时也承认这个词是从别人那里听来的，具体是谁他也记不清了）。

　　在此之后，人工智能迎来了属于它的第一个高峰期。在这之后长达十余年的时间里，计算机被广泛应用于数学和自然语言领域，用来解决代数、几何和英语问题，当然也出现了一些比较成功的例子，如机器定理证明、跳棋程序、LISP 表处理语言等。这让很多研究学者对机器向人工智能方向发展充满信心。

　　在人工智能的研究初期，由于受到显著成果和乐观精神驱使，很多美国大学都建立了人工智能项目及实验室，如麻省理工学院、卡内基梅隆大学、斯坦福大学和爱丁堡大学，同时它们获得了来自 APRA（美国国防高级研究计划署）等政府机构提供的大批研发资金。

　　但是，一些项目的失败使得这一时期的人工智能走向了低谷。例如在机器翻译的过程中，从英语→俄语→英语的翻译，有一句话："The spirit is willing but the flesh is weak"（心有余而力不足），最后变成了"The wine is good but the meat is spoiled"（酒是好的，肉变质了）。

　　如果用现代的眼光看待这段历史，我们大概能够明白，当时的人工智能面临着三大方面的技术瓶颈：第一，计算机性能不足，导致早期很多程序无法在人工智能领域得到应用；第二，早期人工智能程序主要是解决特定的问题，并没有注重对知识的掌握，因为特定的问题对象少，复杂性低，可一旦问题复杂性提高，程序立马就不堪重负了；第三，当时不可能找到足够大的数据量来支撑程序进行深度学习，因此数据量的严重缺失，很容易导致机器无法读取足够量的数据进行智能化。

1.1.2 复苏

一些相关的研究者并没有被突如其来的挫折打倒，他们仍然保持着乐观的精神，在认真总结经验教训的基础上，不断努力探索使人工智能从实验室走向实用化的新思路，也取得了一些令人鼓舞的进展。

20 世纪 60 年代末到 70 年代，"专家系统（Expert System）"出现了。专家系统的出现推动了理论人工智能的应用实际化，即人工智能开始从一般的探索思维规律逐渐走向专业的知识应用。这些专家系统，概括地说就是一个（或一组）针对特定领域，应用大量的专家知识配合推理方法来求解复杂问题的一种人工智能计算机程序。它由人-机交互界面、知识库、推理机、解释器、综合数据库、知识获取 6 个部分构成，如图 1-1 所示。

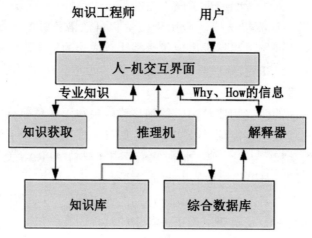

图 1-1　专家系统一般构成

专家系统也属于人工智能的一个发展分支。其研究目标是模拟人类专家的推理思维过程，一般是将领域专家的知识和经验，用一种形式化的语言进行编码（Hard-Code）并存入计算机，计算机可以使用逻辑推理规则来自动地理解这些形式化语言中的声明，对输入的事实进行推理并做出判断和决策。这就是广为人知的知识库方法（Knowledge Base）。

专家系统中，比较著名的有 DENDRAL 化学质谱分析系统（1968 年由专家系统的奠基人、斯坦福大学计算机系的 Edward Albert Feigenbaum 教授及化学家 Joshua Lederberg 合作研发）、MYCIN 血液感染病诊断系统（国际上公认的最具影响力的系统，在 20 世纪 70 年代初由美国斯坦福大学研制，用 LISP 语言写成）、PROSPECTIOR 探矿系统以及 Hearsay-II 语音理解系统等。专家系统的出现，将人工智能引向了实用化。

1980 年，美国的 Carnegie Mellon University 推出了一款名为 XCON 的专家系统。这款专家系统有着完整的计算机系统配置的知识和经验，可以给出一个系统配置的清单以及相关部件的装配关系，技术人员根据这些信息就能很方便地进行装配。随后，这套系统交由美国数字设备公司（DEC）使用。在 1986 年之前，该系统为公司每年节省的经费超过 4000 美元。借鉴这种商业模式，Symbolics、Lisp Machines、Aion 等类似的硬/软件公司相继出现。据估计，专家系统产业在这个时期的价值就高达 5 亿美元。

在同一时期，除了专家系统的井喷式发展，还有传感器的大量应用。1972 年，美国斯坦福国际研究所（Stanford Research Institute，SRI）研制出了首台采用人工智能学的移动式机器人 Shakey。它装备了电视摄像机、三角法测距仪、碰撞传感器、驱动电机以及编码器，并由两台计算机通过无线通信系统控制，能够自主进行感知、环境建模、行为规划并执行任务（如寻找木箱并将其推到指定位置）。受限于当时计算机的体积庞大且运算速度缓慢，Shakey 往往需要数个小时来分析环境并规划行动路径。

20 世纪 80 年代末，一些机器学习算法开始出现，并迅速成为人工智能领域的研究热点。其中比较典型的就是用于人工神经网络的反向传播算法（Back Propagation，简称 BP 算法）。尽管它被称为人工神经网络，但是相比生物神经网络而言，它的实现看上去更像是基于数理统计学模型。相比基于人工规则的系统（如专家系统），这种基于数理统计学的机器学习方法在很多方面都有着更佳的表现。

1997 年 IBM 的深蓝（Deep Blue）国际象棋软件战胜国际象棋世界冠军可以看作人工智能领域里一个里程碑式的成果。在 20 世纪末，各种各样经典的机器学习算法相继被提出，如支撑向量机（Support Vector Machines，SVM）、随机森林（Random Forests）、逻辑回归（Logistic Regression，LR）等。

21 世纪以来，Internet 技术高速发展，机器学习算法模型需要的大量数据可以从互联网渠道更加容易得到。一些机器学习算法模型也被应用到了互联网服务中，如搜索广告系统的广告点击率 CTR 评估系统、垃圾邮件过滤系统、网页搜索排序系统等。

1.1.3 现代实践：大数据+深度神经网络模型

2006 年，加拿大多伦多大学 Geoffrey Hinton 教授（公认的机器学习领域的三大泰斗级教授之一，另两位是 Yann LeCun 和 Yoshua Bengio）和他的学生 Ruslan Salakhutdinov 在《*SCIENCE*》杂志上发表了一篇基于神经网络深度学习理念的突破性文章《*Reducing the Dimensionality of Data with Neural Networks*（使用神经网络降低数据的维度）》，这篇文章使得深度学习技术成为了机器学习的主要研究方向，并开启了人工智能又一轮的新浪潮。

Geoffrey Hinton 的这篇文章讲述了两个主要观点：首先，多隐藏层的人工神经网络具有较好的特征提取能力（关于特征的提取在 1.3 节介绍深度学习时会有所涉及，传统的机器学习算法能够完成对特征的学习，但不具备对特征进行提取的能力），提取到的特征能够对数据有更精准的刻画；其次，通过"逐层初始化"的方法可以解决关于深度神经网络（多隐藏层的 MLP）在训练上的难题。

伴随着计算机硬件的高速发展，尤其是基于通用 GPU 的并行运算速度的提升，深度学习研究在业界持续升温，一些具有代表性的深度学习算法被相继提出。很多时候，我们提到的人工智能应用，基本上都是通过深度学习实现的。尽管目前对深度学习的研究还处于起步阶段，但它确实在某些应用领域发挥了较大的作用。

首先是在语音识别领域。2011 年以来，微软研究院和 Google 的语音识别研究人员先后采用基于深度学习的深度神经网络（Deep Neural Network，DNN）技术降低语音识别错误率达 20%～30%，取得了在该领域十多年来最大的突破性进展。

其次是在图像识别领域。基于深度学习的卷积神经网络（Convolutional Neural Network，CNN）同样取得了惊人的效果。2012 年，CNN 网络模型在 ImageNet 图像数据集评测上首次将错误率从 26%降低到 15%。

2014 年 6 月 7 日是计算机科学之父 Alan Mathison Turing 逝世 60 周年纪念日。这一天，在英国皇家学会举行的 2014 图灵测试大会上，聊天程序"尤金·古斯特曼"（Eugene Goostman）首次通过了图灵测试。

2016 年 3 月，赢得人机对弈的 AlphaGo 成了热门话题，作为一个使用深度学习实现的围棋对弈系统，它不仅成为当时人工智能的又一个代表，更是在全球范围内引爆了深度学习的热潮，让深度学习以及人工智能更加广为人知。

更加强大的深度学习模型能深刻地表现出大数据中所包含的丰富的信息，并能够对未来做出更精准的预测。如今，Google、Facebook 和 Microsoft 等知名的拥有大数据的高科技公司正是因为看到了这一点，才会为了占领未来人工智能领域尤其是深度学习领域的技术制高点，而争相进行投资。例如，2017 年 12 月 13 日，Google 正式宣布 Google AI 中国中心（Google AI China Center）在北京成立。

短短几十年的时间，"人工智能"就从最初的商业专用词汇变到现在的家喻户晓，也许日后会和我们每个人都息息相关。本节虽然没有给出人工智能的具体学习路线，却揭示出了深度学习技术在未来人工智能时代具有巨大的发展潜力。

1.2　大数据

大数据（Big Data），通俗一点，可以称为"巨量资料"，是指以多元形式，从许多来源（如互联网）搜集而来的庞大数据组，往往具有实时性。更确切的解释是：需要新的处理模式才能产生更强的决策力、洞察力和流程优化能力的海量、高增长率和多样化的信息资产。

早在 1980 年，著名的未来学家阿尔文·托夫勒便在其《第三次浪潮》一书中，将大数据热情地赞颂为"第三次浪潮的华彩乐章"。不过，大约从 2009 年开始，"大数据"才成为互联网信息技术行业的流行词汇。美国互联网数据中心指出，互联网上的数据每年将增长 50%，每两年便会翻一番，而目前世界上 90%以上的数据是最近几年才产生的。此外，数据又并非单纯指人们在互联网上发布的信息，全世界的工业设备、汽车、电表上有着无数的数码传感器，随时测量和传递着有关位置、运动、震动、温度、湿度乃至空气中化学物质的变化，也产生了海量的数据信息。

维克托·迈尔·舍恩伯格被誉为大数据商业应用第一人，在其与肯尼斯·库克耶编写的《大数据时代》（2012 年出版，被誉为国外大数据研究的先河之作）一书中，对大数据做了如下阐述：大数据是指不用随机分析法

（如抽样调查）这样的捷径，而对所有数据进行分析处理。他们也提出了大数据的 5V 特点：大量（Volume）、高速（Velocity）、多样（Variety）、价值密度（Value）、真实性（Veracity）。

从技术上看，大数据必然无法用单台计算机进行处理，必须采用分布式计算米实现。它的特色在于对海量数据的挖掘，但它必须依托云计算的分布式处理、分布式数据库、云存储和（或）虚拟化技术。所以，大数据与云计算的关系就像一枚硬币的正反面一样密不可分。

大数据时代已经来临，它将在众多领域掀起变革的巨浪。但是要注意，大数据的核心在于为客户挖掘数据中蕴藏的价值，而不是软、硬件的堆砌。因此，针对不同领域的大数据应用模式、商业模式展开研究将是大数据产业健康发展的关键。

1.3 机器学习与深度学习

我们能够切身感受到的是，计算机的硬件技术发展极为迅猛。利用巨大的存储空间和超高的运算速度，它可以非常轻易地完成那些对于人类而言非常困难，但对其自身而言却非常简单的问题。比如，计算并存储 π 值小数点后 100 位的数据，或者检索一篇文件中某一单词出现的次数。再比如，存储一本书的所有内容。

然而，要让计算机像人类一样解决一些需要通过情景分析才能解决的问题却充满难度。这要求计算机具备一些"知识"。例如，人的眼睛在观察到周围的环境时能够知道某一物体是什么，人与人之间通过语言交流时能够明白彼此说的是什么。人之所以能够进行诸如此类的情景分析，是因为在长久以来人类适应了环境并学习到了一定的知识。

能够让计算机学习知识并表现出人类解决问题时的思维能力，就是现代人工智能所要达到的目标。让计算机掌握关于这个世界的海量知识是实现智能的第一步。比如要实现汽车自动驾驶，计算机至少需要能够判断哪里是路，然后识别并判断出路标都有什么含义，并且还需要分析周围的环境中什么是车、什么是障碍物。对于这些问题人类可以毫不费力地做出判断，但对于计算机而言却是相当困难的。还有更复杂的情景，例如汽车行驶在乡间的小路上，这里没有路标，甚至路的颜色也不是沥青色，在环境发生变化的情况下要求计算机仍能做出识别，这俨然又将难度提高了很多。

受此启发，一些早期的人工智能系统确实做到了将计算机需要了解的知识进行严格且完整的定义。例如，IBM 在 1997 年设计出的深蓝国际象棋软件就是一个十分典型的例子。深蓝除了要掌握国际象棋中的规则之外，对于下棋的特定环境，它还需要了解每一枚棋子规定的行动范围和行动方法。之后，深蓝会使用暴力搜索的方式并通过大量运算预测 12 步之后的整局结果。尽管其功能如此强大，并在人机大战时战胜了世界冠军，但是它所掌握的知识仍是非常片面的，只能用于处理国际象棋环境（特定环境）下的问题。

为了使计算机存储更多开放环境（Open Domain）下的知识，研究人员进行了很多尝试，其中比较著名的就是各种知识图库（Ontology）的建立。由普林斯顿大学（Princeton University）的 George Amitage Miller 教授和 Christiane Fellbaum 教授带领开发的 WordNet，可以算是一个基于开放环境建立的规模较大且在业内也有着广泛影响力的知识图库。概括地说，他们将 155 287 个单词整理成了 117 659 个近义词集（Synsets）。基于这些近义词集，WordNet 还进一步定义了近义词集之间的从属关系。除了 WordNet，很多研究人员还尝试将维基百科（Wikipedia）中的知识整理成知识库。例如，Google 就是在 Wikipedia 的基础上创建了知识图库。

通过知识图库可以让计算机存储很多人工定义的知识，然而并不是所有的知识都可以明确地定义成计算机可以理解的固定格式。一些人类的经验就属于无法明确定义的知识。例如，我们需要判断一条短信是否为广告，会考虑这条短信的发布号码、短信标题、发件人等。这就是收到无数广告短信骚扰之后总结出来的经验，这样的经验往往难以通过固定的方式进行表达。

机器学习被设计用来从历史的经验中获取新的知识，并作出类似于人类主观的决策。同样地，如何从历史的经验中获取新的知识也正是机器学习主要需要解决的问题。

1.3.1　机器学习

卡内基梅隆大学（Carnegie Mellon University）的 Tom Michacl Mitchell

教授在其 1997 年出版的《*Machine Learning*（机器学习）》一书中对机器学习给予了非常专业的定义：如果一个程序可以在任务 T 上，随着经验 E 的增加，效果 P 也可以随之增加，则称这个程序可以从经验中学习。这一关于机器学习的定义在学术界内被广泛引用。

比如我们设计一个机器学习算法来实现广告短信分类任务。这个机器学习算法就是定义中所谓的"一个程序"，广告短信分类任务就是任务 T。完成这个任务的典型做法是搜集大量的短信，并进行标注（是否为广告）。在机器学习领域，这些短信（或统称为数据）有其专用的称呼——训练数据。机器学习算法判断短信是否为广告需要有所依据，如发布号码、短信标题、发件人等，这些称之为短信的特征。将大量经过标注的短信输入到机器学习算法中，机器学习算法会学习到这些短信的特征和标注之间的关系，对于区分未经标注的短信是否为广告短信也就越有经验，这也就是 Mitchell 教授在定义中所说的经验 E。为了验证算法到底经验是否丰富，是否能做到足够高的识别率，我们同样会收集大量没有标注的短信（称之为测试数据）。将这些测试数据输入到机器学习算法中，得到的识别正确率（人肯定能百分百识别正确，所以这里的正确率要相对于人来比较）就是定义中的效果 P。

按照学习的形式分类，机器学习可分为监督学习和无监督学习。将训练数据进行标注（也就是上面这个广告短信识别的例子）是属于典型的监督学习。以下简要对比了两种学习形式的区别。

1. 监督学习

监督学习（Supervised Learning），有时也被称为有教师学习或有监督学习。学习的过程就是从带有标注的训练数据中学习到如何对训练数据的特征进行判断。可以将这个过程形象地描述为：机器学习算法模型从输入的训练数据集中学习到一个函数，当新的没有标注的数据到来时，这个函数能够独立完成对相应的特征进行判断。

在监督学习中，一个训练数据集一般会包含很多单独的实例（例如，一个短信数据集中包含多条短信），因为增加数据的量是提高效果 P 的一种途径。每一个实例的特征就是输入到算法中的数据，而它的标注则作为函数的期望输出值（标注一般是由人工完成）。

最后，大部分的机器学习都采用了监督学习的形式，这种形式的学习主要用于分类和预测。

2．无监督学习

不同于监督学习的是，无监督学习（Unsupervised Learning）算法是从没有标注的训练数据中学习数据的特征或信息。

无监督学习算法通过对没有标注的训练数据实例进行特征学习，来发现训练实例中一些结构性的知识。由于标注对学习算法来说是未知的，因此学习算法的训练目标有很高的歧义性。

强化学习是典型的无监督学习（第 10 章会有关于强化学习的介绍），主要用于连续决策的场合。在学习模型根据得到的结果进行了相应的决策后（在强化学习中决策就是动作），通过与环境的交互来判断这个动作能产生多大的价值。一般会通过奖惩项来判断价值的大小，这一时刻得到的奖惩会作为下一时刻学习算法作出决策的依据。

在无监督学习中使用的许多方法都是基于数据挖掘的，这些方法的主要特点都是寻求、总结和解释数据。

实现机器学习的技术有很多，如 BP（Back Propagation）神经网络、随机森林（Random Forests）、支持向量机（Support Vector Machine，SVM）和深度学习（Deep Learning）等。本书的重点是深度学习，因为其效果明显比其他技术要好。尽管如此，在此仍有必要了解一下其他技术的实现过程，以支持向量机为例（BP 神经网络具有广泛的应用前景，在下一节介绍人工神经网络的时候会对其进行介绍）。

在机器学习中，支持向量机是监督学习中最有影响力的方法之一，可以分析数据、识别模式，主要用于分类任务和回归任务中（机器学习的相关任务将在章末介绍）。如果没有相关机器学习基础就贸然接触 SVM 是一个大胆的尝试，在此不会介绍关于 SVM 太多深入的内容，而只是简单地看一下它的计算过程。

SVM 模型是基于线性函数 $w^{\mathrm{T}}x+b$ 的。其中，x 表示一个样本的特征数据向量；w 是参数向量；b 是一个偏置项，可作为一个参数对待。SVM 不输出概率，只输出类别。当 $w^{\mathrm{T}}x+b$ 为正时，支持向量机预测属于正类；$w^{\mathrm{T}}x+b$ 为负时，支持向量机预测属于负类。在经过一些观察之后，SVM 发现 $w^{\mathrm{T}}x$ 可以写成样本间点积的形式，于是采用样本间点积的形式重写了公式 $w^{\mathrm{T}}x+b$：

$$w^{\mathrm{T}}x+b=b+\sum_{i=1}^{m}a_i x^{\mathrm{T}} X_i$$

其中，x_i 表示样本的特征数据向量中的某一个值，a_i 是这个值对应的系数向量。将公式重写为这种形式允许用 $\varphi(x)$ 作为特征函数来替换 x，而点积运算则被替换为核函数（Kernel Function）。SVM 的一个重要创新就是核技巧（Kernel Trick）的应用，而核函数是核技巧的最佳体现。将点积运算替换为核函数时，它可以被写为：

$$k(x, x_i) = \varphi(x)^{\mathrm{T}} \varphi(x_i)$$

或者

$$k(x, x_i) = \varphi(x) \cdot \varphi(x_i)$$

使用核函数替换点积之后，我们可以用如下函数进行预测：

$$f(x) = b + \sum_i \alpha_i k(x, x_i)$$

线性函数 $w^{\mathrm{T}} x + b$ 最大的一个特点就在于它是线性的，经过多次线性变换之后得到的结果能够使用一次线性变化来得到，这样就使得线性变化的过程对于复杂的模型没有处理能力（在下一节介绍人工神经网络的时候会推导线性模型的这种局限性）。使用公式 $f(x) = b + \sum_i \alpha_i \varphi(x)^{\mathrm{T}} \varphi(x_i)$ 的方式能够转变这种线性关系，因为在 $\sum_i \alpha_i \varphi(x)^{\mathrm{T}} \varphi(x_i)$ 中，计算得到的结果关于 $\varphi(x)$ 是线性的，但是 $\varphi(x)$ 关于 x 是非线性的。

对于核函数 $k(x, x_i)$，最常用的是高斯核：

$$k(x, x_i) = (x - x_i) \sim N(0, 1)$$

其中，$(x - x_i) \sim N(0, 1)$ 表示 $x - x_i$ 的结果满足均值为 $\mu = 0$ 且方差 $\sigma^2 = 1$ 的标准正态分布，在图像上表现出来就是分布的值以横坐标 0 为中心，从 x_i 向 x 呈现出递减的趋势。

SVM 模型的一个训练数据集中一般会包含很多标注相同（假设标注为 y）的训练样例，对于这些样例 x，我们可以看作标注 y 的模板。在原理上，比较直观的理解是在训练过程中，通过输入多个训练样例 x 的方式刷新系数向量以完成模型的创建。对于一个新的测试样例 x'，将其输入到这个模型中，如果 x' 和模板 x 非常相似，那么模型往往会得到一个较大的输出值。

在机器学习中还有许多其他的算法，虽然它们的设计思路不一样，计算过程也不一样，但是最终殊途同归，都是完成对特征的学习。机器学习算法模型能够提取特征来学习，并作出类似于人类主观的决策。看上去，这比之前的研究成果都进步了很多。然而，对于许多复杂的问题来说，特征提取不是一件容易的事情。

　　简单的特征易于提取，但是在一些复杂的问题上，对于一些抽象的特征，如果还是通过人工的方式进行收集整理，那么就需要耗费很长的时间。例如，现在收集了很多照片，每张照片中只包含一个物体——不同的汽车。现在将这些照片输入到机器学习算法模型中，训练它从照片中识别汽车的能力。

　　那么以什么样的特征来描述汽车呢？汽车有四个轮子以及一个车体，如果机器学习算法模型以有无轮子为特征标准判断图片中的物体是否为一辆汽车，那么我们就需要从图片中抽取"轮子"这个特征并进行数学上的非常形象的描述。但实际上，"轮子"这个特征是非常抽象的，要从图片的像素中描述一个轮子的模式是非常困难的。因为轮子也有着形态各异的特点，一些光学因素（如阴影、强光甚至遮挡等）也会成为我们提取特征时要考虑的因素，而这些因素的出现都是充满不确定性的。

　　到后来，当遇到这些提取抽象特征的问题时，能够自动提取实体中的特征，且做到准确而高效的方法便成为我们迫切的需求。深度学习就是这样的一种方法。简单来说，深度学习会自动提取简单而抽象的特征，并组合成更加复杂的特征。深度学习是机器学习的一个分支，它除了可以完成机器学习的学习功能外，还具有特征提取的功能。

1.3.2　深度学习

　　深度学习的概念由 Hinton 等人于 2006 年提出。这一年，加拿大多伦多大学教授、机器学习领域的泰斗 Geoffrey Hinton 和他的学生 Ruslan Salakhutdinov 在《*SCIENCE*》杂志上发表了一篇基于神经网络深度学习理念的突破性文章《*Reducing the Dimensionality of Data with Neural Networks*》。该文章提出了深层网络训练中梯度消失问题的解决方案：无监督预训练对权值进行初始化+有监督训练微调。从此深度学习在学术界和工业界形成了一股浪潮。

　　早期的深度学习受到了神经科学的启发，它们之间有着非常密切的联系。深度学习方法能够具备提取抽象特征的能力，也可以看作从生物神经网络中获得了灵感。图 1-2 展示了深度学习和传统机器学习在流程上的差异。

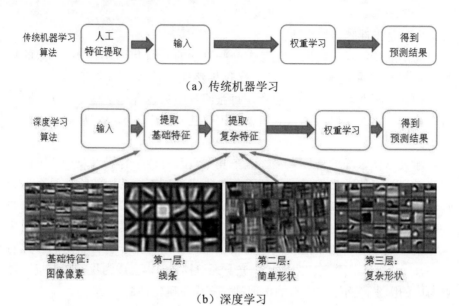

（b）深度学习

图 1-2　深度学习与传统机器学习间的流程差异

　　如图 1-2（a）所示，传统机器学习算法需要在样本数据输入模型前经历一个人工特征提取的步骤，之后通过算法更新模型的权重参数。经过这样的步骤后，当再有一批符合样本特征的数据输入到模型中时，模型就能得到一个可以接受的预测结果。深度学习算法［见图 1-2（b）］不需要在样本数据输入模型前经历一个人工特征提取的步骤，而是将样本数据输入到算法模型中后，模型会从样本中提取基本的特征（图像的像素）。之后，随着模型的逐步深入，从这些基本特征中组合出了更高层的特征，如线条、简单形状（如汽车轮毂边缘）等。此时的特征还是抽象的，我们无法想象将这些特征组合起来会得到什么。简单形状可以被进一步组合，在模型越深入的地方，这些简单形状也逐步转化成更加复杂的特征（特征开始具体化，比如看起来更像一个轮毂而不是车身），这就使得不同类别的图像更加可分。这时，将这些提取到的特征再经历类似机器学习算法中的更新模型权重参数等步骤，也就可以得到一个令人满意的预测结果。

　　"深度学习"自提出以来，一些重要的成果证明深度学习算法确实具有自己提取特征的能力。例如，在 2011 年，斯坦福人工智能实验室主任吴恩达领导 Google 的科学家们用 16 000 台计算机模拟了一个人脑神经网络，并向这个网络展示了 1000 万段随机从 YouTube 上选取的视频，看看它能学会什么，结果在完全没有外界干涉的条件下，它自己识别出了猫脸。

虽然早期的深度学习受到了神经科学的一些启发（即使是现在，我们仍然习惯以深度神经网络来形象地称呼深度学习。在下一节，我们将介绍人工神经网络的起起落落，在那里你将会更好地理解为什么说深度学习受到的启发来自神经科学），但现在深度学习的发展并不拘泥于模拟人脑神经元和人脑的工作机理。同时要记住，我们不应该认为深度学习就是对人类大脑的模仿。

当然，确实有一些相关的领域在进行着大脑神经元的建模研究，这个领域通常被叫作"计算神经科学（Computational Neuroscience）"，从事这个领域的研究才意味着试图为大脑进行数学建模。

1.3.3　同人工智能的关系

具体来说，人工智能、机器学习和深度学习是具有包含关系的几个领域。人工智能涵盖的内容非常广泛，它需要解决的问题可以被划分为很多种类。机器学习是在 20 世纪末发展起来的一种实现人工智能的重要手段。深度学习则是机器学习的一个分支，具有相对于其他典型机器学习方法更强大的能力和灵活性。在很多人工智能问题上，深度学习的方法解决了传统机器学习方法面临的问题，以此促进了人工智能领域的发展。

图 1-3 说明了人工智能、机器学习与深度学习之间的关系。

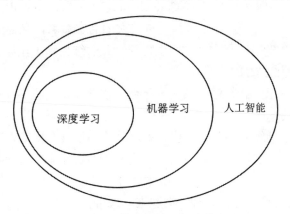

图 1-3　人工智能、机器学习与深度学习之间的关系

1.4 人工神经网络与 TensorFlow

人工神经网络的历史由来已久，甚至比机器学习出现的还要早，同样也经历了类似人工智能历史一样的兴衰。TensorFlow 是编写深度学习算法时需要用到的一个编程框架。就像其他框架一样，它封装了很多的类或函数，省去了我们从最基层开始编写的时间，为编程工作提供了很大的便利。

深度学习算法通常会被实现为一种类似神经网络的形式，在以后的编程练习中会对这一点有更深的感触。尽管现代的深度学习实践受到的启发更多来自于数学和工程学科，但是它确实和神经网络存在着一些渊源，这也正是将 TensorFlow 与人工神经网络放在同一节进行介绍的原因。

1.4.1 人工神经网络

人工神经网络（Artificial Neural Networks，ANNs），简称神经网络（NNs）或连接模型（Connection Model）。这是一种模仿动物神经网络行为特征，进行分布式信息处理的数学算法模型。近代对 ANNs 的研究，始于 1890 年美国著名心理学家 W.James 对人脑结构与功能的研究，过了半个世纪才逐渐形成星星之火。

1943 年，心理学家 W.S.McCulloch 和数理逻辑学家 W.Pitts 建立了神经网络的数学模型，称为 M-P 模型（以二人的名字命名，又称 MP 神经元模型）。所谓 M-P 模型，其实是按照生物神经元的结构和工作原理构造出来的一个抽象和简化了的数学模型。

图1-4展示了生物神经元结构。结合生物学知识，我们知道，神经元有如下 4 个特点。

（1）每个神经元都是一个信息处理单元，且具有多输入单输出特性。

（2）神经元的输入可分为兴奋性输入和抑制性输入两种类型。

（3）神经元阈值特性，当细胞体膜内外电位差（由突触输入信号总和）升高超过阈值时产生脉冲，神经细胞进入兴奋状态。

（4）信息在突触结构间的传递存在延迟，神经元的输入与输出之间也具有一定的延时。

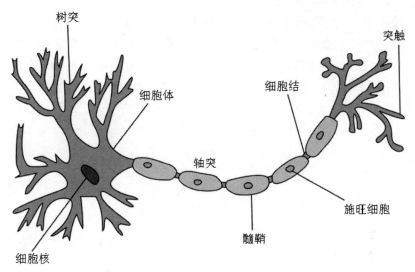

图 1-4　生物神经元结构

　　对生物神经元进行详细的讲解已经超过了本书的范畴，但在这里还是要对"突触"这一结构进行一些说明。该结构模式图如图 1-5 所示。

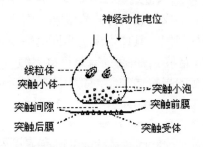

图 1-5　突触结构模式图

　　突触由突触前膜、突触间隙和突触后膜 3 部分构成。一个神经元的轴突末梢经过多次分支，最后每一小支的末端膨大呈杯状或球状，叫作突触小体。这些突触小体可以与多个神经元的细胞体或树突相接触而形成突触（一个神经元也可以与多个突触小体进行连接）。

　　化学突触指的是突触前细胞借助化学信号（即递质）将信息转送到突触后细胞；而电突触则借助于电信号。化学突触和电突触又都相应地被分为兴奋性突触和抑制性突触。使下一个神经元产生兴奋效应的为兴奋性突触，使下一个神经元产生抑制效应的为抑制性突触。因此看来，突触的主要作用是在神经元细胞之间传递信息。

接下来，我们仿照 W.S.McCulloch 和 W.Pitts 的思路建立神经元 M-P 模型。这个模型不必模拟生物神经元的所有属性和行为，但要足以模拟它执行计算的过程。出于简单、易表达的目的，我们忽略了不太相关的复杂因素，并把神经元的突触延迟时间和强度当成常数。这样可以得到如图 1-6 所示模型。

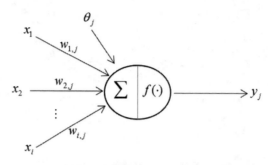

图 1-6　M-P 神经元模型

结合 M-P 模型示意图来看，对于某一个神经元 j（注意，j 用来标识某个神经元），它可能同时接收了多个输入信号（输入信号用 x_n 表示）。

生物神经元之间靠形成突触的方式构成神经网络，但各个突触结构的性质与连接强度也不尽相同，具体表现是相同的输入可能对不同的神经元有不同的影响。引入权重值 $w_{i,j}$ 的目的就是模拟突触的这种表现，其正负代表了生物神经元中突触的兴奋或抑制，其大小则表示突触间的不同连接强度。θ_j 表示一个阈值（Threshold）。

考虑到神经元的累加性，我们对全部输入信号进行累加整合，相当于生物神经元中膜电位的变化总量，其值可以用下述公式表示：

$$\text{net}_j(t+1) = \sum_{i=1}^{n} w_{i,j} x_i(t) - \theta_j$$

生物神经元的激活与否取决于输入信号与某一阈值电平的比较。在 M-P 神经元模型中也类似，在 t 时刻（$t=0,1,2\cdots$）神经元得到输入 $x_i(t)$，只有当其输入总和超过阈值 θ_j 时，神经元才会在 $t+1$ 时刻被激活，否则神经元不会被激活。

M-P 神经元的输出过程可以用下面这个函数来表示：

$$y_j = f(\text{net}_j)$$

其中，y_j 表示神经元 j 最后的输出（输出 0 或 1）。函数 f 称为神经元的响应函数。响应函数有 3 个基本的作用：首先是控制输入对输出的激活作用；其次是可以对输入、输出进行函数转换；最后是将可能无限域的输入变换成指定的有限范围内的输出。

可以将 net_j 称为净激活（Net Activation）。为了简化公式，可以将阈值看作神经元 j 的一个输入 x_0（$x_0 = -1$）的权重 $w_{0,j}$，这样 M-P 神经元模型将会是图 1-7 展示的那样，公式 net_j 则可以简化为：

$$\text{net}_j(t+1) = \sum_{i=0}^{n} x_i(t)w_{i,j}$$

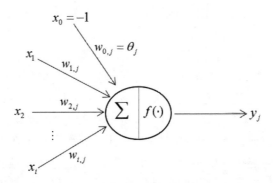

图 1-7 简化的 M-P 神经元模型

接下来借用数学中向量的知识进行计算，用 $\boldsymbol{X}$ 表示输入向量，用 $\boldsymbol{W}$ 表示权重向量，即：

$$\boldsymbol{X} = [x_0, x_1, x_2, \cdots, x_n]$$

$$\boldsymbol{W} = \begin{bmatrix} w_{0,j} \\ w_{1,j} \\ w_{2,j} \\ \vdots \\ w_{n,j} \end{bmatrix}$$

于是，神经元的输出又可以表示为向量相乘的形式：

$$\text{net}_j = \boldsymbol{XW}$$

$$y_j = f(\text{net}_j) = f(\boldsymbol{XW})$$

若神经元的净激活 net_j 为正值，称该神经元处于激活状态或兴奋状态（fire）；若净激活 net_j 为负值，则称神经元处于抑制状态。

结合公式来看，输入 x_i 的下标 $i = 1, 2, \cdots, n$，输出 y_j 的下标 j 体现了第 1

个特点"多输入单输出";权重值 $w_{i,j}$ 的正负体现了第 2 个特点中"突触的兴奋与抑制"; θ_j 代表第 3 个特点中的阈值,当 $net_j > 0$ 时,神经元才能被激活。

出于计算简单的目的,在计算膜电位 $net_j > 0$ 时对时间产生的影响没有加以考虑。也就是说,只对每条神经末梢传递过来的信号根据权重进行累加整合,而对输入输出间突触结构的时间延迟没有加以考虑。

M-P 模型(McCulloch-Pitts Model)指的就是这种"阈值加权和"的神经元模型。有时,我们也会将 M-P 模型称为神经网络的一个处理单元(Processing Element,PE)。仔细分析以上相关推理,我们可以发现 M-P 模型的设计在很多方面都体现了生物神经元重要的特性。W.S.McCulloch 和 W.Pitts 通过 M-P 模型提出了神经元的形式化数学描述和网络结构方法,证明了单个神经元能执行逻辑功能,从而开创了人工神经网络研究的时代。

但是 M-P 模型缺乏学习机制,这一点对人工智能而言至关重要。1949 年加拿大心理学家 Donald Hebb 在其《行为的组织》一书中提出了神经心理学理论。他认为神经网络的学习过程最终是发生在神经元之间的突触部位,突触的连接强度不会是一个常数,而是随着突触前后神经元的活动而变化,变化的量正比于两个神经元的活性之和。这个出人意料并影响深远的想法简称"Hebb 学习规则",通俗来讲就是两个神经细胞交流越多,它们连接的效率就越高,反之就越低。

Hebb 学习规则的意义在于为以后神经网络的学习算法奠定了基础。在此基础上,人们提出了各种学习规则和算法,以适应不同网络模型的需要。

20 世纪 50 年代末到 60 年代,人工神经网络得到了进一步发展,更完善的神经网络模型被提出,其中包括感知机(Perceptron)模型和自适应线性元件等。

以感知机模型为例,它是由美国康奈尔大学航天实验室的心理学家 Frank Rosenblatt 受 Donald Hebb 的启发于 1957 年提出的。感知机基于 M-P 模型,是一种具有单层计算单元的神经网络。它由两层神经元组成,输入层接收外界信号,输出层是许多个并列的 M-P 神经元,这些 M-P 神经元被称为感知机模型的阈值逻辑单元,也称为处理单元或计算单元。

鉴于感知机模型对人工神经网络发展的影响,Frank Rosenblatt 往往被当作用算法来精确定义神经网络的第一人。图 1-8 展示了感知机模型的拓扑结构图，从中可以看出，感知机模型的拓扑结构非常简单，相对于 M-P 神经元而言，其实就是输入、输出两层神经元之间的简单全连接。

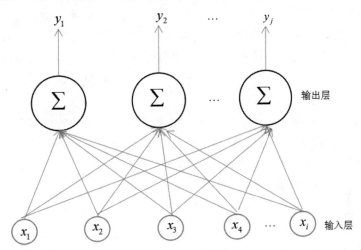

图 1-8　感知机的拓扑结构图

　　同时，Rosenblatt 也解释了感知机的学习机制：给定一个训练集，它由若干个输入输出实例组成，对于每一个实例，若感知机的输出值比实例输出值低太多或高太多，则调整它的权重参数，以适应这个实例。其实这就是早期网络的训练过程，在经过大量实例的过程后，感知机就"学习"到一个函数。

　　这个感知机的工作过程可以概括如下：

　　（1）给权重系数赋初值。

　　（2）将训练集中一个实例的输入值传递到输入层，通过感知机计算输出值（0 或 1）。

　　（3）比较感知机的输出值和实例中正确的输出值是否相同：若输出 1但应该为 0，则减少输入值是 1 的例子的权重；若输出 0 但应为 1，则增加输入值是 1 的例子的权重。换句话说，若输出值小于期望值，则向着输出值更大的方向增加相应的权重；若输出值大于期望值，则向着输出值更小的方向减少相应的权重。

　　（4）对训练集中的下一个例子，重复步骤（2）～（3）多次，直到感知机不再出错为止。

　　通过一台 IBM-704 计算机，Rosenblatt 模拟实现了一个可以完成一些简单的视觉处理任务的感知机模型。这个模型非常庞大，几乎占据了整个实验室。它包括 3 层结构，运作机制也不复杂。

第一层是用 400 个光电传感器模拟的生物视网膜，相当于感知机的输入层；第二层由 512 个电子触发器组成，相当于感知机的处理单元，传感器与这些电子触发器构成全连性，当传递过来的信号超过其特定的可调节的兴奋阈值时，它就会像神经元一样被激发；这些触发器连接到最后一层信号发生器。具体使用场景就是当一个物体与感知机受训见过的物体相似时，信号发生器就会发出信号。

1962 年，Rosenblatt 在其《*Principles of Neurodynamics: Perceptrons and the Theory of Brain Mechanisms*（神经动力学原理：感知机和大脑机制的理论）》一书中总结了他的所有研究成果。

然而，这种单层计算单元的感知机模型在发展了几年之后遇到了一些挫折。

1969 年，M.Minsky 和 Papert 等人仔细分析了以感知机为代表的神经网络系统的功能及局限后，在他们的《*Perceptrons: An Introduction to Computational Geometry*（感知机：计算几何简介）》一书中提出了以感知机为代表的神经网络系统的局限，阐明了理论上还不能证明将单层感知机模型扩展到多层网络是有意义的。

这个局限就是，它仅对线性问题具有分类能力。什么是线性问题呢？简单来讲，就是用一条直线可分的图形。比如，逻辑"与"和逻辑"或"就是一种线性问题，逻辑"与"的真值表和二维样本图如图1-9所示，逻辑"或"的真值表和二维样本图如图 1-10 所示。对于这种线性可分问题，我们可以用一条直线来分隔 0 和 1（空心点是 0，实心点是 1，仅用一条直线就能给取值不同的点画出界限）。

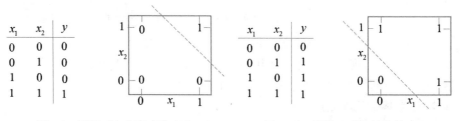

图 1-9　逻辑"与"的真值表和　　　　图 1-10　逻辑"或"的真值表和
　　　　　二维样本图　　　　　　　　　　　　　二维样本图

为什么感知机只可以解决线性问题呢？这是由它的权重求和公式决定

的。这里以两个输入分量 x_1 和 x_2 组成的二维空间为例，并假设节点 j 的输出可分为两种情况：

$$y_j = \begin{cases} 1, & w_{1,j}x_1 + w_{2,j}x_2 - \theta_j > 0 \\ -1, & w_{1,j}x_1 + w_{2,j}x_2 - \theta_j < 0 \end{cases}$$

于是可以得到下面的公式：

$$2(w_{1,j}x_1 + w_{2,j}x_2 - \theta_j = 0)$$

这可以确定一条在二维输入样本空间上的分界直线，其斜率为：

$$-\frac{w_{1,j}}{w_{2,j}}$$

截距为：

$$\frac{\theta_j}{w_{2,j}}$$

调整 $w_{i,j}$ 参数和 θ_j 参数就可以将这条线放在不同的位置来解决"与"和"或"问题，当然"非"问题亦可。限于篇幅，这里不再列举为解决这些问题而计算参数取值的过程，有兴趣的读者可自行尝试。

但是对于逻辑"异或"就没办法用线性可分那样解决了，因此单层感知机网络就没办法实现"异或"的功能。逻辑"异或"的真值表和二维样本图如图 1-11 所示，无论用怎样的一条直线，都没办法将 0 值和 1 值进行区分。

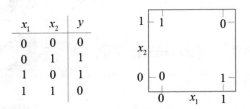

图 1-11　逻辑"异或"的真值表和二维样本图

M.Minsky 和 Papert 等人的论点极大地影响了神经网络的研究，人工神经网络的历史上由此书写下了极其灰暗的一章。加之当时串行计算机和人工智能专家系统所取得的成就，掩盖了发展新型计算机和人工智能新途径的必要性和迫切性，使人工神经网络的研究走向了低潮。

为了能用弯曲的折线代替一条直线来进行样本分类，不久之后多层感知机被研究出来。所谓多层感知机，就是在输入层和输出层之间加入隐藏层，以形成能够将样本正确分类的凸域。多层感知机的拓扑结构如图 1-12 所示。

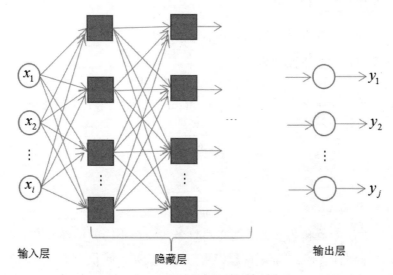

图 1-12　多层感知机的拓扑结构图

多层感知机的分类能力可以用图 1-13 来说明。

结构	决策区域类型	区域形状	异或问题
无隐藏层 	将一个平面分成两个		1　0 0　1
单隐藏层 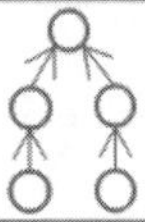	开凸区域或闭凸区域		1　0 0　1
双隐藏层 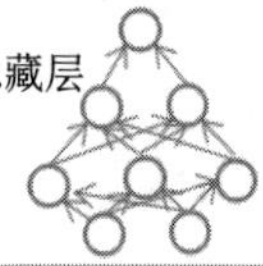	任意形状（复杂度由单元数目确定）		1　0 0　1

图 1-13　多层感知机的分类能力

由图 1-13 可以看出，随着隐藏层层数的增多，凸域将可以形成任意的形状，因此可以解决任何复杂的分类问题。在当时甚至有理论指出：双隐藏层感知机就足以解决任何复杂的分类问题。

多层感知机确实是非常理想的分类器，但是它的实现却充满难度，因为面临着这样一个问题，即隐藏层的权值怎么训练？因为对于各隐藏层的节点来说，它们并不存在期望输出，所以使用单层感知机的学习规则来训练多层感知机是无法奏效的。

多层感知机没有办法满足当时的实际需要。在这之后，仍然有一些人工神经网络的研究者致力于这一研究。当然，也相继有一些开创性的研究成果被提出来，如适应谐振理论（ART 网）、自组织映射、认知机网络，以及一些神经网络数学理论的研究成果，但这还不足以激起人们对 ANNs 进行研究的热情。以上研究虽然没有引起惊涛骇浪，但还是为神经网络的研究和发展奠定了基础。

两个都诞生在 20 世纪 80 年代的杰出成果重新激起了人们对 ANNs 的研究兴趣。一个是美国加州工学院物理学家 J.J.Hopfield 于 1982 提出的可用作联想存储器的互联网络——Hopfield 神经网络模型，该模型属于循环神经网络，在其中引入了"计算能量"的概念，给出了网络稳定性判断，开创了神经网络用于联想记忆和优化计算的新途径，有力地推动了神经网络的研究；另一个是 David E.Rumelhart 以及 James L.McCelland 研究小组在 1986 年发表的《并行分布式处理》。这两个成果使人们对模仿脑信息处理的智能计算机的研究重新充满了希望，从此对人工神经网络的探索进入复兴时期。

前者暂不讨论，有兴趣的读者可以自行了解；后者对具有非线性连续变换函数的多层感知机的误差反向传播（Error Back Propagation，简称反向传播）算法进行了详尽的分析，实现了 Minsky 关于多层网络的设想。Error Back Propagation 算法的简称就是 BP 算法，以 BP 算法实现的多层感知机网络就是 BP 网络。

由此可见，BP 网络本质上并不是一个新的网络，而是 BP 算法与多层感知机网络的融合。BP 算法的出现成功地解决了多层感知机网络参数无法训练的难题。关于多层感知机与 BP 算法，将会在第 4 章予以详细介绍。

1987 年，首届国际人工神经网络学术会议成功召开，这标志着对人工神经网络的研究进入了高潮阶段。人工神经网络的研究得到了多个发达国家及国际组织的高度重视，如美国国会通过决议将从 1990 年 1 月 5 日开始的十年定为"脑的十年"；国际研究组织号召其成员国将"脑的十年"变为全球行为；在日本的"真实世界计算（RWC）"项目中，人工智能的研究成了一个重要的组成部分。

1.4.2　TensorFlow

TensorFlow 是我们进行深度学习程序设计的一个框架工具，下面将对它的由来做一个简要的、整体性的介绍。

为了可以更方便地研究超大规模的深度学习神经网络，Google 公司在 Jeff Dean 的带领下于 2011 年启动了 Google Brain（谷歌大脑）项目，同时开发出了第一代分布式机器学习框架 DistBelief，但是 DistBelief 并没有被 Google 开源，而是在公司内部大规模使用。

很多 Google 团队在其产品中使用了 DistBelief 并取得了不错的成绩，比如基于 DistBelief 的深度学习模型 Inception 赢得了 ILSVRC 图像分类大赛 2014 年的冠军、使用 DistBelief 在 Google Photos 项目中建立了图片搜索功能并提高了图片标注的效率、使用 DistBelief 将 Google 应用中语音识别率正确率提高了 25%，以及 Google Search 中的搜索结果排序等。

可以说 DistBelief 取得了巨大的成功，但因为是第一代产品，DistBelief 本身还存在很多的不足和限制。它的部署和设置十分烦琐，并且由于高度依赖 Google 内部的系统架构而没有被开源，这些关键的原因导致了能够被分享研究的代码少之又少。

TensorFlow 是由 Google Brain 的研究员和工程师基于 DistBelief 进行了各方面的改进而研发出的第二代分布式机器学习框架。在设计之初，他们的想法是加速机器学习的研究，并将研究成果更好地转化为产品。TensorFlow 对深度学习的各种算法都提供了比较友好的支持，因此可被用于语音识别或图像识别等众多机器深度学习领域。当然其应用范围并不局限于深度学习，只是在深度学习之外使用 TensorFlow 已经超出了本书的范畴，所以我们对这部分的内容不会予以关注。

2015 年 11 月，TensorFlow 在 GitHub 上开源；2016 年 4 月补充发布了分布式版本；2017 年 1 月发布了 1.0 预览版本，2 月发布了 1.0 正式版，10 月发布了 TensorFlow 1.4 版本。也正是从这个版本开始，TensorFlow 引入了对 Keras 的支持。Keras 可以理解为是一个开源人工神经网络 API 库，采用 Python 语言编写。2015 年 6 月 13 日，Keras 的首发版（0.1.0 版）被推出，时隔几年之后，在 2018 年 10 月，Keras 的稳定版（2.2.4 版）被推出。

Keras 同 TensorFlow 的关系，可以这样解释：Keras 就是 TensorFlow

（当然也可以是 Microsoft-CNTK 和 Theano）的高阶应用程序接口，或者说 TensorFlow 就是 Keras 的后台，开发者可以绕过 TensorFlow 繁杂的 API 而直接调用 Keras 中的 API 进行深度学习模型的搭建、调试、评估、应用和可视化。

目前，TensorFlow 的最新版本已更新至 2.0，所以后面的实践我们都将以 TensorFlow 2.0 为主，并且展示 Keras 的使用。在安装 TensorFlow 2.0 时，Keras 就已经被同时安装了。本书使用 TensorFlow 2.0 实现全部案例，并对 TensorFlow 1.x 与 TensorFlow 2.0 在编程方式上的不同也尽量予以了展示。目前 TensorFlow 仍处在快速开发迭代中，每一个新的版本都会有更高的性能优化，出现大量新的功能。

相比于 DistBelief，TensorFlow 由于使用了更加简捷的计算模型，所以计算性能得到了显著的提升。通过 TensorFlow，Google 改写了获得 2014 年 ILSVRC 大赛冠军的 Inception 模型。相对于 DistBelief，这个新的模型获得了 6 倍训练速度的提升。正是因为 TensorFlow 在性能方面的进步，大量 Google 内部的 DistBelief 用户转向了 TensorFlow 阵营。除了在 Google 内部被大规模使用外，TensorFlow 也受到了学术界和产业界的高度关注，如今越来越多的国内外科技公司为了能够向用户提供更好的服务而选择使用 TensorFlow 来加速他们的开发。

Google 选择将 TensorFlow 开源有一个重要的原因，那就是通过 TensorFlow 建立一个标准，使得学术界能够更方便地交流研究成果，生产界能够更快地将机器学习成果应用到实际生活中。此外，Google 也希望借助社区的力量逐步完善 TensorFlow，就像 DistBelief 当初吸收了很多 Google 内部用户的反馈一样。

Google 公司开源的项目除了 TensorFlow 之外，还有众所周知的 Android 系统、被开发者广泛接受的 Chromium 浏览器、编程语言 Go、编译工具 Bazel（后面我们会用到）、数据交换框架 Protobuf、OCR 工具 Tesseract、JavaScript 引擎 V8 等。

以上就是关于 TensorFlow 的整体性介绍。下面给出了几个常用的网站，如果想了解更多相关内容，可以浏览这些网站。

↘ TensorFlow 的官方网址：https://tensorflow.google.cn。
↘ TensorFlow 中文社区：http://www.tensorfly.cn/。
↘ TensorFlow 在 GitHub 上的源码：https://github.com/tensorflow/tensorflow。
↘ GitHub 上的模型仓库：https://github.com/tensorflow/models。

1.5　其他主流深度学习框架介绍

在深度学习领域，TensorFlow 是一个非常优秀的框架，但并不是唯一的，其他比较常用的框架还有 Caffe、Deeplearning4j、Microsoft Cognitive Toolkit(CNTK)、MXNet、PaddlePadle、Theano、Torch。

这些框架除了都是为深度学习而准备的之外，它们还有一个共同的特点，那就是开源。为了直观，在此将这些框架汇总成表格的形式，如表 1-1 所示。

表 1-1　主流深度学习开源框架总结表

名　　称	主要维护方	支持的语言	支持的系统
TensorFlow	Google 公司	C、C++、Python	Linux、MacOS、iOS、Android
Caffe	加州大学伯克利分校的视觉与学习中心	C++、Python、MATLAB	Linux、MacOS、Windows
MXNet	分布式机器学习社区（DMLC）	C++、Python、Julia、MATLAB、Go、R、Scala	Linux、MacOS、Windows、iOS、Android
Theano	蒙特利尔大学	Python	Linux、MacOS、Windows
Torch	Ronan Collobert、Soumith Chintala(Facebook)、Clement Farabet(Twitte)、Koray Kavukcuoglu(Google)	Lua、LuaJIT、C	Linux、MacOS、Windows、iOS、Android
Microsoft Cognitive Toolkit(CNTK)	微软研究院	C++、Python、BrainScript	Linux、Windows
Deeplearning4j	Skymind	Java、Scala、Clojure	Linux、MacOS、Windows、Android
PaddlePadle	百度公司	C++、Python	Linux、MacOS

　注意

由于框架的版本不同，支持的情况也有可能出现差异。

下面对一些知名度比较高的框架作一简要介绍，具体的安装及使用不再赘述。

1.5.1　Caffe

官方网址：caffe.berkeleyvision.org/。

GitHub 源码：github.com/BVLC/caffe。

Caffe 是一个开源的深度学习框架，作者是毕业于 UC Berkeley（加州伯克利大学）、目前在 Facebook FAIR 实验室工作的贾扬清博士。由于 Caffe 框架清晰而高效，所以得到了广泛的使用。

Caffe 的全称应该是 Convolutional Architecture for Fast Feature Embedding，其核心语言是 C++。贾扬清博士也是 TensorFlow 的作者之一，在 TensorFlow 出现之前，Caffe 一直是该领域在 GitHub 上 Star 最多的项目。

在 Caffe 中，完成某一功能的神经网络被封装在了相应的模块中，这个模块就是一个个的 Layer（层）。在 Caffe 中，数据以四维数组 Blobs 的方式存储和传递，每个 Layer 都可以接收这样的数据，并在内部使用这些数据进行计算，然后将计算得到的数据以这样的方式传递给下一个 Layer。

对于一个完整的网络，它只是拼接了若干个已经定义好的 Layer。拼接 Layer 很容易，对于不同类型的 Layer，我们只要认真做出选择，然后再对这个 Layer 进行少许的具体配置即可。拼接 Layer 需要在配置文件 Protobuf 中进行，这是一个 JSON 类型的.prototxt 文件，拼接完成的.prototxt 文件需要放到 Command Line 中进行训练。

一般来说，Layer 是作者已经写好的，所以用户可以完全不写代码，只是定义网络的结构即可完成训练。当然，用户也可以自定义 Layer。不过，在实现一个新的 Layer 时需要慎重考虑，这不仅需要用户拥有良好的编程能力（一般具备 C++语言的运用能力即可；当要求相关计算运行在 GPU 设备上时，还要能够写出合格的 CUDA 代码），还需要对深度学习的理论知识掌握得比较透彻，包括前向传播的算法设计以及反向传播的算法设计。这些对于初试 Caffe 的入门用户来说还是很难的。

美中不足的是，Caffe 最开始设计时的目标只是方便解决图像识别方面的问题，而并没有考虑解决诸如文本分类、语音识别等需要对时间序列进行建模的问题（也许在这里说出对时间序列进行建模有些突兀）。在目前，解决图像识别方面的问题一般会采用卷积神经网络，因此 Caffe 能提供对卷积神经网络较好的支持。这表现在 Caffe 不仅原生定义了很多搭建卷积神经网络用到的 Layer，还收集了大量训练好的经典卷积神经网络模型（如 AlexNet、VGGNet、Inception 及 ResNet 等）。在 github.com/BVLC/caffe/wiki/Model-Zoo 可以获取到这些模型。

但是，对于其他类型的卷积神经网络，如擅长时间序列建模的 RNN（循环神经网络），Caffe 则显得不那么友好。尽管如此，我们仍能通过 Caffe 实现这些网络，代价就是编写冗长而复杂的代码。

Caffe 有所局限，但仍有许多可圈可点的优点。首先，Caffe 应用的范围比较广。在计算机视觉领域 Caffe 应用尤其多，可以用来做人脸识别、图片分类、位置检测、目标追踪等。它不仅在学术界有着较高的知名度，在工业界，由于其代码质量较高，也适用于对程序运行稳定有严格要求的生产环境。

其次，Caffe 有较好的可移植性。得益于底层的 C++实现，Caffe 可以在多种系统下完成编译（如 Linux、MacOS 和 Windows 系统），也可以编译部署到移动设备系统如 Android 和 iOS 上。

另外，Caffe 的训练速度快。由于训练一个神经网络需要涉及大量密集的运算，通常这些运算放到 GPU 设备上比较合适（第 2 章的一开始会告诉你这是为什么）。Caffe 能够较好地利用 GPU 并行运算的特性来提高训练的速度，同时也支持单机多 GPU 的训练，但是 Caffe 没有原生支持分布式的训练。使用 Caffe 进行大规模分布式的训练需要用到一些第三方库，比如雅虎开源的 CaffeOnSpark 就是很好的选择。

1.5.2　Torch

官方网址：http://torch.ch/。

GitHub 源码：github.com/torch/torch7。

Torch 诞生得比较早，但是直到 Facebook 开源了其深度学习方面的组件之后，它才得到了真正的发扬光大。

Torch 是一个支持大量机器学习算法的科学计算框架。出于使科学计算算法的设计变得便捷的目的，它包含了大量的机器学习、计算机视觉、信号处理、并行计算、图像、视频、音频、网络处理的库，这些库易于使用且高效，并且以 GPU 上的计算优先。Torch 的整体框架及其包含的大量库如图 1-14 所示。

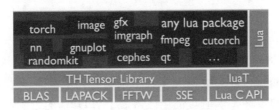

图 1-14　Torch 整体框架结构图

　　Torch 支持复杂神经网络的拓扑结构的设计。和 Caffe 类似的是，Torch 拥有大量训练好的深度学习模型，并且也是主要基于 Layer 的连接来定义网络结构的。Torch 中的新 Layer 依然需要用户自己实现，不过庆幸的是，实现新的 Layer 比较简单，不像 Caffe 那么麻烦。定义新 Layer 的方式和定义网络的方式非常相似，用户需要使用 C++或 CUDA 来实现。

　　Torch 可以对创建的网络结构实现在 CPU 或 GPU 上的并行化计算。Torch 支持使用一些库来完成对于 CPU 或 GPU 上计算的优化。例如，Torch 在 CPU 上的计算会使用 OpenMP、SSE 进行优化，Torch 在 GPU 上的计算可以使用 CUDA、cutorch、cunn 和 cuDNN 等库进行优化。

　　Torch 与 TensorFlow 一样使用的是底层 C++实现搭配上层脚本语言调用的方式，只不过 Torch 选择的脚本语言是 Lua。Lua 有着非常不错的性能，其代码通过透明的 JIT 优化可以达到 C 语言性能的 80%，并且 LuaJIT 在通用计算方面的性能要远胜于 Python；Lua 使用起来非常便利，其语法结构简洁（比写 C/C++简洁很多）易掌握，并且可以直接在 LuaJIT 中操作 C 的指针；另外，由于 Lua 本身具有调用 C 程序的接口，所以在调用基于 C 的库时可以非常的简便。

　　得益于 C 的底层实现，Lua 完成的程序有着优秀的可移植性。与之相比，完全基于 Python 的程序由于依赖的外部库比较多，所以会导致在不同平台、不同系统的移植性较差。Lua 支持 Linux、MacOS，还支持各种嵌入式系统（iOS、Android、FPGA 等）。尽管如此，在 Torch 框架下使用 Lua 编写的程序却要求运行时安装有 LuaJIT 的环境，所以在工业生产环境中使用 Torch 框架的情况相对较少，没有 Caffe 和 TensorFlow 那么多。

1.5.3　Theano

官方网站：http://www.deeplearning.net/software/theano/。

GitHub 源码：github.com/Theano/Theano。

诞生于 2008 年的 Theano，由蒙特利尔大学 Lisa Lab 团队开发并维护，是一个高性能的符号计算及深度学习框架。它完全基于 Python，专门用于对数学表达式的定义、求值与优化。得益于对 GPU 的透明使用，Theano 尤其适用于包含高维度数组的数学表达式，并且计算效率比较高。

Theano 的核心是一个可以用于处理大规模神经网络训练的计算而设计的数学表达式编译器。这个编辑器可以获取用户定义的数据结构并组织成 NumPy 中数组的形式（Theano 很好地整合了 NumPy），同时它也可以链接到各种加速库（如 BLAS、CUDA 等）并将用户定义的计算编译为高效的底层代码。

Theano 对 GPU 的支持比较完善，可以将计算装载到 GPU，但是这些计算在 CPU 上的性能稍差。目前 Theano 仅支持在 OpenCL 库和 Theano 自己的 gpuarray 库下使用多 GPU 完成训练，而在 CUDA 或 cuDNN 下暂不支持使用多 GPU 完成训练。

因 Theano 出现的时间较早，所以可以算是这类库的起源。随着时间的推移以及深度学习的不断发展，在后来涌现出一批基于 Theano 的深度学习库，这些库完成了对 Theano 的上层封装以及功能的扩展。在这些派生库中，比较著名的就是 Keras。Keras 将一些基本的组件封装成模块，使得用户在编写、调试以及阅读网络代码时更加清晰。除了 Keras 之外，在学术界还有被广泛接受的 Lasagne。它和 Keras 类似，也是完成了对 Theano 的上层封装（关于 Lasagne 的细节，可到官网 http://lasagne.readthedosc.io/ 查询）。在 Lasagne 的基础上，又派生出了 scikit-neuralnetwork 和 nolearn 两个上层封装库。除了 Keras 和 Lasagne，其他基于 Theano 的上层封装库还有 blocks、pylearn2 和 Scikit-theano 等，这些都是规模比较小但很优秀的库。

尽管 Theano 非常重要，但在更多的情况下它是被研究人员当作一个用于科研的工具来使用，而不是被在线部署到真实的使用环境中。之所以会这样，原因有很多。首先，Theano 没有底层的 C++实现作为支撑，尽管它可以被部署在 Linux、MacOS 和 Windows，但是由于依赖大量的 Python 库，框架的部署非常困难。其次，Theano 对移动设备的支持不是很好。最后，Theano 在 CPU 上执行时的性能要弱于其在 GPU 上执行时的性能，然而用于生产环境的服务器一般不具备 GPU。由于这些原因的存在，Theano 几乎没有在工业生产环境中得到应用。

另外，直接使用 Theano 设计大型的神经网络的过程会比较烦琐，它没有封装一些网络所用到的基本元件（如一些优化器、卷积神经网络中的卷积函数和池化函数等）。尽管它对解决单纯的计算非常擅长，但是对于不属于该领域专家的一般用户而言，选择的深度学习框架像 TensorFlow 或者 Keras 那样简单易用显得更加重要。

1.5.4　MXNet

官方网站：http://mxnet.incubator.apache.org/。

GitHub 源码：github.com/dmlc/mxnet。

MXNet 是一款由 cxxnet、minerva 和 purine2 的作者们发起的，由 DMLC（Distributed Machine Learning Community）开源的具有较高可移植性和灵活性的轻量级深度学习框架，支持混合使用符号编程模式和指令式编程模式来提高效率。

MXNet 的作者们分别承担了不同的深度学习项目，这就决定了其天生就是采百家之长——同时兼具 cxxnet 的静态优化、minerva 的动态执行和 purine2 的符号计算等特性。

在诸多的深度学习框架中，MXNet 率先实现了对多 GPU 和分布式的支持。为了保证其代码可以很好地迁移到分布式环境下，MXNet 还支持基于 Python 的 parameter server 接口。实际使用的情况表明，分布式 MXNet 的性能是很高的（甚至超过了 TensorFlow）。

MXNet 的核心是一个动态的依赖调度器，能够实现将符号和命令操作自动并行到多 GPU 或分布式的集群（如 AWS、Azure 和 Yam 等云平台）。

图 1-15 展示了 MXNet 的系统整体架构（下面为硬件及操作系统底层，逐层向上为越来越抽象的接口）。MXNet 通过 KV Store 组件完成多设备间的数据交互。多设备间数据交互的主要形式是一个分布式的 key-value 存

储，交互的过程主要通过两个函数实现——push()函数和 pull()函数。其中，push()函数实现了将 key-value 放进一个设备中存储的功能，pull()函数实现了从设备的存储中读取一个 key-value 值的功能。

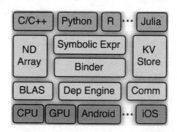

图 1-15 MXNet 框架系统结构图

在 MXNet 众多可圈可点的优点之中，使用时感受最明显的是它支持的上层语言封装非常多，例如 C++、R、Julia、Scala、Python、Go、MATLAB 和 JavaScript 等基本的主流脚本语言。

1.5.5 Keras

官方网站：https://keras.io/。

GitHub 源码：github.com/fchollet/keras。

Keras 可以被看作一个使用 Python 实现的高度模块化的神经网络组件库，TensorFlow 和 Theano 是其底层支撑。

TensorFlow 和 Theano 是目前最优秀的两个开源深度学习框架，在二者之上，Keras 提供了可以让用户更专注于模型设计并更快进行模型实验的 API。这些 API 以模块的形式封装了来自 TensorFlow 和 Theano 的诸多小的组件，用户只需要将 API 构建的模块排在一起就可以设计出各种类型的神经网络，使用非常方便。

这些 API 的出现不仅降低了编程的难度，更降低了阅读别人代码时的理解难度。由于 Keras 基于 TensorFlow 和 Theano，所以使用这两者能够搭建出的网络也可以通过 Keras 进行搭建，并且基本没有性能损耗。使用 Keras 框架最大的好处是在搭建新的网络结构时能够节约很多时间。例如，在其他框架中通过数行代码搭建出一个 MLP 或者十几行的代码搭建出一个 AlexNet 卷积神经网络是不可能的，但是在 Keras 下完全没有问题。

　　美中不足的是，Keras 目前无法直接使用多 GPU 进行模型的训练，这在一定程度上限制了它的性能。相信在以后的发展中，Keras 会被注入更多实用的功能，并且对多 GPU 以及分布式的支持也会逐渐完善。

　　在不同的深度学习工具蓬勃发展的背景下，我们更应该看到深度学习的未来充满了希望。不同的深度学习工具在性能、功能方面表现迥异，只有经过一些比较，才能从中挑选出一款适合自己的。在对不同的深度学习工具进行比较时，它在开源社区的活跃程度也构成了我们考虑的一个因素，因为只有社区活跃度更高的工具才表示有更多的用户愿意接受它。换句话说，才有可能跟上深度学习本身的发展进度，在未来会有更小被淘汰的概率。

　　表 1-2 对比了不同深度学习工具在 GitHub 上活跃程度的一些指标，分别是 Star 数量、Fork 数量和 Contributor 数量。从表 1-2 中可以看出，无论是在获得的星数（Stars）还是在仓库被复制的次数（Forks）上，TensorFlow 都要远远超过其他的深度学习工具。

表 1-2　各个开源框架在 GitHub 上的数据统计

框　　架	Stars	Forks	Contributors
TensorFlow	41628	19339	568
Caffe	14956	9282	221
Keras	10727	3575	322
CNTK	9063	2144	100
MXNet	7393	2745	241
Torch7	6111	1784	113
Theano	5352	1868	271
Deeplearning4J	5053	1927	101
Leaf	4562	216	14
Lasagne	2749	671	55
Neon	2633	573	52

　　TensorFlow 获得这样的成绩不是偶然的。Google 公司本身的科研实力在业界就是首屈一指，在 TensorFlow 之前 Google 也有过很多成功的开源项目，这使得广大的用户对 Google 的 TensorFlow 充满信心。

　　除了 Google 的全力支持以外，大量活跃的开发者也对 TensorFlow 的发展作出了一定的贡献。因此，TensorFlow 在未来的深度学习领域将发挥出更大的潜力；同时，这也是本书将 TensorFlow 作为介绍对象的重要依据。

1.6　机器学习的常见任务

机器学习可以完成多种类型的任务，常见的有分类、输入缺失分类、回归、去噪、转录、机器翻译、异常检测、结构化输出等。接下来会对这些任务进行解释。当然，还有其他类型的或者更复杂的任务。在这里并不需要对机器学习的任务分类加以严格的定义，列举的这些任务类型只是起到了简要介绍的作用。

1.6.1　分类

分类任务最终的目的是通过机器学习算法将输入的数据按预设的类别进行划分。

完成这种任务的过程大致可以表示成函数 $f: R^n \rightarrow \{1, \cdots, k\}$，其中 R^n 代表输入，分类的类别有 $1, \cdots, k$ 共 k 种。设输入数据为 x，当存在 $y = f(x)$ 时，可以判定数字码 y 代表输入 x 的类别。在有些情况下，$f(x)$ 输出的值可能是一组概率分布数字，此时输入所属的类别就是这组数字中较大的那个。

MNIST 手写字识别是一个入门深度学习必须掌握的、最基础的分类任务。该任务输入的是几万张 28×28 像素的黑白图片，图片上有手写的数字 0～9，要求将这些手写字图片根据其上所写数字进行分类。

对象识别是计算机进行人脸识别的基本技术，属于分类任务中比较复杂的一种。典型的情况是，在输入的图片或视频中框选出需要找出的对象并进行标注，比如图片中的人是男是女、视频中服务员手里拿的是咖啡还是可乐。对象识别的复杂度会随着输入数据量的增大及对象类别的增多而上升。人脸识别技术可用于标记相片或视频中的人脸，这将更好地帮助计算机与用户进行交互。

1.6.2　回归

回归任务源于概率论与数理统计中的回归分析。在这类任务中，算法需要对给定的输入预测数值。

在统计学中，变量之间的关系可以分为两类：一类是确定性关系，这类关系可以用 $y = f(x)$ 来表示，x 给定后，y 的值就唯一确定了；另一类是非确定性关系，即所谓的相关关系。具有相关关系的变量之间具有某种不确定性，不能用完全确定的函数形式表示。尽管如此，通过对它们之间关系的大量观察，仍可以探索出它们之间的统计学规律。

回归分析研究的正是这种变量与变量之间的相关关系（全面而深入地讲解回归分析并不在本书的范围之内）。

回归任务通常解决带有预测性质的问题，它和分类任务是很相似的（除了返回结果的形式不一样外，回归分析返回的结果是预测数值）。

举个例子，输入之前股市某一证券的价格来预测其未来的价格就属于一个回归任务。线性回归算法通过拟合绘制在统计图上的价格数据（实际上数据很多）来得到一个近似的价格和时间之间的函数，通过这个函数就能精准地预测将会出现的价格。鉴于此，这一类的预测会经常被用在交易算法中。

1.6.3　去噪

干净的输入样本 x（样本可能是图片、视频或录音等）经过未知的损坏过程后会得到含有噪声的输入样本 $x*$。在去噪任务中会将含有噪声的输入样本经过某一算法得到未损坏的样本 x，或者在得到干净的输入样本 x 之后进行其他任务，比如分类或回归等。

1.6.4　转录

"转录（Transcription）"一词经常会出现在生物学领域，指的是遗传信息从 DNA 流向 RNA 的过程，即以双链 DNA 中确定的一条链（模板链用于转录，编码链不用于转录）为模板，以 ATP、CTP、GTP、UTP 4 种核苷三磷酸为原料，在 RNA 聚合酶催化下合成 RNA 的过程。

　　机器学习中，转录任务会对一些非结构化或难以描述的数据进行转录，使其呈现为相对简单或结构化的形式。举个典型的例子，比如输入一张带有文字的图片，经过算法后将图片中的文字输出为文字序列（ACSII 码或 Unicode 码）。输入的也可以是语音，输入的音频波形在经过算法之后会输出相应的字符或单词 ID 的编码。

1.6.5　机器翻译

　　机器翻译任务通常适用于对自然语言的处理，比如输入的是汉语，形式可能是文本或音频等，计算机通过机器学习算法系统将其转换为另一种语言，比如英语或德语，形式也有可能是文本或音频等。

　　容易和机器翻译发生混淆的是自然语言处理（Natural Language Processing，NLP）。自然语言处理的目的是实现人机间的自然语言通信。从这一点上来看，自然语言处理似乎是和人脸识别技术殊途同归。实现机器的自然语言理解或生成是十分困难的，这些困难往往是由自然语言文本和对话的各个层次上广泛存在的各种各样的歧义性或多义性造成的。

　　值得一提的是，NLP 作为人工智能领域热门的话题，已经充分引起了人们对它研究的欲望。在本书中介绍循环和递归神经网络的时候也会涉及自然语言处理的一些知识，这部分的内容放到了稍稍靠后的章节。

1.6.6　异常检测

　　在这类任务中，计算机程序会根据正常的标准在一组事件或对象中进行筛选，并对不正常或非典型的个体进行标记。

　　挑选传送带上合格的产品是异常检测任务的一个典型案例，另一个案例是信用卡或短信诈骗检测。当然，异常检测任务对于我们来说已经是司空见惯，这里不再给出更多的案例。对于一个异常检测任务而言，难点就在于如何对正常的标准进行算法建模，这往往需要进行大量的观察。

1.6.7　结构化输出

　　结构化输出指的是这类任务的输出数据包含多个独立的值，而且每个值之间存在重要的关系，只是对于输出数据的结构没有过多的限制。

　　结构化输出是一个很大的范畴，也很难定义这种任务到底做了什么，但是我们可以列举很多例子进行说明。

　　比如对图像进行像素级分割，将每一个像素分配到特定类别。这种情况通常在汽车自动驾驶时出现，摄像头将道路情况扫描出来，深度学习算法首先会将道路上的内容进行分类（类别可能是路障、斑马线或路中线等），之后根据这些类别数据操作汽车的行驶状态。另一个例子是语法分析——将自然语言句子映射到语法结构树，并对树的节点进行词性标记，如动词、名词或副词等。当然，也有可能是计算机程序观察到一幅图之后以自然语言句子的形式输出对这幅图像的描述。这些例子都属于结构化输出任务。

　　理解"每个值之间存在重要的关系"十分重要，这也是这类任务之所以被称为结构化输出的原因。例如，图片的描述必须是一个通顺的句子。

　　上述所有的任务在详细展开之后都会涉及大量的参考资料，所以在本书中并不会对上述所有的任务都进行详细的实践。如果想专注于处理某一任务，可以参考其他相关书籍。

1.7　深度学习的现代应用

　　深度学习的应用最早见于图像识别，这可以追溯到 2012 年，DNN（Deep Neural Networks，深度神经网络）技术在图像识别领域取得在 ImageNet 评测上将错误率从 26% 降低到 15% 的惊人效果。随着时间的流逝，深度学习慢慢被扩展到机器学习的各个领域，如计算机视觉、语音识别、自然语言处理、音频处理、计算机游戏、搜索引擎和医学自动诊断等，并且都有着出色的表现。本节会通过几个不同应用领域的案例来说明深度学习的典型应用场景。

1.7.1　计算机视觉

　　计算机视觉是一个非常广泛的概念，包含画面重建、事件监测、目标跟踪、图像识别、索引建立、图像恢复等众多分支。此概念在很多情况下会与机器视觉发生混淆，其实二者十分相似又不尽相同。

机器视觉（Machine Vision，MV）是一项综合技术，其最基本的特点就是提高机器生产的灵活性和自动化程度。主要用到的技术包括图像处理、机械工程技术、控制、电光源照明、光学成像、传感器、模拟与数字视频技术、工业相机使用、计算机软硬件技术（图像增强和分析算法、图像卡、I/O 卡等）。出于安全的需要，机器视觉通常会用在一些不适于人工作业的危险工作环境或者人工视觉难以满足要求的场合。同时，在大批量重复性工业生产过程中，用机器视觉检测方法可以大大提高生产的效率。

计算机视觉（Computer Vision，CV）是指用摄影机和计算机代替人眼对目标进行识别、跟踪和测量，并做进一步的图像处理，使其更适合人眼观察或传送给仪器检测。作为一门研究如何使机器"看"的科学学科，计算机视觉研究相关的理论和技术，以期建立能够从图像或者多维数据中获取"信息"的人工智能系统。因为感知可以看作从感官信号中提取信息，所以计算机视觉也可以看作研究如何使人工智能系统从图像或多维数据中"感知"的科学。

最好不要在机器视觉和计算机视觉之间划分出清晰、明显的界限，因为它们具有很多的相同点（比如图像处理的一些方法理论），只是在实际中根据具体应用目标的不同而不同。机器视觉与计算机视觉都要从图像或图像序列中获取对目标的描述，因此，一些诸如图像获取、图像处理，或者更高的图像分割、图像分析和图像理解等基础理论知识，对两者而言是万变不离其宗的。

计算机视觉得到了研究者长期、广泛的关注，而且每年都会举办很多著名的比赛。那些获得杰出研究成果的人（或团体）会得到一定的奖励。同时，这个领域也是深度学习技术最早实现突破性成就的。

ILSVRC（ImageNet Large Scale Visual Recognition Challenge）是一项国际性的计算机视觉竞赛，并且在这个领域久负盛名。竞赛使用的 ImageNet 图像数据集（关于这个图像数据集，会在第 7 章中进行更详细的介绍。在那里，我们实践了一些图像分类识别项目）的内容每年都会发生变化，而人眼识别的错误率大概在 5%。

ILSVRC 大赛于 2010 年开始举办，在每年举办的大赛上都会出现记录被刷新的情况。图 1-16 展示了历年 ILSVRC 图像分类比赛中最佳算法创造的最低 top-5 错误率（数据来源于 ILSVRC 官网：http://image-net.org/challenges/LSVRC/）。

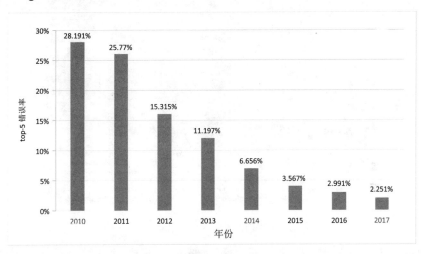

图 1-16　历年 ILSVRC 图像分类比赛中出现的最低错误率

图像分类的效果经常用 top-5 错误率来描述。具体来讲，就是模型在对每幅图片分类时被提供了 5 次机会，当其中有任何一次分类正确，结果都算对，如果 5 次全部是错误的，就算预测错误，这时候的分类错误率就叫 top-5 错误率。

2010 年，参赛的传统机器学习算法将错误率稳定在 28%左右；2011 年，这一结果并没有多大的变化，只是降到了 25%左右。这说明传统的机器学习算法在图像分类问题上遇到了瓶颈。显然，这样居高不下的错误率远远不能满足人们的实际需要。2012 年，Geoffrey Everest Hinton 教授的学生 Alex Krizhevsky 利用深度学习技术提出了深度卷积网络模型 AlexNet，其在 ImageNet 数据集上，错误率由 25.77%陡然下降到 15%左右，并由此赢得了当年 ILSVRC 图像分类比赛的冠军，从此深度学习开始受到广泛关注。

图 1-17 展示的是应用了深度学习算法的 AlexNet 卷积神经网络在 2012 年参加 ILSVRC 大赛时得到的部分 top-5 错误率实例。从图 1-17 中可以看出，分类时得到概率最高的一类会被作为最终的分类结果输出。

图 1-17　AlexNet 在比赛中的 top-5 分类结果

在 2012—2015 年间，深度学习被众多的学者持续地研究，参加 ILSVRC 大赛的深度学习算法不断地将图像分类的错误率刷新到一个新的水平。如图 1-16 所示，2015 年图像分类的 top-5 错误率为 3.567%，已经超过了人工标注的错误率；到了 2017 年，该值又下降到 2.251%。

实际上 ILSVRC 竞赛在后来又划分出了很多子赛事，2010 年、2011 年、2012 年只有图像分类赛；在 2013 年有检测、分类、分类+定位 3 种；2014 年 ILSVRC 竞赛共分为 2 个赛事，即对象检测、图像分类+对象定位；2015 年、2016 年、2017 年，ILSVRC 竞赛共分为 3 个赛事，即对象检测、图像分类+对象定位、视频中的对象检测。对象检测的难度要比图像分类更高，因为在对象检测中不仅要判断出图像中包含哪一种物体，更要框选出物体具体所在的位置，而且一张图片中可能会存在多个需要检测的物体。

图 1-18 所示是 ILSVRC 2013 物体检测竞赛的样例图片，每一张图片中所有可以被识别的物体都被不同颜色的方框圈起来，右侧还会生成标注性的说明。mAP（Mean Average Precision，简称 mAP）值表示的是平均精度，该值在 2013 年时只有 0.23（之前的赛事未统计该值）；2016 年，集成了 6 种不同深度学习模型的算法（Ensemble Algorithm）成功地将 mAP 提高到了 0.66；2017 年，该值更是达到了最高的 0.73（在 ILSVRC 官网公布每一年的

比赛结果时可以看到这个值）。

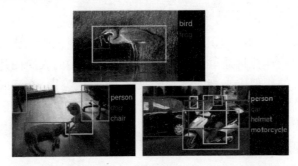

图 1-18　ILSVRC 2013 物体识别数据集中的样例图片

　　科学技术是第一生产力，科学技术上的革新必将应用到各种各样的产品中。深度学习在计算机视觉领域获得的突破使得该领域下的光学字符识别、人脸识别等技术可以更容易被应用到真实场景中。

1．光学字符识别

　　光学字符识别（Optical Character Recognition，OCR）是在计算机视觉领域中较早使用深度学习技术的一个分支，是指计算机通过使用特定的算法识别出一张图片中包含的字符（如数字、字母和汉字等）并输出或转存为文本的形式。手写体数字识别可以算是最典型的光学字符识别。早在 1989 年，Yann LeCun 教授提出的 LeNet-5 卷积神经网络（第 8 章中会有关于该网络的相关介绍）就被成功应用到银行识别手写体支票数额的问题上，并且拥有较高的准确率。

　　MNIST 图片数据集是训练具有手写体数字识别功能的神经网络最经典的一个数据集，目前的深度学习算法能够在该数据集上获得 99.7% 的准确率。第 6 章会有关于该数据集的介绍，同时会实践一个解决手写体数字识别的神经网络。可以说，手写体数字识别的问题已经被很好地解决了。

　　Google 也将基于光学字符识别的数字识别技术应用到了 Google 地图的开发中。Google 开发的数字识别系统可以识别 Google 街景图中任意长度的数字。

　　OCR 的实用化在于我们可以通过手机 App 将拍摄到的一张包含文字的图片转换为字符的形式输出，并且输出的内容与原文相差无几。Google 也利用基于光学字符识别的文字识别对图书进行扫描，通过这种将图书内容数字化的方式可以方便地实现图书内容搜索的功能。

2．人脸识别

人脸识别（如图 1-19 所示）是机器视觉领域比较广为人知的一个分支，也可将其划分到物体识别中。人脸识别的应用范围也比较广。例如，在安防行业中，计算机通过比较摄像头实时捕捉到的人脸图片与数据库中预存人脸照片的相似度来判断是否为来者开门。另外，在互联网金融行业中，为了提高资金周转的安全性，一些贷款公司会在用户注册或者用户取款的过程中通过人脸识别技术识别出视频录像中的人脸是否与证件照中的人脸相同（即是否为同一个人）。

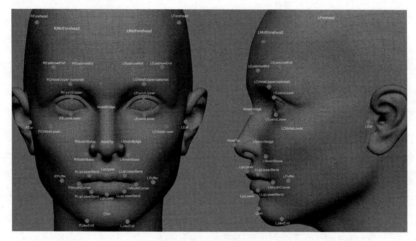

图 1-19　人脸识别

使用传统的机器学习算法实现人脸识别的难度在于，图片中的人脸特征无法被很好地提取。这样的问题在一些特定的曝光环境（如光线较暗的阴雨天等）下尤其明显。深度学习算法则克服了传统机器学习算法的这些弊端，在给算法模型提供的海量的人脸图片数据中，形态各异的人脸使得它可以从中自动学习到更加丰富、有效的人脸特征表达。对于人脸识别数据集 LFW（Labeled Faces in the Wild，更多相关信息可以参考官方网站 http://vis-www.cs.umass.edu/lfw/），使用了深度学习算法的人脸识别系统 DeepID2 已经达到了 99.5%的识别正确率。

1.7.2　自然语言处理

与计算机视觉领域类似的是，自然语言处理领域也囊括了非常多的内容。我们所提到的自然语言处理一般包括自然语言建模、机器翻译、语音识别、图片理解与描述以及词性标注等方向。与深度学习在计算机视觉领域获得的突破性成就相仿的是，深度学习在解决自然语言处理领域的问题时也可以更加主动、智能地提取复杂的特征。

进行自然语言建模时最难描述的是字词间的相似性。例如，在通过稀疏编码的方式记录 China 和 England 两个单词时，编码仅仅记录了两个单词本身的信息。也就是说，我们无法通过二者的编码得知 China 和 England 之间的相似性（二者都是指的一个国家）。由此导致的问题是当字词连接成句时，计算机无法较好地理解其所表达的含义。通常采用这种编码的方式预测句子中某一位置的一个单词时，机器学习算法需要统计语料库中所有搭配其相邻单词出现的组合情况，从中选出出现概率较高的组合，然后使用这个组合中的单词作为预测到的该位置的单词。

可以通过建立超大型语料库的方式在一定程度上提高计算机理解自然语言所表达含义的能力。关于这些语料库，其中比较著名的有 WordNet（https://wordnet.princeton.edu/ 有更多相关的介绍）、FrameNet（https://framenet.icsi.berkeley.edu/fndrupal 有更多相关的介绍）等。建立超大型语料库的方式也有一定的弊端：首先，它会消耗大量的人力和时间；其次，既成的语料库扩展能力有限，在提升计算机理解能力方面得到的效果仍不尽人意。单词向量（Word Vector）技术的出现为使用深度学习实现智能语义特征提取提供了重要的保障（在第 8 章中会有关于 Word Vector 更加具体的介绍）。

总的来说，单词向量是指将语料库中的每一个单词表示成一个相对较低维度的向量（如 100 维或 200 维），对于语义相近的单词，其对应的单词向量在空间中的距离也应该接近。借用这种单词向量在空间中的位置关系，单词语义上的相似度就可以通过空间中的距离来简单地描述。另外，单词的向量值是通过深度学习算法一步一步学习得到的，不需要通过人工的方式设定。它相当于单词的特征向量。在一些质量比较好的语料库中，学习到的单词向量值往往更加准确。

1.7.3　语音识别

就像人脸识别技术得到了广泛的应用一样，语音识别技术在我们的生活中也正处于大放异彩的阶段。究其原因，也是由于 2009 年时深度学习技术的引入。在当时，深度学习技术的引入解决了困扰业界已久的实现高效率语音识别所面临的诸多难题。

在 2009 年以前，处理语音识别任务使用的还是在学术界研究了近 30 年的隐马尔可夫模型（Hidden MarkOv Model，HMM）和混合高斯模型（Gaussian Mixture Model，GMM）的结合。传统的 HMM-GMM 模型在 TIMIT 数据集（该数据集在语音识别领域的地位就像 MNIST 数据集在图像识别领域的地位一样，详细信息可参考官网 https://catalog.ldc.upenn.eud/ldc93s1）上创造的最低错误率是 21.7%；在使用了深度学习的方法之后，这一数值被降至 17.9%。

HMM-GMM 模型就像其他的机器学习算法一样需要人工从语音数据集中提取有效的特征，当数据量不断增大时，深度学习方法的优势开始体现出来——它可以自动从海量数据中提取出复杂且有效的特征。Microsoft 的研究员在通过大量的实验对比后得出了一个结论：深度学习算法比 HMM-GMM 模型更能够从海量的数据中获益，因为随着数据量的逐步增加，深度学习模型相比 HMM-GMM 模型而言有着更大幅度的正确率提高。也就是说，深度学习模型克服了 HMM-GMM 模型的性能瓶颈（更多结论以及实验的细节可参考论文《*Achievements and Challenges of Deep Learning*》）。

现实场景中的语音识别是非常复杂的，所以就要求用大量的数据来完成模型的训练。在数据量持续增长的情况下，2012 年，Google 基于深度学习开发的语音识别应用相比于 2009 年其基于 HMM-GMM 模型开发的语音识别应用的错误率降低了 20%。

基于深度学习的语音识别在很多场合下都有着广泛的应用，但更令我们熟悉的是语音识别，它成了我们形影不离的助手。2011 年，苹果公司在其手机中推出了 siri 智能语音控制系统。siri 的作用是"听取"用户所说的话并完成一些简单的手机操作（如打电话、发短信以及打开某个程序等），当我们手忙脚乱的时候，甚至只需要对着手机喊一声"Hello siri"就能打开它。能够被 siri 听懂的语言有很多，包括中文在内的 20 种不同语言。

在开放的 Android 平台，各大手机厂商以及第三方软件开发商都纷纷开始了其智能语音助手的开发。其中知名度比较高的有百度语音助手、讯飞语音助手、小米官方推出的"小爱同学"，以及 Google 推出的谷歌语音搜索（Google Voice Search）等，它们都实现了与 siri 类似的功能。

同声传译可以看作是对语音识别技术最综合的应用。同声传译出现在公众的视野中，是在 2012 年微软亚洲研究院（Microsoft Research Asia，MSRA）召开的 21 世纪的计算（Computing in the 21st Century）上。在大会上，Richard Rashid 演示了使用微软开发的同声传译系统完成了从英语到汉语的翻译。在微软的网络电话 Skype 中，我们可以体会到其同声传译系统的强大。

同声传译，即计算机被要求能够通过算法识别出输入的语音，还要将识别出来的结果翻译成另外一门语言，翻译好的结果会被合成为另一段语音（与输入语音的声音相同）并进行输出。单单思考同声传译的过程，就会发现这其中任意一个部分的实现都充满了困难。在深度学习被引入到语音识别领域之前，使用传统的机器学习算法实现这些功能基本是不可能的；随着深度学习的不断发展，实现同声传译需要的语音识别、机器翻译以及语音合成等技术才有了较大的进步。

第 2 章　安装 TensorFlow

工欲善其事，必先利其器。在使用 TensorFlow 框架实现深度神经网络之前，必须获取它并将其安装在自己的计算机上。从系统的选择到框架版本的选择再到安装完毕，笔者的建议是，对照书中介绍的过程按部就班地完成，这样可以避免犯更多的错误，从而节约宝贵的时间。

当然，如果读者对本框架的安装方法驾轻就熟，也可以跳过本章。

2.1　安装前的须知

就像安装其他框架一样，安装 TensorFlow 也是非常容易的。但在安装前笔者总是喜欢啰唆一下相关的内容，这些内容不会对安装的过程大有裨益，但是能实实在在开阔一下视野。

首先，一个深度学习任务往往会含有大量需要计算的内容，如果想要快速运行这些计算，就需要安装 TensorFlow 的硬件平台足够强大，所以，本节一开始就介绍了一些硬件方面需要注意的事情。

其次，我们站在历史的角度探讨了选用 GPU 运行网络训练的优点，但这并不意味着使用 CPU 进行训练是行不通的。这一部分用了比较大的篇幅构成了 2.1.2 节的内容。

最后，对于安装 TensorFlow 的系统平台以及使用何种语言进行 TensorFlow 程序的编写也进行了阐述，这部分内容比较少，阅读的时候可以选择跳过。

2.1.1　检查硬件是否达标

想要运行深度神经网络，一个优秀的硬件系统环境是必不可少的，但是出于价格的原因，可能有些用户无法负担得起昂贵的硬件费用。对于硬件，也没有一个固定的选择标准（高于这个标准才能进行训练，低于这个标准就无法训练）。

在这里笔者公布一下自己使用的硬件配置。

↘ CPU：i5 4210m。

↘ GPU：NVIDIA GTX850m。

↘ 内存：8GB DDR3。

↘ 硬盘：SSD。

本书所有的实验中，已在本平台通过测试的都会标明训练所用的时间，并不能保证低于这个水准的硬件也能表现出这种水平。但要想训练的时间更短一点，这里有一套推荐的配置。

↘ CPU：i7 8700k。

↘ GPU：NVIDIA GTX 1080Ti。

↘ 内存：32GB DDR4 2400。

↘ 硬盘：SSD。

下面对硬件的选择依据做一个说明。

1．CPU 的选择

TensorFlow 支持使用 CPU 或 GPU 进行训练，要在搭建硬件环境前考虑清楚使用何种设备进行训练。

单独使用 CPU 进行训练时，CPU 支持的核数和线程数越多越好，基础频率越高越好。这是因为在神经网络的计算中往往涉及大量的矩阵运算，而提供矩阵运算的科学计算库会通过采用多线程的方式来提高计算速度。

使用 GPU 进行训练时，大量的计算由 GPU 完成，TensorFlow 会占用一小部分的 CPU 资源向 GPU 发送一些指令。对于这种情况，普通的双核双线程的 Intel i3 CPU 就可以满足要求。

如果只运行一些小型的网络，比如基于 MNIST 数据集的 LeNet-5 网络，使用一个移动端 i3 的 CPU 训练就足够了。对于推荐的 i7 8700k，它具有六核十二线程，能提供最大 4.7GHz 的睿频，在稍大规模的网络中也能获得较快的速度。

2．GPU 的选择

如果采用 GPU（Graphics Processing Unit，图像处理单元，习惯上简称

显卡）进行训练，那么就需要拥有一款合适的显卡。

有一点需要注意，为了使用通用显卡的计算资源进行网络的训练，需要安装合适的底层库，例如 CUDA 或者 OpenCL（在下一小节会有介绍）。在后续的 TensorFlow 安装中我们选择了使其支持 CUDA 库，而 CUDA 库是 NVIDIA 显卡专用的，所以如果需要 TensorFlow 支持 GPU 并且在配置框架功能的时候全部按照笔者的思路进行，那么一定要拥有一款 NVIDIA 显卡。

在一般情况下，我们会选择通用显卡（能够执行通用计算的显卡）进行深度学习的 GPU 计算。对于一般小型神经网络来说，所需显存不会超过 4GB，可以选择 GTX980Ti、GTX980、GTX970 或 GTX960，甚至更先进的 Pascal 架构的 GTX1080 与 GTX1070（拥有 8GB 的显存）。对于单卡而言，如果训练所需显存超过 8GB，可以选择 GTX Titan X（拥有 12GB 的显存）。在这些显卡中，GTX1080 的计算速度会比 GTX1070 快 25% 左右；GTX1070 稍快于 GTX Titan X，可以达到 GTX960 的 3 倍。如果预算充足，可以考虑购买类似 M40 这种专为科学计算开发的顶级计算卡（拥有更快的速度和更大容量的显存）。

TensorFlow 支持多 GPU 并行计算，如果有此意向，则必须注意，最好使用相同型号的显卡。TensorFlow 允许不同类型的显卡同时训练，即一张高速卡和一张低速卡一起训练，但这样做通常会降低高速卡的性能。

3．内存的选择

受使用 CPU 还是 GPU 进行训练的影响，在选择内存时要对速度和容量加以考虑。

如果仅仅采用 CPU 进行训练，为了完成科学计算中大量的内存读写操作，内存的读写速度至关重要，选择较高频率的内存（例如推荐的 DDR4 2400 型内存）或者安装成双通道的形式是有利于训练的。

如果是采用 GPU 进行训练，则大量的科学计算由 GPU 完成，GPU 会将一些数据从内存复制到自身的显存，并读取自身显存中的数据（通常我们使用的显卡会带有 2～8GB 不等的显存）。尽管如此，CPU 还是会通过 PCIe 通道向 GPU 发送一些指令。由于 PCIe3.0 DMA 通道的传输速度远小于内存的传输速度，所以内存频率的高低不再是影响速度的瓶颈。

对于采用 CPU 和 GPU 混合训练的模式，那么上述的限制都要加以考虑。一般来说，CPU 的内存容量至少相当于 GPU 的显存容量。建议初学者选择 CPU 的内存容量至少是 GPU 显存容量的 3～4 倍。如果单独使用 CPU 进行训练，则内存的容量越大越好，速度越快越好。

如果只是稍微尝试一下深度学习，训练基于 MNIST 数据集的 LeNet-5 网络，那么 2GB 内存足矣；如果希望深入学习深度学习算法，那么至少要 8GB 内存，建议配置 16GB 或者 32GB 的内存；如果想实现大型网络的分布式训练，那么 32GB 的内存是远远不够的，可能还会需要更多的内存。

4．硬盘的选择

在运行一个网络时，程序会从硬盘中读取数据集最初始数据。如果数据集不是很大，机械硬盘的速度在单 CPU/GPU 训练模式下勉强够用。但如果想从 CPU/GPU 方面获取更快的速度，就要首先解决机械硬盘自身的读取速度限制。有时候，我们也会向硬盘写入数据，比如保存的模型，或者某些模型会将运行结果数据写入硬盘（如 R-CNN 模型）。

为了能够存储更多我们需要的数据集，硬盘一定要有足够大的空间。在实践小型网络的时候，一个数据集通常是几十 MB 到 100MB 不等。比如 MNIST 数据集占用空间大概是 10MB，而 Cifar-10 数据集占用空间大概是 160MB。但如果尝试稍大型的网络，就需要更大的数据集做支撑。例如，2012 年 ILSVRC 大赛使用的 ImageNet2012 数据集，仅下载下来的数据集压缩文件就需要 100GB 以上的硬盘空间。

综上所述，如果经济能力有限，那么 1TB 的机械硬盘不仅经济实惠，而且容量也足够；如果预算充足，建议读者使用 SSD 固态硬盘。

2.1.2　推荐选用 GPU 进行网络的训练

在 GPU 还未出现或者说功能尚不完善之前，许多传统的神经网络是用单台机器的 CPU 来训练的，但许多现代神经网络的实现都是基于图形处理器。

在最早的时候，显卡（在那时被称为图形加速卡）是为图形处理任务而开发的专用硬件组件，其设计的初衷是为了将视频或游戏渲染等图形处理任务快速并行地执行以减轻 CPU 的负担。

具体来说就是，应用程序将环境和角色模型的数据按三维坐标的形式存储，在运行的时候还需要通过并行地执行很多的矩阵运算（例如乘法与除法运算）将大量的这种三维坐标数据转换为显示器上的二维实际坐标，之后还要并行地在每个像素上执行计算以确定每个像素点的属性值（如颜色）。对于这类简单且重复性高的计算，用到 CPU 内部为了解决复杂的分支运算或逻辑控制而设计的硬件的概率就小很多了。例如，多数情况下多个顶点都会乘上相同的矩阵，极少需要通过 if 语句来判断和确定每个顶点需要乘上哪个矩阵。

神经网络模型的运行与上述的图形渲染的过程十分类似。在深度神经网络中，通常涉及大量的权重值、激活值、梯度值等参数，这些值的每个具体数在每一次训练迭代中都可能被刷新。如果采用 CPU 进行网络模型的训练，大量模型参数值的涌入会导致计算机 CPU 的高速缓存（Cache）不堪重负。可以先将这些参数值放入内存中，在需要时再由 CPU 读入 Cache，但这样做就使得内存的带宽成了限制速度的一个重要因素。

图 2-1 简单地对比了 CPU 与 GPU 在内部结构上存在的区别。CPU 为了应对普遍的日常应用而强化了控制器件（Control）和缓存结构（Cache），因此 CPU 适合处理具有复杂分支或条件控制的任务。GPU 为了应对高度并行化、计算密集型的图形处理任务而被设计成拥有更多的 ALU（Arithmetic Logic Unit，算术逻辑单元）和高带宽的显存，这样的设计会将更多的晶体管用于数据运算处理。

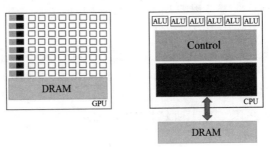

图 2-1　CPU 和 GPU 内部结构

这种结构上的区别使得 GPU 付出了一些功能上的代价，在处理分支任务时它是弱于 CPU 的，但得益于高度并行特性以及很高的内存带宽，它又在浮点运算方面取得了优于 CPU 的性能。因此，CPU 常常作为宿主元件发号施令而 GPU 就作为功能元件，从而提高了 CPU 在并行浮点运算方面的性能。

图 2-2 展示了近年来 NVIDIA 的 GPU 与 x86 架构的 CPU 在峰值双精度浮点性能上的比较。图 2-3 展示了这两个平台在峰值内存带宽方面的区别。

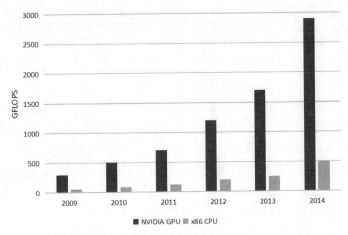

图 2-2　峰值双精度浮点性能比较

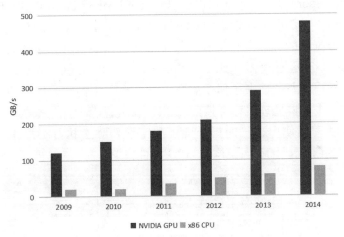

图 2-3　峰值内存带宽比较

　　一些人瞄准了 GPU 的并行运算优势，打算将 GPU 从图形计算加速任务引入到更广泛的应用中。2005 年，Steinkrau 等人首次基于 GPU 实现了一个两层全连接的神经网络，相比于使用 CPU 实现有着 3 倍的加速。不久之后的 2006 年，Chellapilla 及其合作者们又通过使用 GPU 加速有监督卷积网络的训练实验论证了使用这项技术来加速神经网络训练过程的可行性。

　　依托于自身的硬件特性，虽然 GPU 能够在高度密集型的并行计算上获得较高的性能和速度，但在 2007 年以前实现这样单纯的计算任务应用还是存在许多困难的：首先，GPU 厂商只提供了用于图形编程的 API，对于那些非图像处理类的应用程序，开发者们还要首先考虑如何处理这些 API；

其次，受限于 DRAM（Dynamic Random Access Memory，动态随机存取存储器）内存技术的薄弱，GPU 内直接从显存读取数据的速度还是慢于 CPU 内直接从 Cache 读取数据的速度，这样一来，程序的运行就受到 DRAM 读取的影响。

NVIDIA 在发布于 2006 年的 G80 系列显卡中引入了 Tesla 架构，该架构对运算处理器和存储器的分区进行了调整，从而组成了强大的多线程处理器阵列。从 G80 系列开始，NVIDIA 加入了对 CUDA 的支持，这样就扩展了 GPU 的功能，GPU 不再仅仅应用于图形领域，而是逐渐成了高效的通用计算平台。通用 GPU 的概念也随着 G80 的发布开始被公众所接受。

下面我们就看一下所谓的 Tesla 架构。

使用了 Tesla 架构的 GPU 通过一组由多线程流处理器（Streaming Multiprocessor）阵列构成的 SIMT（Single Instruction Multiple Threads，单指令多线程）多处理器实现了 MIMD（Multiple Instruction Multiple Data，多指令多数据）的异步并行机制。每个多线程流处理器都包含共享存储器结构和多个标量处理器［Scalar Processor，SP，或称流处理器（Stream Processor）］。为了使来自程序的数十个甚至更多的线程能够协调一致地运行，每一个标量处理器都会接到 SIMT 多处理器分配下来的一个线程，这些标量处理器使用自己的指令地址和寄存器独立执行分配下来的这个线程。图 2-4 展示了 Tesla 架构的 GPU 硬件概览。

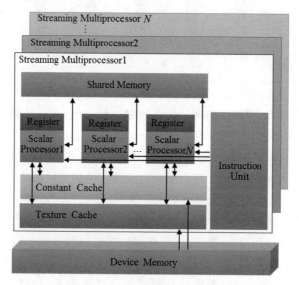

图 2-4　SIMT 多处理器模型

在图 2-4 中，每个多线程流处理器都包括以下存储器结构。

❧　一组本地的 32 位寄存器（Registers）。

❧　共享存储器（Shared Memory，或称并行数据缓存），由每个 Streaming Multiprocessor 下辖的所有标量处理器共享，共享存储器空间就位于此处。

❧　只读固定缓存（Constant Cache），由每个 Streaming Multiprocessor 包含的所有标量处理器共享。可以加速从固定存储器空间进行的读取操作（这是设备存储器的一个只读区域）。

❧　只读纹理缓存（Texture Cache），与 Constant Cache 一样由所有标量处理器共享。可以加速纹理数据的读取操作（这是设备存储器的一个只读区域）。

NVIDIA 发布首版 CUDA 的时间和发布 G80 系列显卡的时间相差无几。

CUDA（Compute Unified Device Architecture，统一并行计算架构）可以理解为一种并行运算平台或是一种新的操作 GPU 计算的硬件和软件架构，它将 GPU 视作一个数据并行计算设备，而且无须把这些计算映射到图形 API。

在软件方面，CUDA 主要由一个 CUDA 库（CUDA Libraries）、CUDA 运行时（CUDA Runtime）、一个应用程序编程接口（CUDA Driver API）以及两个较高级别的通用数学库——CUFFT（离散快速傅立叶变换）和 CUBLAS（离散基本线性计算）等组成。

如图 2-5 所示，执行一个编写好的 CUDA 程序需要 Host 和 GPU Device 共同参与。所谓的 Host 指的是宿主机的 CPU，而 GPU Device 也就是宿主机所连接的 GPU。程序的主要部分还是要靠 CPU 来完成，当遇到需要数据并行计算的情况时，CPU 就会把这些计算提交给 GPU 进行处理，习惯上我们称提交给 GPU 处理的这一部分程序为"核（Kernel）"。

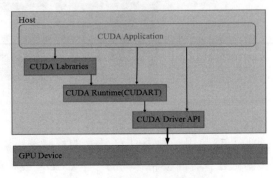

图 2-5　CUDA 的软件层次结构

一般 Kernel 的线程数目有很多，这些线程通常会被组织成线程块（Block）的形式，线程块可以是一维、二维或三维的。在硬件上一个线程对应一个 SP 单元，而一个线程块对应一个 SM 单元。

同一个块内的多个线程通过一些共享存储器来共享数据，并通过同步执行的方式来协调存储器访问。受一个多线程流处理器核心的有限存储器资源的限制，每个块都有它能处理的线程数量上限，因为这个处理器核心存放了同一个块中的所有线程。举例来说，早期的设备中一个线程块最多可以包含 128 个线程，随着存储器硬件的发展，后期出现的一些设备甚至将这个数字提升到了 1024 甚至更多。

即使现在硬件功能很强大，也不能把所有的线程都塞到同一个块里。一个 GPU 内核主要由多个流处理器核心组成，也就是说，一个 GPU 内核支持多个大小相同的线程块同时并发执行。所以，线程总数可以按"每个块的线程数×块的数量"的方式计算。

为了方便表达，同样维度和大小的程序块一般会被组织到一个一维或二维的线程块网格（Grid）内。Grid、Block 和 Thread 三者之间的关系如图 2-6 所示。

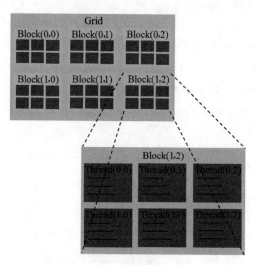

图 2-6　线程块网格

CUDA 也允许程序员用一种类似 C 语言的程序编写语言直接编写核函数 Kernel，此类函数在执行时会将相同的一个 CUDA 线程放在 GPU 中并行执行，相当于将该线程执行了多次，这与普通的 C 语言函数只执行一次的方式不同。

在以 G80 为代表的通用 GPU（可以通过编程的方式来处理一些原本由 CPU 完成的通用计算）发布之后，使用显卡训练神经网络的趋势愈加明显。除了典型的图形渲染任务之外，这种通用 GPU 可以执行完成任意数学计算的代码。在这一点上，NVIDIA 发布的 CUDA 功不可没。得益于相对简便的编程模型、强大的并行能力以及巨大的内存带宽，通用 GPU 成了我们训练神经网络的理想平台，并被越来越多的深度学习研究者们所接受。

OpenCL（Open Computing Language，开放运算语言）可以类比 CUDA，但更为通用。OpenCL 是一个统一的开放式开发平台，首次实现了并行开发的开放、兼容、免费这三个标准。OpenCL 设计的目标是为异构系统通用化提供统一的开发平台，同时为开发人员提供一套移植性强且高效运行的解决方案。OpenCL 最初是由 Apple 公司设想和开发，随后与 AMD、IBM、Intel 和 NVIDIA 等技术团队展开合作并将其初步完善，最后这些成果被移交至 Khronos Group 团队负责运行和维护。

关于 OpenCL 的详细编程细节这里不再赘述。相对于 CUDA 而言，OpenCL 提供了更多平台的支持，当然也有一些限制。

对于 AMD 厂商提供的显卡，OpenCL 必须搭配 x86 核心架构的 CPU；同时对显卡也有要求，必须是 AMD Radeon、AMD FirePro 和 AMD Firestream 这三种类型的显卡。更具体的要求可以浏览 AMD 的官方网页（https://developer.amd.com/tools-and-sdks/opencl-zone/opencl-resources/getting-started-with-opencl/）。

适用于 NVIDIA 的 OpenCL 提供了和 CUDA 相同的功能，但要求 GPU 具有 CUDA 的能力，即 OpenCL 的运行基于 CUDA（官网 https://developer.nvidia.com/opencl 有更多详细的解释）。并不是所有的 NVIDIA 显卡都具备 CUDA 能力，这通常会淘汰一些年代较早的显卡（2.4 节会对此进行解释）。所以，如果一款 NVIDIA 显卡适用于 CUDA 的平台，也同样适用于 OpenCL。

综上所述，CUDA 与 OpenCL 的功能和架构相似，只是 CUDA 只针对 NVIDIA 的产品，而 OpenCL 是一种通用性框架，可以使用多种品牌的产品。也正是由于 CUDA 的针对性，导致 CUDA 在一般情况下要比 OpenCL 的性能稍高。

尽管如此，在通用 GPU 上编写高效的代码同样需要我们对算法编程有一定的考量。在 CPU 上编程并获得良好表现的理论与技术并不能照搬到 GPU 上。比如，在 CPU 上为了获得更快的速度，我们通常会设计为尽可能从高速缓存（Cache）中读取更多的数据。然而，在 GPU 中这样的做法行不通，相比于将计算结果放到显存中再进行多次读取，直接进行多次计算则有着更高的速度。这是因为 GPU 天生就在处理多线程方面有着很强的优势，所以编程时要特别注意协调好不同线程之间的关系。

在本书中并不会教授读者们如何编写 CUDA 代码，书中所有的程序也不会涉及 CUDA 代码的内容，但是拥有较好的 GPU 编程能力会在更加复杂的网络设计中事半功倍。

2.1.3 为什么选择 Linux 系统

选择 Linux 的理由很多，按照笔者的理解，大概可以总结出下面的三点。首先回顾 1.5 节的主流深度学习开源框架总结表（见表 1-1），我们发现，表中的所有深度学习框架无一例外、全部支持 Linux 系统，如果想在一个系统下学习使用更多的框架，那么 Linux 显然是一个不错的选择；其次 Linux 自身除了拥有可以被用在终端工具内的数百条命令之外，还拥有丰富的界面供我们使用，如果想较低成本地进行深度神经网络的开发，那么 Linux 显然是一个不错的选择；最后 Linux 系统本身是开源的，许多操作系统都是由 Linux 二次开发而来的，如果想在学习系统命令的过程中深入了解一个系统的框架，那么 Linux 显然是一个不错的选择。

Linux 系统的发行版本有很多，常见的有 Ubuntu、CentOS、Debian、LinuxMint、FreeBSD、Deepin 等。在此推荐使用 Ubuntu 系统，这是一个由全球化的专业开发团队（Canonical Ltd）基于 Debian GNU/Linux 打造的开源 GNU/Linux 操作系统。

Ubuntu 以桌面应用为主。获取 Ubuntu 系统也很容易，在其中文官方网站（http://cn.ubuntu.com）中选择"Ubuntu 桌面系统"即可，如图 2-7 所示。

笔者使用的是 16.04 版本，包括本书所有的实验也是在这个系统平台上完成的。不同版本的 Ubuntu 系统界面可能有所不同，但这不影响我们的使用。

图 2-7　Ubuntu 中文官网界面

2.1.4　为什么选择 Python 语言

　　Python 语言由 Guido van Rossum 于 1989 年年底发明，第一个公开发行版发行于 1991 年。

　　Python 语法简洁而清晰，是一种动态语言（动态类型指的是编译器/虚拟机在运行时执行类型检查。简单地说，在声明了一个变量之后，能够随时改变其类型的语言是动态语言。考虑到动态语言的特性，一般需要运行时虚拟机支持）。在强弱类型之分中，它属于强类型的语言（弱类型语言对类型的检查要更为严格，偏向于不容忍隐式类型转换）。除此之外，它还具有丰富且强大的类库。

　　Python 常被称为胶水语言，原因在于它能够很轻松地把用其他语言制作的各种模块（尤其是 C/C++）联结在一起。常见的一种应用情形是，先使用 Python 构建程序的原型框架，然后对其中有特别要求的部分用更合适的语言编写，之后封装为 Python 可以调用的扩展类库。

　　进行深度神经网络的开发，并不一定必须要使用 Python，其他我们耳熟能详的语言（如 Java、C++、JavaScript 等）都有相应的机器学习框架。然而，通过 1.5 节中对其他主流深度学习框架的介绍，我们发现大多数框架都支持 Python，因此为了节省时间，从而更好地熟悉其他框架，在此推荐将 Python 语言作为深度神经网络开发的首选语言。

　　另外，本书中默认使用的 Python 版本为 3.7。相比于 2.7 版本，就语言本身而言，它更代表了 Python 未来的发展趋势。

2.2 安装 Anaconda

使用 Python 语言开发项目前，需要在计算机上拥有 Python 运行环境。在 Windows 系统下，这个环境需要自行安装。幸运的是，Ubuntu 系统自带 Python 环境（不只是 Ubuntu，几乎所有 Linux 发行版都带），但这个自带的环境无法满足我们的所有需要。在深度神经网络的设计过程中，需要涉及许多复杂的数学运算，自带的 Python 环境并没有封装这么多的数学公式作为函数。

Anaconda 是一个打包的集合，里面预装了 Conda、某个版本的 Python、众多 Packages、专业的科学计算工具等，所以被当作 Python 的一种发行版。

Conda 可以理解为一个工具或是一个可执行命令，其核心功能是包管理与环境管理。Conda 会将几乎所有的工具或第三方包都当作 Package 对待（包括 Python 和 Conda 自身），这一特性有效地解决了多版本 Python 并存、切换以及各种第三方包安装问题（Conda 的包管理与 pip 的使用类似，环境管理则允许用户方便地安装不同版本的 Python 且可以快速切换）。

同时，Anaconda 自动集成了最新版的 MKL(Math Kernel Library，数学核心函数库）库。这是 Intel 推出的底层数值计算库，提供经过高度优化和广泛线程化处理的数学例程，面向性能要求极高的科学、工程及金融等领域的应用。MKL 在功能上包含了 BLAS(Basic Linear Algebra Subprograms，基础线性代数子程序库)、LAPACK（Linear Algebra PACKage，线性代数计算库)、ScaLAPACK1、稀疏矩阵结算器、快速傅立叶转换、矢量数学等。由于这些库的存在，使得 Anaconda 在某种意义上还可以作为 NumPy、Dcipy、Scikit-learn、NumExpr 等库的底层依赖，加速这些库的矩阵运算和线性代数运算。

简而言之，Anaconda 是目前最好的科学计算的 Python 环境，方便了安装，也提高了性能。所以在此强烈建议安装 Anaconda，接下来的章节也将默认使用 Anaconda 作为 TensorFlow 的 Python 环境。

Anaconda 的安装可以按照下面的步骤进行。

（1）获取 Anaconda。在 Anaconda 官网上（https://www.anaconda.com/download/）选择 Anaconda 2019.03 for Linux Installer 下载（下载时注意选择

Python 3.7 version，相比于 Python 2.7 version，它更流行），如图 2-8 所示。默认提供了 64 位版本的下载，不必担心，64 位版本同样也支持 32 位系统的安装。

图 2-8　Anaconda 下载界面

（2）下载到的文件全称是 Anaconda3-2019.03-Linux-x86_64.sh，大小在 650MB 左右。之后在终端进入保存 Anaconda 文件的目录下，执行 bash 命令（如果选用与笔者所用版本不同的 Anaconda，这一步要确定好文件的名称）。

```
bash Anaconda3-2019.03-Linux-x86_64.sh
```

.sh 文件是 Linux 系统下的脚本文件，bash 可以从脚本文件中读取命令并执行。通常在终端进入到某一个目录下可以采用 cd 命令，也可以采用图形化的方式。比如进入到存放 Anaconda 的文件夹，右键单击空白处，在弹出的快捷菜单中选择"在终端打开（Open Terminal）"选项。

（3）按 Enter 键后会看到安装提示，直接按 Enter 键进入下一步。接下来我们会看到 Anaconda License 文档，这里展示了 Anaconda 的相关信息，如果没有兴趣阅读可以直接按 Q 键跳过。

（4）跳过之后会询问"Do you approve the license terms?"，这里需要我们手动输入一个"yes"，然后按 Enter 键确认。

（5）接下来会要求输入 Anaconda3 的安装路径。我们可以选择一个合适的路径粘贴到这里，也可以按 Enter 键选择默认的路径（默认的路径在 home 空间下）。这一步的提示信息如下：

```
Anaconda3 will now be installed into this location:
/home/jiangziyang/anaconda

- Press ENTER to confirm the Location
- Press CTRL-C to abort the installati[]on
- or specify a different Location below

[/home/jiangziyang/anaconda3]>>>
```

（6）安装不会花费很长的时间（在笔者的机器上大概不到 2 分钟），在这一过程中一般也不会出现任何报错。安装完成后，程序会提示我们是否把 Anaconda3 的 binary 路径加入 .bashrc 文件。默认为 no，这里同样需要手动输入"yes"并按 Enter 键确认。这一步的提示信息如下：

```
installation finished.
DO you wish the installer to prepend the Anaconda3 install
Location
to PATH in your /home/jiangziyang/.bashrc ? [yes|no]
[no] >>>
```

.bashrc 文件是 Linux 的一个启动文件，主要保存了一些个性化设置，如命令别名、路径等。此处的建议是添加，这样以后在终端中执行 python 和 ipython 命令就会自动使用 Anaconda Python 3.7 的环境了。

安装过程结束后，试着在终端执行 python 命令，可以看到 Python 以及 Anaconda 的版本信息了。图 2-9 展示了笔者运行 python 命令的结果。

图 2-9　python 命令的执行情况

ipython 是一个增强的交互式 Python Shell，比默认的 Python Shell 要好用得多。在功能上 ipython 有所改进，具有 Tab 补全、对象自省、强大的历史机制、内嵌的源代码编辑、集成 Python 调试器、%run 机制、宏、创建多个环境以及调用系统 shell 的能力。Anaconda 也把 ipython 集成了进来。换为执行 ipython 命令，结果如图 2-10 所示。

图 2-10　ipython 命令的执行结果

2.3　TensorFlow 的两个主要依赖包

之所以对 Protocol Buffer 和 Bazel 进行介绍，是因为笔者觉得这两个工具包比较重要。当然，TensorFlow 依赖的工具包绝不只限于本节介绍的这两个。

Bazel 是 Google 开源的一款自动化构建工具，它在 Google 内部帮助开发人员编译了绝大部分的应用。在速度、可伸缩性、灵活性以及对不同的程序设计语言和平台的支持上，Bazel 都要比传统的 MakeFile、Ant 或者 Maven 等表现得更加出色。

在安装 TensorFlow 的时候，如果选择了通过编译 TensorFlow 源码进行安装的方式，那么编译的过程中将会用到 Bazel 工具。如何安装 Bazel 放到了 2.3.2 节进行介绍。

Protocol Buffer 是 Google 开发的处理结构化数据的工具。在本书中并不会直接出现使用这一工具的情景，但在 12 章中讲解模型持久化内容的时候，为了能够理解持久化文件中的内容，我们往往会用到 2.3.1 节介绍的 Protocol Buffer 的一些基本概念。

2.3.1　Protocol Buffer

在信息社会，数据可以划分为两大类，即结构化数据、非结构化数据。结构化数据能够用数据或统一的结构加以表示，如数字、符号等；非结构化数据无法用数字或统一的结构表示，如图像、声音等。

假设这么一个使用场景：需要往数据库里记录一些用户的信息，每个用户的信息包括用户的名字、性别、年龄、Email 以及生日。那么这些信息在数据库里可能记录成以下形式：

```
Name:李明
Sex:man
Age:28
Email:liming@abc.com
Birth Date:2017.12.31
```

这样的用户信息就是一种结构化的数据，这些数据按照属性及属性值一一对应的方式被存储在了数据库系统中。

序列化（Serialization）是指将对象的内容转换为可以存储或传输的形式的过程（序列化的源目标不限于结构化数据）。当需要将这些结构化的用户信息持久化存储或者在网络上传输时，首要的工作就是进行序列化。简单来说，也可以理解为将这些数据转换成一个字符串的形式。

如果将上面的用户信息序列化为 XML 的格式，会得到如下代码：

```
<user>
    <Name>李明</Name>
    <Sex>man</Sex>
    <Age>28</Age>
    <Email>liming@abc.com</Email>
    <Birth Date>2017.12.31</Date>
</user>
```

序列化后的格式也可以是 JSON（当然远不止这两种），得到的代码如下：

```
{
    "Name":"李明",
    "Sex":"man",
    "Age":"28",
    "Email":"liming@abc.com",
    "Birth Date":"2017.12.31",
}
```

将结构化的数据序列化为 XML 或者 JSON 格式的方式有很多，可以通过构建代码的方式，也能使用某些 IDE 自带的工具。然而这些序列化方式并不是本书要关注的知识点，有兴趣的读者可以参考相关书籍。

结构化的数据处理指的是将结构化的数据进行序列化，以及从序列化后的数据流中还原出原来的结构化数据的过程。而 Protocol Buffer 就是 Google 开发的一款处理结构化数据的工具。

对比 XML 与 JSON 格式的文件，我们会发现这两种格式的数据信息都没有被隐藏。换句话说，数据信息都包含在了序列化之后的文件中。打开 XML 格式或 JSON 格式的数据很容易（如文本编辑器），因为它们本就是可读的字符串。

但经过 Protocol Buffer 序列化后的数据就有所不同了。首先 Protocol Buffer 序列化之后得到的数据不是可读的字符串，而是所谓的二进制流，需要使用专用的工具打开；其次，使用 Protocol Buffer 之前需要先定义好数据的格式（schema），更具体的编码方式可访问 Google 官方网页（https://developers.google.com/protocol-buffers/docs/encoding）。还原一个序列化之后的数据，需要用到这个定义好的数据格式。

以下代码给出了使用 Protocol Buffer 序列化用户信息前需要定义的数据格式：

```
message user{
  required string Name = 1;
  required string Sex = 2;
  required int32 Age = 3;
  repeated string Email=4;
  optional string Birth Date = 5;
}
```

类似这样的定义会被存储在.proto 文件中。.proto 文件中会定义很多的 message，比如这里的 user。message 通过一系列属性的类型和名称定义这些结构化的数据。属性的类型有很多，比如布尔型、整数型、实数型、字符型这样的基本类型，也可以是另外一个 message。

在 message 中，还可以通过关键字 required（必需的）、optional（可选的）或是 repeated（可重复的）来修饰属性。如果一个属性是 required，那么所有 message 的实例都需要有这个属性；如果一个属性是 optional，那么在 message 实例中这个属性的取值可以为空；如果一个属性是 repeated，那么这个属性的取值可以是一个列表。

以 user 为例，所有用户都需要有 Name、Sex 和 Age，所以这 3 个属性是必需的；一个用户可能有多个 Email 地址，所以 Email 属性是可重复的；生日不是必需的信息，所以 Birth Date 这个属性是可选的。

在本书中，我们不会具体讨论这一工具该如何使用，也不会解释如何定义.proto 文件，只需要对其数据格式有一定的了解即可。用到 Protocol

Buffer 的地方就是在第 11 章介绍文件格式时以及在第 12 章中介绍模型持久化时，针对这两章，此处介绍的内容已经足够了。

2.3.2 Bazel

TensorFlow 本身以及 Google 给出的很多官方样例都是通过 Bazel 编译的，在正式安装 TensorFlow 的时候，如果选用了通过源码编译安装的方式，那么理想的编译工具就是 Bazel。

安装 Bazel 之前，需要安装 JDK8。JDK8 的安装变得更加简单，在终端执行下面的这条命令即可：

```
sudo apt-get install openjdk-8-jdk
```

这条命令的执行会从网络中下载一些需要的文件，并询问我们是否继续执行，默认的是继续执行，所以在这里直接按 Enter 键确认就行了。出于保护 Linux 安全的目的，用户在对软件系统进行更改时需要获取 root 权限（root 可以理解为 Linux 默认的系统管理员账户）。sudo 命令的作用是以另一个用户的身份（可以是 root 的身份）执行接下来的命令，apt 命令通常搭配 sudo 命令执行，之后的过程中也有许多命令搭配 sudo 命令一起执行。通常这种用法会被看作安装这些文件时提升权限的一种方式，如果不这样做，我们很可能被终端提示权限不足。

sudo 命令也有许多命令选项，比如我们会经常使用 sudo -s 获取 root 权限，其他的更多选项可以参考相关的命令手册。

如果使用上述的一条命令没有成功，那么可以尝试着在这条命令之前添加 PPA 源以及更新安装源：

```
sudo add-apt-repository ppa:openjdk-r/ppa
sudo apt-get update
```

对于每个 Linux 的发行版，如 Ubuntu，官方都会提供一个软件仓库，其中囊括了我们常用的软件。这些软件都是安全的，而且可以正常安装。那要怎么安装呢？假设我们使用的机器装有 Ubuntu，这个系统会维护一个由众多网址信息构成的源列表（我们称每一个网址就是一个源），网址指向的数据会告诉我们源服务器上有哪些软件可以安装使用。

很多软件由于种种原因无法进入到 Ubuntu 的官方软件仓库，出于方便

Ubuntu 用户使用 Linux 系统的目的，launchpad.net 提供了 PPA（Personal Package Archives，个人软件包文档）的方式。PPA 只有 Ubuntu 用户可以用，通过它，用户可以建立自己的软件仓库，自由地上传软件。所有的 PPA 都寄存到 launchpad.net 的网站（https://launchpad.net）上。

这两条命令中的第一条命令就是添加安装 JDK8 所需的 PPA，而 sudo apt-get update 命令会访问源列表里的每个网址，并读取软件列表，然后保存在本地计算机。我们在软件包管理器中看到的软件列表，都是通过 update 命令更新的。在终端执行完这条命令后，会从提示信息中发现我们所添加的 PPA 被加入 sudo apt-get update 命令执行时需要更新的源列表中。

假如你很幸运，只使用第一条命令就完成了 JDK8 的安装（终端执行完一系列设置后没有报错），那么恭喜你成功了。如果你不确定 JDK8 是否已经成功安装，那么可以重新打开一个终端并执行 java 命令，若 JDK8 成功安装的话，java 命令执行后会打印出一些相关的命令语法。下面摘取了 java 命令执行后的部分打印内容：

```
(base) jiangziyang@jiangziyang-ubuntu:~$ java
用法: java [-options] class [args...]
        (执行类)
   或  java [-options] -jar jarfile [args...]
        (执行 jar 文件)
其中选项包括:
    -d32    使用 32 位数据模型 (如果可用)
    -d64    使用 64 位数据模型 (如果可用)
    -server    选择 "server" VM
    -zero    选择 "zero" VM
    -dcevm    选择 "dcevm" VM
                默认 VM 是 server,
                因为您是在服务器类计算机上运行。
    -cp <目录和 zip/jar 文件的类搜索路径>
    -classpath <目录和 zip/jar 文件的类搜索路径>
                用 : 分隔的目录，JAR 档案
                和 ZIP 档案列表，用于搜索类文件。
    -D<名称>=<值>
                设置系统属性
    -verbose:[class|gc|jni]
                启用详细输出
    -version    输出产品版本并退出
```

例如，java –version 的作用是打印出 JDK 的版本：

```
(base) jiangziyang@jiangziyang-ubuntu:~$ java -version
openjdk version "1.8.0_212"
OpenJDK Runtime Environment (build
1.8.0_212-8u212-b03-0ubuntu1.16.04.1-b03)
OpenJDK 64-Bit Server VM (build 25.212-b03, mixed mode)
```

当然，安装 JDK8 的方法不止这一种，也可以选择下载.tar.gz 文件之后脱机安装（在 Oracle 官网 http://www.oracle.com/technetwork/java/javase/downloads/jdk8-downloads-2133151.html 提供了该文件的下载）。关于这种安装方式，可以参考其他文献。

JDK8 安装之后还要继续安装 Bazel 的其他依赖工具包，命令如下：

```
sudo apt-get install pkg-config zip g++ zlib1g-dev unzip
```

最后一步是要获取 Bazel 的安装包并正式安装 Bazel。安装包可以在 Github 的发布页面获得（https://github.com/bazelbuild/bazel/releases/tag/0.23.0），选择文件 bazel-0.23.0-installer-linux-x86_64.sh 进行下载，其中 0.23.0 是 Bazel 的版本号。Bazel 的更新比较快，最新的 Bazel 可能由于兼容性的原因而不太适合用于 TensorFlow 的编译。选择页面左侧的 Tags 可以查看所有的 Bazel 安装包文件，然后就可以通过这个安装包来安装 Bazel。以下代码展示了 Bazel 的安装过程：

```
chmod +x bazel-0.23.0-installer-linux-x86_64.sh
./bazel-0.23.0-installer-linux-x86_64.sh –user
```

chmod +x 命令会为.sh 文件添加可执行权限。执行完这两条命令就完成了 Bazel 的安装，但还需要通过以下命令安装 TensorFlow 的其他依赖工具包：

```
#如果你的Python 环境是 3.x，那么对应的命令如下：
sudo apt-get install python3-numpy swig python3-dev \
> python3- wheel
#如果你的Python 环境是 2.x，那么对应的命令如下：
sudo apt-get install python-numpy swig python-dev \
> python-wheel
```

Bazel 安装之后，会在 home 空间下生成一个名为 bin 的文件夹，打开之后里面是一个名为 bazel 的脚本文件。通过在新的终端输入 bazel 命令可以验证其是否安装成功，也可以查看 Bazel 工具的相关信息及命令使用情况。但在输入 bazel 命令之前需要导入 PATH：

```
export PATH="$PATH:$HOME/bin"
```

```
bazel
```

下面的这段代码展示了在终端运行 bazel 命令后提示的部分相关信息。Bazel 的具体使用这里不再讲述，在编译 TensorFlow 时（2.5.2 节）会对这个工具有一个简单的应用，除此之外，在本书范围之内将不会涉及 Bazel。

```
jiangziyang@jiangziyang:~$ export PATH="$PATH:$HOME/bin"
jiangziyang@jiangziyang-ubuntu:~$ bazel
WARNING: --batch mode is deprecated. Please instead explicitly
shut down your Bazel server using the command "bazel shutdown".
                                        [bazel release 0.23.0]
Usage: bazel <command> <options> ...

Available commands:
  analyze-profile   Analyzes build profile data.
  aquery            Analyzes the given targets and queries the
action graph.
  build             Builds the specified targets.
  canonicalize-flags Canonicalizes a list of bazel options.
  clean             Removes output files and optionally stops
the server.
  coverage          Generates code coverage report for specified
test targets.
  cquery            Loads, analyzes, and queries the specified
targets w/ configurations.
  dump              Dumps the internal state of the bazel server
process.
  fetch             Fetches external repositories that are
prerequisites to the targets.
  help              Prints help for commands, or the index.
  info              Displays runtime info about the bazel
server.
  license           Prints the license of this software.
  mobile-install    Installs targets to mobile devices.
  print_action      Prints the command line args for compiling
a file.
  query             Executes a dependency graph query.
  run               Runs the specified target.
  shutdown          Stops the bazel server.
  sync              Syncs all repositories specified in the
workspace file
  test              Builds and runs the specified test targets.
  version           Prints version information for bazel.
```

2.4　安装 CUDA 和 cuDNN

CUDA（Compute Unified Device Architecture，统一计算设备架构）是显卡厂商 NVIDIA 推出的使用 GPU 资源进行复杂通用并行计算（General Purpose GPU）的 SDK。在 2.1.2 节，我们讨论了使用 GPU 进行训练的一些优势。在安装好 CUDA 之后，我们就可以用 C 语言或 C++等其他语言对 GPU 进行底层编程（实际上，大多数情况下并不需要我们去写这部分代码），接着就可以体验到 GPU 执行这些计算到底会有多快。

CUDA 的安装包里包含有显卡的驱动，这就意味着当我们安装好 CUDA 后，显卡驱动的安装过程就不需要了，因为它已经被安装好了。

CUDA 目前只支持 NVIDIA 自己推出的 GPU 设备，然而这并不代表所有的 NVIDIA 显卡都能支持 CUDA。关于 CUDA 的安装过程及其需要的条件，会在 2.4.1 节具体介绍。

cuDNN 同样是由 NVIDIA 推出的。对比标准的 CUDA，它的底层使用了很多先进接口和技术（遗憾的是这些并没有对外开源），并且在一些常用的神经网络操作上进行了算法性能的提升，如卷积、池化、归一化以及激活层等，因此深度学习中的 CNN（Convolutional Neural Network，卷积神经网络）和 RNN（Recurrent Neural Network，循环神经网络）的实现得以高度优化。

如果能够明白上述的解释，那么不难推断出配置 cuDNN 时要对 CUDA 进行一些修改，所以 CUDA 要首先安装。目前绝大多数的深度学习框架都支持使用 cuDNN 来驱动 GPU 计算，TensorFlow 也不例外。关于 cuDNN 的安装过程及其需要的条件，会在 2.4.2 节具体介绍。

2.4.1　CUDA

如果需要 TensorFlow 1.0 支持 NVIDIA 的 GPU，那么安装 CUDA（版本需要大于或等于 7.0）和 cuDNN（版本要大于或等于 v2）是必须的，对于 TensorFlow 2.0，则要求 CUDA 的版本不低于 10.0 且 cuDNN 的版本要不低于 v7.5）。另外，TensorFlow 只支持 NVIDIA 计算能力（Compute Capability）大于或等于 3.0 的 GPU，比如 NVIDIA 的 Titan、Titan X、K20、K40 等都满

足这一要求。

要查看自己的显卡计算能力值，可去 NVIDIA 官网（https://developer
.nvidia.com/cuda-gpus）。在这个页面上，列出了在 NVIDIA 公司推出的 5 个
系列产品中能够支持 CUDA 的所有 GPU 型号及其计算能力值。以笔者所使
用的 GTX850m 为例，其属于 NVIDIA GeForce 系列的产品，计算能力值为
5.0。一般而言，计算能力大于或等于 3.0 的 GPU 都支持我们所需要的
CUDA 和 cuDNN 版本。

在 NVIDIA 的官网（https://developer.nvidia.com/cuda-downloads）也提
供了 CUDA Toolkit 文件的下载，如图 2-11 所示。在页面的下方，还给出了
对应文件格式的安装方式。

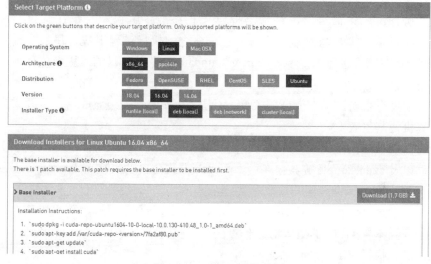

图 2-11　CUDA 下载页面

如果使用了和笔者一样的操作系统，那么选择的时候按图 2-11 所示进
行就可以了。关于安装文件类型，建议选择"deb(local)"。不建议使用
runfile 文件安装，因为这种方式安装时需要手动暂停 X Server，而且对
Linux 版本、Linux kernel 版本、GCC 版本都有严格的要求，稍有不符，很
可能导致安装失败。

在笔者下载的时候，CUDA 的最新版本是 10.1，不过还是建议选择使
用 10.0 版本的 CUDA，原因是 10.1 版本的 CUDA 可能与 2.0 版本的
TensorFlow 存在兼容性问题，而使用 10.0 版本的 CUDA 则完全不会有这方
面的顾虑。下载完成之后，打开终端并进入到文件的下载目录，依次执行

下述命令：

```
sudo -s
dpkg -i cuda-repo-ubuntu1604-10-0-local-10.0.130 \
> -410.48_1.0-1_amd64
sudo apt-key add /var/cuda-repo-10-0-local-10.0.130 \
> -410.48/7fa2af80.pub
sudo apt-get update
sudo apt-get install cuda
```

由于 dpkg 命令的执行需要 root 权限，因此在执行该命令之前先执行 sudo -s 命令。.deb 文件是 Linux 系统下的软件安装包，其基于 tar 包。处理.deb 文件的典型程序是dpkg，这是Linux系统用来安装、创建和管理软件包的实用工具。dpkg命令的-i选项的含义是安装软件包。

执行第二条命令时，终端会提示"正在准备解包""正在解包"和"正在设置"等一些内容。第二、三个命令的执行过程很快，最后会提示 OK 表示成功。接下来是 sudo apt-get update 命令，其目的是更新软件库，同时也会下载一些文件。最后是 sudo apt-get install 命令。如果结束的时候在终端没有报错，那么就证明 CUDA 已成功安装。安装完成后，需要重启计算机使其生效。

需要说明的是，在用.run 文件安装时，通常我们会选择是否安装显卡驱动以及 cuda sample 等其他东西，但.deb 方式会自动安装 cuda sample 以及显卡驱动等。

重启之后要验证 CUDA 是否安装成功，这不是必需的，但可以帮助我们了解到本机 GPU 的更多信息。首先在终端进入 usr/local/cuda/samples 目录，之后执行以下 make 命令：

```
make all
```

该命令的执行也需要 root 权限，可以先执行 sudo -s 命令获取 root 权限。make all 就是对目标进行一些编译。过程应该非常顺利，如果 make 成功，会在最后提示"Finished building CUDA samples"信息。之后，在 usr/local/cuda/extras/demo_suite 文件夹下，可以找到可执行文件 deviceQuery 并在终端运行该文件。如果CUDA 安装成功，执行 deviceQuery 文件会输出 GPU 的相关信息。以下是在终端显示的笔者所用 GPU 的信息：

```
(base)jiangziyang@jiangziyang-ubuntu:~$ '/usr/local/cuda/
extras/demo_suite/deviceQuery'
/usr/local/cuda/extras/demo_suite/deviceQuery Starting...
```

```
CUDA Device Query (Runtime API) version (CUDART static linking)

Detected 1 CUDA Capable device(s)

Device 0: "GeForce GTX 850M"
  CUDA Driver Version / Runtime Version          10.0 / 10.0
  CUDA Capability Major/Minor version number:    5.0
  Total amount of global memory:                 2004 MBytes
(2101870592 bytes)
  (5) Multiprocessors, (128) CUDA Cores/MP:   640 CUDA Cores
  GPU Max Clock rate:                          863 MHz (0.86 GHz)
  Memory Clock rate:                           2505 MHz
  Memory Bus Width:                            128-bit
  L2 Cache Size:                               2097152 bytes
  Maximum Texture Dimension Size (x,y,z)         1D=(65536),
2D=(65536, 65536), 3D=(4096, 4096, 4096)
  Maximum Layered 1D Texture Size, (num) layers  1D=(16384),
2048 layers
  Maximum Layered 2D Texture Size, (num) layers  2D=(16384,
16384), 2048 layers
  Total amount of constant memory:               65536 bytes
  Total amount of shared memory per block:       49152 bytes
  Total number of registers available per block: 65536
  Warp size:                                     32
  Maximum number of threads per multiprocessor:  2048
  Maximum number of threads per block:           1024
  Max dimension size of a thread block (x,y,z): (1024, 1024, 64)
  Max dimension size of a grid size    (x,y,z): (2147483647,
65535, 65535)
  Maximum memory pitch:                        2147483647 bytes
  Texture alignment:                           512 bytes
  Concurrent copy and kernel execution:        Yes with 1 copy
engine(s)
  Run time limit on kernels:                     Yes
  Integrated GPU sharing Host Memory:            No
  Support host page-locked memory mapping:       Yes
  Alignment requirement for Surfaces:            Yes
  Device has ECC support:                        Disabled
  Device supports Unified Addressing (UVA):      Yes
  Device supports Compute Preemption:            No
  Supports Cooperative Kernel Launch:            No
  Supports MultiDevice Co-op Kernel Launch:      No
  Device PCI Domain ID / Bus ID / location ID:  0 / 1 / 0
  Compute Mode:
```

```
    < Default (multiple host threads can use ::cudaSetDevice()
with device simultaneously) >

deviceQuery, CUDA Driver = CUDART, CUDA Driver Version = 10.0,
CUDA Runtime Version = 10.0, NumDevs = 1, Device0 = GeForce GTX
850M
Result = PASS
```

2.4.2　cuDNN

在 NVIDIA 官网（https://developer.nvidia.com/cuDNN）可以下载 cuDNN 安装包，下载之前需要进行免费注册。如图 2-12 所示是 cuDNN 的下载页面，首页里还有关于 cuDNN 的详细介绍。

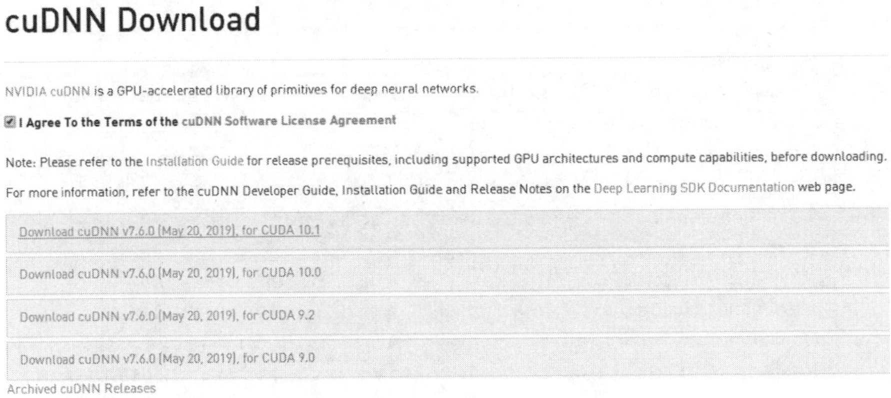

图 2-12　cuDNN 的下载界面

在图 2-12 所示的页面中，展示了最新版本 cuDNN 的四个下载链接，为了匹配我们之前安装的 CUDA 10.0，需要选择 Download cuDNN v7.6.0 (May 20,2019),for CUDA 10.0 进行下载。

点击这个链接后，会显示一些更具体的文件的下载链接（主要针对所使用的系统以及想要下载的文件的类型）。笔者在这些链接中选择了 cudnn-10.0-linux-x64-v7.6.0.64 进行下载，下载完成后的文件就是 cudnn-10.0-linux-x64-v7.6.0.64.tgz，其中，文件名中的 10.0 指出了其对应的 CUDA 版本，而 v7.6.0 是 cuDNN 的版本。

以.tgz 或者.tar.gz 为扩展名的是一种压缩文件，都是用 tar 与 gzip（Linux 下一种具有较高压缩比的压缩程序）压缩得到的。在 Linux 系统下解压缩.tgz 文件的命令有很多，如 tar、gzip 和 gunzip 等。这里以常用的 tar 命令为例。使用 tar 命令可以将许多文件一起保存进行归档和压缩，并能从归档和压缩中单独还原所需文件。在终端进入到该文件的目录下，并运行 tar -zxvf 命令进行解压：

```
tar -zxvf cudnn-10.0-linux-x64-v7.6.0.64.tgz
```

在命令选项中，-z 表示通过 gzip 过滤归档；-x 表示从归档文件中释放文件；-v 表示详细报告 tar 处理的信息；-f 表示使用归档文件或设备。此外，tar 命令还有其他的选项可用，这里不再加以说明。解压后，会在当前目录产生一个名为 cuda 的文件夹。接下来使用 cd 命令进入到该文件夹：

```
cd cuda
```

如果在图形界面进入到该文件夹的话，会发现里面有一个名为 lib64 的文件夹和一个名为 include 的文件夹，在 include 文件夹下存放了一个 cudnn.h 文件（头文件），在 lib64 文件夹下存放了一些.so（到共享库的链接）文件。图 2-13 展示了 lib64 文件夹内的文件。

图 2-13 lib64 文件夹内的文件

我们要做的就是将这两个文件夹下的文件复制到 CUDA 安装目录下相应的文件夹。该操作可用下面的两行命令完成：

```
sudo cp lib64/libcudnn*  /usr/local/cuda/lib64/
sudo cp include/cuDNN.h  /usr/local/cuda/include/
```

使用 cp 命令可以复制文件和目录到其他目录中。如果同时指定两个以上的文件或目录，且最后的目标目录已经存在，则它会把前面指定的所有文件或目录都复制到该目录中。在这种情况下，如果最后一个目录并不存在，那么将会出现错误信息。

接下来，删除不需要的库链接文件并更新 cuDNN 库文件的软链接。在终端执行以下命令：

```
cd /usr/local/cuda/lib64/
sudo rm -rf libcudnn.so libcudnn.so.7
sudo chmod +r libcudnn.so.7.6.0
```

```
sudo ln -s libcudnn.so.7.6.0 libcudnn.so.7
sudo ln -s libcudnn.so.7.6.0 libcudnn.so
sudo ldconfig
```

使用 chmod 命令可以更改文件和目录的模式，以达到修改文件访问权限的效果。选项+r 表示对指定的文件添加读取权限。此外，该命令还有其他的选项，具体可查命令手册。

ln 命令用于创建链接文件（包括软链接文件和硬链接文件），选项-s 表示创建符号链接文件而不是硬链接文件。

这样就完成了 cuDNN 的安装，但我们还需要在系统环境里设置 CUDA 的路径。在之前安装 Anaconda 时，终端就提示了我们是否把 Anaconda3 的 binary 路径加入.bashrc 文件。

首先使用 vim 工具打开.bashrc 文件。可以在终端输入如下命令：

```
vim ~/.bashrc
```

在此之前，我们并没有使用过 vim。它是 Linux 和 UNIX 系统下一个灵巧的文本编辑器，工作在字符模式下而不需要图形界面。虽然不像其他格式化文本的程序那样能两端对齐或者具有文字格式化输出的功能，却可以用来编写代码（如 C、HTML、JAVA 等）并加以简短的注释。

在一个新的系统中往往不会预先安装 vim，因此执行 vim 命令后通常会出现一些类似"请尝试：sudo apt install<选定的软件包>"的提示，这意味着需要使用这个命令进行 vim 的安装。

vim 占用的空间很小，下载安装速度很快（几乎不到一分钟的时间）。安装之后就可以顺利地打开.bashrc 文件了。在该文件的最后一行可以看到这里已经添加了一个 PATH，值为 PATH="/home/jiangziyang/anaconda3/bin:$PATH"，这是在安装 Anaconda 时选择添加的。

.bashrc 文件是 Linux 下的一个启动文件，主要保存一些个性化设置，如命令别名、路径等。CUDA 安装时不会将路径添加到.bashrc，所以需要我们手动添加。

vim 有两种操作模式：命令模式（也称正常模式）和输入模式。vim 启动时默认进入命令模式；按 i 键（或者 I、a、A、o、O、r、R 键），即可进入 vim 的输入模式。此时会在窗口左下角提示"插入"。将如下代码输入到最下面：

```
export LD_LIBRARY_PATH=/usr/local/cuda-10.0/lib64:usr/\
local/cuda-10.0/extras/CPUTI/lib64:$LD_LIBRARY_PATH
```

```
export CUDA_HOME=/usr/lucal/cuda-10.0
export PATH=/usr/local/cuda-10.0/bin:$PATH
```

输入完成后按 Esc 键退出输入模式，回到命令模式，之后将输入切换到大写模式，连按两下 Z 键退出 vim 返回终端。之后在终端输入以下命令：

```
source ~/.bashrc
```

source 命令也称为"点命令"，相当于一个点符号"."，通常用于重新执行刚修改过的文件（诸如.bashrc 之类的启动文件）并使之立即生效，而不必注销并重新登录系统。

至此，CUDA 和 cuDNN 的安装过程结束。

2.5　正式安装 TensorFlow

在 Linux 系统下安装 TensorFlow 的方式有很多，书中主要对使用 pip 安装和从源代码编译并安装这两种方式进行讲解。笔者个人比较倾向从源代码编译并安装，因此会比较大篇幅地对这种方式展开讨论，并且列出以这种方式安装时经常会遇到的一些问题以及解决方案，以期帮助读者顺利地完成安装。

使用 Docker 安装 TensorFlow 也很常见，但在此之前需要对 Docker 本身的安装及使用有一定的了解。限于篇幅，书中略去了这种安装方式的介绍。

2.5.1　使用 pip 安装

pip 是一个安装、管理 Python 软件包的工具（在 https://pip.pypa.io 页面中可以找到关于 pip 的说明文档），通过它可以安装按官方标准打包好的 TensorFlow 及其所需要的依赖关系。当用户的系统环境比较特殊，比如 gcc 版本较新或者想要定制化的 TensorFlow 时，不推荐使用这种方式。

Anaconda3 集成了 pip 工具，不需要再独立安装 pip，你可以在一个新的终端里输入 pip 命令以验证其是否已经正确安装。通过这种方式也可以查看 pip 命令的具体使用方式。以下代码展示了在终端执行 pip 命令之后输出的相关信息：

```
jiangziyang@jiangziyang-ubuntu:~$ pip

Usage:
 pip <command> [options]

Commands:
  install                     Install packages.
  download                    Download packages.
  uninstall                   Uninstall packages.
  freeze                      Output installed packages in
                              requirements format.
  list                        List installed packages.
  show                        Show information about installed
                              packages.
  check                       Verify installed packages have
                              compatible dependencies.
  search                      Search PyPI for packages.
  wheel                       Build wheels from your requirements.
  hash                        Compute hashes of package archives.
  completion                  A helper command used for command
                              completion.
  help                        Show help for commands.

General Options:
  -h, --help                  Show help.
  --isolated                  Run pip in an isolated mode, ignoring
                              environment variables and user
                              configuration.
  -v, --verbose               Give more output. Option is additive,
                              and can be
                              used up to 3 times.
  -V, --version               Show version and exit.
  -q, --quiet                 Give less output. Option is additive,
                              and can be
                              used up to 3 times (corresponding to
                              WARNING, ERROR, and CRITICAL logging
                              levels).
  --log <path>                Path to a verbose appending log.
  --proxy <proxy>             Specify a proxy in the form
                              [user:passwd@]proxy.server:port.
  --retries <retries>         Maximum number of retries each
                              connection should
                              attempt (default 5 times).
  --timeout <sec>             Set the socket timeout (default 15
                              seconds).
```

```
 --exists-action <action>   Default action when a path already
                            exists:
                            (s)witch, (i)gnore, (w)ipe,
(b)ackup, (a)bort.
 --trusted-host <hostname>  Mark this host as trusted, even
                            though it does
                            not have valid or any HTTPS.
 --cert <path>              Path to alternate CA bundle.
 --client-cert <path>       Path to SSL client certificate, a
                            single file
                            containing the private key and the
                            certificate
                            in PEM format.
 --cache-dir <dir>          Store the cache data in <dir>.
 --no-cache-dir             Disable the cache.
 --disable-pip-version-check
                            Don't periodically check PyPI to
                            determine
                            whether a new version of pip is
                            available for
                            download. Implied with --no-index.
```

使用 pip 安装 TensorFlow2.0.0 可以很容易地进行，假设我们只需要使用 CPU 运行网络模型，那么只安装 CPU 版的 TensorFlow2.0.0 就可以了，可以在命令行执行下述命令：

```
pip install tensorflow==2.0.0alpha0
```

假设我们在运行网络模型的过程中会较多地使用到 GPU（也就是显卡），那么就需要安装 GPU 版的 TensorFlow2.0.0，可以在命令行执行下述命令：

```
pip install tensorflow-gpu==2.0.0alpha0
```

安装 GPU 版的 TensorFlow2.0.0 要求我们已经安装好 CUDA 和 cuDNN，并且已经做好了添加环境变量的工作，而安装 CPU 版的 TensorFlow2.0.0 则不会有这些要求。无论是 CPU 版还是 GPU 版的 TensorFlow2.0.0，在终端输入安装命令后，pip 工具都会自动搜集相应的.whl 安装包文件以及安装所需要的各种依赖包。

在经过一段时间的等待后，终端会提示 Successfully installed，这就表示我们已经将 TensorFlow2.0.0 安装成功了：

```
Successfully installed absl-py-0.7.1 astor-0.8.0 gast-0.2.2
google-pasta-0.1.7 grpcio-1.21.1 keras-applications-1.0.8
keras-preprocessing-1.1.0 markdown-3.1.1 protobuf-3.8.0 tb-
```

```
nightly-1.14.0a20190301 tensorflow-gpu-2.0.0a0 termcolor-
1.1.0 tf-estimator-nightly-1.14.0.dev2019030115
```

现在我们就试试安装好的 TensorFlow2.0.0 吧。打开一个新的终端，执行 python 命令，然后使用 import 语句导入 TensorFlow 包并调用 __version__ 属性打印其版本值：

```
jiangziyang@jiangziyang-ubuntu:~$ python
Python 3.7.3 (default, Mar 27 2019, 22:11:17)
[GCC 7.3.0] :: Anaconda, Inc. on linux
Type "help", "copyright", "credits" or "license" for more
information.
>>> import tensorflow as tf
>>> tf.__version__
'2.0.0-alpha0'
>>>
```

相比 2.x 版本的 TensorFlow 而言，1.x 系列版本可能更加成熟一些，如果想挑选其他版本的 TensorFlow，也可以有针对性地下载相应的.whl 安装包文件再进行安装。以 Python3.7 环境下仅支持 CPU 的 TensorFlow1.14 为例，先是要找到合适的.whl 安装包 URL 并在终端用 export 命令导入：

```
export TF_BINARY_URL=https://storage.googleapis.com/\
> tensorflow/linux/cpu/tensorflow-1.14.0-cp37-cp37m-\
> linux_x86_64.whl
```

可选的安装包并不仅仅只有一种，也可以将 URL 链接替换成下面列举的某一个，这样可以得到需要的版本。比如，适用于 Linux 系统且仅支持 CPU 的 TensorFlow1.14.0 pip 安装包链接有：

```
#Linux,Python2.7 环境,tensorflow-1.14.0
https://storage.googleapis.com/tensorflow/linux/cpu/
tensorflow-1.14.0-cp27-none-linux_x86_64.whl
#Linux,Python3.4 环境,tensorflow-1.14.0
https://storage.googleapis.com/tensorflow/linux/cpu/
tensorflow-1.14.0-cp34-cp34m-linux_x86_64.whl
#Linux,Python3.5 环境,tensorflow-1.14.0
https://storage.googleapis.com/tensorflow/linux/cpu/
tensorflow-1.14.0-cp35-cp35m-linux_x86_64.whl
#Linux,Python3.6 环境,tensorflow-1.14.0
https://storage.googleapis.com/tensorflow/linux/cpu/
tensorflow-1.14.0-cp36-cp36m-linux_x86_64.whl
```

目前只有在安装了 CUDA Toolkit 7.5 和 cuDNN v4（或 CUDA/cuDNN 更高）的 64 位 Ubuntu 下可以通过 pip 的方式安装支持 GPU 的 TensorFlow，

对于其他系统或者 CUDA/cuDNN 版本无法满足要求的则需要采用从源代码编译并安装的方式以支持 GPU 的使用。下面给出了几个支持 GPU 的 TensorFlow1.14.0 pip 安装包的 URL 链接：

```
#Linux,Python2.7环境,tensorflow-1.14.0
https://storage.googleapis.com/tensorflow/linux/gpu/
tensorflow_gpu-1.14.0-cp27-none-linux_x86_64.whl
#Linux,Python3.4环境,tensorflow-1.14.0
https://storage.googleapis.com/tensorflow/linux/gpu/
tensorflow_gpu-1.14.0-cp34-cp34m-linux_x86_64.whl
#Linux,Python3.5环境,tensorflow-1.14.0
https://storage.googleapis.com/tensorflow/linux/gpu/
tensorflow_gpu-1.14.0-cp35-cp35m-linux_x86_64.whl
#Linux,Python3.6环境,tensorflow-1.14.0
https://storage.googleapis.com/tensorflow/linux/gpu/
tensorflow_gpu-1.14.0-cp36-cp36m-linux_x86_64.whl
##Linux,Python3.7环境,tensorflow-1.14.0
https://storage.googleapis.com/tensorflow/linux/gpu/
tensorflow_gpu-1.14.0-cp37-cp37m-linux_x86_64.whl
```

如果想尝试 1.x 系列版本的其他 TensorFlow，可以访问 https://storage.googleapis.com/tensorflow/，这个页面列出了所有可用的.whl 文件下载的 URL 链接。最后一步就是通过 pip 安装 TensorFlow，命令如下：

```
pip install --upgrade $TF_BINARY_URL
```

接下来会从网络获取相应的.whl 文件，这是通过 pip 安装 TensorFlow 所必需的文件，其中包括了 TensorFlow 本身及其所需的依赖关系文件。.whl 文件下载完成后，就会自动进行安装了。

也许使用 pip 方式安装不是一帆风顺，比如出现 TypeError 错误：

```
TypeError: unsupported operand type(s) for -=: 'Retry' and 'int'
you are using pip version 8.1.1, however version 9.0 is available.
you should consider upgrading via the'ptp install --upgrade pip'
cornmand.
```

通常这种问题的解决办法就是按提示所说的升级 pip 工具。也可能提示"[Errno 101]网络不可达"的错误，此时就要检查一下本地的连接是否通畅，或者可以选择另外一个时间进行尝试。

2.5.2　从源代码编译并安装

从源代码编译并安装的大概过程就是先下载没有编译的源代码文件，

之后配置编译选项并用 bazel 工具进行编译（编译的过程会很长，需耐心等待），编译结束后再将其打包成.whl 文件，最终通过 pip 方式安装这个.whl 文件。

从源代码编译并安装的好处是可以自由地选择想要安装的版本，在编译的过程中还可以选择框架支持的功能。首先需要在 GitHub 获取 Google 开源的 TensorFlow 源代码，可以在终端输入以下命令：

```
wget https://github.com/tensorflow/tensorflow/archive/ \
> v2.0.0-alpha0.tar.gz
```

下载到的是一个名为 v2.0.0-alpha0 的压缩文件，默认保存在命令执行的目录下。在下载完成之后，紧接着需要输入以下命令对其进行解压：

```
tar -xzvf v2.0.0- alpha0.tar.gz
```

解压后会得到一个名为 tensorflow-2.0.0-alpha0 的文件夹，然后进一步使用 cd 命令进入到解压的文件目录下，并运行 configure 文件：

```
cd tensorflow-2.0.0-alpha0 ./configure
```

当自己编译源代码时，可以配置一些编译选项，比如 TensorFlow 是否支持某项功能以及依赖的文件所处的位置等。configure 文件的作用就是记住用户对这些的配置。

首先输出内容会提示我们指定 Python 的路径。在方括号内给出了一个默认的值，这个路径指向 Anaconda 自带的 Python 环境。确认路径无误后按 Enter 键，即可选择默认值并进入下一项。

```
Please specify the location of python. [Default is /home
/jiangziyang/anaconda3/bin/python]:
```

紧接着是选择其他 Python 库的安装路径。因为 TensorFlow 在运行时可能要调用其他的 Python 库，所以这里会提示我们进行选择。默认的路径就是 Anaconda3 中 Python 库的安装路径，在这里我们直接按 Enter 键选择默认的路径就好。

```
Found possible Python library paths:
  /home/jiangziyang/anaconda3/lib/python3.7/site-packages
Please input the desired Python library path to use.  Default
is [/home/jiangziyang/anaconda3/lib/python3.7/site-packages]
```

接着的一个选项会询问我们是否开启 XLA JIT 编译支持。XLA（Accelerated Linear Algebra，加速线性代数）使用 JIT（Just in Time，即时编译）技术来分析用户在运行时（runtime）创建的 TensorFlow 图，专门用于实际运行时的维度和类型。在早期版本的 TensorFlow 中，XLA JIT 还属于实验性的项目，所以默认的选择是不开启（N），目前该技术已经比较成熟，默认的选择就成了开启（Y）。

　　对于这个选项笔者还是建议采用默认给出的选择（Y），这适合一些爱折腾的"极客"读者，保守一点的读者直接输入字母"n"选择不开启就可以了。

```
Do you wish to build TensorFlow with XLA JIT support? [Y/n]:
```

　　下一个选项询问是否支持使用 OpenCL 进行异构计算。之前我们了解过，其实 OpenCL 和 CUDA 本质上是差不多的。这里默认不支持（N），如果想要支持，则还需要下载一个名为 ComputeCPP for SYCL 的软件。在这里，笔者建议接受默认的选项。

```
Do you wish to build TensorFlow with OpenCL SYCL support? [y/N]:
```

　　ROCm 之于 AMD，基本上就好比 CUDA 之于 NVIDIA 一样，由 AMD 公司推出，用于支持旗下的 GPU 实现一般的通用计算。如果你使用的是 AMD 公司的 GPU 产品，那么可以选择对 ROCm 的支持（y），否则按 Enter 键选择默认的不支持即可。

```
Do you wish to build TensorFlow with ROCm support? [y/N]:
```

　　当然，如果要使用 GPU 加速网络的训练，那么需要在 OpenCL、ROCm 和 CUDA 之间选一个 TensorFlow 所支持的。由于之前已经安装了 CUDA，所以当终端提示我们是否允许 TensorFlow 支持 CUDA 的时候，可以输入"y"选择支持。

```
Do you wish to build TensorFlow with CUDA support? [y/N]:
```

　　如果没有选择让 TensorFlow 带有对 CUDA 的支持（换句话说你做好了直接使用 CPU 运行网络的打算），那么接下来的关于指定 CUDA 版本、指定 CUDA 的安装位置、指定 cuDNN 的版本和指定 cuDNN 的安装位置的询问将不会出现：

```
Please specify the CUDA SDK version you want to use. [Leave empty
to default to CUDA 10.0]:

Please specify the location where CUDA 10.0 toolkit is installed.
Refer to README.md for more details. [Default is
/usr/local/cuda]:
```

```
Please specify the cuDNN version you want to use. [Leave empty
to default to cuDNN 7]:

Please specify the location where cuDNN 7 library is installed.
Refer to README.md for more details. [Default is
/usr/local/cuda]:
```

上面的这些询问是在确定 TensorFlow 带有对 CUDA 的支持后才会出现的，如果检测到计算机中安装了 CUDA 和 cuDNN，询问的时候都会给出一个默认值，如果确定默认值没错，直接按 Enter 键确认即可。

TensorRT 起到了对训练好的网络模型进行优化的作用，或者可以把 TensorRT 当作一个网络模型推理优化器。在网络模型训练好之后，直接将训练模型文件放到 TensorRT 中即可，不再需要依赖 TensorFlow 这个深度学习框架了。TensorRT 总是会在网络部署的时候被用到，这有助于项目的快速落地。在询问我们的时候，TensorRT 默认是不被支持的，本书中也不会涉及 TensorRT 的使用，所以这里按 Enter 键选择默认选项即可。

```
Do you wish to build TensorFlow with TensorRT support? [y/N]:
```

对于一些较大型的深度神经网络的训练，计算机的性能就要面临着极大的考验，而使用多 GPU 可以显著提升计算机的性能。在多 GPU 使用时，它们之间如何传递数据就又成了一个问题。NVIDIA 公司推出的 NCCL 库就是一个专门实现多 GPU 通信的库，接下来的一个询问就是关于 NCCL 的：

```
Please specify the locally installed NCCL version you want to
use. [Default is to use https://github.com/nvidia/nccl]:
```

接下来是指定 GPU 设备的算力。如果选择了让 TensorFlow 不支持 CUDA，那么这项选择可以直接跳过，反之，则需要指定 GPU 设备的算力值。通常在询问时也会给出一个默认的算力值，如果你不确定这个算力值是否正确，那么通过访问 https://developer.nvidia.com/cuda-gpus 网站并根据自己 GPU 设备的型号查询对应的算力值。

```
Please specify a list of comma-separated CUDA compute
capabilities you want to build with.
You can find the compute capability of your device at:
https://developer.nvidia.com/cuda-gpus.
Please note that each additional compute capability
significantly increases your build time and binary size, and that
TensorFlow only supports compute capabilities >= 3.5 [Default
is: 5.0]:
```

是否使用 clang 作为 CUDA 的编译器也是在我们确定支持 CUDA 之后才会显示的一个询问，如果不使用，那么默认的编译器就是 nvcc。nvcc 相比于 clang 来说更加成熟和原生，所以笔者建议这里直接按 Enter 键选择默认的 nvcc 而不使用 clang。

```
Do you want to use clang as CUDA compiler? [y/N]:
```

接着是指定宿主设备（也就是 CPU 设备）的编译器，默认的是 gcc，这里也是直接按 Enter 键选择默认值即可。

```
Please specify which gcc should be used by nvcc as the host
compiler. [Default is /usr/bin/gcc]:
```

下面的这个选项是询问是否使用 MPI。MPI（Message Passing Interface，消息传递接口）可以理解为是一种实现进程级别的并行程序通信协议，常用于在进程之间进行消息传递。默认是不使用 MPI 的，如果不是用 TensorFlow 做并行程序开发，建议按 Enter 键接受默认的选项。

```
Do you wish to build TensorFlow with MPI support? [y/N]:
```

下面的这个选项用于指定 CPU 编译优化选项。默认的 "-march=native" 表示将选择本地 CPU 能支持的最佳配置，如 SSE4.2、AVX 等。这里按 Enter 键选择默认选项即可。

```
Please specify optimization flags to use during compilation when
bazel option "--config=opt" is specified [Default is
-march=native -Wno-sign-compare]:
```

下面的这个选项是询问是否为在 Android 平台上使用 TensorFlow 而创建一个专用的工作空间。如果需要网络的训练在 Android 平台进行，那么这里可以输入字母 "y" 同意创建。不过，在本书中我们不会对这方面有所涉及，所以还是按 Enter 键选择默认的不创建。

```
Would you like to interactively configure ./WORKSPACE for
Android builds? [y/N]:
```

到这里，配置的过程基本就结束了，终端会提示我们 Configuration finished。以下代码展示了上述在执行配置文件的过程中终端出现的全部信息：

```
(base) jiangziyang@jiangziyang-ubuntu:~/tensorflow-2.0.0-
alpha0$./configure
You have bazel 0.23.0 installed.
Please specify the location of python. [Default is /home
```

```
/jiangziyang/anaconda3/bin/python]:

Found possible Python library paths:
  /home/jiangziyang/anaconda3/lib/python3.7/site-packages
Please input the desired Python library path to use.  Default
is [/home/jiangziyang/anaconda3/lib/python3.7/site-packages]

Do you wish to build TensorFlow with XLA JIT support? [Y/n]:
XLA JIT support will be enabled for TensorFlow.

Do you wish to build TensorFlow with OpenCL SYCL support? [y/N]:
No OpenCL SYCL support will be enabled for TensorFlow.

Do you wish to build TensorFlow with ROCm support? [y/N]:
No ROCm support will be enabled for TensorFlow.

Do you wish to build TensorFlow with CUDA support? [y/N]: y
CUDA support will be enabled for TensorFlow.

Please specify the CUDA SDK version you want to use. [Leave empty
to default to CUDA 10.0]: 10.0

Please specify the location where CUDA 10.0 toolkit is installed.
Refer to README.md for more details. [Default is
/usr/local/cuda]:

Please specify the cuDNN version you want to use. [Leave empty
to default to cuDNN 7]: 7.6.0

Please specify the location where cuDNN 7 library is installed.
Refer to README.md for more details. [Default is /usr/local
/cuda]:

Do you wish to build TensorFlow with TensorRT support? [y/N]:
No TensorRT support will be enabled for TensorFlow.

Please specify the locally installed NCCL version you want to
use. [Default is to use https://github.com/nvidia/nccl]:

Please specify a list of comma-separated CUDA compute
capabilities you want to build with.
You can find the compute capability of your device at:
https://developer.nvidia.com/cuda-gpus.
Please note that each additional compute capability
```

```
significantly increases your build time and binary size, and that
TensorFlow only supports compute capabilities >= 3.5 [Default
is: 5.0]: 5.0

Do you want to use clang as CUDA compiler? [y/N]:
nvcc will be used as CUDA compiler.

Please specify which gcc should be used by nvcc as the host
compiler. [Default is /usr/bin/gcc]:

Do you wish to build TensorFlow with MPI support? [y/N]:
No MPI support will be enabled for TensorFlow.

Please specify optimization flags to use during compilation when
bazel option "--config=opt" is specified [Default is
-march=native -Wno-sign-compare]:

Would you like to interactively configure ./WORKSPACE for
Android builds? [y/N]:
Not configuring the WORKSPACE for Android builds.


Preconfigured Bazel build configs. You can use any of the below
by adding "--config=<>" to your build command. See .bazelrc for
more details.
--config=mkl              #Build with MKL support.
--config=monolithic       #Config for mostly static monolithic
build.
--config=gdr              #Build with GDR support.
--config=verbs            #Build with libverbs support.
--config=ngraph           #Build with Intel nGraph support.
--config=numa             #Build with NUMA support.
--config=dynamic_kernels  #(Experimental) Build kernels into
separate shared objects.
Preconfigured Bazel build configs to DISABLE default on
features:
--config=noaws            #Disable AWS S3 filesystem support.
--config=nogcp            #Disable GCP support.
--config=nohdfs           #Disable HDFS support.
--config=noignite         #Disable Apache Ignite support.
--config=nokafka          #Disable Apache Kafka support.
--config=nonccl           #Disable NVIDIA NCCL support.
Configuration finished
```

紧接着使用编译命令按照上述配置过程的标准执行源码编译，在这里就用到了我们之前安装的 Bazel 工具。命令如下：

```
bazel build --copt=-march=native -opt //tensorflow/\
> tools/pip_package:build_pip_package
```

如果这个编译命令执行的过程中没有发生报错，那么 build 完成之后会提示完成所用时间。编译的过程比较耗时，在笔者所使用的计算机上大概耗费了将近一个小时。

编译结束后，使用 bazel 命令生成 pip 的安装包。

```
bazel-bin/tensorflow/tools/pip_package/build_pip_package\
> /tmp/tensorflow_pkg
```

最后使用 pip 命令安装 TensorFlow：

```
pip install /tmp/tensorflow_pkg/tensorflow-2.0.0alpha0-\
> cp37m-linux_x86_64.whl
```

2.6　测试你的 TensorFlow

2.6.1　运行向量相加的例子

TensorFlow 安装完成后，为了检验其是否安装正确，需要对其进行测试。测试的过程其实就是在代码中调用 TensorFlow 库并运行，如果调用库的过程没有报错，那么就说明 TensorFlow 已经安装好了。

TensorFlow 支持 C、C++、Python 3 种语言，但是它对 Python 的支持是最全面的。要进入 Python 环境，可以在终端输入命令 python（ipython 命令也是可以的）。进入 Python 交互界面后，先要通过 import 语法导入 TensorFlow 包：

```
import tensorflow as tf
```

Python 中的 import...as...语法是将导入的包通过重命名的方式而变得更易于引用。在以后的编程实践中，我们通常都会采用这种方式。

接下来，定义两个常量（在以后的 TensorFlow 编程中，通常会称之为"张量"）a 和 b：

```
a = tf.constant([1.0,2.0],name="a")
b = tf.constant([3.0,4.0],name="b")
```

　　NumPy 是一个用于科学计算的 Python 工具包，在这个包中，向量的加法可以直接通过加号 "+" 来完成。类似地，这样的用法在 TensorFlow 中也适用。a 和 b 都可以用数学中向量的概念来理解。定义好之后将这两个向量进行相加，并另存为 result：

```
result = a+b
```

打印 result，结果为：

```
tf.Tensor([4. 6.], shape=(2,), dtype=float32)
```

将上述过程在 ipython 下运行，整个过程如图 2-14 所示。

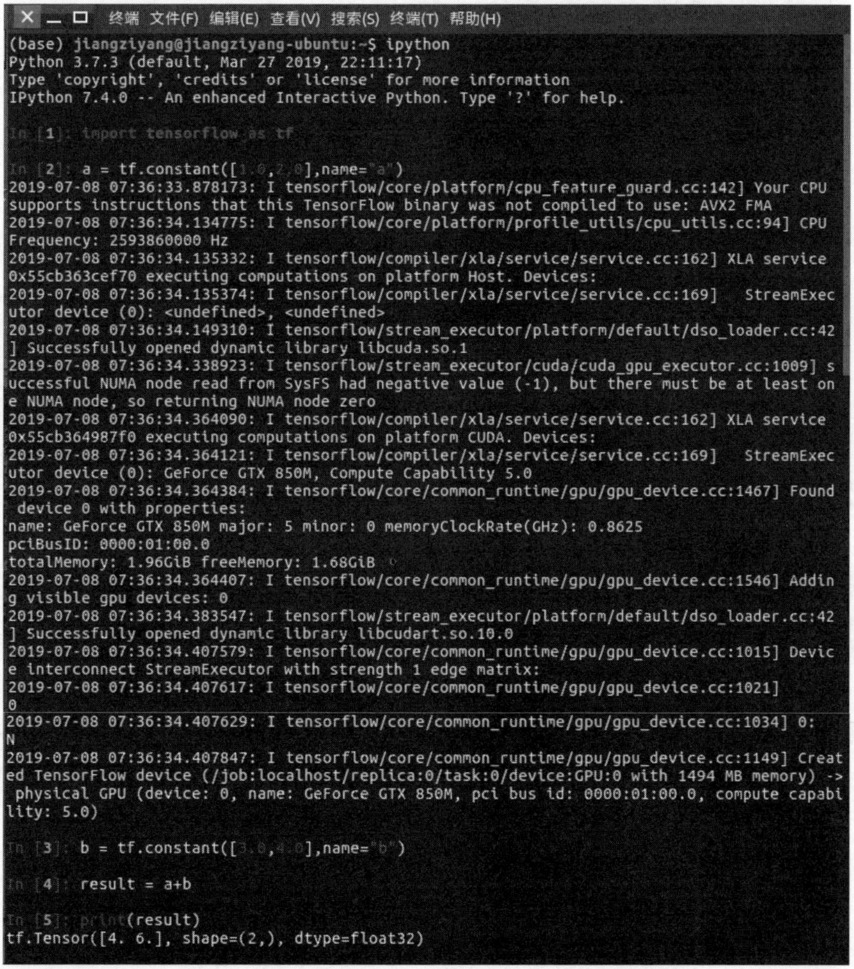

```
(base) jiangziyang@jiangziyang-ubuntu:~$ ipython
Python 3.7.3 (default, Mar 27 2019, 22:11:17)
Type 'copyright', 'credits' or 'license' for more information
IPython 7.4.0 -- An enhanced Interactive Python. Type '?' for help.

In [1]: import tensorflow as tf

In [2]: a = tf.constant([1.0,2.0],name="a")
2019-07-08 07:36:33.878173: I tensorflow/core/platform/cpu_feature_guard.cc:142] Your CPU
supports instructions that this TensorFlow binary was not compiled to use: AVX2 FMA
2019-07-08 07:36:34.134775: I tensorflow/core/platform/profile_utils/cpu_utils.cc:94] CPU
Frequency: 2593860000 Hz
2019-07-08 07:36:34.135332: I tensorflow/compiler/xla/service/service.cc:162] XLA service
0x55cb363cef70 executing computations on platform Host. Devices:
2019-07-08 07:36:34.135374: I tensorflow/compiler/xla/service/service.cc:169]   StreamExec
utor device (0): <undefined>, <undefined>
2019-07-08 07:36:34.149310: I tensorflow/stream_executor/platform/default/dso_loader.cc:42
] Successfully opened dynamic library libcuda.so.1
2019-07-08 07:36:34.338923: I tensorflow/stream_executor/cuda/cuda_gpu_executor.cc:1009] s
uccessful NUMA node read from SysFS had negative value (-1), but there must be at least on
e NUMA node, so returning NUMA node zero
2019-07-08 07:36:34.364090: I tensorflow/compiler/xla/service/service.cc:162] XLA service
0x55cb364987f0 executing computations on platform CUDA. Devices:
2019-07-08 07:36:34.364121: I tensorflow/compiler/xla/service/service.cc:169]   StreamExec
utor device (0): GeForce GTX 850M, Compute Capability 5.0
2019-07-08 07:36:34.364384: I tensorflow/core/common_runtime/gpu/gpu_device.cc:1467] Found
device 0 with properties:
name: GeForce GTX 850M major: 5 minor: 0 memoryClockRate(GHz): 0.8625
pciBusID: 0000:01:00.0
totalMemory: 1.96GiB freeMemory: 1.68GiB
2019-07-08 07:36:34.364407: I tensorflow/core/common_runtime/gpu/gpu_device.cc:1546] Addin
g visible gpu devices: 0
2019-07-08 07:36:34.383547: I tensorflow/stream_executor/platform/default/dso_loader.cc:42
] Successfully opened dynamic library libcudart.so.10.0
2019-07-08 07:36:34.407579: I tensorflow/core/common_runtime/gpu/gpu_device.cc:1015] Devic
e interconnect StreamExecutor with strength 1 edge matrix:
2019-07-08 07:36:34.407617: I tensorflow/core/common_runtime/gpu/gpu_device.cc:1021]
0
2019-07-08 07:36:34.407629: I tensorflow/core/common_runtime/gpu/gpu_device.cc:1034] 0:
N
2019-07-08 07:36:34.407847: I tensorflow/core/common_runtime/gpu/gpu_device.cc:1149] Creat
ed TensorFlow device (/job:localhost/replica:0/task:0/device:GPU:0 with 1494 MB memory) ->
 physical GPU (device: 0, name: GeForce GTX 850M, pci bus id: 0000:01:00.0, compute capabi
lity: 5.0)

In [3]: b = tf.constant([3.0,4.0],name="b")

In [4]: result = a+b

In [5]: print(result)
tf.Tensor([4. 6.], shape=(2,), dtype=float32)
```

图 2-14   向量相加的例子在 ipython 下的运行过程

2.6.2　加载过程存在的一些问题

有时，即使 TensorFlow 按照上述过程安装成功，也无法在 Python 环境下顺利加载。在这一小节，将会对加载过程中存在的类似问题做一个探讨。例如，加载报错的内容可能会如下面这段代码所示：

```
ImportError: /home/jiangziyang/anaconda3/bin/../lib/libstd++.
so.6 version 'CXXABI_1.3.8'
  not found (required by /hone/jiangziyang/anaconda3/lib/
pythn3.5/site-packages/tensorflow
/python/_pywrap_tensorflow.so)

Failed to Load the native TensorFLow runtime.
```

通常这是因为 gcc 的版本无法满足要求造成的，可以通过升级 gcc 来解决。2.2 节曾提到，Anaconda 自带一个工具 conda，解决这个问题可以使用该工具进行。打开一个新的终端，输入以下命令：

```
conda install libgcc
```

这个命令会从网络获取较新版本的 gcc 及其相关的依赖库并进行安装更新。

2.7　推荐使用 IDE

用终端编写并运行程序总会遇到一些问题，比如代码保存麻烦、没有智能提示及无法进行断点调试等。JetBrains 公司推出的 Pycharm 是一款不错的 Python 编程 IDE，其社区版（Community）是免费且开源的，专业版（Professional）不是免费的，但可以免费试用一段时间。Pycharm 的用途并不仅仅是编写 Python 语言的程序，或者说，Pycharm 不是唯一一个可用于 Python 编程的 IDE，用户也可以选择 Eclipse 或者其他的，这完全凭个人喜好而定。

安装 Pycharm 的过程很简单。首先，我们需要去官网（http://www.jetbrains.com/pycharm/download/#section=linux）下载 Linux 版本的安装文件，笔者下载到的文件名为 pycharm-professional-2017.2.3.tar.gz。在终端进

入该文件所处的目录，然后执行下面这条命令：

```
tar -xvzf pycharm-professional-2017.2.3.tar.gz -C ~
```

　　上面的命令会把 Pycharm 解压到当前目录中，这个过程大概耗时 5 分钟。之后，在图形界面进入到该目录下，会发现有一个以 pycharm-2017.2.3 命名的文件夹。打开这个文件夹，我们会发现有一个名为 bin 的文件夹。打开之后，其中是一些.sh（Shell 可执行脚本）文件以及.so（共享库文件）或者可执行文件等。

　　接下来在终端进入到这个 bin 文件夹里，并执行如下运行 Shell 脚本的命令：

```
sudo sh pycharm.sh
```

　　这个脚本文件会将 Pycharm 安装到系统，在对系统软件进行修改时最好搭配 sudo 命令执行。接下来会进入 Pycharm 的初始化阶段，这个阶段通常需要进行一些简单的设置，界面和 Windows 下几乎一样，之后就可以正常使用了。

第3章　TensorFlow 编程策略

在上一章，我们完成了 TensorFlow 框架的安装，也通过运行一个简单的向量相加样例测试了安装的正确性。按照合理的学习顺序，这一章将对 TensorFlow 中的一些基础概念作出介绍，包括计算图、张量和会话等。这些概念在 TensorFlow 1.x 中都是比较重要的。

需要注意的是，TensorFlow 2.0 在设计时调整了对这些概念的支持。接下来的 4 节中，我们将详细介绍如何在 TensorFlow 1.x 中使用计算图、张量和会话，也将对比着来看 TensorFlow 2.0 究竟在此基础上做出了哪些调整。实践出真知，在后面的章节进行实际编程解决问题时会频繁接触到这些概念，到时候回过头来翻阅一下本章的内容会帮助我们更好地理解并掌握它们。

另外，在本章及之后的章节中，会涉及大量 API 函数的使用。这些函数我们会尽量在其首次出现的地方给出函数定义原型，具体的使用方法可以参考中文官方网站（http://www.tensorfly.cn/tfdoc/api_docs/python/ 或者 https://tensorflow.google.cn/versions/r2.0/api_docs/python/tf）给出的解释，也可以从非官方网站查询函数详细信息，如 w3cschool（https://www.w3cschool.cn/tensorflow_python/）。

3.1　初识计算图与张量

TensorFlow 程序中的计算过程可以表示为一个计算图［Computation Graph，又称有向图（Directed Graph）］，其作用与外观都可以类比程序流程图来理解，在计算图上我们可以直观地看出数据的计算流程。

计算图中的每一个运算操作可以视为一个节点（Node），每一个节点可以有任意个输入和任意个输出。

如果一个运算的输入取值自另一个运算的输出，那么称这两个运算存在依赖关系。存在依赖关系的两个节点之间通过边（Edge）相互连接。值得注意的是，有一类特殊的边中不存在数据流动，而是起着依赖控制（Control Dependencies）的作用。通俗地讲，就是让它的起始节点执行完成后再执行目标节点，以达到进行灵活的条件控制的目的。

张量（Tensor）就是在边中流动（Flow）的数据，其数据类型可以在编程时事先定义，也可以根据计算图的上下文结构推断而来。

TensorFlow 之名的得来也是参考了上述所有概念。Tensor 翻译成中文就是"张量"，"张量"这个概念在数学和物理学中都会涉及，在此不会对它的精确定义进行解释，可以将其简单又形象地理解为数组；Flow 翻译成中文就是"流动"，指的是张量数据沿着边在不同的节点间流动并发生转化。

还记得上一章最后的那个向量相加的编程例子吗？它验证了TensorFlow 安装的正确与否。借助 TensorBoard（可以用来绘制计算图的 TensorFlow 自带工具，其使用方法将在 13 章详细介绍），该程序的计算图如图 3-1 所示。

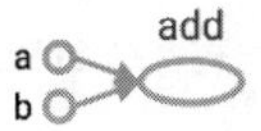

图 3-1　向量相加的计算图

在这个计算图中，add 运算操作可以看作一个节点。为了计算方便，TensorFlow 会将常量转换成一种输出值永远固定的计算，所以计算图中的 a 和 b 两个常量（两个节点）都与 add 运算有着依赖关系。

3.2　计算图——TensorFlow 的计算模型

在学习程序设计的起步阶段，对于晦涩难懂的算法，我们通常会选择绘制程序流程图的方式来加强理解。相较于枯燥乏味的代码，流程图的直观性似乎更能勾起我们继续探索的欲望。在程序流程图中，可以使用不同的形状代表不同的操作，比如菱形表示判断、长方形表示处理等。此外，还可以使用带箭头的线指明程序的执行方向。

计算图有着流程图类似的作用。在计算图中不同的形状代表不同的运算。使用 TensorBoard 工具可视化 TensorFlow 程序的计算图时，可以在主窗口左侧看到计算图中可能会出现的所有形状及其解释，如图 3-2 所示。

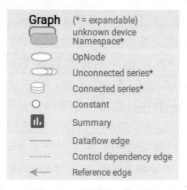

图 3-2　计算图的组成元素

通常将 TensorFlow 的计算图称为程序的"计算模型"，这个名称的得来也正是因为计算图有着将计算过程可视化的作用。在这一节，我们就来看看计算图是如何使用的以及和计算图有关的 API。

3.2.1　在 TensorFlow 1.x 中使用计算图

对计算图的介绍可以从简单的向量相加的例子开始。假设现在我们安装的仍是 1.0 版本的 TensorFlow，那么可以创建一个 Python 文件并输入以下代码：

```
import tensorflow as tf

a = tf.constant([1.0,2.0],name="a")   #常量是一种输出值永远固定的计算
b = tf.constant([3.0,4.0],name="b")
result = a+b                          #常量相加的计算

print(a.graph is tf.get_default_graph())   #通过 graph 属性可以
                                           #获取张量所属计算图
print(b.graph is tf.get_default_graph())
#输出 True
```

TensorFlow 会维护一个默认的计算图（这样就不需要每次编写程序时再自行定义计算图了），并自动将定义的所有计算添加到默认的计算图中。通过函数 get_default_graph() 可以获取对当前默认计算图的引用。所以在上面的代码中，判断 a 和 b 是否属于默认的计算图会输出 True，因为我们没有指定 a 和 b 属于哪一个计算图。

使用默认的计算图可以满足一般情况下的需要，当我们需要更多的计

算图来完成工作的时候，可以通过 Graph()函数来生成新的计算图。对于生成的计算图，我们可以通过 as_default()函数将其指定为默认的。以下代码展示了使用 Graph()函数来生成两个计算图及使用 as_default()函数将生成的计算图指定为默认：

```python
import tensorflow as tf

#使用 Graph()函数创建一个计算图
g1 = tf.Graph()
with g1.as_default():               #使用 as_default()函数将定义的
                                    #计算图设置为默认

    #创建计算图中的变量并设置初始值
    a = tf.get_variable("a", [2],
initializer=tf.ones_initializer())
    b = tf.get_variable("b", [2],
initializer=tf.zeros_initializer())

#使用 Graph()函数创建另一个计算图
g2 = tf.Graph()
with g2.as_default():
    a = tf.get_variable("a", [2],
initializer=tf.zeros_initializer())
    b = tf.get_variable("b", [2],
initializer=tf.ones_initializer())

with tf.Session(graph=g1) as sess:
    #初始化 g1 计算图中的所有变量
tf.global_variables_initializer().run()
    with tf.variable_scope("", reuse=True):
        print(sess.run(tf.get_variable("a")))
        print(sess.run(tf.get_variable("b")))
        #打印[1. 1.]
        #    [0. 0.]

with tf.Session(graph=g2) as sess:
    #初始化 g2 计算图中的所有变量
tf.global_variables_initializer().run()
    with tf.variable_scope("", reuse=True):
        print(sess.run(tf.get_variable("a")))
        print(sess.run(tf.get_variable("b")))
```

```
#打印[0. 0.]
#    [1. 1.]
```

在 TensorFlow 1.0 乃至稍后的几个版本中，计算图的使用还是比较典型的。概括来说就是：

（1）我们需要先编写代码确定这个计算图的逻辑。如果只需要一个计算图，那么使用默认创建的即可，如果需要多个计算图，则可以使用 Graph()函数来分别创建。

（2）创建一个会话（Session），指定该会话所属的计算图，并在会话中执行我们所编写的计算图逻辑。

会话可以看作用户与 TensorFlow 交互的桥梁，在后面的 3.4 节中会介绍关于会话的更多内容。上面的这个例程中，我们使用 Graph()函数生成了 g1 和 g2 两个计算图。在使用 Session 初始化会话时，通过参数 graph 指定将哪一个计算图交由本会话执行。此外，我们还使用了 get_variable()函数创建变量、使用了 with/as 语法运行会话，以及使用了 variable_scope()函数控制变量空间等，这些还没接触过的内容会在稍后的章节有所介绍。

暂且认定对于自己创建的计算图都要设置为默认的，事实上在后面我们创建计算图的时候通常都会将其设置为默认的，这是一种比较常见的做法。需要注意的一点是，不同计算图上的张量和运算都不会共享，也就是说，我们不能在某一计算图上调用其他计算图中的成员。

对于每一个计算图，TensorFlow 通过 5 个默认的"集合（Collection）"管理其中不同类别的个体。这里所谓的个体可以是张量、变量或者运行 TensorFlow 程序所需的队列等。表 3-1 汇总了这些集合及其管理的内容。

表 3-1　TensorFlow 维护的默认集合及其内容

名　　称	内　　容
tf.GraphKeys.VARIABLES	所有变量
tf.GraphKeys.TRAINABLE_VARIABLES	可学习（训练）的变量（一般指神经网络中的参数）
tf.GraphKeys.SUMMARIES	日志生成相关的变量
Tf.GraphKeys.QUEUE_RUNNERS	处理输入的 QueueRunner
Tf.GraphKeys.MOVING_AVERAEG_VARIABLES	所有计算了滑动平均值的变量

函数 add_to_collection()可以将个体加入一个或多个集合中，而 get_collection()函数用来获取一个集合中的所有个体，这两个函数是最常用的。

3.2.2　AutoGraph 功能

实际上，AutoGraph 这个概念早在 TensorFlow 1.9.0 版本中就已经被提出了。作为一项新的功能，使用 AutoGraph 能够大幅提升从 Python 代码直接构建计算图的效率。解释 AutoGraph，还要从 TensorFlow 的 Graph Execution 执行模式和 Eager Execution 执行模式说起。先观察下面这段代码：

```
import tensorflow as tf

a = tf.constant([1.0, 2.0], name="a")
b = tf.constant([3.0, 4.0], name="b")
result = a + b
print(a)
print(b)
print(result)
'''打印的内容:
Tensor("a:0", shape=(2,), dtype=float32)
Tensor("b:0", shape=(2,), dtype=float32)
Tensor("add:0", shape=(2,), dtype=float32)
'''

with tf.Session() as sess:
    print(sess.run(result))

#打印的内容: [4. 6.]
```

这段代码就是上一章示范的向量相加的例子，只不过是在 TensorFlow 1.9 环境下执行的。从前三句 print()函数的打印情况来看，虽然在会话之前已经定义好了计算图，可是打印出来的结果却不包含具体的数值而只是计算图上的节点。会话中使用 run()函数执行了 result，按照计算图的逻辑，它是由 a 和 b 相加得来的，在打印 result 的执行结果的时候，打印出了具体的数值[4. 6.]。

再观察下面这段代码：

```
import tensorflow as tf
import tensorflow.contrib.eager as tfe
tfe.enable_eager_execution()
```

```
a = tf.constant([1.0, 2.0], name="a")
b = tf.constant([3.0, 4.0], name="b")
result = a + b
print(a)
print(b)
print(result)

'''打印的内容：
tf.Tensor([1. 2.], shape=(2,), dtype=float32)
tf.Tensor([3. 4.], shape=(2,), dtype=float32)
tf.Tensor([4. 6.], shape=(2,), dtype=float32)
'''
```

这段代码的一开始就使用了 enable_eager_execution()函数将程序执行在 Eager Execution 模式下并再次打印了 a、b 和 result 的值。从这三句 print() 函数的打印结果可以看出，这三者的值已经包含在了其中，也就是说，这个计算过程在没有会话的情况下就被执行了。

看到这里，相信大家已经明白了 Eager Execution 是一个怎样的执行模式了。我们之前所使用的先定义计算图然后在会话中执行计算图的办法属于 TensorFlow 的 Graph Execution 执行模式。相比于 Eager Execution，Graph Execution 显得更传统。

事实上，引入 Eager Execution 执行模式是对 PyTorch 框架中动态计算图特性的一次学习，与之相对的则是 Graph Execution 中的静态图特性。Eager Execution 使得读者入门 TensorFlow 的门槛更低，也让使用 TensorFlow 进行开发变得简单了许多，尤其是在调试程序的过程中更容易检查出结果。想了解 Eager Execution 的更多内容，可访问 https://tensorflow.google.cn/beta/guide/eager。

不过，虽然能够借 Eager Execution 调试程序使之正确运行，但是其使用也存在一定的弊端，最突出的就是程序运行的可能会比较慢，这是因为需要完全依靠 Python 解释器。熟悉 Python 的用户都知道 Python 解释器执行得比较慢且需要的计算比较复杂。一些计算图中可以被放到 GPU 上运行以提高速度的部分，在 Eager Execution 执行模式下可能也就失去了这方面的优化的机会。下面我们来看看什么是 AutoGraph。

如果我们使用的是 TensorFlow 1.9.0，那么上一小节的最后一段代码既可以正常运行，也可以改写成下面这段：

```
import tensorflow as tf
```

```
from tensorflow.contrib import autograph as ag

#定义 init_g1_var()函数和 init_g2_var()函数，分别创建 g1 计算图
#和 g2 计算图的变量，函数都用装饰器@ag.convert()进行修饰
@ag.convert()
def init_g1_var():
    a = tf.get_variable("a", [2],
initializer=tf.ones_initializer())
    b = tf.get_variable("b", [2],
initializer=tf.zeros_initializer())
@ag.convert()
def init_g2_var():
    a = tf.get_variable("a", [2],
initializer=tf.zeros_initializer())
    b = tf.get_variable("b", [2],
initializer=tf.ones_initializer())

g1 = tf.Graph()
with g1.as_default():
    #调用 init_g1_var()函数
    init_g1_var()
    with tf.Session() as sess:
        tf.global_variables_initializer().run()
        with tf.variable_scope("", reuse=True):
            print(sess.run(tf.get_variable("a")))
            print(sess.run(tf.get_variable("b")))
g2 = tf.Graph()
with g2.as_default():
    #调用 init_g2_var()函数
    init_g2_var()
    with tf.Session() as sess:
        tf.global_variables_initializer().run()
        with tf.variable_scope("", reuse=True):
            print(sess.run(tf.get_variable("a")))
            print(sess.run(tf.get_variable("b")))

'''四次打印的内容为:
[1. 1.]
[0. 0.]
[0. 0.]
[1. 1.]
'''
```

所谓的 AutoGraph，是指将 Python 代码更自动、灵活地转换为 TensorFlow 的计算图，或者理解为使用自然的 Python 语法编写图形代码。AutoGraph 的出现，其实就是为了平衡 Eager Execution 执行模式和 Graph Execution 执行模式。对于一部分以 Eager Execution 风格编写的代码，AutoGraph 可以自动完成按照计算图执行的这一转换过程，这样，既获得了基于 Eager Execution 执行的编写简易性，又得到了基于 Graph Execution 执行的性能优势。

为什么这么倾向于改善计算图的使用习惯呢？很重要的一个原因就是网络模型有时候可能会被拆分并放在分布式的环境下运行，计算图的存在使得模型的拆分更方便。另外，计算图可以通过 TensorBoard 工具直观地展示出来，这在优化网络模型时很有帮助。

在上面这段代码中，为了使用 AutoGraph，先是在最开始从 tensorflow.contrib 导入了 autograph。创建变量 a 和 b 的部分被单独封装到一个相对应的函数里，这个函数被装饰器@autograph.convert()装饰。对于被 convert()函数所装饰的函数，AutoGraph 将自动为其生成计算图。

在 Python 的语法中，函数装饰器（Function Decorator）的作用主要就是提供一种方式，可以让函数在明确的特定运算模式下执行。也许这么解释装饰器还是会有一部分读者一头雾水，其实函数装饰器也就是将被装饰函数包裹了一层，放在另一个函数内实现，这所谓的另一个函数也可称之为元函数。这么来看，装饰器更可以形象地理解为是对被装饰函数的运行时的声明。函数装饰器由@符号开头，后面跟着的是一个元函数（Metafunction）。

3.2.3 TensorFlow 2.0 对 AutoGraph 的支持

TensorFlow 2.0 在整理所有 API 时继续完善并统一了 AutoGraph 功能。由于 contrib 模块在 TensorFlow 2.0 中已被删除，所以 autograph.convert()函数装饰也不再可用，在 TensorFlow 2.0 中，直接使用 function()来装饰函数就可以实现 AutoGraph 功能。例如仔细观察下面这段 TensorFlow 2.0 风格的代码：

```
import tensorflow as tf
```

```
@tf.function
def simple_matmul(x, y):
    return tf.matmul(x, y)

x = tf.Variable(tf.random.uniform((4,4)))
y = tf.Variable(tf.random.uniform((4,4)))
print(simple_matmul(x, y))
'''打印的内容
tf.Tensor(
[[1.6049764  1.486702   1.1593367  0.8806926 ]
 [2.4016566  1.8023088  1.4007388  1.0772327 ]
 [2.3108044  1.5024341  1.0288     0.9303001 ]
 [1.2330785  0.6575687  0.57249403 0.37882426]],
 shape=(4, 4), dtype=float32)
'''
```

这段代码定义了一个 simple_matmul()函数实现简单的两个矩阵相乘，该函数被装饰器@tf.function 装饰，这也就意味着，simple_matmul()函数是 AutoGraph 的，它将被组织成计算图。x 和 y 是通过 Variable 类创建的两个变量，这两个变量所存储的值都是一个 4×4 大小的随机矩阵。

在 TensorFlow 1.x 中，默认的执行模式是 Graph Execution，如果使用 Eager Execution 执行模式，就需要在程序的一开始使用 enable_eager_execution()函数进行说明。而在 TensorFlow 2.0 中，默认的执行模式就是 Eager Execution。

在 TensorFlow 1.x 中创建变量的方式比较多，除了 Variable 类外，还可以使用 get_variable()等其他方式，这可能会在我们阅读分析代码时造成困惑。TensorFlow 2.0 整理了 API 之后只保留了通过 Variable 类创建变量的方式，在 Variable 类内可以传入一些变量的初始化处理函数，例如 tf.constant()、tf.ones()、tf.random.uniform()等，当然，这些变量的初始化处理函数也可以直接使用从而直接越过 Variable 类，这些都是被允许的。

在 3.5 节安排了一些与变量有关的内容，那里比较详细地介绍和对比了 TensorFlow 1.x 和 TensorFlow 2.0 在创建变量和管理变量时的异同，限于篇幅，这里不再展开对变量的介绍。

其实，AutoGraph 的强大更体现在它完美地兼容了 Python 的各种逻辑控制语句，包括 if、while、for、continue 和 return 等。为什么要这么说呢？因为这意味着我们编写代码的时候可以在 if 语句的判断逻辑中直接操作 Tensor（张量），以及在 for 或 while 循环中直接迭代 Tensor。下面是我们对

simple_matmul()函数的稍加改造，它更复杂了一点：

```python
import tensorflow as tf

def simple_mat_mul(x,y):
    return tf.matmul(x, y)

def simple_mat_add(x,y):
    return tf.add(x,y)

@tf.function
def simple_mat_op(x,y):
    if x == y:
        print("x == y")
        return simple_mat_add(x, y)
    else:
        print("x != y")
        return simple_mat_mul(x, y)

x = tf.Variable(tf.random.uniform((4,4)))
y = tf.Variable(tf.random.uniform((4,4)))

print(simple_mat_op(x,y))
```

这段代码定义了多个函数，包括被@tf.function 装饰器装饰的 simple_mat_op()函数以及不被任何装饰器装饰的 simple_mat_mul()函数和 simple_mat_add()函数。simple_mat_op()函数调用了另外那两个，此时需要注意，即使这两个函数没有被@tf.function 装饰器装饰，它们依然会被编译到计算图中，因为调用它们的函数被@tf.function 装饰了。

tensorflow.autograph 中放置了一些 API，封装了 AutoGraph 提供的额外的功能，例如经常用到的有 to_code()函数和 to_graph()函数。其中 to_code()函数主要用于生成描述计算图的计算图代码，而 to_graph()函数则是用于替代@tf.function 装饰器将其他函数转为计算图。

例如，要打印出上面那段代码的计算图代码，就可以在最后插入下面的语句：

```python
print(tf.autograph.to_code(simple_mat_op.python_function))
```

打印的计算图代码的内容就如下所示：

```python
'''打印的内容
from __future__ import print_function
```

```
def tf__simple_mat_op(x, y):
  try:
    with ag__.function_scope('simple_mat_op'):
      do_return = False
      retval_ = None
      cond = ag__.eq(x, y)

      def if_true():
        with ag__.function_scope('if_true'):
          with ag__.utils.control_dependency_on_
              returns(ag__.print_('x == y')):
            x_1,y_1,simple_mat_add_1 = ag__.utils.
                                    alias_tensors(x,y,
                                    simple_mat_add)
          do_return = True
          retval_ = ag__.converted_call(simple_mat_
                    add_1, None, ag__.ConversionOptions
                    (recursive=True, verbose=0,
                    strip_decorators=(ag__.convert,
                    ag__.do_not_convert,ag__.converted
                    _call),
                    force_conversion=False,
                    optional_features=ag__.Feature.ALL,
                    internal_convert_user_code=True),
                    (x_1, y_1), {})
          return retval_

      def if_false():
        with ag__.function_scope('if_false'):
          with ag__.utils.control_dependency_on_returns(
              ag__.print_('x != y')):
            simple_mat_mul_1, x_2, y_2 = ag__.utils.alias
            _tensors(simple_mat_mul, x, y)
          do_return = True
          retval_ = ag__.converted_call(simple_mat_mul
                    _1, None, ag__.ConversionOptions(
                    recursive=True, verbose=0,
                    strip_decorators=(ag__.convert,
                    ag__.do_not_convert, ag__.converted
                    _call), force_conversion=False,
                    optional_features=ag__.Feature.ALL,
                    internal_convert_user_code=True),
                    (x_2, y_2), {})
```

```
        return retval_
    retval_ = ag__.if_stmt(cond, if_true, if_false)
    return retval_
 except:
  ag__.rewrite_graph_construction_error(ag_source
     _map__)

tf__simple_mat_op.autograph_info__ = {}
'''
```

计算图代码并不是很难读懂，一些骨灰级的 TensorFlow 开发人员似乎更倾向于在调试的过程中打印出计算图代码来阅读。然后是 to_graph()函数，通常它被认为是比较低级的一个 API，在实际使用时不会像装饰器那样方便。关于这两个函数的使用方法，可以到官网（https://tensorflow.google.cn/versions/r2.0/api_docs/python/tf/autograph/）查看官方对它们的说明。

也许你会感到奇怪，为什么这两段 TensorFlow 2.0 风格的代码中都没有出现会话呢？真相就是从 TensorFlow 2.0 开始会话被取消了。会话的取消可以算是 TensorFlow 2.0 中比较大的一项变动了，这对一些习惯使用 TensorFlow 1.x 的开发人员来说并不算是一个好消息，因为他们也需要跟着改变自己的编码习惯。其实，会话的取消是为了在编码时更靠近 Python 的语法风格。

3.4 节介绍关于会话的一些内容，在那里我们将会看到如何在 TensorFlow 1.x 中使用会话以及 TensorFlow 2.0 中去除会话后又是怎样的编码风格。

还记得在上一小节说过，Eager Execution 存在的一个弊端就是程序运行的可能会比较慢，在那里虽然解释了原因，但是没有给出具体的例子。下面的这段样例程序就对比了相同的一段代码在 Eager Execution 和 Graph Execution 执行模式下的执行速度的差距。

```
import tensorflow as tf
import timeit

#制造数据
data = tf.ones([1, 200, 200, 100])

#定义将在 Eager Execution 模式下执行的 conv_layer()函数
conv_layer = tf.keras.layers.Conv2D(100, 3)

#定义将在 Graph Execution 模式下执行的 conv_function()函数
@tf.function
```

```
def conv_function(data):
    return conv_layer(data)


#执行 conv_layer()函数和 conv_function()函数
conv_layer(data)
conv_function(data)

#打印时间信息
print("Eager Execution time:",
    timeit.timeit(lambda: conv_layer(data), number=10))
print("Graph Execution time:",
    timeit.timeit(lambda: conv_function(data), number=10))

'''打印的内容：
Eager Execution time: 0.0047566840001090895
Graph Execution time: 0.002898052000091411
'''
```

　　conv_layer()函数实现的是一个卷积层处理，conv_function()函数调用了这个函数。单纯地执行 conv_layer()函数将会使用 Eager Execution 模式，而在 conv_function()函数里调用这个函数时将会使用 Graph Execution 模式。程序的最后打印出了在数据相同而执行模式不同的情况下执行这个卷积层所耗费的时间。

3.3　张量——TensorFlow 的数据模型

　　从 TensorFlow 的命名中可以看出，Tensor（张量）在整个框架体系中都是一个重要的概念。如果将计算图称为 TensorFlow 的计算模型，那么张量则可以对应地称为 TensorFlow 的数据模型，因为张量是 TensorFlow 管理数据的形式。换句话说，在 TensorFlow 中，所有的数据都可以借助张量的形式来表示。

3.3.1　概念

　　张量，可以简单地理解为不同维度的数组。其中零阶张量可以管理的数据是标量（Scaler），也就是一个数；一阶张量可以管理的数据是向量（Vector），也就是一维数组；二阶张量可以管理的数据是一个二维数组；以此类推，n 阶张量可以管理的数据是 n 维数组。

尽管可以这样理解，但是要记住，张量只是引用了程序中的运算结果而不是一个真正的数组。张量保存的是运算结果的属性，而不是真正的数字。这可以用一个在 TensorFlow 2.0 下执行的向量相加的例子进行说明，如下面这段代码：

```
import tensorflow as tf
a = tf.constant([1.0,2.0],name="a")
b = tf.constant([3.0,4.0],name="b")
result = a+b
print(result)
#输出 tf.Tensor([4. 6.], shape=(2,), dtype=float32)
```

因为 TensorFlow 2.0 默认使用的就是 Eager Execution 执行模式，所以这个打印结果中保留了准确的数值。如果是 TensorFlow 1.x，那么打印 result 得到的输出结果反而是 Tensor("add:0",shape=(2,),dtype=float32)，这是一个典型的张量表示，包含 result 的 3 个属性：从 a 和 b 得到 result 的操作（op）、形状（shape）和数据类型（dtype）。

从纯粹的编程角度来看，result、a 和 b 都被创建成了变量，然而 TensorFlow 就把这些变量统统当作张量来对待，对于任意一个张量来说，在使用 print()函数打印时都会输出这三个属性。

其中，操作（op）属性可以被看作一个张量的名字，或者作为一个张量的唯一标识符。其命名具有一定的规则，这和计算图中的节点有关。计算图中的每一个节点都表示一个运算，而张量则将节点运算结果的属性保存了下来。操作命名的格式为"node:src_output"，其中 node 就是节点的名称（如上述的 add，可在图 3-1 中找到该节点），src_output 表示这个张量是节点的第几个输出（编号从 0 开始）。

形状（shape）属性描述了一个张量大小的信息。这个属性非常重要，TensorFlow 中也有很多 API 函数用来修改张量的形状，例如函数 reshape()。对于相关函数，这里不再进行讨论，在后面的章节中用到的时候会有介绍。

数据类型（dtype）属性比较容易理解，只需要记住每一个张量都会有唯一的数据类型就好了。

若使用 TensorFlow 2.0 版本打印 result，得到的输出结果为 tf.Tensor([4. 6.], shape=(2,), dtype=float32)。得到这样的输出结果是因为在 TensorFlow 2.0 中张量的角色依旧没有改变，而且更进一步地设计了一个 Tensor 类来保存包括数值结果、形状和数据类型在内的张量的信息。每一个张量都是一个 tf.Tensor 对象，TensorFlow 支持很多种运算操作（如 add、matmul 及 linalg.inv 等），它们都可以使用和生成 tf.Tensors 对象。

3.3.2　使用张量

张量没有特殊的使用规则，对它的使用几乎渗透到了程序的每一个角落。比如，在向量相加的样例中定义 a 和 b 时，a 和 b 就作为张量出现在程序中。也可以不去定义 a 和 b 而直接定义 result 作为两个 constant 结果的总和，但这样显然会增加代码的长度并降低可读性。

不过，需要注意的是，TensorFlow 会检查所有参与某个运算的张量的数据类型，当发现类型不匹配时就会报错。举个例子说明，如下述代码：

```
import tensorflow as tf
a = tf.constant([1,2],name="a")
b = tf.constant([3.0,4.0],name="b")
result = a+b
```

这个程序中由于参与加法运算的 a 和 b 数据类型不一致（a 的数据类型是整数，b 的数据类型是实数）会导致错误（类型不匹配的错误）的发生。报错的信息可能会是下面的这段：

```
ValueError Tensor conversion requested dtype float32 for Tensor
with dtype int32:'Tensor("b:0", shape=(2,), dtype=int32)'
```

TensorFlow 支持 14 种不同的数据类型，大体上可分为 4 类：整数型（tf.int8、tf.int16、tf.int32、tf.int64、tf.uint8、tf.uint16、tf.uint32 和 tf.uint64）、实数型（tf.float16、tf.float32 和 tf.float64）、布尔型（tf.bool）、复数型（tf.complex64、tf.complex128）。

在声明变量或常量时，可以用 dtype 参数直接指定其数据类型，如果不指定类型，TensorFlow 会给出默认的类型，不带小数点的数会被默认为 int32、带小数点的数会被默认为 float32。使用默认类型时会导致潜在的类型不匹配问题，所以一般建议通过指定 dtype 参数来指明变量或者常量的数据类型。

3.4 会话——TensorFlow 的运行模型

在 TensorFlow 1.x 中，依赖于会话的使用，已经组织好的数据以及定义好的运算需要放到会话中才能正式开始执行。前两节正是对如何在TensorFlow 下组织数据及其运算的介绍，本节我们将介绍如何在TensorFlow 1.x 中使用会话（Session）来执行定义好的计算。

除此之外，TensorFlow 2.0 中不再支持会话的使用，本节的重点就是讨论在没有了会话之后，原先需要通过会话才能完成的功能又该如何去实现。在了解 Session 之前，让我们先以 TensorFlow 1.0 为蓝本来看一下经典的 TensorFlow 系统的整体运行结构吧。

3.4.1 经典的 TensorFlow 系统结构

图 3-3 展示了 TensorFlow 的整个系统结构。

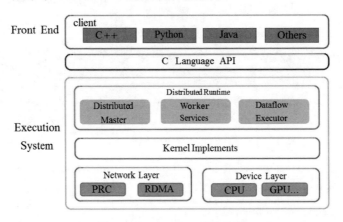

图 3-3　TensorFlow 系统结构

图 3-3 按照 TensorFlow 各个组件在运行时的关系将其整体框架系统地划分成了三层，分别为前端应用层（Front-End Interaction Layer）、API 接口层

（API Interface Layer）和后端执行层（Back-End Execution Layer）。

在图 3-3 所示的 TensorFlow 系统结构中，我们应重点关注的是前端应用层和后端执行层。前端应用层主要提供给开发人员一个完善的编程环境，可以理解为是 TensorFlow 展示给用户的客户端 Client。我们的工作一般都在前端应用层展开，通过编写程序构造或简单或复杂的计算图，设计出需要的模型。目前，TensorFlow 主要支持使用 Python 和 C++编程语言进行开发，当然，后续也会实现对其他编程语言的支持。

后端执行层负责的就是计算图的执行。本节将要介绍的会话（Session）扮演了沟通前端应用层与后端执行层的角色，计算图的执行过程也需要通过会话（Session）传递到后端。

在分布式运行的环境下，分布式控制器（Distributed Master）组件会根据 Session.run()函数的 fetches 参数反向搜索计算图，将计算图撕裂成可以分配到不同设备上执行的子图后交给工作服务器（Worker Services），TensorFlow 为每一个子图都启动了一个 Worker Service，Worker Service 调用内核实现（Kernel Implements）中封装的运算操作在某种硬件设备上的底层实现（运算的调用接口）将子图中包含的运算操作放到可用的硬件设备（Device）上执行。

子图由一个大的计算图拆分而成，所以在子图执行的时候就需要彼此之间传递数据。Worker Services 的职责就包括将运算结果发送到其他的 Work Service 以及接收其他 Worker Service 发送过来的运算结果。

TensorFlow 原生支持计算图的分布式运行。在拥有多个运算设备（通常是多个 GPU）的分布式系统下，Distributed Master 的工作毫无疑问地方便了计算图在不同进程和设备中的运行。除了 Distributed Master，其他核心组件（Client、Worker Services 和 Kernel Implements 等）也在 TensorFlow 的计算图执行过程中扮演着非常重要的角色。

除了分布式模式，TensorFlow 还支持单机模式（单机模式下只有一个 Worker，分布式下会有多个 Worker）。单机模式是指 Client、Master 和 Worker 全部在一台机器上，分布式模式则会根据实际情况将 Client、Master 和 Worker 放在不同的机器中。第 14 章会介绍关于分布式的内容，在第 14 章之前，出于简便的目的，我们将只关注其单机模式。图 3-4 展示了单机模式下各组件的连接关系。

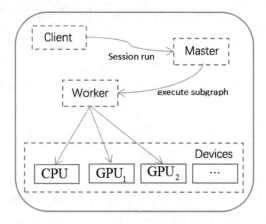

图 3-4　TensorFlow 单机模式示意图

在前两节，通过对计算图和张量的介绍，我们对 TensorFlow 程序中计算模型和数据模型有了一定的了解。但根据以上的介绍，执行定义好的运算还需要在编写代码的时候加入开启会话（Session）的过程。

接下来，将会对会话（Session）的使用方法进行介绍。会话是 TensorFlow 程序的运行模型，它管理着程序运行时的所有资源。在所有的计算完成之后，通常需要关闭会话以帮助系统回收资源；否则，很有可能会导致资源泄漏的问题。

3.4.2　在 TensorFlow 1.x 中使用会话

Session 就是用户使用 TensorFlow 时的交互式接口，它被实现为 Session 类。Session 类提供了 run()方法来执行计算图。用户给 run()函数传入需要计算的节点，同时提供输入的数据，TensorFlow 就会自动寻找所有需要计算的节点并按依赖顺序执行它们。Session 类还提供了 extend()方法为计算图添加新的节点和边，用以完善计算图。在大多数情况下，我们只会创建一次计算图，然后反复执行整个计算图或是其中的一部分子图（Subgraph）。

使用会话的方式一般有两种，第一种方式（也是标准方式）就是明确调用会话生成函数和会话关闭函数——通过 Session 类的 Session()构造函数创建会话类实例，最后通过 Session 类的 close()函数关闭会话释放资源。例如：

```
sess= tf.Session()        #用 Session 类的构造函数创建一个会话
```

```
#Session 类构造函数原型：__init__(self,target,graph,config)
sess.run(...)                      #run()函数会运行一个会话，一般传入需
                                   #要在会话内运行的计算过程
#函数原型：run(self,fetches,feed_dict,options,run_metadata)
sess.close()                       #最后关闭会话，这样可以使得本次运行中使
                                   #用到的资源被释放
```

就像上第 2 章的最后一个例子中，我们定义了两个向量 a 和 b，并将这两个向量进行相加，而会话的运行就是使用了上面的这种方式：

```
sess= tf.Session()
sess.run(result)
```

这是标准的方式，但通过这种方式运行会话时，必须明确调用 sess.close()函数来关闭会话，同时释放资源。然而，当程序因为异常而退出时，关闭会话的函数可能就不会被执行，从而导致资源泄漏。当神经网络过于庞大或者参数量过多时，资源泄漏通常是一件比较麻烦的事。

Python2.6 和 Python3.0 中正式引入了一种新的异常相关的语句：with 及其可选的 as 子句。会话的第二种使用方式就是在定义时加入 with/as。with/as 语句的设计是为了和支持环境管理器协议的环境管理器对象一起工作。采用这种 Python 固有的语言特性，可以很方便地解决资源泄露的问题。

如果没有使用和笔者一样的 Python 版本，那么就需要注意了。在 Python2.5 中，with/as 语句是默认不使用的。当然也可以选择使用，这时需要一句 import 命令来激活：

```
from _future_ import with_statement
```

和其他语言一样，在 Python 中也有异常处理机制，try/finally 就是和异常处理相关的语句。try/finally 语句的大致运行规则是：如果 try 代码块运行时没有异常发生，在执行完整个 try 代码块中的内容后，Python 会跳至执行 finally 代码块；如果 try 代码块运行时有异常发生，Python 会捕获这个异常，并终止 try 语句块接下来的内容的执行，但是依然会运行 finally 代码块，这个异常会被向上传递到较高的 try 语句或顶层默认处理器。

with/as 语句的设计是作为 try/finally 语法模式的替代方案。与 try/finally 语句相同的是，with/as 语句也是用于定义必须执行的终止或"清理"行为，无论处理步骤中是否发生异常。进步性在于，与 try/finally 相比，with 语句支持更丰富的基于对象的环境管理协议，可以为代码块定义支持进入

和离开动作。

with 语句的基本格式如下：

```
with expression [as variable]:
    with-block
```

这里的 expression 要返回一个对象，从而支持环境管理协议。如果选用的 as 子句存在，此对象会返回一个值并赋值给变量 variable（也就是说 as 之后的 variable 可以用来代表 expression 返回的对象）。然后，expression 返回的对象可在 with-block 开始前先执行启动程序，并且在该代码块完成后，执行终止程序代码，无论该代码块是否引发异常。

需要注意的是，对于 with/as 而言，variable 并非赋值为 expression 的结果，expression 的结果是支持环境协议的对象，而 variable 则是赋值为其他的东西。

想要 session 配合这种 python 的环境上下文管理器机制使用，只要将所有的计算放在 with 内部即可。当上下文管理器退出的时候，就会自动释放所有的资源。这样不仅可以解决异常退出时资源释放的问题，也可以解决忘记调用 sess.close()函数而产生的资源泄露问题。以下代码展示了这种方式的大体框架：

```
with tf.Session() as sess:    #创建一个会话，并通过 Python 的上下文
                              #管理器来管理这个会话
    sess.run(...)             #使用这个创建好的会话来计算关心的结果
                              #在这之后，不再需要调用 sess.close()
                              #函数来关闭会话，当上下文退出时会话
                              #关闭和资源释放也自动完成了
```

下面的内容简要解释了 with/as 环境管理器协议的大概内容，这也可以作为 with/as 语句的实际工作方式来理解。

（1）执行 expression 一般会返回一个对象，所得到的对象称为环境管理器，它必须有__enter__()和__exit__()方法。

（2）环境管理器的__enter__()方法会被调用。如果存在 as 子句，其返回值会赋值给 as 子句中的 variable，否则丢弃这个返回值。

（3）执行 with-block 代码块中的内容。

（4）如果 with-block 代码块中发生异常，__exit__(type,value,traceback)方法就会被调用（该方法会包含异常的细节）。如果此方法返回值为 False，则异常被重新引发（正常情况下应该是异常被重新引发，这样的话才能传递

到 with 语句外）；否则，异常会终止。

（5）如果 with-block 代码块中没有引发异常，__exit__()方法会以参数值 type、value 和 traceback 都为 None 的情况执行传递。

Session 类的设计符合 with/as 的环境管理器协议，该类包含__enter__()方法和__exit__()方法，执行 with tf.Session()之后就会得到一个支持环境管理器协议的环境管理器对象（也就是 Session 类的一个实例）。以下是 Session 类__enter__()方法和__exit__()方法的定义：

```
#__enter__(self)
#__exit__(self,exec_type,exec_value,exec_tb)
```

在定义计算时 TensorFlow 会自动生成一个默认的计算图，如果没有特别指定，定义的运算会自动加入这个计算图中。通过手动指定，会话也可以成为默认的（TensorFlow 不会自动生成默认的会话）。将一个会话指定为默认会话可以使用 as_default()函数：

```
sess = tf.Session()
with sess.as_default():
    with-block
```

从 TensorFlow 1.0 就提供了一个直接构建默认会话的类——InteractiveSession 类。使用 InteractiveSession 类可以省去将产生的会话通过 as_default()函数注册为默认会话的过程。下面这句代码创建了一个默认的会话：

```
sess = tf.InteractiveSession()
#InteractiveSession 类构造函数原型：__init__(self,target,graph,
config)
```

当默认的会话被指定之后可以通过 Tensor.eval()函数来计算一个张量的取值。以下代码展示了 eval()函数的使用：

```
sess = tf.Session()
with sess.as_default():
    #eval()函数原型：eval(self,feed_dict,session)
    print(result.eval())
    #如果 sess 不是默认的会话，那么在执行计算时需要对会话加以明确指定
    #比如下面的两句有相同的功能
    #print(sess.run(result))
    #print(result.eval(session=sess))
```

Tensor.eval()函数与 Session.run()函数具有相同的功能，都是用于运行会话（计算张量的取值），但是这两个函数在使用细节上略有区别。比如有

一个张量 t，在使用 t.eval()时，等价于 tf.get_default_session().run(t)（get_default_session()函数用于获取默认的会话）。另外，使用 run()函数时可以给函数传入多个需要计算的张量，但是使用 eval()函数时，只能计算一个张量就调用一次 eval()函数。

3.4.3　配置 Session 的参数

在生成会话时，通常会设置构造函数的 config 参数来配置会话的一些选项。可以配置的选项有很多，比如并行的线程数、GPU 分配策略、运算超时时间等。为了配置能够更方便地进行，可以使用 TensorFlow 提供的 ConfigProto()函数的返回值作为 config 参数的依据。

使用 ConfigProto()函数配置 Session 是最常见的做法。在 ConfigProto()函数内部可以指定多个参数选项，实际项目中用得比较多的参数选项有两个，一个是 log_device_placement，另一个是 allow_soft_placement。

log_device_placement 是一个布尔型的参数，当它为 True 时，网络运行日志中将会记录运行每个节点所用的计算设备，然后打印出来。这在一定程度上方便了我们调试，但在生产环境中一般使用这个参数的默认值 False，以减少日志量。

allow_soft_placement 也是一个布尔型的参数，它的使用和执行运算的设备的选择有关。如果设置为 True，则当运算无法在 GPU 上执行时会被自动转移到 CPU 上执行。

以下是这两个参数的使用样例：

```
config = tf.ConfigProto(log_device_placement=True,allow_soft_
        placement=True)
sess1 = tf.Session(config = config)
#或者用于创建默认会话的时候
sess2 = tf.InteractiveSession(config = config)
```

3.4.4　placeholder 机制

TensorFlow 提供了 placeholder 机制，用于在会话运行时动态提供输入数据。placeholder 相当于定义了一个位置，这个位置上的数据在程序运行时再指定。

在以后的网络模型设计中会遇到这么一种情况：网络的输入数据是一个矩阵，我们把多个这样的矩阵数据打包成一个很大的数据集，如果将这个数据集当作变量或常量一下了输入到网络中，就需要定义很多的网络输入常量（类似前面的 a 和 b），于是计算图上将会涌现大量的输入节点。这是不利的，这些节点的利用率很低。

placeholder 机制被设计用来解决这个问题。编程时只需要将数据通过 placeholder 传入 TensorFlow 计算图即可。以下代码展示了变量相加的例子如何在运行时提供值：

```
import tensorflow as tf

#用 placeholder 定义一个位置
#原型: placeholder(dtype,shape,name)
a = tf.placeholder(tf.float32,shape=(2),name="input")
b = tf.placeholder(tf.float32,shape=(2),name="input")
result = a+b

with tf.Session() as sess:
    #run()函数原型: run(self,fetches,feed_dict,options,
run_metadata)
    #fetches 参数接受 result,feed_dict 参数指定了需要提供的值
    sess.run(result,feed_dict={a:[1.0,2.0],b:[3.0,4.0]})
    print(result)
    #输出 Tensor("add:0", shape=(2,), dtype=float32)
```

在 placeholder 定义时，这个位置上的数据类型（dtype 参数）是需要指定的，而且类型是不可以改变的。placeholder 中数据的形状信息（shape 参数）可以根据提供的数据推导得出，所以不一定要给出；或者对于不确定的形状，填入 None 即可。

之前我们将输入 a 和 b 定义为常量，这里将它们定义为一个 placeholder，在运行会话时需要通过 sess.run()函数的 feed_dict 参数来提供 a 和 b 的取值。feed_dict 是一个字典（Dictionary），在字典中需要给出每个用到的 placeholder 的取值。如果参与运算的 placeholder 没有被指定取值，那么程序在运行时将会报错。

```
import tensorflow as tf

a = tf.placeholder(tf.float32,shape=(2),name="input")
b = tf.placeholder(tf.float32,shape=(2),name="input")
```

```
result = a+b

with tf.Session() as sess:
    sess.run(result,feed_dict={a:[1.0,2.0]})
    #没有提供b的值，所以报错。报错信息：
    #InvalidArgumentError (see above for traceback): You must
    #feed a value for placeholder tensor 'input_1' with dtype
    #float and shape[2]
    print(result)
```

placeholder 的目的是解决如何在有限的输入节点上实现高效地接收大量数据的问题。在上面的样例程序中，如果将输入的b从长度为2的向量改成大小为 $n×2$ 的矩阵，矩阵的每一行为一个样例数据。这样向量相加之后的结果为 $n×2$ 的矩阵，也就是可以得到 n 个向量相加的结果了，结果矩阵的每一行就代表了一个向量相加的结果。下面的程序片段给出了一个 $n=4$ 的示例：

```
import tensorflow as tf
a = tf.placeholder(tf.float32,shape=(2),name="input")

#b的形状是4×2，如果这里定义的形状和feed时的不一样（如(3,2)）会产生报错
#ValueError: Cannot feed value of shape (4, 2) for Tensor
#'input_1:0',
#which has shape '(3, 2)'
b = tf.placeholder(tf.float32,shape=(4,2),name="input")
result = a+b

with tf.Session() as sess:
    print(sess.run(result,feed_dict={a:[1.0,2.0],b:[[3.0,
4.0],[5.0,6.0],[7.0,8.0],[9.0,10.0]]}))
    #输出的值，形状为4×2
    #[[ 3.  6.]
    #[ 6.  8.]
    #[ 8.  10.]
    #[ 10. 12.]]

    print(result)
    #输出张量信息 Tensor("add:0", shape=(4, 2), dtype=float32)
```

上面的样例展示了 placeholder 的这种特性，我们不必定义 4 个 b 用作网络的输入。在运行时，把 4 个样例[3.0,4.0][5.0,6.0][7.0,8.0]和[9.0,10.0]组成一个 4×2 的矩阵传入 placeholder，计算得到的结果为 4×2 的矩阵。其

中，第一行[3. 6.]为 a 和[3.0,4.0]相加的结果；[6. 8.]为 a 和[5.6,6.0]相加的结果；以此类推。

3.4.5　TensorFlow 2.0 取消了会话

好了，在介绍了这么多关于 TensorFlow 1.x 中的会话及其使用方法的内容之后，我们终于要步入正题了——TensorFlow 2.0 取消了会话。关于这一点，在之前的小节（如 3.2.2 小节）中曾有过多次强调，这可以算是相对 TensorFlow 1.x 来说非常巨大的改变了。

开发人员使用 Session 类创建会话，会话的作用总结起来就是开始执行计算图。若取消了会话，那么计算图的执行又从何开始呢？其实，仔细阅读 3.2.2 小节，你会发现已经有答案了，那就是把需要构建的计算图整体写到一个函数里，然后使用@tf.function 装饰器去装饰这个函数，由于是 AutoGraph 的，在这个函数执行时计算图会被马上创建然后执行。

会话的取消有助于开发人员在使用 TensorFlow 时还保留有 Python 的原生编码风格。例如，需要创建为 placeholder 并作为 feed_dict 参数传递到 Session 的 run()函数中的，如今可以在调用被@tf.function 装饰的函数时直接作为参数传入函数中。

来看一个实际的例子，比较一下在 TensorFlow 2.0 中使用 AutoGraph 相对于在 TensorFlow 1.x 中使用 Session 究竟有多大的区别。同样是创建 W 和 b 两个变量，然后求解两个输入和 W 的乘积再加上 b 的运算结果，如果使用 Session 的话，很有可能需要创建两个 placeholder 代表这两个输入，随后在 run()函数中作为 feed_dict 参数传递进来：

```
import tensorflow as tf
x1 = tf.placeholder(dtype=tf.float32, shape=(2))
x2 = tf.placeholder(dtype=tf.float32, shape=(2))

def forward(x):
    with tf.variable_scope("matmul", reuse=tf.AUTO_REUSE):
        W = tf.get_variable("W", initializer =
tf.ones(shape=(2,2)),
                        regularizer=tf.contrib.\
                        layers.l2_regularizer(0.04))
        b = tf.get_variable("b",
initializer=tf.zeros(shape=(2)))
```

```
      return W * x + b

out_1 = forward(x1)
out_2 = forward(x2)

with tf.Session() as sess:
   sess.run(tf.global_variables_initializer())
   print(sess.run([out_1, out_2], feed_dict={x1:[1,2],
x2:[3,4]}))

'''打印的内容：
[array([[1., 2.],[1., 2.]], dtype=float32),
array([[3., 4.],[3., 4.]], dtype=float32)]
'''
```

而如果是使用 AutoGraph，将 forward()函数使用@tf.function 装饰，在调用 forward()函数时直接把每个输入作为参数传递进去即可：

```
import tensorflow as tf
W = tf.Variable(tf.ones(shape=(2,2)), name="W")
b = tf.Variable(tf.zeros(shape=(2)), name="b")

@tf.function
def forward(x):
  return W * x + b

out_1 = forward([1,2])
out_2 = forward([3,4])
print(out_1)
print(out_2)

'''打印的内容：
tf.Tensor([[1. 2.][1. 2.]], shape=(2, 2), dtype=float32)
tf.Tensor([[3. 4.][3. 4.]], shape=(2, 2), dtype=float32)
'''
```

在搭建一些比较"正规"的网络模型时（或者通俗地说就是扩展上面的 forward()函数），TensorFlow 1.x 封装了一些网络组件在 tensorflow.layers 模块中，但是在使用这个模块搭建网络模型时还需要依赖于 variable_scope() 来管理变量的使用。例如，下面定义的这个 simple_model() 函数就是使用了 layers 模块搭建了一个小型的网络模型：

```
import tensorflow as tf
def simple_model(x, training, scope='model'):
```

```
    with tf.variable_scope(scope, reuse=tf.AUTO_REUSE):
        #x 是这个网络模型的输入，模型的第一层是一个卷积层，
        #由 conv2d() 函数完成
        x = tf.layers.conv2d(x, 64, 3, activation=tf.nn.relu,
                        kernel_regularizer=tf.\
                        contrib.layers.\
                        l2_regularizer(0.04))
        #模型的第二层是一个最大池化层，由 max_pooling2d()
        #函数完成
        x = tf.layers.max_pooling2d(x, (2, 2), 1)
        #flatten() 函数用于实现网络模型的降维，也就是扁平化
        x = tf.layers.flatten(x)
        #dropout() 函数有助于防止网络模型的过拟合，
        #它的作用原理就是随机扔掉一部分网络模型的神经元
        x = tf.layers.dropout(x, 0.1,
                        training=training)
        #dense() 函数能够为网络添加一个全连接层
        x = tf.layers.dense(x, 64, activation=tf.nn.relu)
        #batch_normalization() 函数实现了网络的归一化处理
        x = tf.layers. batch_normalization(x,training=training)
        x = tf.layers.dense(x, 10, activation=tf.nn.softmax)
        return x

#simple_model() 函数的 training 用于标记是否处于模型训练
#模式下假设训练模型得到的输出是 train_out，而测试模型得到的
#输出是 test_out，那么训练模型时就需要把 train_out 传递给
#run() 函数，测试模型时就需要把 test_out 传递给 run() 函数。
#当然，训练或测试的时候样本数据还需要通过 feed_dict 参数
#传递给 run() 函数
train_out = simple_model(train_data, training=True)
test_out = simple_model(test_data, training=False)
```

　　TensorFlow 2.0 中新增了一个 tensorflow.keras 模块，在这个模块中有一个 Sequential 类用于堆叠网络模型。TensorFlow 2.0 推荐的创建网络模型的方式就是实例化一个 Sequential 类，在调用 Sequential 类的构造函数时，将网络模型的参数一并传递进来。还是上一段代码中搭建的那个网络模型，使用这种方式搭建时的代码如下：

```
import tensorflow as tf
simple_model = tf.keras.Sequential([
    tf.keras.layers.Conv2D(32, 3, activation='relu',
                        kernel_regularizer=
                        tf.keras.regularizers.l2(0.04),
```

```
                        input_shape=(28, 28, 1)),
    tf.keras.layers.MaxPooling2D((2, 2), 1),
    tf.keras.layers.Flatten(),
    tf.keras.layers.Dropout(0.1),
    tf.keras.layers.Dense(64, activation='relu'),
    tf.keras.layers.BatchNormalization(),
    tf.keras.layers.Dense(10, activation='softmax')
])
```

若是感觉把所有的网络组件都一股脑地给 Sequential()传递进去比较麻烦又不利于后期灵活地增减网络层，那么可以使用 Sequential 类的 add()函数一层一层地添加网络层。下面这段被注释掉的代码和上面那段是等效的：

```
'''使用 add()函数添加网络层
simple_model = tf.keras.Sequential()
model.add(tf.keras.layers.Conv2D(32, 3, activation='relu',
                          kernel_regularizer=
                          tf.keras.regularizers.\
                          l2(0.04),
                          input_shape=(28, 28, 1)))
model.add(tf.keras.layers.MaxPooling2D((2, 2), 1))
model.add(tf.keras.layers.Flatten())
model.add(tf.keras.layers.Dropout(0.1))
model.add(tf.keras.layers.Dense(64, activation='relu'))
model.add(tf.keras.layers.BatchNormalization())
model.add(tf.keras.layers.Dense(10, activation='softmax'))
'''
```

需要给网络模型输入数据时，使用 Sequential 类的 fit()函数就可以了。在后面的章节中我们会搭建很多不同的网络模型，只不过在这之前还需要学习一些比较基础的理论知识。关于 TensorFlow 2.0 取消了会话的讨论，到这里就先告一段落了。

3.5 TensorFlow 变量

对于神经网络而言，参数是一个重要的组成部分。一个网络中往往包含大量的参数。在 TensorFlow 中，变量的作用就是保存网络中的参数，网络参数的更新就是相应变量值的重新赋值。

下面将主要介绍如何在 TensorFlow 中创建变量，这部分内容放在了 3.5.1 节；还有一点相关的内容，那就是变量和张量之间的关系，这部分内容放在了 3.5.2 节。

3.5.1　创建变量

无论在 TensorFlow 1.x 中，还是在 TensorFlow 2.0 中，创建一个变量都可以使用变量创建类—— Variable。因为在创建这个变量的时候就要为其提供初始值，所以构造函数的内部需要给出这个变量的初始化方法。

变量的初始值可以设置成随机数。这样的做法（将网络参数设置成随机数）在实际应用中是很常见的，比如下面这段代码：

```
weights = tf.Variable(tf.random.normal([3,4], stddev=1))
```

以下展示了 Variable 类的构造函数定义原型：

```
#def __init__(self, initial_value=None,trainable=None,
#       validate_shape=True,caching_device=None, name=None,
#       variable_def=None, dtype=None, import_scope=None,
#          constraint=None,
#          synchronization=tf.VariableSynchronization.AUTO,
#       aggregation=tf.compat.v1.VariableAggregation.NONE,
#          shape=None)
```

在上一行代码中，weights 是我们声明的一个变量。在初始化这个变量时，使用了 random.normal()函数返回一个大小为 3×4、元素均值为 0、标准差为 1 的随机数矩阵，这些随机数满足正态分布。random.normal()函数也可以通过 mean 参数指定随机数的平均值；如果没有指定，那么默认值为 0。

TensorFlow 也提供了除满足正态分布外的其他随机数生成函数，常用的如表 3-2 所示。

表 3-2　TensorFlow 随机数生成函数

函 数 名 称	随机数分布	主 要 参 数
random.normal()	正态分布	形状、平均值、标准差、数值类型、随机种子、名称
random.poisson()	泊松分布	比率参数、形状、数值类型、随机种子、名称
random.uniform()	平均分布	形状、最小值、最大值、数值类型、随机种子、名称
random.gamma()	Gamma 分布	形状、形状参数 alpha、尺度参数 beta、数值类型、随机种子、名称

这些函数的原型如下：

```
#normal(shape, mean=0.0, stddev=1.0,
#     dtype=tf.dtypes.float32, seed=None, name=None)
#poisson(shape, lam, dtype=tf.dtypes.float32,
#       seed=None, name=None)
#uniform(shape, minval=0, maxval=None,
#      dtype=tf.dtypes.float32, seed=None, name=None)
#gamma(shape, alpha, beta=None, dtype=tf.dtypes.float32,
#       seed=None,name=None)
```

最常见的情况是使用满足正态分布的随机数来初始化神经网络中的参数。图 3-5 展示了数学中正态分布的函数图像。

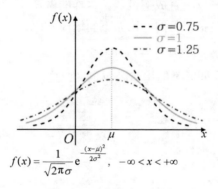

$$f(x) = \frac{1}{\sqrt{2\pi}\sigma} e^{-\frac{(x-\mu)^2}{2\sigma^2}}, \quad -\infty < x < +\infty$$

图 3-5　正态分布函数图

TensorFlow 中变量的初始值除了可以设置为随机数，还可以设置为常数，或者是通过其他变量的初始值计算得到。表 3-3 给出了 TensorFlow 中经常会用到的常数生成函数。

表 3-3　TensorFlow 中常用的常数生成函数

函 数 名 称	功　　能
zeros()	产生全 0 的数组
ones()	产生全 1 的数组
fill()	产生一个值为给定数字的数组
constant()	产生一个给定值的常量

这些函数的原型如下：

```
#zeros(shape, dtype=tf.dtypes.float32,name=None)
#ones(shape, dtype=tf.dtypes.float32, name=None)
#fill(dims, value, name=None)
```

```
#constant(value, dtype=None, shape=None, name='Const')
```

表 3-3 中的常数生成函数的用法可以参考下面的 4 行代码：

```
tf.zeros([2,3],int32)        #产生的数组为[[0,0,0],[0,0,0]]
tf.ones([2,3],int32)         #产生的数组为[[1,1,1],[1,1,1]]
tf.fill([2,3],4)             #产生的数组为[[4,4,4],[4,4,4]]
tf.constant([1,2,3])         #产生的数组为[1,2,3]
```

在神经网络中，通常需要设置为常数的是偏置项（bias，在第 4 章中有所涉及，不是很重要的内容）参数。以下代码给出了一个样例：

```
#产生一个值全为 0 的一维数组，数组长度为 3
biases = tf.Variable(tf.zeros([3]))
```

通过其他变量的初始值来创建新的变量，需要用到 initialized_value()函数。下面的代码展示了这种做法：

```
#biases 是已经被创建的变量，通过 initialized_value()函数获取变量的值
b1 = tf.Variable(biases.initialized_value())
                            #b1 的值等于 biases 的值
b2 = tf.Variable(biases.initialized_value()*3.0)
                            #b2 的值等于三倍 biases 的值
```

3.5.2　在 TensorFlow 1.x 中初始化变量

这是相对于 TensorFlow 1.x 而言的，无论使用了哪种创建变量的方式，一个变量在被使用之前，这个变量的初始化过程都需要被明确调用。初始化过程在运行会话时完成。比如，初始化上述声明的 biases 和 weights 变量可以通过运行会话的方式：

```
sess.run(weights.initializer)       #初始化 weights
sess.run(biases.initializer)        #初始化 biases
```

initializer 是 Variable 类的一个属性。显然这样的初始化很没有效率，当参数过多或者变量之间存在依赖关系时，这样的方式会很麻烦。为了解决批量初始化变量这个问题，TensorFlow 1.x 提供了一种更加便捷的方式。使用 initialize_all_variable()函数可以初始化所有变量。下面的程序展示了这样的过程：

```
#定义 init_op 为初始化全部变量的操作，之后再使用会话执行这个操作
init_op= tf.initialize_all_variables()
sess.run(init_op)
```

使用 initialize_all_variables()函数，就不需要将所有的变量都逐个进行初始化了，这个函数也会自动处理变量之间的依赖关系。在 TensorFlow 0.x 中这样做完全不会有问题，只不过 TensorFlow 1.x（包括 1.0.0 版本）通常会建议我们使用 global_variables_initializer()函数来代替完成变量初始化的过程。不用担心，这两个函数的功能是相同的，如果使用 initialize_all_variables()函数会导致报错，那么就不妨采取 TensorFlow 的建议。

以下代码采用模拟的办法演示了如何将变量用作神经网络的参数。代码中常量 x 可以看作网络的输入，w1 和 w2 是网络的参数。在定义变量之后还实现了一些简单的矩阵计算。

```python
import tensorflow as tf

#定义常量，用作输入，但要注意 x 是一个 1×2 的矩阵
x = tf.constant([[1.0, 2.0]])

#定义变量，当作参数
#通过 seed 参数设定了随机种子，这样可以保证每次运行得到的结果是一样的
w1 = tf.Variable(tf.random_normal([2, 3], stddev=1, seed=1))
w2 = tf.Variable(tf.random_normal([3, 1], stddev=1, seed=1))

#执行矩阵乘操作，原型为tf.matmul(a,b,transpose_a,transpose_b,
#adjoint_a,adjoint_b,a_is_sparse,b_is_sparse,name)
#关于矩阵乘操作，将会在第 4 章进行介绍
a = tf.matmul(x, w1)
y = tf.matmul(a, w2)
init_op = tf.initialize_all_variables()

with tf.Session() as sess:
    sess.run(init_op)
    print(sess.run(y))
    #输出(每次运行输出相同)
    #[[7.202096]]
```

在使用 TensorFlow 1.x 时，编程实践中通常会遵循这么一个规律——将一个 TensorFlow 程序分为两个阶段，第一个阶段是定义计算图中的运算，程序的这部分内容放到 Session 的前面；第二个阶段是运算的执行，程序的这部分内容由 Session 来完成。这样做不是必需的，但能使代码的思路更加清晰。

上面的这段代码也符合这样的一个规律，定义 x、w1、w2、a 和 y 的过

程就是定义计算图中的运算的过程。在 Session 里，我们执行了变量初始化过程并且得出了最后的运行结果。

3.5.3　变量与张量

3.3 节介绍了 TensorFlow 的一个重要的概念——张量（Tensor），所有的数据都是通过张量的形式来组织的，那么变量和张量是什么关系呢？

在 TensorFlow 中，使用 Variable 类创建变量会被当作一个运算来处理，这个运算的输出结果就是一个具有 name、shape 和 type 属性的张量。图 3-6 展示了使用 TensorBoard 工具观察 3.5.2 节最后的那个程序的计算图。

从图 3-6 中可以看出，两个 random_normal 操作分别连接到两个 Variable 操作。需要注意的是，如果在声明 Variable 时指定了 name 参数，那么这里的 Variable 或 Variable_1 将被相应的 name 参数替代

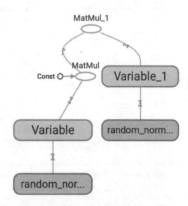

图 3-6　两个变量相乘的计算图

而作为计算图中的标识符。展开左边的 random_normal 和 Variable，里面是详细的运作过程，如图 3-7 所示。

我们只关注图 3-7（b）所示 Variable 的部分，在这里 Assign（分配、赋值）操作完成了变量的初始化。Assign 这个节点的输入为随机数生成函数的输出，而且输出赋给了变量 Variable，这样就完成了变量初始化的过程。同时还看到 Variable 通过一个 read 操作将值提供到了外面，也就是 MatMul 节点，这个节点根据获取到的值进行矩阵乘法操作。

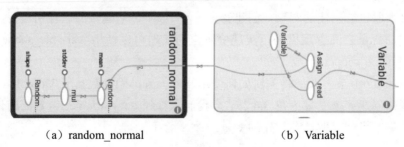

（a）random_normal　　　　　　　（b）Variable

图 3-7　展开计算图 Variable 和 random_normal 节点

如果在 print(sess.run(y)) 的下面加入一句 print(y)，那么打印输出的结果就不会是[[7.202096]]，而是一个张量。

```
print(y)
#输出 Tensor("MatMul_1:0", shape=(1, 1), dtype=float32)
```

形状（shape）和类型（type）同样也是变量中比较重要的两个属性。需要注意的是，在 TensorFlow 中，一个变量在构建之后，它的类型就不能再改变了，试图更改变量的类型会报类型不匹配的错误。但是形状在程序运行中是可以改变的（但是这种做法在实践中很少见），需要通过设置参数 validate_shape= False 来完成。

例如，使用 assign()函数将 w2 参数的值赋给 w1，在不使用 validate_shape =False 参数时会报形状不匹配的错误。代码如下：

```
tf.assign(w1,w2)
#报错:
#ValueError: Dimension 0 in both shapes must be equal, but are
#2 and 3
#for 'Assign' (op: 'Assign') with input shapes: [2,3], [3,1].
#指定 validate_shape=False 参数，成功运行
tf.assign(w1,w2,validate_shape=False)
#assign()函数用于对变量分配值，原型为
#assign(ref,value,validate_shape,use_locking,name)
```

3.6　管理变量的变量空间

除了 Variable 类外，在 TensorFlow 1.x 中使用 get_variable()函数也可用于创建变量，但不仅仅是用于创建变量，正如其名字一样，该函数也可以通过获取已经创建的变量来创建变量。get_variable()函数的这种用法得益于所谓的变量空间管理机制，实现变量空间管理可以使用 variable_scope()函数和 name_scope()函数。

在 3.6.1 节，我们将关注如何使用 get_variable()函数实现 Variable 类的功能来创建一个变量；在 3.6.2 节，我们会看到 get_variable()函数如何依托变量空间机制获取已经创建的变量。

3.6.1　用 get_variable()函数创建变量

需要说明的是，TensorFlow 2.0 中已经取消了 get_variable()函数，不过，使用 TensorFlow 1.x 的用户依旧可以使用它创建或获取变量。在实现创建变量的功能时，其使用方法和 Variable 类基本相同。以下代码给出了通过这两个函数创建同一变量的样例：

```
#通过常数来初始化一个变量
a = tf.Variable(tf.constant(1.0,shape=[1],name="a"))
#使用 gat_variable()创建一个变量，原型为
#get_variable(name,shape,dtype,initializer,regularizer,
#trainable,collections,caching_device, partitioner,
#validate_shape, custom_getter)
a = tf.get_variable("a",shape=[1],initializer=tf.constant_
initializer(1.0))
```

从上面的代码可以看出，get_variable()函数调用时提供的形状信息（shape 参数）和 Variable 类中提供的形状信息是类似的。

get_variable()函数通过 initializer 参数提供初始化方法，这些初始化方法被设计成了一系列的 initializer 函数，这些函数列举在表 3-4 中。

表 3-4　TensorFlow 中的变量初始化函数

初始化函数	功　　能
constant_initializer()	将变量初始化为给定常量
random_normal_initializer()	将变量初始化为满足正态分布的随机数值
truncated_normal_initializer()	将变量初始化为满足正态分布的随机数值，但如果随机出来的值偏离平均值超过 2 个标准差，那么这个数值将被重新随机
random_uniform_initializer()	将变量初始化为满足平均分布的随机数值
uniform_uint_scaling_initializer()	将变量初始化为满足平均分布但不影响输出数量级的随机数值
zeros_initializer()	将变量初始化为全 0
ones_initializer()	将变量初始化为全 1

可以看出，这些 initializer 函数和 3.5.1 节中介绍的随机数以及常数生成函数大部分是一一对应的。比如，上面代码中所使用的常数初始化函数

constant_initializer()和常数生成函数 constant()在功能上就是一致的。

对于 name 属性，在 Variable 类中，它是一个可选的参数；但是在 get_variable()函数中，它是一个必选的参数，因为 get_variable()函数会根据这个名字来创建或获取变量。这样的设计有助于避免由于无意识的变量复用而造成的错误。

3.6.2 variable_scope()与 name_scope()

本节将演示如何通过 get_variable()函数获取一个已经创建的变量，但在此之前我们需要使用函数 variable_scope()结合上下文管理器（with）生成一个变量空间。这是一种典型的做法。

在相同的变量空间内使用 get_variable()函数创建 name 属性相同的两个变量会导致错误的发生。下面的一段代码演示了通过 variable_scope()函数来控制 get_variable()函数获取已经创建过的变量：

```python
import tensorflow as tf

#在名为 one 的变量空间内创建名为 a 的变量
with tf.variable_scope("one"):
    a = tf.get_variable("a", [1],initializer = tf.constant_
                        initializer(1.0))

    #因为在变量空间 one 内已经存在名为 a 的变量，
    #所以下面的这段代码将被报错
with tf.variable_scope("one"):
    a2 = tf.get_variable("a", [1])
    #报错信息
    #ValueError: Variable one/a already exists, disallowed.
    #Did you mean to set
    #reuse=True in VarScope? Originally defined at:
```

上面的程序简单地说明了 variable_scope()函数影响了 get_variable()函数的使用。在执行创建变量a2的代码时会由于变量空间中已经存在 name 属性为 a 的变量而产生报错信息，提示是否在 variable_scope()函数中使用 reuse=True 参数。

reuse 参数的默认值是 False，当 variable_scope()函数使用 reuse=True 参数生成上下文管理器时，这个上下文管理器内的所有 get_variable()函数会直接获取 name 属性相同的已经存在的变量。如果变量不存在，则 get_variable()函数会报错。下面的代码对此进行了展示：

```
import tensorflow as tf

#在变量空间 one 下创建名为 a 的变量
with tf.variable_scope("one"):
    a = tf.get_variable("a", [1],initializer =
tf.constant_initializer(1.0))

#在生成上下文管理器时，将 reuse 参数设置为 True，这样 get_variable()
#函数将直接获取已经声明的变量（而且是只能获取已经声明的变量）
with tf.variable_scope("one", reuse=True):
    a2 = tf.get_variable("a", [1])
    print(a.name,a2.name)
    #输出为 one/a:0 one/a:0

#将参数 reuse 设置为 True 时，由于 get_variable()函数只能获取
#已经创建过的变量，且变量空间 True 中并没有创建过 name 属性为 a 的变量，
#所以下面这段代码将会报错
#ValueError: Variable two/a does not exist, or was not created
with tf.get_variable(). Did you mean to set reuse=None in
#VarScope?
with tf.variable_scope("two", reuse=True):
    v1 = tf.get_variable("a", [1])
```

如果使用默认的 reuse=False 创建变量空间，那么 get_variable()函数将创建新的变量；如果 name 属性相同的变量已经存在，get_variable()函数将会报错。

使用 variable_scope()函数创建变量空间时，在变量空间内创建的变量名称都会带上这个变量空间名称作为前缀。正如在上一段代码中输出 a 和 a2 的 name 属性时，最外层的 one 就代表了这个变量所属的变量空间。变量空间是可以嵌套的。下面的这段代码展示了变量空间嵌套：

```
import tensorflow as tf

#在变量空间外部创建变量 a
a = tf.get_variable("a",[1],initializer =
tf.constant_initializer(1.0))
print(a.name)
#输出 a:0，"a"是这个变量的名称，":0"表示是生成这个变量运算的第一个结果
```

```
with tf.variable_scope("one"):
    a2 = tf.get_variable("a", [1],
initializer=tf.constant_initializer(1.0))
    print(a2.name)
    #输出 one/a:0，其中 one 表示 a 所属的变量空间为 one

with tf.variable_scope("one"):
    with tf.variable_scope("two"):
        a4 = tf.get_variable("a", [1])
        print(a4.name)
        #输出 one/two/a:0，变量空间嵌套之后，
        #变量的名称会加入所有变量空间的名称作为前缀

    b = tf.get_variable("b", [1])
    print(b.name)
    #输出 one/b:0，因为退出了变量空间 two

with tf.variable_scope("",reuse=True):
    #也可以直接通过带变量空间名称前缀的变量名来获取相应的变量
    a5 = tf.get_variable("one/two/a",[1])
    print(a5 == a4)
    #输出 True
```

在上面这段代码以及之前的代码中，我们常会看到类似"：0"的输出，它表示这个变量是生成这个变量运算的第一个结果。在第 12 章解释持久化原理的时候对这种输出形式做进一步的说明。

当 variable_scope()函数嵌套时，确定 reuse 参数的值是一件很让人头疼的事情，因为 reuse 参数会干涉 get_variable()函数的使用。下面的一段样例代码展示了当 variable_scope()函数嵌套时，如何确定 reuse 参数的取值。

```
import tensorflow as tf

with tf.variable_scope("one"):
    #使用 get_variable_scope()函数可以获取当前的变量空间
    print(tf.get_variable_scope().reuse)
    #输出 False

    with tf.variable_scope("two", reuse=True):
        #通过上下文管理器新建一个嵌套的变量空间，并指定 reuse=True
        print(tf.get_variable_scope().reuse)
        #输出 True

        #在一个嵌套的变量空间中如果不指定 reuse 参数，
```

```
        #那么会默认为和外面最近的一层保持一致
    with tf.variable_scope("three"):
        print(tf.get_variable_scope().reuse)
        #输出 True

    #回到 reuse 值为默认 False 的最外层的变量空间
    print(tf.get_variable_scope().reuse)
    #输出 False
```

由于本书后面章节中所编写的代码全部是基于 TensorFlow 2.0 的，所以在实际使用时就再也见不到 variable_scope() 与 get_variable() 的这种配合了。原因与 TensorFlow 1.x 和 TensorFlow 2.0 之间的网络搭建方式存在差别有关。在 TensorFlow 1.x 中，搭建一个网络要定义一个函数，然后在这个函数内一层一层地添加网络层，这时如果每个网络层都使用一个由 with/as 和 variable_scope() 一起管理的变量空间，那么其中的变量就可以得到很高的重用效率。在 TensorFlow 2.0 中，推荐的搭建网络的方式是使用 Keras，每个网络层都被实现为了一个类（如 keras.layers.Conv2D 类），这些类基本都实现了高效的变量管理机制。

name_scope() 函数提供了类似于 variable_scope() 函数的变量空间管理功能，但是在搭配 get_variable() 函数使用时二者有所区别。来看下面这段程序代码：

```
import tensorflow as tf

with tf.variable_scope("one"):
    a = tf.get_variable("var1", [1])
    print(a.name)
    #输出 one/var1:0

with tf.variable_scope("two"):
    b = tf.get_variable("var2", [1])
    print(b.name)
    #输出 two/var2:0

with tf.name_scope("a"):
    #使用 Variable 类生成变量会受到 name_scope() 的影响
    #主要表现为在变量名称前添加变量空间名称前缀
    a = tf.Variable([1],name="a")
    print(a.name)
    #a/a:0
```

```
#使用get_variable()函数生成变量不会受到name_scope()的影响
#主要表现为在变量名称前不会添加变量空间名称前缀
a = tf.get_variable("b", [1])
print(a.name)
#输出b:0

with tf.name_scope("b"):
    #企图创建name属性为b的变量c，然而这个变量已经被声明了
    #所以会被报错
    #ValueError: Variable b already exists, disallowed.
    #Did you mean to set reuse=True in VarScope?
    c = tf.get_variable("b",[1])
```

从上面的代码中可以看出，在 name_scope()内部使用 get_variable()函数时，生成的变量名称不会被添加变量空间名称前缀；相反的是，Variable 类在 name_scope()内部会被添加变量空间名称前缀。需要注意的是，使用 variable_scope()变量空间时，无论是 get_variable()函数还是 Variable 类，都会在生成的变量名称前添加变量空间名称前缀。

除了在使用 get_variable()时有所区别外，大部分情况下可以认为 name_scope()与 variable_scope()这两个函数是等价的。在代码的最后提示使用 reuse 参数，但是 name_ scope()没有 reuse 这个参数，这也是需要注意的地方。

令人欣慰的是 TensorFlow 2.0 将 name_scope()函数保留了下来。使用 name_scope()的情况多见于可视化计算图的时候，使用 TensorBoard 工具可视化计算图的内容会在第 11 章展开介绍。name_scope()用于可视化计算图的主要作用是方便以节点的形式查看数据。

第 2 部分

TensorFlow 实现深度网络

第4章 深度前馈神经网络

深度前馈神经网络（Deep Feedforward Neural Network），可简称为前馈神经网络（Feedforward Neural Network），指的是具有前馈特征的一类神经网络模型。前馈神经网络中最具代表性的样例是多层感知机（Multilayer Perceptron，MLP）模型（第1章中介绍人工神经网络的时候就有所涉及）。习惯上，我们会将 MLP 称为深度神经网络（Deep Neural Networks, DNN），但是这非常狭义，实际上深度神经网络应该泛指更多的使用了深度学习技术的深度神经网络模型。

除了典型的 MLP 之外，将在第7章中学习的深度卷积神经网络也属于前馈神经网络的一种，它是一种较擅长对照片中的对象进行识别的前馈神经网络。在本章的中部，我们会从 MLP 入手来加强对前馈神经网络的理解，尽管 MLP 非常的"旧"，但是它很方便。

4.1 网络的前馈方式

前馈神经网络模型是前向的，在模型的输出和模型本身之间并不存在连接，也就不构成反馈。例如，对于一个分类器功能的 MLP，假设其输入、输出满足一个函数 $y = f(x)$（其中 x 是原始数据的载体，也就是网络的输入），信息从输入的 x 经过定义的功能函数 f，最终到达输出 y。在这个过程中，f 以及 x 并没有因为 y 的取值而受到任何影响。

前馈神经网络也可以被扩展成包含反馈连接，这种网络被称为循环神经网络（Recurrent Neural Network，RNN），它在多种自然语言处理（Natural Language Processing，NLP）类的任务中发挥着巨大的作用。循环神经网络的情况相对而言比较复杂，在第9章中有关于它的详细介绍，但是在这里，我们只需了解前馈神经网络即可。

　　函数 $y = f(x)$ 也可以被表示成多个函数复合在一起的形式，分别用一个函数表示网络每一层计算的过程，这样显然能够看到更多关于网络的细节。例如，对于一个拥有两个处理层的 MLP 而言，用函数 f_1 表示第一个处理层的计算过程，用函数 f_2 表示第二个处理层的计算过程，用函数 f_3 产生最终的输出，这样的关系可以用图 4-1 简单地表示。在图 4-1 中，每一层中都包含有很多的单元（Unit，每个单元可类比一个神经元结构）。

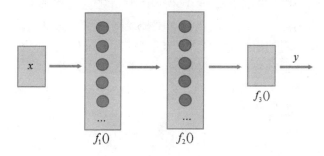

图 4-1　复合函数与网络的层

　　对于最终的输出 y，我们可以用复合函数的形式表示为 $y = f_3(f_2(f_1(x)))$，这实际上就形成了一个函数链。我们可以用这样一个函数链来表示前馈神经网络。对于一个深度学习模型而言，一般函数链的长度都比较长。

　　在正式的术语中，我们会用输入层、隐藏层和输出层来称呼一个网络模型中的不同部分。例如，对于图 4-1 所示的前馈神经网络而言，输入层就是 x 所在的层，也就是网络的第一层；函数 $f_1()$ 处在网络的第二层，一般称该层为隐藏层；函数 $f_2()$ 处在网络的第三层，该层也是一个隐藏层；函数 $f_3()$ 处在最后一层，这是网络的输出层，产生输出 y。

　　神经网络都要经历一个训练的过程，即让得到的 y 去匹配（在数值上接近或等于）样本训练数据 x 对应的一个标签 y^*。这样的解释非常概括，也非常抽象。详细的解释就是：样本训练数据 x 一般会伴随着一个标签（label）。对于分类问题而言，这个标签就是 x 的正确类别。对于每一个输入到网络中的样本训练数据 x，我们都要求输出的 y 能够与 label 相匹配。这样的话，神经网络模型就可以类比为一个"黑盒模型"。深度学习算法不会具体要求模型中的每一层都要输出什么（因为 x 没有给出这些层对应的 label），它只是利用这些非输出层产生最终在输出层想要的输出。

　　如何利用这些非输出层产生想要的输出是一件非常复杂的事情，实际上也有许多研究人员对此做了多种不同的尝试。从目前来看，其中最成功的尝试应该就是反向传播（Back Propagation）算法。在第 5 章会有关于反向传播算法的介绍，但在本章，我们会试着先用 MLP 来解决一些简单的问题。

最后需要说明的是，深度神经网络在发展初期（那时它被称为人工神经网络）受到了或多或少来自神经科学领域的启发，这也是为什么我们将其称为"神经网络"的原因，而不单单是因为它能被绘制成由一个个的单元组成的网络的形式。然而，现代深度神经网络的研究更注重来自数学和其他相关工程学科的引导，并且设计深度神经网络模型的目标也不能完美地模拟人类或其他动物的脑神经系统。对前馈神经网络最好的一种理解是实现了统计与泛化的函数近似机，它借鉴了一些神经科学领域的内容，但不能算是大脑功能的模型。

4.2 全连接

全连接与稀疏连接都指的是神经网络模型中相邻两层单元间的连接方式。使用全连接方式时，网络当前层的单元与网络上一层的每个单元都存在连接；而使用稀疏连接方式时，网络当前层的单元只与网络上一层的部分单元存在连接。

全部使用全连接方式的网络，通常称之为全连神经网络；仅某一层由全连接方式得到，则称之为全连接层。MLP 就是一个全连神经网络，而在第 7 章中将要介绍的卷积神经网络则是一个使用了稀疏连接的典型网络。

在本节(乃至本章)，我们将主要关注全连接方式的网络。在 4.2.1 节，我们将再次认识神经元与全连接结构，这些内容与第 1 章中人工神经网络的内容比较相似。在 4.2.2 节，我们将介绍前向传播算法，实际上前向传播算法并不是程序算法设计中的"算法"，它可以理解为前馈神经网络中结果的计算方法，对它冠以"算法"的称呼是为了和反向传播算法有所区分。

4.2.1 神经元与全连接结构

神经元是构成一个神经网络的最小单元。在介绍神经网络前，首先需要对神经元的结构有所了解。

　　图4-2展示了最简单的神经元结构，实现了对所有输入求加权和并输出的功能。w通常称为权重，也就是神经元的参数。为了最终的输出y能够更好地匹配 x 的标签，神经网络通常会涉及一些优化过程，这个过程指的就是对权重参数 w 的取值进行不断的调整。比如，反向传播就是常用的一种方法。在第 5 章会对网络的优化展开介绍。

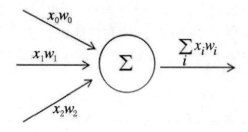

图 4-2　神经元结构示意图

　　一个神经元可以有多个输入和一个输出，每个神经元的输入可以是来自其他神经元的输出，也可以是来自整个神经网络的输入。如图4-3所示是由多个神经元按照全连接的方式连接而成的简单全连神经网络，这个网络只有一个隐藏层，输入层有两个输入单元，输出层有一个输出单元。

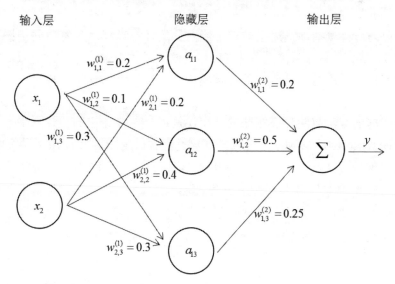

图 4-3　简单全连神经网络

由于全连神经网络易于理解，所以是学习深度前馈神经网络最好的模型。在之后学习其他前馈神经网络时，通常可以从全连神经网络中获取到一丝灵感。

如果用函数 f_1 表示隐藏层的处理函数，那么它会从输入层得到输入数据（一个二元素向量）以及相应参数并将结果（一个三元素向量）传递到输出层。如果用 f_2 表示输出层的处理函数，那么这个函数的输入就是一个三元素向量，函数的参数也是一个三元素向量，输出是一个标量（y）。函数链的形式表示图 4-2 所示的简单全连神经网络就是 $y = f_2(f_1(x))$，这个链的长度为 2，所以模型的深度也就是 2。"深度学习"也正是因为链的深度而得名。

在宏观上可以将层想象成向量到向量的单个函数，但实际上层是由许多并行操作的独立单元（Unit）组成，每个单元表示一个向量到标量的函数。我们可以用隐藏层单元的维数衡量模型的宽度（Width）。这些单元就是一个个的神经元，它接收的输入来源于许多其他单元，并计算它自己的输出值。

4.2.2　前向传播算法

前向传播概括地描述了前馈神经网络的计算过程。计算前向传播的结果需要 3 部分信息：首先是神经网络的输入，这个输入是经过提取的特征向量数据；其次是神经网络的连接结构，通过确定的连接结构可以得出确定的运算关系；最后是每个神经元中的参数。

在本小节，前向传播算法的介绍还是以全连接结构的神经网络为例，并通过 TensorFlow 实现前向传播的计算过程。借用图 4-3 所示模型并加入偏置项（偏置项在神经网络中很常用），可以组成一个简易的二分类网络模型。x_1 和 x_2 是某一硬件是否达到合格标准的两个指标，经过提前准备好的网络结构以及相关参数进行计算之后，从 y 输出综合判断分数，从而判断该硬件是否合格。对输入赋予了初值后的三层简单全连神经网络可表示成如图 4-4 所示。

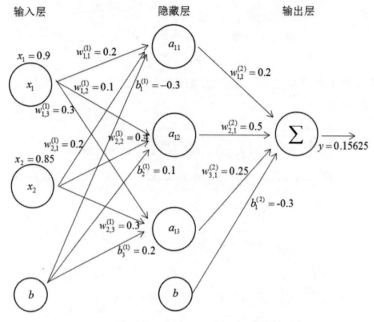

图 4-4　判断硬件是否合格的三层神经网络

首先隐藏层有 3 个节点，每一个节点的取值都是输入层取值的加权和。a 的值可由以下公式算出：

$$a^{(1)} = \sum_i w_i^{(1)} x_i + b^{(1)}$$

下面给出了 a_{11} 取值的详细计算过程：

$$a_{11} = w_{1,1}^{(1)} x_1 + w_{2,1}^{(1)} x_2 + b_1^{(1)} = 0.18 + 0.17 - 0.3 = 0.05$$

a_{12} 和 a_{13} 也可以通过类似的计算方法得到。

在得到第一层的节点的取值后，可以进一步推导得出输出层的取值。y 的值可以由以下计算公式得出：

$$y = \sum_i a^{(1)} w^{(2)} + b^{(2)}$$

下面给出了其详细的计算过程：

$$y = w_{1,1}^{(2)} a_{11} + w_{2,1}^{(2)} a_{12} + w_{3,1}^{(2)} a_{13} + b_1^{(2)} = 0.01 + 0.265 + 0.18125 - 0.3 = 0.15625$$

假设一个判定零件是否合格的阈值为 0.2，用 0.15625 和阈值进行比较，最后可以得出该零件是否合格。

整个计算过程可以表示为数学中的矩阵乘法，将输入 x_1 和 x_2 组成一个 1×2 的矩阵（长度为 2 的向量）作为输入，即 $\boldsymbol{X} = [x_1, x_2]$；将权重参数组成

一个形状为 2×3 的矩阵，即

$$\boldsymbol{W}^{(1)} = \begin{bmatrix} w_{1,1}^{(1)} & w_{1,2}^{(1)} & w_{1,3}^{(1)} \\ w_{2,1}^{(1)} & w_{2,2}^{(1)} & w_{2,3}^{(1)} \end{bmatrix}$$

这样通过矩阵乘法可以得到隐藏层 3 个节点所组成的向量取值：

$$a^{(1)} = [a_{11}, a_{12}, a_{13}] = \boldsymbol{XW}^{(1)} + b^{(1)}$$

$$= [x_1, x_2] \begin{bmatrix} w_{1,1}^{(1)} & w_{1,2}^{(1)} & w_{1,3}^{(1)} \\ w_{2,1}^{(1)} & w_{2,2}^{(1)} & w_{2,3}^{(1)} \end{bmatrix} + \begin{bmatrix} b_1^{(1)} & b_2^{(1)} & b_3^{(1)} \end{bmatrix}$$

$$= \begin{bmatrix} w_{1,1}^{(1)}x_1 + w_{2,1}^{(1)}x_2 + b_1^{(1)}, w_{1,2}^{(1)}x_1 + w_{2,2}^{(1)}x_2 + b_2^{(1)}, w_{1,3}^{(1)}x_1 + w_{2,3}^{(1)}x_2 + b_3^{(1)} \end{bmatrix}$$

类似的，输出层可以表示为：

$$y = a^{(1)}\boldsymbol{W}^{(2)} + b_1^{(2)} = [a_{11}, a_{12}, a_{13}] \begin{bmatrix} w_{1,1}^{(2)} \\ w_{2,1}^{(2)} \\ w_{3,1}^{(2)} \end{bmatrix} + b_1^{(2)}$$

$$= \begin{bmatrix} w_{1,1}^{(2)}a_{11} + w_{2,1}^{(2)}a_{12} + w_{3,1}^{(2)}a_{13} \end{bmatrix} + b_1^{(2)}$$

在经过这样的数学表达转换后，就能比较容易地用编程语言描述出上述过程了。在 TensorFlow 中，矩阵乘法是非常容易实现的。可以通过函数 matmul()函数来完成，以下是这个函数的原型及参数说明：

```
#函数原型：
#matmul(a,b,transpose_a,transpose_b,adjoint_a,adjoint_b,
#                        a_is_sparse,b_is_sparse,name)
#其中参数 transpose_a、transpose_b、adjoint_a、adjoint_b、
#a_is_sparse 和 b_is_sparse 的默认值都是 False，Name 参数的默认值
#是 None，这些参数我们可以不予理会，a 和 b 是传入的两个参与矩阵运算的
#矩阵，这两个矩阵一定要满足数学上的维度条件
```

以下这段样例程序实现了图 4-3 所示网络模型的整个过程：

```
import tensorflow as tf

#在参与矩阵相乘运算时，需要通过 shape 参数直接指定矩阵形状
#或者指定 value 参数时通过[ ]的方式间接指定形状，如[[0.9,0.85]]
x = tf.constant([0.9,0.85], shape=[1,2])

#使用常数生成函数声明 w1 和 w2 两个变量作为 weight 参数
#这里也通过 shape 参数指定了矩阵的形状，w1 为 2×3 的矩阵，
#w2 为 3×1 的矩阵
w1 = tf.Variable(tf.constant([[0.2,0.1,0.3],
                             [0.2,0.4,0.3]],
```

```
                            shape=[2,3]), name="w1")
w2 = tf.Variable(tf.constant([0.2,0.5,0.25],
                            shape=[3,1]), name="w2")

#b1 和 b2 作为 bias（偏置项）参数
b1 = tf.constant([-0.3,0.1,0.2],
                shape=[1,3], name="b1")
b2 = tf.constant([-0.3], shape=[1],name="b2")

@tf.function
def multi_matmul(x,w_1,w_2,b_1,b_2):
    a=tf.matmul(x ,w_1)+b_1
    y=tf.matmul(a, w_2)+b_2
    return y
#matmul()函数的原型是
#matmul(a,b,transpose_a,transpose_b,adjoint_a,adjoint_b,
#        a_is_spare,b_is_spare,name)

print(multi_matmul(x=x,w_1=w1,w_2=w2,b_1=b1,b_2=b2))

'''打印的内容:
tf.Tensor([[0.15625]], shape=(1, 1), dtype=float32)
'''
```

关于 matmul() 函数更具体的使用方法，可以参考官方文档。在大多数实际情况下，我们并不会像上面的例子中那样事先就知道网络的参数。对于 weight（权重）参数，通常的做法是将它初始化为一个随机矩阵，对于 bias（偏置项）参数，通常会用 zeros() 函数或者 ones() 函数进行初始化。如下面代码所示：

```
import tensorflow as tf

x = tf.constant([0.9, 0.85], shape=[1, 2])

#使用随机正态分布函数声明 w1 和 w2 两个变量,
#其中 w1 是 2×3 的矩阵, w2 是 3×1 的矩阵, 这里使用了随机种子 seed
#参数, 这样可以保证每次运行得到的结果是一样的
w1 = tf.Variable(tf.random.normal([2, 3],
                                  stddev=1,
                                  seed=1),
            name="w1")
w2 = tf.Variable(tf.random.normal([3, 1],
                                  stddev=1,
                                  seed=1),
```

```
                        name="w2")

#将 bias（偏置项）参数 b1 设置为初始值全为 0 的 1×3 矩阵，
#b2 设置为初始值全为 1 的 1×1 矩阵
b1 = tf.Variable(tf.zeros([1, 3]))
b2 = tf.Variable(tf.ones([1]))

@tf.function
def multi_matmul(x,w_1,w_2,b_1,b_2):
    a = tf.matmul(x, w_1) + b_1
    y = tf.matmul(a, w_2) + b_2
    return y
print(multi_matmul(x=x,w_1=w1,w_2=w2,b_1=b1,b_2=b2))

'''打印的内容：
tf.Tensor([[3.4846375]], shape=(1, 1), dtype=float32)
'''
```

如果实际构建模型解决判断硬件是否合格的二分类问题，那么针对用于训练网络的一批硬件，我们在知道相应指标的同时还要给出其是否合格的标签（label），然后将这批硬件的指标数据一次次地输入到随机初始化了权重参数和偏置参数的网络模型。每次输入指标数据到网络中，我们都会得到一个预测的答案 y，将这个预测的答案与 label 进行比较，如果相差较大，则使用反向传播算法调整权重参数的取值，以达到优化网络的目的。这个过程属于典型的监督训练，经过训练之后的网络如果再输入没有 label 的指标数据，就会做出一些准确度相对较高的预测。

到目前为止，已经详细介绍了神经网络的前向传播算法，并且给出了 TensorFlow 样例程序来实现这一过程。这里的样例模型使用权重与输入相乘再加和的方法得到输出，这时称该模型是线性的。线性模型存在一些缺点（局限性），使得在其发展早期并没有大获成功。在下一节，将对这些局限性予以关注。

4.3　线性模型的局限性

上一节中，整个模型的输出可以用如下计算公式表示：
$$y = (xw^{(1)} + b^{(1)})w^{(2)} + b^{(2)}$$
这是一个线性的模型，因为输入输出线性相关。根据矩阵乘法的结合律，上面的公式还能转换成如下形式：

$$y = xw^{(1)}w^{(2)} + b^{(1)}w^{(2)} + b^{(2)}$$

而 $w^{(1)}$ $w^{(2)}$ 其实可以被表示为一个新的参数 w'：

$$w' = w^{(1)}w^{(2)} = \begin{bmatrix} w_{1,1}^{(1)} & w_{1,2}^{(1)} & w_{1,3}^{(1)} \\ w_{2,1}^{(1)} & w_{2,2}^{(1)} & w_{2,3}^{(1)} \end{bmatrix} \begin{bmatrix} w_{1,1}^{(2)} \\ w_{2,1}^{(2)} \\ w_{3,1}^{(2)} \end{bmatrix}$$

$$= \begin{bmatrix} w_{1,1}^{(1)}w_{1,1}^{(2)} + w_{1,2}^{(1)}w_{2,1}^{(2)} + w_{1,3}^{(1)}w_{3,1}^{(2)} \\ w_{2,1}^{(1)}w_{1,1}^{(2)} + w_{2,2}^{(1)}w_{2,1}^{(2)} + w_{2,3}^{(1)}w_{3,1}^{(2)} \end{bmatrix} = \begin{bmatrix} w_{1,1}' \\ w_{2,1}' \end{bmatrix}$$

这样的话，输入和输出的关系就可以表示为：

$$y = xw' + b^{(1)}w^{(2)} + b^{(2)} = [x_1, x_2]\begin{bmatrix} w_1' \\ w_2' \end{bmatrix} + b^{(1)}w^{(2)} + b^{(2)}$$

$$= [x_1w_1' + x_2w_2'] + b^{(1)}\begin{bmatrix} w_{1,1}^{(2)} \\ w_{2,1}^{(2)} \\ w_{3,1}^{(3)} \end{bmatrix} + b^{(2)}$$

可以看出，上式也完全符合线性模型输入输出线性相关的定义。这暴露出一个问题——多个线性计算的过程可以用一个线性计算来表示。也就是说，我们没必要费很大的工夫去搭建多层线性网络模型（上面的是两层），因为一层就够了。

经过上面的推导，我们知道，只通过线性变换，任意多层的全连神经网络模型和单层全连神经网络模型的表达能力没有任何区别，而且它们都是线性模型，然而线性模型能够解决的问题是有限的，当特征数据分布情况比较复杂时，线性模型就失去了分类能力。这就是线性模型最大的局限性，也是深度学习要强调非线性的原因所在。

在还未正式步入神经网络的设计之前，我们可以采用模拟的方式来生成满足特定条件分布的数据作为网络的训练数据集，这被称为数据生成过程。生成的数据相互之间彼此独立，并且整体上符合某一确定的概率分布公式。

TensorFlow 游乐场（http://playground.tensorflow.org）就是一个实验性质的神经网络测试平台，我们只需要一个浏览器就能完成数据生成和简单网络训练的任务。在 TensorFlow 游乐场中，还能可视化训练过程的一些数据。加载 TensorFlow 游乐场很容易，在浏览器中打开其网址即可。图 4-5 展示了打开网页后默认显示的一些内容。

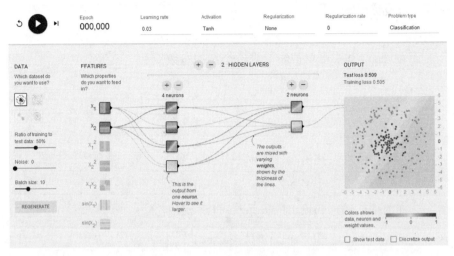

图 4-5 TensorFlow 游乐场默认界面

在界面左侧的 DATA 区域显示了 TensorFlow 游乐场提供的 4 个用于训练神经网络的数据集，它们分别是 Circle（左上）、Exclusive（右上）、Gaussian（左下）和 Spiral（右下）。在界面右侧的 OUTPUT 区域显示了放大后的数据集数据分布情况，从中可以看到平面被划分为坐标表示。

我们选择训练数据服从图 4-6 所示的 Gaussian（高斯）分布。为了能够清楚地看到坐标值，图片展示了 OUTPUT 放大之后的样子。从图中可以看出，在一个二维平面上有规律地分布着一些蓝色（深色）或者黄色（浅色）的点，这里的每一个点都能看作一个独立的样本，点的颜色就是点的标签（label）。点的颜色只有两种，游乐场网络模型的任务就是区分平面上不同颜色的点，这相当于一个二分类问题。

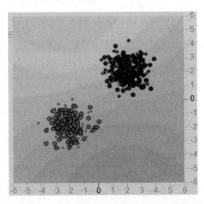

图 4-6 TensorFlow 游乐场数据 Gaussian 分布示意图

我们判断硬件是否合格也属于一个二分类问题，在一批用于训练网络的硬件中，有很多个硬件个体，每一个硬件个体都相当于图 4-6 中的一个点。硬件有合格与不合格两种情况，点也有两种颜色［可假设蓝色（深色）的是合格，黄色（浅色）的是不合格］。在提取硬件的特征数据时，我们会重点表征硬件的某两个指标（指标可以随意选择，根据硬件的种类不同而不同），通过对这两个指标值进行一系列计算得到最终的结果。在图 4-6 中，每一个点的坐标有两个值（横、纵坐标分别用 x_1 和 x_2 表示），这是点的特征向量。我们可以用点的特征向量来类比硬件的两个指标。

注重特征数据（或称特征向量）的提取是非常有必要的，因为在机器学习中，特征向量（Feature Vector）是用于描述实体的所有数字的组合。特征向量的提取对机器学习至关重要，如何正确提取特征超出了本书的范畴，可以参考其他专业的机器学习书籍了解。

TensorFlow 游乐场左侧的 FEATURES 就是分布在二维平面上的每一个点的特征向量，点的特征向量我们可以选择 x_1、x_2（描述点的坐标值）或者 x_1^2、x_2^2、x_1x_2、$\sin(x_1)$、$\sin(x_2)$（这些是在坐标值的基础上进行一些数学计算得到的）。

我们只选择 x_1、x_2 作为特征向量。在 FEATURES 的右侧是 HIDDEN-LAYERS 区域，该区域展示在游乐场的正中央。单击 HIDDENLAYERS 左侧的 "+" 或 "-" 按钮，可以增加或减少一个隐藏层。每个隐藏层顶部也有一个 "+" 或 "-" 按钮，单击可以增加或减少该隐藏层的神经元（neurons）数量。深度学习中的 "深度" 和神经网络的层数密切相关，一般一个神经网络的隐藏层越多，可以认为这个神经网络越 "深"。为了能够模拟上一节的线性模型，这里选择了使用一个隐藏层，该隐藏层有 3 个神经元，其网络结构如图 4-7 所示。

除了选择数据分布以及网络结构外，还要对网络的一些配置进行选择，这些内容展现在了界面的最顶部。其中，Learning rate 是指学习率，关于学习率会在第 5 章展开介绍，这里暂设为 0.3；Activation 是指激活函数，激活函数是解决模型线性问题的一种常用方法，在这里不选择对模型加入激活函数，也就是该项选择 Linear；Regularization 是指正则化，正则化是优化神经网络算法中比较高级的一个话题（在这里不涉及对它的使用，选择默认的 None 即可，但是在第 5 章会有关于它的详细介绍）；Regularization rate 是和 Regularization 在一起的内容，还是选择默认的 0 值即可；游乐场能够解决二分类问题，还能解决回归问题，在 Problem type 中默认的选择是

Classification（分类），必要时我们可以对 Regression（回归）进行尝试。

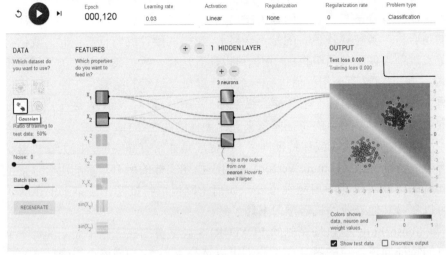

图 4-7　使用线性模型解决线性可分问题的效果

训练网络可以单击左上角的"开始"/"暂停"按钮⏯。在图 4-7 中的 OUTPUT 区域同时展示了在经过 120 轮（Epoch）训练之后的分类结果，相同颜色的点被分到了相同的颜色区域，中间用白线分隔。实际上对于 Gaussian 分布的数据训练 20 轮之后就有了明显的效果。

通常神经网络模型的每一轮训练都会选取一定数量的样本（这部分样本称作一个 batch）作为输入。当用于训练的数据量非常大时，这样的做法是很普遍的。在图 4-7 所示的训练中，由于样本量不多，所以没有经过将样本组织成 batch 的过程，全部的样本点就构成了一个 batch。每一轮训练时，这些样本点都会被输入到网络中。

TensorFlow 游乐场中连接各个神经元的边也有妙用，每一条边都可以代表一个参数，将光标移到这些边上，会显示出参数的取值。从边的颜色可以看出该参数取值的大概情况，边的颜色越深，这个参数的绝对值越大；边的颜色越浅，这个参数的绝对值越小（白色的边表明参数绝对值接近 0）。边的颜色有黄色（浅色）和蓝色（深色）两种，这在浏览器实际运行时观察得非常清楚。黄色（浅色）代表负值，蓝色（深色）代表正值。

参数的取值是通过反向传播（Back Propagation）算法进行更新的，属于最常用的一个神经网络优化算法，在第 5 章将展开对它的介绍。在这里可以简单地了解一下网络的训练以及参数更新的大概流程，如图 4-8 所示。

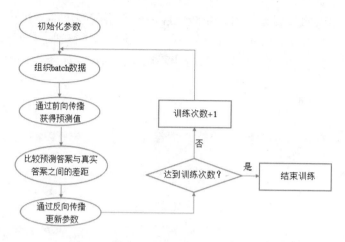

图 4-8　神经网络训练及参数更新流程图

从图4-8中可以看出，整个流程是迭代的，每一轮的训练都相当于迭代一次这样的过程，而反向传播算法则是整个迭代过程中的核心。在每次迭代的开始，首先需要选取一个 batch 的数据。然后，这个 batch 中的样例会通过前向传播算法得到神经网络模型的预测结果。下一步是比较并计算出当前神经网络模型的预测答案与正确答案之间的差距。最后，基于这个计算出的差距，反向传播算法会相应更新神经网络参数的取值，使得在这个 batch 上神经网络模型的预测答案和真实答案之间的差距更小。

尽管我们搭建的模型对于 Gaussian 分布的数据具有可分的能力，但是如果换作其他分布形式的训练数据集，效果还会一样吗？假设训练数据服从图 4-9 所示的 Circle 分布。

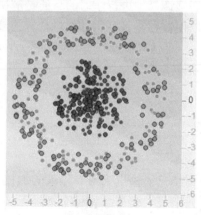

图 4-9　TensorFlow 游乐场数据 Circle 分布示意图

这种形式的数据分布用一条线已经不能给不同颜色的点画出界限。网络模型不变，对 Circle（正态分布）分布的数据再执行训练，经过 126 轮（Epoch）之后，模型还是无法区分出不同颜色的点，如图 4-10 所示。

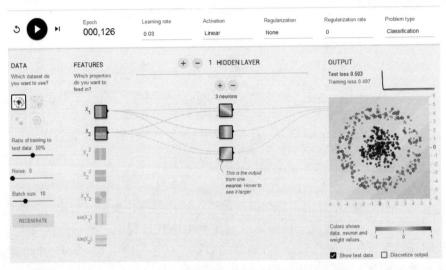

图 4-10　使用线性模型解决线性不可分问题的效果

从图 4-10 右侧的 OUTPUT 区域可以看到训练的结果输出。在线性不可分问题中，线性模型并不能很好地区分不同颜色的点。虽然整个平面的颜色都比较浅，但是中间还是隐约有一条过渡颜色区域分界线。因为线性模型只能解决线性可分问题，但是应用于解决实际问题的模型需要对更复杂的问题具有解决的能力，比如线性不可分或者更高维空间中的分布情况，所以深度学习算法特别强调模型进行学习的目的是解决复杂的问题。

使用激活函数可以使线性模型变得非线性化（去线性化），这是下一节的内容。从下一节开始，我们将一步一步地改善模型，使模型不再仅仅是用于解决硬件分类问题。

4.4　激活函数

如果网络中每个神经元的输出为所有输入的加权和，那最后的结果将是整个神经网络成为一个线性模型。将每个神经元（也就是神经网络中的节点）的输出通过一个非线性函数，那么整个神经网络的模型也就不再是线性的了。这个非线性的函数我们通常会称之为"激活函数（Activation Function）"。在线性模型中加入激活函数是实现去线性化的一种较为有效的做法。图 4-11 展示了加入激活函数和偏置项之后的神经元结构。

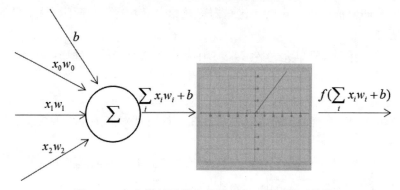

图 4-11　加入激活函数和偏置项之后的神经元结构

4.4.1　常用激活函数

ReLU 激活函数是我们要说的第一个激活函数，这个激活函数在今后的应用中将会以较高的频率出现。在本书中，我们约定使用 $\varphi(z)$ 的形式代表激活函数。对 ReLU 激活函数的定义是 $\varphi(z) = \max\{0, z\}$，这是一个在输入和 0 之间求最大值的函数。图 4-12 展示了 ReLU 激活函数图像。

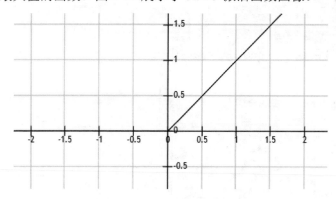

图 4-12　ReLU 激活函数图像

加入 ReLU 激活函数的神经元被称为整流线性单元。整流线性单元和线性单元非常类似，两者的唯一区别在于整流线性单元在其一半的定义域上输出为 0。

整流线性单元易于优化。当整流线性单元处于激活状态时（输出不为 0），它的一阶导数能够保持一个较大值（等于 1），并且处处一致；它的二阶导数几乎处处为 0。这样的性质非常有用，研究一阶导数和二阶导数对优化参数的取值有很大帮助。这些内容在第 5 章介绍梯度下降优化的时候会有所涉及。

在经过整流线性单元之后，4.2 节中的全连接神经网络输出可按下式计算：

$$h = \varphi(\boldsymbol{W}^{\mathrm{T}} x + b)$$

当初始化网络参数时，可以将 b（偏置项）的所有元素设置成一个小的正值（如 0.1），这有助于整流线性单元在初始时就对训练集中的大多数输入呈现激活状态。

ReLU 激活函数是极好的默认选择，当然许多其他的激活函数也是可用的。对于我们来说，通常不可能预先预测出哪种激活函数工作得最好，所以也难以决定使用哪种激活函数最好。可以通过直觉来尝试一些激活函数，如果认为某种隐藏单元可能表现良好，就用它组成神经网络进行训练，最后进行一些评估。

在引入整流线性单元之前，大多数神经网络使用 logistic sigmoid（简称 sigmoid）激活函数。sigmoid 激活函数定义为：

$$\varphi(z) = \sigma(z) = \frac{1}{1 + \exp(-z)}$$

也可以记为：

$$\phi(z) = \sigma(z) = \frac{1}{1 + \mathrm{e}^{-z}}$$

图 4-13 展示了 sigmoid 激活函数图像。

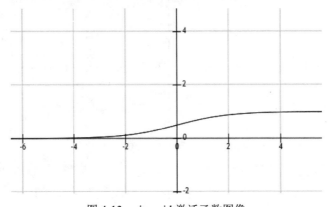

图 4-13　sigmoid 激活函数图像

　　在引入整流线性单元之前，双曲正切激活函数也经常会被用到，它被定义为：

$$\varphi(z) = \tanh(z) = \frac{1 - \exp(-2z)}{1 + \exp(-2z)}$$

也可以记为：

$$\phi(z) = \tanh(z) = \frac{1 - e^{-2z}}{1 + e^{-2z}}$$

sigmoid 激活函数和 tanh 激活函数之间存在着计算上的关系，因为：

$$1 - 2\frac{1}{1 + e^{-z}} = -\frac{1 - e^{-2\frac{z}{2}}}{1 + e^{-2\frac{z}{2}}}$$

即得到：

$$1 - 2\sigma(z) = -\tanh\left(\frac{z}{2}\right)$$

图 4-14 展示了双曲正切激活函数图像。

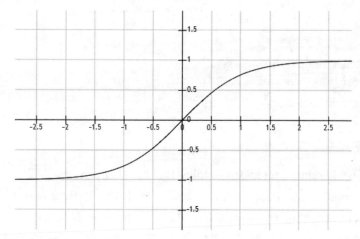

图 4-14　双曲正切激活函数图像

　　sigmoid 激活函数在其大部分定义域内都会趋于一个饱和的定值。当 z 取绝对值很大的正值时，sigmoid 会饱和到一个高值（无限趋近于 1）；当 z 取绝对值很大的负值时，sigmoid 会饱和到一个低值（无限趋近于 0）。当 z 在 0 附近时 sigmoid 的导数值较大，表现为对输入强烈敏感。

　　sigmoid 不被鼓励应用于前馈网络中的隐藏单元，因为基于梯度下降的优化算法会由于 sigmoid 函数饱和性的存在而变得非常困难，在接近饱和时，这里的导数值会很小。解决这样的问题可以找一个合适的损失函数来抵消它的饱和性。

当必须要使用 sigmoid 激活函数时，不妨考虑一下使用比 sigmoid 函数表现更好的 tanh（双曲正切）激活函数。当 tanh 函数输入值在 0 附近时，训练深层神经网络 $y = W^{(3)\text{T}} \tanh(W^{(2)\text{T}} \tanh(W^{(1)\text{T}} x))$ 类似于训练一个线性模型 $y = W^{(3)\text{T}} W^{(2)\text{T}} W^{(1)\text{T}} x$，因为此时 tanh 函数更像是一个单位函数。

激活函数的共同特点就是在定义域内的函数图像都不是一条直线，通过图 4-12、图 4-13 和图 4-14 能明显地看出这一点。所以通过这些激活函数之后，每一个节点不单单通过线性变换得到，整个神经网络模型也不再是线性的了。

目前，TensorFlow 提供了 7 种不同的非线性激活函数（当然，也支持使用自定义的激活函数），分别是 nn.relu()、nn.relu6()、nn.softplus()、nn.droupt()、nn.bias_add()、sigmoid() 和 tanh()。其中，nn.relu()、sigmoid()、tanh() 是比较常用的。对于这些函数不再一一介绍，以下列出了这些函数的函数原型：

```
#relu(features, name)
#relu6(features, name)
#softplus(features, name)
#dropout(x, keep_prob, noise_shape, seed, name)
#bias_add(value, bias, name)
#sigmoid(x, name)
#tanh(x, name)
```

对于函数 relu()、relu6() 和 softplus() 来说，参数 features 是其输入；对于函数 dropout()、sigmoid() 和 tanh() 来说，参数 x 是其输入；对于函数 bias_add()（该函数用于添加偏置项）来说，参数 value 和 bias 都是其输入。另外，函数 dropout() 主要用于置零一部分单元的数据。关于它的使用，在第 5 章靠后的部分有具体的介绍。

4.4.2　激活函数实现去线性化

图 4-15 给出了加入 ReLU 激活函数之后，4.2.2 节中神经网络的结构。

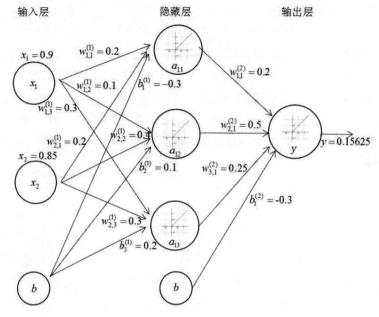

图 4-15　加入激活函数的神经网络结构图

　　这么一来，每个单元的输出不再是单纯的加权和，而是在此基础上又做了一个非线性变换。对应地，隐藏层输出可用如下公式表示：

$$a^{(1)} = [a_{11}, a_{12}, a_{13}] = \varphi(XW^{(1)} + b^{(1)}) = \varphi\left([x_1, x_2]\begin{bmatrix} w_{1,1}^{(1)} & w_{1,2}^{(1)} & w_{1,3}^{(1)} \\ w_{2,1}^{(1)} & w_{2,2}^{(1)} & w_{2,3}^{(1)} \end{bmatrix} + b^{(1)}\right)$$

$$= \varphi\left(\left[w_{1,1}^{(1)}x_1 + w_{2,1}^{(1)}x_2 + b_1^{(1)}, w_{1,2}^{(1)}x_1 + w_{2,2}^{(1)}x_2 + b_2^{(1)}, w_{1,3}^{(1)}x_1 + w_{2,3}^{(1)}x_2 + b_3^{(1)}\right]\right)$$

$$= \left[\varphi\left(w_{1,1}^{(1)}x_1 + w_{2,1}^{(1)}x_2 + b_1^{(1)}\right), \varphi\left(w_{1,2}^{(1)}x_1 + w_{2,2}^{(1)}x_2 + b_2^{(1)}\right), \varphi\left(w_{1,3}^{(1)}x_1 + w_{2,3}^{(1)}x_2 + b_3^{(1)}\right)\right]$$

将数值代入计算，可得出隐藏层各单元的输出值：

$$a_{11} = \varphi(w_{1,1}^{(1)}x_1 + w_{2,1}^{(1)}x_2 + b_1^{(1)}) = \varphi(0.2 \times 0.9 + 0.2 \times 0.85 - 0.3) = 0.05$$

$$a_{12} = \varphi(w_{1,2}^{(1)}x_1 + w_{2,2}^{(1)}x_2 + b_2^{(1)}) = \varphi(0.1 \times 0.9 + 0.4 \times 0.85 + 0.1) = 0.53$$

$$a_{13} = \varphi(w_{1,3}^{(1)}x_1 + w_{2,3}^{(1)}x_2 + b_3^{(1)}) = \varphi(0.3 \times 0.9 + 0.3 \times 0.85 + 0.2) = 0.725$$

输出层结果如下：

$$y = \varphi\left(w_{1,2}^{(2)}a_{11} + w_{2,1}^{(2)}a_{12} + w_{3,1}^{(2)}a_{13} + b_1^{(1)}\right)$$

$$= \varphi(0.2 \times 0.05 + 0.5 \times 0.53 + 0.25 \times 0.725 - 0.3) = 0.15625$$

　　假设 a 是隐藏层的输出值，y 是输出层的输出值，那么加入 ReLU 激活函数之后的前向传播过程可以表示成下面的两行代码：

```
a=tf.nn.relu(tf.matmul(x, w1)+b1)
y=tf.nn.relu(tf.matmul(a, w2)+b2)
```

可以使用 TensorFlow 游乐场模拟加入了激活函数后的训练过程。我们还是选择 Circle 分布的样本数据，如图 4-10 所示，线性模型无法分类满足 Circle 分布的数据。在图 4-10 的基础上，只是将 Activation 选项中的 Linear 换成了 ReLU，再次开始训练网络，137 轮后得到的结果如图 4-16 所示。

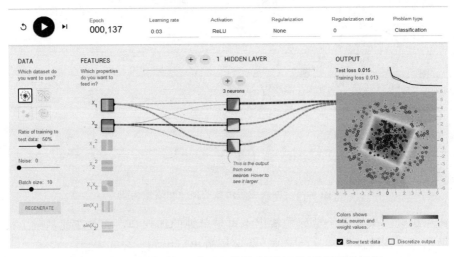

图 4-16　线性模型加入激活函数解决线性不可分问题的效果

实际上经过 70 轮左右的训练就能达到图 4-16 所示的效果。从图 4-16 中可以看出，当网络模型加入非线性的元素之后，用于划分区域的白色隔离边不再是一条直线，而是组成了一个封闭的图形，达到了很好地区分不同颜色的点的效果。

4.5　多层网络解决异或运算

对于线性变换的问题到这里可以告一段落了。在本节中，将通过理论推导与游乐场模拟来讲解对于深度学习而言另外一个非常重要的性质——多层变换。

在人工神经网络的发展史上，M-P 神经元模型与感知机（Perceptron）模型的提出是两个非常有标志性的事件，在当时如此，现在看来亦是如此。第 1 章中介绍人工神经网络的时候有关于 M-P 神经元模型和感知机模型的具体内容，这里不再详细介绍。

感知机模型在 1958 年由 Frank Rosenblatt 提出，首次从数学角度完成了对人工神经网络的精确建模。感知机可以简单地理解为没有隐藏层的全连神经网络，数据由输入层输入，并通过输出层（输出层包含激活函数）的一些计算后直接输出。

在那个年代，人工神经网络被看作对人类大脑的模拟，并且也受到了很多的关注。然而在 1969 年，Marvin Minsky 和 Seymour Papert 在其《*Perceptrons: An Introduction to Computational Geometry*》一书中提出感知机是无法模拟异或运算的。在这一观点的引导下，感知机模型的发展逐渐走低，对人工神经网络的探索也进入了低谷期。尽管有人提出了多层感知机（MLP）的设想，但由于在当时无法通过反向传播算法实现隐藏层参数的更新（当时反向传播算法还没有被提出），MLP 也终究没有进入大众的视线。

模拟异或运算（或者说解决异或问题）首先需要模型能够学习到 XOR 函数（逻辑异或）。在特定领域，XOR 函数直观来说就是对输入的两个二进制值 x_1 和 x_2 进行运算，如果 x_1 和 x_2 中恰好有一个是 1，XOR 函数返回 1，否则 XOR 输出 0。图 4-17 展示了异或逻辑的逻辑值表。

现在假设数据集一共收集有 4 个样本，并且每个样本的特征向量都在 0 和 1 之间取值，即 $X = \{[0,0],[0,1][1,1]\}$。为了训练模型能够解决 XOR 问题，对于每个样本，我们需要计算其特征向量的 XOR 值，并分布到一个平面上，如图 4-18 所示。

x_1	x_2	y
0	0	0
0	1	1
1	0	1
1	1	0

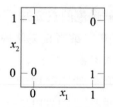

图 4-17 异或逻辑的逻辑值表　　图 4-18 符合 XOR 函数规则的样本分布

根据异或逻辑的逻辑值表可以发现，当 $x_1 = 0$ 时，模型的输出必须随着 x_2 的增大而增大，但是对于没有隐藏层的线性变换 $XW + b$ 而言，即使加入了激活函数也没有办法通过 x_1 的改变来改变 x_2 的系数值，所以感知机模型没有解决异或问题的能力。

可以通过 TensorFlow 游乐场来模拟一下为什么无法通过感知机的网络结构学习异或运算。对于 DATA，我们选择 Exclusive or。图 4-19 展示了通过 TensorFlow 游乐场训练 227 轮之后的情况。

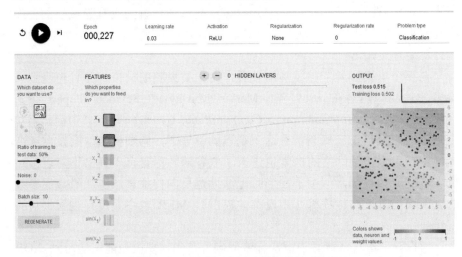

图 4-19　使用单层神经网络解决异或问题

Exclusive or 数据集中的样本分布符合异或运算规则，并且将特征向量的取值扩展到了更一般的情况（参与异或运算的数据不仅仅包括 1 和 0）。对于每个样本，如果其坐标值同为正或同为负，则用蓝色（深色）的圆点表示（分布在右上和左下的部分）；如果其坐标值一正一负，则用黄色（浅色）的圆点表示（分布在左上和右下）。

从图 4-19 中可以看出，通过 227 轮训练之后，这个感知机模型并不能将两种不同颜色的点分开。所以可以得出一个结论：感知机模型无法学习到 XOR 函数，或者说无法模拟异或运算的功能。

在加入隐藏层之后，就可以很好地解决异或问题。图 4-20 展示了一个有 3 个单元的隐藏层的神经网络在训练 87 轮之后的效果，可以在最右边的输出单元（OUTPUT 区域）看到模型很好地区分了不同颜色的点。

也可以尝试添加多个隐藏单元，图 4-21 展示了神经网络在具有两个隐藏层时解决异或问题的效果。在训练了 25 轮之后，也可以在最右边的 OUTPUT 区域看到模型很好地区分了不同颜色的点。

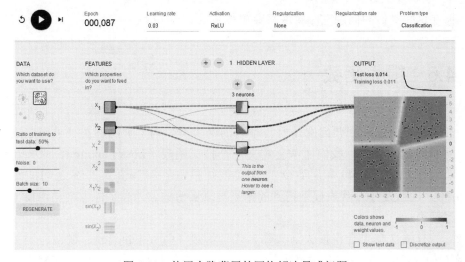

图 4-20　使用含隐藏层的网络解决异或问题

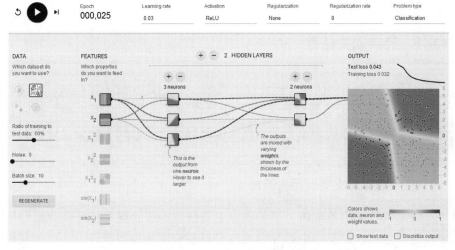

图 4-21　增加网络的层数可以更快地解决异或问题

　　无论是在图 4-20 还是在图 4-21，仔细观察会发现，在隐藏层的每个单元中都有了颜色区域的划分。这些隐藏单元可以被认为是从输入特征中抽取的一些更高维特征，网络组合了这些提取出的特征来完成具体的功能。例如，就每一个隐藏单元来看，都完成了一些逻辑运算，这些运算结果组合起来，就得到了最终异或运算的结果。使用网络来组合提取出的特征能够解决特征向量不易人工提取的问题，在一些复杂的应用场合中，如图片识别、语音识别等，这样的方式提供了很大帮助。深度学习算法也因此能够在这些类似的问题上频频取得突破性进展。

4.6　损失函数

分类问题和回归问题是监督学习的两大类。为了训练解决分类问题或回归问题的模型，我们通常会定义一个损失函数（Loss Function）来描述对问题的求解精度（用数学的方式刻画预测答案和真实答案之间的距离）。Loss 越小，代表模型得到的结果与真实值的偏差越小，也就是说模型越精确。

有些文献也会将损失函数称为代价函数（Cost Function）或误差函数（Error Function），在本书中不会对这些称呼加以区分，统一称之为损失函数。

4.6.1　经典损失函数

本小节将对常用的两个经典损失函数——交叉熵（Cross Entropy）损失函数和均方差损失函数进行介绍。交叉熵损失函数与应用数学中的信息论有些渊源，所以在介绍交叉熵损失的时候会连带介绍一些信息论的基础内容。

1．信息论与交叉熵损失函数

信息论是应用数学的一个分支，主要研究如何将某个信号包含信息的多少进行量化。信息论中部分理论也可以被应用到机器学习中，比如我们主要使用信息论的一些思想来描述概率分布或者将概率分布之间的相似性量化。

信息论的基本想法是一个小概率事件的发生要比一个大概率事件的发生能提供更多的信息。如何将这些事件提供的信息量化呢？

如果想要通过这种基本想法来量化信息，那么就要遵循以下这些规律。

（1）极可能发生的事件信息量会比较少，并且极端情况下，确保能够发生的事件应该没有信息量。

（2）越小概率发生的事件越具有较高的信息量。

（3）重复发生的独立事件应具有增量的信息。例如，投掷的硬币两次正面朝上所包含的信息量会是投掷一次硬币正面朝上所包含的信息量的两倍。

为了满足上述 3 个性质，我们定义一个事件 $X = x$ 的自信息（Self-information）为：

$$I(x) = -\log(P(x))$$

在不加说明的情况下，我们通常会选用 log 来表示数学中的自然对数函数 ln（以 e 为底的 log 函数）。在信息论中，我们将定义的 $I(x)$ 的单位称为奈特（nat）。1 奈特是以 $1/e$ 的概率观测到一个事件时获得的信息量。

自信息会输出单个事件的信息量值，我们可以使用香农熵（Shannon Entropy）来对整个事件概率分布中的不确定性总量进行量化，这需要用到一些概率论的内容。在概率论中，假设某个离散型随机变量 X 的分布率为：

$$P\{X = x_k\} = p_k, \quad k = 1, 2, \cdots$$

若级数 $\sum_{k=1}^{\infty} x_k p_k$ 绝对收敛，则称其为变量 X 的数学期望（Mathematical Expectation），记为 $E(X)$，即：

$$E(X) = \sum_{k=1}^{\infty} x_k p_k$$

对于连续型随机变量，假设随机变量 X 的概率密度为 $f(x)$，若积分 $\int_{-\infty}^{+\infty} x f(x) \mathrm{d}x$ 绝对收敛，则称这个积分的值为随机变量 X 的数学期望，即：

$$E(X) = \int_{-\infty}^{+\infty} x f(x) \mathrm{d}x$$

数学期望又称为均值，描述的是随机变量取值的平均值。也可以将上述对随机变量求解期望的思路扩展到求解随机变量函数的数学期望。

设 Y 是随机变量 X 的函数 $Y = g(X)$（g 是连续函数），当随机变量 X 是离散的时候，若级数 $\sum_{k=1}^{\infty} g(x_k) p_k$ 绝对收敛，则有：

$$E(Y) = E[g(X)] = \sum_{k=1}^{\infty} g(x_k) p_k$$

当随机变量连续的时候，设概率密度仍为 $f(x)$，若 $\int_{-\infty}^{+\infty} g(x) f(x) \mathrm{d}x$ 绝对收敛，则有：

$$E(Y) = E[g(X)] = \int_{-\infty}^{+\infty} g(x)f(x)\mathrm{d}x$$

这样就可以使用香农熵来量化整个概率分布中的不确定性总量。借鉴上述概率论中的公式推导，得到香农熵的计算公式：

$$H(X) = E_{X\sim P}[I(x)] = -E_{X\sim P}[\log(P(x))]$$

也可记作 $H(P)$。概括地说，一个分布的香农熵是指遵循这个分布的事件所产生的期望信息总量。一些确定性的分布（几乎可以确定事件是否发生）具有较低的熵；那些接近均匀分布的概率分布（每个事件是否发生的概率相同）具有较高的熵。图 4-22 利用函数图像的方式形象地展示了对于离散的 X，香农熵与 p_k 的关系。从图 4-22 中可以看出，当 $p_k = 0$ 或者 $p_k = 1$ 时香农熵最小，当 $p_k = 0.5$ 时香农熵达到最大值。另外，如果 X 是连续的，则香农熵被称为微分熵（Differential Entropy）。

如果对于 X 的同一个随机变量有两个单独的概率分布 $P(x)$ 和 $Q(x)$，则可以使用 KL 散度来衡量这两个分布的差异：

$$D_{\mathrm{KL}}(P\|Q) = E_{X\sim P}\left[\log\left(\frac{P(x)}{Q(x)}\right)\right] = E_{X\sim P}[\log(P(x)) - \log(Q(x))]$$

KL 散度是非负的。$D_{\mathrm{KL}} = 0$ 表示在 X 离散时 P 和 Q 的取值处处相同，或者在 X 连续时 P 和 Q 的取值"几乎处处"相同。需要注意的是，它不是对称的。也就是说，对于 P 和 Q，$D_{\mathrm{KL}}(P\|Q) \neq D_{\mathrm{KL}}(Q\|P)$。这种非对称性意味着要仔细斟酌是选择 $D_{\mathrm{KL}}(P\|Q)$，还是选择 $D_{\mathrm{KL}}(Q\|P)$。

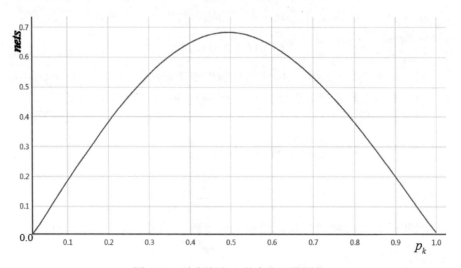

图 4-22　香农熵随 p_k 的变化函数图像

在机器学习算法中，经常使用 KL 散度来衡量两个概率分布之间的某种距离，但我们不会直接使用 KL 散度，而是使用其替代形式——交叉熵（Cross Entropy）。交叉熵和 KL 散度密切相关，用 $H(P,Q)$ 表示交叉熵值，则有：

$$H(P,Q) = H(P) + D_{KL}(P\|Q)，$$

在化简之后得到：

$$H(P,Q) = -E_{X\sim P}\log(Q(x))$$

针对交叉熵的计算公式，可以选择使用易于接受的形式来表示：

$$H(P,Q) = -\sum_x P(x)\log(Q(x))$$

分类问题和回归问题是有监督学习的两大类。在本小节接下来的部分，我们将介绍如何使用经典的损失函数来描述这两类问题中模型得到的预测答案和标签提供的真实答案有多大的差距。

首先从分类问题开始。在分类问题中，最基本的一个要求是将不同的样本划分到事先定义好的类别中。例如，对于一个二分类问题，会事先定义好两个类别。分类的过程就是先判断输入的样本在事先定义好的两个类别中属于哪一个类别，然后将判断的结果输出。

二分类的情况也可以扩展到多分类，多分类问题中的典型是 MNIST 手写数字识别问题。关于 MNIST 手写数字识别问题以及与之相关的 Fashion-MNIST 服饰图像识别问题将在第 6 章展开介绍，在实践这个案例前还需要在第 5 章更深入地学习优化深度学习算法的知识。不过，可以在这里简要说明一下，手写数字识别问题可以被归纳为一个十分类的问题，主要是判断一张图片中的阿拉伯数字是 0~9 中的哪一个。

解决多分类问题最常用的方法是设置 n 个网络的输出节点，节点的个数要与类别的个数一致。对于网络输入的每一个样本，神经网络的输出都是一个 n 维的向量，向量中的每一个结果都对应 n 个类别中某一类别的概率值。

例如，在理想情况下，如果一个样本属于类别 k，那么这个类别所对应的输出节点的输出值应该为 1，而其他节点的输出都为 0。以 MNIST 识别数字 1 为例，写有数字 1 的图片应该被分为第二类，网络模型的输出结果可能为 [0.1,0.8,0.1,,0,,0,,0,,0,,0,,0,,0] 或 [0.2,0.5,0.2,0.1,,0,,0,,0,,0,,0,,0]。根据输出结果，我们的直觉是选择其中概率最大的那个作为最终答案，所以这两个结果都能判断出数字的结果是 1。

标签给出的答案是[.0,1.0,.0,.0,.0,.0,.0,.0,.0,.0]，这当然也是最理想最期望的向量输出情况，那么如何判断一个输出向量有多接近于期望的向量输出呢？我们会选用一个损失函数来刻画输出向量能达到的精确度，这个损失函数可以是上述的交叉熵（Cross Entropy）损失函数。

在解决深度学习领域的一些问题时，交叉熵用于刻画两个概率分布向量之间的距离，是分类问题中使用比较广的一种损失函数。这里设两个概率分布值 P 和 Q 是等长的两个向量，我们使用比较简单的形式计算二者间的交叉熵值：

$$H(P,Q) = -\sum_x P(x)\log Q(x)$$

因为可以将交叉熵理解为描述了概率分布 Q 对概率分布 P 估计的准确程度，所以在使用交叉熵损失函数时，一般会设定 P 代表的是正确答案，而 Q 代表的是预测的结果值。损失函数需要一步一步地被减小，才能使得预测的答案越来越接近真实的答案。针对 Q 最小化交叉熵等价于最小化 KL 散度，因为 Q 并不参与被省略的那一项。

Q 对 P 估计得越准确，则说明两个概率分布之间距离越小（交叉熵值越小）。比如有两个结果[0.1,0.8,0.1,.0,.0,.0,.0,.0,.0,.0]和[0.2,0.5,0.2,0.1,.0,.0,.0,.0,.0,.0]，那么对于第一个而言，交叉熵损失值为：

$$H(P,Q) = -(0\times\log 0.1 + 1\times\log 0.8 + 0\times\log 0.1 + 7\times(0\times\log 0))$$
$$\approx 0.01$$

对于第二个而言，交叉熵损失值为：

$$H(P,Q) = -(0\times\log 0.2 + 1\times\log 0.5 + 0\times\log 0.2 + 0\times\log 0.1 + 6\times(0\times\log 0))$$
$$\approx 0.3$$

我们通常会倾向于比较小的损失函数值。在后面的章节中，我们也会对如何减小损失函数的值展开讨论。从上面的计算过程可以看出，在两个概率分布的结果中，第一个明显要优于第二个。

需要注意的是，交叉熵刻画的是两个概率分布（或是概率分布向量）之间的距离，这就要求神经网络的输出是一个概率分布。另外，交叉熵函数不是对称的，也就是说 $H(P,Q) \neq H(Q,P)$，相关的理论推导可以参考 KL 散度。

在 TensorFlow 1.x 中，计算交叉熵损失的过程并没有被单独封装到一个函数中，想要实现交叉熵损失的计算就要自定义一个函数。TensorFlow 1.x 准备了 reduce_mean()函数用于求平均值，log()函数用于求数学中的自然对数函数 ln，以及 clip_by_value()函数用于将一个张量中的数值限制在一个范围之内。这些函数的原型如下：

```
#reduce_mean(input_tensor,axis,keep_dims,name,
#            reduction_indices)
#log(x,name)
#clip_by_value(t,clip_value_min,clip_value_max,name)
```

其中，clip_by_value()函数主要通过参数 clip_value_min 和参数 clip_value_max 实现它的功能。在交叉熵损失的计算中，使用 clip_by_value()函数可以避免一些运算规则的错误（比如在数学中 ln0 是不存在的）。clip_by_value()函数在 TensorFlow 2.0 中也同样可以使用，下面给出了一个简单的样例：

```
import tensorflow as tf

a = tf.constant([[1.0,2.0,3.0,4.0],
                 [5.0,6.0,7.0,8.0]])
print(tf.clip_by_value(a,2.5,6.5))

'''输出
tf.Tensor([[2.5 2.5 3.  4. ]
           [5.  6.  6.5 6.5]], shape=(2, 4), dtype=float32)
'''
```

从这个样例可以看出，小于 2.5 的数都被换成了 2.5，而大于 6.5 的数都被换成了 6.5。这样通过 clip_by_value()函数就可以保证在进行对数运算的时候不会出现违反运算规则的情况了。

接着来看 log()函数，这个函数完成了对张量中所有元素依次求自然对数的功能。以下代码是在 TensorFlow 2.0 中使用 log()函数的一个简单样例：

```
import tensorflow as tf

a = tf.constant([1.0,2.0,3.0,4.0])
print(tf.log(a))

'''打印的内容：
tf.Tensor([0.        0.6931472 1.0986123 1.3862944],
          shape=(2, 2), dtype=float32)
'''
```

reduce_mean()函数用于对矩阵（向量）中的元素求和，然后计算平均值。以下代码展示了在 TensorFlow 2.0 中使用 reduce_mean()函数：

```
import tensorflow as tf

a = tf.constant([[1.0,2.0,3.0,4.0],
                 [5.0,6.0,7.0,8.0]])
print(tf.reduce_mean(a))

'''打印的内容:
tf.Tensor(4.5, shape=(), dtype=float32)
'''
```

在了解了这 3 个函数的使用方法后，我们就可以写出实现交叉熵损失的函数代码了。在此限制 log()函数的参数取值在 1e-10～1.0 之间，并用 y 代表模型输出的预测值向量，用 y_代表标签保存的真实答案向量，定义 cross_entropy 为计算得到的交叉熵损失值，则计算交叉熵损失的过程可以实现为：

```
cross_entropy = -tf.reduce_mean(y_ * tf.log(
                            tf.clip_by_value(y, 1e-10, 1.0)))
```

在这里，要注意使用"*"相乘与使用 matmul()函数相乘的区别。以形状相同的两个矩阵为例，使用"*"相乘指的是矩阵中对应元素的相乘，而 matmul()函数实现的是数学中的矩阵相乘。下面的代码给出了这两个操作的区别：

```
import tensorflow as tf

a = tf.constant([[1.0,2.0],[7.0,8.0]])
b = tf.constant([[5.0,6.0],[3.0,4.0]])
print((a*b))
print(tf.matmul(a,b))

'''打印的内容:
tf.Tensor(
[[ 5. 12.]
 [21. 32.]], shape=(2, 2), dtype=float32)
tf.Tensor(
[[11. 14.]
 [59. 74.]], shape=(2, 2), dtype=float32)
'''
```

对于交叉熵计算来说，显然使用"*"相乘的方式更为合理。一般 y 与 y_都不会是向量的形式，由于每个 batch 都有多个样本数据，所以这些向量更可能是被并联起来组织成矩阵。假设两个矩阵通过"*"操作相乘后得到

了一个 $n \times m$ 的二维矩阵，其中 n 为一个 batch 中样本的数量，m 为分类的类别数量，如果按照交叉熵的公式，应该将每行中的 m 个结果相加得到每个样例的交叉熵，然后再对这 n 行取平均得到一个 batch 的平均交叉熵，这样虽然符合公式定义，但是却加大了代码量。考虑一下由于 m 的值一般是不变的，batch 大小的不同只会引起 n 值的变化，所以可以直接使用 reduce_mean()函数对整个矩阵做平均，这样不仅没有改变计算结果的意义还使得整个程序更加简洁。

在 TensorFlow 1.x 中，尽管交叉熵损失计算函数没有被单独封装，但是却对 Softmax 回归和交叉熵损失提供了统一的封装，即 nn.softmax_cross_entropy_with_logits()函数，在 TensorFlow 2.0 也可以使用这个函数。这样做的原因主要是因为交叉熵损失的计算一般会在使用 Softmax 回归之后马上执行。Softmax 回归是指将神经网络输出的值转换为概率分布向量。接下来，在介绍均方误差损失函数之前，先占用一定的篇幅介绍一下 Softmax 回归及其相关的内容。

2．描述概率分布的 Sigmoid 函数与 Softmax 回归

从数学角度考虑，概率分布一般用于刻画不同事件发生的概率。当事件总数有限的情况下，概率分布函数 $P(X = x_k)$ 满足：

$$\forall x \quad P(X = x_k) \in [0,1] \text{ 且 } \sum_x P(X = x_k) = 1$$

也就是说，任意事件发生的概率都在 0～1 之间，所有事件发生的概率总和为 1，并且总有某一个事件会发生。那么如何在分类问题中将神经网络前向传播得到的结果变成概率分布提供给交叉熵损失函数进行计算呢？Softmax 回归就是一种很常用的方法。

假设原始的神经网络输出为 $y_1, y_2, \cdots, y_n$，那么经过 Softmax 回归处理之后的输出为：

$$\text{softmax}(y)_i = y_i' = \frac{e^{y_i}}{\sum_{j=1}^{n} e^{y_j}} = \frac{\exp(y_i')}{\sum_{j=1}^{n} \exp(y_j')}$$

式中，y_j 表示输入到 Softmax 之前每一个单元的值，在经过 Softmax 之后，这些单元的数量没有改变，而是数值变成了概率分布；用 i 代表经过 Softmax 之后的每一个单元；y_j 代表对应的单元在进行 Softmax 处理之前的值（等于 y_j），在经过 Softmax 处理之后，这个值变成了 y_i'。

在机器学习算法中，Softmax 回归本身可以作为一个学习算法来优化分

类的结果，但是 TensorFlow 去掉了 Softmax 回归中的一些参数，使它仅作为输出层的一个额外处理层，将神经网络的输出变成一个概率分布输出。这个概率分布输出可以理解为经过神经网络的推导，一个样例为不同类别的概率分别是多大。输出的概率分布满足交叉熵损失函数的需求，接下来就可以通过交叉熵来计算预测的概率分布和真实答案的概率分布之间的距离了。

图 4-23 展示了将 Softmax 回归处理函数加入前面所介绍的全连神经网络之中后，整个网络的大概样子。

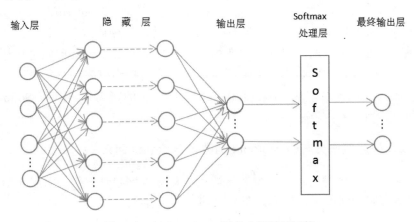

图 4-23   加入 Softmax 层的全连神经网络

在 TensorFlow 的 1.x 和 2.0 中都提供了 nn.softmax()函数来实现 Softmax 回归的功能，其原型如下：

```
#softmax(logits,dim,name)
```

上面谈到的 nn.softmax_cross_entropy_with_logits()函数以及 nn.sparse_softmax_cross_entropy_with_logits()函数都实现了对 Softmax 回归和交叉熵损失计算的统一封装，这两个函数的定义原型如下：

```
#softmax_cross_entropy_with_logits(_sentinel,labels,logits,
#                                    dim,name)
#sparse_softmax_cross_entropy_with_logits(_sentinel,labels,
#                                    logits,name)
```

这两个函数的使用方法相同，只是 sparse_softmax_cross_entropy_with_logits()函数更适用于这种分类问题。可以直接调用 TensorFlow 提供的这两个函数实现 Softmax 回归之后的交叉熵损失函数，用 y 代表原始神经网络的输出结果，用 y_ 代表预先提供的正确答案，则代码如下：

```
cross_entropy = tf.nn.softmax_cross_entropy_with_logits(y,y_)
```

当遇到某些任务需要解决二分类问题（y 是二值型变量）时，答案的取值类型可以被看作满足 Bernoulli 分布。Bernoulli 分布仅需要单个参数来定义。神经网络只需要预测 $P(y=1|x)$ 即可。为了使 P 是个有效的概率，它要在[1,0]取值。

Bernoulli 分布是单个二值随机变量的分布（也称两点分布），随机变量 X 只有 x_1 和 x_2 两种取值情况。它由单个参数 $p \in [0,1]$ 控制，分布规律是：

$$P(X = x_1) = p$$
$$P(X = x_2) = 1 - p$$

特别地，当 $x_1 = 0$, $x_2 = 1$ 时的两点分布也叫 0-1 分布。对于两点分布，这里有一些分布的规律：

$$P(X = x) = p^x (1-p)^{1-x}$$
$$E_X[X] = p$$

对于二分类的输出，sigmoid 函数是一个天然比较好的选择，关于这个函数的图像可以参考 4.4 节中关于激活函数的介绍。对于输入的参数 x，sigmoid 函数可以表示为：

$$\text{sigmoid}(x) = \frac{1}{1 - \exp(-x)}$$

经由 sigmoid 函数得到的值就可以作为分类的概率，并传递到损失函数计算损失值。TensorFlow 当然也提供了 sigmoid 函数和交叉熵损失函数的统一封装，即 nn.sigmoid_cross_entropy_with_logits()函数。

sigmoid 函数会在输入值非常小的时候饱和到 0（为负），而当输入值非常大时则饱和到 1（为正）。其取值范围是（0,1），而不是[0,1]。需要注意的是，在这两种情况下函数的梯度值都将会非常小，基于梯度的优化会变得很困难，所以一般在通过 sigmoid 函数得到概率值之后还要对这个概率值求解似然函数，通过最大似然的方式训练 sigmoid 分类器。

3. 均方误差损失函数

回归问题完成的是对具体数值的预测。与分类问题的预测不同，解决回归问题的网络模型在完成预测之后不会输出一个概率分布向量，而是一个经由它预测得到数值，如股票预测、彩票预测等。这也就说明，解决回归问题的神经网络一般只有一个输出节点，这个节点的输出值就是预测值。

对于回归问题，最常用的损失函数就是均方误差（Mean Squared Error，MSE）损失函数。它的定义如下：

$$\text{MSE}(y, y') = \frac{\sum_{i=1}^{n}(y_i - y'_i)^2}{n}$$

其中，y_i 为一个 batch 中第 i 个数据的答案值，而 y'_i 也就是神经网络给出的预测值。解决回归问题的网络模型就是以最小化该函数为目标。

接下来，我们从数学的角度来具体理解一下回归分析问题的相关细节。在数学中，尤其是统计学的相关领域，回归分析研究的是变量与变量之间的关系。变量之间的关系可分为两类：一类是确定性关系，这类关系可以用函数精确地确定；另一类是非确定性关系，即所谓的相关关系。

对于确定性关系，如电路中的欧姆定律 $U = IR$，在变量之间确定了一个函数关系，当给定了电阻、电压或电流中的任意两个量时，另一个量就唯一确定了。再比如对于一个圆球求体积，圆球的半径以及 π 给定了，那么圆球的体积也就可以根据公式求出来了。

对于相关关系，如研究男性成年人的身高与他们父母身高之间的关系，一般来说父母的身高较高，则子女的身高也比较高，但是上一代的身高与子女一代的身高之间的关系不能用一个确定的数字关系表达出来，子女一代的许多兄弟姐妹之间的身高也不一定相等。再比如研究农作物产量与施肥量、浇水量、气温等之间的关系也是这样，我们无法精确地建模一个函数来表达农作物的产量与施肥量、浇水量和气温之间的关系。

尽管具有相关关系的变量之间有着某种不确定性，无法用完全确定的函数形式来表示，但是大量观察它们之间的关系则可以探索出它们之间的统计学规律。将这种统计学规律用近似的关系表达式展现出来，就是回归分析的主要任务。

我们可以列举出在进行一个回归分析的过程中主要需要解决的一些问题：

（1）观察一组含有多个变量的数据，计算得到这些变量之间的经验公式（更确切地说是回归方程）。

（2）检验回归方程精度是否足够好。

（3）将回归方程用于实际的预测和控制。

为了方便对回归分析的过程进行说明，在接下来的介绍中，列举的例子是统计学中最简单的一元线性回归分析。

先以考虑两个变量的情形为例，设随机变量 y 与 x 之间存在着某种相关关系。这里的 x 是经过精确的观察或控制之后记录的变量，是一个非随机的变量。x 一般有多个值，在此以 $x_1, x_2, x_3, \cdots, x_n$ 代表，称之为自变量。y 是一个随机变量，它在一定程度上由 x 确定（称之为因变量），但是无法精确地描述出 x 值和 y 值之间的关系。为了研究 x 和 y 之间的某种关系，假设我们对 (x, y) 进行一系列观测，并得到一个容量为 n 的样本集合（x 取一组不完全相同的值）$(x_1, y_1), (x_2, y_2), \cdots, (x_n, y_n)$，其中 y_i 是在 $x = x_i$ 处对随机变量 y 观察的结果。可以在平面直角坐标系中将每对 (x_i, y_i) 都对应到一个点，这样就把它们都直观地表示在了平面直角坐标系中，如图 4-24 所示。

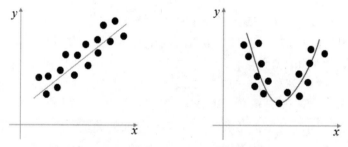

（a）散点大致围绕一条直线分布　　（b）散点大致围绕一条抛物线分布

图 4-24　用于简单回归分析的散点图

我们称所得到的图为散点图。由图 4-24（a）可以看出散点大致围绕一条直线分布，由图 4-24（b）可以看出散点大致围绕一条抛物线分布，这种分布就是变量间统计规律性的一种表现。

在进行线性回归分析时，可以使用最常见的线性回归方程来解决问题。如图 4-24（a）所示，点的分布可以被近似地描述为呈直线状，这就说明 y 和 x 符合线性相关关系。我们可以假设一个函数来建立描述它们之间关系的数学模型：

$$y = a + bx$$

这是一个具有确定性关系的表达式，当 a 和 b 都确定后，y 也就由 x 确定了；但是实际上 x 不能精确地确定 y，因为散点分布大多数都没有落在直线上（假设和真实之间存在误差），所以对这个式子要加上一个随机误差项 ε：

$$y = a + bx + \varepsilon$$

一般会假设这个随机误差项是满足正态分布 $\varepsilon \sim N(0,\sigma^2)$ 的，因而 y 也是随机变量。也就是说，对于每一个 x 都有 $y \sim N(a+bx,\sigma^2)$。称式子 $y = a+bx+\varepsilon$ 为一元线性回归模型。为了能够得到回归方程，可以对式子的两边求解数学期望：

$$E(y) = E(a+bx+\varepsilon) = a+bx+E(\varepsilon)$$
$$= a+bx$$

得到的 $a+bx$ 就是我们要求解的线性回归方程。在实际问题中，a 和 b 是待估计的参数，可以采用最小二乘法对其进行估计。最小二乘法的基本思想是：对一组观察得到的值，如上述的 $(x_1,y_1),(x_2,y_2),\cdots,(x_n,y_n)$，计算误差 $\varepsilon_i = y_i-(a+bx)$ 的平方和：

$$Q(a,b) = \sum_{i}^{n} \varepsilon_i^2 = \sum_{i}^{n} \left(y_i-\left(a+bx_i\right)\right)^2$$

最小化 $Q(a,b)$ 时达到的 $\hat{a}$ 和 $\hat{b}$ 就可以作为 a 和 b 的估计结果，用最小二乘法估计 a 和 b 的取值也被称为最小二乘估计。在实际问题中，对于给定的 x，方程 $\hat{y} = \hat{a}+\hat{b}x$ 就称为 y 关于 x 的线性回归方程或者回归方程。从这里可以看出，回归方程的因变量 $\hat{y}$ 其实是 y 的数学期望（均值）。

图 4-25 展示了 $\hat{y}_i = \hat{a}+\hat{b}x$、$x_i$、$y_i$ 和 ε_i 之间的关系。

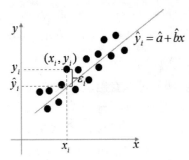

图 4-25　预测得到的 $\hat{y}_i = \hat{a}+\hat{b}x$

直观地说，平面上会有很多直线都能描述出点的分布，那么如何选择那条最佳的直线呢？最小化 $Q(a,b)$ 就提供了一个比较自然的想法：当点 $(x_i,y_i), i = 1,2,3,\cdots,n$ 与其中某条直线的偏差平方和比点与其他直线的偏差平方和都小时，这条直线就是我们要选出的最佳直线，它能较好地反映这些点的分布状况。

最小化 $Q(a,b)$ 可以根据微分学的极值原理，将 $Q(a,b)$ 分别对 a 和 b 求偏导数，并令它们等于 0，于是得到方程组：

$$\begin{cases} \dfrac{\partial Q}{\partial a} = -2\sum_{i=1}^{n}(y_i - a - bx_i) = 0 \\[3mm] \dfrac{\partial Q}{\partial b} = -2\sum_{i=1}^{n}(y_i - a - bx_i)x_i = 0 \end{cases}$$

将这个方程组化简，可以得到一个正规方程组表达的形式：

$$\begin{cases} na + (\sum_{i=1}^{n}x_i)b = \sum_{i=1}^{n}y_i \\[3mm] (\sum_{i=1}^{n}x_i)a + (\sum_{i=1}^{n}x_i^{2})b = \sum_{i=1}^{n}x_i y_i \end{cases}$$

考虑到 x_i 不会完全相同（在同一个点不会重复取样两次），可以列出正规方程组的行列式，通过行列式的方式判断方程组的解的情况。行列式为：

$$\begin{vmatrix} n & \sum_{i=1}^{n}x_i \\[3mm] \sum_{i=1}^{n}x_i & \sum_{i=1}^{n}x_i^{2} \end{vmatrix} = n \times \sum_{i=1}^{n}x_i^{2} - \left(\sum_{i=1}^{n}x_i\right)^{2} = n \times \sum_{i=1}^{n}(x_i - \bar{x})^{2} \neq 0$$

式中，$\bar{x}$ 表示所有 x 的平均值。由于行列式的值 $\neq 0$，所以可以判断出正规方程组的解唯一。正规方程组的解即是 $\hat{a}$ 和 $\hat{b}$ 的取值：

$$\begin{cases} \hat{b} = \dfrac{\sum_{i=1}^{n}(x_i - \bar{x})(y_i - \bar{y})}{\sum_{i=1}^{n}(x_i - \bar{x})^{2}} \\[5mm] \hat{a} = \bar{y} - \hat{b}\,\bar{x} \end{cases}$$

将这样的结果放到 $y = a + bx$ 中，就可以得到我们需要的：

$$\hat{y} = \hat{a} + \hat{b}x$$

这是在数学中解决一元线性回归问题的大概过程。回归分析问题不仅仅局限于一元线性回归分析，我们也可以把思路扩展到多元或者非线性的［如图 4-24（b）所示抛物线］回归分析中。多元线性回归分析原理与一元线性回归分析相同，只是计算要复杂些。另外，之前所说的均方误差损失函数的思路就是来源于最小二乘估计法。

基础性的内容就先介绍到这里，接下来我们会使用 TensorFlow 游乐场来模拟二元线性回归问题的解决。后文中都没有涉及回归分析的问题，所以这可以看作对回归分析问题的唯一一次实践，实际上结合模拟的过程以及第 5 章要学习的神经网络优化算法想要自行设计出解决回归分析问题的网络模型也不存在太大的难度。

接下来，进入 TensorFlow 游乐场，在界面右上角的 Problem type（问题类型）中选择 Regression，表示问题的类型是回归。在这种问题下游乐场的 DATA 区域中只提供了一种分布形式为 Plane 的数据集，如图 4-26 所示为放大之后的 Plane 数据集。

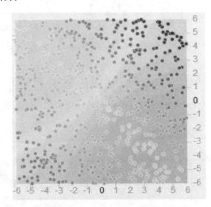

图 4-26　Plane 分布的样本

我们还是使用隐藏单元数为 3 的单隐藏层网络结构，特征向量依旧是 x_1 和 x_2 两个值，激活函数选择 Tanh，Learning rate 为 0.03，不使用正则化。图 4-27 展示了模型训练 60 轮之后的输出结果。

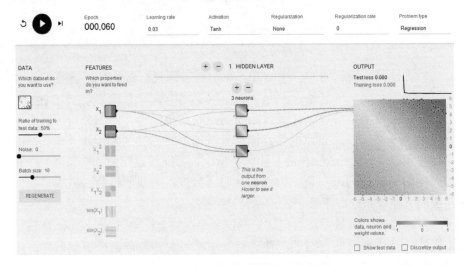

图 4-27　单隐藏层网络解决回归问题

从图 4-27 右侧的 OUTPUT 区域可以看到，在两个颜色区域之间形成了一条白色的线，这就是所谓的回归直线，一个回归问题就这样解决完毕。

4.6.2　自定义损失函数

使用 TensorFlow 时，这些自带的经典损失函数为我们在实现深度学习算法时提供了很大的帮助。除此之外，我们还可以自定义一些具有特定功能的损失函数，TensorFlow 也支持这么做。本小节将介绍如何根据一个实际问题自定义一个比较合适的损失函数。

首先考虑一下使用损失函数的目的，为的是描述网络给出的预测答案和真实答案之间的"距离"，我们自己定义的损失函数也要符合这一标准。在下面的篇幅中将以一个具体的预测商品的出货量问题为例来介绍一下自定义损失函数的思考过程。

假设工厂需要预测某种商品的出货量以制订生产计划，如果预测值大于买家的购买力，则这批商品会滞销，造成的损失就是浪费了生产这批商品的成本；如果预测值小于买家的购买力，则会因为没能提供足够的商品而造成利润上的损失。为了更具体地说明，现在令一件商品的成本价为 5 元，其利润为 2 元。这种预测销量的问题虽然可以被列为一个回归问题，但显然无法用均方差损失函数，因为每少预测一个商品就少挣 2 元，而每多预测一个商品就会损失 5 元。我们以获得最大的利润为目标，就要用两个不同的损失函数分别表示当预测出货量多于真实购买力和预测出货量少于真实购买力时工厂会受到的经济损失。

按照这样的思路，一个损失函数就会被分为两个分段函数。在这里用 y_i 表示一个 batch 中第 i 个数据的正确答案（真实购买力），y_i' 是神经网络得到的预测值（预测得到的出货量），a 和 b 是常量系数（如果用于代表损失值，则 $a=2, b=5$）。于是分段的损失函数可以用以下公式进行描述：

$$\text{loss} = \sum_{i}^{n} f(y_i, y_i'), \qquad f(y_i, y_i') = \begin{cases} a(y - y') & y > y' \\ b(y' - y) & y \leqslant y' \end{cases}$$

最小化这个损失函数即可得到模型给出的最佳出货量方案。在 TensorFlow 中，可以通过 where()函数和 greater()函数实现这个损失函数，这两个函数在之前都没有相关介绍。首先看该损失函数的代码实现：

```
loss = tf.reduce_sum(tf.where(tf.greater(y,y_),
                     (y-y_)*a, (y_-y)*b))
```

　　greater()函数的输入是两个张量（维度相同），此函数会比较第一个输入张量和第二个输入张量中相同位置处每一个元素的大小，如果在该位置第一个输入张量的元素大于第二个输入张量的元素，则函数会返回 True，否则会返回 False。

　　where()函数实现了选择的功能。该函数有 3 个参数，第一个为选择条件根据，是一个 bool（布尔）型的张量。当张量某一个位置为 True 时，where()函数会选择第二个参数中相同位置处的值，否则选择第三个参数中相同位置处的值。以下样例代码演示了这两个函数的原型及使用。

```
import tensorflow as tf

a = tf.constant([1.0, 2.0, 3.0, 4.0])
b = tf.constant([6.0, 5.0, 4.0, 3.0])

#函数原型: greater(x,y,name)
print(tf.greater(a,b))
#函数原型: where(input,name)
print(tf.where(tf.greater(a,b),a,b))

'''打印的内容分别为:
tf.Tensor([False False False  True], shape=(4,), dtype=bool)
tf.Tensor([6. 5. 4. 4.], shape=(4,), dtype=float32)
'''
```

第5章 优化网络的方法

在许多情况下，利用深度学习算法搭建的神经网络模型都需要进行某种形式的优化。这非常重要，只有经过优化的网络，才能在训练之后达到不错的解决问题的效果。优化的最直接目的就是使参数更加准确地更新。

一般神经网络的训练过程大致可以分为两个阶段：第一个阶段先通过前向传播算法计算得到预测值，并将预测值和真实值进行对比，得出两者之间的差距；在第二个阶段，通过反向传播算法计算损失函数对每一个参数的梯度，再根据梯度和学习率使用梯度下降算法更新每一个参数。

介绍网络的优化时将会涉及反向传播（Back Propagation）的一些内容，应用了反向传播算法的前馈神经网络依旧是前馈的（反向传播不是区分前馈与反馈的标准，包含反馈连接的网络可以参考第 9 章介绍的循环神经网络）。反向传播算法的内容被放到了 5.2 节，在此之前，我们会先讲解梯度下降（Gradient Decent）与随机梯度下降（Stochastic Gradient Decent）的一些内容。这些内容和反向传播密切相关，通常被称为基于梯度的优化。

5.1 基于梯度的优化

在上一章中，我们只是以包含隐藏层的简单全连神经网络（比较像 MLP）为例介绍了如何设计神经网络的前向传播过程。实际上，如果将前向传播过程完全展开叙述的话，还有更多复杂的内容。对于在上一章一直避而不谈的网络优化的方法，终于能在本章揭开其神秘的面纱。

基于梯度的优化就是优化一个函数的最终取值。假设 ω 是函数的输入参数，$J(\omega)$ 是需要优化的函数，那么基于梯度的优化指的就是改变 ω 以得到最小化或最大化的 $J(\omega)$（通常是最小化 $J(\omega)$，最大化可经由最小化算法最小化 $-J(\omega)$ 来实现）。

通常将这个需要最小化或最大化的函数称为目标函数（Objective Function）。实现基于梯度的优化会涉及数学中微积分，在 5.1.1 小节会介绍微积分与基于梯度的优化的关系；随机梯度下降是一个无论我们在各种文献还是程序设计中都会遇到的算法，在 5.1.2 小节会有关于它的介绍。

5.1.1　梯度下降算法

梯度下降算法援引自数学中的导数，因此以下的内容会涉及一些数学中的概念。对于这些概念，如果不太熟悉，那么建议参考专业的数学书籍。

在数学中，对于一个函数 $l = J(\omega)$（其中 ω 和 l 是实数），其导数（Derivative）被记为 $J'(\omega)$ 或 $\dfrac{\mathrm{d}y}{\mathrm{d}\omega}$ 或 $\dfrac{\partial}{\partial x}J(\omega)$。导数 $J'(\omega)$ 的值表示 $J(\omega)$ 在点 ω 处的斜率。根据导数的含义，如果输入发生微小的变化 σ，那么输出也会发生相应的变化：

$$J(\omega+\sigma) \approx J(\omega) + \sigma J'(\omega)$$

导数的作用也因此而体现出来，它告诉我们如何更改 ω 来略微改善 l。假设存在 σ 足够小，那么会有 $J(\omega - \sigma\,\mathrm{sign}(J'(\omega))) < J(\omega)$〔在数学运算中，$\mathrm{sign}()$ 函数的功能是取某个数的符号（正或负）：当 $\omega > 0$ 时，$\mathrm{sign}(\omega) = 1$；当 $\omega = 0$ 时，$\mathrm{sign}(\omega) = 0$；当 $\omega < 0$ 时，$\mathrm{sign}(\omega) = -1$〕。如果将 ω 往导数的反方向移动，那么 $J(\omega)$ 也会相应地减小。

以 $J(\omega) = \omega^2$ 函数为例，其函数图像和导数图像如图 5-1 所示。

沿着函数的下坡方向（或者说导数增大的反方向）移动 ω 而获得更小的 $J(\omega)$ 的技术在深度学习领域就称之为梯度下降。

在具体的深度神经网络的设计中，通常 ω 泛指神经网络中的参数，$J(\omega)$ 表示训练数据集上的损失函数（Loss Function）。使用梯度下降优化网络的大概思路就是寻找一个参数 ω，使得损失函数 $J(\omega)$ 的值最小。换句话说，梯度下降算法会迭代式更新参数 ω，不断地沿着梯度的反方向让参数朝着损失更小的方向更新。图 5-2 展示了梯度下降算法的原理。

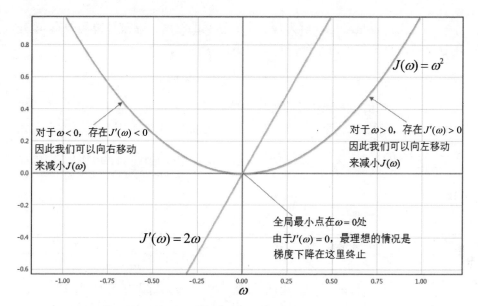

图 5-1　ω^2 函数图像及其导数图像

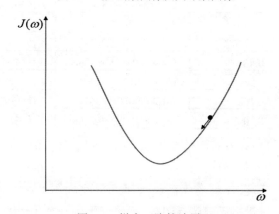

图 5-2　梯度下降算法原理

　　如果图 5-2 中小圆点的位置代表了当前的参数和损失值，那么梯度下降算法会将参数朝着箭头的方向移动并达到最低点。

　　参数的梯度可以通过求导的方式计算。对于一个函数 $J(\omega)$，其在参数 ω 处的梯度为 $\dfrac{\partial}{\partial \omega} J(\omega)$。有了梯度，还需要通过一个学习率 σ（Learning Rate，就相当于对输入所做的一个微小的变化）来定义每次参数更新的幅度。

学习率可以直观地理解为每次参数移动的幅度。通过计算函数在 ω_n 处的梯度以及设定的学习率就能得到以下的参数更新公式：

$$\omega_{n+1} = \omega_n - \sigma \frac{\partial}{\partial \omega} f(\omega_n)$$

以一个具体的例子来说明梯度下降算法是如何工作的。设损失函数为 $J(\omega) = \omega^2$，参数初始值为 $\omega = 10$，学习率为 0.2。首先求得参数 ω 的梯度为 $\nabla = \frac{\partial}{\partial \omega} J(\omega) = 2\omega$，之后改变这个参数以使 $J(\omega)$ 的值尽可能小的过程可以总结为表 5-1。

表 5-1　梯度下降算法过程举例

轮　　数	当前轮数参数值	梯度×学习率	更新后参数值
1	10	10×2×0.2=4	10−4=6
2	6	6×2×0.2=2.4	6−2.4=3.6
3	3.6	3.6×2×0.2=1.44	3.6−1.44=2.16
4	2.16	2.16×2×0.2=0.864	2.16−0.864=1.296
5	1.296	1.296×2×0.2=0.5184	1.296−0.5184=0.7776
6	0.7776	0.7776×2×0.2=0.331	0.7776−0.331=0.4666
7	0.4666	0.4666×2×0.2=0.1866	0.4666−0.1866=0.28
8	0.28	0.28×2×0.2=0.112	0.28−0.112=0.168
9	0.168	0.168×2×0.2=0.0672	0.168−0.0672=0.1008
10	0.1008	0.1008×2×0.2=0.0403	0.1008−0.0403=0.0605

我们知道，当 $\omega = 0$ 时，函数 $J(\omega) = \omega^2$ 会得到最小值。从表 5-1 中可以看出，经过 10 次迭代之后，参数 ω 的值逐渐变成了 0.0605。如果这个过程一直持续下去，那么 ω 将会无限趋近于 0。在实际的神经网络优化过程中，迭代次数要远远多于 10，优化之后也会得到一个类似的最小值。还有一个重要的问题，那就是设置适当的学习率 σ 对优化过程而言也非常重要，这将在 5.3 节优化学习率时予以介绍。

导数提供了移动 ω 的依据，但是当 $J'(\omega) = 0$ 时，我们无法根据导数得出参数应该向哪个方向移动。通常将 $J'(\omega) = 0$ 的点称为临界点（Critical Point）或驻点（Stationary Point）。在数学中，如果在某点 ω 处有 $J(\omega)$ 小于所有邻近点，那么称该点为一个局部极小点（Local Minimum），此时不可能通过移动无穷小的步长来减小 $J(\omega)$；如果在某点 ω 处有 $J(\omega)$ 大于所有邻近点，那么称该点为一个局部极大点（Local Maximum），此时不可能通过移动无穷小的步长来增大 $J(\omega)$ 。如果存在某个临界点既不是最小点也不是最大点，那么这个临界点称为鞍点（Saddle Point）。在鞍点的附近往往存在着更高和更低的相邻点。图 5-3 给出了一个鞍点的例子。

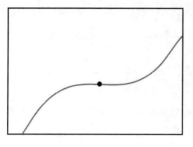

图 5-3　鞍点实例

从数学角度而言，全局最小点（Global Minimum）是使 $J(\omega)$ 在其定义域内取得绝对最小值的点。函数有可能不只有一个全局最小点，或者全局极小点并不是全局最优点。

如果损失函数非常复杂，比如含有许多不是最优的全局极小点，或者存在多个局部极小点混淆我们的判断，或者存在许多鞍点等，所有的这些可能性都将使优化变得困难。因此，我们通常寻找使 $J(\omega)$ 非常小的点，将这一点作为一个近似最小点。对于一个深度学习任务，即使找到的解不是真正最小的，但只要它们显著低于损失函数的绝大部分值，我们通常就能接受这样的解，虽然这并不意味着一定是最小。图 5-4 解释了这样的观点。

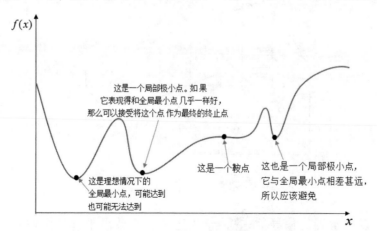

图 5-4　将近似最小点作为终止点

　　求导的思路也可应用到最小化具有多维输入的函数中，寻找多维函数的最小点同样意味着优化之后的输出是一维的（标量）。

　　在多维情况下，临界点仍是梯度中所有元素都为 0 的点。对于具有多维输入的函数，我们需要用到偏导数（Partial Derivative）的概念。例如，对于二元函数 $z = J(\omega, \varphi)$，偏导数 $\dfrac{\partial}{\partial \omega_i} J(\omega)$ 衡量点 ω 处只有 ω_i 增加时 $J(\omega)$ 如何变化。在 ω_i 处，J 的导数可以汇总为由 ω_i 处所有偏导数组成的向量，记为 $\nabla_\omega J(\omega)$。

　　在数学中，二元函数 $z = J(\omega, \varphi)$ 的图形表示空间中的一张曲面，$\omega = \omega_i$ 表示空间中的一张平面，将 ω 固定在 ω_i 处时，即得曲面与平面的交线方程：

$$\begin{cases} z = J(\omega, \varphi) \\ \omega = \omega_i \end{cases}$$

　　经过截取之后，这便是平面 $\omega = \omega_i$ 上的一条曲线 $z = J(\omega_i, \varphi)$。根据偏导数的定义，$J'_\varphi(\omega_i, \varphi_i)$ 即为一元函数 $z = J(\omega_i, \varphi)$ 在点 (ω_i, φ_i) 处的导数。通过推导导数的几何意义，可以知道 $J'_\varphi(\omega_i, \varphi_i)$ 便是这条曲线在点 $(\omega_i, \varphi_i, z_i)$ 处关于 φ 轴的切线斜率，如图 5-5 所示。

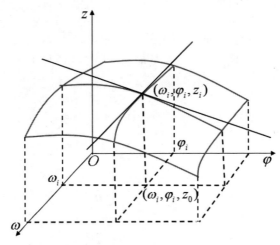

图 5-5　二元函数偏导数

　　可以理解为，偏导数 $\dfrac{\partial z}{\partial \omega}$，$\dfrac{\partial z}{\partial \varphi}$ 描述了该函数沿平行坐标轴方向变化的斜率。确定函数 $z = J(\omega, \varphi)$ 沿任意方向的变化率，以及沿什么方向函数

变化率最大，需要引进多元函数在一点 P 沿一给定方向的方向导数这一概念。

如图 5-5 所示，设 $z = J(\omega, \varphi)$ 在点 $P(\omega_i, \varphi_i)$ 的某邻域有定义，l 是从 P 引出的一条射线，$Q(\omega + \Delta\omega, \varphi + \Delta\varphi)$ 是 l 上任意一点，则点 P 和 Q 之间的距离为 $\rho = \sqrt{(\Delta\omega)^2 + (\Delta\varphi)^2}$。当 Q 沿着射线 l 无限接近于 P 时，有 $\sqrt{(\Delta\omega)^2 + (\Delta\varphi)^2} \to 0$。函数 $z = J(\omega, \varphi)$ 在点 P 沿 l 方向的方向导数记为：

$$\frac{\partial z}{\partial l} = \lim_{\rho \to 0} \frac{J(\omega + \Delta\omega, \varphi + \Delta\varphi) - J(\omega, \varphi)}{\sqrt{(\Delta\omega)^2 + (\Delta\varphi)^2}}$$

点 P 和 Q、射线 l、角 β 和 α，以及 $\Delta\omega$ 和 $\Delta\varphi$ 的关系可以形象地用图 5-6 进行表示。

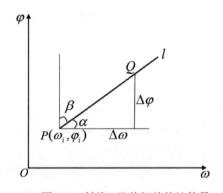

图 5-6　射线 l 及其相关的计算量

$\cos\alpha$ 和 $\cos\beta$ 通常会被称为 l 的方向余弦，并且存在下式表达的关系：

$$\Delta\omega = \sqrt{(\Delta\omega)^2 + (\Delta\varphi)^2} \cos\alpha, \ \ \Delta\varphi = \sqrt{(\Delta\omega)^2 + (\Delta\varphi)^2} \cos\beta$$

设 u 为 l 上的一个单位向量，在 u 方向的方向导数（Directional Derivative）是函数 J 在 u 方向的斜率。用 θ 表示 u 与 $\omega O \dot\varphi$ 平面的夹角，当 $\cos\theta$ 取得最小时，就是使得 J 下降得最快的方向。

无论是一维输入的函数还是多维输入的函数，梯度下降算法总会存在以下两个问题。

首先，梯度下降算法并不能保证被优化的非凸函数达到全局最优解。如图5-4所示，图中给出的函数就有可能只能得到局部最优解而不是全局最优解。假设参数在左侧第二个黑点处取值，损失函数的偏导为 0，于是参数就不会再进一步更新。在这个样例中，如果参数 ω 的初始值落在全局最小点附近的区间中（在左侧第一个黑点附近处取值），那么通过梯度下降得到的结果都会是全局最小点代表的局部最优解。由此可见，最后得到的结果在很大程度上会受到参数初始值的影响，或者说使用梯度下降算法达到全局最优解被限制为只有当损失函数为凸函数时才可以。

其次，梯度下降算法的计算时间太长。在实际训练时，参与训练的数据往往很多，并且损失函数 $J(\omega)$ 是在所有训练数据上的损失和，这样计算出所有训练数据的损失函数是非常消耗时间的。

加快每一轮参数更新的速度可以使用随机梯度下降算法（Stochastic Gradient Descent，SGD）。随机梯度下降算法相比于梯度下降算法进步的地方在于，这个算法并不会对全部训练数据上的损失函数进行优化，而是在每一轮迭代中随机选择某一个或多个训练数据上的损失函数进行梯度下降优化。但是随机梯度下降算法也不是完美的，关于随机梯度下降算法的内容放到了下一小节。

5.1.2 随机梯度下降

几乎所有的深度学习算法都对随机梯度下降算法有所应用，它可以看作梯度下降算法的一个扩展。

在机器学习算法中求解总损失函数通常可以理解为对所有样本的损失函数计算总和。例如，将每一个样本的交叉熵损失 $-p(x_i)\log q(x_i)$ 记为 $L(p_i,q_i,\omega)$，则对于总损失函数，梯度下降需要计算：

$$\nabla_\omega J(\omega) = \frac{1}{i}\sum_{i=1}\nabla_\omega L(p_i,q_i,\omega)$$

随着训练数据集规模的增长，计算总损失函数需要付出更大的运算代价，每一步梯度的计算都会消耗相当长的时间。

随机梯度下降算法的核心是通过使用小规模的样本近似估计梯度。具体而言，在算法的每一步，我们从训练集中均匀抽出一小批量样本 $X' = \{x_1, x_2, x_3, \cdots, x_{i'}\}$，小批量的数目 i' 通常是一个相对较小的数，从 1 到几百。重要的是，当训练集大小 i 增长时，i' 通常是固定的。我们可能在拟合几十亿个样本时，每次更新计算只用到几百个样本。

梯度的估计可以表示成：

$$g = \frac{1}{i'}\nabla_\omega\sum_{i=1}^{i'}L(p_i,q_i,\omega)$$

　　使用来自小批量 X' 的样本，随机梯度下降算法将使用如下的梯度下降估计：

$$\omega - \sigma \cdot g \to \omega_i'$$

式中，σ 表示学习率。

　　随机梯度下降算法是在大规模数据上训练大型线性模型必须要用到的方法，但是它也存在一些问题，即在某些训练数据上损失函数更小并不代表在全部训练数据上损失函数更小。

　　为了保持平衡梯度下降算法和随机梯度下降算法的性能，在实际应用中一般会每次计算一小部分训练数据的总损失函数，这一小部分数据就是一个 batch。使用每次在一个 batch 上优化神经网络参数的方法并不会比每次优化单个数据慢很多，而且还可以大大减少收敛所需要的迭代次数，最终的结果更加接近梯度下降的效果。

5.2　反向传播

　　反向传播算法在网络中的作用可以这样概括：如果说梯度下降算法优化了单个参数的取值，那么反向传播算法则给出了一种高效地在所有参数上使用梯度下降算法的方式。

　　在 5.2.1 小节会简要介绍反向传播算法的原理。使用 TensorFlow 框架不需要我们亲自编程实现反向传播，但是了解原理总是能够开阔视野。之后会在 5.2.2 小节介绍一些自适应学习率算法，在 5.2.3 小节将介绍 TensorFlow 中的一些优化器（Optimizer），这些优化器可以帮助我们以某一学习率来刷新参数。

　　需要说明的是，研究者们为了解决优化的问题而专门开发出了一组优化技术，这当然不仅仅包括梯度下降与反向传播，更复杂、更全面的优化技术在这里同样没办法一股脑地完全涉及，一些更高深的理论还是需要参考相关的学术性论文。

5.2.1　反向传播算法简述

　　在上一章中，我们对前向传播（Forward Propagation）有了一定的了解。前向传播可以概括为前馈神经网络输入的 x 经过每一层的隐藏单元处理，最终产生输出的 y。在训练过程中，前向传播会产生一个损失函数 $J(\omega)$。反向传播（Back Propagation）算法（也可简称为 Backprop）则允许来自损失函数的信息通过网络向后流动，以便计算梯度。

尽管计算梯度的公式很直观且易于理解，但是数值化地按照公式求解梯度可能会在计算上造成很大的代价，尤其是当需要计算的参数很多的时候。反向传播算法则通过一种简单而廉价的计算在所有参数上使用梯度下降算法，这样就能使神经网络模型能够得到在训练数据上尽可能小的损失函数。

关于反向传播算法存在着一些误解。在一些场合，反向传播算法会被误解为是多层神经网络的整个学习算法，实际上，它仅指用于计算梯度的方法（一些梯度下降算法会使用这个梯度来进行参数的更新）。有时，反向传播算法会被认为仅仅能够用在多层神经网络中，但是理论上它可以计算任何函数的导数。例如在学习算法中，我们一般需要计算的梯度是损失函数关于参数的梯度，即 $\nabla_{\omega} J(\omega)$，然而有些机器学习任务要求在学习的过程中计算其他相关的导数，或者通过计算导数的方式分析学得的模型，反向传播算法也适用于这些计算，并不限于计算损失函数关于参数的梯度。

反向传播算法的实现需要递归地使用微积分中的链式法则。在之前介绍如何求解具有多维输入的函数的梯度时，曾用到了所谓的链式法则（也可以查询更多关于数序的资料去了解链式法则，这里不再予以推导）。可以概括地讲，反向传播算法是一种使用高效的特定运算顺序来计算链式法则的算法。

接下来举一个运算的例子。设 x 是实数，f 和 g 是从实数映射到实数的函数。假设 $y = g(x)$ 且 $z = f(g(x)) = f(y)$，那么根据链式法则可以得到：

$$\frac{\mathrm{d}z}{\mathrm{d}x} = \frac{\mathrm{d}z}{\mathrm{d}y}\frac{\mathrm{d}y}{\mathrm{d}x}$$

我们可以将这种输入、输出都是标量的情况扩展到向量。假设 $\vec{x} \in \mathbf{R}^m$，$\vec{y} \in \mathbf{R}^n$，g 体现了从 $\mathbf{R}^m$ 到 $\mathbf{R}^n$ 的映射，f 体现了从 $\mathbf{R}^n$ 到 R 的映射，即 $\vec{y} = g(\vec{x})$ 而 $z = f(g(\vec{x})) = f(\vec{y})$，那么会存在下式的关系：

$$\frac{\partial z}{\partial x_i} = \sum_j \frac{\partial z}{\partial y_j}\frac{\partial y_j}{\partial x_i}$$

式中，i 和 j 分别是向量 $\vec{x}$ 和 $\vec{y}$ 的下标，代表其中的元素。

如果将输入、输出都为向量的函数的所有偏导数汇总为一个矩阵，那么得到的矩阵可以被称为 Jacobian 矩阵。举个例子来说，对于函数 $g : \mathbf{R}^m \rightarrow \mathbf{R}^n$，$g$ 的 Jacobian 矩阵 $\mathrm{Jac} \in \mathbf{R}^{n \times m}$ 定义为：

$$\mathrm{Jac}_{i,j} = \frac{\partial}{\partial x_j} g(\vec{x})_i$$

这就是 g 的 $n \times m$ 的 Jacobian 矩阵，也可以以向量的形式记为 $\frac{\partial \vec{y}}{\partial \vec{x}}$。如果将上述的 $\frac{\partial z}{\partial x_i}$ 扩展到全部的 $\vec{x}$ 元素，那么使用向量法可以写成：

$$\nabla \vec{x} z = \left(\frac{\partial \vec{y}}{\partial \vec{x}} \right) \nabla \vec{y} z$$

或

$$\nabla \vec{x} z = \mathrm{Jac}_{i,j}{}^{\mathrm{T}} \nabla \vec{y} z$$

在公式中，向量 $\vec{x}$ 的梯度可以通过 $\frac{\partial \vec{y}}{\partial \vec{x}}$（Jacobian 矩阵）和梯度 $\nabla \vec{y} z$ 相乘得到。反向传播算法的原理采用上述公式作为依据，由很多这样的 Jacobian 矩阵的乘积操作所组成。

实际的情况是反向传播算法不仅仅可以用于向量，还可以用于更多维度的张量。可以用相同的逻辑分析使用张量的反向传播，与使用向量的反向传播相比，我们还需要思考如何将数字排列成网格以组织成向量。组织的过程大概就是在运行反向传播算法前将张量拉直成向量，然后计算基于这个向量的反向传播，将得到的梯度值再折叠为一个张量。

值 z 关于张量 $\boldsymbol{X}$ 的梯度可以记为 $\nabla_x z$。与向量相比，$\boldsymbol{X}$ 的索引现在可以有多个。例如，一个四维的张量会通过 4 个坐标值对其进行索引。现在假设使用 $i(i_1, i_2, i_3, i_4)$ 来表示一个完整的四维张量的索引，那么对于所有可能的 i 值，$(\nabla_x z)_i$ 给出 $\frac{\partial z}{\partial \boldsymbol{X}_i}$，这与向量中索引的方式完全一致。使用这种与向量中索引的方式完全一致的记法，我们可以写出适用于张量的链式法则。如果存在 $\boldsymbol{Y} = g(\boldsymbol{X})$ 且 $z = f(\boldsymbol{Y})$，那么可以得到：

$$\nabla_x z = \sum_j (\nabla_x \boldsymbol{Y}_j) \frac{\partial z}{\partial \boldsymbol{Y}_j}$$

如果没有框架的出现，我们需要自己编写代码实现反向传播的过程。

这充满了挑战性，因为要思考的东西有很多。比如对于不同的前向传播过程的计算函数，要分别设计它们的反向传播过程。TensorFlow 提供了一些优化器，这些优化器会帮助我们实现反向传播的过程。在接触这些优化器之前，还要简单地了解下自适应学习率算法。

5.2.2　自适应学习率算法

神经网络中的学习率是难以设置的参数之一，这是许多进行相关研究的学者早就达成的共识，并且学习率的设置合理与否能够显著地影响模型的性能。

在使用基本的梯度下降法优化算法时，会遇到一个常见的问题——要优化的参数对于目标函数的依赖各不相同。形象地说，对于某些参数，通过算法已经优化到了极小值附近，但是有的参数仍然有很大的梯度，这就是使用统一的全局学习率可能出现的问题。如果学习率太小，则梯度很大的参数会有一个很慢的收敛速度；如果学习率太大，则已经优化得差不多的参数可能会出现不稳定的情况。

为了更有效地训练模型，比较合理的做法是，对每个参与训练的参数设置不同的学习率，在整个学习的过程中通过一些算法自动适应这些参数的学习率。

在早期，Delta-ba-delta 算法实现了在训练时适应模型参数各自的学习率。该算法的思路大体上可以描述为：如果损失与某一指定参数的偏导的符号相同，那么学习率应该增加；如果损失与该参数的偏导的符号不同，那么学习率应该减小。

在 Delta-ba-delta 算法的启发下，后来又相继产生了一些性能更好的自适应学习率算法。相比于 Delta-ba-delta 算法只能用于全批量训练数据的优化，这些算法都是基于一小批量的训练数据。下面对这些算法进行简单介绍。

1. AdaGrad

AdaGrad 算法（由伯克利加州大学 Jhon Duchi 博士于 2011 年提出）能够独立地适应所有模型参数的学习率，当参数的损失偏导值比较大时，它应该有一个较大的学习率；而当参数的损失偏导值比较小时，它应该有一个较小的学习率。

首先设全局学习率为 σ，初始化的参数为 ω，一个为了数值稳定而创建的小常数 δ（建议默认取 $\delta = 10^{-7}$），以及一个梯度累积变量 r（初始化 $r = 0$）。然后就是算法的主体，循环执行以下步骤，直到满足停止的条件时停止。

（1）从训练数据集中取出包含 m 个样本的小批量数据 $\{x_1, x_2, \cdots, x_m\}$，数据对应的目标用 y_i 表示。

（2）在小批量数据的基础上按照以下公式计算梯度：

$$g \leftarrow \frac{1}{m} \nabla_{\omega} \sum_i L(f(x_i; \omega), y_i)$$

（3）累积平方梯度，并刷新 r，过程如公式：

$$r \leftarrow r + g \odot g$$

（4）计算参数的更新量（$\dfrac{\sigma}{\delta + \sqrt{r}}$ 会被逐元素应用）：

$$\Delta \omega = -\frac{\sigma}{\delta + \sqrt{r}} \odot g$$

（5）根据 $\Delta \omega$ 更新参数：

$$\omega \leftarrow \omega + \Delta \omega$$

在该算法中，每个参数的 $\Delta \omega$ 都反比于其所有梯度历史平方值总和的平方根（也就是 $\sqrt{r}$）。通过这样的方式，可以达到独立地适应所有模型参数的学习率的目的。这样做的效果是，在参数空间中，倾斜度不大的区域也能沿梯度方向有一个较大的参数更新。

AdaGrad 算法在某些深度学习模型上能获得很不错的效果，但这并不能代表该算法能够适用于所有的模型。因为算法在训练开始时就对梯度平方进行累积，在一些实验中，会发现这样的做法容易导致学习率过早和过量地减小。

2．RMSProp

RMSProp 算法（Hinton 于 2012 年提出）是在 AdaGrad 算法的基础上经过修改得到的。在 AdaGrad 算法中，每个参数的 $\Delta \omega$ 都反比其所有梯度历史平方值总和的平方根，但 RMSProp 算法改变了这一做法。RMSProp 算法采用了指数衰减平均的方式淡化遥远过去的历史对当前步骤参数更新量 $\Delta \omega$

的影响。相比于 AdaGrad，RMSProp 算法中引入了一个新的参数 ρ，用以控制历史梯度值的衰减速率。

首先设全局学习率为 σ，历史梯度值的衰减速率参数 ρ，初始化的参数 ω，一个为了数值稳定而创建的小常数 δ（建议默认取 $\delta = 10^{-6}$），以及一个梯度累积变量 r（初始化 $r = 0$）。然后就是算法的主体，循环执行以下步骤，直到满足停止的条件时停止。

（1）从训练数据集中取出包含 m 个样本的小批量数据 $\{x_1, x_2, \cdots, x_m\}$，数据对应的目标用 y_i 表示。

（2）在小批量数据的基础上按照以下公式计算梯度：

$$g \leftarrow \frac{1}{m} \nabla_\omega \sum_i L(f(x_i; \omega), y_i)$$

（3）累积平方梯度，并刷新 r，注意这里使用了衰减率 ρ，过程如公式：

$$r \leftarrow \rho r + (1 - \rho) g \odot g$$

（4）计算参数的更新量（$-\dfrac{\sigma}{\sqrt{\delta + r}}$ 会被逐元素应用）：

$$\Delta \omega = -\frac{\sigma}{\sqrt{\delta + r}} \odot g$$

（5）根据 $\Delta \omega$ 更新参数：

$$\omega \leftarrow \omega + \Delta \omega$$

大量的实际使用情况证明，RMSProp 算法在优化深度神经网络时有效且实用。目前大多数的深度学习从业者都会采用这个算法。

3. Adam

Adam 算法（Kingma 于 2014 年提出）是一种在 RMSProp 算法的基础上进一步改良的另一种学习率自适应的优化算法，而 "Adam" 这个名字则派生自短语 "Adaptive Moments"。

首先设全局学习率为 σ（建议默认 $\sigma = 0.001$），矩估计的指数衰减速率为 ρ_1 和 ρ_2（ρ_1 和 ρ_2 在区间[0,1) 内，建议默认分别为 0.9 和 0.990），初始化的参数为 ω，一个为了数值稳定而创建的小常数 δ（建议默认取 $\delta = 10^{-8}$），初始值为 0 的一阶和二阶矩变量 s, r，以及一个时间步计数 t（初始化 $t = 0$）。然后就是算法的主体，循环执行以下步骤，直到满足停止的条件时停止。

（1）从训练数据集中取出包含 m 个样本的小批量数据 $\{x_1, x_2, \cdots, x_m\}$，数据对应的目标用 y_i 表示。

（2）在小批量数据的基础上按照以下公式计算梯度：

$$g \leftarrow \frac{1}{m} \nabla_\omega \sum_i L(f(x_i; \omega), y_i)$$

（3）刷新时间步：

$$t \leftarrow t + 1$$

（4）更新一阶有偏矩估计：

$$s \leftarrow \rho_1 s + (1 - \rho_1) g$$

（5）更新二阶有偏矩估计：

$$r \leftarrow \rho_2 r + (1 - \rho_2) g \odot g$$

（6）对一阶矩的偏差进行修正：

$$\hat{s} \leftarrow \frac{s}{1 - \rho_1^t}$$

（7）对二阶矩的偏差进行修正：

$$\hat{r} \leftarrow \frac{r}{1 - \rho_2^t}$$

（8）计算参数的更新量：

$$\Delta\omega = -\sigma \frac{\hat{s}}{\sqrt{\hat{r}} + \delta}$$

（9）根据 $\Delta\omega$ 更新参数：

$$\omega \leftarrow \omega + \Delta\omega$$

5.2.3 TensorFlow 提供的优化器

使用框架编程的好处是，有些复杂的算法不需要我们亲自去实现而是直接调用即可。例如，对于一个反向传播算法，如果我们自己写代码实现将会非常困难（尽管有理论支撑）。TensorFlow 中提供了很多优化器类，这些优化器类实现了不仅仅局限于 5.2.2 节所述的 3 个自适应学习率算法，一些优化器类因为封装了更加专用的优化算法而没有得到广泛的应用。本小节将对 TensorFlow 所有的优化器进行概览，同时对于常用的优化器稍加介绍。

每一个 TensorFlow 提供的优化器都作为一个类而被放在了.py 文件中。如果是 TensorFlow 1.x，那么在路径 tensorflow/python/training 下可以找到这些.py 文件；而如果是 TensorFlow 2.0，那么这些.py 文件被放在了路径 tensorflow/python/keras/optimizer_v2 下。这些优化器分别介绍如下。

1．keras.optimizers.Optimizer

这是一个基本的优化器，该优化器不常常被直接调用，而较多使用其子类优化器，如 Adagrad、SGD 等。

该优化器类本身及其 __init__()函数的定义为：

```
#@six.add_metaclass(abc.ABCMeta)
#@keras_export("keras.optimizers.Optimizer")
#class OptimizerV2(trackable.Trackable):
#   def __init__(self, name, **kwargs)
```

对于一个具体的优化器类（OptimizerV2 类的子类），我们一般会调用定义在基本优化器类中的 minimize()函数来指定最小化的目标。OptimizerV2 类的 minimize()函数原型为：

```
#def minimize(self, loss, var_list, grad_loss=None, name=None):
```

其中，loss 参数就是我们需要最小化的目标，一般对其传入一个损失函数。var_list 参数有时也需要进行设置，这个参数用于确定需要被优化的模型参数有哪些。var_list 参数接收元组或列表形式的变量，这些变量就是要最小化的模型参数，如果接受 var_list 参数的默认值，那么需要优化的参数将会是模型内的全部参数。

grad_loss 和 name 参数都是可选项，并且都有默认值 None，其中 grad_loss 参数表示使用一个张量来保持计算出的损失函数的梯度。name 参数理解起来就简单了，它相当于给这个优化器在使用时起的一个别名。

minimize()函数的全部参数释义就不在这里进行展开了，对于具体的参数，可以参考 TensorFlow 的官方手册。除了 minimize()函数，OptimizerV2 类还定义了其他函数，在 optimizer_v2.py 文件中可以找到这些定义，这里也不再做过多的说明。

2. keras.optimizers.SGD

SGD 就是随机梯度下降优化器。这是 OptimizerV2 类的一个子类。TensorFlow 提供的这个优化器实现了随机梯度下降算法。随机梯度下降算法可以算得上是用得最普遍的优化算法了，该优化器类本身及其_init_()函数的定义为：

```
#@keras_export("keras.optimizers.SGD")
#class SGD(optimizer_v2.OptimizerV2):
#  def __init__(self, learning_rate=0.01, momentum=0.0,
#               nesterov=False, name="SGD", **kwargs)
#
```

在__init__()函数的参数中，learning_rate 是要使用的学习率，其值通常是一个浮点数，默认就是 0.1；参数 momentum 用于设置 SGD 在某一方向上加速，一般采用默认值就好，默认值为 0.0；参数 name 用于指定创建的梯度下降操作的名称，这是可忽略的，默认值为"SGD"；参数 nesterov 的默认值为 False，表示不应用 Nesterov 动量，也可以设置为 True 表示应用 Nesterov 动量。

3. keras.optimizers.Adagrad

Adagrad 自适应学习率优化器。这是 OptimizerV2 类的一个子类。TensorFlow 提供的这个优化器实现了 Adagrad 优化算法。该优化器类本身及其_init_()函数的定义为：

```
#@keras_export('keras.optimizers.Adagrad')
#class Adagrad(optimizer_v2.OptimizerV2):
#  def __init__(self, learning_rate=0.001,
#               initial_accumulator_value=0.1, epsilon=1e-7,
#               name='Adagrad', **kwargs)
```

在__init__()函数的参数中，learning_rate 是要使用的学习率，其值可以通常是一个浮点数，默认值为 0.001。initial_accumulator_value 是累加器的起始值，必须为正，预定义为浮点值 0.1。epsilon 是算法中的小常数 δ，也必须为正，预定义为浮点值 1e-7。name 用于指定创建的操作的名称，是可选项，默认值为 Adagrad。

4. keras.optimizers.RMSProp

RMSProp 自适应学习率优化器。这是 OptimizerV2 类的一个子类。

TensorFlow 提供的这个优化器实现了 RMSProp 优化算法。该优化器类本身及其_init_()函数的定义为:

```
#@keras_export("keras.optimizers.RMSprop")
#class RMSprop(optimizer_v2.OptimizerV2):
#  def __init__(self, learning_rate=0.001, rho=0.9,
#              momentum=0.0, epsilon=1e-10, centered=False,
#              name="RMSprop", **kwargs)
```

在_init_()函数的参数中,learning_rate 是要使用的学习率,其值可以通常是一个浮点数,默认值为 0.001。rho 为衰减率,默认值为 0.9。momentum 参数是在 RMSProp 算法中使用的动量值,RMSProp 算法也可以加入动量的一些内容,这在之前介绍算法时没有涉及,如果不使用动量,一般取值为 0。epsilon 是 RMSProp 算法中的小常数 δ,在定义时给出了默认值 $1e-10$。centered 默认值为 False,此时,会通过不确定的非中心二阶矩对梯度进行归一化,而如果为 True,则通过梯度的估计方差对梯度进行归一化。给该参数取值为 True 可能有助于训练,但却会显著增加运算负担,所以接受默认的 False 就好了。name 用于指定创建的操作的名称,这是可选的,默认值为 RMSProp。

5. keras.optimizers.Adam

Adam 自适应学习率优化器。这是 OptimizerV2 类的一个子类。TensorFlow 提供的这个优化器实现了 Adam 优化算法。该优化器类本身及其_init_()函数的定义为:

```
#@keras_export('keras.optimizers.Adam')
#class Adam(optimizer_v2.OptimizerV2):
#  def __init__(self, learning_rate=0.001, beta_1=0.9,
#              beta_2=0.999, epsilon=1e-7, amsgrad=False,
#              name='Adam', **kwargs)
```

在_init_()函数的参数中,learning_rate 是要使用的学习率,其值通常是一个张量或浮点数。beta_1 是第一个指数衰减率的预估值,对应到算法中的 ρ_1,其值可以为浮点常量或浮点型常数张量。beta_2 是第二个指数衰减率的预估值,对应到算法中的 ρ_2,其值可以为浮点常量或浮点型常数张量。epsilon 是用于数值稳定的小常数 δ。amsgrad 表示是否应用该算法的amsGrad 变种,默认值为 False,一般不设置。name 用于指定创建的操作的名称，这是可选项，默认值为 Adam。

6．keras.optimizers.Adadelta

这是使用了 Adadelta 算法的优化器，关于 Adadelta 算法的更多详细内容可以参考一些专业的书籍。这同样是 OptimizerV2 类的一个子类。该优化器类本身及其_init_函数的定义为：

```
#@keras_export('keras.optimizers.Adadelta')
#class Adadelta(optimizer_v2.OptimizerV2):
#   def __init__(self, learning_rate=0.001, rho=0.95,
#               epsilon=1e-7, name='Adadelta', **kwargs)
```

这个优化器在本书中不会被用到，关于参数的具体解释可以参考官方文档。

7．keras.optimizers.Ftrl

这是使用了 FTRL 算法的优化器，关于 FTRL 算法的更多详细内容可以参考一些专业的书籍。这同样是 OptimizerV2 类的一个子类。该优化器类本身及其_init_函数的定义为：

```
'''
@keras_export('keras.optimizers.Ftrl')
class Ftrl(optimizer_v2.OptimizerV2):
  def __init__(self, learning_rate=0.001,
                    learning_rate_power=-0.5,
                    initial_accumulator_value=0.1,
                    l1_regularization_strength=0.0,
                    l2_regularization_strength=0.0,
                    name='Ftrl',
                    l2_shrinkage_regularization_strength=0.0,
                    **kwargs)
'''
```

这个优化器在本书中不会被用到，关于参数的具体解释可以参考官方文档。

最后，对于上述所提出的这些优化器类，TensorFlow 官方均对它们所包含的函数的参数作出了解释，同时个别的还给出了公式推导的过程。有志于深入了解它们的读者，可参阅 https://tensorflow.google.cn/versions/r2.0/api_docs/python/tf/keras/optimizers。

5.3 学习率的独立设置

学习率（Learning Rate）通常用于控制梯度下降中参数更新的幅度（或速度）。梯度下降已经在 5.1 节做了介绍，本节将进一步介绍如何设置学习率。

如果学习率过小，虽然能最终达到损失函数最小值，但这会大大降低模型优化的速度。5.1.1 节介绍过优化函数 $J(\omega) = \omega^2$ 的样例，如果在优化过程中设置学习率为 0.1，那么整个优化的计算过程如表 5-2 所示。

表 5-2 学习率过小

轮　　数	当前轮数参考值	梯度×学习率	更新后参数值
1	10	10×2×0.1=2	10−2=8
2	8	8×2×0.1=1.6	8−1.6=6.4
3	6.4	6.4×2×0.1=1.28	6.4−1.28=5.12
4	5.12	5.12×2×0.1=1.024	5.12−1.024=4.096
5	4.096	4.096×2×0.1=0.8192	4.096−0.8192=3.2768

从上面的样例可以看出，参数的更新速度非常缓慢，在经过 5 轮之后才达到 3.2768（学习率=0.2 时这个值是 0.7776）。学习率过小带来的问题是，虽然能保证收敛性，但是会大大降低优化速度，往往需要更多轮的迭代才能达到比较理想的优化效果。

如果幅度过大，那么可能导致参数的"摆动"特性。还是以优化 $f(x) = x^2$ 函数为例，如果在优化中使用的学习率为 0.9，那么整个优化过程将会如表 5-3 所示。

表 5-3 学习率过大

轮　　数	当前轮数参考值	梯度×学习率	更新后参数值
1	10	10×2×0.9=18	10−18=−8
2	−8	−8×2×0.9=−14.4	−8−(−14.4)=6.4
3	6.4	6.4×2×0.9=11.52	6.4−11.52=−5.12
4	−5.12	−5.12×2×0.9=−9.216	−5.12−(−9.216)=4.096
5	4.096	4.096×2×0.9=7.3728	4.096−7.3728=−3.2768

从上面的样例可以看出，无论进行多少轮迭代，参数将在最小值两侧摇摆，收敛到一个极小值也会像学习率过小那样经过很多轮的迭代。如果改成学习率=1，那么参数将会在 10 和 – 10 之间来回摇摆，而不会收敛到一个极小值。

5.3.1　指数衰减的学习率

综上所述，学习率既不能过大，也不能过小。为了更好地设置学习率，我们可以逐步减小已经设置好的学习率。TensorFlow 提供了keras.optimizers.schedules.ExponentialDecay 类，可以对学习率进行指数形式的衰减。

如果用 decayed_learning_rate 代表每一轮优化时使用的学习率，learning_rate 为事先预定义的初始学习率，decay_rate 为衰减系数，decay_steps 为总的训练迭代的轮数，global_step 为当前已完成的训练迭代的轮数，那么 ExponentialDecay 类会按下面的公式以张量的形式返回decayed_learning_rate 的值：

$$decayed\_learning\_rate = learning\_rate \times decay\_rate^{\left(\frac{global\_step}{decay\_steps}\right)}$$

使用这个类时，通常会将 learning_rate 设置为一个比较大的数（但是绝对要比 1 小）来获得一个比较快的参数更新速度，然后随着迭代的继续逐步减小学习率，这样会使模型在训练后期更加稳定。

该类的__init__()构造函数的定义如下：

```
#initial_learning_rate 是初始学习率, decay_steps 是衰减速度,
# decay_rate 是衰减系数, staircase 参数指定了衰减方式
#def __init__(self, initial_learning_rate, decay_steps,
#             decay_rate, staircase=False, name=None)
```

一般来说，初始学习率、衰减系数和衰减速度都是根据经验设置的，参数 staircase 用于选择不同的衰减方式。staircase 默认值为 False，这时的学习率会按照指数的形式连续衰减。图 5-7 展示了学习率随迭代轮数变化的趋势。

当 staircase 的值被设置为 True 时，decay_steps 通常代表迭代多少轮后再更新学习率参数，而这个迭代轮数也就是总训练样本数除以每一个batch 中的训练样本数。这样做的结果是 global_step/decay_steps 被取为近似

值，最终的学习率成为一个阶梯函数（Staircase Function），如图 5-7 所示。

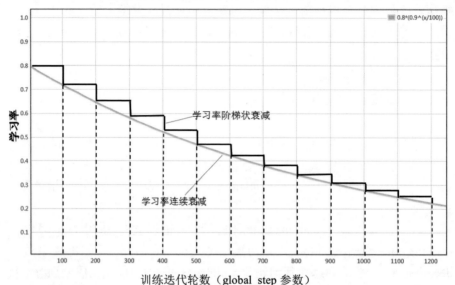

图 5-7　学习率的衰减形式

注：initial_learning_rate=0.8，decay_rate=0.9，decay_steps=100。

　　学习率如果连续衰减，那么不同的训练数据就会有不同的学习率。这样做稍有弊端，当学习率减小时，在相似的训练数据下参数更新的速度也会放慢，这就相当于减小了训练数据对模型训练结果的影响。

　　对于阶梯衰减的学习率，为了使得训练数据集中的所有数据对模型训练有相等的作用（表现为学习率相等），通常是将所有的训练数据都完整地过一遍再减小一次学习率。

　　下面的一段代码展示了 keras.optimizers.schedules.ExponentialDecay 类的使用：

```python
import tensorflow as tf

#初始学习率=0.8，每隔 100 轮学习率更新一次
#衰减系数=0.9
initial_learning_rate = 0.8
decayed_learning_rate = tf.keras.optimizers.schedules.\
                ExponentialDecay(initial_learning_rate,
                                 decay_steps=100,
                                 decay_rate=0.9,
```

```
                                        staircase=True)

#使用 keras.Sequential 类的 compile()函数设置网络模型 model 的
#优化器为 SGD,学习率就采用 ExponentialDecay 类的返回值
#损失函数是 sparse_categorical_crossentropy
model.compile(optimizer=tf.keras.optimizers.\
                SGD(learning_rate=decayed_learning_rate),
            loss='sparse_categorical_crossentropy',
            metrics=['accuracy'])
```

上面的这段代码中设定了初始学习率为 0.8,因为指定了 staircase=True,所以每训练 100 轮后学习率乘以 0.9。在使用时我们没有向 ExponentialDecay 类的构造函数中传入 global_step 参数,在模型训练迭代的时候会自动确定这个参数。

5.3.2　其他优化学习率的方法

TensorFlow 不仅提供了 ExponentialDecay 类以指数的形式将学习率衰减,也提供了一些其他优化学习率的类,如反时限学习率衰减、分片常数学习率衰减、多项式学习率衰减,这里分别简要介绍。

1. 反时限学习率衰减

keras.optimizers.schedules.InverseTimeDecay 类实现了反时限学习率衰减。

```
#构造函数原型
#def __init__(self, initial_learning_rate, decay_steps,
#             decay_rate, staircase=False, name=None)
```

将反时限衰减应用到学习率设置,计算公式:

$$decayed\_learning\_rate = \frac{learning\_rate}{1 + decay\_rate \times t}$$

其中,t 的计算公式为:

$$t = \frac{global\_step}{decay\_steps}$$

在使用这种衰减方式时,学习率随迭代轮数变化的函数图像大概如图 5-8 所示。

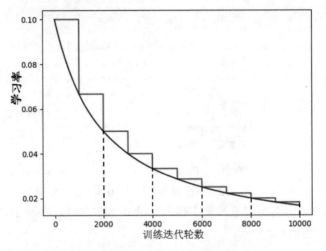

图 5-8   反时限学习率衰减函数图像

2. 分片常数学习率衰减

keras.optimizers.schedules.PiecewiseConstantDecay 类实现了分片常数学习率衰减。

```
#构造函数原型
#def __init__(self, boundaries, values, name=None):
```

例如，前 5000 轮迭代使用 0.8 作为学习率，5000～10000 轮使用 0.6 作为学习率，以后使用 0.2 作为学习率，可以得到如图 5-9 所示的函数图像。

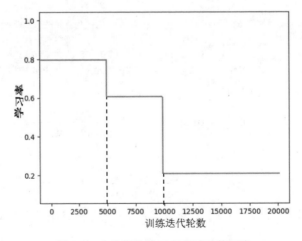

图 5-9   分片常数学习率衰减函数图像

3．多项式学习率衰减

多项式学习率衰减的特点是可以确定结束的学习率。keras.optimizers.
schedules.PolynomialDecay 类实现了多项式学习率衰减。

```
#构造函数原型
#def __init__(self, initial_learning_rate, decay_steps,
#              end_learning_rate=0.0001, power=1.0,
#              cycle=False, name=None)
```

这个函数会将多项式衰减应用于学习率的设置，使初始学习率 initial_
learning_rate 在给定的 decay_steps 中达到结束学习率 end_learning_rate。
在使用这种衰减方式时，学习率随迭代轮数变化的函数图像大概如图 5-10
所示。

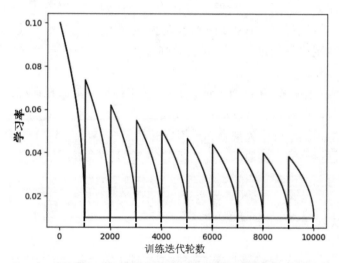

图 5-10　多项式学习率衰减函数图像

如果将多项式衰减应用到学习率设置，则计算公式为：
$$decayed\_learning\_rate = (learning\_rate - end\_learning\_rate)$$
$$\times \left(\frac{1 - global\_step}{decay\_steps}\right)^{power} + end\_learning\_rate$$

如果 cycle 为 True，则 decay_steps 参数使用 decay_steps 的倍数。具体
公式如下（ceil 表示向上取整）：

$$decay\_steps = decay\_steps \times ceil\left(\frac{global\_step}{decay\_steps}\right)$$

5.4 拟合

我们使用某个训练集训练机器学习模型，并且通常情况下会通过计算在模型训练集上的损失函数来度量一些被称为训练误差（Training Error）的误差，使用前几节介绍的优化算法去优化损失函数可以逐渐减小训练误差。

然而在真实的应用中，我们想要的不仅仅是模型能够在训练集上表现良好，而是希望训练得到的模型也能在未知的新输入数据上（这些新输入数据就是测试集）表现良好。这种能在未知的新输入数据上表现良好的能力被称为泛化（Generalization）。

模型在未知的新输入数据上得到的误差称为泛化误差［Generalization Error，或称测试误差（Test Error）］，我们也希望泛化误差很低。在降低训练误差和测试误差的过程中，我们面临着机器学习中的两个主要挑战：欠拟合和过拟合。

在这两者中，欠拟合（Underfitting）是指模型不能够在训练集上获得足够低的误差，而过拟合（Overfitting）是指训练误差和测试误差之间差距太大。本节主要就是讨论欠拟合和过拟合的相关内容，在 5.4.1 节会介绍造成欠拟合和过拟合的一些原因，在之后的 3 个小节会介绍解决过拟合的一些方法。

5.4.1 欠拟合和过拟合

可以通过调整机器学习算法模型的容量来控制模型是否偏向于欠拟合或过拟合。通俗来讲，模型的容量是指其拟合各种函数的能力，如果容量适合于任务的复杂度和所提供训练数据的规模，算法会表现出不错的效果。容量不足的模型因为难以拟合训练集而出现欠拟合现象；容量高的模型能够解决复杂的任务，但是当其容量高于任务所需时，可能会因为很好地记忆了每一个训练数据中随机噪音的分布导致忽略了对训练数据中通用趋势的学习，从而出现过拟合现象。

下面通过一个简单的例子进行介绍。假设需要拟合一个样本分布满足二次函数的训练集，我们可以尝试分别设计 3 个容量不同的模型并比较拟合的情况。第一个模型是线性回归模型，这可以通过一次多项式来完成：

$$y = wx + b$$

接下来对线性回归模型引入 x^2 项作为第二个模型，这样模型就能够学习关于 x 的二次函数：

$$y = w_1 x^2 + w_2 x + b$$

为了再次提高模型的容量，我们可以对模型继续追加 x 的更高次幂，例如下面的九次多项式：

$$y = b + \sum_{i=1}^{9} w_i x^i$$

图 5-11、图 5-12 和图 5-13 显示了线性模型、二次模型和九次模型拟合真实二次函数的 3 种不同情况。在第一种情况下，由于线性模型过于简单而无法刻画真实分布的趋势，所以欠拟合；第二个模型是比较合理的，它比较好地刻画了分布的整体趋势，并且没有过于关注训练数据中的噪音分布；第三个模型能够正确地表示函数，但是因为训练参数过多导致对训练数据中的噪音的拟合，从而使得模型无法很好地对未知数据作出判断，这就是过拟合。

在实际中，学习算法找到最优函数的概率极低，而更多的情况是找到一个或多个可以大大降低训练误差的函数。在图 5-11、图 5-12 和图 5-13 所示的这些例子中，我们需要明白机器学习模型的设计要遵循简约原则（现在通常称之为奥卡姆剃刀原则），即在同样能够解决问题的方案中，我们应该挑选"最简单"的那个，这样就能在提高泛化能力的同时又不会造成过拟合。

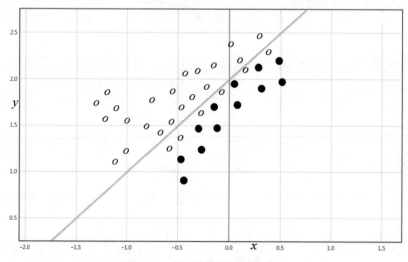

图 5-11　模型容量低导致欠拟合

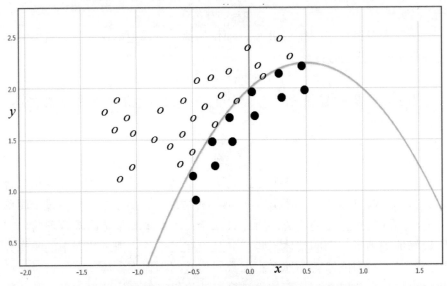

图 5-12　适当的模型容量能够较好地拟合训练数据

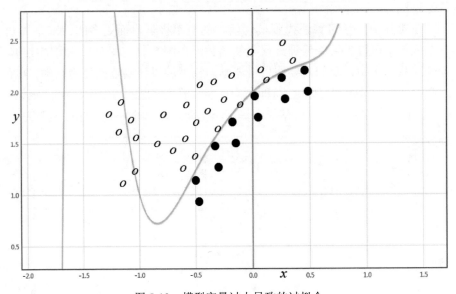

图 5-13　模型容量过大导致的过拟合

接下来的几个小节将介绍一些能够在一定程度上解决过拟合问题的方法。

5.4.2　正则化的方法

解决过拟合问题通常可以采用正则化的方法。在介绍正则化之前，首先了解一下机器学习中的范数概念。

范数（Norm）在机器学习中通常被用来衡量一个向量的大小。形式上，L^p 范数定义如下：

$$\|a\|_p = \left(\sum_i |a_i|^p \right)^{\frac{1}{p}}$$

式中，$p \in R$，且 $p \geqslant 1$。

范数（包括 L^p 范数）是将向量映射到非负值的函数（向量的长度没有负值）。从直观的角度看，向量 a 的范数衡量从原点到点 a 的距离。更严格地说，范数是满足下列性质的任意函数。

（1）$f(a) = 0 \Rightarrow a = 0$。

（2）$f(a+b) \leqslant f(a) + f(b)$（三角不等式法则）。

（3）$\forall b \in R$，$f(a b) = |b| f(a)$。

当 $p = 2$ 时，L^2 范数称为欧几里得范数（Euclidean Norm）。它表示从原点出发到向量 a 确定的点的欧几里得距离或者用来衡量向量的大小，可以简单地通过点积 $a^\mathrm{T}a$ 计算。L^2 范数在机器学习中出现得十分频繁，经常会略去上标 2 而简化表示为 $\|a\|$。

平方 L^2 范数在数学和计算上都比 L^2 范数本身更方便。例如，平方 L^2 范数对 a 中每个元素的导数值取决于对应的元素，而 L^2 范数对每个元素的导数和整个向量有关。但是在很多情况下平方 L^2 范数也可能不受欢迎，这体现在当向量较小时，平方 L^2 范数变化得不是很明显。平方 L^2 范数可按下式计算：

$$(L^2)^2 = \|a_i\|_2^2 = \left(\sum |a_i|^2 \right)^{\frac{1}{2} \times 2}$$

在需要区分恰好是 0 的元素和非 0 但值很小的元素时，L^1 范数是一个不错的选择。每当 a 中某个元素从 0 增加 α，对应的 L^1 范数也会增加 α，同时它能保持简单的数学形式。L^1 范数可以按下式计算：

$$L^1 = \|a\|_1 = \sum_i |a_i|$$

L^1 范数不仅可以用在需要区分恰好是 0 的元素和非 0 但值很小的元素时，有时候我们也会选用 L^1 范数统计向量中非 0 元素的个数来衡量向量的大小。

L^∞ 范数（Max Norm，最大范数）在机器学习中也经常出现，这个范数表示向量中具有最大幅值的元素的绝对值：

$$\| a \|_\infty = \max(| a_i |)$$

将二维的向量扩展到三维，有时候我们可能也希望衡量矩阵的大小。在深度学习中，最常见的做法是使用 Frobenius 范数（Frobenius Norm），即：

$$\| A \|_F = \sqrt{\sum_{i,j} A_{i,j}^2}$$

式中，A 表示一个矩阵，这类似于向量的 L^2 范数。

数学中计算两个向量的点积时也可以用范数的形式来表示，具体如下：

$$a^T b = \| a \|_2 \| b \|_2 \cos \theta$$

式中，θ 表示 a 和 b 之间的夹角。

正则化（Regularization）是我们为了避免过拟合问题而常常采用的方法，其思想就是在损失函数中加入被称为正则化项（Regularizer）的惩罚。

假设模型在训练集上的损失函数为 $J(\omega)$（注意这里 ω 表示的是整个神经网络中所有的参数，包括边上的权重 w 和偏置项 b），那么在优化时不是直接优化 $J(\omega)$，而是优化 $J(\omega) + \lambda R(w)$。

$R(w)$ 就是我们在损失函数中加入的正则化项，它通过对权重参数求解范数的方式对模型的复杂程度进行了刻画（一般而言，权重 w 决定了模型的复杂程度）。λ 是提前挑选的值，控制我们偏好小范数权重的程度（越大的 λ 偏好范数越小的权重）。

常用的刻画模型复杂度的函数 $R(w)$ 有两种，一种是 L1 正则化（对权重参数 w 求解 L^1 范数），计算公式是：

$$R(w) = \| w \|_1 = \sum_i | w_i |$$

另一种是 L2 正则化（对权重参数 w 求解平方 L^2 范数），计算公式是：

$$R(w) = \| w \|_2^2 = \sum_i | w_i |^2$$

最小化 $J(\omega) + \lambda R(w)$ 意味着需要在偏好小范数权重和拟合训练数据之间找到一个平衡，其基本思想是通过限制权重的大小，降低模型拟合训练集中存在的噪音的概率，从而减轻过拟合。

需要注意的是，这两种正则化在使用时存在两个主要的区别：首先，

*L*1 正则化会让参数变得更稀疏（会有更多的参数变为 0），而 *L*2 正则化不会；其次，计算 *L*1 正则化的公式不可导，而计算 *L*2 正则化的公式可导，这就导致了在优化时计算 *L*2 正则化损失函数的偏导数要更加简洁，而计算 *L*1 正则化损失函数的偏导数要更加复杂。

在实践中，有时可以将 *L*1 正则化和 *L*2 正则化同时使用：

$$R(w) = \parallel w \parallel_1 = \sum_i \alpha \mid w_i \mid + (1 - \alpha) \mid w_i \mid^2$$

TensorFlow 提供了计算 *L*2 正则化的函数——keras.regularizers.l2()函数。它可以返回一个函数。这个函数可以计算一个给定参数的 *L*2 正则化项的值。TensorFlow 也提供了计算 *L*1 正则化的函数——keras.regularizers.l1()函数，它可以返回一个函数，这个函数可以计算一个给定参数的 *L*1 正则化项的值。以下代码给出了使用这两个函数的样例：

```
import tensorflow as tf
weights = tf.constant([[1.0,2.0],[-3.0,-4.0]])

#regularizer_l2 是 l2()函数返回的函数
regularizer_l2 = tf.keras.regularizers.l2(.5)

#regularizer_l1 是 l1()函数返回的函数
regularizer_l1 = tf.keras.regularizers.l1(.5)

print(regularizer_l2(weights))
#打印：tf.Tensor(15.0, shape=(), dtype=float32)

print(regularizer_l1(weights))
#打印：tf.Tensor(5.0, shape=(), dtype=float32)
```

keras.regularizers.l2()函数或 keras.regularizers.l1()函数的参数.5 表示正则化项的权重，对应于公式 $J(\omega) + \lambda R(w)$ 中的 λ。在实际应用中，λ 一般会取一个非常小的值，比如 0.01，在以后取值的时候也可以探索性地尝试其他的值。这两个函数返回的函数就是 $R(w)$，我们分别命名为 regularizer_l2 和 regularizer_l1。在执行这两个函数时，对它们传入了参数 weights，参数 weights 就对应了 w。

只要能够达到模型优化的目的，都可以根据公式 $J(\omega) + \lambda R(w)$ 自定义损失函数，TensorFlow 当然也可以优化带正则项的损失函数。假设 $J(\omega)$ 代表了交叉熵损失，$\lambda = 0.01$，$R(w)$ 参数为 weight1 和 weight2，则计算总损失的过程大概就如下面代码所示：

```
#求解平均交叉熵损失
cross_entropy_mean = tf.reduce_mean(cross_entropy)
#返回 L2 正则化计算函数
regularizer_l2 = tf.keras.regularizers.l2(.01)
#需要计算 L2 正则化的参数为 weight1 和 weight2
regularization = regularizer_l2(weight1)+\
                 regularizer_l2(weight2)
#总损失定义为交叉熵损失和正则化损失
loss = cross_entropy_mean+regularization
```

在上面的程序中，loss 为自定义的总损失函数。它由两部分组成：一部分是交叉熵损失函数，它刻画了模型在训练数据上的表现；另一部分就是正则化损失函数，它防止模型过度拟合训练数据中的随机噪音。

接下来分享一个编程小技巧，用于应对当神经网络的参数增多之后需要统计总损失 loss 的情况。当神经网络的参数增多之后，这样定义总损失的方式会导致可读性差且容易出错，尤其是当定义网络结构的部分和计算总损失的部分不在同一个函数中时。以下代码给出了一个简易的网络模型，实现了通过集合计算一个 4 层全连神经网络带 L2 正则化损失函数的功能：

```
import tensorflow as tf
from tensorflow.keras import layers
import  numpy as np

#在一个 for 循环内填充式地产生训练数据和对应的标签
data = []
label = []
for i in range(200):
   x1 = np.random.uniform(-1, 1)
   x2 = np.float(np.random.uniform(0, 2))

   #这里对产生的 x1 和 x2 进行判断，如果产生的点落在半径为 1 的圆内，
   #则 label=0，否则 label=1
   if x1**2 + x2**2 <= 1:
      data.append([np.random.normal(x1, 0.1),
               np.random.normal(x2,0.1)])
      label.append(0)
   else:
      data.append([np.random.normal(x1, 0.1),
               np.random.normal(x2, 0.1)])
      label.append(1)
```

```
#NumPy 的 hstack()函数用于在水平方向将元素堆起来。函数原型：
#numpy.hstack(tup)，参数 tup 可以是元组、列表或者 NumPy 数组，
#返回结果为 NumPy 的数组。reshape()函数的参数-1 表示行列进行翻转。
#这样处理的结果是 data 变成了 200×2 大小的数组，而 label 是 200×1
data = np.float32(np.hstack(data).reshape(-1,2))
label = np.float32(np.hstack(label).reshape(-1, 1))


class FullConnection(layers.Layer):
    #定义构造函数
    def __init__(self):
        super(FullConnection, self).__init__()

    #重写 build()函数。build()函数会在 FullConnection 类实例被调用
    #的时候执行一次，所以适合完成一些权重参数和偏置参数初始化的操作
    def build(self,input_shape):
        w_init = tf.random_normal_initializer()
        self.weight1 = tf.Variable(initial_value =
                            w_init([2, 10], dtype='float32'),
                            trainable=True)
        self.weight2 = tf.Variable(initial_value =
                            w_init([10, 10], dtype='float32'),
                            trainable=True)
        self.weight3 = tf.Variable(initial_value =
                            w_init([10, 1], dtype='float32'),
                            trainable=True)
        self.bias1 = tf.Variable(tf.constant(0.1, shape=[10],
                                    dtype='float32'))
        self.bias2 = tf.Variable(tf.constant(0.1, shape=[10],
                                    dtype='float32'))
        self.bias3 = tf.Variable(tf.constant(0.1, shape=[1],
                                    dtype='float32'))

    #重写 call()函数。call()函数会在 FullConnection 类实例真正
    #投入数据执行的时候被调用，所以适合在该函数内写入处理逻辑
    def call(self, inputs):
        x = tf.matmul(inputs, self.weight1) + self.bias1
        x = tf.nn.relu(x)
        x = tf.matmul(x, self.weight2) + self.bias2
        x = tf.nn.relu(x)
        x = tf.matmul(x, self.weight3) + self.bias3

        #为权重参数添加 L2 正则化，并纳入层的损失计算中
```

```
        regularizer_l2 = tf.keras.regularizers.l2(.01)
        self.add_loss(regularizer_l2(self.weight1) +
                    regularizer_l2(self.weight2) +
                    regularizer_l2(self.weight3))
        return x

#用 len()函数计算 data 数组的长度
sample_size = len(data)

#选择优化器
optimizer = tf.keras.optimizers.Adam(0.01)

#现在创建一个 FullConnection 类的实例，以供后面我们训练之用
fullconnection = FullConnection()

#定义训练的过程
def train_step(train_data, train_labels):
    with tf.GradientTape() as tape:
        #获得网络前向传播的预测结果
        predictions = fullconnection(train_data)

        #在 predictions 的基础上使用自定义的损失函数衡量计算值
        #与实际值的差距。自定义的损失函数中 pow()函数用于计算
        #幂函数，原型为 pow(x,y,name=None)，返回结果为 x 的 y 次幂，
        #这里返回结果为(y_-y)^2,
        loss = tf.reduce_sum(tf.pow(train_labels -
                            predictions, 2))/sample_size

        #total_loss 就是包含网络的正则化损失在内的网络的全部损失
        total_loss = loss + sum(fullconnection.losses)
    #gradients 是通过 GradientTape 类的 gradient()函数计算得到的
    #梯度值，关于 GradientTape 类与 gradient()函数在第 6 章还会遇到
    gradients = tape.gradient(total_loss,
                        fullconnection.trainable_variables)
    #apply_gradients()函数可以看作 minimum()函数的扩展，
    #它的作用就是应用梯度到变量
    optimizer.apply_gradients(zip(gradients,
                        fullconnection.trainable_variables))
    return loss

#定义训练轮数，并在一个循环中展开训练
training_steps = 30000
```

```
for i in range(training_steps):
    loss=train_step(data, label)

    #每隔 2000 轮就输出一次 loss 的值
    if i % 2000 == 0:
        print("After %d steps, mse_loss: %f" % (i,loss))
```

data 的形状为[200,2]，相当于网络的训练集。每进行一轮的训练就会将 data 作为 200 个一维数组输入到网络中，这一轮的训练过后就会将 label 与得到的大小为[200,1]的输出 y 作差运算，并求平方，之后将这个平方值平均到 200 个实例中。这个网络的运行速度很快，在仅支持 CPU 的 TensorFlow 下只用了 1 分钟左右。以下是损失值的输出结果：

```
After 0 steps, loss value is: 0.470665
After 2000 steps, loss value is: 0.073862
After 4000 steps, loss value is: 0.069908
After 6000 steps, loss value is: 0.068797
After 8000 steps, loss value is: 0.068079
After 10000 steps, loss value is: 0.068875
After 12000 steps, loss value is; 0.067795
After 14000 steps, loss value is: 0.067698
After 16000 steps, loss value is: 0.067590
After 18000 steps, loss value is: 0.067592
After 20000 steps, loss value is: 0.067492
After 22000 steps, loss value is: 0.067489
After 24000 steps, loss value is: 0.067396
After 26000 steps, loss value is: 0.067390
After 28000 steps, loss value is: 0.067391
```

这个模型可以看作一个模板，在以后的编程实践中，我们的思路基本上都会在这个模板上进行展开。在采用编写代码的方式收集不同的损失时，常常会用到一些技巧，比如上面就使用了 Layer 类的 add_loss()函数。关于如何使用 Layer 类编写层代码会在第 6 章展开详细的介绍。值得一提的是，在 TensorFlow 1.x 中，为了解决这个问题，可以使用第 3 章介绍计算图时提到的集合（Collection）。集合可以在一个计算图（Graph）中维护一组个体（如张量）。

从损失值输出情况可以看出，在训练的前期，loss 值为 0.7 左右，之后在 20000 轮左右的时候就稳定到了 0.0674 左右。因为数据集比较小，所以能得到一个很低的损失值，甚至比实际项目中的损失值还要低。最后的输出也可以是准确率，这在第 6 章进行实际网络训练的时候会有所体现；当然也可以选择将真正的运算结果进行输出，这一般用在实际生活中与用户交互的场合。

5.4.3　Bagging 方法

降低泛化误差可以采用这一小节介绍的 Bagging（Bootstrap Aggregating）技术。Bagging 将通过结合几个模型的方式来降低泛化误差。

接下来具体讨论一下 Bagging 的主要内容：Bagging 会分别训练几个不同的模型（假设为 k 个），之后使用相同的测试集在这些模型上进行测试，并收集所有模型在测试集上的输出。

这是机器学习中的一种常规策略，称之为模型平均（Model Averaging），应用这种策略的技术被称为集成方法。集成方法也有多种，不同的集成方法构建集成模型的方式也不尽相同。Bagging 就是一种集成方法，在这里我们只关注 Bagging，它允许重复多次使用同一种模型、训练算法和目标函数。

为了在使用 Bagging 时能够分别训练不同的模型，还需要构造多个（与模型数相同，也是 k 个）不同的训练数据集。这些构造出来的训练数据集是从原始训练数据集中重复采样构成的，也就是说，每个构造出的训练数据集会收集来自原始训练数据集的样例，并且和原始训练数据集具有相同的样例个数。在极小概率的情况下构造出来的训练数据集与原始的训练数据集内容相同，但是更多的情况是包含若干重复的样例（所得训练数据集中的样例只在一定比例上和原始数据集中的相同）。

每个模型使用构造得到的一个训练数据集进行训练，训练数据集之间所含样本的差异导致了训练模型之间的差异。比如构造出的某一训练数据集中重复多次出现了原始训练数据集中的某一样例，那么训练得到的模型就极有可能会对这个样例的特征比较关注。

这样的话，经过不同训练数据集训练得到的不同模型通常不会在测试集上得到完全相同的误差，这就是模型平均策略能够起作用的原因。模型平均是一种减少泛化误差最可靠的方法，尽管使用模型平均会增加计算和存储的代价，但是任何机器学习算法都可以从模型平均中获得不错的效果。

5.4.4　Dropout 方法

为了解决过拟合问题，Hinton 教授的团队提出了一种思路简单但是非常有效的方法——Dropout。它的大致意思是在训练时，将神经网络某一层的单元（不包括输出层的单元）数据随机丢弃一部分。

具体而言，使用 Dropout 集成方法需要训练的是从原始网络去掉一些不属于输出层的单元后形成的子网络。图 5-14（a）展示了一个原始网络（为了方便说明，这个网络看起来过于简单），其输入层有两个输入单元，隐藏层有两个隐藏单元，输出层有一个输出单元。随机删除 4 个单元（隐藏单元与输入单元）中的某些单元会形成 16 个可能的子网络，这 16 个子网络可以被归结到一个集合中，如图 5-14（b）所示。

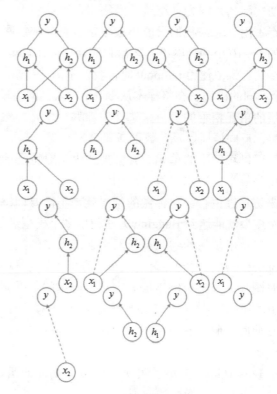

（a）原始网络　　　　　　　　　（b）16 个子网络

图 5-14　原始网络以及经过丢弃单元之后形成的 16 个子网络

注意，在这个例子中，会得到一些没有输入单元的子网络，或者某些子网络被完全删除了隐藏层单元，输入单元没有经过隐藏单元而直接连接到输出单元的情况会被虚线标出。这样的问题一般不会出现在大型的网络模型中，因为丢弃全部的输入单元或隐藏单元在逻辑上本来就是行不通的。

丢弃（删除）某些单元并不是指真的构建出这种结构的网络。为了能有效地删除一个单元，我们只需要将该单元的输出乘以 0 即可（结果就是该单元的值变为了 0）。

Dropout 计算方便且功能强大，可以算作一种 Bagging 方法。Bagging 方法涉及 k 个需要训练的不同模型，并从训练数据集使用有放回采样的方式构造 k 个不同的训练数据集以供训练，最后在这些模型上对每个测试样本进行评估。如果说每个模型都是一个很大的神经网络，这对硬件来说是不切实际的，因为训练这些网络将需要花费很多的时间，以及造成较高的内存占用。通常我们只能集成一定数量的神经网络，超过某个数量（如常见的 5～10 个神经网络）之后它们会变得比较难以处理。

在训练中使用 Dropout 时，我们不需要构造 k 个不同的训练数据集以及 k 个不同的模型。在将样本从 batch 输入到网络模型中后，通过随机设置与某层的单元相乘的数值来选择丢弃哪些单元，然后运行和之前一样的前向传播、反向传播以及参数更新即可。

可以将每次的单元丢弃都理解为是对特征的一种再采样，这种做法实质上是等于创造出了很多新的随机样本，以增大样本量、减少特征量的方式来防止过拟合。这样做的结果就是不需要训练多个神经网络模型，只有一个模型就能达到 Bagging 方法使用多个模型进行训练的效果。

在使用复杂的卷积神经网络训练大型的图像识别神经网络模型时使用 Dropout 方法会得到显著的效果。我们可以把 Dropout 的过程想象成随机将一张图片（或某个网络层）中一定比例的数据删除掉（即这部分数据值变为 0，在图像中 0 值代表黑色），这样就模拟了将图像中某些位置涂成黑色，此时人眼很有可能辨认出这张图片的内容。当然，模型也可以用其进行训练。

TensorFlow 提供了实现 Dropout 功能的函数，它就是 nn.dropout()函数。以下是这个函数的原型：

```
#dropout(x, rate, noise_shape=None, seed=None, name=None)
```

在这个函数定义时，参数 noise_shape、seed 和 name 的值都是默认的 None，使用时无须关心这 3 个参数的取值。参数 x 代表了需要进行 Dropout 处理的数据，rate 是 float 类型的参数。x 中每个元素被保留下来的概率是 rate 的值，被保留下的元素会被乘以 1/(1-rate)，没有被保留下的元素会被 乘以 0。以下样例代码演示了这个函数的使用：

```python
import tensorflow as tf

#定义 x 作为需要进行 dropout 处理的数据
x = tf.Variable(tf.ones([10, 10]))
print(x)

#在一个循环里实验多个 rate 取值的 dropout 操作
for i in (0.1,0.3,0.5,0.7,0.9):
    y = tf.nn.dropout(x, i)
    print(y)
```

在这个样例中，x 是需要进行 Dropout 处理的 100 个数据，初始值为 1，对于 nn.dropout()函数，我们将 rate 参数的值分别设为了 0.1、0.3、0.5、0.7 和 0.9。以 rate=0.5 时的 Dropout 操作为例，输出经过 Dropout 处理之后的 x 会发现将近一半左右的数据被置为 0，这些都是被舍弃的，而其余的数据 都被乘以 1/(1-0.5)。以下是打印出的结果：

```
'''rate=0.5 时的 Dropout 操作结果
tf.Tensor(
[[0. 0. 2. 0. 2. 0. 0. 0. 0. 0.]
 [2. 2. 2. 0. 0. 0. 2. 2. 0. 2.]
 [0. 2. 0. 0. 0. 0. 0. 0. 0. 2.]
 [0. 0. 0. 2. 0. 0. 2. 2. 0. 0.]
 [2. 2. 0. 0. 0. 0. 0. 0. 0. 2.]
 [0. 0. 0. 2. 0. 0. 0. 0. 2. 2.]
 [2. 0. 0. 0. 0. 0. 2. 0. 0. 0.]
 [2. 2. 0. 0. 2. 2. 2. 2. 0. 0.]
 [0. 0. 0. 0. 2. 2. 0. 2. 2. 0.]
 [2. 2. 2. 2. 2. 2. 2. 0. 0. 0.]], shape=(10, 10), dtype=float32)
'''
```

观察对 rate 参数赋予其他值时的结果打印情况，可以发现当 rate=0.9 时 大部分元素都被舍弃了，当 keep_prob=0.1 时大部分元素都成了 1.1111112。 在使用 Dropout 操作时，对于输入单元，一般会将 keep_prob 设为 0.8，对于 隐藏单元，一般会将 keep_prob 设为 0.5。

第 6 章 全连神经网络的经典实践

MNIST（Mixed National Institute of Standards and Technology database）手写体数字识别是曾经的一个经典入门案例，一度被称为深度学习界的"HelloWorld 任务"。Fashion-MNIST 服饰图像识别是继 MNIST 手写体数字识别之后出现的又一"HelloWorld"任务，旨在替代传统的 MNIST 手写体数字识别。

在前面两章，我们解析了深层神经网络的结构以及优化网络的一些方法，这些都是理论性的，本章会通过完成 Fashion-MNIST 服饰图像识别这个简单的任务来全面贯通之前所学过的深层全连神经网络的相关知识。

截止到目前，我们所学的还是全连神经网络，这并不是一种非常优秀或者先进的神经网络，但却是了解神经网络原理前必须掌握的一种网络结构。

这个实践基于 Fashion-MNIST 数据集，这是一种和 MNIST 类似的图像数据集。在开始的部分，先以 MNIST 数据集为基础了解一下数据集中大概的内容以及使用该数据集完成数字识别分类的原理。在后面，我们将有机会看到 Fashion-MNIST 数据集中的内容以及实际进行网络的搭建和训练。

6.1 经典的 MNIST 数据集

MNIST 是一个非常简单的手写体数字识别数据集，由 70 000 张 28×28 像素的黑白图片组成。这听起来很不可思议，因为分辨率实在是太小了。其中的每一张图片上都写有 0～9 中的一个数字，数字识别的任务就是根据图片上的数字对这些图片进行 10 分类。图 6-1 展示了这个数据集中的一些样例图片。

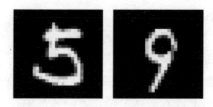

图 6-1　MNIST 数据集样例图片

从图像学的角度理解，灰度值（或称像素灰度值）代表了黑白图片中像素点的颜色深度，范围一般为 0~255（0 是黑色，255 是白色），故不严格要求的情况下灰度图像也称黑白图片。这种灰度图像在医学、图像识别领域有着很广泛的用途。

在进行神经网络模型的设计前，需要先获取这个数据集。幸运的是，Yann LeCun 教授的网站（http://yann.lecun.com/exdb/mnist）给出了该数据集的下载链接（格式为.gz）。为了方便使用，TensorFlow 0.x 和 1.x 均提供了一些 API 来处理 MNIST 数据集。

以 TensorFlow 1.0 为例，在路径 tensorflow/examples/tutorials/mnist 下有一个 input_data.py 文件，这个文件导入了一些相关的包，其中最重要的是导入了 tensorflow/contrib/learn/python/learn/dataset/mnist.py 文件中的 read_data_sets()函数。以下是这个函数的原型：

```
#def read_data_sets(train_dir,fake_data=False,one_hot=False,
#                   dtype=dtypes.float32,reshape=True,
#                   validation_size=5000)
```

其中，参数 train_dir 需要传入放置 MNIST 数据的路径，如果在 train_dir 路径下没有找到 MNIST 数据集文件，read_data_sets()函数就会调用 mnist.py 文件中的其他函数在 Yann LeCun 教授的网站下载 MNIST 数据集文件。同时，mnist.py 文件中也实现了一些函数来处理 MNIST 数据，大致的过程是将数据从原始的数据包中解析成训练和测试神经网络时使用的格式，read_data_sets()函数也对这些函数进行了调用。如果读者有兴趣，可以找出这个 mnist.py 文件进行研究。

对 MNIST 数据集进行加载，首先需要对 input_data.py 文件进行加载，之后通过这个文件调用 read_data_sets()函数。在调用函数时，一般只传入 train_dir 和 one_hot 参数即可：

```
from tensorflow.examples.tutorials.mnist import input_data
```

```
mnist=input_data.read_data_sets(
"/home/jiangziyang/MNIST_data", one_hot=True)
```

input_data.read_data_sets()函数的第一个参数指定了 MNIST 数据集的下载路径，第二个参数 one_hot=True 指定是否将样本图片对应到标注信息（label，即答案）。如果进入到这个路径下，会发现存在 4 个.gz 文件，这些文件的名称及内容汇总为表 6-1。

表 6-1　MNIST 数据集的文件及其内容

文 件 名 称	内　　容
t10k-images-idx3-ubyte.gz	测试集图片数据
t10k-labels-idx1-ubyte.gz	测试集答案
train-images-idx3-ubyte.gz	训练集图片数据
train-labels-idx1-ubyte.gz	训练集答案

获取到的数据集被划分为训练数据集和测试数据集两类，其中训练集中包含了作为训练数据的 60 000 张图片，测试集包含了作为测试数据的 10 000 张图片。虽然这个数据集只提供了训练和测试数据，但是为了验证模型训练的效果，一般会从训练数据中划分出一部分数据作为验证（Validation）数据。

read_data_sets()函数会返回一个类，这里将这个类实例命名为 mnist。这个类会自动将 MNIST 数据集划分为 train、validation 和 test 3 个数据集。其中 train 集内有 55 000 张图片，validation 集内有 5000 张图片，这两个集合组成了 MNIST 本身提供的训练数据集；test 集内有 10 000 张图片，这些图片都来自 MNIST 提供的测试数据集。接着运行以下代码，可以查看这些数据集的维度信息。

```
print("Training data and label size: ")
print(mnist.train.images.shape,mnist.train.labels.shape)
print("Testing data and label size: ")
print(mnist.test.images.shape,mnist.test.labels.shape)
print("Validating data and label size: ")
print(mnist.validation.images.shape,mnist.validation.labels.
shape)
```

运行这段代码之后得到的输出结果如下：

```
Extracting/home/jiangziyang/MNIST_data/train-images-idx3-
ubyte.gz
```

```
Extracting/home/jiangziyang/MNIST_data/train-labels-idx1-
ubyte.gz
Extracting
/home/jiangziyang/MNIST_data/t10k-images-idx3-ubyte.gz
Extracting
/home/jiangziyang/MNIST_data/t10k-Labels-idx1-ubyte.gz
Training data and label size:
(55000,784) (55000,10)
Testing data and label size:
(10000,784) (10000,10)
Validating data and label size:
(5000,784) (5000,10)
```

这些.gz 文件解压之后都会得到一个二进制文件，这些图像数据和答案的数据都保存在这些二进制文件中。在以上输出中可以发现图片的维度信息是二维的，这是因为二进制文件中的每一张图片都舍弃了其二维结构方向的信息而转变成一个长度为 784（28×28）的一维数组（向量），这个数组中的元素对应了图片像素矩阵中的每个数字。以训练数据集的 55 000 张图片为例，经过处理后变成了 55 000×784 的数组，如图 6-2 所示。

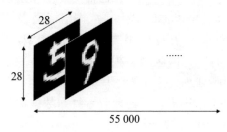

图 6-2　MNIST 训练集数据空间特征示意图

舍弃图像二维结构方面的信息而转换成一维的原因是神经网络的输入是一个特征向量，所以在此把一张二维图像的像素矩阵放到一个一维数组中可以方便 TensorFlow 将图片的像素矩阵提供给神经网络的输入层。

从以上输出中可以看出，输出的 label 信息也是二维的，其第二个维度的信息表示对应的图片在0～9这10个数字中属于哪个数字。举个例子，比如数字 0 对应的 label 就是[1,0,0,0,0,0,0,0,0,0]，数字 5 对应的 label 就是[0,0,0,0,0,1,0,0,0,0]，数字 9 对应的 label 就是[0,0,0,0,0,0,0,0,0,1]，以此类推。图 6-3 展示了训练集 label 的空间信息。

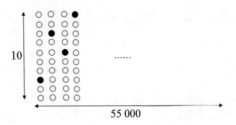

图 6-3　MNIST 训练集数据 label 的空间信息

查看处理后的真实数据可以在上一段代码的后面追加两行：

```
print("Example training data:",mnist.train.images[0])
print("Example training label:",mnist.train.labels[0])
```

那么会增加以下代码的输出：

```
'''
Example training data: [0.  0.  0.  0.  0.  0....0.3803922
0.37647063  0.3019608  0.46274513  0.2392157  ...0.  0.  0.]
Example training label: [0.  0.  0.  0.  0.  0.  0.  1.  0.  0.]
'''
```

Example training data 输出的列表包含 784 个元素，这里仅仅列出了一小部分，有兴趣的读者可以尝试输出。从输出情况来看，不仅是形状发生了改变，像素矩阵中元素的取值范围被归一化为[0,1]，其中 0 表示白色背景（Background），有字迹的区域会根据颜色深浅从 0～1 取值。Example training label 则输出了训练集第一张图片的答案是 7。

以上获取 MNIST 数据集以及处理或者打印数据集中的图片等操作均是在 TensorFlow 1.0 的环境下完成测试的。TensorFlow 2.0 中可以使用 Keras 提供的 load_data()函数获取 MNIST 数据集，该函数被放在 tensorflow.keras .datasets.mnist.py 文件下。相比于 TensorFlow 1.0 提供的众多函数而言，Keras 仅仅提供了一个 load_data()函数就显得有些单调了。

以下代码展示了使用 mnist.py 文件内的 load_data()函数获取 MNIST 数据集：

```
import tensorflow as tf
(train_images, train_labels),(test_images, test_labels) =
tf.keras.datasets.mnist.load_data()
print("train_images'shape is:",train_images.shape)
print("train_labels'shape is:",train_labels.shape)
print("test_images'shape is:",test_images.shape)
print("test_labels'shape is:",test_labels.shape)
```

```
'''打印的内容：
train_images'shape is: (60000, 28, 28)
train_labels'shape is: (60000,)
test_images'shape is: (10000, 28, 28)
test_labels'shape is: (10000,)
'''
```

load_data() 函 数 会 从 https://storage.googleapis.com/tensorflow/tf-keras-datasets/mnist.npz 获取打包为.npz 格式的 MNIST 数据集文件，其中是四个.npy 文件（x_train、y_train、x_test 和 y_test）。.npy 文件是一种典型的 NumPy 存储数据的格式，在 load_data()函数内已经使用 NumPy 的 load()函数加载了这四个.npy 文件并将它们作为返回值返回。

如果使用 print()函数打印上述的 train_images、train_labels 和 test_labels 的第一个样本，就会发现其组织数据的方式和那四个.gz 文件略有差别：

```
print(train_images[0])
print(train_labels[0])
print(test_labels[0])
```

打印的结果如图 6-4 所示。

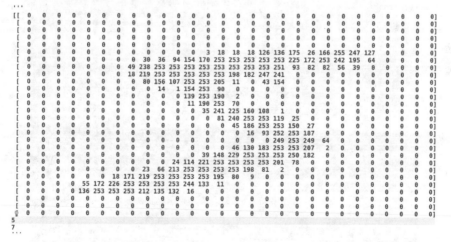

图 6-4　train_images、train_labels 和 test_labels 的打印结果

从图 6-4 所示的打印结果可以看出，这种经过 NumPy 打包的数据集保留有原始图片 28×28 的二维数据，能够很明显地从图中看出这是数字"5"，此外，label 也是直接以数字的形式给出。

6.2　Fashion-MNIST 数据集

Fashion-MNIST 数据集是由一家名为 Zalando 的德国时尚科技公司旗下的研究部门提供。在这个数据集中收集了 10 类服饰的照片，照片总数是 70 000 张。这 10 类服饰分别为 T-shirt/top（T 恤）、Trouser（裤子）、Pullover（套衫）、Dress（裙子）、Coat（外套）、Sandal（凉鞋）、Shirt（汗衫）、Sneaker（运动鞋）、Bag（包）和 Ankle boot（踝靴）。

图 6-5 展示了这 10 类服饰图片的样例。

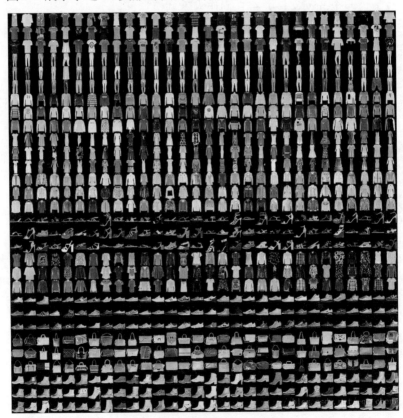

图 6-5　10 类服饰图片的样例

Fashion-MNIST 数据集中的图片，其大小也和 MNIST 数据集中的图片一样是28×28 的，并且都是灰度图片。在训练集中，Fashion-MNIST 提供了

60 000 张服饰照片，而在测试集中，Fashion-MNIST 则提供了 10 000 张服饰照片。

可以这样理解，Fashion-MNIST 其实就是将 MNIST 中的数字图片替换成了服饰照片而已。其实换成服饰照片的目的也很好解释，那就是将分类问题再提高一点难度。很明显，手写数字相比于服饰照片来说需要的特征更少更好分辨，因而相同的网络在分辨手写数字时能够比分辨服饰照片时有更好的准确度。

TensorFlow 2.0 提供了 keras.datasets.fashion_mnist.load_data()函数可以用于获取 Fashion-MNIST 数据集。这个函数会从 https://storage.googleapis.com/tensorflow/tf-keras-datasets/ 上面获取.gz 打包格式的 Fashion-MNIST 数据集，并通过 NumPy 工具把数据集加载和组织（其实就是 reshape）。

经过组织的数据会被作为函数的返回值返回，例如通过 print()函数打印它们的形状属性值：

```python
import tensorflow as tf

(train_images, train_labels),\
(test_images, test_labels) =
tf.keras.datasets.fashion_mnist.load_data()

print("train_images'shape is:",train_images.shape)
print("train_labels'shape is:",train_labels.shape)
print("test_images'shape is:",test_images.shape)
print("test_labels'shape is:",test_labels.shape)

'''打印结果
(60000, 28, 28)
(60000,)
(10000, 28, 28)
(10000,)
'''
```

使用 pyplot 工具可以更细致地查看这些图片，例如要查看训练数据集中的第一张照片，就可以在上面的代码的最后添加以下几行 pyplot 工具的使用代码：

```python
import matplotlib.pyplot as plt
plt.figure()
plt.imshow(train_images[0],cmap=plt.cm.binary)
plt.colorbar()
```

```
plt.grid(False)
plt.show()
```

图 6-6 展示了使用 pyplot 工具查看训练集中第一张图片的结果。

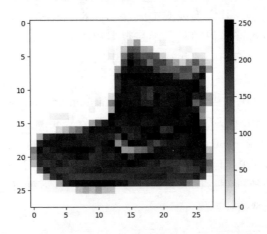

图 6-6　使用 pyplot 工具查看训练集中的第一张图片

在本节的最后，还要额外说一个话题，那就是关于使用 keras.datasets 下载到的数据集文件的存储位置。事实上，Keras 会在"/home/主文件夹"这个路径下面创建一个.keras/datasets 文件夹，使用 keras.datasets 下载到的数据集文件就存放在 datasets 文件夹里。以笔者使用的电脑为例，Fashion-MNIST 数据集文件就被存储在了/home/jiangziyang/.keras/datasets 路径下面。

我们都知道，在 Windows 下隐藏的文件夹是看不到的，它们有的是系统文件，而有的则是病毒。在诸如 Linux、OSX 等操作系统中，隐藏文件（夹）是以点符号开头来标记的，这些隐藏文件（夹）甚至都不能被重命名。.keras 就是一个这样的隐藏文件夹，所以我们没有办法直接在图形界面找到它。

所幸 Linux 提供了 nautilus 命令，它支持将路径名称在终端输入然后在图形界面将其打开。例如，现在要进入到 keras.datasets 的下载目录下面，就可以在终端输入以下这行命令：

```
nautilus/home/jiangziyang/.keras/datasets/
```

如图 6-7 所示，左侧展示了这个目录下的内容，包括上一节下载到的 MNIST 数据集文件，右侧展示了 Fashion-MNIST 数据集的 4 个.gz 文件。

图 6-7　查看 keras.datasets 下载到的数据集

6.3　最直接的网络构建方式

好了，对于 Fashion-MNIST 数据集的了解也差不多了，在这一节，我们将会通过使用 TensorFlow 实现一个完整的神经网络模型来解决服饰识别分类的问题。这个实现中涉及了第 4 章介绍的前馈神经网络结构的设计和第 5 章介绍的优化神经网络的一些方法。在给出具体的代码之前，让我们先回顾一下这两章中提到的主要概念。

在第 4 章介绍前馈神经网络时，我们以全连接结构的网络介绍了前向传播的过程。这种结构的网络也可称之为 MLP（多层感知机）。首先，网络经过线性变换是不能解决异或问题的，在此基础上还需要使用激活函数实现神经网络模型的去线性化。其次，网络还需要通过增加一个或多个隐藏层的方式增加深度，为的是使网络能够解决复杂的问题。

在第 5 章对训练及优化神经网络的一些方法进行了介绍。首先，我们了解了梯度下降算法如何减小损失函数的值，同时还稍稍涉及了反向传播的一些设计思想。接着，我们也谈到了一些自适应学习率算法和 TensorFlow 提供的优化器，这些优化器在日后的编程中会经常用到。然后，是一些与学习率设置相关的内容，我们通过 TensorFlow 提供的函数能够实现多种形式的学习率衰减，通常这些通过函数独立设置的学习率会与随机梯度下降优化器一起使用。最后，是一些避免过拟合的方法，包括正则化、Bagging，以及 Dropout，我们也介绍了这些方法的 TensorFlow 实现。

最便捷的搭建这个网络模型的方式莫过于先使用 Keras 中的 Sequential 类创建一个模型实例，然后使用 add()函数往这个模型实例中逐层添加网络层。现在先整体构思一下这个网络模型，假设这个网络模型只有一个隐藏层，不会输出图片对应的类别，而是采用更一般的做法——输出图片分类的准确率。

在设计开始前，应先导入相关的包以及 Fashion-MNIST 数据集。我们创建了 train_images、train_labels、test_images 和 test_labels 存储 load_data() 函数返回的结果作为训练用图片数据、训练用图片数据所对应的标签（label）、测试用图片数据以及测试用图片数据所对应的 label。

```
import tensorflow as tf
import numpy as np

(train_images, train_labels),\
(test_images, test_labels) = tf.keras.datasets.\
                             fashion_mnist.load_data()
```

在 TensorFlow 1.x 中，接下来的操作可能就是定义网络中的相关参数。例如，权重参数、偏置参数、是否对网络层的输出采用激活函数，以及采用何种的激活函数等。那么在 TensorFlow 2.0 中，可以直接使用 keras.Sequential 类创建一个模型实例，然后使用 add()函数向模型实例中添加网络层。上述网络中的相关参数，就可以在添加网络层的时候同时设定。

```
model = tf.keras.Sequential()
```

首先要添加的一个网络层就是输入层。由于通过 load_data()函数获取到的 Fashion-MNIST 数据集中图片数据的格式都是 28×28 的，所以网络的输入层要完成的工作就是将二维的图片数据拉伸成一维的。keras.layers .Flatten 类可以完成这项工作，无论输入有几个维度，经过 Flatten 类都可被拉伸成一维的，也因此常在网络的一开始就看见 Flatten 类的影子。

```
model.add(tf.keras.layers.Flatten(input_shape=[28, 28]))
```

接下来，就可以添加一些全连接层作为网络的中间隐藏层和输出层，这就要用到 keras.layers.Dense 类了。对于中间隐藏层，假设它有 500 个单元，并且在得到结果之后使用 ReLU 激活函数，所以在创建时令构造函数的 units = 500 和 activation = 'relu'。同理，对于输出层，假设它有 10 个单元（数据集中有 10 个分类），并且还要对输出层的结果使用 Softmax 损失函数以映射到概率分布，所以在创建时令构造函数的 units = 10 和 activation = 'softmax'。

```
model.add(tf.keras.layers.Dense(units = 500,
                                activation = 'relu'))
```

```
model.add(tf.keras.layers.Dense(units = 10,
                                activation = 'softmax'))
```

　　基本上到这里网络模型的搭建就完成了，怎么样，是不是很简单？接下来，可以对训练过程进行相关的参数设置，例如选择什么样的优化器、学习率及学习率衰减是多少和怎样计算损失等。这样的设置可以使用 Sequential 类提供的 compile()函数来完成。

```
model.compile(optimizer='SGD',
              loss='sparse_categorical_crossentropy',
              metrics=['accuracy'])
```

　　在 compile()函数的众多参数中，optimizer 参数可以用来选择要使用的优化器，可以给 optimizer 参数赋值字符串形式的优化器名字或者赋值一个优化器实例。loss 参数可以用来选择所使用的损失函数，因为在输出层就已经对输出结果计算了 Softmax 回归，所以这里的损失函数使用不带 Softmax 功能的 sparse_categorical_crossentropy 交叉熵损失就可以。

　　compile()函数的 metrics 参数可以选择在训练或测试的过程中打印何种指标来评估模型的性能，默认是只打印损失值的，可以赋值['accuracy']表示打印预测准确度。

　　现在网络搭建好了，训练过程的配置参数也已经赋值好了，那么按照顺序就应该开始网络的训练过程了。同样是使用 Sequential 类下的函数，fit()函数可以开始向网络模型投入数据以及开展训练的过程，它的 x 参数就是投入到网络中的样本数据，它的 y 参数就是这些样本对应的正确答案标签。

　　验证过程通常穿插在训练的过程中进行，当然，如果没有特殊要求，验证的过程也可以酌情省略。验证过程的作用是验证网络在经过一段时间的训练之后取得的训练成果。验证过程不会像训练过程那样更新网络的参数，但可以帮助我们判断网络在训练了多久之后可以达到预期的和想要的效果。Sequential 类提供了 evaluate()函数来完成这个验证过程。与 fit()函数类似，evaluate()函数的 x 和 y 参数分别对应测试数据集和其所使用的 labels。

　　下面就是使用 fit()函数和 evaluate()函数开始网络的训练以及验证。这两个函数在一个 for 循环中迭代执行。

```
TOTAL_EPOCHS = 20
for i in range(TOTAL_EPOCHS):
    model.fit(x = train_images, y = train_labels,
```

```
                    batch_size = 100, epochs = 10)
print("使用测试数据集验证模型的训练结果：")
model.evaluate(x = test_images, y = test_labels)
```

在使用 fit()函数的时候，还设置了 batch_size 参数和 epoch 参数，这两个参数都与训练过程的控制有关。

在训练时，一般不会把整个训练数据集中的所有样本一股脑地放到网络中，每次放入网络中的是一个 batch 的样本。例如对于一个拥有 60 000 张图片的图片数据集，如果 batch =100，那么每次放入网络中的将只是 100 张图片。每训练一个 batch 的数据，网络的权重和偏置参数就会被刷新一次，约定俗成的是，每训练一个 batch 的数据就称网络经过了一个 step 的训练步骤，按照一个 batch 一个 batch 的方法迭代完整个训练数据集之后，就称网络的训练经过了一个 epoch。

fit()函数的 batch_size 参数就用于设置每个 batch 所包含样本（图片）数量的多少（或者说 batch 的大小），epochs 参数用于设置训练网络的过程需要经过多少个 epoch。

现在回顾一下在设计这个网络模型时用到的一些成分。最先使用的是 keras.Sequential 类，它继承自 keras.Model 类。TensorFlow 2.0 的 keras 模块中提供了一些类可以很方便地实现需要的网络层，这就包括接下来使用到的 keras.layers.Flatten 类和 keras.layers.Dense 类。

下面展示了 Sequential 类、Flatten 类以及 Dense 类的构造函数的定义原型。

```
#Sequential 类的构造函数定义为：
#def __init__(self, layers=None, name=None)

#Flatten 类的构造函数的定义为：
#def __init__(self, data_format=None, **kwargs)

'''Dense 类的构造函数的定义原型为：
def __init__(self, units, activation=None, use_bias=True,
        kernel_initializer='glorot_uniform',
        bias_initializer='zeros',kernel_regularizer=None,
        bias_regularizer=None,activity_regularizer=None,
        kernel_constraint=None,bias_constraint=None,
        **kwargs)
'''
```

在使用 Dense 类时，我们接触到了其构造函数的一些参数，但大部分都没有用到。在它的构造函数中，units 参数用来设置全连接层的单元的数量，activation 参数则被用来设置该全连接层是否使用激活函数（或回归函数）及其名称。

此外，Dense 类的构造函数中，use_bias 参数用于设置是否在本层使用偏置项，默认值 True 表示使用偏置参数。kernel_initializer 表示采用何种方式初始化权重参数，默认是采用 glorot_uniform，即 glorot 均匀分布初始化。bias_initializer 表示采用何种方式初始化偏置参数，默认是采用 zeros，即全 0 初始化。kernel_regularizer 用于设置是否计算权重参数的正则化结果，默认值 None 表示不计算。bias_regularizer 用于选择是否计算偏置参数的正则化结果，默认值 None 表示不计算。activity_regularizer用于选择是否计算该层输出的正则化结果，默认值 None 表示不计算。kernel_constraint 用于选择是否对该层的权重参数采用数值约束，默认值 None 表示不采用。bias_constraint 用于选择是否对该层的偏置参数采用数值约束，默认值 None 表示不采用。

从 Dense 类的构造函数来看，在添加网络全连接层的时候，该层的权重参数、偏置参数的创建和初始化已经自动完成了，非常方便。

在对训练过程进行相关的设置步骤中，我们使用了 Sequential 类提供的 compile()函数。在 compile()函数中，optimizer 参数是用来选择优化器的，loss 参数可以用来选择所使用的损失函数。可实际上 compile()函数的可选参数也不止这两个，下面就展示了 compile()函数的定义原型：

```
'''compile()函数的定义原型为：
def compile(self, optimizer, loss=None, metrics=None,
        loss_weights=None, sample_weight_mode=None,
        weighted_metrics=None, target_tensors=None,
        distribute=None, **kwargs)
'''
```

在需要学习率的动态调整时，一般会给 optimizer 参数赋值一个优化器实例。对于 loss 参数，同样是可以为其赋值字符串形式的损失函数的名字，或者赋值 keras.losses 中定义的损失函数类实例。

一些损失函数有必要在这里说明一下，例如我们在上面使用的名为 sparse_categorical_crossentropy 的损失函数和与之相似的名为 categorical_crossentropy 的损失函数就非常容易引起混淆。记住，如果 labels 采用的是 one-hot编码（如[0, 0, 1]、[1, 0, 0]、[0, 1, 0]），那么用 categorical_crossentropy 比较合适；而如果 labels 采用的是直接数字编码（如 2、0、1），则用

sparse_categorical_crossentropy 比较合适。

compile()函数的其他参数中，metrics 参数可以选择在训练或测试的过程中打印何种指标来评估模型的性能，默认只打印损失值，可以赋值['accuracy']表示打印预测准确度。

loss_weights 参数用于通过列表或者字典指定不同模型对损失的贡献度，因此该参数又被称为标量系数，通常在多个模型共同训练的过程中会用到。如果需要使用基于时间步进的采样加权（二维权重），那么就将 sample_weight_mode 参数设置为 temporal。sample_weight_mode 参数如果是默认值的话就表示普通的一维样本权重。

weighted_metrics 参数指定在训练和测试的过程中需要被评测和加权的指标有哪些，在这个参数中通过列表的形式给出。在训练的时候，Keras 会默认为输入数据创建 placeholder。如果想自行创建输入张量，那么就可以将这些张量传递给 target_tensors 参数，该参数接受一个单一的张量、张量的列表或者一个由名称映射到张量的字典。

接下来再细致地了解一下 Sequential 类的 fit()函数和 evaluate()函数。上面在使用 fit()函数时只赋值了其 x、y、batch_size 和 epochs 参数，同样的，在使用 evaluate()函数时也只是赋值了其 x 和 y 参数，实际上这两个函数支持的参数更多。下面就展示了 fit()函数和 evaluate()函数的定义。

```
'''fit()函数的定义原型为：
def fit(x=None, y=None, batch_size=None,
        epochs=1, verbose=1, callbacks=None,
        validation_split=0., validation_data=None,
        shuffle=True, class_weight=None,
        sample_weight=None,initial_epoch=0,
        steps_per_epoch=None,validation_steps=None,
        validation_freq=1, max_queue_size=10, workers=1,
        use_multiprocessing=False, **kwargs)
'''
'''evaluate()函数的定义原型为：
def evaluate(x=None, y=None, batch_size=None,
            verbose=1, sample_weight=None,
            steps=None, callbacks=None,
            max_queue_size=10, workers=1,
            use_multiprocessing=False)
'''
```

（1）fit()函数。

fit()函数的 verbose 参数用于选择在验证过程中是否打印出完成提示，

默认为 1 就是需要打印，也可以选择 0 即不打印任何内容，或者选择 2 即每经过一个 epoch 才展示出一个提示。如果在训练期间需要执行某些回调函数，那么可以把这些回调函数指定给 callbacks 参数，要求是给其赋值 keras.callbacks.Callback 类实例，或者也可以是 Callback 类实例列表。

　　validation_split 参数要赋值 0~1 之间的一个浮点数，用于指定训练数据中用于验证过程的验证数据所占的比例。这部分验证数据不会被用于训练，而是在一个 epoch 之后紧接着进行一次验证过程。如果不使用 validation_split 参数指定从训练数据中分离出多少的数据用于验证，那么还可以使用 validation_data 参数亲自指定在一个 epoch 之后进行验证过程的数据。

　　在 validation_data 参数给定的情况下，validation_steps 参数可以用于设置每个 epoch 的训练结束之后执行多少个 steps 的验证。同样是在 validation_data 参数给定的情况下，validation_freq 参数可以用于设置在哪些训练 epoch 结束之后进行验证过程。例如 validation_freq=[1,2,10]就表示在第一个、第二个和第十个 epoch 结束之后进行验证过程。

　　shuffle 参数用于指定是否在每个 epoch 开始前对训练数据随机打乱。

　　class_weight 参数接受一个字典类型的参数，这个字典就是浮点数到分类类别号的映射，作用就是在某些类别的样本不足的情况下适当调整这个类别的权重。说白了就是用于在训练过程中计算加权损失函数，或者可以理解为用一种便捷的方式告诉模型"更加注意"来自表示不足的类的样本。

　　sample_weight 参数可以指定用于加权损失函数（仅训练过程）的训练样本权重数组。可以给该参数传递与输入样本长度相同的一维数组，此时权重和样本之间是 1:1 的映射关系，也可以给该参数传递一维数组（样本长度,序列长度），此时可对每个样本的每个时间步应用不同的权重。记住，如果是二维的，一定要在 compile()函数中指定 sample_weight_mode 参数为 temporal。

　　initial_epoch 参数用于设定从哪个 epoch 开始训练的过程。该参数的默认值为 0 的，也就是说，如果有训练过程有 10 个 epoch，那么这 10 个 epoch 将完全被执行；假设该参数值为 5，那么这 10 个 epoch 将从第 6 个 epoch 开始训练。

　　steps_per_epoch 参数，顾名思义，就是每个 epoch 的 step 数量，如果不指定，那就按照不限制 steps 数量的办法执行。

有时，可能需要预先将需要训练的数据组成 batch，这样就可以依次传入到 fit() 函数中，max_queue_size 参数的作用就是控制这个队列的最大容量，如果未指定，最大队列大小将默认为 10。

workers 参数和 use_multiprocessing 参数通常搭配使用，use_multiprocessing 参数用于设定是否使用多线程处理输入数据（默认是不使用的），如果使用了多线程，那么 workers 参数就可以指定线程的数量。

（2）evaluate() 函数。

evaluate() 函数的 batch_size 参数指定一个投放到网络中进行验证过程的 batch 中有多少样本，默认是 32，赋值时参数值为整数。verbose 参数用于选择在验证过程中是否出现完成提示，默认值设置为 1 表示是出现的，设置为 0 表示不打印任何内容。

sample_weight 参数可以理解为是针对样本的权重数组。在验证过程结束后，evaluate() 函数不仅会打印出准确率值，还会打印出总的 loss 值，默认的每个样本的权重都是一样的，如果某些样本的权重增加那么就会导致某些样本的权重减小，loss 值也会随之发生变化。

默认情况下，验证过程会以 batch 为单位遍历完整个验证数据集，steps 参数可以对这个过程进行限制。steps 参数主要用于指定验证完多少个 batch 之后结束这一过程，如 steps=10，那么 10 个 batch 之后验证过程将结束。

callbacks 参数、max_queue_size 参数、workers 参数和 use_multiprocessing 参数的使用可以参考 fit() 函数中的对应参数的使用，这里不再赘述。

以上只是对 fit() 函数和 evaluate() 函数的参数作出的简要解释，可以参考 Google 官方（https://tensorflow.google.cn/versions/r2.0/api_docs/python/tf/keras/Sequential）给出的详细解释。

还需要额外说明的一点是，验证数据一般就是从训练数据中分离出来的，在这个例子中，为了确保验证过程得到的准确率结果能够和接下来的预测过程得到的准确率结果相近，所以在代码中将测试数据作为了验证数据交由网络进行验证的过程。

在上面，训练过程和验证过程被放在了一个迭代 20 次的循环中执行，每个循环中有 10 个 epoch 的训练过程以及一个完整的验证过程。在我所使用的机器上，执行完这 20 个循环所耗费的时间是 6 分 28 秒。以下是挑选出的最后一次循环中所打印出的训练和验证过程的信息。

```
Epoch 1/10
60000/60000 [==============================] - 2s 28us/sample
- loss: 0.1610 - accuracy: 0.9406
Epoch 2/10
60000/60000 [==============================] - 2s 29us/sample
- loss: 0.1604 - accuracy: 0.9406
Epoch 3/10
60000/60000 [==============================] - 2s 29us/sample
- loss: 0.1597 - accuracy: 0.9399
Epoch 4/10
60000/60000 [==============================] - 2s 29us/sample
- loss: 0.1593 - accuracy: 0.9403
Epoch 5/10
60000/60000 [==============================] - 2s 28us/sample
- loss: 0.1600 - accuracy: 0.9401
Epoch 6/10
60000/60000 [==============================] - 2s 29us/sample
- loss: 0.1578 - accuracy: 0.9413
Epoch 7/10
60000/60000 [==============================] - 2s 29us/sample
- loss: 0.1579 - accuracy: 0.9411
Epoch 8/10
60000/60000 [==============================] - 2s 29us/sample
- loss: 0.1588 - accuracy: 0.9408
Epoch 9/10
60000/60000 [==============================] - 2s 28us/sample
- loss: 0.1572 - accuracy: 0.9410
Epoch 10/10
60000/60000 [==============================] - 2s 29us/sample
- loss: 0.1575 - accuracy: 0.9404
使用测试数据集验证模型的训练结果：
10000/10000 [==============================] - 0s 49us/sample
- loss: 0.6509 - accuracy: 0.8614
```

网络在第一个循环的第一个 epoch 结束之后就达到了 68% 的准确率，此后 loss 一直在下降，最终在第七个循环的时候将每个 epoch 的准确率控制在 90% 以上，loss 控制在 0.3 以下。在最后一个循环，网络能够达到的准确率已经高达 93%，loss 更是控制在 0.17 左右，尽管这样的结果仅仅是在训练过程中得出来的。

如果感觉这个结果还是有点差强人意，那么可以增加循环的次数继续进行训练，这样无论是训练过程还是验证过程的准确率结果都还会有所提升。如果感觉这个结果还可以接受，那么接下来就可以进行网络的测试了，也就是给网络提供相似但未观测到的数据让网络预测分类结果。

Sequential 类提供了 predict ()函数，它的用法和 evaluate()函数相似，都不会刷新网络终端参数，只不过 predict()函数不需要输入 labcls，它只接收测试数据并投入到网络中从而得到预测的结果。

Fashion-MNIST 数据集将服饰分为了 10 个类别，分别用数字 0~9 代表，对应到类别名称，那就是 T-shirt/top、Trouser、Pullover、Dress、Coat、Sandal、Shirt、Sneaker、Bag 和 Ankle boot。

在下面这段代码中，用一个列表存储了类别名称，然后使用 predict()函数输入了测试数据集的全部图片到网络中进行预测的过程。变量 predictions存储了预测的结果，因为 predict()函数本身不会打印出预测的结果，所以选择 100 个预测结果并将它们与标准的答案进行对比：

```
class_names = ['T-shirt/top', 'Trouser', 'Pullover',
               'Dress', 'Coat', 'Sandal', 'Shirt',
               'Sneaker', 'Bag', 'Ankle boot']

predictions = model.predict(test_images)
for i in range(100):
    print("预测得到的分类结果: ",
          class_names[np.argmax(predictions[i])])
    print("正确的分类结果: ",class_names[test_labels[i]])
```

下面是 predict()函数的定义原型：

```
'''predict()函数的定义原型为:
def predict(x, batch_size=None, verbose=0, steps=None,
            callbacks=None, max_queue_size=10,
            workers=1, use_multiprocessing=False)
'''
```

同样，predict ()函数也支持一些其他参数，包括 batch_size 参数、verbose 参数、steps 参数、callbacks 参数、max_queue_size 参数、workers参数以及 use_multiprocessing 参数。这些参数的使用方法都可以参考 fit()函数和 evaluate()函数中对应的参数。

测试数据与验证数据及训练数据不同的是，测试数据要求是网络在训练过程中没有"见过"的，这样才会尽量降低过拟合情况发生的概率。在之前我们将测试数据作为验证数据使用，主要的目的还是体现出网络会在测试数据上能够获得的准确率。

上面的代码在预测了全部测试数据中样本的类别之后，在一个 for 循环中选择了打印前 100 个样本的预测结果及其正确答案，以下摘录了其中的 20 个。

```
'''
预测得到的分类结果:Ankle boot
正确的分类结果:Ankle boot
预测得到的分类结果:Pullover
正确的分类结果:Pullover
预测得到的分类结果:Trouser
正确的分类结果:Trouser
预测得到的分类结果:Trouser
正确的分类结果:Trouser
预测得到的分类结果:Shirt
正确的分类结果:Shirt
预测得到的分类结果:Trouser
正确的分类结果:Trouser
预测得到的分类结果:Pullover
正确的分类结果:Coat
预测得到的分类结果:Shirt
正确的分类结果:Shirt
预测得到的分类结果:Sandal
正确的分类结果:Sandal
预测得到的分类结果:Sneaker
正确的分类结果:Sneaker
预测得到的分类结果:Coat
正确的分类结果:Coat
预测得到的分类结果:Sandal
正确的分类结果:Sandal
预测得到的分类结果:Sandal
正确的分类结果:Sneaker
预测得到的分类结果:Dress
正确的分类结果:Dress
预测得到的分类结果:Coat
正确的分类结果:Coat
预测得到的分类结果:Trouser
正确的分类结果:Trouser
预测得到的分类结果:Pullover
正确的分类结果:Pullover
预测得到的分类结果:Coat
正确的分类结:Coat
预测得到的分类结果:Bag
```

```
正确的分类结果:Bag
预测得到的分类结果:T-shirt/top
正确的分类结果:T-shirt/top
'''
```

从这 20 个预测结果与真实结果的对比情况来看，模型仅仅预测错了两个。有兴趣的读者也可以使用 TensorFlow 提供的一些函数计算预测正确率，就当作一个小小的挑战吧，这里可以稍微提供一下思路。

TensorFlow 提供有 equal()函数，可以逐个元素对比两个张量的相等情况，这两个张量可以是预测分类值和正确的 labels，如果对应的元素是相等的，就返回一个 True 值；如果是不等的，那就返回一个 False 值。此外，还提供有 cast()函数，如果说 equal()函数返回的是一长列 True 或者 False 值，那么该函数就可以根据 True=1 而 False=0 的原理计算出一个 float32（也可以是 float16 或 float64）类型的浮点数，作为 True 值的统计结果。当然，还提供有 reduce_mean()函数，这个函数就比较简单了，它就是用于计算平均值。

以下是这三个函数的定义原型：

```
'''equal()、cast()及 reduce_mean()函数的定义原型:
equal(x, y)
cast(x, dtype)
reduce_mean(input_tensor, axis=None, keep_dims=False,
            name=None, reduction_indices=None)
'''
```

看过了这个模型在 Fashion-MNIST 数据集上的表现，接下来不妨看看这个模型在 MNIST 数据集上的表现吧。将代码换成下面这段：

```
import tensorflow as tf
import numpy as np
TOTAL_EPOCHS = 20


(train_images, train_labels),\
(test_images, test_labels) =
tf.keras.datasets.mnist.load_data()


model = tf.keras.Sequential()
model.add(tf.keras.layers.Flatten(input_shape=[28, 28]))
model.add(tf.keras.layers.Dense(500, activation='relu'))
model.add(tf.keras.layers.Dense(10, activation='softmax'))
```

```
model.compile(optimizer='SGD',
              loss='sparse_categorical_crossentropy',
              metrics=['accuracy'])

for i in range(TOTAL_EPOCHS):
    model.fit(x=train_images, y=train_labels,
            batch_size=100, epochs=10,initial_epoch=0)
    print("使用测试数据集验证模型的训练结果：")
    model.evaluate(test_images, test_labels)

class_names = ['0', '1', '2', '3', '4', '5', '6', '7', '8', '9']

#NumPy 的 argmax()函数可以取出一列元素中值最大的那个元素的索引，
#例如[1 2 4 5]，其中最大的数是 5，其所在位置的索引就是 3，
#函数返回的就是数字 3
#使用 numpy()函数可以将张量显式地转换为 NumPy 的数组，这就使得直接
#查看张量的数值变得很容易，不过不建议大面积地使用这种做法，因为当
#网络使用 GPU 设备加速的时候，Tensor 可以托管在 GPU 内存中，而 NumPy
#的数组则总是依靠主机内存存储，这就涉及一些从 GPU 到主机内存之间
#传递数据的开销
predictions = model.predict(test_images)
correct_predicition=tf.equal(np.argmax(predictions,1),
                        test_labels)
predict_accuracy=tf.reduce_mean(tf.cast(correct_predicition,
                            tf.float32))
print("predict accuracy is:",predict_accuracy.numpy())
#打印的结果: predict accuracy is: 0.9557

#选择一些样本打印出它的真实 labels 和预测结果以进行对比
for i in range(100):
    print("预测得到的分类结果：",
        class_names[np.argmax(predictions[i])])
    print("正确的分类结果：",class_names[test_labels[i]])
```

　　在这段代码中，得到预测结果后，使用了上面介绍的 equal()函数、cast()函数、reduce_mean()函数以及 NumPy 的 argmax()函数计算出了预测的准确率，从打印的结果来看，准确率能够达到 95%，这也是一个不错的成绩。

　　下面打印的是抽样了 20 个样本数据查看预测结果与真实答案的对比，从打印的结果来看，模型预测的完全正确。

```
'''
预测得到的分类结果： 7
正确的分类结果： 7
预测得到的分类结果： 2
正确的分类结果： 2
预测得到的分类结果： 1
正确的分类结果： 1
预测得到的分类结果： 0
正确的分类结果： 0
预测得到的分类结果： 4
正确的分类结果： 4
预测得到的分类结果： 1
正确的分类结果： 1
预测得到的分类结果： 4
正确的分类结果： 4
预测得到的分类结果： 9
正确的分类结果： 9
预测得到的分类结果： 5
正确的分类结果： 5
预测得到的分类结果： 9
正确的分类结果： 9
预测得到的分类结果： 0
正确的分类结果： 0
预测得到的分类结果： 6
正确的分类结果： 6
预测得到的分类结果： 9
正确的分类结果： 9
预测得到的分类结果： 0
正确的分类结果： 0
预测得到的分类结果： 1
正确的分类结果： 1
预测得到的分类结果： 5
正确的分类结果： 5
预测得到的分类结果： 9
正确的分类结果： 9
预测得到的分类结果： 7
正确的分类结果： 7
预测得到的分类结果： 3
正确的分类结果： 3
预测得到的分类结果： 4
正确的分类结果： 4
'''
```

6.4　超参数和验证集

一般而言，对于一个机器学习算法，我们通常会设置一些参数来控制算法本身的行为，习惯上将这些参数称为"超参数"。例如初始学习率、学习率衰减以及迭代的轮数等，这些都可以被算作超参数。

权重参数和偏置参数等会在网络的迭代中通过学习算法来修正自身的值，而与这些参数不同的是，超参数的值不是通过学习算法本身学习得来的，而是我们预先设定好的。在一些特殊的情况下，我们也可以在学习过程中设计一个嵌套的学习过程，这个嵌套的学习过程学习超参数的取值，但是一般不会涉及这些高阶的内容。

出于两点原因，我们会将一个参数设置为超参数：第一，它非常难以优化；第二，它必须作为一个超参数出现。为了能合理地设置超参数，我们一般会选择多次试验的方法，通过在模型中尝试不同的超参数并得到模型在测试集上的准确率来评判模型的效果。但是测试集中的样本不能以任何的形式参与到模型的训练过程中，因为经过训练的网络不仅要对已经观测到的数据能够做出正确的预测，还要能够对没有观测到的数据具有预测能力，所以测试集对于网络来说应该是未知的。

为了能在训练过程中评估模型效果以方便对超参数的设置，还需要一些模型无法观测到的样本数据，这些样本数据就是验证集（Validation Set）的样本数据。测试集的样本数据无法被作为验证集的样本数据使用。基于这个原因，我们通常从训练集中划分出一部分的样本来构成验证集。

严格来说，训练集中划分出的两个集合是不相交的（即没有一个样本既属于测试集，又属于验证集）。训练集会提供给模型用于训练的样本，模型通过训练达到学习并修正参数取值的目的。验证集会提供给模型用于验证的样本，模型通过验证的过程会给出一些性能信息（如打印出的准确率），根据这些信息我们可以估计出训练中或训练后的泛化误差程度，这都可以作为更新超参数的依据。通常，我们会在原始的训练集样本中划分出20%的量组成验证集。也有一种被称为交叉验证（Cross Validation）的方法，这一般会出现在数据集较小的情况下。

交叉验证，如常见的 k 折交叉验证，这种验证方法会将数据集划分为 k

个不重合的子集，测试误差可以估计为 k 次计算后的平均测试误差。在第 i 次测试时，数据集的第 i 个子集被作为测试集使用，其他的则作为训练集使用。交叉验证（不单单是 k 折交叉验证）存在着一些问题，它会在神经网络训练过程的正常耗时下增加花费的时间，因为数据集减少的代价是计算量的增加。

鉴于交叉验证的诸多弊端，在数据集海量（MNIST 中的图片样本数量比较多，这就可以算是数据集海量）的情况下，我们会更多地采用划分验证数据集的方法在训练过程中评估模型的效果。

6.5 从头编写层和模型

从头编写层和模型，意味着我们要摆脱先使用 keras.Sequential 类创建模型，然后使用 add()函数向模型中添加 keras.layers 中定义的一些网络层的这种操作。无论 Flatten 类，还是 Dense 类，抑或 keras.layers 中定义的一些网络层类，它们都继承自 keras.layers.Layer 类，从头编写层和模型，就是说我们要自己设计继承自这个 Layer 类的网络层类。

通过下面这段代码的例子，我们或许能获得一些这方面的灵感。

```
import tensorflow as tf
from tensorflow.keras import layers

class Sum(layers.Layer):
   def __init__(self, input_dim):
      super(Sum, self).__init__()
      self.var = tf.Variable(initial_value=
                        tf.zeros((input_dim,)),
                        trainable=False)
   def call(self, inputs):
      #reduce_sum()函数的作用就是求和，它的定义原型为：
      #reduce_all(input_tensor, axis=None, keepdims=False,
      #name=None)，其中 axis=0 表示在矩阵的纵方向上求和
      self.var.assign_add(tf.reduce_sum(inputs, axis=0))
      return self.var

x = tf.ones((2, 2))
sum = Sum(2)
```

```
y = sum(x)
print(y.numpy())
#打印的内容[2. 2.]

y = sum(x)
print(y.numpy())
#打印的内容[4. 4.]
```

　　在上面这段程序中，Variable 类的 assign_add()函数可以实现在原有变量值的基础上再增加值的功能。从打印的内容来看，我们通过继承 Layer 类构建的新层类能够正常工作。下面我们就开始从头构建基于 Fashion-MNIST 数据集的具有服饰图像识别功能的层和模型吧，最开始的一步就是导入 TensorFlow 以及将会用到的 Fashion-MNIST 数据集。

```
import tensorflow as tf
from tensorflow.keras import layers

(train_images, train_labels),\
(test_images, test_labels) = tf.keras.datasets.\
                            fashion_mnist.load_data()

#在还没有进入到输入层之前就将 28×28 的二维结构图片拉伸成一维的
#包括训练和测试用的图片，同时对它们归一化（像素数据在 0~1 间取值）
train_images = train_images.reshape(60000, 784).\
                            astype('float32')/255
test_images = test_images.reshape(10000, 784).\
                            astype('float32')/255

'''创建数据 batch
from_tensor_slices()函数的定义原型为:
@staticmethod
from_tensor_slices(tensors)
'''
train_dataset =
tf.data.Dataset.from_tensor_slices((train_images,
                                    train_labels))
train_dataset =
train_dataset.shuffle(buffer_size=1024).batch(100)

test_dataset =
tf.data.Dataset.from_tensor_slices((test_images,
                                    test_labels))
test_dataset = test_dataset.batch(100)
```

如果不使用 fit()函数将数据填充到模型，那么就需要手动创建数据的 batch。data.Dataset 类是 TensorFlow 提供的数据集处理类，它能实现管理原始数据集的功能，与之相关的内容将会在第 11 章有所接触。Dataset 类的 from_tensor_slices()函数可以从张量整理出一个适合网络输入的数据集，这样才可以使用类内的其他函数对整理好的数据集执行其他操作。

然后，我们需要分别设计网络的输入层类、中间隐藏层类和输出层类。对于网络的输入层，我们为这个类取名为 InputLayer。

```python
class InputLayer(layers.Layer):
    #定义构造函数
    def __init__(self, units=784):
        super(InputLayer, self).__init__()
        self.units = units
    #定义 call()函数
    def call(self, inputs):
        return inputs
```

InputLayer 类并没有什么实际的功能，由于在组织数据的 batch 之前就已经将图片拉伸，所以类似 Flatten 类的拉伸功能也不再需要，就是简单地将输入再输出。Keras 建议继承自 Layer 类的自定义层类实现__init__()函数以及父类中的 build()函数和 call()函数。这些函数中，__init__()函数应该用于本网络层的配置（如单元数量等），build()函数应该用于规划本网络层的逻辑，call()函数应该用于对输入张量实际执行本网络层的逻辑。

这些解释听上去有些绕口，笼统地说，在实例化一个自定义的层类时，__init__()函数被调用。在 build()函数中，应该使用 Variable 类创建权重或者偏置参数，推荐使用 Layer 类的 add_weight()函数添加权重或者偏置参数。使用 Variable 类还是 add_weight()函数完全可以凭个人喜好而决定。另外，call()函数和 build()函数在使用层类实例时被调用，build()函数只会被调用一次并且是先于 call()函数被调用，之后，每投入一个 batch 的数据，call()函数就会被调用一次。

举例来说，对于隐藏层，call()函数的逻辑就是输入和权重执行矩阵相乘的结果再加上偏置。在搞明白上述这些之后，再创建中间隐藏层类，这可就不像 InputLayer 类那么空空荡荡的了，我们给这个中间隐藏层类取名为 HiddenLayer。

```python
class HiddenLayer(layers.Layer):
```

```
#定义构造函数
def __init__(self, units):
    super(HiddenLayer, self).__init__()
    self.units = units


#重写 build() 函数
def build(self, input_shape):
    #初始化这个隐藏层的权重参数
    w_init = tf.random_normal_initializer()
    self.w = tf.Variable(initial_value =
                w_init(shape=(input_shape[-1], self.units),
                    dtype='float32'), trainable=True)
    #初始化这个隐藏层的偏置参数
    b_init = tf.zeros_initializer()
    self.b = tf.Variable(initial_value=
            b_init(shape=(self.units,), dtype='float32'),
                trainable=True)

'''向层里添加权重参数和偏置参数也可以使用 Layer 类的 add_weight()
函数, 该函数的定义原型为:
add_weight(name=None, shape=None, dtype=None,
        initializer=None, regularizer=None,
        trainable=None, constraint=None,
        partitioner=None, use_resource=None,
    synchronization=tf.VariableSynchronization.AUTO,
    aggregation=tf.compat.v1.VariableAggregation.NONE,
    **kwargs)
'''


#重写 call() 函数
def call(self, inputs):
    output = tf.matmul(inputs, self.w) + self.b
    regularizer_l2 = tf.keras.regularizers.l2(.01)
    #Layer 类的 add_loss() 函数作用是汇总该层的损失值,
    #该函数的定义原型为: add_loss(losses, inputs=None)
    self.add_loss(regularizer_l2(self.w))
    return output
```

　　如果我们需要对参数 self.w 计算 L2 正则化, 并将其作为要降低的损失的一部分, 那么就可以将 regularizer_l2(self.w)传递给 Layer 类的 add_loss()

函数。使用 add_loss()函数添加的损失，可以通过该层实例的 losses 属性进行调用，即使是层内嵌套了很多其他的层。

层内嵌套层的做法一般是将作为内层的层实例赋值给外层的属性，这样外层将开始跟踪内层的权重等参数。每当最外层被调用时，losses 属性就会被重置，因此，losses 属性总是会包含上一次前向传播过程中添加的损失值。

在 TensorFlow 1.x 中，我们完全可以将集合 GraphKeys.TRAINABLE_VARIABLES 中的内容直接赋值给正则化函数，这样，就会对计算图中全部的可训练的参数计算正则化值，还可以使用 add_to_collection()函数将个体加入一个或多个集合中，或者可以使用 get_collection()函数从一个集合中获得所有的个体。但是在 TensorFlow 2.0 中不能这么做，因为 TensorFlow 2.0 已不再支持使用 GraphKeys.TRAINABLE_VARIABLES 等类似的集合。

将输出层类命名为 OutputLayer，它的实现大体上模仿了隐藏层类。

```python
class OutputLayer(layers.Layer):
    #定义构造函数
    def __init__(self, units):
        super(OutputLayer, self).__init__()
        self.units = units
    #重写 build()函数
    def build(self, input_shape):
        #初始化输出层的权重参数
        w_init = tf.random_normal_initializer()
        self.w = tf.Variable(initial_value =
                w_init(shape=(input_shape[-1], self.units),
                    dtype='float32'), trainable=True)
        #初始化输出层的偏置参数
        b_init = tf.zeros_initializer()
        self.b = tf.Variable(initial_value=
                b_init(shape=(self.units,), dtype='float32'),
                    trainable=True)
    #重写 call()函数
    def call(self, inputs):
        output = tf.matmul(inputs, self.w) + self.b
        regularizer_l2 = tf.keras.regularizers.l2(.001)
        #Layer 类的 add_loss()函数作用是汇总该层的损失值，
        #该函数的定义原型为：add_loss(losses, inputs=None)
        self.add_loss(regularizer_l2(self.w))
        return output
```

通过继承 Layer 类创建的模型层类，最终还是要加入通过继承 Model 类创建的模型类中。与 Layer 类相似，Model 类也提供了一些比较方便的 API 函数，最常用的当属投入数据并开展训练过程的 fit()函数、投入数据并开展验证过程的 evaluate()函数和投入数据并开展预测过程的 predict() 函数。

下面创建了 MLPBlock 类作为一个模型类，为了继承 Model 类，MLPBlock 类需要重写__init__()函数和 call()函数。

```python
class MLPBlock(tf.keras.Model):
    def __init__(self):
        super(MLPBlock, self).__init__()
        self.input_layer = InputLayer(784)
        self.hidden_layer = HiddenLayer(500)
        self.output_layer = OutputLayer(10)
        self.softmax = layers.Softmax()

    def call(self, input):
        x = self.input_layer(input)
        x = self.hidden_layer(x)
        x = tf.nn.relu(x)
        x = self.output_layer(x)
        x = self.softmax(x)
        return x
```

并不是说模型的训练、验证和测试过程就一定要使用 fit()、evaluate() 和 predict()函数，尤其是想要从头编写层和模型的时候。keras.losses 包中定义了一些损失函数类，keras.optimizers 包中定义了一些优化器类，这些都将会用到。如果选择模型的损失值（loss）和准确率（accuracy）来作为衡量度量模型的指标，那么在计算它们的值时就可以使用 keras.metrics 包中的 Mean 类和 SparseCategoricalAccuracy 类。

```python
#选择损失函数，该函数由 SparseCategoricalCrossentropy 类返回
loss_fn = tf.keras.losses.SparseCategoricalCrossentropy()

#选择优化器
optimizer = tf.keras.optimizers.Adam()

#定义 train_loss 函数计算训练过程的平均损失
#定义 train_accuracy 函数计算训练过程得到的分类准确率
train_loss = tf.keras.metrics.Mean(name='train_loss')
```

```
train_accuracy = tf.keras.metrics.\
            SparseCategoricalAccuracy(name='train_accuracy')

#定义 test_loss 函数计算训练过程的平均损失
#定义 test_accuracy 函数计算训练过程得到的分类准确率
test_loss = tf.keras.metrics.Mean(name='test_loss')
test_accuracy = tf.keras.metrics.\
            SparseCategoricalAccuracy(name='test_accuracy')

#现在创建一个 MLPBlock 类的实例，以供后面我们训练之用
mlpmodel = MLPBlock()
```

　　如果不使用 Model 类的 compile()函数对网络进行配置，那么就要采取编写代码的方式计算网络模型前向传播的梯度。在 TensorFlow 2.0 中，GradientTape 类能够在计算梯度时提供很大的帮助。在环境上下文管理器（with/as）中，GradientTape 类将自动监视可训练（trainable=true）的变量，或者通过该类的 watch()函数指定的某个张量。

　　例如，将模型的训练过程定义在下面函数：

```
@tf.function
def train_step(train_images, train_labels):
   with tf.GradientTape() as tape:
      #获得网络前向传播的预测结果
      predictions = mlpmodel(train_images)

      #在 predictions 的基础上计算与正确答案之间的交叉熵损失
      loss = loss_fn(train_labels, predictions)

      #total_loss 就是包含网络的正则化损失在内的网络的全部损失
      total_loss = loss + sum(mlpmodel.losses)

   #gradients 是通过 GradientTape 类的 gradient()函数计算得到的
   #梯度值，gradient()函数的定义原型为：
   #def gradient(target, sources, output_gradients=None,
   #unconnected_gradients=tf.UnconnectedGradients.NONE)
   gradients = tape.gradient(total_loss,
                        mlpmodel.trainable_variables)

   #apply_gradients()函数可以看作 minimum()函数的扩展，
   #其定义原型为：
   #def apply_gradients(grads_and_vars,name=None)
   optimizer.apply_gradients(zip(gradients,
```

```
                         mlpmodel.trainable_variables))

  #使用 train_loss()函数计算训练过程的损失，以及
  #使用 train_accuracy()函数计算训练过程中模型的预测准确率
  train_loss(loss)
  train_accuracy(train_labels, predictions)
```

GradientTape 类的 gradient()函数的作用就是计算梯度，其中 target 参数可以是要降低的损失值，相当于需要取最值的函数，sources 参数可以是需要通过降低损失值而达到目的的需要优化的网络参数。

使用 gradient()函数只能计算出梯度，zip()函数是 Python 中自带的，其作用就是从参数中取元素组合成一个新的迭代器。当 zip()函数有两个参数时，例如 zip(a,b)，此时函数分别从 a 和 b 中取一个元素组成元组，再次将组成的元组组合成一个新的迭代器。a 与 b 的维数相同时，正常组合对应位置的元素；当 a 与 b 行或列数不同时，取两者中的最小的行列数。

在上面这段程序中，使用 zip()函数可以理解为是将梯度对应到相应的参数变量，然后，使用优化器的 apply_gradients()函数迭代地将梯度应用到每一个参数变量。

除了训练过程，最好还要定义一个 test_step()函数实现测试过程。测试过程不会用到优化器，也不会有梯度的反向传播，这就比较简单了。

```
@tf.function
def test_step(test_images, test_labels):
  predictions = mlpmodel(test_images)
  loss = loss_fn(test_labels, predictions)

  #使用 test_loss()函数计算训练过程的损失，以及
  #使用 test_accuracy()函数计算训练过程中模型的预测准确率
  test_loss(loss)
  test_accuracy(test_labels, predictions)
```

在做好这些工作之后，确认没什么丢落，就可以开始在循环中执行训练步骤和测试步骤了，如以下代码所示：

```
EPOCHS = 100
for epoch in range(EPOCHS):
  for train_images, train_labels in train_dataset:
      train_step(train_images, train_labels)

  for test_images, test_labels in test_dataset:
```

```
        test_step(test_images, test_labels)

  template = 'Epoch {}, Loss: {}, Accuracy: {}, ' \
          'Test Loss: {}, Test Accuracy: {}'
  print(template.format(epoch + 1,train_loss.result(),
                  train_accuracy.result() * 100,
                  test_loss.result(),
                  test_accuracy.result() * 100))
```

　　训练也好，测试也好，每个 Epoch 都会有一些打印的内容，下面摘取了一部分训练过程中和测试过程中终端打印出的损失和准确率的内容。

```
Epoch 41,
Loss: 0.4527041614055635, Accuracy: 89.1964111328125,
Test Loss: 0.485056817531585, Test Accuracy: 88.176048278808
Epoch 42,
Loss: 0.4525674283504486, Accuracy: 89.20133972167969,
Test Loss: 0.484970539808273, Test Accuracy: 88.1791305541992
Epoch 43,
Loss: 0.452435702085495, Accuracy: 89.20635986328125,
Test Loss: 0.484895050525665, Test Accuracy: 88.1824722290039
Epoch 44,
Loss: 0.45230451226234436, Accuracy: 89.2114028930664,
Test Loss: 0.484812676906585, Test Accuracy: 88.1864929199218
Epoch 45,
Loss: 0.4521739184856415, Accuracy: 89.21629333496094,
Test Loss: 0.484718859195709, Test Accuracy: 88.189895629882
Epoch 46,
Loss: 0.45204368233680725, Accuracy: 89.22107696533203,
Test Loss: 0.484660804271698, Test Accuracy: 88.19239807128906
Epoch 47,
Loss: 0.451920747756958, Accuracy: 89.22532653808594,
Test Loss: 0.484580427408218, Test Accuracy: 88.1968078613281
Epoch 48,
Loss: 0.45179638266563416, Accuracy: 89.2300033569336,
Test Loss: 0.484488636255264, Test Accuracy: 88.2010192871093
Epoch 49,
Loss: 0.4516755044602966, Accuracy: 89.2345962524414,
Test Loss: 0.484417676925659, Test Accuracy: 88.2033309936523
Epoch 50,
Loss: 0.4515569806098938, Accuracy: 89.23898315429688,
Test Loss: 0.484367489814758, Test Accuracy: 88.2055969238281
```

　　从打印的损失和准确率结果来看，网络的优化做得不是很好，但这个例子足以说明可以通过继承 Layer 类和 Model 类的方式实现从头编写层和模型的设想。读者朋友们也可以自行尝试修改网络的参数，例如采用动态设置的优化器学习率或者其他的正则化办法或者调整网络层的单元数量等，这些应该都能使模型更快地收敛并在最短的时间内达到一个比较高的分类准确率。

第7章 卷积神经网络

优化网络的结构能够为解决问题带来更高的准确率，这一点在第6章实践全连神经网络的时候已经有所体现。当然，除了全连接结构的神经网络之外，还有其他结构的神经网络可供选用。

本章将介绍一种全新结构的神经网络——卷积神经网络（Convolutional Neural Network，CNN）。在多种应用场合都能见到卷积神经网络的身影，比如图像识别、自然语言处理、灾难气候预测，甚至围棋人工智能程序，但是最主要的应用还是在图像识别领域。

7.1 节介绍了一些相关的但又不是特别重要的内容，建议快速浏览这一部分即可。7.2 节的卷积和 7.3 节的池化是卷积神经网络的重要组成部分，建议仔细研究这两节，并进行相应的总结，必要的时候可以浏览互联网上更多的相关内容。出于应用情况的考虑，本章将针对图像识别问题来讲解卷积神经网络的基本原理以及如何使用 TensorFlow 实现初步的卷积神经网络，为此在 7.4 节给出了一个完整的图像识别案例。不过，这个案例中涉及一些之前没有接触过的图像预处理和文件读取的知识（在 7.5 节补充了图像预处理的一些知识，关于文件读取的知识可以阅读第 11 章）。

7.1 准备性的认识

这里总结了一点准备性的认识。在开始卷积神经网络的探索前，希望读者能够掌握这点准备性的认识，尽管这不是必需的，对编程实践的意义也不大。

在 7.1.1 节，我们着重讨论一下用于训练卷积神经网络的数据集。因为卷积神经网络在图像识别领域有着广泛的应用，所以这里列举的数据集都是图像数据集。卷积的原理得益于生物神经网络，在 7.1.2 节将对生物神经科学基础做一介绍。卷积神经网络不是最近几年兴起的，追溯历史有助于我们加深对卷积神经网络的理解，所以在 7.1.3 节安排了卷积神经网络的历史回顾。

7.1.1　图像识别与经典数据集

图像识别是人工智能的一个重要领域。伴随着近几年深度学习算法的发展，尤其是对深度卷积神经网络的不断研究，使得图像识别的错误率连续下降，甚至在一些特定的数据集上超越了人类。因此，卷积神经网络被广泛应用于解决图像识别问题。

训练一个能够进行图像识别的卷积神经网络避免不了对数据集的选择。我们最先用到的是 MNIST 和 Fashion-MNIST 数据集，已经在第 6 章对它们进行了详细的介绍。这两个数据集相对比较简单且经典，初学者必须要掌握。经过优化的全连神经网络能在 Fashion-MNIST 服饰图像数据集上有着不错的表现，而卷积神经网络则能进一步提高准确率。例如，在第 8 章介绍经典卷积神经网络模型的时候，最早出现的 LeNet-5 模型就能在 Fashion-MNIST 数据集的基础上将识别的准确率提高到 99.2%。

当然，用于图像识别的数据集并不只有 MNIST 或 Fashion-MNIST，Cifar 数据集在业内也有着深远的影响。对于其他复杂的图像识别数据集，卷积神经网络也有着同样出色的表现。

Cifar 数据集分为 Cifar-10 和 Cifar-100 两种，是视觉词典项目（Visual Dictionary，在 http://groups.csail.mit.edu/vision/TinyImages/ 页面有关于该项目的具体介绍）中 800 万图片的一个子集。它们都是由 Alex Krizhevsky 教授、Vinod Nair 博士和 Geoffrey Hinton 教授负责整理的。

Cifar-10 数据集包含 60 000 张像素为 32×32 的彩色图像，共分为 10 类。其中用于训练的图像有 50 000 张，用于测试的图像有 10 000 张。该数据集具体分为 5 个训练数据集与 1 个测试数据集，每个数据集包含 10 000 张图像。对于测试数据集，每类对象都由 1000 幅随机选择的图像组成；训练数据集则由剩余图像随机排列构成。换句话说，如果具体到特定训练数据集中的某类对象，其对应的图像数量是不确定的，但是对于整个训练数据集，每类对象均包含 5000 幅图像。

图 7-1 展示了 Cifar-10 数据集中每一种类别的名称及其样例图片。因为图像的像素仅为 32×32，所以将这些图片放大之后比较模糊。在 Cifar 的官网（http://www.cs.toronto.edu/~kriz/cifar.html）提供了不同格式的 Cifar 数据集下载，具体的数据格式这里不再赘述。

图 7-1　Cifar-10 数据集样例图片

与 Cifar-10 一样，Cifar-100 数据集也有 60 000 张图片。这 60 000 张图片除了可以分为 100 类外，又可将这 100 类分为 20 个超类（大类）。也就是说，每张图片都有一个 fine 标签（它所属的类）和 coarse 标签（它所属的超类）。

Cifar 中的图片与 MNIST 中的图片最相似之处在于大小都是固定的且每一张图片中仅包含一种类别的实体（例如 MNIST 中每一张图片只包含一个数字）。当然区别也是存在的，MNIST 数据集中的图片大小为 28×28，颜色为黑白；而 Cifar 数据集中的图片大小为 32×32，颜色为彩色。由于这些区别的存在，分类的难度也相对更高。

在 Cifar-10 数据集上，人类的表现大概是 94%的准确率。这远不及在 Fashion-MNIST 数据集上的人类表现，目前的图像识别算法在该数据集上获得的最好的准确率为 95.55%，其算法同样使用了卷积神经网络。

然而，从现实情况出发，一个基于 Fashion-MNIST 数据集或 Cifar 数据集训练而来的卷积神经网络并不能大规模地投入使用。首先，现实生活中图片的分辨率不会仅仅是 28×28 或者 32×32，而是远远高于这两个值，况且图片的分辨率也不可能做到固定不变；其次，现实生活中物体的类别也不仅仅只有 10 种或者 100 种；最后，每一张图片往往包含多种类别的物体，只包含某一类别物体的图片需要经过特意筛选。

为了更加真实地模拟现实生活中的图像识别问题，需要使用更多、更大、更复杂的图片来训练卷积神经网络，ImageNet 数据集应运而生。

ImageNet 是一个大型图像数据集。该项目于 2007 年由斯坦福大学华人教授李飞飞创办，目的是在 WordNet 的基础上收集大量带有标注信息的图片提供给计算机视觉模型进行训练。WordNet 是一个大型英语语义网，其中将名词、动词、形容词和副词等单词整理成了同义词集，并且标注了不同同义词集之间的关系。想要获得更多 WordNet 的详细信息，可到 WordNet 官网（https://wordnet.princeton.edu/）了解。

ImageNet 拥有将近 1500 万张被标注过的高清图片，这些图片可被分为 22000 类，并且每一类都被关联到了 WordNet 的名词同义词集上。有一种情况不能排除，那就是一张图片中可能出现多个同义词代表的实体。

ImageNet 中的每一张图片都是从互联网上爬取下来的，并通过亚马逊的土耳其机器人平台（Amazon Mechanical Turk）实现众包的标注过程（有多达上百个国家、地区的近 5 万名工作者帮忙一起筛选、标注），将最初获取的近 10 亿张图片筛选为 1500 万张并关联到 WordNet 的同义词集上。图 7-2 展示了这些图片的概念。

图 7-2　ImageNet 数据集图片概念示例

另外，ImageNet 中的大约 100 万张图片都被标注了其中主要物体的定位矩形边框，这样的做法有利于实现更加精确的图像物体识别。在图像物体识别问题中，一般将用于框出实体的矩形定位边框称为 Bounding Box。图 7-3 展示了含有 Bounding Box 标注的一张图片。

图 7-3　ImageNet 中标注出实体轮廓的样例图片

在第 1 章提到过，在 ILSVRC 计算机视觉比赛中使用的就是 ImageNet 数据集。其实用于 ILSVRC 比赛的 ImageNet 数据集只有 120 万张图片，并且被分为了 1000 类（也就是说只采用了 ImageNet 的一部分）。在 2012 年及之后，参加 ILSVRC 大赛的模型都是采用了深度学习算法的卷积神经网络模型（有着居高不下错误率的传统图像特征提取算法迫使越来越多的人放弃了对它的研究）。图 7-4 展示了历届 ILSVRC 大赛中获得 top-5 错误率的网络模型及其深度。

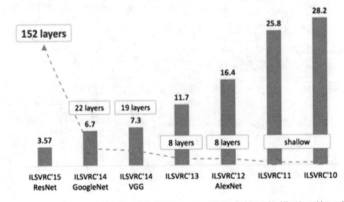

图 7-4　历届 ILSVRC 大赛中获得 top-5 错误率的网络模型及其深度

在第 8 章将对这些模型进行介绍，但是在详细了解这些模型之前，需要先掌握一些卷积神经网络的知识，这正是本章的内容。

7.1.2　卷积网络的神经科学基础

卷积神经网络的出现源于对视神经感受野的研究，远早于相关计算模型的发展。虽然不乏数学和其他工程学科指引，但我们仍可认为其中的一些关键设计原则来自神经科学。基于此，一般可以将卷积神经网络看作人工智能受启发于生物神经学的最为成功的案例。

神经生理学家 D.H.Hubel 和 T.N.Wiesel 合作多年，通过对猫视觉皮层细胞的研究，确定了关于哺乳动物视觉系统如何工作的许多最基本的事实，并于 1962 年提出了感受野（Receptive Field）的概念，概括了听觉系统、视觉系统和感觉系统等中枢神经元的某些性质。之后，他们也因此获得了诺贝尔奖。

具体来说，为了研究瞳孔区域与大脑皮层神经元的对应关系，他们在猫的后脑头骨凿开了一个大约 3mm 的孔，并向其中插入了电极，以观测神经元的激活程度。随后，他们期望通过将一些形状不同、亮度不同的物体投影在小猫面前，并且对于每一个物体还会改变其放置的位置和角度的方式让小猫的瞳孔感受不同类型、不同强度的刺激。

做这样一个实验的目的是证明当时存在的一种猜测：位于后脑皮层的不同视觉神经元与瞳孔所受的刺激之间存在某种对应关系，一旦瞳孔受到某种刺激，后脑皮层的某一部分神经元就会被激活而呈现出活跃状态。经历了反复多次的实验之后，他们发现处于视觉系统较为前面的神经元细胞只对特定的光模式（例如精确定向的条纹）有强烈的反应，这些神经元细胞会在瞳孔瞥见眼前物体的边缘，而且这个边缘指向某个方向时呈现出活跃的状态。这些神经元细胞在后来被称为"方向选择性细胞（Orientation Selective Cell）"。

他们的发现在当时引起了众多学者对于神经系统的进一步思考：关于视神经中枢与视觉系统的工作过程，应该就是一个从原始信号，做低级抽象（发现一些基本的特征，如一个气球的边缘与颜色），再逐渐向高级抽象（组合这些基本的特征，如气球的外形是圆的，在某一区域有相同的颜色）迭代的过程。

深入细致地研究他们的成果超出了本书的范围，但我们仍然可以进行相对简单的了解。图 7-5 展示了简化的、草图形式的人视觉皮层的结构及功能。

从生物学的角度理解，图像是由光到达眼睛并刺激视网膜（眼睛后部的光敏组织）而形成的。视网膜中的神经元（也称神经节细胞）对图像执行一些简单的预处理，但是基本不改变它被表示的方式。然后图像通过视神经传达到称为外膝体（或称外侧膝状核）的脑部区域，该区域的主要作用仅仅是将信号从视网膜传递到位于头后部的 V1 区。

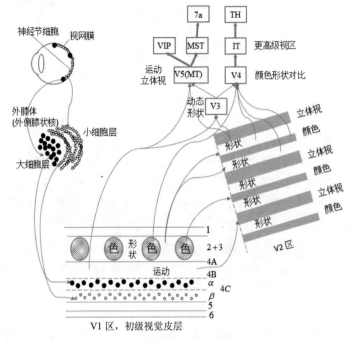

图 7-5　视觉皮层示意图

V1 区（也称为初级视觉皮层，Primary Visual Cortex）是我们重点关注的一个部分，这是大脑对视觉输入开始执行显著高级处理的第一个区域。初级视觉皮层上的细胞可以被分为简单细胞和复杂细胞两种。

V1 区的简单细胞感受野较小，呈狭长形，对小光点有反应而对大面积的弥散光无反应，并且对处于拮抗区边缘一定方位和一定宽度的条形刺激有强烈的反应。也就是说，简单细胞的最大程度响应来自感受野范围内的边缘刺激，并且对感受野内的边缘的位置和方位有严格的选择性。因此，简单细胞较适于检测具有明暗对比的直边。

V1 区的复杂细胞有更大的接受域，这些复杂细胞响应类似于由简单细胞检测的那些特征，但是对于来自确切位置的特征刺激具有局部的微小偏移不变性。也就是说，对感受野内的边缘的位置无严格的选择性。

另外，V1 区可以总结为具有进行空间映射的性质。它通过实际的二维结构来表达视网膜中的图像。例如，遮住视网膜神经节细胞的一半而只让另一半接受光刺激，则会发现在 V1 区只有相应的一半能够受到影响。

虽然我们只对 V1 区进行了了解，但是一般认为相同的基本原理也适用于视觉系统的其他区（如 V2 区，中级视觉皮层）。继续对视觉皮层进行深入的解剖，最后会发现一些只响应特定概念的细胞。有意思的是，这些细胞对输入的多种变换都具有不变性。这些细胞有时被昵称为"祖母细胞"。"祖母细胞"最初源于神经生物学家 Jerry Lettvin 于 1969 年在麻省理工学院演讲时提出的一个假设，这个假设的内容是人脑中存在一个或一组神经细胞，在某些特定的情况（比如看到祖母的照片时）下，这个或这组细胞就会被激活（当然，这里所指的情况并不仅限于人），而不会受限于祖母出现在照片的哪一侧，或者照片是仅仅包含她脸部还是包含她的全身等。

后来通过实验，研究人员发现这些祖母细胞确实存在于人脑中，在一个被称为内侧颞叶（Medial Temporal Lobe）——海马区（Hippocampus）的区域。该区域与记忆功能有关，并涉及一些神经元编码的相关内容。这些内容已经超出了本书所涵盖的主题，建议感兴趣的读者阅读其他更加专业的文献。

与卷积网络的最后一层在功能上最接近的是称为颞下皮质（IT，更高级视区）的脑区。当眼睛观察周围的环境时，信息从视网膜经外膝体流到 V1，然后到 V2、V4，之后到达 IT，这个过程大概需要 100ms。当然，我们一般都会观察很长时间（起码大于 100ms），由于大脑采用自上而下的反馈机制来更新较低级脑区中的激活，所以在 100ms 之后会进行信息回流。如果只关注这 100ms 前馈的过程，那么信息流动到 IT 的过程被证明是与卷积神经网络在执行对象识别任务时非常类似的。

尽管可以在生物视觉系统的研究成果中找到许多卷积神经网络的依据，但是卷积神经网络和哺乳动物的视觉系统在细节上还是有许多区别的。在这里就不再对这些区别展开讨论了，因为讨论这些区别已经超出了本书的范围。另外，关于哺乳动物的视觉系统如何工作的许多基本问题迄今为止仍未找到答案。我们期待更多的研究成果被提出，卷积神经网络能够被进一步完善。

7.1.3　卷积神经网络的历史

1984 年，日本学者 Fukushima 基于感受野的概念提出了神经认知机

（Neocognitron）。神经认知机可以看作卷积神经网络的第一个实现网络，在研发初期用于手写字母的识别，这标志着生物视觉系统感受野的概念在人工神经网络领域得到首次应用。

接下来我们探讨下神经认知机的大致思路。在神经认知机中包含两类神经元，一类是承担特征抽取的 S-cells 元，另一类是抗变形的 C-cells 元。S-cells 元中有两个重要参数，分别是感受野与阈值。其中，感受野用于确定输入连接的数目，阈值则用于控制对子特征的反应程度。神经认知机试图将视觉系统模型化，它将一种视觉模式分解为许多子模式（子特征），而S-cells 元就是负责子特征提取的神经元，其功能类比于现代卷积神经网络中的卷积核滤波操作。

在传统的神经认知机中，C-cells 元会对每个 S-cells 元的感光区施加正态分布的视觉模糊量。类比到现代的卷积神经网络，C-cells 元相当于激活函数、最大池化等操作。在后来，为了提高神经认知机的一些功能，Fukushima 还提出了带双 C-cells 元层的改进型神经认知机。

在 1988 年，Lang 和 Hinton 引入反向传播来训练时延神经网络（Time Delay Neural Network，TDNN）。延时神经网络通过在时间维度上共享权值的方式来降低学习的复杂度，尤其适用于语音和时间序列信号的处理。使用现代的深度学习观点来看，TDNN 是用于时间序列的一维卷积网络。他们的做法在当时许多人看来都是不可信的，因为将反向传播用于 TDNN 模型没有受到任何神经科学观察的启发。

CNN（Convolutional Neural Networks）在一些设计思路上受到了早期的延时神经网络的影响。在使用反向传播进行训练的 TDNN 取得成功之后，LeCun 教授在 1989 年将相同的训练算法应用于图像的二维卷积，这才促成了现代卷积神经网络的发展。以 LeCun 教授的 LeNet-5 模型（第 8 章将介绍）为代表的早期卷积神经网络模型开创了现代卷积神经网络的先河。

CNN 的成功之处在于，它利用二维空间关系（尤其是图像的二维空间关系）达到了减少需要学习的参数数目的目的。作为第一批能够使用反向传播进行训练的深度网络之一，它还在一定程度上提高了 BP 算法的训练性能。在 CNN 中，图像的一小部分（局部感受区域）作为神经网络结构的最原始的输入，图像信息会在网络中逐层前向传递（卷积神经网络也属于前馈网络），每层通过一个数字滤波器对测到的数据进行特征的提取。

7.2　卷积

卷积神经网络又称卷积网络（Convolutional Networks），是一种专门用来处理具有类似网格结构的数据的神经网络，如图像数据（图像数据可以看作二维的像素网格）。卷积神经网络和第 4 章介绍的全连接网络都属于前馈神经网络。尽管卷积神经网络最擅长的领域是图像处理，但是在诸多其他应用领域，卷积神经网络依然表现优异。

相对全连神经网络而言，卷积神经网络相对进步的地方是卷积层结构和池化层结构的引入，这两种层都是卷积神经网络重要的组成部分。卷积层中的"卷积"一词表明这种网络结构使用了卷积（Convolution）这种数学运算。卷积是一种特殊的线性运算，用来替代一般的矩阵乘法运算。

本节将对卷积运算与卷积层结构展开介绍；池化层结构同样相当重要，对它的介绍放在了下一节。

7.2.1　卷积运算

在一个卷积运算中，第一个参数通常叫作输入（Input），第二个参数叫作核函数（Kernel Function，或称为卷积核），输出有时会被称为特征映射（Feature Map，或称为特征图）。

我们先来看一下数学中关于卷积运算的定义。如果将一个二维的网格数据（通常是数组）作为卷积运算的输入（其标识为 I，坐标为 (m,n)），卷积核对应的也应该是一个二维的网格数据（其标识为 K），得到的特征映射也是一个二维的网格数据（其标识为 S，坐标为 (i,j)）。于是卷积运算的过程可以用下面这则公式表示：

$$S(i,j) = (I*K)(i,j) = \sum_m \sum_n I(m,n)K(i-m,j-n)$$

这是一个对应的数据相乘最后乘积求和的过程。对于一个卷积运算，输入和卷积核是可交换的（Commutative），所以等价的公式可以写作：

$$S(i,j) = (K*I)(i,j) = \sum_m \sum_n I(i-m,j-n)K(m,n)$$

交换之后的坐标 (m,n) 成了卷积核的坐标值。通常，交换之后的公式比较容易实现,因为 m 和 n 的有效取值范围相对较小。

在实际应用中,为了简单,通常卷积运算在许多机器学习的库中实现的是下面这个计算公式:

$$S(i, j) = (K * I)(i, j) = \sum_m \sum_n I(i+m, j+n)K(m, n)$$

出于实际应用的考虑,我们以后使用的卷积运算实现的都是这种形式,也会默认它就是卷积运算。一般 I 就是由图像的像素数值组成的二维矩阵(在解决图像识别问题时是这样的),K 是经由学习算法优化得到的权重参数,它也是一个二维矩阵(或多个)。类似于全连神经网络中权重的学习策略,学习算法通常也能使卷积核学得恰当的参数值。

在之前的章节,我们知道了 TensorFlow 一般会将这些多维数组(矩阵)统称为张量。图 7-6 演示了一个在二维张量上进行的卷积运算的例子。

在图 7-6 中,输入数据 I 是一个 3×5 的矩阵(张量),K 的大小为 2×2,经过卷积运算后得到的特征映射结果的大小是 2×4。

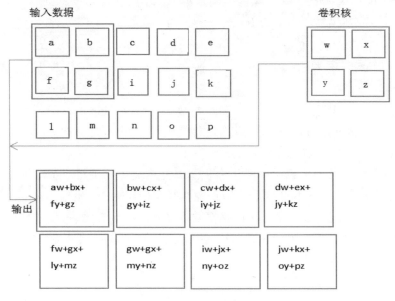

图 7-6 卷积运算示意图

卷积运算具有 3 个重要的特性:稀疏连接(Sparse Connectivity)、参数共享(Parameter Sharing)和等变表示(Equivariant Representations),卷积层通过这些特性来改善机器学习系统。在接下来的三个小节中将依次分享这些特性。

7.2.2 卷积运算的稀疏连接特性

在第 4 章中介绍全连神经网络时，我们通过输入与参数间的矩阵乘法得到了输出。在这个过程中，参数矩阵中的每一个参数全部并且仅仅描述了一个输入单元与一个输出单元间的交互关系。这样做是不明智的，因为当输入的数据增多时，参数的数量也会变得巨大。

与全连接方式不同的是，卷积运算具有稀疏连接（Sparse Connectivity，或称稀疏交互）的特性。这通过将核的大小限制为远小于输入的大小来达到。举个例子来说，假设有 m 个输入和 n 个输出，那么运行一个矩阵乘法需要 $m \times n$ 个参数；如果我们限制每一个输出只连接到 k 个输入，那么稀疏的连接方法只需要 $k \times n$ 个参数。

图7-7对稀疏连接作出了图形化的解释。其中，输入单元用 x_i 的形式表示，输出单元用 c_i 的形式来表示。在稀疏连接时，c 中的元素由 x 经过核宽度为 3 的卷积产生，c_3 单元仅仅与 x_2、x_3 和 x_4 存在连接关系，这些单元被称为 c_3 的感受野（Receptive Filed）；在非稀疏连接时，由于 c 是由矩阵乘法产生的，所以所有的输入都会影响 c_3。

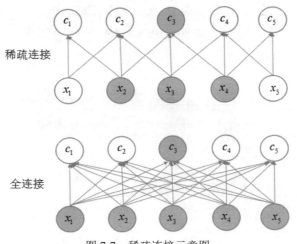

图 7-7　稀疏连接示意图

应用卷积神经网络的典型场景是图像识别，那么接下来我们就以图像识别来说明稀疏连接在降低参数数量方面的优势。

每一张图像都存在着空间组织结构，图像的一个像素点在空间上和周围的像素点实际存在着紧密的联系。比如图片中有一根黄色的香蕉放在白色的盘子里，我们放大图片到像素点级别会发现代表香蕉的像素点在边缘会慢慢变白，这些像素点就能当作香蕉和盘子的分界线，但是这些像素点和太遥远的像素点就不一定有什么关联了。如果盘子里还有一个红色的苹果，代表苹果的像素点和代表盘子的像素点之间也存在着分界线，但是这条分界线和香蕉没什么关系。

这就是在 7.1.2 小节提到的视觉感受野的概念。一般认为动物对外界的认识是从局部到全局的，每一个感受野只接收来自某一小块区域的信号，并且这一小块区域内的像素点相互关联。卷积运算的稀疏连接借鉴了感受野的概念，因为图像的空间联系也是局部的像素联系较为紧密，而距离较远的像素相关性则较弱，所以每一个神经元不需要接收全部像素点的信息，只需要接收相互关联的一小块区域内的像素点作为输入即可，之后将所有这些神经元接收到的局部信息在更高层进行综合，就可以得到全局的信息。

如图 7-8 所示，如果图像尺寸是 1000 像素×1000 像素，并且是只有一个颜色通道的黑白图像，那么一张图片就有 100 万个像素点。假设局部感受野大小是 10×10（卷积核大小），并且隐藏单元有 100 万个，那么稀疏连接就是指每个隐藏单元只与图像中 10×10 个像素点相连，于是现在就需要 10×10×100 万=1 亿个连接，也就是说需要 1 亿个权重参数。

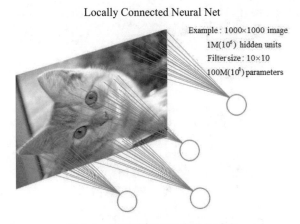

图 7-8　稀疏连接在图像中的示意

1 亿个参数，这是稀疏连接的情况，听起来参数的量还是很大，但是如果将图片的 100 万个像素点连接到一个相同大小的隐藏层（同样是 100 万个隐藏单元），情况会是怎么样的呢？图 7-9 展示了全连接的情况，这样将产生 100 万×100 万=1 万亿个连接，也就是 1 万亿个权重参数。相比 1 亿个权重参数，全连接的方式将这个数字扩大了 1 万倍，这显然会对硬件的计算能力造成负担。

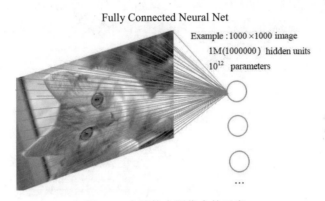

Fully Connected Neural Net

Example : 1000 ×1000 image

1M(1000000) hidden units

10^{12} parameters

图 7-9　全连接在图像中的示意

通过稀疏连接，我们达到了减少权重参数数量的目的。减少权重参数数量有两个好处：一是降低计算的复杂度；二是过多的连接会导致严重的过拟合，减少连接数可以提升模型的泛化性。尽管我们通过稀疏连接将权重参数从 1 万亿降低到 1 亿，但是这个数量仍然偏多，需要继续降低参数量，这就需要用到卷积运算的下一个特性——参数共享。

7.2.3　卷积运算的参数共享特性

参数共享是指相同的参数被用在一个模型的多个函数中。在全连神经网络中，计算每一层的结果时，权重矩阵中的每一个元素只使用了一次。然而在卷积神经网络中，核的每一个元素会作用在输入的每一位置上。例如，在图 7-6 中，卷积核元素 w、x、y、z 会与输入数据 a、b、c、d、f、g、i 和 j 都产生运算关系（也可以使边界元素参与运算，这取决于是否对边界采用填充）。

卷积运算中的参数共享机制也会显著地降低参数的数量。相比于全连方式中每一神经元都需要学习一个单独的参数集合而言，在卷积运算中每一层神经元只需要学习一个卷积核大小的参数集合即可。

以图 7-8 为例，每一个隐藏单元都与图像中 10×10 的像素相连，也就是每一个隐藏单元都拥有独立的 100 个参数。假设隐藏单元是由卷积运算得到，那么每一个隐藏单元的参数都完全一样（都是卷积核中的参数），这样的话，权重参数不再是 1 亿，而是 100，数量又发生了显著的降低，并且无论隐藏单元有多少个或者图像有多大，始终都是这 10×10=100 个权重参数，这就是所谓的权值共享。图 7-10 展示了参数共享是如何实现的。

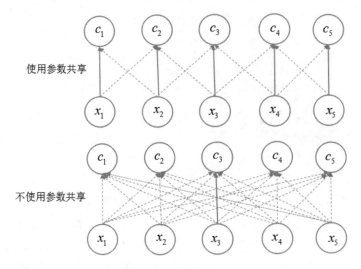

图 7-10　参数共享示意图

在图 7-10 中，根据参数是否共享，将模型输入与输出之间的关系用实线和虚线的箭头来表示。在使用参数共享的卷积模型中，实线箭头表示对元素核的中间元素的使用，因为参数共享，这个参数被用于所有的输入。在没有使用参数共享的全连模型中，这个单独的实线箭头表示权重矩阵中的参数仅仅在输入与输出间被使用了一次（实线箭头只出现了一次）。

但是要注意，参数共享并不会改变前向传播的运行时间，它只是显著地把需要存储的权重参数数量降低至 k 个（每个输出对输入的连接个数）。得益于稀疏连接和权重共享，卷积运算在存储需求和统计效率方面极大优于稠密矩阵的乘法运算。在很多实际的卷积神经网络应用中，一般会将 k 设为比 m 小多个数量级，而通常 m 和 n 的大小是大致相同的，但是如果放到生活中，m 和 n 会大小不同（更多拍摄的照片是长方形的）。

7.2.4　卷积运算的平移等变特性

等变（Equivariant）在数学中是指某个函数具有这样的一个性质：输入改变，输出也以同样的方式改变。例如，对于一个函数 $f(x)$，如果存在一个函数 $g(x)$ 使得 $f(x)$ 满足 $f(g(x)) = g(f(x))$，我们就说 $f(x)$ 对于 g 具有等变性。

针对卷积操作，参数共享机制使得神经网络对输入的平移具有等变性质。具体地说，如果令 g 完成对卷积操作的输入进行任意平移，那么卷积函数对于 g 具有等变性。

举个例子，用 I 表示一个图像矩阵中的所有数据，其坐标可以用 (x,y) 来表示，用 g 表示一个对图像进行像素平移变换的函数，I 经过 g 之后的结果是 I'，即 $I' = g(I)$，现在假设 $I'(x,y) = I(x-2,y)$，即函数 g 把 I 中的每个像素向右移动两个像素单位（两个像素单位的移动在实际的照片中几乎是没有视觉效果的，我们也可以假设移动了 10 个或者 100 个像素单位）。平移等变指的就是，先对 I 进行平移变换然后再进行卷积操作所得到的结果，与先对 I 进行卷积然后再对卷积的结果使用函数 g 进行平移变换所得到的最终结果是一样的。

卷积的平移等变是一个很有用的性质。当处理图像数据时，这意味着卷积产生了一个二维映射来表明输入中某些存在的特征，如果我们移动输入中的某些对象，平移等变就意味着在输出中特征也会进行一定的移动。

参数共享是实现平移等变的一个前提条件，对整个图像进行参数共享是很有用的。例如，对输入的图像使用卷积操作进行边缘检测时，某一物体的边缘像素会分布在图像的各处，如果多个卷积核使用了不同的参数来处理多个输入的位置，那么会导致边缘检测效率的降低。

当然，在某些情况下，或许不希望对整幅图进行参数共享，这发生在我们想对图像提取更多特征的时候。例如，对于一张包含人脸的图像，我们可能想要提取不同位置上的不同特征（如提取眼睛特征的卷积核和提取嘴巴特征的卷积核不会出现参数完全一致的情况）。使用多卷积核能够完成多特征提取的任务，这部分内容放到了下一小节。

需要注意的是，除了平移之外，卷积操作对于其他的一些变换并不是天然等变的。例如，对于处理图像的缩放或者旋转就需要用到其他的机制。

7.2.5 多卷积核

一张完整的图像是由多个像素点构成的，通过将图像进行足够的放大，可以对图像进行像素级别的观察。在观察图像像素级构成的过程中，我们会发现这些像素组成了图像中的基本特征——点、线和面。如图 7-11 所示是一张简单的图片，其中包含一个实心正方形和一个圆环。之所以称之为简单，是因为我们很容易辨认出图像中包含什么。

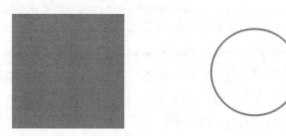

图 7-11　简单图像示例

图 7-12 展示了右侧的圆环经过多级放大之后的一些局部信息，中间颜色较深，边缘颜色较浅。从图中能够明显看出有很多像素点连成的线，这些线堆叠在一起构成了一部分圆边；对于圆环的其他部分，情况也是类似的；我们大概能想象出这些线组成一个圆环的样子。

图 7-12　图像多级放大之后的细节

对于图 7-11 所示的简单图像如此，对于更复杂的图像亦是如此。图像中的基本特征无非就是点、线和面，无论多么复杂的图像，将其无限放大之后都会发现图像中的物体是由点、线和面组成的。

人眼识别物体的方式也是从点、线和面开始的，视觉神经元接受光信号后，每一个神经元只接收一个区域的信号，并提取出点和线的特征；然后将点和线的信号传递到后面一层的神经元再组合成高阶的特征，比如直线、拐角等；继续抽象组合，得到一些形状，比如正方形、圆形等；继续抽象组合，得到人脸中的眼睛、鼻子和嘴等五官；最后将这些组合得到的五官组成一张脸，就完成了生物识别的过程。

使用卷积核的目的也是对图中基本特征（上述点、线和面）的提取。如果我们只有一个卷积核，那就只能提取一种卷积核滤波的结果，即只能提取图片中的某一个特征（如特定朝向的边）。尽管图像中最基本的特征很少，但是很多情况下（如图像是彩色的，或者图像中的物体组成不是那么的直观简单）我们依然希望多提取一些特征，这可以通过增加卷积核的数量来完成。

这样，就很好地解决了机器学习中特征提取的问题，只要提供的卷积核数量足够多，就能获取数量足够多的基本特征（如不同朝向的边、不同形态的点），进而让卷积层抽象出有效而丰富的高阶特征。

图像经过卷积核进行卷积运算之后得到的是一类特征的映射，即一个 Feature Map（特征图）。对于大型的图片来说（如 ImageNet 中的图像），一些现代的卷积神经网络会放置 100 个左右的卷积核进行第一轮的特征提取。这样的话，对于图 7-8 中的图片，其参数量就是 100×100=10 000 个（这是假设卷积核的大小为 10×10，实际上这个卷积核稍微偏大），相比之前的 1 亿又有了显著的缩小，如图 7-13 所示。

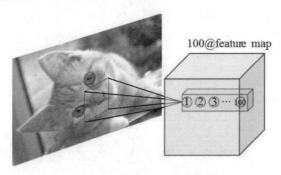

图 7-13 卷积层多卷积核示意图

在 TensorFlow 官方文档中将卷积核称为"过滤器（Filter）"，卷积操作称为"滤波操作"。但是在本书中不会将卷积核和过滤器区别对待，因为它们本就表示同一个意思。

产生一个卷积层所需要的过滤器的长和宽都是在编写代码时人工指定的，较常用的有 3×3 或 5×5。上面所讲述的多卷积核通常称为过滤器的深度，即卷积核的数量，这也是需要人工指定的参数。

另外一种理解过滤器深度的方式是将其看作经过卷积运算后输出数据矩阵的深度。如图 7-13 所示，左侧图片中的小矩形的尺寸为过滤器的尺寸，而右侧矩阵的深度就是过滤器的深度（深度为 100），这个矩阵由图像经过 100 个不同的过滤器滤波并堆叠得到。

7.2.6 卷积层的代码实现

TensorFlow 1.x 提供了一系列能够进行卷积运算的函数，例如 nn.conv1d()函数、nn.conv2d()函数和 nn.conv3d()函数等。其中最常用的当属 nn.conv2d()函数，这个函数的定义原型如下：

```
#conv2d(input,filter,strides,padding,use_cudnn_on_gpu,
#     data_format,name=None)
```

TensorFlow 2.0 依旧支持这些旧版本的卷积运算函数，使用卷积运算函数对输入进行特定的滤波操作就得到了卷积神经网络中的一个卷积层结构。

不过，在实际搭建卷积神经网络的时候，TensorFlow 2.0 更推荐采用直接实例化 keras.layers 下的卷积层类来作为卷积层的方式。例如，使用 nn.conv1d()函数创建的卷积层可以被 keras.layers.Conv1D 类实例替换，使用 nn.conv2d()函数创建的卷积层可以被 keras.layers.Conv2D 类实例替换，以此类推。

以下是 Conv2D 类的构造函数的定义原型：

```
def __init__(self, filters, kernel_size, strides=(1, 1),
        padding='valid', data_format=None,
        dilation_rate=(1, 1), activation=None,
        use_bias=True, kernel_initializer='glorot_uniform',
        bias_initializer='zeros', kernel_regularizer=None,
        bias_regularizer=None, activity_regularizer=None,
```

```
kernel_constraint=None, bias_constraint=None,
**kwargs)
```

接下来，我们试着使用这个 Conv2D 类来创建一个卷积层。假设定义一个 4×4 的矩阵 I 作为输入，然后定义一个 2×2 的过滤器 K，为了简单，这里设置输入和滤波器的深度都为 1：

$$I = \begin{pmatrix} 2 & 1 & 2 & -1 \\ 0 & -1 & 3 & 0 \\ -2 & 1 & -1 & 4 \\ -2 & 0 & -3 & 4 \end{pmatrix} \qquad K = \begin{pmatrix} -1 & 4 \\ 2 & 1 \end{pmatrix}$$

构造函数的第一个参数为卷积核的数量（过滤器的深度），赋值时应该为一个整数。假如只使用一个过滤器，那么使 filter=1 即可。第二个参数为所使用的卷积核的高度和宽度，也就是卷积核的大小，赋值形式为含有两个整数的元组或列表。例如卷积核是 2×2 的，那么使 kernel_size=(2,2)或 kernel_size= [2,2] 即可。如果卷积核的高度和宽度一致，那么直接给 kernel_size 赋值一个整数也是被允许的。

在进行卷积前，一般还需要调整输入的形状以符合卷积层的要求。实例化 Conv2D 类时还允许通过 input_shape 参数指定当前卷积层输入矩阵的大小。这个矩阵理论上应该是四维的，如[1,32,32,3]。其中第一个维度的参数（samples）对应一个输入样本，例如，在输入层，input[0,:,:,:]表示第一张图片，input[1,:,:,:]表示第二张图片，以此类推；第二个维度和第三个维度的参数（rows 和 cols）对应这个样本的高度和宽度，如 input[1,32,32,:]表示这张图片大小为 32×32；第四个维度的参数（channels）对应这张图片的深度，如果图片是 RGB 模式，则深度值为 3，如果图片是单通道黑白模式，则深度值为 1。需要注意的是，在实际赋值的时候，input_shape 参数通常赋值为一个长度为 3 的列表，也就是说省略掉了 samples 值。

默认情况下 input_shape 四个维度的参数是这样分布的，不过这也与 data_format 参数有关。如果 data_format="channels_first"，这四个维度的参数的分布为[samples,channels,rows,cols]。

还需要注意的是，图像深度与过滤器深度之间的区别。当卷积层的输入不是来自输入层时，input_shape 参数的第四个维度应该是上一层处理之后的输出矩阵的深度。

上述定义的过滤器 K 尺寸不是 1×1，这样卷积层前向传播得到的矩阵

的尺寸要小于当前层矩阵的尺寸。如图 7-14 所示，当前层矩阵的大小为
4×4，而通过卷积层前向传播算法之后，得到的矩阵大小为 3×3。

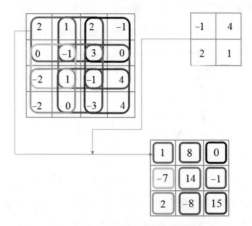

图 7-14　卷积层计算结果示意图

为了避免尺寸的变化，可以在当前层矩阵的边界上加入全 0 填充
（Zero-Padding）。这样可以使得卷积层前向传播结果矩阵的大小和当前层
矩阵保持一致。如图 7-15 所示为使用全 0 填充后卷积层前向传播过程示意
图。从图中可以看出，加入一层全 0 填充后，得到的结果矩阵大小和原矩
阵一样，都是 4×4。

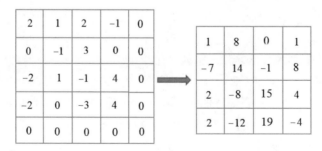

图 7-15　使用了全 0 填充的卷积层计算结果示意图

在 Conv2D 类的构造函数中，padding 参数的作用就是选择是否使用全
0 填充。有 same 或 valid 两种值，当设置 padding 为 same 时表示使用全 0
填充，为 valid 时表示不使用全 0 填充。在默认的情况下，是不使用全 0 填
充的。

除了是否使用全 0 填充外，还可以通过设置过滤器移动的步长来调整

结果矩阵的大小。在图 7-14 中，过滤器每次都只移动一格（也就是 1 个步长），图 7-16 显示了当高度和宽度方向上移动步长都为 2 时卷积层前向传播的过程。

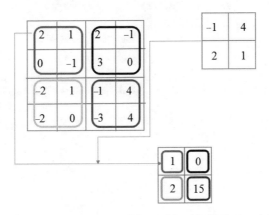

图 7-16　过滤器移动步长为 2 时卷积层计算结果示意图

从图 7-16 可以看出，当高度和宽度方向的步长均为 2 时，过滤器会每次移动两个小格，得到的结果矩阵的高度和宽度都比图 7-14 中结果矩阵的高度和宽度小。

在 Conv2D 类的构造函数中，strides 参数的作用就是指定不同方向上过滤器移动的步长，赋值的格式是一个长度为 2 的元组或列表。比如 strides=[2,2]表示高度方向移动的步长为 2，宽度方向移动的步长也为 2。在 conv2d()函数中提供的 strides 参数的值被要求是一个长度为 4 的元组或列表，但是第一个和最后一个数字一定是 1，这是因为卷积层的步长只对平面矩阵的高度和宽度有效。

下面的程序实现了为模型添加一个卷积层的操作，使用的输入数据是矩阵 *I*，过滤器（卷积核）是矩阵 filter_weight，卷积的过程中使用了全 0 填充并且步长为 1。从以下代码可以看出，在 TensorFlow 2.0 中添加卷积层是非常方便的。

```python
import tensorflow as tf
import numpy as np

#使用 NumPy 工具初始化一个名为 I 的数组，大小为 4×4，数据类型
#为 float32，并使用 NumPy 的 reshape()函数调整输入的格式
I = np.array([[[2],[1],[2],[-1]],
              [[0],[-1],[3],[0]],
```

```
            [[2],[1],[-1],[4]],
            [[-2],[0],[-3],[4]]],
         dtype="float32").reshape(1, 4, 4, 1)

#创建一个模型
model=tf.keras.Sequential()

#use_bias 表示对卷积的结果添加偏置项取值为 True 或 False
#kernel_initializer 表示如何初始化卷积核，可以像这里一样使用
#变量的初始化函数或者也可以使用随机数产生函数（例如默认值就是
#glorot_uniform，表示卷积核服从 Glorot 均匀分布）为卷积核赋随机值。
#bias_initializer 表示如何初始化偏置项，默认的选择是将偏置项
#全部初始化为 0 值，当然也可以像这里一样将偏置项全部初始化为 1 值
#或者也可以使用随机数产生函数以及变量的初始化函数
model.add(tf.keras.layers.\
         Conv2D(input_shape=(4,4,1),
               filters=1, kernel_size=(2,2),
               strides=(1,1), padding='same',
               use_bias=True,
               kernel_initializer=tf.\
               constant_initializer([[-1, 4],[2, 1]]),
               bias_initializer='ones'))

output=model(I, training=True)
print(output)

'''打印的内容
tf.Tensor(
[[[[  2.]
   [  9.]
   [  1.]
   [  2.]]

  [[  2.]
   [ 15.]
   [  0.]
   [  9.]]

  [[ -1.]
   [ -7.]
   [ 16.]
   [  5.]]

  [[  3.]
```

```
   [-11.]
   [ 20.]
   [ -3.]]]], shape=(1, 4, 4, 1), dtype=float32)
'''
```

在上面的例子中，并只用到了 Conv2D 类构造函数的部分参数。dilation_rate 参数用于设置卷积核的膨胀率，如果 dilation_rate 大于或等于 1 时，那么卷积核的大小将会按照公式 kernel_size+(kernel_size-1)*(dilation_rate-1)变化。也可以为 dilation_rate 参数赋值含有两个正整数的元组或列表，此时卷积核将会按照高度和宽度方向独立膨胀。

kernel_regularizer 参数用于选择对卷积核采用何种正则化方式。bias_regularizer 参数用于选择对偏置项采用何种正则化方式。activity_regularizer 参数用于选择对经过激活函数的卷积层输出采用何种正则化方式。kernel_constraint 参数用于选择对卷积核采用何种约束方式。bias_constraint 参数用于选择对偏置项采用何种约束方式。这些参数都默认的是 None，也就是都选择不采用。

除了 Conv2D 类之外，TensorFlow 还提供了其他的用于构建卷积层的类，包括Conv1D 类、Conv2DTranspose 类、Conv3D 类以及Conv3DTranspose 类等，它们与 Conv2D 一样同在 keras.layers 路径下面。在这里展开这些类的介绍会占用较大的篇幅，所以下面仅仅列出了它们的构造函数的定义原型，具体的使用可参考官方文档（https://tensorflow.google.cn/versions/r2.0/api_docs/python/tf/keras/layers/）。

```
'''
Conv1D 类构造函数定义原型：
def __init__(self, filters, kernel_size, strides=1,
             padding='valid', data_format='channels_last',
             dilation_rate=1, activation=None, use_bias=True,
             kernel_initializer='glorot_uniform',
             bias_initializer='zeros', kernel_regularizer=None,
             bias_regularizer=None, activity_regularizer=None,
             kernel_constraint=None, bias_constraint=None,
             **kwargs)
Conv2DTranspose 类构造函数定义原型：
def __init__(self, filters, kernel_size, strides=(1, 1),
             padding='valid', output_padding=None,
             data_format=None, dilation_rate=(1, 1),
             activation=None, use_bias=True,
             kernel_initializer='glorot_uniform',
```

```
        bias_initializer='zeros',
        kernel_regularizer=None, bias_regularizer=None,
        activity_regularizer=None,
        kernel_constraint=None, bias_constraint=None,
        **kwargs)
Conv3D 类构造函数定义原型:
def __init__(self, filters, kernel_size, strides=(1, 1, 1),
        padding='valid', data_format=None,
        dilation_rate=(1, 1, 1), activation=None,
       use_bias=True, kernel_initializer='glorot_uniform',
        bias_initializer='zeros', kernel_regularizer=None,
        bias_regularizer=None, activity_regularizer=None,
        kernel_constraint=None, bias_constraint=None,
        **kwargs)
Conv3DTranspose 类构造函数定义原型:
def __init__(self, filters, kernel_size, strides=(1, 1, 1),
        padding='valid', output_padding=None,
        data_format=None, activation=None,use_bias=True,
        kernel_initializer='glorot_uniform',
        bias_initializer='zeros',kernel_regularizer=None,
        bias_regularizer=None, activity_regularizer=None,
        kernel_constraint=None, bias_constraint=None,
        **kwargs)
'''
```

7.3 池化

在通过卷积获得了特征（Features）之后，下一步要做的是利用这些特征进行分类。理论上来讲，所有经过卷积提取到的特征都可以作为分类器的输入（例如 softmax 分类器），但这样做将面临巨大的计算量。试着考虑一下，对于一个 300×300 大小的输入图像（假设深度为 1），经过 100 个 3×3 大小的卷积核进行卷积操作后，得到的特征矩阵大小是(300-3+1)×(300-3+1)=88 804，将这些数据一下子输入到分类器中显然不是很现实，即使是将这些特征数据经过多层全连神经网络逐步减少，也会产生很多无法估计的权重参数。

此时一般会紧接着添加一个池化操作来进一步对卷积操作得到的特征映射结果进行处理。池化操作主要是将平面内某一位置及其相邻位置的特征值进行统计汇总，并将汇总后的结果作为这一位置在该平面内的值。例如，常见的最大池化（Max Pooling）操作会计算该位置及其相邻矩形区域内的最大值，并将这个最大值作为该位置的值；平均池化（Average Pooling）操作会计算该位置及其相邻矩形区域内的平均值，并将这个平均值作为该位置的值。

如果计算最大池化或平均池化的区域在平面中不重叠（但最好连续），那么经由池化操作处理的特征映射图的大小会进一步缩小。正是因为这样，所以在卷积层之后，往往会加入一个执行池化操作的池化层。

池化层的加入是有道理的。最好将池化操作想象成将一张分辨率较高的图片转换为分辨率较低的图片，因为在提取到的特征映射图中，某一特征极有可能会与相邻区域内的许多特征非常相似；也就是说，这一特征或许会在相邻区域内同样适用。出于这样的猜测，为了处理较大的特征映射图，一种很自然的想法就是对不同位置的特征进行聚合统计操作（有些文献称为降采样操作），而池化就是一种具体的聚合统计操作。

7.3.1　池化过程

在本小节，我们来具体看一下池化的过程。在图 7-17 中，左侧是原始的三维矩阵网格数据（深度为 2，宽度和高度各为 4），右侧展示了网格数据经过最大池化之后的结果。从图 7-17 中可以看出，最大池化之后的深度仍为 2。虽然池化操作也可以减小矩阵深度，但是实践中一般不会这么做。

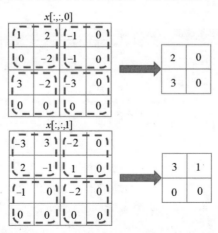

图 7-17　最大池化层处理结果示意图

在图 7-17 中，我们用虚线框选出了在原始数据中需要执行池化操作的矩形区域，在对每一个区域内部的数据进行最大池化后都得到了右侧结果中的一个数值。类比卷积操作的卷积核，可以将每次执行池化操作的过程都看作存在一个池化核，池化核的大小就是执行池化操作的矩形区域的大小。

池化操作的过程与卷积操作的过程类似，我们同样需要设置池化核大小、是否使用全 0 填充以及池化核每次移动的步长。在图 7-17 中，池化核的大小是 2×2，没有使用全 0 填充，并且池化核每次移动的步长是 2。需要注意的是，卷积操作的过程可能会造成数据矩阵深度的改变，但是池化操作一般不会。

7.3.2　常用池化类

和卷积类相似，TensorFlow 在 keras.layers 路径下面也提供了几个封装有池化操作的池化类，如在添加池化层时常用的最大池化 MaxPool2D 类以及平均池化 AveragePooling2D 类等。应用得最多的就是最大池化，因为它能凸显出一个区域内最明显的特征。以下是这两个池化类的构造函数的定义原型：

```
'''
AveragePooling2D 类构造函数定义原型:
def __init__(self, pool_size=(2, 2), strides=None,
            padding='valid', data_format=None,
            **kwargs)
MaxPool2D 类构造函数定义原型:
def __init__(self, pool_size=(2, 2), strides=None,
            padding='valid', data_format=None,
            **kwargs)
'''
```

就以 MaxPool2D 类为例吧，其构造函数的第一个参数为池化核的大小，所赋的值应该为含有 2 个整数的元组或列表，分别表示池化核高度和宽度方向的大小。也可以将 pool_size 参数赋值为一个整数，此时池化核的高度和宽度是相等的。在实际应用中使用得最多的池化核尺寸为 2×2 或 3×3。

TensorFlow 1.x 将最大池化操作和平均池化操作封装在 nn.max_pool() 函数和 nn.conv2d()函数中，这两个函数中的 filter_weight 参数就是用来设置池化核大小的，要求是将其赋值为长度为 4 的一维元组或列表，但是这个元组或列表的第一个和最后一个数必须为 1。也就是说，某一池化层的池化核是不可以在不同的输入样例间使用的，也无法在不同的通道间跨越使用。

MaxPool2D 类构造函数的第二个参数为步长，关于这个参数就不必再做过多的介绍了。在 nn.conv2d()函数和 nn.max_pool()函数中，strides 参数的第一维和最后一维也只能为 1。padding 参数指定了是否使用全 0 填充。和之前所使用的卷积类相同的是，这个参数也只有两种取值——valid 或者 same，其中 valid 表示不使用全 0 填充，same 表示使用全 0 填充。

7.3.3　池化层的代码实现

结合上一节得到的为模型添加卷积层的结果，这里为模型继续添加了一个最大池化层。以下是全部的代码和打印出的结果：

```
import tensorflow as tf
import numpy as np

I = np.array([[[2],[1],[2],[-1]],
              [[0],[-1],[3],[0]],
              [[2],[1],[-1],[4]],
              [[-2],[0],[-3],[4]]],
             dtype="float32").reshape(1, 4, 4, 1)
model=tf.keras.Sequential()
model.add(tf.keras.layers.\
          Conv2D(input_shape=(4,4,1),filters=1,
                 kernel_size=(2,2),strides=(1,1),
                 padding='same', use_bias=True,
                 kernel_initializer=tf.\
                 constant_initializer([[-1, 4],[2, 1]]),
                 bias_initializer='ones'))

#添加一个池化层，池化核 2×2，步长 2×2，不使用全 0 填充
model.add(tf.keras.layers.\
          MaxPool2D(input_shape=(4,4,1),
                    pool_size=(2,2),strides=(2,2),
                    padding="valid"))
output=model(I, training=True)
print(output)
```

```
'''打印的结果
tf.Tensor(
[[[[15.]
  [ 9.]]
  [[ 3.]
  [20.]]]], shape=(1, 2, 2, 1), dtype=float32)
'''
```

在构建池化层实例的时候依然可以通过 input_shape 参数指定输入的形状，用法和之前介绍的是一样的，不过不建议在网络的每一层中都手动指定 input_shape 参数，TensorFlow 可以自动处理层与层之间的输入输出关系。

这里还列举了 TensorFlow 提供的其他几个池化类。为了节约篇幅，也是仅仅列出了它们的构造函数定义原型，具体的使用方法也可参考官方说明（https://tensorflow.google.cn/versions/r2.0/api_docs/python/tf/keras/layers/）。

```
'''
AveragePooling1D 类构造函数定义原型：
def __init__(self, pool_size=2, strides=None, padding='valid',
        data_format='channels_last', **kwargs)

AveragePooling3D 类构造函数定义原型：
def __init__(self, pool_size=(2, 2, 2), strides=None,
        padding='valid', data_format=None,
        **kwargs)
MaxPool1D 类构造函数定义原型：
def __init__(self, pool_size=2, strides=None,
        padding='valid', data_format='channels_last',
        **kwargs)

MaxPool3D 类构造函数定义原型：
def __init__(self, pool_size=(2, 2, 2), strides=None,
        padding='valid', data_format=None, **kwargs)
'''
```

7.4 实现卷积神经网络的简例

相较全连神经网络而言，卷积神经网络相对进步的地方是卷积层结构和池化层结构的引入，这两种层都是卷积神经网络中重要的组成部分。这样的说法多少会显得不太具体。在前两节，我们了解了卷积层和池化层的实现方式，在一个完整的卷积神经网络中，一般会通过叠加多个卷积层和池化层的方式进行特征提取以及聚合操作。

在这一节，将会看到一些丰富且实用的内容。7.4.1 节将具体介绍一个卷积神经网络的基本框架，这个框架能更有效地帮助我们理解卷积神经网络的组成。在 7.4.2 节，将通过一个真实的卷积神经网络实现基于 Cifar-10 数据集的分类；但是要注意，这不是真的分类，我们不会在最后打印出图片的真实类别，而是记录训练过程的用时，并评估网络在测试集上的分类准确率。在实践这个卷积神经网络的时候，我们会先进行一些图像数据增强处理方面的内容，大概的意思就是对数据集中的图片进行各种简单的变换。使用 TensorFlow 提供的一些 API 函数进行图片处理是我们之前没有接触过的，不过不必为此忧虑，如果读者对对象处理过程中用到的函数不是非常熟悉，那么可以快速阅读 7.4.3 节的内容，那里有关于这些函数的介绍。

7.4.1　卷积神经网络的一般框架

图 7-18 展示了一个比较简单且具体的用于图像分类问题的卷积神经网络架构图。

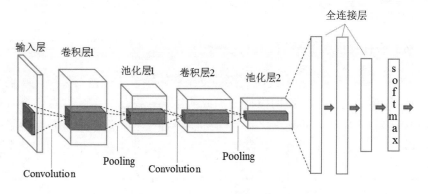

图 7-18　卷积神经网络架构示意图

由于卷积神经网络的卷积层和池化层都包含"深度"的概念，所以这里将每一层的单元都组织成了一个三维的矩阵。图 7-18 中虚线部分展示了卷积神经网络的连接情况。从图中可以看出，一个卷积神经网络主要包含 5 个结构：输入层、卷积层、池化层、全连接层和 softmax 层。

1．输入层

输入层是整个神经网络的输入。在用于图像分类问题的卷积神经网络中，它一般代表的是一张图片的像素矩阵。根据通道数的不同，图片像素矩阵也有着不同的深度数值。比如黑白图片只有一个通道，所以其深度为 1；而在 RGB 色彩模式下图像有三个通道，所以深度为 3。

2．卷积层

在图 7-18 所示示意图中，一共有两个卷积层。卷积层由一系列执行了卷积操作而得到的特征映射图组成。从图 7-18 中可以看出，卷积层中的每一个单元只与上一层中的一个区域的单元存在连接关系，这个区域的大小就是卷积核的大小。常用的卷积核大小有 3×3 或者 5×5。为了能从神经网络中的每一小块得到更多的抽象特征，一般卷积层的单元矩阵会比上一层的单元矩阵更深。

3．池化层

池化层的单元矩阵深度不会比上一层的单元矩阵更深，但是它能在宽度和高度方向缩小矩阵的大小。另外，加入池化层也能达到减少整个神经网络中参数的目的。

4．全连接层

如图 7-18 所示，在得到池化层的结果后连接了 3 个全连接层。我们可以将卷积层和池化层看作图像特征提取的结果，图像中的信息在经过几轮卷积操作和池化操作的处理之后，得到了更抽象的表达，这就是图像最基本的特征。在得到了提取的特征之后，为了完成分类任务仍需构建几个全连接层。

5．softmax 层

softmax 层在第 4 章中已经进行了详细的介绍，在第 6 章中实践 MNIST 手写数字识别时也使用过，这里不再赘述。通过 softmax 层，可以得到输入样例所属种类的概率分布情况。

由于卷积操作是特殊的线性变化，所以在将卷积层的结果传递到池化层前，需要经过去线性化处理。关于去线性化处理，在第 4 章中也有所介绍，大概的意思就是将这些结果传递到一个非线性函数中并得到这个函数的输出。图 7-19 放大了卷积层和池化层之间的细节。

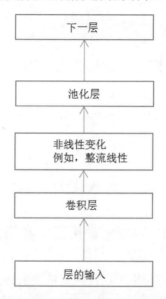

图 7-19　卷积层和池化层间包含的结构

需要额外说明的是，图 7-18 所示只是一个比较简单的且层数比较少的卷积神经网络，所以我们能轻易地绘制出它的大体结构，但是一些现代的卷积神经网络中会有很多的卷积层或池化层（如下一章将介绍的 VGGNet），那么再想这样绘制出它的结构就有点不现实了。

对于那些大型的卷积神经网络，我们可以简要地称它由很多段卷积层组成，每一段卷积层中有 3 个部分，如图 7-20 所示。在第一部分，并行地计算多个卷积操作生成一组线性激活响应；在第二部分，每一个线性激活响应将会通过一个非线性的激活函数，例如整流线性激活函数（ReLU）；在第三部分，会通过一个池化函数（Pooling Function）完成池化操作来进一步调整这一层的输出。

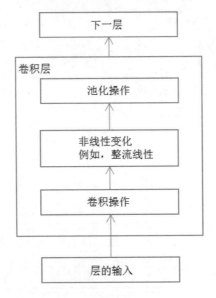

图 7-20　将卷积操作、池化操作和非线性变化统称为一段卷积层

7.4.2　基于 Cifar-10 数据集使用简单卷积神经网络实现分类

　　在这一小节，将会利用之前所讲述的内容搭建一个比较简单的卷积神经网络，实现 Cifar-10 数据集中图片的分类。尽管搭建的卷积神经网络比较简单，但是除此之外要做的额外工作比较多，比如读取真实的图像、图像预处理以及组织数据 batch 等。

　　在本小节中，一个完整的样例程序被分为了两个文件——Cifar10_data.py 文件和 CNN_Cifar-10.py 文件，其中 Cifar10_data.py 文件负责读取 Cifar-10 图像数据并对其进行图像数据增强预处理，而 CNN_Cifar-10.py 文件负责构造循环神经网络的整体结构，并运行训练和测试（评估）的过程。

　　首先要做的就是去下载这个数据集，下载的链接在 7.1.1 节已经给出。在这个网站上提供了 3 个.tar.gz 格式的文件下载，我们选择下载 cifar-10-binary.tar.gz。笔者在 home 空间下新建了一个名为 Cifar_data 的文件夹，把下载到的文件放到了这个文件夹里。之后将下载到的文件提取到这个目录下，会得到一个名为 cifar-10-batches-bin 的文件夹。进入到这个文件夹里，会发现里面有很多.bin 文件，这些.bin 文件就构成了 Cifar-10 数据集的主要内容，如图 7-21 所示。

图 7-21　Cifar-10 数据集的内容

在本章的开始曾提到，Cifar-10 数据集中包含 60 000 张 32×32 彩色图像，其中训练集图像 50 000 张，测试集图像 10 000 张。test_batch.bin 中保存的就是这 10 000 张测试集图像数据，而其他的 5 个.bin 文件则各自保存了训练集的 10 000 张图像数据。顾名思义，Cifar-10 一共标注为 airplane、automobile、bird、cat、deer、dog、frog、horse、ship 和 truck 10 类。其中没有任何重叠的情况，比如标注为 airplane 的图片中只包括飞机不包括小鸟。batchs.meta.txt 文件存储的就是这 10 类标签的字符串信息。

首先开始 Cifar10_data.py 文件的编写。在文件的开始，先是导入一些相关的类库和一些需要用到的量。这部分代码如下：

```
#导入 os 库是因为需要拼接路径
import os
import tensorflow as tf
num_classes = 10

#设定用于训练和评估的样本总数
num_examples_pre_epoch_for_train = 50000
num_examples_pre_epoch_for_eval = 10000


#定义一个空类，用于返回读取的 Cifar-10 数据
class CIFAR10Record(object):
    labels = []
    images = []
```

接着，在文件中定义一个 read_cifar10()函数用于读取文件列表中每个文件的数据。read_cifar10()函数的参数就是一个列表。在该函数中，首先创建了一个 CIFAR10Record 类实例 result，result 的属性 height、width 和 depth 分别存储了一幅图片的高度、宽度和深度。image_bytes 就是一幅图像的数据长度（3072 个值）。图像数据及其对应的 label 数据在.bin 文件中是一起存储的，所以定义 record_bytes 为二者总共的长度。

从二进制文件（Binary Files）中读取固定长度的数据可以通过 FixedLengthRecordDataset 类来完成，在初始化这个类时要为其 filenames 参数传入文件列表或者使用 Dataset 类构建的数据集，还要通过其 record_bytes 参数指定数据的长度。

FixedLengthRecordDataset 类会返回一个数据集对象，如果我们需要对图片进行一些处理，那么就得提前把 label 和原本的图像数据分离开。在 Cifar-10 数据集中，每个样本的 label 和图像数据都是连续存放的，样本数据的第一个数值是 label 值，紧接着是图像数据值。

通过设计一个 for 循环可以迭代数据集中的样本，在每轮循环的一开始就使用 decode_raw()函数可以将二进制串解析成图像对应的像素数组，并进行数据类型转换。经过 decode_raw()函数得到的像素数组可以使用 strided_slice()函数截取下标[0,1）区间的数据作为 label 数据，经过剪切之后剩下的数据再经过一次截取得到图像数据数组。图像数据数组中每一个图像的数据都是一维的（3072 个元素），我们需要通过 reshape()函数将其转为三维的，但是转换后是深度信息在前，高度信息和宽度信息在后；也就是说，transpose()函数将格式调整为高度信息和宽度信息在前而深度信息在后。

下面是 read_cifar10()函数的实现。

```python
#定义读取 Cifar-10 数据的函数
def read_cifar10(filenames):
    result = CIFAR10Record()

    #定义一些常量，其中 label_bytes 是标签的长度，所以如果
    #使用 Cifar-100 数据集，那么 label_bytes=2。depth 属性
    #是每幅图片的深度，因为图片是 RGB 三通道，所以深度为 3
    label_bytes = 1
    result.height = 32
    result.width = 32
    result.depth = 3

    #计算一个 Cifar-10 图像样本所占用的空间，结果是 3072
    image_bytes = result.height*result.width*result.depth

    #计算一个 Cifar-10 图像样本包含其对应的 label 在内所占用的空间，
    #结果是 3073
    record_bytes = label_bytes + image_bytes
```

```
#FixedLengthRecordDataset 类能够从二进制文件(Binary Files)
#中读取固定长度的数据以生成模型数据集，该类的构造函数定义原型为:
#def __init__(filenames, record_bytes,header_bytes=None,
#footer_bytes=None, buffer_size=None,
#compression_type=None, num_parallel_reads=None)
dataset = tf.data.\
    FixedLengthRecordDataset(filenames=filenames,
                            record_bytes=record_bytes)

for sample in dataset:
    #decode_raw() 函数可以将二进制字符串解析成像素数组
    result_bytes = tf.io.decode_raw(sample, tf.uint8)

    #result_label 是取 dataset 中每个样中的第一个元素并将
    #数据类型转换为 int32 之后得到的结果。strided_slice() 函数
    #用于对 input 截取 [begin, end] 区间的数据函数原型为:
    #strided_slice(input,begin,end,strides,begin_mask,
    #end_mask,ellipsis_mask,new_axis_mask,
    #shrink_axis_mask,name)
    result_label = tf.cast(
        tf.strided_slice(result_bytes,[0],[1]),tf.int32)

    #剪切 label 之后剩下的就是图片数据，我们将这些数据的格式从
    #[depth*height*width] 转换为 [depth, height, width]
    depth_major = tf.reshape(
        tf.strided_slice(result_bytes, [label_bytes],
                        [label_bytes + image_bytes]),
        [result.depth, result.height, result.width])

    #在 for 循环的最后使用 append() 函数将 labels 和 images
    #列表属性进行填充。transpose() 可以将 [depth, height,
    #width] 的格式转变为 [height, width, depth] 的格式，
    #其函数定义原型为: transpose(x,perm,name)
    result.labels.append(result_label)
    result.images.append(tf.transpose(depth_major,
                                [1, 2, 0]))
return result
```

除了使用 FixedLengthRecordDataset 类之外，在 TensorFlow 1.x 的部分版本中还可以使用 FixedLengthRecordReader 类及其 read() 函数从二进制文件中读取固定长度的数据。

紧接着 read_cifar10() 函数的是 inputs() 函数，这个函数传入的 data_dir

参数就是存放原始 Cifar-10 数据（解压后得到的.bin 文件）的目录。对于训练用的数据，要先通过 join()函数拼接文件完整的路径，并将这个得到的文件列表 filenames 传递给 read_cifar10()函数；对于测试用的数据，只占用了一个 test_batch.bin 文件，所以直接传给 read_cifar10()函数就好了。

read_cifar10()函数返回的是存储了 Cifar-10 数据的 CIFAR10Record 类实例，实例名就暂取为 read_input。我们关心的是 read_input 的 labels 和 images 列表，其中 images 列表的每个元素都是以三维的形式存储的样本像素数据，而 labels 则存储的是样本对应的标签。

在 inputs()函数中，根据 distorted 参数取值情况，可以判定是否对读取到的数据进行数据增强处理。distorted 参数不为 None 时就表示对图像进行数据增强处理。一般情况下，会对用于训练的训练数据进行数据增强处理，而不对用于测试的测试数据进行数据增强处理。

对图像进行数据增强处理有很多好处，首先就是能丰富图像的训练集数据以达到泛化模型（防止模型过拟合）的效果；其次就是在数据增强的过程中通过程序的方式增加了更多的图像特征（比如翻转特征、平移特征和缩放特征等），这有利于网络更好地提取图像特征。因此，对于图像处理的神经网络而言，一般都会在数据图像输入网络前对其进行数据增强处理。

在 inputs()函数的数据增强处理的过程中，我们对图像数据进行了翻转、随机剪切等数据增强，制造了更多的样本，如图 7-22 所示。

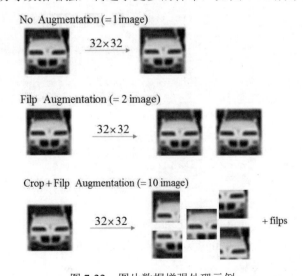

图 7-22　图片数据增强处理示例

　　数据增强处理的第一步就是将[32,32,3]大小的图片随机裁剪成[24,24,3]大小，这可以通过 TensorFlow 的 image.random_crop()函数来完成。第二步就是在第一步的基础上对裁剪后的图像进行随机左右翻转。image.py 文件提供了很多类似的图像数据处理函数，random_flip_left_right()函数就是其中实现了随机左右翻转图像功能的函数。

　　在下一小节，我们将专注于 image.py 文件中这些图像处理函数的介绍，尽管这样会做显得与本章的主题有所偏离。在函数中进行图像数据增强处理时用到的 image.py 文件中的函数都可以去下一小节进行查阅。

　　第三步就是在第二步的基础上使用 image.random_brightness()函数对图像进行随机亮度调整。第四步就是在第三步的基础上使用 image.random_contrast()函数对图像进行随机对比度调整。最后一步就是使用 image.per_image_standardization()函数在这些操作都完成的基础上对图像进行归一化操作。如果不明白什么是归一化操作，没关系，因为在下一小节就有关于归一化的介绍。

　　归一化之后基本就没有什么重要的操作了。由于样本数据不能一下子全部输入到神经网络中，所以在最后还使用了 Dataset 类创建新的 Cifar-10 数据集并返回，这个新的数据集除了使用 shuffle()函数随机打乱元素数据外，还使用了 batch()函数组织了数据 batch。

　　inputs()函数内对图像数据进行数据增强处理的代码部分如下：

```python
#定义 inputs()函数，可以选择是否对读入的数据进行数据增强处理，
#在函数实现的过程中调用了上面定义的 read_cifar10()函数，
def inputs(data_dir, batch_size, distorted):
    #inputs()函数的 distorted 参数用于指定是否对图像数据
    #进行数据增强处理，若进行，那么执行这个 if 判断里的逻辑
    if distorted != None:
        #使用 os 的 join()函数拼接路径，得到一串由文件名组成的
        #字符串列表
        filenames = [os.path.join(data_dir,
                            "data_batch_%d.bin" % i)
                                for i in range(1, 6)]

        #获取 read_cifar10 函数返回的数据集读取结果，
        #然后适当地进行格式转换
        read_input = read_cifar10(filenames)
        reshaped_image = tf.cast(read_input.images,
                                    tf.float32)
```

```python
#将[32,32,3]大小的图片随机裁剪成[24,24,3]大小
cropped_image = tf.image.\
    random_crop(reshaped_image, [50000, 24, 24, 3])
#随机左右翻转裁剪后的图片
flipped_image = tf.image.\
    random_flip_left_right(cropped_image)
#随机调整左右翻转后图片的亮度
adjusted_brightness = tf.image.\
    random_brightness(flipped_image, max_delta=0.8)
#随机调整亮度修改之后图片的对比度
adjusted_contrast = tf.image.\
    random_contrast(adjusted_brightness, lower=0.2,
                                        upper=1.8)
#标准化图片，算法是对每一个像素减去平均值并除以像素方差，
#注意不是归一化
float_image = tf.image.\
    per_image_standardization(adjusted_contrast)

#设置label的形状，从(100,1)到(100,)
read_input.labels = \
    list(chain.from_iterable(read_input.labels))

min_queue_examples = \
    int(num_examples_pre_epoch_for_eval * 0.4)
print('Filling queue with %d CIFAR images before
    starting to train. This will take a few minutes.'
    % min_queue_examples)

train_dataset = tf.data.Dataset. \
    from_tensor_slices((float_image,
                        read_input.labels))

train_dataset = train_dataset.\
    shuffle(buffer_size = min_queue_examples +
                    3 * batch_size).\
    batch(batch_size = batch_size)

return train_dataset
```

在 inputs()函数中，不对图像数据进行数据增强处理的部分相对比较简短，当 distorted 参数取值为 None 时，就表示不对图像进行数据增强处理。既然是对测试数据不采用数据增强处理并且测试数据只有一个文件，所以在这里也就没有拼接文件路径的必要了。

在这个过程中，会首先使用函数 image.resize_image_with_crop_or_pad()
将 32×32 大小的图片随机裁剪成 24×24 大小（深度方面不变）。第二步就是
在此基础上直接对图像进行标准化。接下来就是创建样例的数据集并返回
的过程，这基本上和上面是一样的。不对图像数据进行数据增强处理的部
分代码如下：

```python
#如果不进行数据增强处理，那么执行这个 else 的逻辑
else:
    #用于测试的数据集只有 test_batch.bin 一个，所以不必
    #组织文件列表，直接交给 read_cifar10() 函数读取即可
    read_input = read_cifar10(data_dir)
    reshaped_image = tf.cast(read_input.images,
                                    tf.float32)

    resized_image = tf.image.\
        resize_image_with_crop_or_pad(reshaped_image,
                                        24, 24)

    #没有图像的其他处理过程，直接标准化
    float_image = tf.image.\
        per_image_standardization(resized_image)

    #设置 label 的形状，从(100,1)到(100,)
    read_input.labels = \
        list(chain.from_iterable(read_input.labels))

    test_dataset = tf.data.Dataset. \
                from_tensor_slices((float_image,
                                    read_input.labels))
    test_dataset = test_dataset.\
                        batch(batch_size = batch_size)

    return test_dataset
```

接下来就来到了这个样例中的重点内容——循环神经网络的设计和训
练。对于网络的设计和训练，这部分的内容被放在了 CNN_Cifar-10.py 文件
内。在该文件的头部，首先还是先载入一些库和预定义一些数据。

当然还要使用 Cifar10_data.py 中的 inputs() 函数生成训练数据集和测试
数据集。在生成训练数据集时需要进行数据增强处理，所以 distorted 参数
为 True。数据增强处理可以获得更多带噪声的样本，相当于扩大了样本
量，对于提高准确率而言，这是非常有帮助的。对于测试数据则不需要进

行显著的数据增强处理，但还是要将图片裁剪成 24×24 大小并且进行图片数据标准化操作，所以 distorted 参数被置为 None。

下面是 CNN_Cifar-10.py 文件头部的内容。

```
import tensorflow as tf
from tensorflow.keras import layers, models
import time
import math
import Cifar10_data

num_examples_for_eval = 10000
data_dir = "/home/jiangziyang/Cifar10_data/" \
           "cifar-10-batches-bin"
test_data = "/home/jiangziyang/Cifar10_data/" \
            "cifar-10-batches-bin/test_batch.bin"

#调用 inputs()函数获取 Cifar-10 数据，针对用于训练的图片数据，
#distorted 参数为 True，表示进行数据增强处理。针对用于测试的
#图片数据，distorted 参数为 None，表示不进行数据增强处理
dataset_for_train = Cifar10_data.\
    inputs(data_dir = data_dir, batch_size = 100,
                              distorted = True)
dataset_for_test = Cifar10_data.\
    inputs (data_dir = test_data, batch_size = 100,
                              distorted = None)
```

由于是实现一个简单的卷积神经网络，所以我们选择了直接使用 keras.layers 下打包成的网络层类。先定义一个名为 Sample_CNN 的类，就是我们的模型类，继承自 Model 类。然后在 Sample_CNN 类的构造函数中添加第一个卷积层，这个卷积层使用 5×5 大小的卷积核，输入通道数为 3（因为图像深度为 3），64 个卷积核（也就是输出深度为 64）。

对于这个卷积层的卷积操作，步长默认为 1，并且边界使用全 0 填充。设置 use_bias 参数为 True 表示在卷积操作之后对结果添加偏置项，设置 bias_initializer 参数为 zeros 表示偏置项采用全 0 初始化的办法。此外，设置 activation 参数为 relu 表示对卷积结果使用一个 ReLU 激活函数进行去线性化处理。卷积层的最后一步是将得到的经过 ReLU 激活函数处理的卷积结果通过最大池化层进行最大池化处理，池化核大小为 3×3，步长为 2×2。

在实际的卷积神经网络中，一般最大池化会比其他的池化（如平均池化）应用得更多。理论研究表明，池化操作的尺寸大于步长（即池化核发生

了部分重叠）的做法可以增加数据的丰富性，所以这里选择了池化核大于步长。以下是 Sample_CNN 类的定义和这个卷积层的代码：

```
class Sample_CNN(tf.keras.Model):
    def __init__(self):
        super(Sample_CNN, self).__init__()
        #给 Sample_CNN 模型类添加第一个卷积层
        self.conv1 = layers.\
            Conv2D(filters = 64, kernel_size = (5, 5),
                    padding="SAME", activation='relu',
                    use_bias=True, bias_initializer='zeros',
                    input_shape=(24, 24, 3))
        self.maxpool1 = layers.\
            MaxPool2D(pool_size = (3, 3), strides=(2, 2),
                    padding='same')
```

第二个卷积层和第一个卷积层几乎一模一样。以下是这个卷积层的代码：

```
#给 Sample_CNN 模型类添加第二个卷积层
self.conv2 = layers.\
    Conv2D(filters = 64, kernel_size = (5, 5),
            strides=(1, 1), padding="SAME",
            activation='relu', use_bias=True,
            bias_initializer='zeros')
self.maxpool2 = layers.\
    MaxPool2D(pool_size = (3, 3), strides=(2, 2),
                            padding='same')
```

两个卷积层之后是三个全连接层。为了能够将经过两个卷积层的数据连接到全连接层，需要使用 Flatten 类将卷积的输出拉直。如果想查看模型在经过两个卷积层之后得到的输出的尺寸，那么可以使用 Model 类提供的 output_shape 属性。这部分代码如下：

```
#给 Sample_CNN 模型类添加一个拉伸层
self.flatten = layers.Flatten()
#print(Sample_CNN.output_shape)
#打印结果: (None, 2304)
```

第一个全连接层预设的隐藏单元数为 384，偏置项采用全 0 初始化的办法，最后依然使用 ReLU 激活函数进行去线性化处理。第二个全连接层和第一个全连接层很像，只是隐藏单元数发生了改变。第三个全连接层被设计为有 10 个隐藏单元，激活函数由 ReLU 更改为 Softmax 以实现回归分类的功能。以下是添加这三个全连接层的代码：

```
#给 Sample_CNN 模型类添加第一个全连接层
self.f1 = layers.\
    Dense(units = 384, activation='relu',
        use_bias=True, bias_initializer='zeros')

#给 Sample_CNN 模型类添加第二个全连接层
self.f2 = layers.\
    Dense(units = 192, activation='relu',
        use_bias=True, bias_initializer='zeros')

#给 Sample_CNN 模型类添加第三个全连接层
self.f3 = layers.\
    Dense(units = 10, activation='softmax',
        use_bias=True, bias_initializer='zeros')

def call(self, inputs):
    x = self.conv1(inputs)
    x = self.maxpool1(x)
    x = self.conv2(x)
    x = self.maxpool2(x)
    x = self.flatten(x)
    x = self.f1(x)
    x = self.f2(x)
    return self.f3(x)
```

整个模型类的编写到此结束。在之前的网络设计中，我们还对全连接层的权重参数计算了 L2 正则化的值并作为一项损失加入网络优化的步骤中。实际上，在分类或者回归任务，为了不因特征过多而导致过拟合，一般通过减少特征或者惩罚不重要特征的权重来缓解这个问题。正则化就是帮助我们惩罚特征权重的，即特征的权重也会成为模型损失函数的一部分。这样我们就可以筛选出最有效的特征，减少特征权重，防止过拟合。

一般来说，L1 正则会制造稀疏的特征，大部分无用特征的权重会被置为 0，而 L2 正则会让特征的权重保持不过大且比较平均。在上面的这个例子中，出于简单，我们没有对权重参数计算正则化项，感兴趣的读者可以通过参数 kernel_regularizer 设置对参数计算正则化项。

接下来就可以像上一章最后那个例子一样选择优化器与损失函数、定义平均损失和分类准确率的计算方法、定义训练过程、定义测试过程以及在一个 for 循环中执行训练过程和测试过程了。下面展示了接下来的全部代码。

```python
sample_CNN = Sample_CNN()

#为训练选择优化器与损失函数
optimizer = tf.keras.optimizers.Adam(1e-3)
loss_fn = tf.keras.losses.SparseCategoricalCrossentropy()

#定义 train_loss 函数计算训练过程的平均损失
#定义 train_accuracy 函数计算训练过程得到的分类准确率
train_loss = tf.keras.metrics.Mean(name='train_loss')
train_accuracy = tf.keras.metrics.\
    SparseCategoricalAccuracy(name='train_accuracy')

#定义 test_loss 函数计算训练过程的平均损失
#定义 test_accuracy 函数计算训练过程得到的分类准确率
test_loss = tf.keras.metrics.Mean(name='test_loss')
test_accuracy = tf.keras.metrics.\
    SparseCategoricalAccuracy(name='test_accuracy')

#训练的过程
@tf.function
def train_step(train_images, train_labels):
    with tf.GradientTape() as tape:
        predictions = sample_CNN(train_images)
        loss = loss_fn(train_labels, predictions)
    gradients = tape.\
        gradient(loss,sample_CNN.trainable_variables)
    optimizer.\
        apply_gradients(zip(gradients,
                        sample_CNN.trainable_variables))
    train_loss(loss)
    train_accuracy(train_labels, predictions)

#测试的过程
@tf.function
def test_step(test_images, test_labels):
    predictions = sample_CNN(test_images)
    loss = loss_fn(test_labels, predictions)
    test_loss(loss)
```

```
    test_accuracy(test_labels, predictions)

EPOCHS = 10
for epoch in range(EPOCHS):
    for train_images, train_labels in dataset_for_train:
        train_step(train_images, train_labels)

    for test_images, test_labels in dataset_for_test:
        test_step(test_images, test_labels)

    template = 'Epoch {}, Loss: {}, Accuracy: {}, ' \
               'Test Loss: {}, Test Accuracy: {}'
    print(template.format(epoch + 1,train_loss.result(),
                          train_accuracy.result() * 100,
                          test_loss.result(),
                          test_accuracy.result() * 100))
```

　　最后要做的就是运行 CNN_Cifar-10.py 中的整个程序，并观察控制台的打印输出。为了简单演示，上面的 for 循环中只执行了 10 个 epoch 的迭代。由于事先需要做数据处理，并且这个网络的规模也较之前的大了一些，所以程序的执行速度可能会明显减慢。

　　下面展示了这 10 个 epoch 执行之后打印的内容。

```
Filling queue with 4000 CIFAR images before starting
to train. This will take a few minutes.
Epoch 1,
Loss: 1.3878353834152222, Accuracy: 59.577999114990234,
Test Loss: 1.2503017187118, Test Accuracy: 55.651664733886
Epoch 2,
Loss: 1.193313717842102, Accuracy: 67.077999114990234,
Test Loss: 1.17036986351013, Test Accuracy: 58.69499969482
Epoch 3,
Loss: 1.077392578125, Accuracy: 71.46066665649414,
Test Loss: 1.13078582286834, Test Accuracy: 70.24277877807
Epoch 4,
Loss: 0.9930009245872498, Accuracy: 74.57949829101562,
Test Loss: 1.10906183719635, Test Accuracy: 71.39083480834961
Epoch 5,
Loss: 0.9251590967178345, Accuracy: 77.05359649658203,
Test Loss: 1.105235338211059, Test Accuracy: 72.0593299865722
Epoch 6,
Loss: 0.8683743476867676, Accuracy: 80.09966278076172,
```

```
Test Loss: 1.09716712474823, Test Accuracy: 82.597774505615234
Epoch 7,
Loss: 0.8202415108680725, Accuracy: 84.82343292236328,
Test Loss: 1.096268754005432, Test Accuracy: 83.0376205444335
Epoch 8,
Loss: 0.7766044735908508, Accuracy: 86.38899993896484,
Test Loss: 1.081644487380981, Test Accuracy: 84.333747863769
Epoch 9,
Loss: 0.7355276346206665, Accuracy: 87.82533264160156,
Test Loss: 1.08760040283202, Test Accuracy: 85.507038116455
Epoch 10,
Loss: 0.6980778574943542, Accuracy: 88.13899993896484,
Test Loss: 1.084187521934509, Test Accuracy: 86.4659996032714
```

通过输出的准确率可以看到，在基于 Cifar-10 数据集的卷积神经网络上，通过一个小迭代次数的训练，可以很快地达到 70%以上的准确率。

尽管最终准确率的数值相对第 6 章中使用 MLP 进行 Fashion-MNIST 服饰图像识别时产生的准确率相差不多，但持续增加 epoch 也有助于逐步提高准确率。当赋予训练迭代轮数一个较大的值时，一般会使用 GradientDescent-Optimizer 优化器配合学习率指数衰减（第 5 章中介绍过学习率衰减的诸多形式，指数衰减就是 exponential_decay()函数）来进行训练，这样能够很快地达到突破 90%以上的准确率。

在此只是为了介绍卷积神经网络的一般结构，所以省略了一些必要的优化，在以上代码的基础上增加优化的步骤就交给大家去尝试了。在第 8 章，我们将实现基于卷积神经网络的 MNIST 手写数字识别，在那里，你会发现相较于 MLP，卷积神经网络确实能够获得更高的准确率。

7.5　图像数据处理

在上一节的卷积神经网络简单样例中，我们用到了图像数据处理的一些函数。在大部分图像识别问题中，通过图像数据预处理可以尽量避免模型受到无关因素的影响或者达到数据增强的目的，从而提高模型的准确率。实际上，TensorFlow 提供了几类简单的图像数据处理函数，这些函数都非常有用，虽然它们在图像处理方面并不是那么专业。

本节所用的原始图像如图 7-23 所示，这是一幅分辨率为 895×560

的 .png 格式的图像。所有的代码为了展示图像处理的效果都用到了 matplotlib.pyplot 工具，这是一个 Python 的画图工具，在官网（https://matplotlib.org/index.html）有更多详细的介绍。

图 7-23　原始图像

在接下来的几个小节中，我们将重点介绍 TensorFlow 提供的用于图像处理的 API。对于这些 API 的使用可以看作 TensorFlow 高级应用的开始，在进行图像数据增强的时候，熟练地使用这些 API 可以达到事半功倍的效果。

7.5.1　图像编/解码处理

一幅 RGB 色彩模式的图像可以看作一个三维矩阵，矩阵中每一个数都代表了图像上的不同位置、不同颜色的亮度。然而图像在存储时并没有直接记录这些矩阵中的数字，而是记录了经过压缩编码之后的结果，所以要将一幅图像还原成一个三维矩阵，需要解码的过程。

TensorFlow 提供了一些函数以实现对一些格式（如.jpeg、.jpg、.png 和.gif）的图像进行编码/解码操作的支持。以下的样例代码就展示了如何使用 image.decode_png()函数和 image.encode_png()函数实现对.png 格式的图像进行解码和再编码。

```
import matplotlib.pyplot as plt
import tensorflow as tf
```

```
#使用 io.read_file()函数读取文件，例如图像文件，该函数定义原型为：
#read_file(filename, name=None)
image = tf.io.read_file("/home/jiangziyang/images/duck.png")

#TensorFlow 提供了 image.decode_png()函数，用于将.png 格式的
#图像解码，从而得到图像对应的三维矩阵，函数原型为：
#decode_png(contents, channels=0, dtype=tf.uint8,
#           name=None)
img_after_decode = tf.image.decode_png(image)

#打印解码之后的三维矩阵，并调用 pyplot 工具可视化得到的图像
print(img_after_decode)
plt.imshow(img_after_decode)
plt.show()

#使用 image.convert_image_dtype()函数是为了方便后续的样例程序
#对图像进行处理
#img_after_decode = tf.image.\
#    convert_image_dtype(img_after_decode,dtype=tf.float32)

#TensorFlow 提供了 image.encode_png()函数，用于将解码后的图像
#再进行 PNG 编码，函数定义原型为：
#encode_png(image, compression=-1,name=None)
#io.write_file()函数用于将内容写入到文件，如图片文件，函数
#定义原型为：write_file(filename, contents, name=None)
encode_image = tf.image.encode_png(img_after_decode)
tf.io.write_file("/home/jiangziyang/images/duck2.png",
encode_image)

'''print()函数打印的内容
tf.Tensor(
[[[ 56  55  60 255]
  [ 56  55  60 255]
  [ 56  55  60 255]
  ...
  [ 56  55  60 255]
  [ 56  55  60 255]
  [ 56  55  60 255]]

 [[ 57  45  38 255]
  [ 58  46  38 255]
  [ 58  46  38 255]
  ...
```

```
 [ 30  21  18 255]
 [ 32  23  19 255]
 [ 32  23  20 255]]
...
[[  7  42  79 255]
 [  3  47  81 255]
 [  3  51  88 255]
 ...
 [123 164 223 255]
 [124 157 219 255]
 [137 170 233 255]]

[[  6  35  75 255]
 [  2  39  85 255]
 [  1  49 104 255]
 ...
 [ 93 145 213 255]
 [101 151 220 255]
 [ 88 142 217 255]]], shape=(560, 895, 4), dtype=uint8)
'''
```

在上面的这段示例代码中，先是使用了 io.read_file()函数读取了图像文件，接着才是使用 decode_png()函数将这个读取到的图像文件解码。decode_png()函数的 channels 参数用于指定解码时期望的图像颜色通道的数量，可以赋值为0、1、3和4，分别表示使用PNG编码图像中的通道数量、使用灰度图像中的通道数量、使用 RGB 图像中的通道数量和使用 RGBA 图像中的通道数量。

经过解码的图像还可以使用 encode_png()函数进行再次 PNG 编码操作。encode_png()函数的 image 参数就是图像解码之后的三维矩阵，数据类型可以使 uint8 或 uint16。compression 参数用于选择压缩级别，默认为-1，也可赋从 0 到 9 的任意值，其中 9 是最高的压缩级别，生成最小的输出，但速度较慢。

上面的这段示例代码的执行结果是在打印出解码得到的像素数据后会通过 pyplot 工具绘制出原始的图像。最后还对解码得到的图像数据进行了.png 格式的编码，编码之后的结果保存在了同一个文件夹中，打开这个文件夹会发现 duck2.png，它和 duck.png 是相同的。

TensorFlow 也提供了对.jpeg/.jpg 格式的图像进行解码/编码操作的函

数，分别是 image.decode_jpeg()函数和 image.encode_jpeg()函数。以下是这两个函数的定义原型：

```
#decode_jpeg(contents, channels=0, ratio=1,
#            fancy_upscaling=True,
#try_recover_truncated=False,
#            acceptable_fraction=1, dct_method='', name=None)
#encode_jpeg(image, format='', quality=95, progressive=False,
#            optimize_size=False, chroma_downsampling=True,
#            density_unit='in', x_density=300, y_density=300,
#            xmp_metadata='', name=None)
```

解码.jpeg 格式的图像和解码.png 格式的图像后打印输出数值的格式不同（通道数不同），这是因为.png 格式的文件在存储了图像的 RGB 值之外，还存储了 Alpha（透明度）值，而.jpeg 格式的文件只存储了图像的 RGB 信息。关于具体的图像存储情况这里不再深究，可以参考相关数字图像处理的书籍。对于.gif 格式的图像进行解码，可以使用 image.decode_gif()函数。对于.bmp 格式的图像进行解码，可以使用 image.decode_bmp()函数。自动检测图像格式并进行解码，可以使用 image.decode_i()函数。以下是这些函数的定义原型：

```
#decode_gif(contents, name=None)
#decode_bmp(contents, channels=0, name=None)
#decode_image(contents, channels=None, name=None)
```

限于篇幅，这里不再对这些函数的参数作出解释，想要使用它们的读者可自行参考官网（https://tensorflow.google.cn/versions/r2.0/api_docs/python/tf/image/）对它们的解释。

7.5.2 翻转图像

在数据增强的过程中，我们最先使用 image.random_flip_left_right()函数对图像进行随机的左右翻转。

在实际应用中，我们往往会要求程序对经过翻转变化的图像也具备识别能力，所以在训练图像识别的神经网络模型时，通过随机翻转训练图像的方式使得训练得到的模型可以识别经过翻转的实体。比如，假设在训练数据中所有戏水的鸭子都是向左的，那么训练出来的模型就无法很好地识别向右的鸭子。

随机翻转训练图像是一种很常用的图像预处理方式，尽管可以通过收集更多的训练数据以使得模型能够识别经过翻转的实体，但是这样会加大存储的开销，通过代码的方式可以在很大程度上缓解这个问题。以下代码展示了 image.random_flip_left_right()函数的使用：

```python
import matplotlib.pyplot as plt
import tensorflow as tf
image = tf.io.read_file("/home/jiangziyang/images/duck.png")

#decode
img_after_decode = tf.image.decode_png(image)

#以一定概率左右翻转图片的函数定义原型为：
#random_flip_left_right(image,seed=None)
flipped = tf.image.random_flip_left_right(img_after_decode)

#用 pyplot 工具显示
plt.imshow(flipped)
plt.show()
```

图 7-24 可视化了随机左右翻转之后的图像。

图 7-24　随机左右翻转之后的图像

关于 random_flip_left_right()函数需要解释的是，其 image 参数所接收的参数必须是三个维度及其以上的矩阵，如果图片没有经过解码，则不能直接递交给 random_flip_left_right()函数进行处理。TensorFlow 当然也提供了其他具有翻转图像功能的函数，下面展示了其余图像翻转函数的解释和函数定义原型。

```
#image.random_flip_up_down()函数以一定概率上下翻转图片:
#random_flip_up_down(image,seed=None)
#image.flip_up_down()函数将图像上下翻转:
#flip_up_down(image)
#image.flip_left_right()函数将图像左右翻转:
#flip_left_right(image)
#image.transpose()函数将图像进行对角线翻转:
#transpose(image, name=None)
```

7.5.3　图像色彩调整

数据增强的过程中，在进行随机左右翻转图像处理之后我们使用了图像处理函数 image.random_brightness()对图像进行亮度的调整。

调整图像的色彩包括对图像的亮度、对比度、饱和度和色相方面的调整。和翻转图像类似，调整图像色彩在很多图像识别应用中都不会影响识别结果。在训练神经网络模型时，我们也因此会随机调整训练图像的这些属性，目的就是使经过训练的模型尽可能小地受到某些无关因素的影响。

以下代码展示了 image.random_brightness()函数的使用：

```
import matplotlib.pyplot as plt
import tensorflow as tf
image = tf.io.read_file("/home/jiangziyang/images/duck.png")

#decode
img_after_decode = tf.image.decode_png(image)

#image.random_brightness()函数定义原型:
#random_brightness(image,max_delta,seed=None)
#max_delta 的值不能为负，函数会在[-max_delta,
#max_delta]值之间随机调整图像的亮度
adjusted_brightness = tf.image.\
                    random_brightness(img_after_decode,
                                       max_delta=1)
plt.imshow(adjusted_brightness)
plt.show()
```

亮度降低之后的输出结果如图 7-25（a）所示，亮度增加之后的输出结果如图 7-25（b）所示。

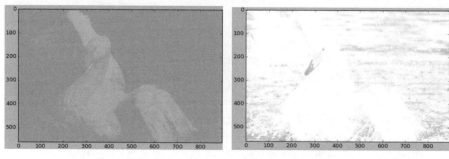

（a）亮度降低之后的输出结果　　　　　（b）亮度增加之后的输出结果

图 7-25　亮度的调整结果

在 random_brightness()函数中，参数 image 自不必多说，它要求是图像解码之后得到的矩阵，max_delta 参数是亮度的最大增减量，根据随机因子 seed 会在[-max_delta, max_delta)中随机选取 delta。

除了 random_brightness()函数，可用于亮度调整的还有 image.adjust_brightness()函数，以下是它的定义原型：

```
#adjust_brightness(image,delta)
#说明：delta 参数为正值，则图像的亮度会增加；为负值，则图像的亮度会降低
#将 delta 设为大于 1 或小于-1 的值是没有意义的，这时图像会变成一致的颜色
```

在数据增强的过程中还使用了 image.random_contrast()函数进行对比度的调整，这个函数的使用方法和 image.random_brightness()差不多，以下代码进行了使用样例展示。

```
import matplotlib.pyplot as plt
import tensorflow as tf
image = tf.io.read_file("/home/jiangziyang/images/duck.png")
img_after_decode = tf.image.decode_png(image)

#函数原型：random_contrast(image,lower,upper,seed=None)
#函数会在[lower,upper]之间随机调整图像的对比度
#但要注意参数 lower 和 upper 都不能为负
adjusted_contrast = tf.image.\
                random_contrast(img_after_decode, 0.2, 18)
plt.imshow(adjusted_contrast)
plt.show()
```

图 7-26 展示了对比度增加之后的效果，你也可以尝试一下降低对比度之后的样子，那看起来非常恐怖。

图 7-26　对比度增加之后的效果

　　random_contrast()函数的 lower 参数是随机对比因子的下限，upper 参数随机对比因子的上限，函数会在区间[lower, upper]中根据随机因子 seed 随机选取对比度因子。

　　除了 random_contrast()函数可用于对比度调整的函数还有 image.adjust_contrast()，以下是它的定义原型：

```
#adjust_contrast(images,contrast_factor)
#参数 contrast_factor 可为正或为负，正值会增加对比度，负值会降低对比度
#在数值为整数时效果明显
```

　　在数据增强的过程中没有涉及色相以及饱和度的调整，但是TensorFlow确实也在image.py文件中提供了用于调整色相的函数——image.adjust_hue()和 image.random_hue()，以及调整饱和度的函数——image.adjust_saturation()和image.random_saturation()。以比较简单的固定调整为例，以下样例代码展示了 image.adjust_hue()函数的使用。

```
import matplotlib.pyplot as plt
import tensorflow as tf
image = tf.io.read_file("/home/jiangziyang/images/duck.jpg")

img_after_decode = tf.image.decode_jpeg(image)

#函数原型: adjust_hue(image,delta,name=None)
adjusted_hue = tf.image.adjust_hue(img_after_decode, 0.1)
adjusted_hue = tf.image.adjust_hue(img_after_decode, 0.3)
adjusted_hue = tf.image.adjust_hue(img_after_decode, 0.6)
adjusted_hue = tf.image.adjust_hue(img_after_decode, 0.9)
```

```
plt.imshow(adjusted_hue)
plt.show()
```

注意，image.adjust_hue()函数不适用于通道数为 4 的情况，因此对于.png 格式的图像需要先转换为.jpeg/.jpg 格式，再用 decode_jpeg()函数进行解码。图7-27展示了将色相分别调整为+0.1、+0.3、+0.6和+0.9之后的结果。

（a）色相：+0.1 　　　　　　　　　　　（b）色相：+0.3

（c）色相：+0.6 　　　　　　　　　　　（d）色相：+0.9

图 7-27　色相调整之后的结果

使用 image.random_hue()函数能够实现随机色相调整，函数原型如下：

```
#random_hue(image, max_delta, seed=None)
#功能是在[-max_delta, max_delta]的范围随机调整图片的色相
#max_delta 的取值在[0, 0.5]之间
```

还是以比较简单的固定调整为例，以下样例代码展示了 image.adjust_saturation()函数的使用：

```
import matplotlib.pyplot as plt
import tensorflow as tf
image = tf.io.read_file("/home/jiangziyang/images/duck.jpg")
```

```
img_after_decode = tf.image.decode_jpeg(image)

#函数原型：adjust_saturation(image, saturation_factor,
name=None)
#将图片的饱和度设为-6
adjusted_saturation = tf.image.\
                    adjust_saturation(img_after_decode, -6)

#将图片的饱和度+6
#adjusted_saturation = tf.image.\
#                    adjust_saturation(img_after_decode, 6)
plt.imshow(adjusted_saturation)
plt.show()
```

饱和度为−6给人的感觉像是图像由彩色转成了黑白，饱和度为+6给人的感觉像是图像被添加了浓墨重彩。需要注意的是，在使用 adjust_saturation()函数的时候也不能传入4通道的数据。图7-28展示了饱和度调整之后的效果。

　　　　（a）饱和度：−6　　　　　　　　　　（b）饱和度：+6
图 7-28　饱和度调整的结果

使用 image.random_saturation()函数能够实现随机饱和度调整，函数原型如下：

```
#在[lower, upper]范围内随机调整图像的饱和度
#random_saturation(image, lower, upper,seed=None)
```

7.5.4　图像标准化处理

在数据增强的过程中，最后一步是图像标准化处理。图像标准化在

TensorFlow 中是指将图像的亮度均值变为 0，方差变为 1。TensorFlow 也提供了一个函数来实现图像标准化，那就是 image.per_image_standardization()。这个函数的原型只有一个参数，使用时将经过解码或者其他处理的图像数据传入即可。图 7-29 展示了在原始图像的基础上经过图像标准化处理的结果。

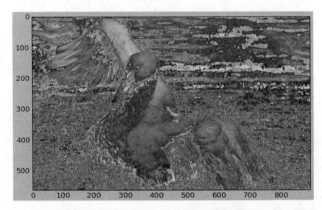

图 7-29　图像标准化之后的效果

7.5.5　调整图像大小

在实际情况中，从各个渠道获取的图像不会是固定的大小，为了能将这些图像的像素值输入到输入单元个数固定的网络中，需要先将图像的大小统一。这就是图像大小调整需要完成的任务。

在 TensorFlow 1.x 中，提供了 image.resize_images()函数用于图像的大小调整，该函数会通过一些算法使得新的图像看起来和原始图像一模一样（尽可能地保存了原始图像上的所有信息）。在使用该函数调整图像大小时，可以通过参数选择 4 种不同的图像大小调整算法。以下代码示范了如何使用这个函数：

```
import matplotlib.pyplot as plt
import tensorflow as tf
import numpy as np
image =
tf.gfile.FastGFile("/home/jiangziyang/images/duck.png",
                   'r').read()
```

```
with tf.Session() as sess:
    img_after_decode = tf.image.decode_png(image)

    #函数原型: resize_images(images,size,method,align_corners)
    resized = tf.image.resize_images(img_after_decode,
                                [300, 300], method=3)
    print(resized.dtype)
    #打印的信息<dtype: 'uint8'>

#从 print 的结果看出经由 resize_images()函数处理图片后返回的
#数据是 float32 格式的, 所以需要转换成 uint8 才能正确打印图片,
    #这里使用 np.asarray()存储了转换的结果
    resized = np.asarray(resized.eval(), dtype="uint8")

    plt.imshow(resized)
    plt.show()
```

image.resize_images()函数的 images 参数就是需要传递进来的图像经过解码之后的数据，参数 size 用于指定 resize 之后的图像大小，通过参数 method 可以选择使用 4 种不同的图像大小调整算法，一般使用双线性插值法。这些算法的名称及对应的 method 值总结在了表 7-1 中。

表 7-1　method 参数的取值及其对应的图像大小调整算法

method 参数取值	图像大小调整算法
0	双线性插值法（Bilinear Interpolation）
1	最近邻居法（Nearest Neighbor Interpolation）
2	双三次插值法（Bicubic Interpolation）
3	面积插值法（Area Interpolation）

图 7-30 可视化了对 image.resize_images()函数使用 4 种不同的图像大小调整算法得到的结果。从图 7-30 可以对比出不同的算法得到的结果会有细微的差别，但是如果没有特别高的要求，可以认为得到的结果都是相同的。

需要注意的是，resize_images()函数在 TensorFlow 1.x 中是被支持的，所以上述代码在 TensorFlow 1.x 的环境中运行是没有问题的，然而在 TensorFlow 2.x 中就不能再使用它。

（a）双线性插值法

（b）最近邻居法

（c）双三次插值法

（d）面积插值法

图 7-30　不同图像大小调整算法得到的结果

　　幸运的是，TensorFlow 1.x 中的其他调整图像大小的函数被 TensorFlow 2.x 继承下来了。这些函数并不像 image.resize_images()函数一样使得处理后的图像看起来和原始图像一模一样，它们做的是一些裁剪或填充的工作，这样也能达到图像大小调整的目的。

　　image.resize_image_with_crop_or_pad()函数实现了裁剪或填充的功能，在使用时会对该函数传入图像解码之后的数据以及一个指定的目标大小，如果原始图像的大小小于目标大小，则函数会在原始图像的四周进行全 0 填充以达到目标大小；如果原始图像的大小大于目标大小，则函数会以图像的中心为中心对图像进行裁剪，裁剪之后就得到了目标大小的图像。以下代码示范了如何使用这个函数：

```
import matplotlib.pyplot as plt
import tensorflow as tf
image = tf.io.read_file("/home/jiangziyang/images/duck.png")

img_after_decode = tf.image.decode_png(image)
#函数原型:resize_with_crop_or_pad(image, target_height,
#                                 target_width)

#裁剪图像
croped = tf.image.\
        resize_image_with_crop_or_pad(img_after_decode,
                                      300, 300)
#填充图像
padded = tf.image.\
        resize_image_with_crop_or_pad(img_after_decode,
                                      1000, 1000)

#用pyplot显示结果
plt.imshow(croped)
plt.show()
plt.imshow(padded)
plt.show()
```

上面的代码中分别实现了将图像裁剪到 300×300 和填充到 1000×1000（原始图像尺寸为895×560）。图 7-31（a）展示了将原始图像裁剪到300×300之后的效果，图 7-31（b）展示了将原始图像填充到 1000×1000 之后的效果。

（a）裁剪到 300×300 　　　　　　　　（b）填充到 1000×1000

图 7-31　通过裁剪或填充的方式调整图像大小之后的结果

TensorFlow 2.0 还支持按照比例调整图像大小的函数，即 image.central_crop()函数。这个函数会以原始图像的中心为中心，按照传递进来的比例参数将图像进行裁剪。以下代码示范了如何使用这个函数：

```python
import matplotlib.pyplot as plt
import tensorflow as tf
image = tf.io.read_file("/home/jiangziyang/images/duck.png")
img_after_decode = tf.image.decode_png(image)

#函数原型:central_crop(image,central_fraction)
central_cropped = tf.image.central_crop(img_after_decode, 0.4)
plt.imshow(central_cropped)
plt.show()
```

上面的代码实现了以原始图像的中心为中心，将其裁剪到原始大小的40%。对于 image.central_crop()函数需要注意，其参数 central_fraction 仅支持在 0～1 之间取值，即 central_fraction 不能小于等于 0 或大于 1，超出这个数值范围将导致报错的发生。图 7-32 展示了图像裁剪的效果。

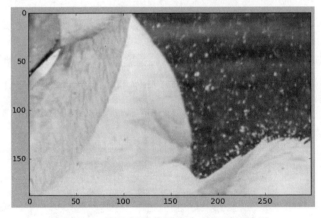

图 7-32　按比例调整图像大小之后的结果

以上介绍的函数都是以图像的中心为中心对图像进行裁剪或者填充。除此之外，还可以使用 image.crop_to_bounding_box()函数来裁剪图像的给定区域以及 image.pad_to_bounding_box()函数来填充图像的给定区域。在这两个函数中，都是通过设置高度和宽度方向的偏移量来控制所要裁剪或填充的区域。以下代码示范了如何使用这两个函数：

```
import matplotlib.pyplot as plt
import tensorflow as tf
image = tf.io.read_file("/home/jiangziyang/images/duck.png")

img_after_decode = tf.image.decode_png(image)

#函数原型:
#crop_to_bounding_box(image, offset_height, offset_width,
#                     target_height, target_width)
#pad_to_bounding_box(image, offset_height, offset_width,
#                    target_height, target_width)
croped = tf.image.crop_to_bounding_box(img_after_decode,
                                       100, 100, 300, 300)
padded = tf.image.pad_to_bounding_box(img_after_decode,
                                      100, 100, 1000, 1000)

plt.imshow(croped)
plt.show()
plt.imshow(padded)
plt.show()
```

在 image.crop_to_bounding_box()函数中，参数 offset_height 表示目标图像的左上角距离原始顶部边的行数，offset_width 表示目标图像的左上角距离原始图像左侧边的列数，而参数 target_height 和参数 target_width 表示裁剪后的目标图像大小。

在 image.pad_to_bounding_box()函数中，参数 offset_height 表示在图像的顶部添加全 0 填充的行数，offset_width 表示在图像的左侧添加全 0 填充的列数，而参数 target_height 和参数 target_width 表示填充后的目标图像大小。

这两个函数都要求给出的尺寸参数满足逻辑的要求，否则会发生错误。比如在使用 image.crop_to_bounding_box()函数时，TensorFlow 要求根据提供的尺寸参数能够在原始图像上裁剪出目标图像的大小。图 7-33（a）展示了裁剪图像给定区域之后的结果，图 7-33（b）展示了填充图像给定区域之后的结果。

（a）裁剪图像给定区域的结果　　　　（b）填充图像给定区域的结果

图 7-33　裁剪/填充图像给定区域

7.5.6　图像的标注框

在图像中添加标注框有着很大的用处，在一些用于图像识别的数据集中，图像中某些需要关注的特征通常会被标注框圈出来，或者在一些图像识别问题中需要模型将识别出的图像中的物体用标注框圈起来。TensorFlow 提供了 image.draw_bounding_boxes()函数，用于在图像中加入矩形标注框。以下代码示范了如何使用这个函数：

```python
import matplotlib.pyplot as plt
import tensorflow as tf

image = tf.io.read_file("/home/jiangziyang/images/duck.png")

img_after_decode = tf.image.decode_png(image)

#函数原型:expand_dims(input,axis,name,dim)
batched = tf.expand_dims(tf.image.\
                convert_image_dtype(img_after_decode,
                                        tf.float32), 0)

#定义边框的坐标系数
boxes = tf.constant([[[0.05, 0.05, 0.9, 0.7], [0.20, 0.3, 0.5,
                0.5]]])

#绘制边框,函数原型:
```

```
#draw_bounding_boxes(images,boxes,name=None)
image_boxed = tf.image.draw_bounding_boxes(batched, boxes)

#draw_bounding_boxes()函数处理的是一个batch的图片,
#如果此处给imshow()函数传入image_boxed参数会造成报错
#(Invalid dimensions for image data)
plt.imshow(image_boxed[0])
plt.show()
```

在使用 image.draw_bounding_boxes()函数时需要注意，该函数要求图像矩阵中的数据为实数型，并且输入是一个 batch 的数据，也就是多张图片组成的四维矩阵，所以需要通过 expand_dims()函数将解码之后的图像矩阵加一维，同时通过 image.convert_image_dtype()函数将数据类型转换为实数型。

image.draw_bounding_boxes()函数的第二个参数是标注框在图片中的位置。这个位置包含 4 个数字，即 y_{min}、x_{min}、y_{max}、x_{max}。注意这个位置中的数字都是相对的，实际的位置要由这 4 个数字与图像的高度和宽度相乘得到。如对于 895×560 大小的图像，取 boxes 的值为[0.2,0.3,0.5,0.5]，则最终的矩形标注框左上角在图像中的坐标为（0.2×895,0.3×560），右下角在图像中的坐标为（0.5×895,0.5×560）。

运行上述代码，能够为图像添加两个标注框，得到的结果如图 7-34 所示。从图中可以看出，大的标注框标注了鸭子的整体，小的标注框标注了鸭子的头部。为了更清楚地看到可视化之后的图像中的标注框，可以事先使用 image.resize_images()函数将图像缩小一些或者将 pyplot 的窗口放大进行观察。

图 7-34　为图像添加标注框

TensorFlow 还提供了 image.sample_distorted_bounding_box()函数，这个函数会为图像生成单个随机变形的边界框，用以配合函数 image.draw_bounding_boxes()来完成随机位置边框的绘制。

image.sample_distorted_bounding_box()函数的第一个参数是包含[height, width,channels]3 个值的一维数组，也就是输入图像的形状。第二个参数 bounding_boxes 是一个形状为[batch, N, 4]的三维数组，其中 batch 用于指定函数需要处理的图片的数量，N 用于描述与图像相关联的 N 个边界框的形状，且标注框由 4 个数字组成的列表[y_min, x_min, y_max, x_max]来表示。

对于参数 bounding_boxes，例如 tf.constant([[[0.05, 0.05, 0.9, 0.7], [0.20, 0.3, 0.5, 0.5]]]) 的形状为[1,2,4]，表示一张图片中的两个标注框；而 tf.constant([[[0.05, 0.05, 0.9, 0.7]]])的形状为[1,1,4]，表示一张图片中的一个标注框。

在实际使用的时候，我们一般对该函数设置这两个参数即可。该函数有 3 个返回值，其中最后一个返回值 boxes 是形状为[1, 1, 4]的三维矩阵，表示随机变形后的边界框，可以作为函数 image.draw_bounding_boxes()的输入。第一个返回值 begin 和参数 image_size 具有相同的类型，是一个一维列表[offset_height, offset_width, 0]，可以作为 slice()的 begin 参数。第二个返回值 size 同样和 image_size 具有相同的类型，是一个一维列表[target_height, target_width, –1]，可以作为 slice()函数的 size 参数。

下面的程序展示了如何通过 image.sample_distorted_bounding_box()函数配合函数 image.draw_bounding_boxes()以及函数 slice()来完成图像随机裁剪以及随机添加标注框：

```
import matplotlib.pyplot as plt
import tensorflow as tf
image = tf.io.read_file("/home/jiangziyang/images/duck.png")
img_after_decode = tf.image.decode_png(image)
boxes = tf.constant([[[0.05, 0.05, 0.9, 0.7],
                      [0.20, 0.3, 0.5, 0.5]]])

#函数原型:
#sample_distorted_bounding_box(image_size, bounding_boxes,
#seed=None, seed2=None, min_object_covered=0.1,
#aspect_ratio_range=None, area_range=None,
#max_attempts=None,
#use_image_if_no_bounding_boxes=None, name=None)
begin, size, bounding_box = tf.image.\
```

```
                      sample_distorted_bounding_box
                      (tf.shape(img_after_decode),
                      bounding_boxes=boxes)

batched = tf.expand_dims(tf.image.\
             convert_image_dtype(img_after_decode,
                                 tf.float32), 0)
image_boxed = tf.image.draw_bounding_boxes(batched,
                                 bounding_box)

#slice()函数原型: slice(input_,begin,size,name=None)
sliced_image = tf.slice(img_after_decode,begin,size)

plt.imshow(image_boxed[0])
plt.show()
plt.imshow(sliced_image)
plt.show()
```

程序运行结果如图 7-35 所示。图 7-35（a）所示是随机添加的标注框，图 7-35（b）所示是随机裁剪之后的结果。从图中可以发现，随机裁剪的区域并不是标注框标注出来的区域。由于 image.sample_distorted_bounding_box()函数的返回值具有随机性，所以得到的结果也有可能每次都不同。

（a）随机添加的标注框 　　　　　　（b）随机裁剪的结果

图 7-35　随机边框的添加效果

第 8 章　经典卷积神经网络

通过上一章的介绍，我们已经对卷积神经网络有了初步的了解。在本章中，将会通过 LeNet-5、AlexNet、VGGNet、InceptionNet-v3 与 ResNet 五个颇有名气的经典卷积神经网络来理解卷积神经网络具体实现起来的样子。

这几个卷积神经网络在业内都有着深远的影响，按照时间的先后进行演示，这样也可以做到由浅入深地理解。不尽如人意的是，由于笔者所使用的硬件平台资源有限，可能无法将某些网络的实际运行结果展示出来。当遇到这样的情况时，笔者会加以说明。

8.1　LeNet-5 卷积网络模型

回忆之前章节使用全连神经网络实践基于 MNIST 数据集的手写数字识别任务，即使没有使用卷积神经网络，但是也得到了一个不错的准确率，如果将卷积神经网络应用于手写数字识别，那效果会不会更好呢？

LeNet-5 是一个专为手写数字识别而设计的最经典的卷积神经网络，被誉为早期卷积神经网络中最有代表性的实验系统之一。LeNet-5 模型由 Yann LeCun 教授于 1998 年在其论文《*Gradient-Based Learning Applied to Document Recognition*》中提出，这篇论文对于现代卷积神经网络的研究仍具有指导意义，可以说是 CNN 领域的第一篇经典之作。

如果是在 MNIST 数据集上，LeNet-5 模型可以达到大约 99.4% 的准确率，基于此神经网络模型而设计出的手写数字识别系统在 20 世纪 90 年代被广泛应用于美国的多家银行进行支票手写字识别。

根据 Yann LeCun 教授公开发表的论文的内容，可知 LeNet-5 模型共有

8 层（如果包括输入层和输出层）。图 8-1 展示了 LeNet-5 模型的整体框架结构。

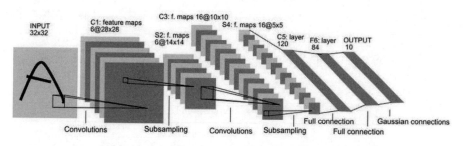

图 8-1　LeNet-5 模型结构

在图8-1中，用C代表卷积层，卷积操作的目的是使信号特征增强并降低噪音。用 S 代表下采样层，执行的是池化操作，利用图像局部相关性原理，对图像进行子抽样，这样可以减少数据量，同时也可保留一定的有用信息。

麻雀虽小，五脏俱全。与近几年的卷积神经网络比较，LeNet-5 的网络规模比较小，但却包含了构成现代 CNN 网络的基本组件——卷积层、池化层、全连接层。再复杂的卷积神经网络也离不开这些基本的网络层组件，所以这里将 LeNet-5 作为学习更复杂卷积神经网络的基础。

8.1.1　模型结构

第一层：输入层输入的是 32×32 分辨率的黑白图像。注意，在 MNIST 数据集中图片的分辨率是 28×28。这样做的原因是希望最高层特征监测感受野的中心能够收集更多潜在的明显特征（如角点、断点等）。

第二层：C1 层是一个卷积层，由 6 个特征图（Feature Map）组成。这个卷积层的卷积核尺寸为 5×5，深度为 6，没有使用全 0 填充且步长为 1，所以得到的每个特征图有 28×28（(32-5+1)×(32-5+1)）个神经元。参数数量为 156（5×5×1×6+6）个，其中 6 个为偏置项参数。在 6 个 Feature Map 中共有 4704（28×28×6）个单元，每个单元和输入层的 25 个单元连接，所以卷积层和输入层之间的连接数为 122 304（(25+1)×4704）个。

第三层：S2 层是一个下采样层（Subsampling），有 6 个 14×14 大小的特征图，每个特征图都是由第二层经过一个 2×2 最大池化操作得来，长和宽的步长均为 2。也就是说，S2 层每一个特征图的每一个单元都与 C1 层对应的特征图中 2×2 大小的区域相连。

第四层：C3 层是一个卷积层，由第三层的特征图经过一个卷积操作得来，卷积核的尺寸大小为 5×5。注意，本层的 16 个特征图不是一对一地连接第三层的 6 个特征图的输出，而是有着固定的连接关系，如表 8-1 所示。

表 8-1　第三层与第四层之间的连接关系

		第 四 层 的 特 征 图 编 号															
第三层的特征图编号		1	2	3	4	5	6	7	8	9	10	11	12	13	14	15	16
	1	√				√	√	√			√	√	√	√		√	√
	2	√	√				√	√	√			√	√	√	√		√
	3	√	√	√				√	√	√			√		√	√	√
	4		√	√	√			√	√	√	√			√		√	√
	5			√	√	√			√	√	√	√		√	√		√
	6				√	√	√			√	√	√	√		√	√	√

在表 8-1 中，"√"符号表示的是第四层的某个特征图与第三层的某个特征图存在连接关系。举个例子，比如第四层的第一个特征图与第三层的第一个、第二个和第三个特征图都存在连接关系，第四层的第二个特征图与第三层的第二个、第三个和第四个特征图都存在连接关系，以此类推。与第三层的多少个特征图存在连接关系会在下一层得到多少个特征图，这些特征图经过组合操作（Concat）得到在第四层出现的最终的特征图。

我们可以试着计算 C3 层与 S2 层存在的连接数与需要训练的参数的个数，其中需要训练的参数个数为 1516（6×(5×5×3+1)+9×(5×5×4+1)+1×(5×5×6+1)），在 C3 层的每个特征图有 100 个神经元，所以连接数为 151 600（1516×100）个。

第五层：S4 层是一个下采样层（Subsampling），有 16 个 5×5 大小的特征图，每个特征图都是由第四层经过一个 2×2 的最大池化操作得来，长和宽的步长均为 2。也就是说，S4 层每一个特征图的每一个单元都与 C3 层对应的特征图中 2×2 大小的区域相连。

第六层：C5 是一个卷积层，由 120 个特征图组成。这个卷积层的卷积核尺寸为 5×5，没有使用全 0 填充且步长为 1，所以得到的每个特征图有

1×1（(5-5+1)×(5-5+1)）个神经元，也就是说 C5 只有 120 个神经元。尽管在 LeNet-5 模型的论文中将 C5 称为一个卷积层，但是基本和全连接层没有区别，在之后的 TensorFlow 程序实现中也会将这一层视为全连接层。最后，本层与上一层的连接数和参数都是 48 120 个。

第七层：在这一层计算输入向量与偏置参数的矩阵乘法，每个单元还加入了偏置项，最后经由 Sigmoid 激活函数（在当时还没有普及使用 ReLU 激活函数）传递到输出层。

第八层：输出层也是一个全连接层，共有 10 个单元，这 10 个单元分别代表着数字 0～9。判断的标准是，如果某个单元输出为 0（或越接近），那么该单元在本层中的位置就是网络识别得出的数字。产生这样的输出是因为本层单元计算的是径向基函数（Radial Basis Function，RBF）：

$$y_i = \sum_j (x - w_{i,j})^2$$

RBF 的计算和第 i 个数字的比特图编码有关。对于第 i 个单元，y_i 的值越接近 0，则表示越接近第 i 个数字的比特图编码，也就是当前网络输入的识别结果是第 i 个数字。最后，该层有 840（84×10）个参数和连接。

8.1.2 TensorFlow 实现

在这一小节，我们仿照 LeNet-5 的思路，设计一个与之类似的卷积神经网络模型来解决 MNIST 手写数字识别问题。首先导入程序所需的库、获取 MNIST 数据集以及整理数据集作为模型的输入。如果需要设置初始学习率 learning_rate，那比较常用的取值就是 0.01 或 0.001。学习率的大小不是一个硬性的标准，但是经过测试发现，初始学习率过大（如 0.8）的话会造成模型收敛的速度非常缓慢。

```
import tensorflow as tf
from tensorflow.keras import layers

(train_images, train_labels),\
(test_images, test_labels) = tf.keras.datasets.\
                             mnist.load_data()

#原始的 MNIST 数据集中的数值都是 uint 型的，从 0～255，为了
#适应模型对输入的要求，先将数值类型转为 float32 型并执行归一化
train_images = train_images.astype('float32')/255
```

```
test_images = test_images.astype('float32')/255

#增加一个维度，如果不这样，提供给卷积层的数据将只有长度
#和宽度信息而没有深度信息，这是不符合卷积层类的输入规范的
train_images = train_images[..., tf.newaxis]
test_images = test_images[..., tf.newaxis]

#创建适合模型输入的数据集，这没有重点需要解释的
train_dataset = tf.data.Dataset.\

from_tensor_slices((train_images,train_labels))
train_dataset = train_dataset.\
                shuffle(buffer_size=1024).batch(100)

test_dataset = tf.data.Dataset.\
               from_tensor_slices((test_images,test_labels))
test_dataset = test_dataset.batch(100)
```

接下来，采用构建 Model 类的子类的方式搭建模型。conv1 是第一个卷积层，卷积核大小为 5×5，数量是 32，所以最后得到 32 个特征图；maxpool1 是第一个池化层，由 conv1 层经过 2×2 的最大池化得到；conv2 是第二个卷积层，由 maxpool1 经过卷积操作得到，特征图有 64 个（也就是说这一层的卷积会提取 64 种特征）；maxpool2 是第二个池化层，由 conv2 层经过 2×2 的最大池化得到。

由卷积层连接到全连接层需要对卷积层执行拉伸的操作，Flatten()类完成了这个任务。full1 是第一个全连接层，具有 512 个节点，接收来自第二个池化层的 3136 个输出，所以这一层需要 1 605 632 个权重参数；full2 作为最终的输出层也是一个全连接层，具有 10 个节点，接收来自第一个全连接层的 512 个输出，所以这一层需要 5120 个权重参数。这部分的代码如下：

```
#搭建模型
class LeNetModel(tf.keras.Model):
    def __init__(self):
        super(LeNetModel, self).__init__()
        #第一个卷积层
        self.conv1 = layers.\
            Conv2D(filters = 32, kernel_size = (5, 5),
                   padding="SAME", activation='relu',
                   use_bias=True, bias_initializer='zeros')
        self.maxpool1 = layers.\
            MaxPool2D(pool_size = (2, 2), strides=(2, 2),
```

```
                    padding='same')

        #第二个卷积层
        self.conv2 = layers.\
            Conv2D(filters = 64, kernel_size = (5, 5),
                strides=(1, 1), padding="SAME",
                activation='relu', use_bias=True,
                bias_initializer='zeros')
        self.maxpool2 = layers.\
            MaxPool2D(pool_size = (2, 2), strides=(2, 2),
                padding='same')
        #模型的拉伸层
        self.flatten = layers.Flatten()

        #第一个全连接层
        self.full1 = layers.\
            Dense(units = 512, activation='relu',
                use_bias=True, bias_initializer='zeros')

        #第二个全连接层
        self.full2 = layers.\
            Dense(units = 10, activation='softmax',
                use_bias=True, bias_initializer='zeros')

    def call(self, inputs):
        x = self.conv1(inputs)
        x = self.maxpool1(x)
        x = self.conv2(x)
        x = self.maxpool2(x)
        x = self.flatten(x)
        x = self.full1(x)
        x = self.full2(x)
        return x
model = LeNetModel()
```

　　按照以往的做法，在定义好模型后，就可以接着定义损失函数、优化器、平均损失的计算以及准确率的计算了。这一部分的定义我们在之前已经进行过很多次了，所以也没什么需要特别强调的。

　　定义完上述所说的这些之后，就可以紧接着定义模型的训练和测试步骤。这部分代码如下：

```
#像往常一样，选择损失函数计算方式、选择优化器、定义
#平均损失的计算方式以及定义准确率的计算方式
```

```
loss_fn = tf.keras.losses.\
                    SparseCategoricalCrossentropy()
optimizer = tf.keras.optimizers.Adam()
train_loss = tf.keras.metrics.Mean(name='train_loss')
train_accuracy = tf.keras.metrics.\
    SparseCategoricalAccuracy(name='train_accuracy')
test_loss = tf.keras.metrics.Mean(name='test_loss')
test_accuracy = tf.keras.metrics.\
    SparseCategoricalAccuracy(name='test_accuracy')

#定义训练步骤
@tf.function
def train_step(images, labels):
    with tf.GradientTape() as tape:
        predictions = model(images)
        loss = loss_fn(labels, predictions)
    gradients = tape.\
        gradient(loss, model.trainable_variables)
    optimizer.\
        apply_gradients(zip(gradients,
                        model.trainable_variables))

    train_loss(loss)
    train_accuracy(labels, predictions)

#定义测试步骤
@tf.function
def test_step(images, labels):
    predictions = model(images)
    t_loss = loss_fn(labels, predictions)

    test_loss(t_loss)
    test_accuracy(labels, predictions)
```

最后就是运行训练步骤和测试步骤的部分了。MNIST 数据集比较简单，即使是全连神经网络，如果优化到位，也能在几个 epoch 的循环迭代中获得 90%以上的准确率。我们给这个模型定义执行 40 个 epoch 的训练，并且每一个 epoch 的训练之后都执行一次测试步骤以验证模型在测试数据上的准确率。这部分的代码如下：

```
#开始模型的训练步骤和测试步骤，省略验证步骤
EPOCHS = 40
for epoch in range(EPOCHS):
```

```
for images, labels in train_dataset:
    train_step(images, labels)

for test_images, test_labels in test_dataset:
    test_step(test_images, test_labels)

template = 'Epoch {}, Loss: {}, Accuracy: {}, ' \
        'Test Loss: {}, Test Accuracy: {}'
print (template.format(epoch+1,
                    train_loss.result(),
                    train_accuracy.result()*100,
                    test_loss.result(),
                    test_accuracy.result()*100))
```

如果过程没有错误提示，那么很快就会得到验证集准确率的输出。在第一个epoch结束后，模型获得的准确率就达到了95%以上，接下来的训练过程中，每个 epoch 结束后准确率都能达到更高的值。经过 15 个 epoch 的训练后，这个数值维持在 99.5%左右。下面展示了从 epoch1 到 epoch5 模型的打印结果。

```
Epoch 1,
Loss: 0.1327245980501175, Accuracy: 95.94332885742188,
Test Loss: 0.0438925214111804, Test Accuracy: 98.529998779296
Epoch 2,
Loss: 0.08593347668647766, Accuracy: 97.36083221435547,
Test Loss: 0.0409349389374256, Test Accuracy: 98.650001525878
Epoch 3,
Loss: 0.06535302847623825, Accuracy: 97.9888916015625,
Test Loss: 0.037392504513263, Test Accuracy: 98.7766647338867
Epoch 4,
Loss: 0.053090207278728485, Accuracy: 98.36124420166016,
Test Loss: 0.0357092544436454, Test Accuracy: 98.8574981689453
Epoch 5,
Loss: 0.04522951319813728, Accuracy: 98.6026611328125,
Test Loss: 0.034862156957387, Test Accuracy: 98.90399932861328
```

下面展示了从 epoch15 到 epoch20 模型的打印结果。

```
Epoch 15,
Loss: 0.019349630922079086, Accuracy: 99.3925552368164,
Test Loss: 0.0367939285933971, Test Accuracy: 99.022666931152
Epoch 16,
Loss: 0.0183273833245039, Accuracy: 99.42416381835938,
Test Loss: 0.0370621047914028, Test Accuracy: 99.036872863769
```

```
Epoch 17,
Loss: 0.017479881644248962, Accuracy: 99.45039367675781,
Test Loss: 0.03719871118664741, Test Accuracy: 99.041175842285
Epoch 18,
Loss: 0.016753410920500755, Accuracy: 99.47315216064453,
Test Loss: 0.03732820227742195, Test Accuracy: 99.045555114746
Epoch 19,
Loss: 0.01593712717294693, Accuracy: 99.49947357177734,
Test Loss: 0.0370982550084590, Test Accuracy: 99.0568389892578
Epoch 20,
Loss: 0.01516619324684143, Accuracy: 99.52383422851562,
Test Loss: 0.0372222699224948, Test Accuracy: 99.0670013427734
```

从打印结果可以看出，epoch15 以后模型基本就达到了收敛的状态，继续训练也没有办法再提高模型的准确率或者降低损失值。在训练状态下，也可以试着对第一个全连接层的输出加入 Dropout 操作。在多数的卷积神经网络中都会加入这个操作。加入 Dropout 操作也非常容易，可以在添加一个 if 判断是否处在训练过程中，然后这个判断的内部加入 nn.dropout()函数的使用或者 keras.layers.Dropout 类即可。

在笔者所使用的 i5 4210m 和 GTX850m 平台上测试（配置 TensorFlow 支持 GPU），运行每个 epoch 耗时大概 1 分钟 20 秒，而单独使用 CPU 运行将耗时 2 分钟 50 秒，这也是推荐大家使用 GPU 执行网络训练的原因，性能强大的 GPU 将为模型训练的过程节省大量的时间。

从图 8-1 中可以看出 LeNet-5 网络的结构规模比较小，但包含了卷积层、池化层、全连接层，这些在当年出现的层结构都是构成现代 CNN 网络的基本组件，后续更复杂的网络模型都离不开这些基本网络层组件。

LeNet-5 网络的结构规模决定了它无法很好地处理类似 ImageNet 这样比较大的图像数据集。下一节要介绍的 AlexNet 以及本章中的其他卷积神经样例都能在类似 ImageNet 的图像数据集上获得比较不错的表现，它们的共同特点就是都反复叠加了 LeNet-5 网络中构成现代 CNN 网络的基本组件。

8.2 AlexNet 卷积网络模型

上一节介绍了 LeNet-5 经典卷积网络模型的构成以及如何实现这样的一

个网络，并且在实现的模型上获得了 99%的准确率，但是 LeNet-5 缺乏对于更大、更多的图片进行分类的能力（MNIST 中图片的分辨率仅为 28×28，而通常电子设备捕获的照片比这个数值至少大 10 倍）。

　　时间来到 2012 年，Hinton 的学生 Alex Krizhevsky 借助深度学习的相关理论提出了深度卷积神经网络模型 AlexNet。在 2012 年的 ILSVRC 竞赛中（翻阅第 1 章的深度学习现代应用，那里有更多关于这个大赛的介绍），AlexNet 模型取得了 top-5 错误率为 15.3%的好成绩，相较于 top-5 错误率为 16.2%的第二名以明显的优势胜出。从此，AlexNet 成为 CNN 领域比较有标志性的一个网络模型。

　　和 LeNet-5 模型相比，AlexNet 算是它的一个更宽泛的版本。当然，AlexNet 中也用到了一些创新技术，在 8.2.2 节分析它的 TensorFlow 实现时我们会介绍网络中用到的创新点。

　　网络结构的情况是，AlexNet 包含 6.3 亿个左右的连接，参数的数量有 6000 万（60M）左右，神经元单元的数量有大概 65 万个。卷积层的数量有 5 个，池化层的数量有 3 个，也就是说，并不是所有的卷积层后面都连接有池化层。在这些卷积与池化层之后是 3 个全连接层，最后一个全连接层的单元数量为 1000 个，用于完成对 ImageNet 数据集中的图片完成 1000 分类（具体分类通过 Softmax 层实现）。

　　总的来说，AlexNet 可以算是神经网络在经历了低谷期之后第一次振聋发聩的发声，运用了深度学习算法的深度神经网络被确立为计算机视觉领域的首选，同时也推动了深度学习在其他领域（如语音识别、自然语言处理等）的发展。

　　在接下来的 8.2.1 节，我们将具体看一下 AlexNet 的网络结构；之后，我们会使用 TensorFlow 来完成对其的实现。需要注意的是，我们实现的也不是一个最初的 AlexNet，因为最初的 AlexNet 被拆分成两个网络并且放到两个 GPU 上运行训练，我们实现的是这两个网络的融合。

8.2.1　模型结构

　　根据 2012 年 Alex Krizhevsky 在 NIPS（Conference and Workshop on Neural Information Processing Systems，神经信息处理系统大会）公开发表的论文《*ImageNet Classification with Deep Convolutional Neural Networks*》的内

容，AlexNet 网络的基本结构如图 8-2 所示。

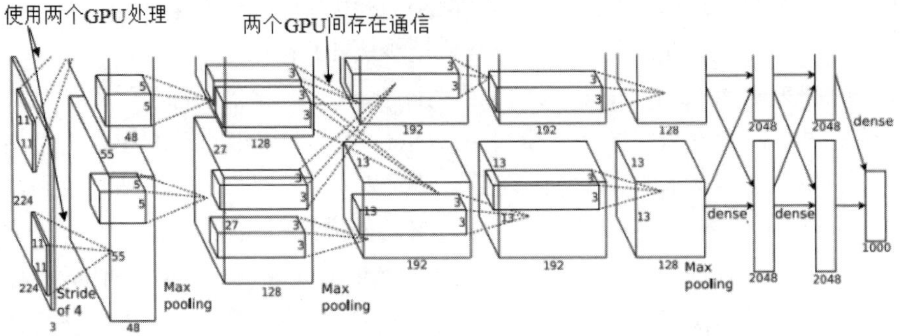

图 8-2　AlexNet 网络整体结构

在 AlexNet 提出的时候，正是通用 GPU 快速发展的一个阶段，AlexNet 也不失时机地利用了 GPU 强大的并行计算能力。在处理神经网络训练过程中出现的大量矩阵运算时，AlexNet 使用了两块 GPU（NVIDIA 的 GTX 580）进行训练。单个 GTX 580 只有 3GB 显存，因为有限的显存会限制可训练的网络的最大规模，所以作者将 AlexNet 分布在两个 GPU 上，每个 GPU 的显存只需要存储一半的神经元的参数即可。因为 GPU 之间通信方便，可以在不通过主机内存的情况下互相访问显存，所以同时使用多块 GPU 也是非常高效的。另外，AlexNet 的两个子网络并不是在所有的层之间都存在通信，这样设计在降低 GPU 之间通信的性能损耗方面也作出了贡献。

从图 8-2 可以看出，两个 GPU 处理同一幅图像，并且在每一层的深度都一致，不计入输入层的话 AlexNet 共有 8 层，其中前 5 层是卷积层（包含有两个最大池化层），后 3 层是全连接层。在 ILSVRC 竞赛结束后，作者开源了 AlexNet 的 CUDA 源码。

数据增强在模型的训练和测试过程中起到了一定的帮助作用。在训练时，模型会随机地从 256×256 大小的原始图像中截取 224×224 大小的区域，同时还得到了图像进行水平翻转后的镜像，这相当于增加了样本的数量。在第 7 章中曾提到过，数据增强能够减少参数众多的网络容易出现的过拟合现象，提升网络的泛化能力。在测试时，模型会首先截取一张图片的四个角加中间的位置，并进行左右翻转，这样会获得 10 张图片，将这 10 张图片作为预测的输入并对得到的 10 个预测结果求均值，就是这张图片最终的预测结果。

接下来，我们看一下 AlexNet 网络的一些细节。由于在下一小节中我们的设计是将整个 AlexNet 放在一块 GPU 而不是拆分成两个模型放在两块 GPU 上运行，所以在介绍这些网络细节时，我们也将 AlexNet 看作一个完整的网络。

第一段卷积（conv1）中，AlexNet 使用 96 个 11×11 卷积核对输入的 224×224 大小且深度为 3 的图像进行滤波操作，步长 stride 参数为 4×4，得到的结果是 96 个 55×55 的特征图；得到基本的卷积数据后，第二个操作是 ReLU 去线性化；第三个操作是 LRN（AlexNet 首次提出）；第四个操作是 3×3 的最大池化，步长为 2。图 8-3 展示了第一段卷积的大概过程。

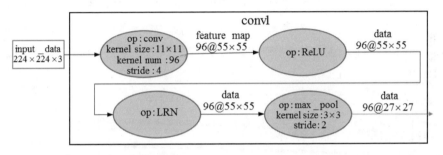

图 8-3　conv1 过程

第二段卷积（conv2）接收了来自 conv1 输出的数据，也包含 4 个操作。第一个操作是卷积操作，使用 256 个 5×5 深度为 3 的卷积核，步长 stride 参数为 1×1，得到的结果是 256 个 27×27 的特征图；得到基本的卷积数据后，第二个操作也是 ReLU 去线性化；第三个操作也是 LRN；第四个操作是 3×3 的最大池化，步长为 2。图 8-4 展示了第二段卷积的大概过程。

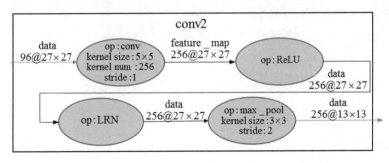

图 8-4　conv2 过程

第三段卷积（conv3）接收了来自 conv2 输出的数据，但是这一层去掉了池化操作和 LRN。第一个操作是 3×3 的卷积操作，核数量为 384，步长 stride 参数为 1，得到的结果是 384 个 13×13 的特征图；得到基本的卷积数据后，下一个操作是 ReLU 去线性化。图 8-5 展示了第三段卷积的大概过程。

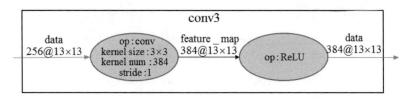

图 8-5　conv3 过程

第四段卷积与第三段卷积的实现类似，第五段卷积在第四段卷积的基础上增加了一个最大池化操作。关于这两段卷积这里不再细说，图 8-6 将这两段卷积展示在了一起。

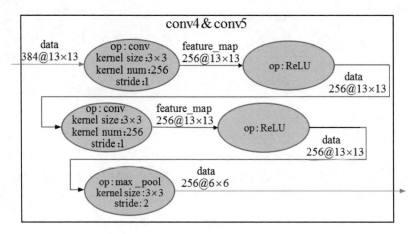

图 8-6　conv4 与 conv5 过程

8.2.2　TensorFlow 实现

这个样例程序的代码比较冗长，笔者没有将其分成多个文件，这是因为卷积神经网络的代码一般都比较好理解。在程序的一开始，我们先导入一些会用到的库，并定义一些会用到的变量。这里 batch_size 设为 32，表示每一轮训练的 batch 中样本的数目为 32。不像实践基于 MNIST 或 Cifar-10

数据集分类的网络时采用包含上百样例的 batch，这里因为图片数据比较大
（高度和宽度都达到了 224，深度达到了 3），采用较大的 batch 会导致显存
不足的情况。num_batches 是 batch 的数量，由于不涉及真实图片数据的训
练，所以这个数据同时也可以作为训练的轮数。

```
import tensorflow as tf
import math
import time
from datetime import datetime
batch_size=32
num_batches=100
```

和之前不一样的是，由于在 Keras 中没有提供实现 LRN 功能的 API，
所以我们要使用 nn.lrn()函数实现 LRN 功能，这也就需要采用自定义 Model
类的子类以从头编写卷积层类的方式。

nn.lrn()函数在 TensorFlow 中出现的比较早，在 TensorFlow 1.0 版本的
时候就已经存在了，TensorFlow 2.0 保留了这个函数，但是 Keras 中却没有
集成这个函数。和 lrn()函数共处同一个模块中的其他函数也几乎都被
TensorFlow 2.0 保留了下来，这就包括众多的卷积运算函数（如 conv2d()函
数）和池化函数（如 max_pool2d()函数）等。nn 模块中封装的是一些神经
网络组件的运算逻辑函数。关于 nn 模块的更多解释，可到官网
（https://tensorflow.google.cn/versions/r2.0/api_docs/python/tf/nn）浏览。

采用从头编写卷积层的办法，除了可以使用 Keras 中提供的一些函数之
外，也可以使用 nn 模块中提供的这些运算函数。我们先创建一个 Conv1
类，这里放置的是第一层卷积层，卷积运算函数使用的就是 nn.conv2d()。
在 nn 模块中的卷积运算函数之前，卷积核参数和偏置参数通常要自己
定义。

AlexNet 的出现本身就带有很多开创性的特点。ReLU 激活函数的提出
要比 AlexNet 还早，但是在 AlexNet 之前，并没有关于 CNN 使用 ReLU 激
活函数获得重大成功的例子。一些经典的激活函数（如 sigmoid），会在网络
较深时产生梯度弥散的问题。AlexNet 使用 ReLU 作为 CNN 的激活函数取
得了成功，原因就在于 ReLU 激活函数在较深的网络中能够有效地克服
sigmoid 存在的梯度弥散问题。

一般会在卷积层中的卷积操作之后直接添加一个池化操作进行处理，
但是 AlexNet 在卷积操作和池化操作之间还加入了一个 LRN 层。LRN 层是

在 AlexNet 中首次被提出并运用。对 LRN 操作的描述最早见于 Alex 那篇用 CNN 参加 ImageNet 比赛的论文，Alex 在论文中的解释是：LRN 操作为了模仿生物神经系统的"侧抑制"机制而对局部神经元的活动创建竞争环境，这样做会让其中响应比较大的值变得相对更大，并抑制其他响应较小的神经元，能够进一步增强模型的泛化能力。随后，Alex 在 ImageNet 数据集上分别测试了添加 LRN 操作的 AlexNet 以及没有添加 LRN 操作的 AlexNet。在两个网络结构完全相同的情况下，他发现使用了 LRN 操作的 CNN 可以使 top-1 错误率有 1.4%的降低，可以使 top-5 错误率有 1.2%的降低。

Conv1 类中就使用了 nn.lrn()函数来实现 LRN 操作。对于 nn.lrn()函数，这里根据 Alex 论文中的推荐值设置 depth_radius=4，bias=1，alpha= 0.001/9，beta=0.75。需要注意的是，目前除了 AlexNet，其他较晚产生的卷积神经网络模型基本都不含 LRN 操作，主要的原因就是 LRN 操作的效果不明显，但是却会增加 2 倍左右的前馈、反馈时间（整体速度会下降 2/3）。为了能较大程度地还原 AlexNet 的细节，这里选择了使用 LRN 操作。

最后需要说明的是，使用 LRN 操作对激活函数的选择有些要求。LRN 操作对于 ReLU 这种不存在上限边界的激活函数会比较有用，因为 LRN 的原理就是从多个卷积核的响应（Response）中挑选值较大的那一个；但不适合 sigmoid 或 tanh 这种有上下固定边界的激活函数，因为这种存在边界的激活函数本身就抑制了较大的输入值（函数在输入值较大或较小时输出不会明显变化）。

在 AlexNet 之前的 CNN 普遍使用连续但不重叠的平均池化，但 AlexNet 的池化全部使用最大池化。最大池化会选用池化区域中的较大值代表这个区域的值，相比较来说，平均池化得到的值可能并不存在于这个区域中，所以平均池化往往会产生一些"模糊效果"。此外，AlexNet 中还提出了让池化区域存在适当的重叠能够提升特征的丰富性。以下是第一个卷积层类的代码：

```
#第一个卷积层类
class Conv1(layers.Layer):
  def __init__(self):
     super(Conv1, self).__init__()

  def build(self, input_shape):
     self.kernel = self.\
```

```
            add_weight(name='Conv1/kernel',
                    shape=[11, 11, 3, 96],
                    initializer=w_init,dtype='float32',
                    trainable=True)
      self.biases = self.\
            add_weight(name='Conv1/biases',shape=[96],
                    initializer=b_init,dtype='float32',
                    trainable=True)
   def call(self, inputs):
      conv = tf.nn.conv2d(inputs, self.kernel,
                      [1, 4, 4, 1], padding="SAME")
      relu = tf.nn.relu(tf.nn.bias_add(conv, self.biases))
      lrn = tf.nn.lrn(relu,4,bias=1.0,alpha=0.001/9.0,
                  beta=0.75, name="Conv1/lrn")
      pool = tf.nn.max_pool(lrn, ksize=[1, 3, 3, 1],
                      strides=[1, 2, 2, 1],
                      padding="VALID",
                      name="Conv1/pool")
      return pool
'''一些函数的定义原型
nn.conv2d()函数定义原型:
conv2d(input, filters, strides, padding,
     data_format='NHWC',dilations=None,name=None)

nn.max_pool()函数定义原型:
max_pool(input, ksize, strides, padding,
        data_format=None, name=None)

nn.bias_add()函数定义原型:
bias_add(value, bias, data_format=None,name=None)
'''
```

接下来设计第二个卷积层类。这里的卷积操作和第一个卷积中的卷积操作几乎是一致的，唯一要注意的就是这里的卷积核尺寸变为了 5×5，输入通道数为 96，卷积核数量为 256（卷积核数量也就是本层的输出通道数），同时卷积的步长也全部设为 1，即对图像进行全扫描。

这个卷积层类还要对第二个卷积操作的结果进行处理，同样是先做 LRN 处理，再进行最大池化处理。这两个处理的参数和之前完全一样，这里就不再赘述了。代码如下：

```
#第二个卷积层类
class Conv2(layers.Layer):
```

```python
def __init__(self):
    super(Conv2, self).__init__()

def build(self, input_shape):
    self.kernel = self.\
        add_weight(name='Conv2/kernel',
                   shape=[5, 5, 96, 256],
                   initializer=w_init,
                   dtype='float32', trainable=True)
    self.biases = self. \
            add_weight(name='Conv2/biases', shape=[256],
                       initializer=b_init, dtype='float32',
                       trainable=True)
def call(self, inputs):
    conv = tf.nn.conv2d(inputs, self.kernel,
                        [1, 1, 1, 1], padding="SAME")
    relu = tf.nn.relu(tf.nn.bias_add(conv,self.biases))
    lrn = tf.nn.\
        lrn(relu, 4, bias=1.0, alpha=0.001 / 9.0,
            beta=0.75, name="Conv2/lrn")
    pool = tf.nn.\
        max_pool(lrn, ksize=[1, 3, 3, 1],
                 strides=[1, 2, 2, 1], padding="VALID",
                 name="Conv2/pool")
    return pool
```

接下来设计第三个卷积层类和第四个卷积层类。第三个卷积层类的卷积操作使用的卷积核尺寸变为了 3×3，输入通道数为 256，卷积核数量为 384（卷积核数量也就是本层的输出通道数），同时卷积的步长也全部设为1，即对图像进行全扫描。

第四个卷积层类的卷积操作使用的卷积核尺寸也是 3×3，输入通道数为 384，卷积核数量还是 384，同时卷积的步长也全部设为 1，也是对图像进行全扫描。这两个卷积有一个共同的特点，那就是没有使用池化操作，也没有使用 LRN 操作。代码如下：

```python
#第三个卷积层类
class Conv3(layers.Layer):
    def __init__(self):
        super(Conv3, self).__init__()

    def build(self, input_shape):
        self.kernel = self.\
```

```
            add_weight(name='Conv3/kernel',
                       shape=[3, 3, 256, 384],
                       initializer=w_init,
                       dtype='float32', trainable=True)
        self.biases = self. \
            add_weight(name='Conv3/biases', shape=[384],
                       initializer=b_init, dtype='float32',
                       trainable=True)
    def call(self, inputs):
        conv = tf.nn.conv2d(inputs, self.kernel,
                       [1, 1, 1, 1], padding="SAME")
        relu = tf.nn.relu(tf.nn.bias_add(conv,self.biases))
        return relu

#第四个卷积层类
class Conv4(layers.Layer):
    def __init__(self):
        super(Conv4, self).__init__()

    def build(self, input_shape):
        self.kernel = self.\
            add_weight(name='Conv4/kernel',
                       shape=[3, 3, 384, 384],
                       initializer=w_init,
                       dtype='float32', trainable=True)
        self.biases = self. \
            add_weight(name='Conv4/biases', shape=[384],
                       initializer=b_init, dtype='float32',
                       trainable=True)
    def call(self, inputs):
        conv = tf.nn.conv2d(inputs, self.kernel,
                         [1, 1, 1, 1], padding="SAME")
        relu = tf.nn.relu(tf.nn.bias_add(conv,self.biases))
        return relu
```

接下来设计第五个卷积层类。第五个卷积层类的卷积操作使用的卷积核尺寸同样是 3×3，输入通道数为 384，卷积核数量为 256（相比上一个卷积操作输出的深度有所下降），卷积的步长也全部设为 1，也是对图像进行全扫描。在这个卷积层的卷积操作之后，添加了一个最大池化操作（这个池化操作和前两个卷积层包含的池化操作一致），但没有加入 LRN 操作。至此，创建 AlexNet 的卷积部分就完成了。代码如下：

```
#第五个卷积层类
```

```
class Conv5(layers.Layer):
    def __init__(self):
        super(Conv5, self).__init__()
    def build(self, input_shape):
        self.kernel = self.\
            add_weight(name='Conv5/kernel',
                       shape=[3, 3, 384, 256],
                       initializer=w_init,
                       dtype='float32', trainable=True)
        self.biases = self. \
            add_weight(name='Conv5/biases', shape=[256],
                       initializer=b_init, dtype='float32',
                       trainable=True)
    def call(self, inputs):
        conv = tf.nn.conv2d(inputs, self.kernel,
                        [1, 1, 1, 1], padding="SAME")
        relu = tf.nn.relu(tf.nn.bias_add(conv,self.biases))
        pool = tf.nn.\
            max_pool(relu, ksize=[1, 3, 3, 1],
                     strides=[1, 2, 2, 1], padding="VALID",
                     name="Conv5/pool")
        return pool
```

在正式的 AlexNet 中，卷积部分之后还要连接 3 个全连接层，以方便进行分类输出。在本次的设计中，也添加有全连接层，只不过不是 3 个而是前面的 2 个，由于只使用了一个 GPU，所以全连接层隐藏单元数都为4096。

全连接层就没有从头编写的必要了。接下来定义一个名为 Model 类的子类并命名为 AlexNet，在这个类中，将上述所定义的卷积层类添加进来，然后直接添加 keras.layers 模块中的 Flatten 类和 Dense 类实现全连接层的效果。

由于最后那个包含 1000 个隐藏单元的全连接层关系到使用 Softmax 进行 1000 分类，并且计算量没有之前的全连接层多（换句话说，这个全连接层对计算耗时的影响比较小），所以就没放到计算速度评测中。在正式使用 AlexNet 时，这个全连接层是需要添加的。

为了避免模型的过拟合，AlexNet 的原型选择了在训练时对这些全连接层使用 Dropout 的方法随机忽略一部分神经元。Dropout 的集成方法在第 5章的最后有所介绍，这个方法虽有单独的论文论述，但是 AlexNet 通过实践展示了它的效果。以下展示了 AlexNet 类定义全连接层部分的代码：

```
#通过创建 Model 类的子类的方式构建 AlexNet 模型
class AlexNet(tf.keras.Model):
    def __init__(self):
        super(AlexNet, self).__init__()
        self.conv1 = Conv1()
        self.conv2 = Conv2()
        self.conv3 = Conv3()
        self.conv4 = Conv4()
        self.conv5 = Conv5()
        self.flatten = layers.Flatten()
        self.dense1 =
layers.Dense(units=4096,activation='relu')
        self.dense2 =
layers.Dense(units=4096,activation='relu')
    def call(self, input):
        x = self.conv1(input)
        x = self.conv2(x)
        x = self.conv3(x)
        x = self.conv4(x)
        x = self.conv5(x)
        x = self.flatten(x)
        x = self.dense1(x)
        return self.dense2(x)
```

至此，函数模型的设计就整体完成了。从代码中可以看到，我们没有添加 Dropout 操作，这样的一个操作对前向传播或者反向传播时间的影响不大。如果将模型用于真实的训练，那么可以在每个全连接层得到 ReLU 激活结果之后使用 Keras 中的 layers.Dropout() 类来进行 Dropout 操作，也可以使用 nn.dropout() 函数。对于 nn.dropout() 函数，其第一个参数是传递进去的需要进行 Dropout 的数据，第二个参数是 Dropout 操作的保留率（详细的细节可以参考第 5 章）。

由于不会使用真实的 ImageNet 数据集进行训练（达到 AlexNet 在 2012 年 ILSVRC 大赛中表现出的准确率将会耗时很久），所以在开始模型开始执行之前，我们定义了 image_data 用于模拟输入到网络中的图片数据（AlexNet 进行了图片数据增强的操作，数据集实际的图片为 256×256）。

在 Keras 中，Model 类提供了 summary() 函数可用于将网络模型的规模以字符串的形式打印出来，但是在打印之前，这个网络模型是一定要执行一次的。在定义了模拟的图片数据之后，执行这个模型并使用 summary() 函数打印模型的规模信息。下面是这部分的代码。

```
#创建模拟数据集
image_size = 224
image_shape =[batch_size,image_size,image_size, 3]
image_init = tf.random_normal_initializer(stddev=1e-1)
image_data = tf.\
    Variable(initial_value=image_init(shape=image_shape),
        dtype='float32')

#打印模型的信息
alexnet = AlexNet()
alexnet(image_data)
alexnet.summary()
#summary()函数定义原型:
#summary(line_length=None,positions=None,print_fn=None)
```

下面展示了 summary()函数打印模型规模的结果。

```
Model: "alex_net"

Layer (type)                Output Shape              Param #
=================================================================
conv1 (Conv1)               multiple                  34944

conv2 (Conv2)               multiple                  614656

conv3 (Conv3)               multiple                  885120

conv4 (Conv4)       .       multiple                  1327488

conv5 (Conv5)               multiple                  884992

flatten (Flatten)           multiple                  0

dense (Dense)               multiple                  37752832

dense_1 (Dense)             multiple                  16781312
=================================================================

Total params: 58,281,344
Trainable params: 58,281,344
Non-trainable params: 0
```

下一步我们就来看一下评估 AlexNet 每轮前向传播的计算耗时的逻辑如何实现。for 循环用于控制前向传播的进行，由于在训练的前几轮迭代存在显存加载及其他硬件方面的问题，在这个过程中训练迭代一轮的时间会比正常情况下明显增加，所以我们在 num_batchs 的基础上增加了 10 轮，用于避免这些问题。

在每一轮的循环中，调用 alexnet(image_data)就能执行一次前向传播的计算过程，在紧接着执行前向传播之前使用 time()函数就能记录前向传播开始的时间。在此以每经过 10 轮迭代作为一个时间数据的抽取点，打印出当前的时间、训练迭代的轮数和这一轮迭代耗时。total_dara 用于累加前向传播过程中每一轮迭代耗时的总和，total_dara_squared 则相应地累加耗时的平方值。average_time 和 total_dara_squared 是两个有用的量，它们用于计算每个 batch 耗时的正负误差时间（单位是秒）。

计算每个 batch 耗时的正负误差时间可以按照下面这个公式进行：

$$\frac{total\_dura\_squared}{num\_batchs - average\_time^2}$$

以下是评测模型前向传播的耗时部分的代码：

```
total_dura = 0.0
total_dura_squared = 0.0

#在这个 for 循环中运行前向传播测试过程
for step in range(num_batches+10):
    start_time = time.time()
    alexnet(image_data)
    duration = time.time() - start_time
    if step >= 10:
        if step % 10 == 0:
            print('%s: step %d, duration = %.3f' %
                (datetime.now(), step-10, duration))
        total_dura += duration
        total_dura_squared += duration * duration
average_time = total_dura / num_batches

#打印前向传播的运算时间信息
print('%s:Forward across %d steps,%.3f +/- %.3f sec/batch'%
    (datetime.now(), num_batches, average_time,
    math.sqrt(total_dura_squared/num_batches-
                    average_time * average_time)))
```

接着，我们看一下评估 AlexNet 每轮反向传播的计算耗时的逻辑如何实现。反向传播的过程中比较耗时的部分就是求解梯度，虽然反向传播的过程也涉及参数的更新，但这并不会占用很长的时间。

求解梯度的操作可以通过我们之前惯用的 GradientTape 类及其中的函数 gradient()来实现。在求解梯度时，我们以计算模型中参数的 L2 loss 为目标（使用函数 nn.l2_loss()完成）。函数 gradient()会求解相对于 Loss 的所有模型参数的梯度，模型的参数当然是通过模型的 trainable_variables 属性得到，模型会自动维护这个属性。

在得到求解梯度的操作后，我们就可以进行和前向传播过程一样的逻辑设计了。back_total_dura 是对每一轮反向传播耗时的累加，back_total_dura_squared 是对每一轮反向传播耗时的平方的累加，back_avg_t 则是反向传播过程中每一轮的平均耗时。

计算每个 batch 耗时的正负误差时间可以按照上面所列的公式进行计算，这里不再赘述。以下是评测模型反向传播的耗时部分的代码：

```python
back_total_dura = 0.0
back_total_dura_squared = 0.0

#在这个 for 循环中运行反向传播测试过程
for step in range(num_batches + 10):
    start_time = time.time()
    #模拟求解梯度的操作
    with tf.GradientTape() as tape:
        loss = tf.nn.l2_loss(alexnet(image_data))
    gradients = tape.gradient(loss,
alexnet.trainable_variables)
    #求解梯度还可以直接使用 gradients()函数，其定义原型为：
    #gradients(ys, xs, grad_ys=None, name='gradients',
    #gate_gradients=False, aggregation_method=None,
    #stop_gradients=None,
    #unconnected_gradients=tf.UnconnectedGradients.NONE)
    #在使用 gradients()函数时，一般我们只需对参数 ys 和 xs 传递值，
#函数会计算 ys 相对于 xs 的偏导数，并将结果作为一个长度为
#len(xs)的列表返回
    duration = time.time() - start_time
    if step >= 10:
        if step % 10 == 0:
            print('%s: step %d, duration = %.3f' %
                    (datetime.now(), step-10, duration))
        back_total_dura += duration
        back_total_dura_squared += duration * duration
back_avg_t = back_total_dura / num_batches

#打印反向传播的运算时间信息
```

```
print('%s: Forward-backward across %d steps, '
    '%.3f +/- %.3f sec / batch' %
    (datetime.now(), num_batches, back_avg_t,
    math.sqrt(back_total_dura_squared/num_batches-
                back_avg_t * back_avg_t)))
```

　　如果程序编写以及运行的过程非常顺利，那么很快就会打印出一些运行时间的信息。笔者使用的平台包含 i5 4210m 的 CPU 以及 GTX850m 的 GPU，运行得到的打印结果如下所示：

```
2019-09-17 10:57:23.462387: step 0, duration = 0.678
2019-09-17 10:57:30.513452: step 10, duration = 0.722
2019-09-17 10:57:37.638665: step 20, duration = 0.813
2019-09-17 10:57:44.855893: step 30, duration = 0.705
2019-09-17 10:57:51.959775: step 40, duration = 0.697
2019-09-17 10:57:59.095574: step 50, duration = 0.685
2019-09-17 10:58:05.993899: step 60, duration = 0.702
2019-09-17 10:58:13.229767: step 70, duration = 0.672
2019-09-17 10:58:20.042300: step 80, duration = 0.653
2019-09-17 10:58:27.167064: step 90, duration = 0.696
2019-09-17 10:58:33.579006:
Forward across 100 steps, 0.708 +/- 0.042 sec/batch
2019-09-17 10:59:11.822621: step 0, duration = 3.235
2019-09-17 10:59:46.151786: step 10, duration = 3.469
2019-09-17 11:00:23.236779: step 20, duration = 3.779
2019-09-17 11:00:57.155013: step 30, duration = 3.483
2019-09-17 11:01:31.619945: step 40, duration = 3.221
2019-09-17 11:02:08.780334: step 50, duration = 4.044
2019-09-17 11:02:46.525558: step 60, duration = 3.435
2019-09-17 11:03:21.653123: step 70, duration = 3.318
2019-09-17 11:03:56.433703: step 80, duration = 3.370
2019-09-17 11:04:32.649879: step 90, duration = 3.637
2019-09-17 11:05:04.073178:
Forward-backward across 100 steps,
3.555 +/- 0.220 sec / batch
```

　　从前向传播的耗时信息这部分的打印结果可以看出，在笔者所使用的平台上每轮迭代的时间大约是 0.69 秒，平均耗时 0.7 秒。

　　从反向传播的耗时信息这部分的打印结果可以看出，在笔者所使用的平台上每轮迭代的时间不会超过 4 秒，平均耗时 3.5 秒。

　　这些耗时的统计信息都建立在模型包含 LRN 结构的基础上。之前提到过，在 AlexNet 之后出现的大多数卷积神经网络都没有采用 LRN 结构。如果去掉 LRN 层（注释掉那一行的代码即可），无论是前向传播还是反向传播，每一轮迭代的耗时基本都会下降到 1/3。读者也可以做一下对比，一个是使用 LRN 层的耗时测试，另一个是不使用 LRN 层的耗时测试。

采用真实的数据集进行 CNN 的训练过程通常都比较耗时，这是因为卷积神经网络相对于全连神经网络而言计算量依然很大（尽管参数量有所下降）；另外，数据集本身的图片样本数据也是非常多；如果将每个图片样本再进行数据增强，则又会产生很多样本，全部训练完这些样本也会耗费很长的时间。

用 CNN 进行预测就不会有这么多的问题了，首先用于测试的样本数据非常有限，其次网络不必执行反向传播的过程（从打印的信息来看，反向传播过程耗时大概是前向传播过程的 3 倍）。TensorFlow 支持在 iOS 和 Android 系统中运行，实测结果表明使用移动端的 CPU 进行人脸识别或图片分类也有着比较快的响应速度。

8.3　VGGNet 卷积网络模型

2014 年 ILSVRC 图像分类竞赛的第二名是 VGGNet 网络模型，其 top-5 错误率为 7.3%，拥有 140M 的参数量。相比于这一年 ILSVRC 图像分类竞赛的第一名——GoogleNet 模型（该模型一般被称为 Inception V1，在下一节将介绍其升级版本 Inception V3），VGGNet 模型在准确率与降低参数量上略逊一筹（GoogleNet 的错误率为 6.66%）。尽管如此，在将网络迁移到其他图片数据上进行应用时，VGGNet 却比 GoogleNet 有着更好的泛化性。也就是说，相比 GoogleNet，VGGNet 在可扩展性方面更胜一筹。此外，VGGNet 模型是从图像中提取特征的 CNN 首选算法。因此，VGGNet 这一经典网络模型仍有研究和学习的价值，尽管它存在着诸多缺陷。

8.3.1　模型结构

VGGNet 是由牛津大学计算机视觉几何组（Visual Geometry Group，VGG）和 Google DeepMind 公司的研究员合作研发的深度卷积神经网络，VGG 的组员 Karen Simonyan 和 Andrew Zisserman 在 2014 年撰写的论文

《*Very Deep Convolutional Networks for Large-Scale Image Recognition*》中正式提出了该深度卷积神经网络的结构。

　　VGGNet 对卷积神经网络的深度与其性能之间的关系进行了探索。网络的结构非常简洁，在整个网络中全部使用了大小相同的卷积核（3×3）和最大池化核（2×2）。通过重复堆叠的方式，使用这些卷积层和最大池化层成功地搭建了 11～19 层深的卷积神经网络。

　　VGGNet 模型通过不断地加深网络结构来提升性能，牛津大学计算机视觉几何组对 11～19 层的网络都进行了详尽的性能测试。根据网络深度的不同以及是否使用 LRN，VGGNet 可以分为 A～E 6 个级别。如图 8-7 所示为 VGGNet 各级别的网络结构表。

ConvNet Configuration					
A	A-LRN	B	C	D	E
11 weight layers	11 weight layers	13 weight layers	16 weight layers	16 weight layers	19 weight layers
input (224 × 224 RGB image)					
conv3-64	conv3-64 **LRN**	conv3-64 **conv3-64**	conv3-64 conv3-64	conv3-64 conv3-64	conv3-64 conv3-64
maxpool					
conv3-128	conv3-128	conv3-128 **conv3-128**	conv3-128 conv3-128	conv3-128 conv3-128	conv3-128 conv3-128
maxpool					
conv3-256 conv3-256	conv3-256 conv3-256	conv3-256 conv3-256	conv3-256 conv3-256 **conv1-256**	conv3-256 conv3-256 **conv3-256**	conv3-256 conv3-256 conv3-256 **conv3-256**
maxpool					
conv3-512 conv3-512	conv3-512 conv3-512	conv3-512 conv3-512	conv3-512 conv3-512 **conv1-512**	conv3-512 conv3-512 **conv3-512**	conv3-512 conv3-512 conv3-512 **conv3-512**
maxpool					
conv3-512 conv3-512	conv3-512 conv3-512	conv3-512 conv3-512	conv3-512 conv3-512 **conv1-512**	conv3-512 conv3-512 **conv3-512**	conv3-512 conv3-512 conv3-512 **conv3-512**
maxpool					
FC-4096					
FC-4096					
FC-1000					
soft-max					

图 8-7　VGGNet 模型网络结构表

　　尽管从 A 级到 E 级对网络逐步进行了加深，但是网络的参数量并没有显著增加，这是因为最后的 3 个全连接层占据了大量的参数。在 6 个级别的 VGGNet 中，全连接层都是相同的。卷积层的参数共享和局部连接对降低参数量做出了重大的贡献，但是由于卷积操作和池化操作的运算过程比较复杂，所以训练中比较耗时的部分依然是卷积层。

图 8-8 展示了每一级别的参数量。

A	A-LRN	B	C	D	E
133M	133M	133M	134M	138M	144M

图 8-8　VGGNet 各级别网络参数量

从图 8-8 可以看出，VGGNet 拥有 5 段卷积，每一段卷积内都有一定数量的卷积层（或 1 个或 4 个），所以是 5 阶段卷积特征提取。每一段卷积之后都有一个最大池化层（max-pool）层，这些最大池化层被用来缩小图片的尺寸。

同一段内的卷积层拥有相同的卷积核数，之后每增加一段，该段内卷积层的卷积核数就增长 1 倍。接受输入的第一段卷积中，每个卷积层拥有最少的 64 个卷积核，接着第二段卷积中每个卷积层的卷积核数量上升到 128 个；最后一段卷积拥有最多的卷积层数，每个卷积层拥有最多的 512 个卷积核。

C 级的 VGGNet 有些例外，它的第一段和第二段卷积都与 B 级 VGGNet 相同，只是在第三段、第四段和第五段卷积中相比 B 级 VGGNet 各多了一个 1×1 大小卷积核的卷积层。这里核大小 1×1 的卷积运算主要用于在输入通道数和输出通道数不变（不发生数据降维）的情况下实现线性变换。

将多个 3×3 卷积核的卷积层堆叠在一起是一种非常有趣也非常有用的设计，这对降低卷积核的参数非常有帮助，同时也会加强 CNN 对特征的学习能力。图 8-9 展示了两个 3×3 卷积核的卷积层堆叠在一起的情况，我们将借助这幅图来进行一些说明。

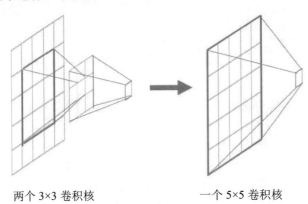

两个 3×3 卷积核　　　　　　　　一个 5×5 卷积核

图 8-9　将两个 3×3 的卷积核串联起来可实现一个 5×5 的卷积核

如图 8-9 所示，左侧展示了两个核大小为 3×3 的卷积层堆叠起来的情况，右侧展示了只有一个核大小为5×5的卷积层的情况。经过对比之后我们可以发现两者的效果相同，两个核大小为3×3的卷积层堆叠起来相当于一个核大小为5×5的卷积层，即得到的每一个值会跟经过卷积操作前的5×5个像素产生关联（感受野由 3×3 变为 5×5）。使用堆叠卷积层的方法能够降低参数数量，左侧的情况下需要 18（9+9）个参数，而右侧的情况下需要 25 个参数。

可以将这种两层相叠的情况扩展到3层或者4层或者更多的层，比如使用 3 个核大小为 3×3 的卷积层堆叠起来的效果相当于一个核大小为 7×7 的卷积层。当使用一个卷积层时，只能对卷积的结果使用一次激活函数（进行一次非线性变换），但是当堆叠在一起的卷积层达到 3 个或者 4 个之后，因为在每一个卷积结束后都使用了一次激活函数，所以计算的过程中相当于进行了多次非线性变换，进而加强了 CNN 对特征的学习能力。

在网络训练时，VGGNet 通过一个称为 Multi-Scale 的方法对图像进行数据增强处理。这个过程大致就是先将原始的图像缩放到不同尺寸（缩放后的短边长度用 S 表示，在实践中，笔者一般令 S 在[256,512]这个区间内取值），然后将得到的图像进行 224×224 的随机裁剪。在之前的第 7 章中提到过，数据增强处理能增加很多数据量，对于防止模型过拟合有很好的效果。因为卷积神经网络对于图像的缩放有一定的不变性，所以将这种经过 Multi-Scale 多尺度缩放裁剪后的图片输入到卷积神经网络中训练可以增加网络的这种不变性。经过 Multi-Scale 多尺度缩放裁剪后可以获得多个版本的图像数据，笔者将这些多个版本的图像数据合在一起进行训练。表 8-2 所示为 VGGNet 使用 Multi-Scale 训练时得到的结果，可以看到 D 和 E 结构的网络都可以达到 7.5%的错误率。

在预测时，VGGNet 也采用了 Multi-Scale 的方法，将图像缩放到一个尺寸（缩放后的短边长度用 Q 表示，Q 会大于 224 且不必等于 S）再裁剪，并将裁剪后的图片输入到卷积网络计算。输入到网络中的图片是某一张图片经过缩放裁剪后的多个样本，这样会得到一张图片的多个分类结果，所以紧接着要做的事就是对这些分类结果进行平均以得到最后这张图片的分类结果。这种平均的方式会提高图片数据的利用率并使分类的效果变好。

表8-2展示了没有使用Multi-Scale的方式进行数据增强处理时各级别的VGGNet 在测试时得到的 top-5 错误率（也称为 Single-Scale）。与之进行比

较的是使用了 Multi-Scale 的方式进行数据增强处理时各级别的 VGGNet 在测试时得到的 top-5 错误率，如表 8-3 所示。

表 8-2　VGGNet 使用 Single-Scale

config	smallest image side		top-1 val.error(%)	top-5 val.error(%)
	train(S)	test(Q)		
A	256	256	29.5	10.3
A-LRN	256	256	29.7	10.5
B	256	256	28.7	9.9
C	256	256	28.1	9.4
	384	384	28.0	9.3
	[256;512]	384	27.3	8.8
D	256	256	27.0	8.8
	384	384	26.8	8.7
	[256;512]	384	25.6	8.1
E	256	256	27.3	9.0
	384	384	26.8	8.6
	[256;512]	384	25.5	8.0

表 8-3　VGGNet 使用 Multi-Scale

config	smallest image side		top-1 val.error(%)	top-5 val.error(%)
	train(S)	test(Q)		
B	256	224,256,288	28.2	9.6
C	256	224,256,288	27.7	9.2
	384	352,384,416	27.8	9.2
	[256;512]	256,384,512	26.3	8.2
D	256	224,256,288	26.6	8.5
	384	352,384,416	26.5	8.5
	[256;512]	256,384,512	24.8	7.5
E	256	224,256,288	26.9	8.7
	384	352,384,416	26.7	8.6
	[256;512]	256,384,512	24.8	7.5

表 8-2、表 8-3 与图 8-7 中的数据均出自论文《*Very Deep Convolutional Networks for Large-Scale Image Recognition*》。通过比较 A 与 A-LRN 的错误率，我们发现 A-LRN 的效果没有 A 好，这说明 LRN 层的作用不是很明

显；将 A 与 B、C、D、E 进行比较，我们发现网络越深越好；将 A 与 C 进行比较，我们发现增加 1×1 的 filter 对非线性提升效果有较好的作用；将 C 与 D 进行比较，我们发现使用 3×3 的大 filter 比使用 1×1 的小 filter 能捕获更大的空间特征。

VGG 将 Single-Scale 的 6 个不同等级的网络与 Multi-Scale 的 D 网络进行融合，并将融合后的网络作为 VGGNet 的最终版本提交到 ILSVRC 2014 大赛举办方。这个 VGGNet 的最终版本在 ILSVRC 2014 竞赛的图像分类问题中达到了 7.3%的 top-5 错误率。

赛后作者对其他融合网络模型的方案也进行了测试，他们发现融合 Multi-Scale 的 D 和 E 能够达到更好的效果（top-5 错误率可以降到 7.0%），在此基础上使用其他的一些优化策略甚至可以将 top-5 错误率降到 6.8% 左右。

VGGNet 的训练比较费时，VGG 团队在最初训练时使用了 4 块 NVIDIA 的 GTX Titan 进行多 GPU 并行训练，得到了相较于单 GPU 约 3.75 倍的速度提升。对于 A～E 6 个等级的网络，每个网络训练耗时差不多 2～3 周。

8.3.2 TensorFlow 实现

在代码部分，我们选择 D 结构的 VGGNet（又称为 VGGNet-16。同理，E 结构的 VGGNet 又称为 VGGNet-19）进行说明。由于 VGGNet 网络的训练周期较长，所以我们没有选择在 ImageNet 数据集的基础上对其进行训练和测试，而是选择了构造出 VGGNet 网络结构以及模拟的图像数据，并评测其网络在模拟的图像数据上 forward（前向传播过程）耗时和 backward（反向传播过程）耗时。

首先，载入几个需要用到的依赖库，并定义一些需要用到的量。因为 VGGNet-16 的模型体积比较大，如果还是用 32 的 batch_size 会导致 GPU 的显存不足，所以这里将 batch_size 从 32 改为 12。

```
import tensorflow as tf
from tensorflow.keras import layers
from datetime import datetime
import math
import time
batch_size = 12
num_batches = 100
```

VGGNet-16 包含很多层的卷积，为了方便描述，我们把这些卷积层以池化层为单位描述成一段卷积。在卷积层数量增加的前提下，为了能在编写模型时不像编写 AlexNet 模型一样分别对每一个卷积层都定义一个卷积层类，这里先定义一个通用的卷积层类 Conv。之后在构建模型时，所用到的卷积层均由 Conv 类产生，通过定制该类构造函数的参数，达到构建不同卷积层的目的。事实证明，这样的做法对缩减代码的长度很有帮助。

首先看一下实例化 Conv 类时需要对构造函数传递进来的参数。name 是这一层的名称，kernel_h 和 kernel_w 分别是卷积核的高度和宽度，num_out 是输出通道数（也就是卷积核的数量），step_h 和 step_w 分别是步长的高和宽。

build()函数的作用是完成卷积核参数和偏置参数的初始化。该函数的第一步，就是确定卷积核的形状，这里使用 input_shape[-1]获取输入 input 的通道数。注意，input_shape 后面的[-1]表示获取最后一个维度的值，在这个维度上一般就是上一层网络输出或者图片输入的深度。例如，如果输入的图片尺寸为 12×224×224×3，那么 input_shape[-1]会得到最后的那个 3。

对于 Conv 类中的其他函数，基本就没有什么要强调的地方了，下面是该类的定义。

```
#初始化这个隐藏层的权重参数
w_init = tf.random_normal_initializer(stddev=1e-1)
#初始化这个隐藏层的偏置参数
b_init = tf.zeros_initializer()

#自定义的卷积层类
class Conv(layers.Layer):
  def __init__(self,layer,kernel_h, kernel_w,
                 num_out, step_h, step_w):
    super(Conv, self).__init__()
    self.layer = layer
    self.k_h = kernel_h
    self.k_w = kernel_w
    self.num_out = num_out
    self.step_h = step_h
    self.step_w = step_w
  def build(self, input_shape):
    self.kernel_shape = [self.k_h, self.k_w,
                 input_shape[-1], self.num_out]
    self.kernel = self.\
        add_weight(name = self.layer+'/kernel',
```

```
                    shape = self.kernel_shape,
                    initializer = w_init, dtype = 'float32',
                    trainable=True)
        self.biases = self. \
            add_weight(name = self.layer+'/biases',
                        shape=[self.num_out],
                        initializer=b_init, dtype='float32',
                        trainable=True)
    def call(self,input):
        conv = tf.nn. \
            conv2d(input, self.kernel,
                    (1, self.step_h, self.step_w, 1),
                    padding="SAME")
        activation = tf.nn. \
            relu(tf.nn.bias_add(conv, self.biases))
        return activation
```

VGGNet-16 也包含了几个全连接层，这些全连接层同样是直接采用 keras.layers.Dense 类，而不是重新再定义。下面就开始创建 VGGNet-16 的网络模型结构，这部分内容被放到了 VGGNet 类内部。

VGGNet-16 在整体上可以划分为 8 个部分（8 段），前 5 段为卷积网络，后 3 段为全连网络。在 VGGNet 类内首先来创建第一段卷积网络，这一段卷积网络由两个卷积层和一个最大池化层构成。对于卷积层，我们使用自定义的卷积层类 Conv 来创建。这两个卷积层的卷积核的大小都是 3×3，同时卷积核数量（输出通道数）均为 64，步长为 1×1。第一个卷积层的输入（input）尺寸为 224×224×3（没有加入 batch_size），输出尺寸为 224×224×64；而第二个卷积层的输入、输出尺寸均为 224×224×64（接收来自第一个卷积层的输出）。两个卷积层之后是一个 2×2 的最大池化层，由于步长也是 2，所以经过最大池化之后，输出结果尺寸变为了 112×112×64。

第二段卷积网络和第一段的结构非常类似，两个卷积层的卷积核尺寸也是 3×3，只是经由这两个卷积层之后输出的通道数都变为了 128。最大池化层和第一段卷积的最大池化层一致，所以得出这一段卷积网络的输出尺寸变为 56×56×128。

第三段卷积网络在结构上和前两段不同的是，这里的卷积层数变为了 3 个。每个卷积层的卷积核大小依然是 3×3，但是每个卷积层的输出通道数则增长至 256。最大池化层和前两段卷积的最大池化层一致，所以得出这一段卷积网络的输出尺寸变为 28×28×256。

第四段卷积网络也是三个卷积层加一个最大池化层。所有的配置和第三段卷积一致，只是每个卷积层的输出通道数在上一段 256 的基础上又发生了翻倍，达到了 512。所以得出这一段卷积网络的输出尺寸变为 14×14×512。

最后一段卷积网络同样是三个卷积核尺寸为 3×3 的卷积层加一个最大池化层，只是不再增加卷积层的输出通道数，将通道数继续维持在 512。所以可以计算到这里输出的尺寸变为 7×7×512。

在 VGGNet 类内创建完卷积部分后就可以直接使用 Dense 类创建全连接层部分。全连接层一共有三层，前两个全连接层之后都带有一个 Dropout 处理层，这个处理层可以单独定义为 Layer 类的子类并使用 nn.dropout()函数实现其逻辑，也可以直接在这里使用 layers.Dropout 类。

下面是 VGGNet 类的全部代码。

```
#VGGNet 模型定义
class VGGNet(tf.keras.Model):
    def __init__(self,rate):
        super(VGGNet, self).__init__()
        #添加第一段卷积
        self.conv1_1 = Conv(layer="conv1_1",kernel_h=3,
                        kernel_w=3, num_out=4,
                        step_h=1, step_w=1)
        self.conv1_2 = Conv(layer="conv1_2",kernel_h=3,
                        kernel_w=3, num_out=64,
                        step_h=1, step_w=1)
        self.pool1 = layers.\
            MaxPool2D(name="pool1", pool_size=(2, 2),
                    strides=(2,2), padding="SAME")

        #添加第二段卷积
        self.conv2_1 = Conv(layer="conv2_1",kernel_h=3,
                        kernel_w=3, num_out=128,
                        step_h=1, step_w=1)
        self.conv2_2 = Conv(layer="conv2_2",kernel_h=3,
                        kernel_w=3, num_out=128,
                        step_h=1, step_w=1)
        self.pool2 = layers.\
            MaxPool2D(name="pool2",pool_size=(2, 2),
                    strides=(2,2), padding="SAME")
```

```
#添加第三段卷积
self.conv3_1 = Conv(layer="conv3_1",kernel_h=3,
                    kernel_w=3, num_out=256,
                    step_h=1, step_w=1)
self.conv3_2 = Conv(layer="conv3_2",kernel_h=3,
                    kernel_w=3, num_out=256,
                    step_h=1, step_w=1)
self.conv3_3 = Conv(layer="conv3_3", kernel_h=3,
                    kernel_w=3, num_out=256,
                    step_h=1, step_w=1)
self.pool3 = layers.\
    MaxPool2D(name="pool3",pool_size=(2, 2),
              strides=(2,2), padding="SAME")

#添加第四段卷积
self.conv4_1 = Conv(layer="conv4_1", kernel_h=3,
                    kernel_w=3, num_out=512,
                    step_h=1, step_w=1)
self.conv4_2 = Conv(layer="conv4_2", kernel_h=3,
                    kernel_w=3, num_out=512,
                    step_h=1, step_w=1)
self.conv4_3 = Conv(layer="conv4_3", kernel_h=3,
                    kernel_w=3, num_out=512,
                    step_h=1, step_w=1)
self.pool4 = layers.\
    MaxPool2D(name="pool4",pool_size=(2, 2),
              strides=(2,2), padding="SAME")

#添加第五段卷积
self.conv5_1 = Conv(layer="conv5_1", kernel_h=3,
                    kernel_w=3, num_out=512,
                    step_h=1, step_w=1)
self.conv5_2 = Conv(layer="conv5_2", kernel_h=3,
                    kernel_w=3, num_out=512,
                    step_h=1, step_w=1)
self.conv5_3 = Conv(layer="conv5_3", kernel_h=3,
                    kernel_w=3, num_out=512,
                    step_h=1, step_w=1)
self.pool5 = layers. \
    MaxPool2D(name="pool5", pool_size=(2, 2),
              strides=(2, 2), padding="SAME")
```

```
        #添加全连接层
        self.flatten = layers.Flatten()
        self.dense1 = layers.Dense(name="full1",units=4096,
                                        activation='relu')
        #keras.layers.Dropout 类构造函数定义原型:
        #def __init__(rate, noise_shape=None,seed=None,
        #                           **kwargs)
        self.dropout = layers.Dropout(rate=rate)
        self.dense2 = layers.Dense(name="full2",units=4096,
                                        activation='relu')
        self.dropout = layers.Dropout(rate=rate)
        self.dense3 = layers.Dense(name="full3", units=1000,
                                    activation='softmax')


    def call(self, input):
        x = self.conv1_1(input)
        x = self.conv1_2(x)
        x = self.pool1(x)


        x = self.conv2_1(x)
        x = self.conv2_2(x)
        x = self.pool2(x)


        x = self.conv3_1(x)
        x = self.conv3_2(x)
        x = self.conv3_3(x)
        x = self.pool3(x)


        x = self.conv4_1(x)
        x = self.conv4_2(x)
        x = self.conv4_3(x)
        x = self.pool4(x)


        x = self.conv5_1(x)
        x = self.conv5_2(x)
        x = self.conv5_3(x)
        x = self.pool5(x)


        x = self.flatten(x)
        x = self.dense1(x)
        x = self.dropout(x)
        x = self.dense2(x)
```

```
    x = self.dropout(x)
    x = self.dense3(x)

    #返回值模拟了通过 argmax()函数得到预测结果
    return tf.argmax(x, 1)
```

接下来的部分和 AlexNet 中的做法一样。我们并不使用真实的
ImageNet 数据集进行训练，为了节约时间，这里只使用随机矩阵数据来模
拟图片数据对网络的前馈计算耗时和反馈计算耗时进行测试。生成随机矩
阵数据时使用的是 random_normal()函数，生成的随机矩阵数据符合标准差
为 0.1 的正态分布。当然，也使用了 summary()函数观察模型的规模。这部
分代码如下：

```
#创建模拟数据集
image_size = 224
image_shape =[batch_size,image_size,image_size, 3]
image_init = tf.random_normal_initializer(stddev=1e-1)
image_data = tf.\
    Variable(initial_value=image_init(shape=image_shape),
            dtype='float32')

vggnet = VGGNet(rate=0.5)
vggnet(image_data)
vggnet.summary()
```

下面是 summary()函数在控制台打印出的本模型规模信息：

```
Model: "vgg_net"
```

Layer (type)	Output Shape	Param #
conv (Conv)	multiple	112
conv_1 (Conv)	multiple	2368
pool1 (MaxPooling2D)	multiple	0
conv_2 (Conv)	multiple	73856
conv_3 (Conv)	multiple	147584
pool2 (MaxPooling2D)	multiple	0

conv_4 (Conv)	multiple	295168
conv_5 (Conv)	multiple	590080
conv_6 (Conv)	multiple	590080
pool3 (MaxPooling2D)	multiple	0
conv_7 (Conv)	multiple	1180160
conv_8 (Conv)	multiple	2359808
conv_9 (Conv)	multiple	2359808
pool4 (MaxPooling2D)	multiple	0
conv_10 (Conv)	multiple	2359808
conv_11 (Conv)	multiple	2359808
conv_12 (Conv)	multiple	2359808
pool5 (MaxPooling2D)	multiple	0
flatten (Flatten)	multiple	0
full1 (Dense)	multiple	102764544
full2 (Dense)	multiple	16781312
dropout_1 (Dropout)	multiple	0
full3 (Dense)	multiple	4097000

```
=========================================================
Total params: 138,321,304
Trainable params: 138,321,304
Non-trainable params: 0
```

前向传播的测试过程也和 AlexNet 极为相似。Dropout 类构造函数的 rate 参数用于控制 Dropout 操作的保留比例，对于前馈的过程，当然也可以试着将其赋值为其他值（如 1.0）。前向传播的测试过程代码如下：

```
total_dura = 0.0
total_dura_squared = 0.0

#在这个 for 循环中运行前向传播测试过程
for step in range(num_batches+10):
    start_time = time.time()
    vggnet(image_data)
    duration = time.time() - start_time
    if step >= 10:
        if step % 10 == 0:
            print('%s: step %d, duration = %.3f' %
                    (datetime.now(), step-10, duration))
        total_dura += duration
        total_dura_squared += duration * duration
average_time = total_dura / num_batches

#打印前向传播的运算时间信息
print('%s: Forward across %d steps, '
    '%.3f +/- %.3f sec/batch' %
    (datetime.now(), num_batches, average_time,
     math.sqrt(total_dura_squared/num_batches-
                    average_time * average_time)))
```

反向传播的测试过程代码如下：

```
back_total_dura = 0.0
back_total_dura_squared = 0.0

#在这个 for 循环中运行反向传播测试过程
for step in range(num_batches + 10):
    start_time = time.time()
    #模拟求解梯度的操作
    with tf.GradientTape() as tape:
        loss = tf.nn.l2_loss(vggnet(image_data))
    gradients = tape.\
        gradient(loss, vggnet.trainable_variables)
    #求解梯度还可以直接使用 gradients() 函数，其定义原型为：
    #gradients(ys, xs, grad_ys=None, name='gradients',
    #gate_gradients=False, aggregation_method=None,
    #stop_gradients=None,
    #unconnected_gradients=tf.UnconnectedGradients.NONE)
    #在使用 gradients() 函数时，一般我们只需对参数 ys 和 xs 传递值，
    #函数会计算 ys 相对于 xs 的偏导数，并将结果作为一个长度为
```

```
#len(xs)的列表返回
duration = time.time() - start_time
if step >= 10:
    if step % 10 == 0:
        print('%s: step %d, duration = %.3f' %
              (datetime.now(), step-10, duration))
    back_total_dura += duration
    back_total_dura_squared += duration * duration
back_avg_t = back_total_dura / num_batches

#打印反向传播的运算时间信息
print('%s: Forward-backward across %d steps, '
    '%.3f +/- %.3f sec / batch' %
    (datetime.now(), num_batches, back_avg_t,
    math.sqrt(back_total_dura_squared/num_batches-
                back_avg_t * back_avg_t)))
```

在完成了所有的代码编写后，就可以开始运行 VGGNet 模型了。运行的过程中程序会打印出两段结果信息。

首先显示的是前向传播的计算时间。笔者使用的 GPU 是 GTX 850m，CPU 是 i5 4210m，TensorFlow 支持 GPU。在不包含 LRN 层时每轮前向传播的时间大约为 3s，读者也可以试着添加 LRN 层，这样的话每轮迭代时间大约会增长两倍。因为 LRN 层对最终准确率的影响不是很大，可以自行考虑是否需要使用 LRN。

最后显示的是反向传播的计算时间。同样是不包含 LRN 层时，每轮迭代时间约为 10s，添加 LRN 层后每轮迭代时间也会大约增长两倍。在这些时间信息的打印中还可以看到，反向传播运算的耗时大约是前向传播耗时的 4~5 倍，在 AlexNet 中也是类似的。这些打印信息如下：

```
'''
2019-09-17 14:53:04.360344: step 0, duration = 2.792
2019-09-17 14:53:32.223378: step 10, duration = 2.827
2019-09-17 14:54:00.834304: step 20, duration = 2.784
2019-09-17 14:54:30.018648: step 30, duration = 2.740
2019-09-17 14:55:02.330694: step 40, duration = 2.881
2019-09-17 14:55:36.590753: step 50, duration = 3.102
2019-09-17 14:56:10.783374: step 60, duration = 2.839
2019-09-17 14:56:47.341628: step 70, duration = 4.311
2019-09-17 14:57:22.658638: step 80, duration = 3.614
2019-09-17 14:57:55.394142: step 90, duration = 2.959
```

```
2019-09-17 14:58:24.789799: Forward across 100 steps,
3.232 +/- 0.559 sec/batch
2019-09-17 15:00:43.160380: step 0, duration = 10.788
2019-09-17 15:02:28.423073: step 10, duration = 10.527
2019-09-17 15:04:16.394517: step 20, duration = 10.747
2019-09-17 15:06:02.741897: step 30, duration = 10.616
2019-09-17 15:07:49.950893: step 40, duration = 10.736
2019-09-17 15:09:50.091333: step 50, duration = 12.001
2019-09-17 15:11:40.521572: step 60, duration = 11.016
2019-09-17 15:14:21.747640: step 70, duration = 16.047
2019-09-17 15:16:37.423224: step 80, duration = 13.361
2019-09-17 15:18:29.798777: step 90, duration = 11.239
2019-09-17 15:20:27.381405:
Forward-backward across 100 steps,
11.707 +/- 0.718 sec / batch
'''
```

到此我们就完成了 VGGNet-16 的实现和评测。VGGNet 相比 AlexNet 而言又大幅降低了基于 ImageNet 数据集的图像分类任务能够得到的错误率，这可以说是一个不小的进步。如果读者对图像分类非常感兴趣，并且有足够厉害的硬件，那么可以到 ILSVRC 大赛的官网下载那一年（2014）的比赛用到的数据集并使用比上面这个 VGGNet 更完善的程序从头开始训练。

最后要说的是，VGGNet 训练后的模型参数在其官方网站（http://www.vggnet.nl/）上开源了，对于重新训练一个在 VGGNet 的基础上进行扩展的网络而言，这相当于提供了非常好的初始化权重参数。事实上在下一节要介绍的 InceptionNet-V3 模型中，我们就采用了这种方式——使用官方提供的已经训练好的模型参数，并在既成的 InceptionNet-V3 模型的基础上扩展了它的结构。

8.4　InceptionNet-V3 卷积网络模型

Google 的 InceptionNet 首次亮相是在 2014 年的 ILSVRC 比赛中，并且以 top-5 错误率（为 6.67%）略低于 VGGNet 的优势取得了第一名。习惯上我们将那一年的 InceptionNet 称为 Inception V1，这是因为 InceptionNet 是一

个大的家族——截止至 2016 年 2 月，InceptionNet 一共开发了 4 个版本。Inception V3 是这个大家族中比较有代表性的一个版本，在本节也会重点对 Inception V3 进行介绍，但在这之前，我们先来看看 Inception V1 中用到的一些想法。

VGGNet 相比于 AlexNet 而言，模型深度和参数的数量都得到了增加。这样做的确获得了比较好的预测识别的效果，但是却存在一些隐含的缺陷。首先，这样做会使网络模型产生巨量参数，导致容易出现过拟合现象，这个问题在训练样本数量有限时特别突出。其次，网络规模扩大会极大地增加计算量，消耗更多的计算资源。实际应用中，我们能够得到的计算资源都是非常有限的，拥有非常高效的计算资源对处理越来越大规模的网络来说也变得越来越重要。

相比 VGGNet，Inception V1 增加了深度，达到了 22 层，但是其参数却只有 500 万个左右（5M），这是远低于 AlexNet（60M 左右）和 VGGNet（140M 左右）的。除此之外，它的计算量只有 15 亿次浮点运算。

解决存在的两个隐含缺陷的根本方法是将全连接甚至一般的卷积转化为稀疏连接，事实上 Inception V1 也正是采用了这样的方法才能在有效地控制参数量和计算量的同时获得更好的性能。

这种方法的灵感来源于生物神经系统以及统计学的指导。一方面，现实的生物神经系统的连接是稀疏的（人脑神经元的连接就是稀疏的）；另一方面，对于大规模稀疏的神经网络，可以通过分析激活值的统计特性和对高度相关的输出进行聚类来逐层构建出一个最优网络。这表明稀疏的网络可以在不发生性能损失的情况下被极大地简化。虽然尚没有严谨的数学证明对这些观点加以支撑，但 Hebbian 原理可以有力地支持这一结论。

虽然在第 1 章介绍人工神经网络的时候提到了 Hebbian 原理，但那里毕竟没有给予更详细的解释，所以这里要先解释一下 Hebbian 原理。Hebbian 原理概括地讲，就是神经反射活动的持续与重复会导致神经元连接稳定性的持久提升。当两个神经元细胞 A 和 B 距离很近，并且 A 参与了对 B 重复、持续地刺激，那么某些代谢变化会导致 A 将作为能使 B 兴奋的细胞。也就是说，两个细胞间交流次数的增多会加强两个细胞间的连接强度。

受 Hebbian 原理启发，Sanjeev Arora 等人于 2013 年在论文《*Provable Bounds for Learning Some Deep Representations*》中提出：如果可以通过一个很大且很稀疏的神经网络表达数据集的概率分布，那么在构筑这个网络时，可以通过将与上一层高度相关（Correlated）的单元聚类，并将聚类出来的每一个小簇（Cluster）连接到一起的方法逐层构筑网络。图 8-10 展示了这样的想法。

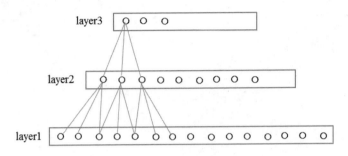

图 8-10　通过逐层构筑网络的方式将高度相关的单元连接在一起

这个相关性高的单元应该被聚集在一起的结论，就是由 Hebbian 原理得出的。对于卷积操作，通过第 7 章的介绍我们知道，它本身就是稀疏连接的，所以是符合 Hebbian 原理的。在普通的数据集中，我们可能还需要对神经元单元进行聚类操作，但是在图像数据中，每一张图片中都是临近区域内的数据相关性较高，这是天然的，因此相邻的像素点被卷积操作连接在一起。当使用多个卷积核时，在同一空间位置但在不同通道的卷积核的输出结果相关性也是极高的。根据相关性高的单元应该被聚集在一起的结论，这些在同一空间位置但在不同通道的卷积核的输出结果也是稀疏的，也可以通过类似将稀疏矩阵聚类为较为密集的子矩阵的方式来提高计算性能。沿着这样的一个思路，Google 团队提出了 Inception Module 结构来实现这样的目标。

Google 团队提出的 Inception Module 结构在实现上借鉴了论文《Network in Network》（以下简称 NIN，该论文由 Min Lin 和 Qiang Chen 等人于 2014 年发表）中的一些做法。在 NIN 中，主要通过串联卷积层与 MLP 层（级联在一起的层称为 MLPConv（Multilayer Perceptron + Convolution））的方式提高了卷积层的表达能力。在一般的卷积神经网络中，提升表达能力的措施主要是增加输出通道数（使用多个卷积核提取更多的特征），但是这样做会增大计算量并有可能导致过拟合。而 NIN 中的 MLPConv 则实现的是利用多层感知器（其实就是多层的全连接层）来替代单纯的卷积神经网络中的加权求和。具体来讲，MLPConv 使用 MLP 对卷积操作得到的特征图进行进一步的操作，从而得到本层的最终输出特征图。图 8-11 展示了 MLPConv 的连接情况，其中输入的特征图由卷积操作得到。

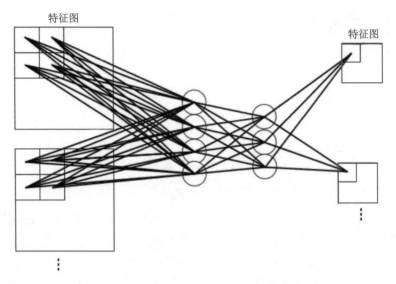

图 8-11 MLPConv 的连接示意图

在一般的卷积神经网络中，无论是输入还是输出，不同的特征图之间的卷积核是不同的；但是在 MLPConv 中，卷积操作得到的特征图会经过权值共享的 MLP 来得到输出特征图。这样的处理方式拥有更强大的表达能力，因为允许在输出通道之间组合信息（特征图的多少决定通道的深度），所以效果明显。可以将全连接层看作卷积核大小为 1×1 的卷积层，于是 MLPConv 就基本等效于普通卷积层再连接 1×1 的卷积和 ReLU 激活函数。

接下来看一下所谓的 Inception Module 结构。如图 8-12 所示是 Google 团队提出的一个比较原始的 Inception Module，可以将其称为 A 版本（实际上在 Inception V1 中使用的是 B 版本）。关于 Inception Module 的形象解释，就是它本身就是一个小型的网络，这里面能划分出一些明显的"层"结构。InceptionNet 就是由这些 Module 反复堆叠而形成的一个大的网络。

在图 8-12 中，根据 Sanjeev Arora 等人提出的聚类成簇的方法，Inception Module A 使用多个大小不同的卷积核从 Previous Layer 提取特征，这些卷积核的数量也不相同。经过卷积操作后，可以看作得到了一些"簇"。之后将卷积操作得到的特征图在深度方向进行串联拼接（Concatenation，或简称 Concat 操作，相当于聚合，在 TensorFlow 中有函数实现），这样就构建出了很高效的符合 Hebbian 原理的稀疏结构。为了避免在 Concat 时出现块无法对齐的问题，所以设定滤波器的大小为 1×1、3×3 和 5×5。

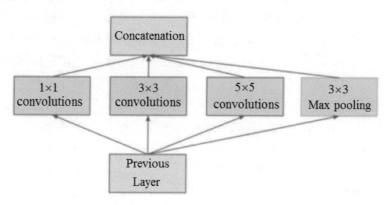

图 8-12　Inception Module A 结构

如上所述，卷积核大小为 1×1、3×3 和 5×5 是为了对齐方便。比如在卷积步长为 1 时，只要分别设定 pad 为 0、1 和 2，则卷积后就可以得到相同维度的特征。但是在堆叠了多次 Module 之后会因为大量 5×5 卷积的存在而导致计算量的增加，所以有必要在进行 5×5 卷积（甚至是 3×3 卷积）前先进行降维，降维使用的是核大小为 1×1 的卷积，这样的思路也是来源于 NIN。图 8-13 展示了经由 Inception Module A 改进后得到的 B 版本。

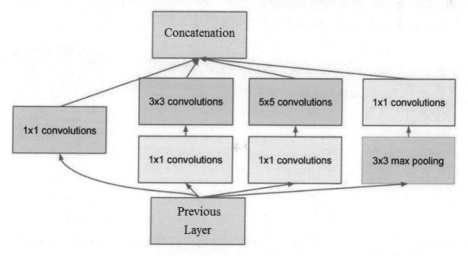

图 8-13　Inception Module B 结构

从图 8-13 可以看出，Inception Module B 同样是 4 个分支，并且第一个分支是对输入进行 1×1 的卷积。1×1 的卷积其实也是 NIN 中提出的一个重要结构，它用于跨通道组织信息以及对输入通道进行降维，提高了网络的表达能力。第二个分支先使用了 1×1 卷积，然后连接 3×3 卷积，相当于进行了两次特征变换。第三个分支也是先进行 1×1 的卷积，然后连接 5×5 卷积。最后一个分支则是 3×3 最大池化后直接使用 1×1 卷积。在得到这些分支后，所有的分支通过一个串联（聚合）操作进行合并。

在前面提到使用多个卷积核时，在同一空间位置但在不同通道的卷积核的输出结果相关性也是极高的。因此，使用一个 1×1 的卷积目的就是很自然地把这些相关性很高的、在同一个空间位置但不同通道的特征连接在一起。这是 1×1 卷积被频繁地应用到 InceptionNet 中的原因之一。除此之外，1×1 卷积的性价比很高，其计算量很小，但是却能增加一层特征变换和非线性化。

除了卷积之外，Inception Module 中还包含了一个最大池化，这样做的目的是增加网络对不同尺度的适应性，这一部分和 VGGNet 的 Multi-Scale 思想类似。对图像进行不同尺度的缩减能够加强卷积神经网络对不同大小的物体的识别能力。

在提出 Inception V1 的论文《*Going Deeper with Convolutions*》中指出，InceptionNet 的主要设计思想就是找到一个最优的 Inception Module 结构，以更好地实现局部稀疏的稠密化。此外，论文中还指出这样的结构可以高效率地扩充网络的深度和宽度，在提升准确率的同时降低过拟合的概率。

在一个 Inception Module 中，通常 1×1 卷积核的数量最多。Inception V1 堆叠了多个 Inception Module，在网络越深入的部分，可以发现 3×3 和 5×5 这两个大面积的卷积核的数量逐渐增加，甚至超过了 1×1 卷积核的数量。这是因为使用更多大面积的卷积核能够捕获更多大面积的特征（更高阶的特征）。

Inception V1 参数少但效果好的原因除了使用了创新性的 Module 外，还选择了去除最后的全连接层，转而使用全局平均池化层（即将图片尺寸变为 1×1）来代替。毫不夸张地说，全连接层几乎占据了卷积神经网络中 90%的参数量（参考 AlexNet 或 VGGNet 可以发现这一点），这是整个卷积神经网络中最容易发生过拟合的地方，去除全连接层后会加快模型的训练且减轻过拟合。

　　用全局平均池化层取代全连接层的做法借鉴了论文《*Network in Network*》中的内容。这是一篇很不错的论文，现代卷积神经网络中用到的很多想法都源自它。如果读者有富裕的时间，建议去找一找这篇论文并仔细研读。

　　Inception V1 有 22 层深，除了最后一层的输出外，在网络中还使用了辅助分类节点（Auxiliary Classifiers）。辅助分类节点用于将中间某一层的输出用作分类。辅助分类节点的设计参考了 VGGNet 的模型融合，得到的辅助分类节点数据可以作为一个分类依据，也可以按一个较小的权重（如 0.3）加到最终分类结果中。此外，正如其名，辅助分类节点对整个网络而言还有一些其他的辅助作用，能够提升整个 InceptionNet 的训练效果。

　　在 Inception V1 被提出的时候，TensorFlow 框架还没有出现，所以 Google 实现 Inception V1 时使用的是 DistBelief 框架。同时在训练 Inception V1 时也使用了类似 VGGNet 使用的 Multi-Scale 和 Multi-Crop 等数据增强方法，并在不同的采样数据上训练了 7 个模型进行融合。

　　这些关于本节的介绍显得臃肿，难以理解，那么在接下来的小节中，将会介绍一些非常容易接受的内容。本节我们不会像之前的两节那样搭建出 Inception V3，然后评价其前向传播和反向传播的时间，而是采用了一种更有趣的方式，即从 Google 官网下载已经训练好的 Inception V3 进行模型的迁移学习。所谓迁移学习就是指使用已经得到的网络权重训练一个基于该网络进行修改了的网络模型（修改通常指的是增加几层）。迁移学习的内容放到了 8.4.3 小节。在此之前，我们还需要了解一些从 Inception V1 到 Inception V3 进行的技术创新，这部分内容放到了 8.4.1 小节。

8.4.1　模型结构

　　2015 年 2 月，Inception V2 在论文《*Batch Normalization: Accelerating Deep Network Training by Reducing Internal Covariate*》中被提出，Inception V2 在第一代的基础上将 top-5 错误率继续降低至 4.8%。

　　Inception V2 借鉴了 VGGNet 的经验，用两个 3×3 的卷积代替 5×5 的大卷积。另外，在论文中，还首次提出了著名的 BN（Batch Normalization）方法。BN 可以看作一种非常有效的正则化方法。在对神经网络的某层使用 BN 方法时，每一个 mini-batch 数据的内部都会进行标准化（Normalization）

处理，使输出规范化到 N（0,1）的正态分布。

根据这篇论文中对 BN 的解释，传统的深度神经网络在训练时，尽管可以用堆砌相同结构的网络来达到提升网络性能的目的，但是这些网络层的输入都是在变化的，这就使得基于梯度的训练非常困难。在这种情况下，训练的过程只能采用一个较小的学习率。对每一层使用 BN 方法则可以有效地解决这个问题，通过规范每一层的输出，其他网络层得到的输入的变化就小多了，这样可以将学习率提高很多倍。

提高学习率意味着可以让大型卷积网络的训练速度加快很多倍（事实证明 V2 达到 V1 的准确率所需要的迭代次数下降了 13/14 左右），加快训练速度意味着在相同的时间内可以进行多提高准确率的训练，所以最终 Inception V2 取得了低于 Inception V1 模型的 top-5 错误率——4.8%，这样的错误率在 ImageNet 数据集上已经优于人眼水平。

在对网络使用 BN 方法时，为了能够得到更显著的效果，还需要进行一些与之"配套"的操作，如提高学习率并加快学习衰减速度、去除 Dropout 并减轻 L2 正则、去除 LRN 层、减少数据增强过程中对数据的光学畸变（因为 BN 训练更快，每个样本被训练的次数更少，因此更真实的样本对训练更有帮助）。

2015 年 12 月，Inception V3 在论文《*Rethinking the Inception Architecture for Computer Vision*》中被提出，Inception V3 在 Inception V2 的基础上继续将 top-5 错误率降低至 3.5%。

Inception V3 对 Inception V2 主要进行了两个方面的改进。首先，Inception V3 对 Inception Module 的结构进行了优化，现在 Inception Module 有了更多的种类（有 35×35、17×17 和 8×8 三种结构），并且 Inception V3 还在 Inception Module 的分支中使用了分支（主要体现在 8×8 的结构中），如图 8-14 所示。其次，在 Inception V3 中还引入了将一个较大的二维卷积拆成两个较小的一维卷积的做法。例如，7×7 卷积可以拆成 1×7 卷积和 7×1 卷积。当然，3×3 卷积也可以拆成 1×3 卷积和 3×1 卷积。这被称为 Factorization into Small Convolutions 思想。在论文中作者指出，这种非对称的卷积结构拆分在处理更多、更丰富的空间特征以及增加特征多样性等方面的效果能够比对称的卷积结构拆分更好。

在图 8-14 的基础上，图 8-15 给出了 Inception V3 模型的架构图。

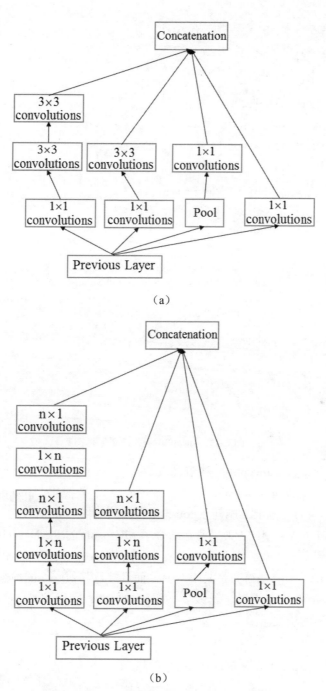

（a）

（b）

图 8-14　Inception V3 中的 Inception Module

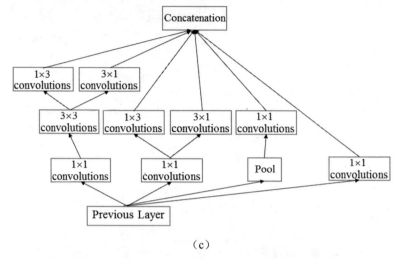

（c）

图 8-14　Inception V3 中的 Inception Module（续）

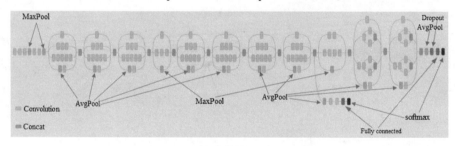

图 8-15　Inception V3 模型架构图

2016 年 2 月，Inception V4 在论文《*Inception-v4,Inception-ResNet and the Impact of Residual Connections of Learning*》中被提出，Inception V4 在 Inception V3 的基础上又刷新了 top-5 错误率的新低（3.08%）。

Inception V4 相比 V3 主要是结合了 Microsoft 的 ResNet，关于 ResNet 的介绍放到了下一节。由于本节主要介绍的是 Inception V3 的相关内容（V4 相比 V3 错误率降低得并不是很明显，而且涉及其他网络的内容），所以对于 Inception V4 没有具体的涉及。如果想知道 Inception V4 的具体结构，可以参考相应的论文。

8.4.2　Inception V3 Module 的实现

如图 8-15 所示，Inception V3 模型总共有 46 层，由 11 个 Inception 模块

组成。仔细数一数就会发现在 Inception-V3 模型中有 96 个卷积层，如果还像实现 VGGNet 和 AlexNet 时那样使用 conv2d()函数创建卷积层，那么将产生冗长的代码。

其实早在 TensorFlow 1.x 中，就提供了 Slim 工具来更加简捷地实现一个卷积层，这个工具被实现在 contrib 包里。TensorFlow 升级到 2.0 之后，全面删除了 contrib 包，Slim 工具自然也就不再提供了。在基本熟悉了使用 Keras 中提供的 API 创建卷积层之后，我们也可以尝试一下这个工具的使用。下面以 Inception V3 的最后一个 Module 为例，通过 Slim 工具来完成对它的创建。

Slim 工具中的 srg_scope() 函数可用于设置默认的参数值。slim.srg_scope()函数的第一个参数是需要提供默认值的函数，通常会被写为列表的形式，在这个列表中的函数将使用默认的参数值。

在 Slim 工具中，同样也封装了构建卷积层与池化层的一些函数。在下面的程序中，我们将会用到的是 slim.conv2d()函数、slim.max_pool2d()函数和 slim.avg_pool2d()函数，它们的使用方法和之前介绍的那些函数几乎无异。在执行卷积和池化操作时，一般都会设置 stride=1 和 padding="SAME"，而这些取值相同的参数可以放到 srg_scope()函数中进行声明。

比如，在程序中对 srg_scope() 函数声明了 stride=1 和 padding="SAME"，那么在接下来调用 slim.conv2d(last_net,320,[1,1])函数时会自动加上而不必再对 stride 参数和 padding 参数赋值。如果在调用 slim.conv2d(last_net,320,[1,1])函数时指定了 stride 参数和 padding 参数，那么通过 srg_scope()函数设置的默认值就不会再使用。

这种使用 Slim 工具的方式可以进一步减小冗余的代码。下面的程序展示了 Inception-v3 的最后一个 Module 的实现（关于实现拼接操作的 concat()函数的使用方法，也可以参考这段代码）：

```
import tensorflow as tf
import tensorflow.contrib.slim as slim

#使用 Slim 的 srg_scope()函数设置一些会用到的卷积或池化
#函数的默认参数值，包括 stride=1 和 padding="SAME"
with slim.\
    arg_scope([slim.conv2d,slim.max_pool2d,
        slim.avg_pool2d],stride=1, padding="SAME"):
```

```
#在这里为 InceptionModule 创建一个统一的变量命名空间,
#模块中含有多条路径,每一条路径都会接收模块之前网络节点的输出,
#这里用 last_net 统一代表这个输出
with tf.variable_scope("Module"):

    #使用变量空间的名称标识模块的路径,这类似于"BRANCH_n"
    #的形式,例如 BRANCH_1 表示这个模块里的第二条路径
    with tf.variable_scope("BRANCH_0"):
      branch_0 = slim.conv2d(last_net,320,[1,1],
                          scope="Conv2d_0a_1x1")

    with tf.variable_scope("BRANCH_1"):
      branch_1 = slim.conv2d(last_net,384,[1,1],
                          scope="Conv2d_1a_1x1")
      #concat()函数实现了拼接的功能,函数原型为:
      #concat(values,axis,name),函数的第一个参数用于指定
      #拼接的维度信息,对于 InceptionModule,该值一般为 3,表示在
      #第三个维度上进行拼接(串联);第二个参数是用于拼接的两个结果
      branch_1 = tf.\
          concat(3,[slim.conv2d(branch_1, 384, [1,3],
                          scope= "Conv2d_ 1b_1x3"),
                    slim.conv2d(branch_1, 384, [3,1],
                          scope= "Conv2d_ 1c_3x1")])

    with tf.variable_scope("BRANCH_2"):
      branch_2 = slim.conv2d(last_net,448,[1,1],
                          scope= "Conv2d_2a_1x1")
      branch_2 = slim.conv2d(branch_2, 384, [3,3],
                          scope= "Conv2d_2b_3x3")
      branch_2 = tf.\
          concat(3,[slim.conv2d(branch_2, 384, [1,3],
                          scope="Conv2d_ 2c_1x3"),
                    slim.conv2d(branch_2, 384, [3,1],
                          scope="Conv2d_ 2d_3x1")])

    with tf.variable_scope("BRANCH_3"):
      branch_3 = slim.avg_pool2d(last_net, [3,3],
                          scope= "AvgPool_3a_3x3")
      branch_2 = slim.conv2d(branch_3, 192, [1, 1],
                          scope= "Conv2d_3a_1x1")

    #最后用 concat()函数将 InceptionModule 每一条路径
```

```
#的结果进行拼接，得到最终结果
Module_output = tf.concat(3,[branch_0,branch_1,
                            branch_2,branch_3])
```

从上面这段程序可以看出，使用 Slim 工具构建的网络层同样比较清晰，而且代码量也不算太多。读者也可以尝试使用之前介绍的方法搭建一个Inception-v3的最后一个Module，对比一下使用何种方式更方便，代码量更小。

8.4.3　使用 Inception V3 完成模型迁移

对比前几节介绍的经典神经网络模型和本节介绍的 Inception V3 卷积神经网络模型，我们可以发现，虽然 top-5 错误率在逐渐下降，但是卷积神经网络模型在层数及复杂度上都发生了很大的变化。

随着卷积神经网络模型层数的加深以及复杂度的逐渐增加，训练这些模型所需要的带有标注的数据也越来越多。比如对于 ResNet，其深度有 152 层，使用 ImageNet 数据集中带有标注的 120 万张图片才能将其训练得达到 96.5%的准确率。尽管这是个比较不错的准确率，但是在真实应用中，几乎很难收集到这么多带有标注的图片数据，而且就算在耗费了诸多的人力、物力之后能够收集到这么多带有标注的图片数据，利用这些数据训练一个复杂的卷积神经网络也要花费很长的时间（几天或者几周，且对运算设备的要求很高，一般都会采用分布式实现）。

迁移学习的出现就是为了解决上述标注数据以及训练时间的问题。所谓迁移学习，就是将一个问题上训练好的模型通过简单的调整使其适用于一个新的问题。本小节将在 Google 提供的基于 ImageNet 数据集训练好的 Inception V3 模型的基础上进行简单的修改，使其能够解决基于其他数据集的图片分类任务。这属于迁移学习的一次演示，同时也是为了更有效地学习 Inception V3 模型。

根据相关文献中提出的结论，对于训练好的 Inception V3 模型，可以保留其中所有卷积层的参数，而只是替换掉最后一层全连接层。对于我们想要替换掉的这个全连接层，它之前的一个网络层被称为瓶颈层（Bottleneck，对应到 Inception V3 中就是最后一个 Dropout 层）。

在训练好的 Inception V3 模型中，瓶颈层连接到了一个单层的全连神经网络层，在经过这个全连神经网络层的一些运算后，将结果通过一个

Softmax 层就可以很好地输出图像在预设的 1000 个种类中所属的类别。由此可以认为，瓶颈层输出的向量值是对图像的更加精简且表达能力更强的特征向量（在程序中我们会用变量 bottleneck_values 表示这个特征向量）。

　　将其他数据集的图片输入到训练好的卷积神经网络模型进行计算并从瓶颈层输出结果的过程，可以看成是对图片进行特征提取的过程。于是，在我们准备的新数据集上，会先进行这个特征提取的过程以完成对图像特征向量的提取，这些提取得到的特征向量会作为新建的全连神经网络层的输入。训练这个新建的全连神经网络层并将输出结果传递到一个 Softmax 层，即可用于处理新的分类问题。

　　TensorFlow 提供了完成迁移学习所需要的数据集，也就是所谓的"新数据集"。该数据集可以在 http://download.tensorflow.org/example_images/flower_photos.tgz 下载。下载得到的是一个.tgz 文件，运行 tar 命令后可以在相同目录下得到一个同名的文件夹；在这个文件夹下包含了 5 个子文件夹，每个子文件夹都存储了一种类别的花的图片，子文件夹的名称就是花的类别的名称，如图 8-16 所示。

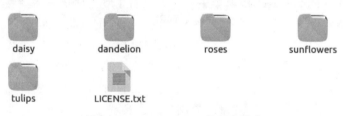

图 8-16　flower_photos 的子文件夹

　　平均每一种花有 734 张图片，并且每一张图片都是 RGB 色彩模式的。需要注意的是，这些图片的大小都不统一。Inception V3 模型能够容忍这些大小不一致的图片。在之前的一些样例中，比如第 7 章实现用卷积神经网络模型解决 Cifar-10 数据集分类的时候，我们首先对图片进行了数据增强处理，目的是减轻过拟合，提高模型的泛化能力，但是在这里不需要对这些花的图片进行数据增强。

　　可以通过浏览器到 Google 公布的网址获取打包的 Inception V3 模型，在 Linux 下使用 wget 命令则显得更加直接。命令如下：

```
wget https://storage.googleapis.com/download.\
>tensorflow.org/models/inception_dec_2015.zip
```

得到的.zip 文件大概占用 80MB 的空间。在 Linux 平台下可以用 unzip 命令对 zip 包进行解压:

```
unzip inception_dec_2015.zip
```

解压后得到 3 个文件, 如图 8-17 所示。

imagenet_comp_
graph_label_
strings.txt

LICENSE

tensorflow_
inception_graph.pb

图 8-17　将下载的模型文件进行解压

第一个文件的内容是该模型在 ILSVRC 大赛中解决 1000 类分类问题时所有的类别, 我们不需要这个文件; 第二个 LICENSE 文件展示了证书信息; 最后一个 tensorflow_inception_graph.pb 文件就是我们需要用到的模型文件, 解压后它大概占用 91MB 大小的空间。

对于 TensorFlow 2.0 来说, 尽管它在 TensorFlow 1.x 的基础上作出了很多增删, 但是为了能更好地完成模型搭建任务, 它也对采用之前的版本所构建出的模型提供了很好的版本兼容性。为了能够更灵活地完成这次模型迁移, 这个过程中将会更多地用到 TensorFlow 1.x 中的函数或类。不过不必担心, 在 TensorFlow 2.0 的环境下, 模型迁移也能够正常执行。

整个模型迁移的样例被划分为两个文件: flower_photos_dispose.py 和 InceptionV3.py。其中 flower_photos_dispose.py 主要完成和图片处理相关的内容, 比如将图片名整理成一个字典、获得并返回图片的路径以及计算得到特征向量等。所以在 flower_photos_dispose.py 内会存在一些函数, 对这些函数的功能要仔细分析。

在 flower_photos_dispose.py 文件的开始, 我们要导入一些会用到的库, 并定义 input_data 为解压得到的 flower_photos 文件夹的路径, CACHE_DIR 为特征向量文件的保存路径(将原始图像通过 InceptionV3 模型计算得到的特征向量保存到文件中, 可以避免重复计算的过程):

```
import glob
import os.path
import random
import numpy as np
from tensorflow.python.platform import gfile
```

```
input_data = "/home/jiangziyang/flower_photos"
CACHE_DIR = "/home/jiangziyang/datasets/bottleneck"
```

首先在文件中定义 create_image_dict()函数，这个函数从数据文件夹中读取所有的图片名并组织成列表的形式，随后按训练、验证和测试数据分开。在将图片名按训练、验证和测试数据分开的时候，我们会根据随机得到的一个分数值判断这个图片的名称应该分到哪一类数据。这带有一定的偶然性，并没有办法确保有多少图片名属于某一个数据集。这个函数的代码如下：

```
def create_image_dict():
    result = {}
    #path 是 flower_photos 文件夹的路径，同时也包含了其子文件夹
    #的路径，directory 的数据形式为一个列表，打印其内容如下：
    #/home/jiangziyang/flower_photos,
    #/home/jiangziyang/flower_photos/daisy,
    #/home/jiangziyang/flower_photos/tulips,
    #/home/jiangziyang/flower_photos/roses,
    #/home/jiangziyang/flower_photos/dandelion,
    #/home/jiangziyang/flower_photos/sunflowers
    path = [x[0] for x in os.walk(input_data)]
    is_root_dir = True
    for sub_dirs in path:
        if is_root_dir:
            is_root_dir = False
            continue    #跳出当前循环执行下一轮的循环

        #extension_name 列表列出了图片文件可能的后缀名
        extension_name = ['.jpg', '.jpeg', '.JPG', '.JPEG']
        #创建保存图片文件名的列表
        images_list = []
        for extension in extension_name:
            #join()函数用于拼接路径，用 extension_name 列表中的
            #元素作为后缀名。比如：
            #/home/jiangziyang/flower_photos/daisy/*.jpg
            #/home/jiangziyang/flower_photos/daisy/*.jpeg
            #/home/jiangziyang/flower_photos/daisy/*.JPG
            #/home/jiangziyang/flower_photos/daisy/*.JPEG
            file_glob = os.path.join(sub_dirs,'*.'+extension)

            #使用 glob()函数获取满足正则表达式的文件名，例如对于
            #/home/jiangziyang/flower_photos/daisy/*.jpg,
            #glob()函数会得到该路径下所有后缀名为.jpg 的文件。
```

```
    #例如下面这个例子：
    #/home/jiangziyang/flower_photos/daisy/
    #7924174040_444d5bbb8a.jpg
    images_list.extend(glob.glob(file_glob))

    #basename()函数会舍弃一个文件名中保存的路径，比如对于
    #/home/jiangziyang/flower_photos/daisy，其结果是
    #仅仅保留 daisy，
    #flower_category 就是图片的类别，其值通过子文件夹名获得
    dir_name = os.path.basename(sub_dirs)
    flower_category = dir_name

    #初始化每个类别的 flower_photos 对应的训练集图片名列表、
    #测试集图片名列表和验证集图片名列表
    training_images = []
    testing_images = []
    validation_images = []

    for image_name in images_list:
        #对于 images_name 列表中的图片文件名，它也包含了路径名，
        #但我们不需要路径名，故这里使用 basename()函数获取文件名
        image_name = os.path.basename(image_name)
        #random.randint()函数产生均匀分布的整数
        score = np.random.randint(100)
        if score < 10:
            validation_images.append(image_name)
        elif score < 20:
            testing_images.append(image_name)
        else:
            training_images.append(image_name)

    #每执行一次最外层的循环，都会刷新一次 result。result 是一个
    #字典，其 key 为 flower_category，其 value 也是一个字典，
    #以数据集分类的形式存储了所有图片的名称。最后将 result 返回
    result[flower_category] = {
        "dir": dir_name,
        "training": training_images,
        "testing": testing_images,
        "validation": validation_images,
    }
return result
```

在训练或验证的过程中，都会调用 get_random_bottlenecks()函数。大体上，它用来随机产生一个 batch 的特征向量及其对应的 labels 标签。产生

特征向量的过程封装在函数 create_bottlenecks()内，产生的特征向量和 labels 被存储在列表中并作为返回值返回。这部分代码如下：

```python
def get_random_bottlenecks(sess, num_classes,
                           image_lists, batch_size,
                           data_category,
                           jpeg_data_tensor,
                           bottleneck_tensor):
    #定义 bottlenecks 用于存储得到的一个 batch 的特征向量
    #定义 labels 用于存储这个 batch 的 label 标签
    bottlenecks = []
    labels = []

    for i in range(batch_size):
        #random_index 是从 5 个花类中随机抽取的类别编号
        #image_lists.keys()的值就是 5 种花的类别名称
        random_index = random.randrange(num_classes)
        flower_category = \
            list(image_lists.keys())[random_index]

        #image_index 就是随机抽取的图片编号，
        #在 get_image_path()函数中，我们会看到如何通过这个
        #图片编号和 random_index 确定类别，找到图片的文件名
        image_index = random.randrange(65536)

        #调用 get_or_create_bottleneck()函数获取或者创建图片
        #的特征向量，这个函数调用了 get_image_path()函数
        bottleneck = \
            get_or_create_bottleneck(sess, image_lists,
                        flower_category,image_index,
                        data_category,jpeg_data_tensor,
                                bottleneck_tensor)

        #首先生成每一个标签的答案值，然后通过 append()函数组成
        #一个 batch 列表，函数将完整的列表返回
        label = np.zeros(num_classes, dtype=np.float32)
        label[random_index] = 1.0
        labels.append(label)
        bottlenecks.append(bottleneck)
    return bottlenecks, labels
```

create_bottlenecks()函数在 get_random_bottlenecks()函数中被调用，这个函数会获取一张图片经过 InceptionV3 模型处理之后的特征向量。在获取特征向量的过程中，这个函数会先试图在 CACHR_DIR 路径下寻找已经计

算且保存下来的特征向量文件并读取（文件后缀名为.txt），将其内容作为列表返回；如果找不到该文件则先通过 InceptionV3 模型计算特征向量，然后将计算得到的特征向量保存到文件（还是以.txt 为后缀名），最后返回的就是计算得到的特征向量列表。

```
def create_bottleneck(sess, image_lists,
        flower_category, image_index, data_category,
                jpeg_data_tensor, bottleneck_tensor):
    #sub_dir 得到的是 flower_photos 下某一类花的文件夹名，这类花
    #由 flower_photos 参数确定，花的文件夹名由 dir 参数确定
    sub_dir = image_lists[flower_category]["dir"]

    #拼接路径，路径名就是在 CACHE_DIR 路径的基础上加上 sub_dir
    sub_dir_path = os.path.join(CACHE_DIR, sub_dir)

    #判断拼接出的路径是否存在，如果不存在，则在 CACHE_DIR 下
    #创建相应的子文件夹
    if not os.path.exists(sub_dir_path):
        os.makedirs(sub_dir_path)

    #获取一张图片对应的特征向量的全名，这个全名包括了路径名，
    #而且会在图片的.jpg 后面用.txt 作为后缀，使用 get_image_path()函
    #数获取没有.txt 后缀的文件名，该函数会
    #返回带路径的图片名
    bottleneck_path = \
            get_image_path(image_lists, CACHE_DIR,
                            flower_category,image_index,
                            data_category) + ".txt"

    #如果指定名称的特征向量文件不存在，则通过 Inception V3 模型
    #计算得到该特征向量，计算的结果也会存入文件
    if not os.path.exists(bottleneck_path):
        #获取原始的图片名，这个图片名包含了原始图片的完整路径
        image_path = \
            get_image_path(image_lists, input_data,
                        flower_category, image_index,
                                data_category)
        #读取图片的内容
        image_data = gfile.\
                FastGFile(image_path,"rb").read()

        #将当前图片输入到 Inception V3 模型，并计算瓶颈张量的值，
        #所得瓶颈张量的值就是这张图片的特征向量，但是得到的特征向量
```

```
#是四维的，所以还需要通过 squeeze()函数压缩成一维的，
#以方便作为全连接层的输入
bottleneck_values = sess.run(bottleneck_tensor,
        feed_dict={jpeg_data_tensor:image_data})
bottleneck_values = np.squeeze(bottleneck_values)

#将计算得到的特征向量存入文件，存入文件前需要在两个值之间
#加入逗号作为分隔，这样从文件读取数据时可以更方便地解析
bottleneck_string = ','.join(str(x)
                        for x in bottleneck_values)
with open(bottleneck_path, "w") as bottleneck_file:
    bottleneck_file.write(bottleneck_string)

#else 对应指特征向量文件已经存在的情况，此时会直接从
#bottleneck_path 获取特征向量数据
else:
    with open(bottleneck_path, "r") as bottleneck_file:
        bottleneck_string = bottleneck_file.read()

    #从文件读取的特征向量数据是字符串的形式，
    #要以逗号为分隔将其转换为列表的形式
    bottleneck_values = [float(x)
        for x in bottleneck_string.split(',')]
return bottleneck_values
```

以 daisy（雏菊）为例，图 8-18 展示了特征向量文件保存时的命名格式。可以看出，其实就是在图片名的基础上加了.txt 后缀名。

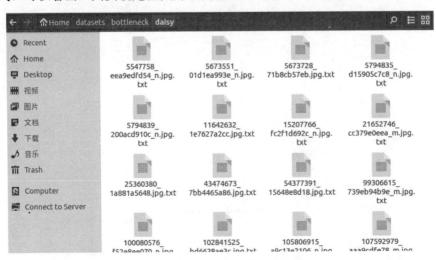

图 8-18 特征向量文件名展示

　　create_bottlenecks()函数的内部使用了 get_image_path()函数,这个函数会根据传递进来的参数返回一个带路径的图片名。其中参数 image_lists 从 InceptionV3.py 传递过来,也就是 create_image_dict()函数返回的 result 字典。image_dir 参数就是图片名的根路径,它可以是 CACHE_DIR 或者 input_data,这取决于是返回原始图片数据的文件名还是返回特征向量文件名中的图片名片段。使用 flower_category 和 data_category 参数共同确定在 image_lists 中搜索的范围,具体的位置编号就是参数 image_index。这 3 个参数中,flower_category 和 image_index 由 get_random_bottlenecks()函数产生,而 data_category 则由 Inception V3.py 文件在训练或验证的过程中传递进来。以下是函数的具体实现:

```
def get_image_path(image_lists, image_dir,
                flower_category,image_index,
                data_category):
    #category_list 用列表的形式保存了某一类花的某一个
    #数据集的内容,其中参数 flower_category 从函数
    #get_random_bottlenecks()传递过来
    category_list = \
        image_lists[flower_category][data_category]

    #actual_index 是一张图片在 category_list 列表中的
    #位置序号,其中参数 image_index 也是从函数
    #get_random_bottlenecks()传递过来
    actual_index = image_index % len(category_list)

    #image_name 就是图片的文件名
    image_name = category_list[actual_index]

    #sub_dir 得到 flower_photos 中某一类花所在的子文件夹名
    sub_dir = image_lists[flower_category]["dir"]

    #拼接路径,这个路径包含了文件名,最终返回给
    #create_bottleneck()函数,作为每一个图片对应的特征向量文件
    full_path = os.path.join(image_dir, sub_dir, image_name)
    return full_path
```

　　get_test_bottlenecks()函数会获取全部的测试数据。与生成训练数据和验证数据时使用的 get_random_bottlenecks() 函数相同的是,get_test_bottlenecks()函数也调用了 create_bottlenecks()函数,不同的是没有按照 batch 的大小进行划分,并且没有随机抽样的过程。get_test_bottlenecks()函

数使用两个 for 循环遍历了所有用于测试的花名，并根据 create_ bottlenecks()
函数获取特征向量数据：

```
def get_test_bottlenecks(sess, image_lists,
                         num_classes, jpeg_data_tensor,
                         bottleneck_tensor):
    bottlenecks = []
    labels = []

    #flower_category_list 是 image_lists 中键的列表，
    #打印出来就是这样：
    #['roses','sunflowers','daisy','dandelion','tulips']
    flower_category_list = list(image_lists.keys())

    data_category = "testing"

    #枚举所有的类别和每个类别中的测试图片
    #在外层的 for 循环中，label_index 是 flower_category_list 列表
    #中的元素下标，flower_category 就是该列表中的值
    for label_index, \
        flower_category in enumerate(flower_category_list):

        #在内层的 for 循环中，通过 flower_category 和"testing"
        #枚举 image_lists 中每一类用于测试的花名，得到的名称就是
        #unused_base_name，但我们只需要 image_index
        for image_index,unused_base_name in enumerate (
                image_lists[flower_category]["testing"]):

            #调用 create_bottleneck() 函数创建特征向量，因为在
            #进行训练或验证的过程中用于测试的图片并没有生成相应的
            #特征向量，所以这里要一次性全部生成
            bottleneck = \
                create_bottleneck(sess, image_lists,
                        flower_category,image_index,
                        data_category,jpeg_data_tensor,
                            bottleneck_tensor)

            #接下来就和 get_random_bottlenecks() 函数相同了
            label = np.zeros(num_classes,dtype=np.float32)
            label[label_index] = 1.0
            labels.append(label)
            bottlenecks.append(bottleneck)
    return bottlenecks, labels
```

InceptionV3.py 文件实现了模型文件读取以及增加一层全连接层之后的训练、验证和测试（评估）的过程。在这里将会调用 flower_photos_dispose.py 文件中的一些函数生成用于训练或验证的一个 batch 的数据或者生产用于测试的数据。文件的一开始还是要导入一些相关的库，并定义一些需要用到的量：

```python
#想要使用 TensorFlow 1.x，就要引入 TensorFlow 1.x 的环境，
#对于 TensorFlow 2.0 来说，这部分封装在 compat.v1 包中
import tensorflow.compat.v1 as tf1
import os
import flower_photos_dispose as fd
from tensorflow.python.platform import gfile

#定义保存模型的路径以及模型文件的名字
model_path = \
"/home/jiangziyang/InceptionModel/inception_dec_2015/"
model_file= "tensorflow_inception_graph.pb"

num_steps = 4000
BATCH_SIZE = 100

#bottleneck_size 是 Inception-V3 模型瓶颈层的节点数量
bottleneck_size = 2048

#得到 create_image_dict()函数返回的 result
image_lists = fd.create_image_dict()

#num_classes=5，因为有 5 类
num_classes = len(image_lists.keys())
```

接下来就要读取已经训练好的 Inception V3 模型。Google 将训练好的模型通过 Graph ProtocolBuffer 保存在了.pb 文件中，该文件保存的内容是每一个节点取值的计算方法以及变量的取值。关于模型保存的相关知识，在这里建议快速浏览第 12 章，尤其是 12.1 节和 12.4 节。

需要说明的是，在 Google 提供的 Inception V3 模型中，代表瓶颈层结果的张量在计算图中的节点名称就是'pool_3/_reshape:0'，我们需要这个名称读取瓶颈层的特征向量计算结果；代表图像输入的张量在计算图中的节点名称就是'DecodeJpeg/contents:0'，我们需要通过这个名称向 Inception V3 模型中输入原始的图片数据。使用这两个节点可以通过导入计算图的函数 import_graph_def()来完成，这个函数的使用方法也可以参考 12.4 节。这里

对函数的 return_elements 参数传入这两个节点，这样函数就会返回输入数据所对应的张量以及计算瓶颈层结果所对应的张量。另外，对 graph_def 参数传入读取的已经训练好的 Inception V3 模型的计算图。

```
#读取已经训练好的 Inception v3 模型
with qfile.FastGFile(os.path.\
        join(model_path, model_file), 'rb') as f:
   graph_def = tf1.GraphDef()
   graph_def.ParseFromString(f.read())

#使用 import_graph_def()函数加载读取的 Inception V3 模型后会返回
#图像数据输入节点的张量以及计算瓶颈结果所对应的张量。函数原型：
#import_graph_def(graph_def,input_map,return_elements,
#             name, op_dict,producer_op_list)
bottleneck_tensor,jpeg_data_tensor = tf1.\
   import_graph_def(graph_def,return_elements=\
   ["pool_3/_reshape:0","DecodeJpeg/contents:0"])
```

然后定义用于神经网络输入的 placeholder、用于标准答案输入的 placeholder、一个全连接层、平均交叉熵损失的计算、梯度下降优化器以及准确率的计算。

这个输入的 placeholder 是对我们将要创建的一个新的全连接层而言的，接收的是新的图片经过 Inception V3 模型前向传播到达瓶颈层之后输出的特征向量。用于神经网络输入的 placeholder 以及用于标准答案输入的 placeholder 都由函数 get_random_bottlenecks()返回。

全连接层、平均交叉熵损失的计算、梯度下降优化器以及准确率的计算这些部分和之前相同，这里不再详细介绍。以下是这部分的代码：

```
#尽管引入了 TensorFlow 1.x 的环境，但是真正执行的环境还是依赖
#TensorFlow 2.0，而在 TensorFlow 2.0 中程序默认的执行方式
#是 Eager Execution，这并不是适合会话和 placeholder 的使用，
#如果关闭 Eager Execution 而采用传统的 Graph Execution，
#那么就需要执行 disable_eager_execution()函数
tf1.disable_eager_execution()
x = tf1.placeholder(tf1.float32,[None,bottleneck_size],
               name='BottleneckInputPlaceholder')
y_ = tf1.placeholder(tf1.float32,[None, num_classes],
                     name='GroundTruthInput')

#定义一层全连接层
with tf1.name_scope("final_training_ops"):
```

```
    weights = tf1.\
        Variable(tf1.truncated_normal(
          [bottleneck_size, num_classes],stddev=0.001))
    biases = tf1.Variable(tf1.zeros([num_classes]))
    logits = tf1.matmul(x, weights) + biases
    final_tensor = tf1.nn.softmax(logits)

#定义交叉熵损失函数以及 train_step 使用的随机梯度下降优化器
cross_entropy = tf1.nn.\
    softmax_cross_entropy_with_logits(logits=logits,
                                      labels=y_)
cross_entropy_mean = tf1.reduce_mean(cross_entropy)
train_step = tf1.train.GradientDescentOptimizer(0.01).\
                    minimize(cross_entropy_mean)

#定义计算准确率的操作
correct_prediction = tf1.\
                equal(tf1.argmax(final_tensor, 1),
                            tf1.argmax(y_, 1))
evaluation_step = tf1.\
        reduce_mean(tf1.cast(correct_prediction,
                            tf1.float32))
```

在准备好这些内容后，就可以开始定义会话并运行训练、验证以及测试的过程了。会话部分的定义比较简单，主要就是调用函数获取特征向量以及 label 并 feed 到 run() 中，然后打印一些准确率信息。

```
with tf1.Session() as sess:
    init = tf1.global_variables_initializer()
    sess.run(init)
    for i in range(num_steps):
        #使用 get_random_bottlenecks() 函数产生训练用的随机
        #特征向量数据及 label，并在 run() 函数内开始训练的过程
        train_bottlenecks, train_labels = fd.\
            get_random_bottlenecks(sess, num_classes,
                    image_lists, BATCH_SIZE,"training",
                    jpeg_data_tensor,bottleneck_tensor)
        sess.run(train_step,feed_dict={x: train_bottlenecks,
                                    y_: train_labels})

        #进行相关的验证，同样是使用 get_random_bottlenecks()
        #函数产生随机的特征向量及其对应的 label
        if i % 100 == 0:
            validation_bottlenecks, validation_labels = fd.\
```

```
            get_random_bottlenecks(sess,num_classes,
                        image_lists,BATCH_SIZE,
                        "validation",jpeg_data_tensor,
                            bottleneck_tensor)
    validation_accuracy = sess.run(evaluation_step,
            feed_dict={x: validation_bottlenecks,
                        y_: validation_labels})
    print("Step %d: Validation accuracy = %.1f%%" %
        (i, validation_accuracy * 100))

#在最后的测试数据上测试准确率，这里调用的是
#get_test_bottlenecks()函数，返回所有图片的特征向量
#作为特征数据
test_bottlenecks, test_labels = fd.\
    get_test_bottlenecks(sess, image_lists, num_classes,
                jpeg_data_tensor,bottleneck_tensor)
test_accuracy = sess.\
    run(evaluation_step,
        feed_dict={x: test_bottlenecks, y_: test_labels})
print("Finally test accuracy = %.1f%%" %
            (test_accuracy * 100))
```

在笔者所使用的平台（包括 i5 4210m 的 CPU 和 GTX805m 的 GPU）上，运行上面的 Inception V3.py 程序需要 8 分钟左右（包括生成特征向量以及训练验证、测试的过程）。因为挑选特征向量的过程具有随机性，并不能保证对于每个特征向量都重新计算或者都能在 CACHE_DIR 路径下找到，所以每次运行的时间可能不太相同，但是如果运行 CACHE_DIR 路径下生成了全部的图片特征向量，那么程序运行得往往很快（4 分钟左右的时间）。以下是程序的打印信息，从中可以看出，模型在新的数据集上也能达到不错的分类效果。

```
Step 0: Validation accuracy = 44.0%
Step 100: Validation accuracy = 83.0%
Step 200: Validation accuracy = 92.0%
Step 300: Validation accuracy = 89.0%
Step 400: Validation accuracy = 85.0%
Step 500: Validation accuracy = 86.0%
Step 600: Validation accuracy = 92.0%
Step 700: Validation accuracy = 92.0%
Step 800: Validation accuracy = 93.0%
...
Step 3600: Validation accuracy = 94.0%
```

```
Step 3700: Validation accuracy = 94.0%
Step 3800: Validation accuracy = 96.0%
Step 3900: Validation accuracy = 95.0%
Finally test accuracy = 96.6%
```

在能够提供足够的数据量的情况下，从总体的效果来看，迁移学习之后得到的准确率不如完全重新训练。尽管如此，完成迁移学习所需要的训练样本数和训练时间都远远低于从头开始训练完整的模型。

8.5　ResNet 卷积网络模型

ResNet（Residual Neural Network）由微软研究院的何恺明等 4 名华人提出，卷积神经网络的深度达到了惊人的 152 层，并以 top-5 错误率 3.57% 的好成绩在 ILSVRC 2015 比赛中获得了冠军。尽管 ResNet 的深度远远高于 VGGNet，但是参数量却比 VGGNet 低，效果相较之下更为突出。

ResNet 中最具创新的一点就是残差学习单元（Residual Unit）的引入，而 Residual Unit 的设计则参考了瑞士教授 Schmidhuber 在其 2015 年发表的论文《*Training Very Deep Networks*》中提出的 Highway Network。

在介绍 Residual Unit 前，我们先来看一下所谓的 Highway Network。通常认为增加网络的深度可以在一定程度上提高网络的性能，但是这同时也会增加网络的训练难度。Highway Network 的出现就是为了解决较深的神经网络难以训练的问题。

假设某一层的网络输出 y 与输入 x 的关系可以用 $y = H(x, W_H)$ 来表示，这是经过了非线性变换之后得到的结果。Highway NetWork 在此基础上允许保留一定比例的原始输入 x，即

$$y = H(x, W_H)T(x, W_T) + C(x, W_C)$$

式中，T 被称为变换系数，C 则是保留系数，论文中的取值是 $C = 1 - T$。这样操作的结果是：有一定比例的前一层的信息没有经过矩阵乘法和非线性变换而是直接传输到下一层。

Highway Network 要学习的就是原始信息应该以何种比例保留下来。在 Schmidhuber 教授更早些时候（1997 年）提出的 LSTM 结构（Long-Short Time Memory，9.3 节会有比较详细的介绍）中，有一些被称为"门（Gate）"的结构，它们负责对流入某一单元的信息量进行控制。在这里，可以将

LSTM 中的门想象成实现了 sigmoid 函数的结构（实际上也确实如此）。Highway Network 也可以通过类似 LSTM 中的这种门控单元（Gating Units）来学习原始信息保留下来的比例。

得益于 Gating Units 的控制，增加 Highway Network 的深度至上百层甚至上千层也能直接使用梯度下降算法进行训练。Highway Network 的这一做法启发了后来的 ResNet 残差学习单元。ResNet 可以被设计为上百层深，对于一个卷积神经网络来说，上百层的深度可以带来更好的性能，直接体现出来就是错误率的下降。

8.5.1　模型结构

自 AlexNet 之后，随着卷积神经网络的不断加深（例如 VGGNet 和 Inception V1 分别有 19 层和 22 层深）以及一些优化网络性能的想法不断被提出，卷积神经网络能够达到的错误率也在逐步下降。但是，如果只是简单地将层叠加在一起，增加网络深度，并不会起到什么作用。在增加网络深度的同时，我们还要考虑到梯度消失的问题。具体来讲，因为梯度反向传播到前层，重复乘法可能使梯度无穷小，梯度消失问题也就因此而出现。梯度消失造成的结果就是，随着网络层的加深，其性能（或者说准确率）趋于饱和，更严重的就是准确率发生退化（准确率不升反降）。

不是因为过拟合的出现才导致网络在测试集上的准确率发生下降，如果将训练集用于测试也会发生这样的问题。其实在 ResNet 之前，也出现了几种用来处理梯度消失问题的方法。例如，在中间层增加辅助损失作为额外的监督。不过这些方法收效甚微，并不能真正解决这个问题。

为了解决梯度消失的问题，ResNet 引入了所谓"身份近路连接（Identity Shortcut Connection）"的核心思想。其灵感来源：对于一个达到了饱和准确率的比较浅的网络，当在后面加上几个全等映射层（即 $y = x$）时，误差不会因此而增加。也就是说，更深的网络不应该带来训练集上误差上升。

加入全等映射层的做法使得 ResNet 也像 HighWay Network 一样允许原始输入信息直接传输到后面的层中。假设某一段神经网络的输入是 x，经过这一段网络的处理之后可以得到期望的输出 $H(x)$，现在将输入 x 传到输出作为下一段网络的初始结果，那么此时我们需要学习的目标就不再是一

个完整的输出 $H(x)$，而是输出与输入的差别 $F(x) = H(x) - x$。图 8-19 展示了这样的一种做法。

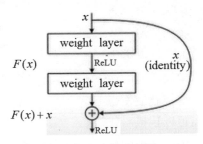

图 8-19　加入全等映射层

接下来我们看一下 ResNet 中的残差学习单元。残差学习单元就是 ResNet 中允许原始输入信息直接传输到后层的执行机构。图 8-20 展示的是在 ResNet 的论文《*Deep Residual Learning for Image Recognition*》（论文地址：https://arxiv.org/pdf/1512.03385.pdf）中提出的两种残差学习单元，左侧是两层的残差学习单元，右侧是三层的残差学习单元。两层的残差学习单元中包含两个输出通道数一致（因为残差还要计算期望输出减去输入，这就要求输入、输出维度需保持一致）的 3×3 卷积；而三层的残差学习单元则先使用了 1×1 的卷积，中间是 3×3 的卷积，最后也是 1×1 的卷积（这里 1×1 卷积的用处可以参考上一节中的相关介绍）。

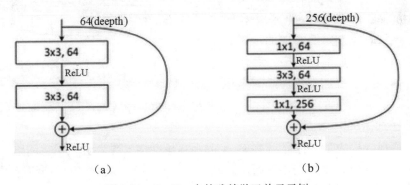

（a）　　　　　　　　　　　（b）

图 8-20　ResNet 中的残差学习单元示例

残差学习单元的引入相当于改变了 ResNet 的学习目标，如果将卷积操作的结果作为没有加入残差前网络的期望输出 $H(x)$，那么残差学习单元学习的将不再是 $H(x)$，而是输出和输入的差别 $H(x)-x$，这就是"残差"的含义。在下一小节编程实现残差学习单元的时候，我们只实现三层的残差学

习单元，两层的残差学习单元可以
以此为参考来实现。

图 8-21 展示了 ResNet 网络将
残差学习单元堆叠起来的情况。从
图中可以看到，ResNet 有很多旁
路的支线将上一残差学习单元的输
入直接参与到输出，这样就能使得
后面的残差学习单元可以直接对残
差进行学习。在网络中，这样的连
接方式也被称为 Shortcut 或 Skip
Connections。

将图 8-21 与之前的卷积神经网
络结构图进行对比，可以发现
ResNet 和直连（不存在 Shortcut 连
接）卷积神经网络的最大区别在
于，ResNet 直接将输入信息沿着捷
径传到输出的方式能够在一定程度
上保护信息的完整性，同时这样的
方式也使得学习的目标更加简明。
对于降低学习难度而言，ResNet 的
这些做法都是非常有帮助的。在提
出 ResNet 的那篇论文中，其作者
也仔细分析了直连卷积神经网络和

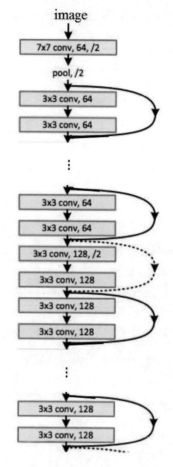

图 8-21　ResNet 堆叠残差学习单元示意图

ResNet 之间存在的其他异同点，如果对 ResNet 感兴趣，可以获取那篇论
文并仔细研究。

值得一提的是，在提出 ResNet 的那篇论文中，作者尝试了将网络扩展
到不同的深度，如图 8-22 所示。从图中可以看到，这些不同网络配置的
ResNet 有着相似的基础结构，那就是残差学习单元。以层数为 152 的
ResNet 中层名称为"conv3_x"的层为例，这个层由 8 个残差学习单元叠加
而来（一般会将由残差学习单元叠加而成的结构称为一个残差学习模块，
在下一小节编写程序时就是这样），每个残差单元有 3 个卷积层（参考
图 8-20），其中"3×3，128"中的"128"指的是这一层的输出深度。

layer name	output size	18-layer	34-layer	50-layer	101-layer	152-layer
conv1	112×112	7×7, 64, stride 2				
		3×3 max pool, stride 2				
conv2_x	56×56	$\begin{bmatrix} 3\times3,\,64 \\ 3\times3,\,64 \end{bmatrix}\times2$	$\begin{bmatrix} 3\times3,\,64 \\ 3\times3,\,64 \end{bmatrix}\times3$	$\begin{bmatrix} 1\times1,\,64 \\ 3\times3,\,64 \\ 1\times1,\,256 \end{bmatrix}\times3$	$\begin{bmatrix} 1\times1,\,64 \\ 3\times3,\,64 \\ 1\times1,\,256 \end{bmatrix}\times3$	$\begin{bmatrix} 1\times1,\,64 \\ 3\times3,\,64 \\ 1\times1,\,256 \end{bmatrix}\times3$
conv3_x	28×28	$\begin{bmatrix} 3\times3,\,128 \\ 3\times3,\,128 \end{bmatrix}\times2$	$\begin{bmatrix} 3\times3,\,128 \\ 3\times3,\,128 \end{bmatrix}\times4$	$\begin{bmatrix} 1\times1,\,128 \\ 3\times3,\,128 \\ 1\times1,\,512 \end{bmatrix}\times4$	$\begin{bmatrix} 1\times1,\,128 \\ 3\times3,\,128 \\ 1\times1,\,512 \end{bmatrix}\times4$	$\begin{bmatrix} 1\times1,\,128 \\ 3\times3,\,128 \\ 1\times1,\,512 \end{bmatrix}\times8$
conv4_x	14×14	$\begin{bmatrix} 3\times3,\,256 \\ 3\times3,\,256 \end{bmatrix}\times2$	$\begin{bmatrix} 3\times3,\,256 \\ 3\times3,\,256 \end{bmatrix}\times6$	$\begin{bmatrix} 1\times1,\,256 \\ 3\times3,\,256 \\ 1\times1,\,1024 \end{bmatrix}\times6$	$\begin{bmatrix} 1\times1,\,256 \\ 3\times3,\,256 \\ 1\times1,\,1024 \end{bmatrix}\times23$	$\begin{bmatrix} 1\times1,\,256 \\ 3\times3,\,256 \\ 1\times1,\,1024 \end{bmatrix}\times36$
conv5_x	7×7	$\begin{bmatrix} 3\times3,\,512 \\ 3\times3,\,512 \end{bmatrix}\times2$	$\begin{bmatrix} 3\times3,\,512 \\ 3\times3,\,512 \end{bmatrix}\times3$	$\begin{bmatrix} 1\times1,\,512 \\ 3\times3,\,512 \\ 1\times1,\,2048 \end{bmatrix}\times3$	$\begin{bmatrix} 1\times1,\,512 \\ 3\times3,\,512 \\ 1\times1,\,2048 \end{bmatrix}\times3$	$\begin{bmatrix} 1\times1,\,512 \\ 3\times3,\,512 \\ 1\times1,\,2048 \end{bmatrix}\times3$
	1×1	average pool, 1000-d fc, softmax				
FLOPs		1.8×10^9	3.6×10^9	3.8×10^9	7.6×10^9	11.3×10^9

图 8-22 不同层数的 ResNet 的网络配置

引入了残差学习单元结构的 ResNet 成功地消除了之前卷积神经网络中随着层数加深而导致的测试集准确率下降的问题。随着网络层数的加深，ResNet 在测试集上得到的错误率也会逐渐减小。

在 ResNet 提出后不久，Google 就在其基础上提出了 Inception V3 的改进版本——Inception V4 和 Inception-ResNet-V2。在融合了这两个模型后，创造了在 ImageNet 数据集上 top-5 错误率 3.08%的新低。

ResNet V2 由原班作者在论文《*Identity Mappings in Deep Residual Networks*》中提出。ResNet V2 和上述介绍的 ResNet V1 的主要区别在于：首先，各个残差学习单元通过 Skip Connection 连接时使用的非线性激活函数（如 ReLU）被更换为 Identity Mappings（$y = x$）；其次，ResNet V2 的残差学习单元在每层中都使用了 Batch Normalization 归一化处理（参考自 Inception V2）。经过了这两个方面的改进，残差学习单元的训练容易度和泛化性都得到了增强。

8.5.2 TensorFlow 实现

实现 ResNet 使用的也是先搭建网络，然后评价迭代耗时的方法。在这里我们实现的是上一小节所提到的 ResNet V2，在代码比较长的情况下，推荐将整个样例分成多个文件编写，这里为了方便描述，我们将样例写在了一个 Python 文件中。样例的一开始是载入一些需要用到的库：

```
import collections
```

```
import tensorflow as tf
from tensorflow.keras import layers
from datetime import datetime
import math
import time
```

接下来创建一个 Block 类，这个类用来配置残差学习模块的规模。因为它的需求简单，所以只包含数据结构而不包含具体方法。在类创建时，还用到了 collections 的 namedtuple，它使得我们在初始化 Block 类时能够以元组的形式为其提供需要传入的参数。

初始化一个 Block 类需要传入两个参数：name 和 args。其中，name 就是这个残差学习模块的名称，args 是指这个残差学习模块的规模配置。下面是 Block 类的定义。

```
class Block(collections.\
        namedtuple("block",["name","args"])):
    "A named tuple describing a ResNet Block"
    #collections.namedtuple()函数原型为:
    #namedtuple(typename,field_names,verbose,rename)
```

blocks 是站在本次模型编写实践的角度给出的一个 152-layer 的 ResNet 残差学习模块的规模配置列表。在该配置列表中，一共配置了 4 个残差学习模块，其中的残差学习单元数量分别为 3、8、36 和 4，总层数即为 152[(3+8+36+3)× 3+2]。

对于创建的每一个残差学习模块，例如 Block("block1", residual_unit, [(256, 64, 1),(256, 64, 1),(256, 64, 2)])，其中"block1"可以当作这个残差学习模块的名称，内层列表[(256, 64, 1),(256, 64, 1),(256, 64, 2)]是这个残差学习模块的大小信息，其中的每一个元组都代表了这个模块中相应的一个残差学习单元的大小。

一个残差学习单元包含 3 个卷积层，如图 8-20 所示。在规划每个残差学习单元时，元组的第一个参数表示的是第三层的输出通道数，第二个参数表示的是前两层的输出通道数，第三个参数表示的是中间层的步长。以下是 blocks 列表的代码：

```
#网络规模配置信息列表
blocks = [
    Block("block1",[(256,64,1), (256,64,1), (256,64,2)]),
    Block("block2",[(512,128,1)] * 7 + [(512,128,2)]),
```

```
    Block("block3",[(1024,256,1)] * 35 + [(1024,256,2)]),
    Block("block4",[(2048,512,1)] * 3)
]
```

残差学习单元的创建过程是通过 ResidualUnit 类定义的。ResidualUnit 类继承自 Layer 类，我们接着来看一下这个类的实现。

在 ResidualUnit 类的构造函数中，depth、depth_residual 和 stride 三个参数可以对应到 Blocks 类中的 args。实际上，args 是一个由元组组成的列表，每一个元组中包含 3 个值，分别是一个残差学习单元中第三个卷积层的输出通道数、前两个卷积层的输出通道数以及中间卷积层的步长。Args 元组中的三个值通过 ResNet_v2 模型类就间接地赋给了 depth、depth_residual 和 stride 3 个参数。

接下来看一下残差学习单元的实现。每一个残差学习单元中，都在最前面通过引入 layers.BatchNormalization 类实现了输入归一化，这是在 Inception V2 中提出的一种操作；还可以通过 TensorFlow 的 nn.batch_normalization()函数实现。

接着是获取需要图 8-19 中所示的直连的 x（代码中的 identity），这一步需要根据输入输出通道数的一致性与否进行不同的操作。如果残差单元的输入通道数（self.depth_input）和输出通道数（self.depth）取值相等，并且参数 stride 取值不为 1，那么使用最大池化按步长为 self.stride 对 inputs 进行空间上的降采样；如果输入通道数和输出通道数不一样，那么使用步长为 self.stride 的 1×1 卷积改变其通道数，使得与输出通道数一致。

函数 residual_unit()的重点是创建残差（代码中的 residual），也就是 3 层卷积。第一个卷积的核大小为 1×1、步长为 1、输出通道数由 self.depth_residual 参数确定；第二个卷积的核大小为3×3、步长由 self.stride 参数确定（根据步长不相同，卷积时所用的填充也可能不同）、输出通道数由 self.depth_residual 参数确定；第三个卷积的核大小为1×1、步长为 1、输出通道数由 self.depth 参数确定。

在经过 3 步卷积后得到残差 residual 的结果，将这个结果与 identity 相加，就可以作为结果返回。以下是 ResidualUnit 类的定义源码：

```
#残差单元
class ResidualUnit(layers.Layer):
    def __init__(self, depth, depth_residual, stride):
        super(ResidualUnit, self).__init__()
        self.depth = depth
```

```
        self.depth_residual = depth_residual
        self.stride = stride
    def build(self,input_shape):
        self.depth_input = input_shape[-1]

        #layers.BatchNormalization 类可以用于执行归一化操作,
        #该类的构造函数定义原型为:
        #def __init__(axis=-1,momentum=0.99,epsilon=0.001,
        #center=True, scale=True,beta_initializer='zeros',
        #gamma_initializer='ones',beta_regularizer=None,
        #moving_mean_initializer='zeros',fused=None,
        #moving_variance_initializer='ones',name=None,
        #gamma_regularizer=None,beta_constraint=None,
        #gamma_constraint=None,renorm=False,
        #renorm_clipping=None,renorm_momentum=0.99,
        #trainable=True,virtual_batch_size=None,
        #adjustment=None,**kwargs)
        self.batch_normal = layers.BatchNormalization()

        self.identity_maxpool2d = layers.\
            MaxPool2D(pool_size=(1, 1),strides=self.stride)
        self.identity_conv2d = layers.\
            Conv2D(filters=self.depth, kernel_size=[1, 1],
                strides=self.stride, activation=None)

        self.conv1 = layers.\
            Conv2D(filters=self.depth_residual,
                kernel_size=[1, 1],strides=1,
                activation=None)

        self.conv_same = layers.\
            Conv2D(filters=self.depth_residual,
                kernel_size=[3, 3], strides=self.stride,
                padding='SAME')
        self.conv_valid = layers.\
            Conv2D(filters=self.depth_residual,
                kernel_size=[3, 3],strides=self.stride,
                padding='VALID')

        self.conv3 = layers.\
            Conv2D(filters=self.depth,kernel_size=[1,1],
                strides=1, activation=None)
    def call(self,inputs):
        #先使用 BatchNormalization 类对输入进行归一化操作
```

```
batch_norm = self.batch_normal(inputs)

#如果本块的 depth 值(通过 depth 参数得到)等于上一个块的
#depth 值(由 input_shape[-1]得到),考虑进行降采样操作,
#若 depth 值不等于 depth_input,则使用 conv2d()函数使
#输入通道数和输出通道数一致
if self.depth == self.depth_input:
    #如果 stride 等于 1,则不进行降采样操作,
    #如果 stride 不等于 1,则使用 max_pool2d 进行步长为
    #stride 且池化核为 1×1 的降采样操作
    if self.stride == 1:
        identity = inputs
    else:
        identity = self.identity_maxpool2d(inputs)
else:
    identity = self.identity_conv2d(batch_norm)

#一个残差学习块中 3 个卷积层的第一个卷积层
residual = self.conv1(batch_norm)

#一个残差学习块中 3 个卷积层的第二个卷积层,对于步长为
#1 的情况,卷积填充直接为"SAME";对于步长为 2 的情况,
#卷积填充则为"VALID",一般步长为 2 的情况出现在残差单元
#的最后一个卷积操作中
if self.stride == 1:
    residual = self.conv_same(residual)
else:
    pad_begin = (3-1)//2
    pad_end = 3-1-pad_begin
    #pad()函数用于对矩阵进行定制填充,在这里用于对
    #inputs 进行向上、向下填充 pad_begin 和 pad_end 行 0,
    #向左、向右填充 pad_begin 和 pad_end 行 0,
    #pad()函数定义原型为: pad(tensor, paddings,
    #mode='CONSTANT',constant_values=0,name=None)
    residual = tf.pad(residual,
                     [[0, 0],[pad_begin,pad_end],
                     [pad_begin, pad_end], [0, 0]])
    residual = self.conv_valid(residual)

#一个残差学习块中 3 个卷积层的第三个卷积层
residual = self.conv3(residual)
return identity+residual
```

ResNet_v2 模型类可以看作本次实践中的重头戏,核心就是在 for 循环

迭代中动态地创建/添加残差学习单元。ResNet_v2 类的构造函数只接受一个参数，那就是刚刚我们定义的 blocks。

在 build()函数的一开始，我们先创建 ResNet 最前面的 64 输出通道、步长为 2 的 7×7 卷积，然后再接一个步长为 2 的 3×3 最大池化。call()函数也会先执行这两层卷积和池化，在经历了卷积和池化后，图片尺寸已经被缩小为原始尺寸的 1/4。

build()函数体内最重要的一步处理就是通过 for 循环遍历 blocks 列表，并堆砌式地创建 4 个残差学习模块。在这个 for 循环内部，还有一个嵌套的 for 循环，这个嵌套的 for 循环用于遍历每一个 Block 类中 args 参数代表的每一个元组。遍历得到的每一个元组会有 3 个值，我们分别定义了变量 depth、depth_bottleneck 和 stride 来存储这 3 个值。另外，在这个嵌套的 for 循环内部，还调用了 setattr()函数用于动态地创建类属性以和赋值以及调用了上面定义的 ResidualUnit 类创建残差学习单元，结果就是这个嵌套的 for 循环完成了每一个残差学习模块内部单元的堆砌。

call()函数内的处理也相当重要，主要就是在两层 for 循环中调用了 getattr()函数用于读取在 build()函数中创建的残差学习单元。

完成到这里，后面的处理步骤就简单多了，无论是再次添加 BatchNormalization 操作、全局平均池化操作或者使用 1×1 卷积获得输出通道数为分类数目的单元等。经由 1×1 卷积获得的结果可直接传递到 softmax 层。限于篇幅，这些操作在这里就不予以展示了，感兴趣的读者可以结合之前所学的知识自行实现。以下是 ResNet_v2 类的全部源码：

```python
class ResNet_v2(tf.keras.Model):
  def __init__(self,blocks):
      super(ResNet_v2, self).__init__()
      self.blocks = blocks

      #创建 ResNet 的第一个卷积层和池化层，卷积核大小为 7×7，
      #深度为 64，池化核大小为 3×3
      self.conv1 = layers.\
          Conv2D(filters=64,kernel_size=[7,7],strides=2)
      self.pool1 = layers.\
          MaxPool2D(pool_size=[3, 3], strides=2)

      #在两个嵌套 for 循环内按照 blocks 列表给出的配置调用
      #残差单元类 ResidualUnit 堆砌 ResNet 模型，blocks 一共有
      #四个成员，分别为 block1、block2、block3 和 block4
```

```
    for block in self.blocks:
        #args 就是类似[(1024,256,1)]*35+[(1024,256,2)]
        #这样的值，i 是这些元组在每一个 Block 的 args 参数中的
        #序号，i 的值从 0 开始，对于第一个 unit，i 需要加 1
        for i, tuple_value in enumerate(block.args):
            #每一个 tuple_value 都由 3 个数组成，将这 3 个数作为
            #参数传递到 ResidualUnit 类的构造函数中
            depth, depth_residual, stride = tuple_value

            #setattr()函数可以给动态地创建属性以及赋值，这里
            #使用 setattr()函数创建残差单元，该函数定义原型为:
            #setattr(object, name, value)
            setattr(self, block.name+"_"+str(i+1),
                    ResidualUnit(depth,depth_residual,
                                              stride))
    def call(self,inputs):
        x = self.conv1(inputs)
        x = self.pool1(x)
        for block in self.blocks:
            for i, tuple_value in enumerate(block.args):
                #使用 getattr()函数可以返回一个属性值的值，
                #它和 setattr()函数是对应的，定义原型为:
                #getattr(object, name[, default])
                self.residualunit = \
                    getattr(self, block.name+"_"+str(i+1))
                x = self.residualunit(x)
        return x
```

接下来我们就可以编码实现之前几节所进行的网络的测评部分了。限于篇幅，这里不再给出反向传播测试过程的代码，而只是进行前向传播的测试过程。以下是最后这部分的全部代码:

```
resnetv2 = ResNet_v2(blocks)
image_shape =[batch_size,224,224, 3]
image_init = tf.random_normal_initializer(stddev=1e-1)
image_data = tf.\
    Variable(initial_value=image_init(shape=image_shape),
                                        dtype='float32')
resnetv2(image_data)
resnetv2.summary()

total_dura = 0.0
total_dura_squared = 0.0
num_batches = 100
```

```
#在这个 for 循环中运行前向传播测试过程
for step in range(num_batches+10):
    start_time = time.time()
    resnetv2(image_data)
    duration = time.time() - start_time
    if step >= 10:
        if step % 10 == 0:
            print('%s: step %d, duration = %.3f' %
                    (datetime.now(), step-10, duration))
        total_dura += duration
        total_dura_squared += duration * duration
average_time = total_dura / num_batches

#打印前向传播的运算时间信息
print('%s: Forward across %d steps, '
    '%.3f +/- %.3f sec/batch' %
    (datetime.now(), num_batches, average_time,
     math.sqrt(total_dura_squared/num_batches-
                    average_time * average_time)))
```

笔者使用的平台包括 i5 4210m 的 CPU 以及 GTX850m 的 GPU（TensorFlow 配置支持 GPU），以下是运行过程中 summary() 函数打印出的模型规模信息以及打印出来的耗时信息：

```
'''打印的内容
Model: "res_net_v2"
```

Layer (type)	Output Shape	Param #
conv2d (Conv2D)	multiple	9472
max_pooling2d (MaxPooling2D)	multiple	0
residual_unit (ResidualUnit)	multiple	74624
residual_unit_1 (ResidualUnit)	multiple	71040
residual_unit_2 (ResidualUnit)	multiple	71040
residual_unit_3 (ResidualUnit)	multiple	379136
residual_unit_4 (ResidualUnit)	multiple	281344

residual_unit_5 (ResidualUnit)	multiple	281344
residual_unit_6 (ResidualUnit)	multiple	281344
residual_unit_7 (ResidualUnit)	multiple	281344
residual_unit_8 (ResidualUnit)	multiple	281344
residual_unit_9 (ResidualUnit)	multiple	281344
residual_unit_10 (ResidualUnit)	multiple	281344
residual_unit_11 (ResidualUnit)	multiple	1511936
residual_unit_12 (ResidualUnit)	multiple	1119744
residual_unit_13 (ResidualUnit)	multiple	1119744
residual_unit_14 (ResidualUnit)	multiple	1119744
residual_unit_15 (ResidualUnit)	multiple	1119744
residual_unit_16 (ResidualUnit)	multiple	1119744
residual_unit_17 (ResidualUnit)	multiple	1119744
residual_unit_18 (ResidualUnit)	multiple	1119744
residual_unit_19 (ResidualUnit)	multiple	1119744
residual_unit_20 (ResidualUnit)	multiple	1119744
residual_unit_21 (ResidualUnit)	multiple	1119744
residual_unit_22 (ResidualUnit)	multiple	1119744
residual_unit_23 (ResidualUnit)	multiple	1119744
residual_unit_24 (ResidualUnit)	multiple	1119744
residual_unit_25 (ResidualUnit)	multiple	1119744
residual_unit_26 (ResidualUnit)	multiple	1119744

residual_unit_27 (ResidualUnit)	multiple	1119744
residual_unit_28 (ResidualUnit)	multiple	1119744
residual_unit_29 (ResidualUnit)	multiple	1119744
residual_unit_30 (ResidualUnit)	multiple	1119744
residual_unit_31 (ResidualUnit)	multiple	1119744
residual_unit_32 (ResidualUnit)	multiple	1119744
residual_unit_33 (ResidualUnit)	multiple	1119744
residual_unit_34 (ResidualUnit)	multiple	1119744
residual_unit_35 (ResidualUnit)	multiple	1119744
residual_unit_36 (ResidualUnit)	multiple	1119744
residual_unit_37 (ResidualUnit)	multiple	1119744
residual_unit_38 (ResidualUnit)	multiple	1119744
residual_unit_39 (ResidualUnit)	multiple	1119744
residual_unit_40 (ResidualUnit)	multiple	1119744
residual_unit_41 (ResidualUnit)	multiple	1119744
residual_unit_42 (ResidualUnit)	multiple	1119744
residual_unit_43 (ResidualUnit)	multiple	1119744
residual_unit_44 (ResidualUnit)	multiple	1119744
residual_unit_45 (ResidualUnit)	multiple	1119744
residual_unit_46 (ResidualUnit)	multiple	1119744
residual_unit_47 (ResidualUnit)	multiple	6038528
residual_unit_48 (ResidualUnit)	multiple	4467712

```
residual_unit_49 (ResidualUnit) multiple                    4467712
=================================================================
Total params: 58,251,648
Trainable params: 58,159,872
Non-trainable params: 91,776
```

```
2019-09-18 16:49:16.059881: step 0, duration = 7.461
2019-09-18 16:50:30.662537: step 10, duration = 7.467
2019-09-18 16:51:45.400085: step 20, duration = 7.436
2019-09-18 16:53:03.009315: step 30, duration = 8.851
2019-09-18 16:54:23.841352: step 40, duration = 7.430
2019-09-18 16:55:42.614090: step 50, duration = 7.480
2019-09-18 16:56:58.930466: step 60, duration = 8.909
2019-09-18 16:58:18.038324: step 70, duration = 7.558
2019-09-18 16:59:38.901996: step 80, duration = 8.018
2019-09-18 17:00:57.946651: step 90, duration = 8.877
2019-09-18 17:02:11.016650: Forward across 100 steps,
7.824 +/- 0.586 sec/batch

'''
```

从打印的信息来看，在使用的一个 batch 数据包含 32 个样本时，设备仍有足够的显存可以使用（运行 VGGNet 时受网络参数数量的影响一个 batch 中仅包含十几个样本），得到每轮训练耗时 8 秒左右的成绩。

到这里，ResNet 的评测就完成了。在 152 层深的 ResNet 的基础上，我们还可以尝试测评其他深度的 ResNet，通过修改 blocks 列表即可。以下展示了 50 层深、101 层深和 200 层深的 ResNet 是如何配置残差学习模块的：

```
#50 层的 ResNet 使用的 blocks
blocks = [
    Block("block1",[(256,64,1),(256,64,1),(256,64,2)]),
    Block("block2",[(512,128,1)]*3+[(512,128,2)]),
    Block("block3",[(1024,256,1)]*5+[(1024,256,2)]),
    Block("block4",[(2048,512,1)]*3)
]

#101 层深的 ResNet 使用的 blocks
blocks = [
    Block("block1",[(256,64,1),(256,64,1),(256 64,2)]),
    Block("block2",[(512,128,1)]*3+[(512,128,2)]),
    Block("block3",[(1024,256,1)]*22+[(1024,256,2)]),
    Block("block4",[(2048,512,1),(2048,512,1),(2048,512,1)])
]
```

```
#200 层深的 ResNet 使用的 blocks
blocks = [
    Block("block1",[(256,64,1),(256,64,1),(256,64,2)]),
    Block("block2",[(512,128,1)]*23+[(512,128,2)]),
    Block("block3",[(1024,256,1)]*35+[(1024,256,2)]),
    Block("block4",[(2048,512,1)]*3)
]
```

第9章 循环神经网络

　　神经网络的结构分为多种，例如第 4 章介绍的全连接结构、第 7 章介绍的卷积结构等。在本章中，将介绍另外一种常用的神经网络结构——循环神经网络（Recurrent Neural Network，RNN）。它不仅存在着前馈连接，还存在着反馈结构。

　　循环神经网络是一类专门用于处理和预测序列数据（结构类似于 $x^{(1)}, x^{(2)}, \ldots, x^{(t)}$）的神经网络，这就像卷积神经网络特别适合对网格数据进行处理一样。卷积神经网络擅长处理大小可变的图像，而循环神经网络则对可变长度的序列数据有较强的处理能力。如果说卷积神经网络在图像识别领域独树一帜，那么循环神经网络在自然语言处理（Natural Language Processing，NLP）领域则独领风骚。

　　在 9.1 节，将会介绍一些循环神经网络的基础知识，包括循环神经网络的前向传播过程、循环神经网络的梯度计算和一些循环神经网络的经典设计模式。

　　自然语言处理中最重要的一环就是自然语言建模，9.2 节要介绍的就是与此相关的内容。其中，9.2.1 节介绍了如何建立统计学语言模型，9.2.2 节和 9.2.3 节分别介绍了词向量的概念及如何用 TensorFlow 实现词向量。

　　循环神经网络还有一种重要的结构——长短时记忆网络（Long Short-Term Memory，LSTM）。本章也将介绍循环神经网络在自然语言处理（Natural Language Processing，NLP）领域的应用，并给出具体的 TensorFlow 程序来解决一些经典的问题，这部分内容放到了 9.3 节。

　　循环神经网络也有很多的变种，比较经典的就是双向循环神经网络和深度循环神经网络，这部分的内容放到了 9.4 节。阅读时要注意将 9.4.2 节的内容与经典设计模式的内容区别开来。

　　不要简单地认为书中所讲的就是自然语言处理的全部内容，在漫长的发展过程中，自然语言处理领域也积累了深厚的"底蕴"。如果读者想从事自然语言处理方面的工作，那么建议去找一本更专业的书籍来阅读。

9.1 循环神经网络简介

循环神经网络（Recurrent Neural Network，RNN）出现于 20 世纪 80 年代，其雏形见于美国物理学家 J.J.Hopfield 于 1982 年提出的可用作联想存储器的互联网络——Hopfield 神经网络模型。这是人工神经网络低迷一段时间后的又一次发声，与其齐名的是反向传播算法的发明（在 1.4.1 节有详细的介绍，也可以在网上浏览相关资料）。

Hopfield 网络因为实现困难，所以在其发展早期没有被大量应用，后期则被一些传统的机器学习算法以及新兴的支持反向传播的全连神经网络所替代。但是传统的机器学习算法十分依赖人工特征的提取，这使得使用了传统机器学习算法的模型一直无法提高准确率，而支持反向传播的全连神经网络对数据中时间序列的信息无法进行利用，这些问题成了对时间序列进行建模的障碍。

在最近的几年，随着循环神经网络在结构方面的进步和 GPU 硬件性能的迅猛发展而出现的深度学习训练的效率有所突破，RNN 变得越来越流行。RNN 对具有时间序列特性的数据非常有效，它能挖掘数据中的时序信息以及语义信息。研究人员充分利用了 RNN 的这种能力，使深度学习模型在解决语音识别、语言模型、机器翻译以及时序分析等自然语言处理（NLP）领域的问题时有所突破。

为了能够实现 RNN 处理和预测序列数据的功能，我们需要对之前了解过的全连神经网络或者卷积神经网络进行改造。这需要用到 20 世纪 80 年代机器学习和统计模型的一些思想：在模型的不同部分共享参数。

在之前介绍的全连神经网络或卷积神经网络模型中，信息从网络的输入层到隐藏层再到输出层，因为网络只存在层与层之间的全连接或部分连接，而每层中的节点之间没有连接，所以信息不会在同层之间流动。

这样的网络（指全连接或卷积）因为在每一个时间点都有一个单独的参数，导致了不能在时间上共享不同序列长度或序列不同位置的统计强度，所以无法对训练时没有见过的序列长度进行泛化。在模型的不同部分共享参数解决了这个问题，并使得模型能够扩展到对不同形式的样本（这里指不同长度的样本）进行泛化。

例如，考虑"北京在 2008 年举办了奥运会"和"在 2008 年，北京举办了奥运会"这两句话，如果让一个网络模型读取这两个句子，并提取北京举办奥运会的年份，则无论"2008"出现在句子的第四个位置还是第二个位置，我们都希望模型能认出"2008"，并将其作为关键信息。

假设将第一个句子作为训练数据输入到传统的全连前馈网络，网络需要分别学习句子每个位置的所有语言特征规则（也就是说需要学习"2008"可能在句子任意位置出现的情况）才能正确地识别出第二个句子和第一个句子语义相同，因此每一个输入特征都会被分配一个单独的参数。相比之下，循环神经网络为了刻画一个序列当前的输出与之前信息的关系会在几个时间步内共享相同的权重，这体现在结构上是循环神经网络的隐藏层之间存在连接，隐藏层的输入来自输入层的数据以及上一时刻隐藏层的输出。这样的结构使得循环神经网络会对之前的信息有所记忆，同时利用之前的信息影响后面节点的输出，所以循环神经网络不需要分别学习句子每个位置的所有语言特征规则，只要在不同的句子中"2008"的距离不是很远，都会被模型正确认出。

这样的情况也可被联想到单词预测问题中，假设模型需要预测单词序列（句子）的下一个单词是什么。因为句子中前后单词并不是独立的，所以一般需要用到当前单词以及前面的单词。如果当前单词是"very"，前一个单词是"looks"，那么下一个单词很大概率是"good"。

图 9-1 展示了循环神经网络的一种典型结构。

从图 9-1 中可以看到，相比于之前的网络，循环神经网络更加注重"时刻"的概念。图中 $o^{(t)}$ 表示循环

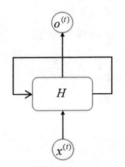

图 9-1　循环神经网络典型结构示意图

神经网络在时刻 t 给出的一个输出，$x^{(t)}$ 表示在时刻 t 循环神经网络的输入。H 是循环神经网络的主体结构，循环的过程就是 H 的不断被执行。

在 t 时刻，H 会读取输入层的输入 $x^{(t)}$，并输出一个值 $o^{(t)}$，同时 H 的状态值会从当前步传递到下一步。也就是说，H 的输入除了来自输入层的输入数据 $x^{(t)}$，还来自于上一时刻 H 的输出。这样就不难理解循环神经网络的工作过程了。理论上来讲，一个完整的循环神经网络可以看作同一网络结构被无限运行的结果（一些存在的客观原因使得无限运行无法真正地完成）。

数学公式能够帮助我们加深对循环过程的理解。对于 H 结构，一般可以认为它是循环神经网络的一个隐藏单元，在 t 时刻的状态值可以用 $h^{(t)}$ 来表示。即：

$$h^{(t)} = f(h^{(t-1)}; \theta)$$

这个式子参考自经典形式动态系统的一般定义。其中 θ 可以是网络中的其他参数（如权重或偏置项等，这里一并代表）。h 在时刻 t 的值需要参考时刻 $t-1$ 时同样的定义，因此这个式子理论上是无限循环的。

在有限个时间步 t 内，例如 $t=2$，对上式展开，可以得到：

$$h^{(2)} = f(h^{(1)}; \theta)$$
$$= f(f(h^{(0)}); \theta)$$

在时刻 t，对网络加入外部输入信号 $x^{(t)}$，此后 H 结构在 t 时刻的状态值 $h^{(t)}$ 如下式所示：

$$h^{(t)} = f(h^{(t-1)}, x^{(t)}; \theta)$$

对于循环神经网络的优化也可以使用梯度下降的方法，但是当循环体过长（循环体被无限次执行）时，会发生梯度消失（在多数情况下是梯度消失，极少情况下会出现梯度爆炸）的问题，所以目前循环神经网络无法做到真正的无限循环。

对于一段确定长度的循环神经网络，可以采用绘制展开结构图的方式进行描述。图 9-2 展示了将图 9-1 所示循环神经网络典型结构按时间先后展开后的样子。

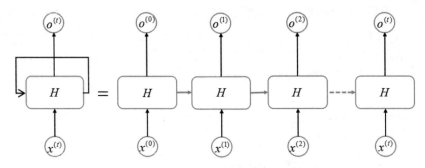

图 9-2　将循环神经网络的计算图按时间先后展开

对比图 9-1 和图 9-2 可以发现结构示意图简洁，而展开图对客观地描述计算过程比较方便。从图 9-2 可以看到循环神经网络在每一个时刻会有一个输入 $x^{(t)}$，H 根据 $x^{(t)}$ 和上一个 H 的结果提供一个输出 $o^{(t)}$。

从循环神经网络的执行机制可以很容易地看出，它最擅长解决与时间序列相关的问题。对于一个序列数据，可以将这个序列上的数据在不同时刻依次传入循环神经网络的输入层，而每一个时刻循环神经网络的输出可以是对序列中下一个时刻的预测，也可以是对当前时刻信息的处理结果（如语音识别结果）。

　　循环神经网络要求每一个时刻都有一个输入，但是不一定每个时刻都需要有输出。这涉及了循环神经网络的不同设计模式，对于不同类型的问题，要设计不同实现模式的循环神经网络。关于这些内容，将在 9.1.3 节展开介绍。

9.1.1　循环神经网络的前向传播程序设计

　　卷积神经网络中也存在着参数共享，这和循环神经网络是类似的。如上所述，循环神经网络可以看作某一神经网络结构（习惯上称为循环体）在时间序列上被执行多次的结果。使用循环神经网络解决实际问题时，关键就是如何合理地设计循环体的网络结构。

　　下面以使用了最简单循环体结构的循环神经网络（如图 9-2 所示）为例介绍 RNN 的前向传播过程。在图 9-2 的基础上，我们假设循环体采用了一种类似全连接层的神经网络结构。此外，图 9-2 中没有指定隐藏单元的激活函数，我们假设使用双曲正切激活函数（tanh）。这样就需要绘制循环体内部一些更细节的东西，如图 9-3 所示。

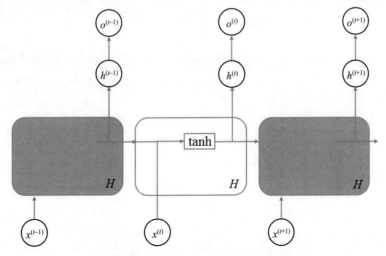

图 9-3　在循环网络中使用单层全连接网络结构作为循环体（隐藏层）

这样可以按下式计算得到在 t 时刻 H 隐藏单元的状态值：

$$h^{(t)} = \tanh(b^h + Wh^{(t-1)} + Ux^{(t)})$$

式中，b_h 是由 $x^{(t)}$ 得到 $h^{(t)}$ 的偏置值，W 是相邻时刻隐藏单元间的权重矩阵，U 是从 $x^{(t)}$ 计算得到这个隐藏单元时用到的权重矩阵。

从图 9-3 可以看出，循环体中的神经网络输出结果不但会被作为当前时刻的状态提供给下一时刻，还会提供给当前时刻的输出。为了从当前时刻的状态得到当前时刻的输出，在循环体外部还需要另外一个全连神经网络来完成这个过程。下式对该过程进行了表达：

$$o^{(t)} = b_o + Vh^{(t)}$$

式中，b_o 是由 $h^{(t)}$ 计算得到 $o^{(t)}$ 时用到的偏置值，V 是由 $h^{(t)}$ 计算得到 $o^{(t)}$ 时用到的权重矩阵。从 $h^{(t)}$ 和 $o^{(t)}$ 的计算过程中可以看出，这种循环神经网络的输出序列和输入序列长度相同。

如果输出是离散的（如当 RNN 用于单词或字符预测时），表示离散变量的常规方式是把输出 o 作为每个离散变量可能值的非标准化对数概率，这样我们就可以用 softmax 函数进行后续分类处理，最后获得标准化后的概率输出向量 y：

$$y^{(t)} = \text{softmax}(o^{(t)})$$

为了能够对循环神经网络的前向传播有一个更加直观的认识，图 9-4 展示了一个循环神经网络前向传播的具体计算过程（不包括 softmax 部分）。

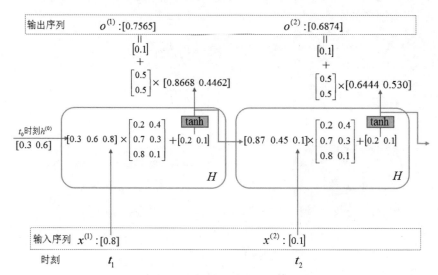

图 9-4　循环神经网络局部前向传播示意图

在图 9-4 所示的过程中，状态值的维度是 2，输入、输出的维度都是 1。相邻时刻隐藏单元间的权重矩阵 W 取值为：

$$W = \begin{bmatrix} 0.2 & 0.4 \\ 0.7 & 0.3 \end{bmatrix}$$

从 $x^{(t)}$ 计算得到对应隐藏单元时用到的权重矩阵 U 取值为：

$$U = \begin{bmatrix} 0.8 & 0.1 \end{bmatrix}$$

在图 9-4 中，将 W 和 U 合并为了一个矩阵，但计算的关系不变。由 $x^{(t)}$ 得到 $h^{(t)}$ 时用到的偏置 b_h 的取值为：

$$b_h = \begin{bmatrix} 0.2 & 0.1 \end{bmatrix}$$

V 是由 $h^{(t)}$ 计算得到 $o^{(t)}$ 时用到的权重矩阵，取值为：

$$V = \begin{bmatrix} 0.5 \\ 0.5 \end{bmatrix}$$

b_o 是由 $h^{(t)}$ 计算得到 $o^{(t)}$ 时用到的偏置值，取值为：

$$b_o = \begin{bmatrix} 0.1 \end{bmatrix}$$

以 t_1 为例，循环体中的全连接网络结构在经过 tanh 激活函数后得到的结果为：

$$\tanh\left(\begin{bmatrix} 0.3 & 0.6 & 0.8 \end{bmatrix} \times \begin{bmatrix} 0.2 & 0.4 \\ 0.7 & 0.3 \\ 0.8 & 0.1 \end{bmatrix} + \begin{bmatrix} 0.2 & 0.1 \end{bmatrix} \right) = \tanh(\begin{bmatrix} 1.32 & 0.48 \end{bmatrix})$$

$$= \begin{bmatrix} 0.8668 & 0.4462 \end{bmatrix}$$

这个结果会作为当前时刻隐藏单元的状态值，并传递给下一时刻的隐藏单元，同时也会经过全连网络结构的计算过程而得到最终的输出 $o^{(t)}$：

$$\begin{bmatrix} 0.8668 & 0.4462 \end{bmatrix} \times \begin{bmatrix} 0.5 \\ 0.5 \end{bmatrix} + \begin{bmatrix} 0.1 \end{bmatrix} = 0.7565$$

这就是一个简单循环神经网络的前向传播计算过程，输出的 $o^{(t)}$ 就是网络在时刻 t 的前向传播结果。这个计算过程可能会因为不同的循环体而出现差异，视实际的网络情况而定。使用 t_1 时刻的状态也可以通过上述的过程推导出 t_2 时刻的状态为 $[0.6444, 0.530]$，而 t_2 时刻的输出为 0.6874（计算时要注意精度问题，为了节省空间，图 9-4 中的某些数据采用了近似的形式）。即使不使用 TensorFlow，通过调用 Anaconda 中其他的数学库也能完成对上述过程的模拟，如以下代码使用 NumPy 实现了上述简单循环神经网络前向传播的计算过程。

```
import numpy as np

#定义相关参数，init_state 是输入到 t1 的 t0 时刻输出的状态
x = [0.8,0.1]
init_state = [0.3, 0.6]
W = np.asarray([[0.2, 0.4], [0.7, 0.3]])
U = np.asarray([0.8, 0.1])
b_h = np.asarray([[0.2, 0.1]])
V = np.asarray([[0.5], [0.5]])
b_o = 0.1

#执行两轮循环，模拟前向传播过程
for i in range(len(x)):

    #NumPy 的 dot() 函数用于矩阵相乘，函数原型为 dot(a, b, out)
    before_activation = np.dot(init_state, W) + x[i] * U + b_h

    #NumPy 也提供了 tanh() 函数，用于实现双曲正切函数的计算
    state = np.tanh(before_activation)

    #本时刻的状态作为下一时刻的初始状态
    init_state=state

    #计算本时刻的输出
    final_output = np.dot(state, V) + b_o

    #打印 t1 和 t2 时刻的状态和输出信息
    print("t%s state: %s" %(i+1,state))
    print("t%s output: %s\n" %(i+1,final_output))

'''打印的信息如下
t1 state: [0.86678393 0.44624361]
t1 output: [0.75651377]

t2 state: [0.64443809 0.5303174 ]
t2 output: [0.68737775]
'''
```

优化循环神经网络时也需要对其进行损失函数的计算。定义循环神经网络的损失函数也可以从其他类型的神经网络中借鉴思路，但是要注意的是，由于循环神经网络的输出和时刻有关，其损失是所有时刻（或者部分时刻）上损失函数的总和。

另外，虽然理论上循环神经网络可以支持任意长度的序列，但是前人的研究经验告诉我们，如果序列过长会导致在优化时出现梯度消失的问题（关于详细细节可参考论文《*On the Difficulty of Training Recurrent Neural Network*》）。因此，在实际应用中一般会规定一个允许的最大长度，当序列长度超过规定长度时需要对序列进行截断操作。

关于循环神经网络的损失计算方面的内容放到了下一节，它会和计算循环神经网络的梯度一起被介绍。

9.1.2　计算循环神经网络的梯度

假设某个循环神经网络将一个输入序列映射到相同长度的输出序列（实际上在下一小节会看到也存在输入序列和输出序列不等长的情况），如图 9-3 所示，与 x 序列配对的 o 的总损失就是所有时间步内的损失之和：

$$L(\{x^{(0)}, x^{(1)}, \cdots, x^{(t)}\}, \{o^{(0)}, o^{(1)}, \cdots, o^{(t)}\})$$
$$= \sum_t L^{(t)}$$

要计算的 $L^{(t)}$ 有多种可选的形式，可以参考第 4 章中损失函数的相关内容，在这里就不一一列举了。用于 RNN 的反向传播算法通常称为通过时间反向传播（Back-Propagation Through Time，BPTT）。在本小节，我们将对 BPTT 进行讨论。

对于 RNN 中的每一个单元 N，我们需要基于 N 后面单元的梯度，并使用递归的方式计算梯度 $\nabla_N L$。递归的方式需要我们首从紧接着最终损失的节点开始递归：

$$\frac{\partial L}{\partial L^{(t)}} = 1$$

在图 9-3 中，我们假设所有时间步的输出 $o^{(t)}$ 经过 softmax 函数获得关于输出概率的向量 $y^{(t)}$。输出向量一般会有多个值，在一些文献中会通过下标的方式标识出向量的元素（如 i），但是在这里，我们选择省略这样的标识。对于这些时间步 t，输出的梯度 $\nabla_{o^{(t)}} L$ 可表示为：

$$\nabla_{o^{(t)}} L = \frac{\partial L}{\partial o^{(t)}} = \frac{\partial L}{\partial L^{(t)}} \frac{\partial L^{(t)}}{\partial o^{(t)}}$$

对于状态的梯度，最简单的是从循环神经网络的末尾开始，反向进行计算。在最后的时间步 t，$h^{(t)}$ 没有输入到下一个循环中而只是输出到了

$o^{(t)}$，所以这个梯度的计算很简单：

$$\nabla_{h^{(t)}} L = V^{\mathrm{T}} \nabla_{o^{(t)}} L$$

然后，我们可以从倒数第二个时刻 $t-1$ 到开始的时刻 $t=0$ 反向迭代，根据时间步反向传播梯度。注意，在这一段网络中，对于某一确定的 $t=i$，$h^{(t)}$ 同时具有 $o^{(i)}$ 和 $o^{(i+1)}$ 两个后续节点。以时刻 $t=i$ 为例，状态的梯度 $\nabla_{h^{(i)}} L$ 可按下式计算：

$$\nabla_{h^{(i)}} L = \left(\frac{\partial h^{(i+1)}}{\partial h^{(i)}} \right)^{\mathrm{T}} \left(\nabla_{h^{(i+1)}} L \right) + \left(\frac{\partial o^{(i)}}{\partial h^{(i)}} \right)^{\mathrm{T}} \left(\nabla_{o^{(i)}} L \right)$$

$$= W^{\mathrm{T}} \left(\nabla_{h^{(i+1)}} L \right) \mathrm{diag} \left(1 - \left(h^{(i+1)} \right)^2 \right) + V^{\mathrm{T}} \left(\nabla_{o^{(i)}} L \right)$$

式中，$h^{(i+1)}$ 代表下一个时间步时 H 的状态。无论在哪一个时间步，H 的状态都是由多个值组成的向量，$\mathrm{diag}\left(1-(h^{(i+1)})^2\right)$ 表示对这个向量中的每一个元素求解 $1-(h^{(i+1)})^2$ 之后组成的对角矩阵。

一旦获得了 RNN 内部单元的梯度，我们就可以进一步得到关于参数的梯度。在计算参数梯度的时候要注意，RNN 中的参数是在多步时间内共享的，所以要特别注意在微积分公式中突出在某一时间步 t 参与运算的参数。以权重参数 W 为例，我们定义只在某一时刻 t 使用 $W^{(t)}$ 来表示 W，这样的话，就可以使用 $\nabla_{W^{(t)}}$ 表示权重 W 在时间步 t 时对梯度的贡献。

使用这样的表示，则参数 b_o 的梯度可以按下式计算：

$$\nabla_{bo} L - \sum_t \left(\frac{\partial o^{(t)}}{\partial b_o^{(t)}} \right)^{\mathrm{T}} \left(\nabla_{o^{(t)}} L \right)$$

参数 b_h 的梯度可以按下式计算：

$$\nabla_{bh} L = \sum_t \left(\frac{\partial h^{(t)}}{\partial b_h^{(t)}} \right)^{\mathrm{T}} \left(\nabla_{h^{(t)}} L \right) = \sum \mathrm{diag}(1-(h^{(t)})^2) \nabla_{h^{(t)}} L$$

权重参数 V 梯度可以按下式计算：

$$\nabla_V L = \sum_t \left(\frac{\partial L}{\partial o^{(t)}} \right) \nabla_{V^{(t)}} o^{(t)}$$

权重参数 W 梯度可以按下式计算：

$$\nabla_W L = \sum_t \left(\frac{\partial L}{\partial h_i^{(t)}} \right) \nabla_{W^{(t)}} h^{(t)}$$

权重参数 U 的梯度可以按下式计算：

$$\nabla_U L = \sum_t \left(\frac{\partial L}{\partial h^{(t)}} \right) \nabla_{U^{(t)}} h^{(t)}$$

除了 BPTT，还有一种方法，即 Real-Time Recurrent Learning（RTRL），它可以正向求解梯度，不过其计算复杂度比较高。此外，还有介于 BPTT 和 RTRL 这两种方法之间的混合方法，这些方法主要缓解了因为时间序列间隔过长而带来的梯度弥散问题。

9.1.3　循环神经网络的不同设计模式

图9-2 展示的循环神经网络每个时刻都有输出，并且在隐藏层之间引入了定向循环。这是一种简单的循环神经网络，而循环神经网络的设计模式并不止这一种。出于各种需要，循环神经网络还可以被设计为如下模式。

（1）每个时刻都有输出，且该时刻的输出到下一时刻的隐藏层之间有循环连接。这种设计模式的循环神经网络展开之后如图 9-5 所示。

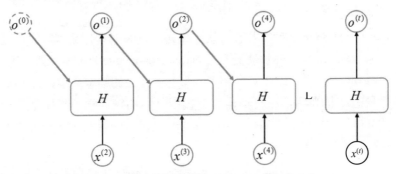

图9-5　该时刻的输出影响下一时刻的隐藏层状态

此类 RNN 的唯一循环发生在输出到隐藏层之间。这种结构的 RNN 通常被认为不如图 9-2 所示的 RNN 那样强大，原因是 o 相比 h 而言缺乏对过去的重要信息的体现，除非 o 高维且内容丰富。尽管如此，这种结构的循环神经网络更容易被训练，因为每个时间步可以与其他时间步分开训练，这样的分开训练有利于进行训练并行化。

（2）隐藏层之间存在着循环连接，但是输出仅在若干个时刻后，而不是每一时刻都对应着输出。这种设计模式的循环神经网络展开之后如图 9-6 所示。

展开之后，我们会发现这种结构的循环神经网络只在序列结束时具有单个输出，所以可以用于概括序列，有时也会将产生的结果用于进一步的处理。

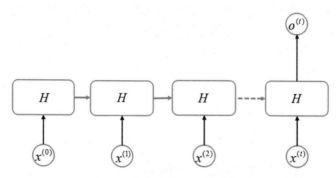

图 9-6　输出在若干时刻后出现

9.2　自然语言建模与词向量

Word2Vec（Google 推出的一款计算词向量的工具）是本节的重点，但是因为 Word2Vec 是自然语言处理（Natural Language Processing，NLP）中的相关内容，所以在 9.2.2 节介绍 Word2Vec 算法的细节之前，还要对其相关的背景做一些介绍，即自然语言建模中常用的统计学语言模型。统计学语言模型出现的比 Word2Vec 要早，存在一些固有的缺陷，在分析模型的时候对这些缺陷也会有所涉及。

9.2.1　统计学语言模型

在进行自然语言处理前需要解决一个最基本的问题：如何计算一个单词（或一段单词序列）在某种语言下出现的概率？将其称为最基本的问题，原因是它在很多 NLP 任务中都扮演着重要的角色。例如，在机器翻译类型的问题中，机器会计算目标语言中每句话的概率，并从候选集合中挑选出最合理的句子作为翻译结果返回。

简单而言，搭建语言模型就是以计算一个句子（这里所说的句子也可以看作由单词组成的序列）的出现概率为目的，利用语言模型，可以在给定若干个单词的情况下预测下一个最可能出现的词语或者单词序列。语言

模型的搭建会涉及一些统计学中的内容。在统计学中，条件概率是指在某一事件发生的情况下另一个事件发生的概率。设 A,B 为两个事件，且 $P(B)>0$，则称 $P(AB)|P(B)$ 为事件 B 已发生条件下事件 A 发生的概率，记为 $P(A|B)$，即有：

$$P(A|B) = \frac{P(AB)}{P(B)}$$

应用乘法定理，设 $P(A)>0$，可以得到：

$$P(AB) = P(A)P(B|A)$$

容易知道，若 $P(B)>0$，也可以得到：

$$P(AB) = P(B)P(A|B)$$

乘法定义也可以扩展到多个事件的情况。一般地，设有 n 个事件 $A_1,A_2,A_3,\cdots,A_n$，则有：

$$P(A_1A_2A_3\cdots A_n)$$
$$= P(A_1)P(A_2|A_1)P(A_3|A_1A_2)\cdots P(A_n|A_1A_2\cdots A_{n-1})$$

在实际情况下，一般会存在 $A_1 \supset A_1A_2 \supset A_1A_2A_3 \supset \cdots \supset A_1A_2A_3\cdots A_{n-1}$，所以可以得到：

$$P(A_1) \geqslant P(A_1A_2) \geqslant P(A_1A_2A_3) \geqslant \cdots \geqslant P(A_1A_2A_3\cdots A_{n-1}) > 0$$

更多关于概率论的内容可以翻阅相关的专业书籍。可以将上述条件概率的知识应用到概率语言模型中，例如对于一段拥有 T 个单词的序列 $S=(w_1,w_2,w_3,\cdots,w_T)$，计算它会出现的概率可以用下面这个公式：

$$P(S) = P(w_1w_2w_3\cdots w_T)$$
$$= P(w_1)P(w_2|w_1)P(w_3|w_1w_2)\cdots P(w_T|w_1w_2w_3\cdots w_{T-1})$$
$$= \prod_{i=1}^{T} P(w_i|w_1w_2w_3\cdots w_{i-1})$$

比如，对于一个序列 S("nice","day","today")，这个句子出现的概率可以这样计算：

$$P(\text{"nice"})P(\text{"day"}|\text{"nice"})P(\text{"today"}|\text{"nice""day"})$$

这样就将序列的联合概率转化为一系列条件概率的乘积。根据这个公式计算一个句子出现的概率，就需要知道每一个条件概率的取值。我们知道，每一门语言都有着庞大的词汇量，更有着不计其数的词组，这样的计算方式会造成巨大的参数空间，所以这个原始的理论模型在实际中并没有被广泛使用。

在更多情况下采用的是这个模型的简化版本——n-gram 模型。n-gram

模型假设了当前单词的出现概率仅仅与前面的 $n-1$ 个单词存在依赖关系，这样上面的式子就可以得到极大的简化。于是，模型需要估计的参数可以从概率分布 $P(w_i | w_1 w_2 w_3 \cdots w_{i-1})$ 改变为条件概率 $P(w_i | w_{i-n+1} \cdots w_{i-1})$，这样可以将上述公式近似表示为：

$$P(S) = P(w_1 w_2 w_3 \cdots w_T) = \prod_{i=1}^{T} P(w_i | w_{i-n+1}, \cdots, w_{i-1})$$

根据 n 值的不同，n-gram 模型可具体分为 unigram（$n=1$）、bigram（$n=2$，这是最常用的模型）和 trigram（$n=3$，这是仅次于 bigram 常用的模型）语言模型 3 种。假设 $n=1$，也就是每个词的出现是独立的，那么整个句子出现的概率为：

$$P(w_1 w_2 w_3 \cdots w_T) = P(w_1) P(w_2) P(w_3) \cdots P(w_T)$$

显然这种假设过于牵强，每个词的出现不可能完全独立。假设 $n=2$，也就是每个词出现的概率仅与前一个词出现的情况有关，那么整个句子出现的概率为：

$$P(w_1 w_2 w_3 \cdots w_T) = \prod_{i=1}^{T} p(w_i | w_{i-1})$$

假设 $n=3$，也就是每个词出现的概率仅与前两个词出现的情况有关，那么整个句子出现的概率为：

$$P(w_1 w_2 w_3 \cdots w_T) = \prod_{i=1}^{T} p(w_i | w_{i-2}, w_{i-1})$$

从这 3 种 n 取值的情况可以看出，n 越大时，n-gram 模型理论上可以得到更准确的结果，但受限于事实上的模型复杂度和预测精度，我们会很少考虑 $n \geqslant 4$ 的情况，这主要是因为当 n 值增大后，n-gram 模型需要估计的不同参数数量依旧很大。假设某种语言的语料库的词汇量大小为 k（词汇量指的是有多少个不同的单词），那么 n-gram 模型需要估计的不同参数数量为 k^n。

那如何计算近似后的条件概率公式呢？最大似然估计（Maximum Likelihood Estimation，MLE）是最常用的计算方法，其公式可以表示为：

$$p(w_i | w_{i-n+1}, \cdots, w_{i-1}) = \frac{C(w_{i-n+1}, \cdots, w_{i-1}, w_i)}{C(w_{i-n+1}, \cdots, w_{i-1})}$$

在这个公式中，使用 $C(X)$ 表示单词序列 X 在训练语料中出现的次数。以 "It is a nice day today" 为例，我们在某一语料库中统计了这句话的每一个单词前出现其他单词的次数，比如在单词 day 前出现 It、is、a、nice、day 和 today 的次数分别为 0、6、6、531、0 和 2 次，如图 9-7 所示。

		is	a	nice	day	today
It	5	627	0	9	0	2
is	2	0	688	1	6	5
a	2	0	0	668	6	200
nice	0	3	4	2	531	1
day	1	0	2	0		109
today	0	1	2	0	2	2

图 9-7　在单词 day 前另一个单词出现的次数

图 9-8 展示了这句话中的每个单词在语料库中出现的次数，比如 nice 一共出现了 1337 次。

It	is	a	nice	day	today
5312	1314	6878	1337	1343	233

图 9-8　每个单词在语料库中出现的次数

比如用 bigram 模型计算 nice 之后是 day 的概率，使用最大似然估计法可以按下式进行计算：

$$P(\text{day}\,|\,\text{nice}) = \frac{C(\text{nice},\text{day})}{C(\text{nice})} = \frac{531}{1337} = 0.3971$$

一般而言，训练语料库的规模越大，最大似然估计后的结果越可靠，但即使再大的语料库也无法避免很多单词序列在训练语料库中出现的次数为 0 或者如图 9-7 所示一些单词前出现其他单词的次数为 0。这通常会导致最大似然估计的结果为 0。为避免因为乘以 0 而导致整个概率为 0，使用最大似然估计法时都需要加入平滑以避免参数取值为 0。最简单的平滑可以用下式表示：

$$p(w_i\,|\,w_{i-n+1},\cdots,w_{i-1}) = \frac{C(w_{i-n+1},\cdots,w_{i-1},w_i)+1}{C(w_{i-n+1},\cdots,w_{i-1})+V}$$

式中，V 为所使用语料库的词汇量。使用平滑的方式还有很多，这里不再一一介绍。将 n-gram 的内容完全展开需要占用很大的篇幅，详细的信息可以参考更专业的书籍。

评测 n-gram 语言模型效果好坏的指标是复杂度（Perplexity）。计算模型的复杂度需要用到上面对某一个单词序列出现概率的估算结果。比如，

已经知道 $S = (w_1, w_2, w_3, \cdots, w_T)$ 这句话出现在语料库之中，那么一般认为通过语言模型估算到的 $P(w_1, w_2, w_3, \cdots, w_T)$ 越高越好，或者说 Perplexity 值越小越好。越高的 $P(w_1, w_2, w_3, \cdots, w_T)$ 对应着越小的 Perplexity，那么可以得到 Perplexity 值的计算公式如下：

$$\begin{aligned} \text{Perplexity}(S) &= P(w_1, w_2, w_3, \cdots, w_T)^{-\frac{1}{T}} \\ &= \sqrt[T]{\frac{1}{P(w_1, w_2, w_3, \cdots, w_T)}} \\ &= \sqrt[T]{\prod_{i=1}^{T} \frac{1}{P(w_1, w_2, w_3, \cdots, w_T)}} \end{aligned}$$

Perplexity 表示模型在预测一段将会出现的序列时，序列中每个元素的平均可选择数量。例如，用一段很长的数字序列模拟语料库，数字中的 0~9 模拟语料库中可能会出现的每一个单词，接下来我们要预测一段长度为 T（T 可以等于 10 或不是 10）的数字序列将会出现的概率。由于这 10 个数字在序列中出现的概率是随机的，所以每个数字出现的概率是 0.1。也就是说，在任意时刻，模型可以从 10 个等概率的候选答案中选择，于是 Perplexity=10（有 10 个可选的答案）。这个计算过程为：

$$\text{Perplexity}(S) = \sqrt[T]{\prod_{i=1}^{T} \frac{1}{\frac{1}{10}}} = 10$$

Perplexity 值越小，表示模型可选择的范围也越小。在模型预测某一语言序列将会出现的概率时，如果计算得到 Perplexity=183，可以理解为在这个序列中，每个单词有 183 个等概率的选项。另一种常用的 Perplexity 表达形式如下：

$$\log(\text{Perplexity}(S)) = \frac{-\sum p(w_i \mid w_1, w_2, w_3, \cdots, w_{i-1})}{T}$$

相比乘积开根号的形式，这种加法的形式会加快计算的速度，同时，也避免了因某一概率为 0 而导致整个计算结果为 0 的情况发生。

9.2.2　Word2Vec

n-gram 模型可以实现很不错的效果，但是仍有其局限性。首先，当

$n \geqslant 4$ 时（这时效果会更好），参数空间会呈爆炸式增长，这导致它难以处理长程的内容。其次，n-gram 模型没有对词与词之间内在的联系加以考虑。例如，考虑"The capital of China is Beijing"这句话，若我们在训练语料中看到了很多类似"The capital of the United States is Washington"或者"the capital of Japan is Tokyo"这样的句子，那么即使不知道 Japan 或 the United States 代表着什么，根据句子的相似性，我们也能推测出 China、the United States 和 Japan 之间的相似性（都是一个国家的名称）。然而，n-gram 模型做不到这种判断。

这是因为，n-gram 本质上是将每一个单词当作一个离散的、单独的符号去处理的。这种处理方式可以用数学上的形式是一个个离散的 one-hot 向量（字典中特定元素的索引下标对应的方向上是 1，其余方向上都是 0）来理解。举例来说，对于一个大小为 6 的词典：{"The","capital","of","China","is","Beijing"}中，China 对应的 one-hot 向量为[0,0,0,1,0,0]，而 is 对应的 one-hot 向量为[0,0,0,0,1,0]。

显然，one-hot 向量的维度等于词汇量的大小。如果将随便一篇文章中的单词都转换成这样一个稀疏的向量形式，那么整篇文章就变成了一个稀疏矩阵的形式。这意味着，在动辄上万甚至百万单词的实际语料库中，模型将面临巨大的维度灾难问题（the Curse of Dimensionality）。

使用 one-hot 向量还有一个问题，那就是这种方式会给单词提供特征编号，如 China 转为编号为 5178 的特征或者 Beijing 转为编号为 3987 的特征，而特征得到的编号一般是随机的（没有考虑到字词间可能存在的关系），从两个特征的编号中无法得到二者的任何关联信息。例如，我们从 5178 和 3987 这两个值看不出任何关联的信息，所以无法判断出 China 和 Beijing 之间的从属、地理位置等关系。

为了有效地解决上述问题，某些学者开始尝试使用一个连续的稠密向量去刻画一个字词的特征，并将意思相近的词映射到向量空间中相近的位置。这样一来，刻画词与词之间的相似度变得直接且简单，并且还可以建立一个从向量到概率的函数模型，使得相似的词向量可以得到相近的概率空间映射。

这种稠密连续向量就是字词的向量表达（Vector Representations）形式。事实上，在信息检索（Information Retrieval）领域，这个概念早就被广泛使用了，只是在信息检索领域里，这个概念被称为向量空间模型（Vector Space Model，VSM）。

VSM 的想法是统计语义假说（Statistical Semantics Hypothesis，语言的统计特征隐藏着语义的信息）。这个假说有很多派生版本，比较流行的两个是 Bag of Words Hypothesis 和 Distributional Hypothesis。前者是说，统计一篇文档的词频（而不是词序）并使用较高频率出现的词代表文档的主题；后者是说，上下文环境相似的两个词语义也相近。

VSM 在 NLP 领域中主要依赖的假设是 Distributional Hypothesis。在后面我们会看到，Word2Vec 算法就是基于 Distributional Hypothesis 的。

向量空间模型可以大致分为两类：一类是计数模型（如 Latent Semantic Analysis），想法是统计在语料库中相邻出现的词的频率，再把这些计数统计的结果转为小而稠密的矩阵；另一类是预测模型（如 Neural Probabistic Language Models），想法是根据某个词相邻的词推测出这个词及其空间向量。

2013 年，Google 开源了一款计算高效、可以从原始语料中学习字词空间向量的预测模型——Word2Vec，引起了工业界和学术界的关注。它有两种实现模式，即 CBOW（Continuous Bag Of Words）和 Skip-Gram。其中，CBOW 是从原始语句中推测目标词（比如在 The capital of China is____ 中推测 Beijing）；而 Skip-Gram 正好相反，它是从目标字词推测出原始语句。CBOW 对小型数据比较适用，而 Skip-Gram 在大型语料库中表现得更好。

Word2Vec 也称 Word Embeddings，中文普遍称之为"词向量"。需要强调的是，随着深度学习在自然语言处理中应用的普及，很多人误以为 Word2Vec 是一种深度学习算法或模型，其实 Word2Vec 是一个计算 Word Vector 的开源工具，其背后是一个浅层神经网络，当我们在说 Word2Vec 算法或模型的时候，应该是指其背后用于计算 Word Vector 的 CBOW 模型和 Skip-Gram 模型。

以使用最大似然方法的预测模型 Neural Probabilistic Language Models 作为对比，它会在给定前面语句的情况下，最大化目标词汇 w_t 的概率，但在之前我们分析过，这样的做法会存在计算量非常大的严重问题；而从原始语句中推测目标词的 Word2Vec CBOW 模型则不需要计算完整的概率模型。CBOW 模型结构示意图如图 9-9 所示，其中 w_t 表示需要预测的词语的位置。图中定义了输入窗口的大小为 5，也就是说除了需要预测的词语外，还要用到其他 4 个词（前后各两个），它们被称为上下文（Context）。CBOW 通过训练一个二元的噪声分类器（Noise Classifier）来区分语料库中真实的目标词汇和编造的噪声词汇（Noise Classifier Words）这两类。当模型预测真实的目标词汇有较高的概率，而其他噪声词汇有较低的概率时，我们训练的学习目标就被最优化了。这种用少量噪声词汇来估计的方法，类似于蒙特卡罗模拟。

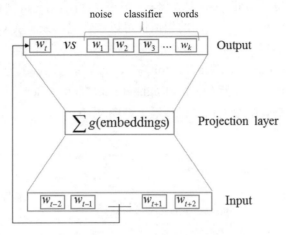

图 9-9　CBOW 模型结构示意图

　　一般称这种通过编造的噪声词汇训练模型的方法为 Negative Sampling，用这种方法能以较高的效率计算得到损失。二元的噪声分类器只需要计算随机选择的 k 个词汇而非词汇表中的全部词汇，因此训练速度非常快。

　　在实际中，我们使用 Noise Contrastive Estimation（NCE）Loss 来计算分类器的损失。NCE Loss 的直观想法是：把多分类问题转化成二分类。在计算损失时，NCE Loss 会计算目标单词与每一个噪声词汇间的交叉熵损失。在 TensorFlow 中也通过 nn.nce_loss() 函数实现了这个 Loss。这个函数的定义原型为：

```
nce_loss(weights, biases, labels, inputs, num_sampled,
      num_classes, num_true=1, sampled_values=None,
      remove_accidental_hits=False, name='nce_loss')
```

　　CBOW 模型是从 Context 对目标单词的预测中学习到词向量的表达。那么反过来，我们能否从目标单词对 Context 的预测中学习到词向量的表达呢？答案显然是可以的，执行这个过程的模型就是 Skip-Gram 模型。

　　大体上，Skip-Gram 模型需要计算输入单词的词向量值与目标单词的词向量值之间的余弦相似度，所以我们要学习的模型参数就是这两类词向量。或许有人不明白余弦相似度的计算过程，不过这不重要，在下一小节我们将用 TensorFlow 来实现 Skip-Gram 模型，在那里计算余弦相似度采用了矩阵相乘的方法。

最后，使用 Word2Vec 训练语料库中的语料单词能得到一些令我们非常期待的结果——词与词之间的相似性可以被表现出来。从 Google 训练超大语料库得到的结果来看，意思相近的词往往会在向量空间中彼此接近。例如，Beijing、London、Washington 和 Tokyo 等首都城市的名字会在向量空间中距离比较接近，而 China、England、the United States 和 Japan 等国家的名字在向量空间中距离也比较接近，如图 9-10 所示。

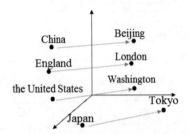

图 9-10　意思相近词在往往会在向量空间中彼此接近

从图 9-10 中可以看到，China 到 Beijing 之间的距离和 England 到 London 之间的距离几乎相等，而其他的如 Japan 到 Tokyo 之间的距离也和这两者之间的距离几乎相等。我们可以将这种向量之间距离相等看成是 Word2Vec 学到了相似的关系。

如图 9-11 所示，Word2Vec 还能学会其他一些词汇中的高阶语言概念。比如名词"MAN"到"WOMAN"之间的向量距离和"KING"到"QUEEN"以及"AUNT"到"UNCLE"之间的向量距离非常相似。再比如动词"WALK"到"WALKING"的向量距离和"RUNNING"到"RUN"的向量距离非常相似。

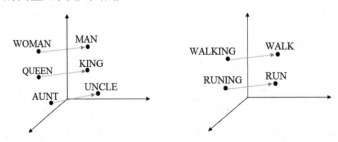

图 9-11　Word2Vec 学会了词汇中的高阶语言概念

9.2.3　用 TensorFlow 实现 Word2Vec

在本节中我们将主要实现 Skip-Gram 模式的 Word2Vec。在此之前，先来看一下其训练样本的形式。在此以一句话 "anarchism originated as a term of abuse first used against" 为例，并且假设一个单词只和它相邻的两个单词存在依赖关系。

如果我们希望能从语境单词推测出目标单词，那么这种情况下语境单词就是目标单词左边和右边的各一个单词。也就是说，我们可以从 anarchism 和 as 推测出 originated、从 originated 和 a 推测出 as、从 as 和 term 推测出 a，以此类推。那么 anarchism 和 as 就是 originated 的训练样本，同理 as 和 term 就是 a 的训练样本。

然而，Skip-Gram 模式的 Word2Vec 实现的是从目标单词推测出语境单词，也就是说，我们需要能从 originated 推测出 anarchism 和 as、从 as 推测出 originated 和 a 以及从 a 推测出 as 和 term，以此类推。那么 anarchism 和 originated 以及 originated 和 as 就是单词 originated 的训练样本、originated 和 as 以及 as 和 a 就是单词 as 的训练样本。更清晰的表示就是（originated, anarchism）（originated,as）（as,originated）（as,a）（a,as）（a,term）等。

模型在训练之后能得到的结果是，对于目标词汇 originated，模型能预测出语境单词 anarchism。为了能够增加模型对预测出的语境单词的信心，我们需要随机制造一些噪声单词作为负样本，并使得模型预测到的概率分布在正样本 anarchism 上有较大的值，而在其他负样本上有较小的值。

实现这样的想法可以通过一些优化算法（如我们使用的 SGD）来优化 NCE Loss。每个单词的词向量会随着训练过程中 NCE Loss 的减小而不断调整，当损失函数达到优化的最小时，模型就能得到一个较高的预测概率。

现在开始程序的编写。在这之前，需要到 http://mattmahoney.net/dc/text8.zip 下载训练用到的语料库文件，下载到的文件名为 text8.zip。不需要将 zip 包解压，但是如果想了解下其中的内容，可以尝试解压。解压后会得到一个纯文本文件，打开这个纯文本文件会发现这里有大量的单词（数量为千万级），这些单词就是我们进行训练的原始数据。下面展示了文件开头的部分内容：

```
anarchism originated as a term of abuse first used against early
```

```
working class radicals including the diggers of the english
revolution and the sans culottes of the french revolution whilst
the term is still used in a pejorative way to describe any act
that used violent means to destroy the organization of society
it has also been taken up as a positive label by self defined
anarchists the word anarchism is derived from the greek without
archons ruler chief king anarchism as a political philosophy is
the belief that rulers are unnecessary and should be abolished
although there are differing interpretations of what this means
anarchism also refers to related social movements that advocate
the elimination of authoritarian
```

程序被分为两个文件，一个是 Word2Vec_vocabulary.py，另一个是 Word2Vec_skip.py。其中 vocabulary.py 用于解析语料库的内容，并将其中包含的单词汇总为字典的形式。该文件内有一个 generate_batch()函数，用于产生一次训练用的样本 batch 数据。搭建模型并训练的过程放在了 Word2Vec_skip.py 文件中，在这个文件中调用了 generate_batch()函数产生训练样本。

首先来看 vocabulary.py 的实现。在文件的一开始还是先调用一些会用到的库，并定义单词表的词汇量大小为 50000：

```
import tensorflow as tf
import numpy as np
import collections
import random
import zipfile

#出现频率最高的 50000 词作为单词表
vocabulary_size = 50000

file = "/home/jiangziyang/Word2vec/text8.zip"
```

接下来定义 read_data()函数使用 ZipFile 类读取.zip 文件中的内容并通过 TensorFlow 的 compat.as_str()函数将数据转换成单词的列表。通过输出，我们可以知道这个列表中包含 17005207 个单词：

```
def read_data(file):
    #ZipFile 类的构造函数原型:def __init__(self,
    #file,mode,compression,allowZip64)
    with zipfile.ZipFile(file=file) as f:
        #ZipFile 类 namelist()函数原型 namelist(self)
        #ZipFile 类 read()函数原型 read(self,name,pwd)
```

```
    original_data = tf.compat.\
        as_str(f.read(f.namelist()[0])).split()
  return original_data


original_words = read_data(file)
#len()函数是 Python 中的内容，用于测试列表中元素的数量
print("len of original word:",len(original_words))
#输出 len of original words is 17005207
```

接下来定义 build_vocabulary()函数，用于创建 vocabulary 词汇表。collections 包中的 Counter 类可以用来跟踪值出现的次数，它是一个无序的容器类，数据以类似字典的键值对形式存储，其中元素作为 key，计数为 value，计数值可以是任意的整数（包括 0 和负数）。most_common()函数是 Counter 类的常用操作，在使用时会给这个函数传入一个数字，比如 100，就是获取 Counter 类中计数值 top100 的 100 个元素。

我们在定义的 build_vocabulary()函数中使用 Counter 类统计 words 单词列表中单词的频数，然后使用 most_common()函数获取 top50000 频数的单词作为 vocabulary，并使用 extend()函数将这 50000 个单词追加到 count 列表后面。

为了方便快速查询，再创建一个名为 dictionary 的 dict 类实例，在第一个 for 循环中将 top50000 的 vocabulary 放入 dictionary 中。

接下来在第二个 for 循环中遍历 words 列表，如果 words 列表中的单词出现在了 dictionary 中，则 index 编号为该单词在 dictionary 中的下标，并将这个 index 放入定义的 data 列表中。如果 words 列表中的单词没有出现在 dictionary 中，那么这个单词就是 top50000 词汇之外的单词。我们认定其为 unknown（未知的），将其编号为 0，也放入 data 列表中。为了统计这类词汇的数量，我们还定义了 unknown_count。函数最后返回 data、count、dictionary 及 reverse_dictionary（dictionary 反转的形式）。

```
def build_vocabulary(original_words):
    #创建一个名为 count 的列表,
    count = [["unknown", -1]]

    #Counter 类构造函数原型:__init__(args,kwds)
    #Counter 类 most_common()函数原型:
    #most_common(self,n),extend()函数会在列表末尾
    #一次性追加另一个序列中的多个值(用于扩展原来的列表)
```

```
#函数原型为 extend(self,iterable)
count.\
    extend(collections.Counter(original_words).
        most_common(vocabulary_size - 1))

#dict 类构造函数原型:__init__(self,iterable,kwargs)
dictionary = dict()

#遍历 count，并将 count 中按频率顺序排列好的单词装入
#dictionary，word 为键，len(dictionary) 为键值，
#这样可以在 dictionary 中按 0 到 49999 的编号引用单词
for word, _ in count:
    dictionary[word] = len(dictionary)

data = list()

#unknown_count 用于计数出现频率较低 (属于未知) 的单词
unknown_count = 0

#遍历 original_words 原始单词列表，该列表并没有将
#单词按频率顺序排列好
for word in original_words:
    #判断 original_words 列表中的单词是否出现在
    #dictionary 中，如果出现，则取得该单词在
    #dictionary 中的编号赋值给 index
    if word in dictionary:
        index = dictionary[word]
    #没有出现在 dictionary 中的单词，index 将被赋值 0
    #并用 unknown_count 计数这些单词
    else:
        index = 0
        unknown_count += 1

    #列表的 append() 方法用于扩充列表的大小并在列表的尾部
    #插入一项，如果用 print(data) 将 data 打印出来，会发现
    #这里有很多 0 值，使用 print(len(data)) 会发现
    #data 长度和 original_words 长度相等，都是 17005207
    data.append(index)

#将 unknown 类型的单词数量赋值到 count 列表的第[0][1]个元素
count[0][1] = unknown_count

#反转 dictionary 中的键值和键，并存入另一个字典中
reverse_dictionary = dict(zip(dictionary.values(),
```

```
                    dictionary.keys()))
   return data, count, dictionary, reverse_dictionary
```

如想要查看 count 中的内容，则可以在 count.extend(...)之后紧接着加入一句 print(count)将 count 的内容全部打印出来。这里展示了部分打印内容：

```
[['unknown', -1], ('the', 1061396), ('of', 593677), ('and',
416629), ('one', 411764), ('in', 372201), ('a', 325873), ('to',
316376), ('zero', 264975), ('nine', 250430), ('two', 192644),
('is', 183153), ('as', 131815), ('eight', 125285), ('for',
118445),......,('columbo', 9), ('quartermaster', 9), ('cpl', 9),
('iberville', 9), ('volap', 9), ('mppc', 9), ('auxerre', 9),
('lockhart', 9), ('gua', 9)]
```

['unknown', −1]之后的元素是 50000 个单词及其出现次数的信息。可以发现 Counter 类中的数据虽然也是以键值对的形式存储，但并不是真正的字典。也可以尝试打印 vocabulary 中 unknown 类单词的数量以及出现频率 top-4 的单词的数量，或者打印 data 中前 10 个标号及标号对应的 dictionary 中的单词，这些都是尝试性的内容，不作为程序的代码。

```
data, count, dictionary,reverse_dictionary = \
   build_vocabulary(original_words)
#count[:5]是列表的切片操作，获取列表的前 5 个元素并作为一个
#新列表返回，data[:10]在原理上是相同的
#打印 unknown 类的词汇量及 top-4 的单词的数量
print("Most common words (+unknown)", count[:5])
#输出 Most common words (+unknown)
#[['unknown', 418391], ('the', 1061396),('of',
#593677), ('and', 416629), ('one', 411764)]
#打印 data 中前十个单词及其编号
print("Sample data", data[:10],
     [reverse_dictionary[i] for i in data[:10]])
#输出 Sample data [5235, 3084, 12, 6, 195, 2, 3137,
#46, 59, 156]['anarchism','originated','as','a',
#'term','of','abuse','first','used','against']
```

接下来定义 generate_batch()函数，用于生成 Word2Vec 的训练样本。对于 Skip-Gram 模式，它实现的是从目标单词推测语境单词，例如将原始数据"The capital of China is Beijing"转为（The,capital）（capital,of）（of,China）等样本。

generate_batch()函数是整个案例中比较重要的一环，其中参数 batch_

size 为一个 batch 的大小，也就是函数生成上述样本的数量；skip_distance 指单词可以联系到其他单词的最远距离，在案例中我们采用比较一般的做法将这个值设为 1，即该单词只能跟相邻的两个单词生成样本，比如 China 只能和前后的单词生成两个样本（of,China）和（China,is）（在其他句子中，单词 China 的前后可能会是其他的单词，所以生成的样本也有可能是其他的样本）；参数 num_of_samples 控制了为每个单词需要生成样本的数量。

一般 num_of_samples 不会超过 skip_distance 的两倍。比如对于单词 China，假设令 skip_distance=1，那么会产生（of,China）和（China,is）两个样本；若 num_of_samples=3 或更大，那么显然是不合理的。同时，为了确保每个 batch 能够较多地获得其他词汇对应的样本，一般会将 batch_size 设为 num_of_samples 的整数倍。对于这些要求，可以在函数内添加一些异常机制（如 assert）。

在函数内部需要定义 data_index 为 data 列表中元素的索引（序号），并且为 global 变量（global 是 Python 中的命名空间声明），这是因为我们会重复调用 generate_batch()函数，并在函数内对 data_index 进行修改。NumPy 中的 ndarray()函数用于初始化一个数组，我们定义 batch 和 labels 为放置稍后产生的 batch 和 labels 数据的容器数组，在函数的最后会将 batch 和 labels 直接返回。num_of_sample_words 表示对某个单词创建样本时用到的单词数量，由于包括目标单词本身和它相邻的单词，所以根据单词最远联系距离用公式 2*skip_distance+1 进行计算。collections 中的 deque 类用于创建一个队列，buffer 就是我们使用这个类的构造函数创建的队列。为了暂时放置目标单词本身和它相邻的单词，buffer 的最大长度设置为 num_of_sample_words。在对 deque 使用 append()方法添加变量时，只会保留最后入队的变量。

在相关变量定义好后，接下来就可以开始程序逻辑的设计了。首先在第一个 for 循环中将 buffer 填满，buffer 的数据来源于 data，引用 data 中的数据可以通过索引 data_index 来完成：

```
data_index = 0
data, count, dictionary, reverse_dictionary = \
                      build_vocabulary(original_words)
def generate_batch(batch_size, num_of_samples,
                                skip_distance):
    #单词序号 data_index 定义为 global 变量，global 是
    #Python 中的命名空间声明，因为之后会多次调用
```

```
#data_index,并在函数内对其进行修改
global data_index

#创建放置产生的 batch 和 labels 的容器
batch = np.\
    ndarray(shape=(batch_size), dtype=np.int32)
labels = np.\
    ndarray(shape=(batch_size, 1), dtype=np.int32)

num_of_sample_words = 2 * skip_distance + 1

#创建 buffer 队列,长度为 num_of_sample_words,
#因为 generate_batch()函数会被调用多次,所以这里使用
#buffer 队列暂存来自 data 的编号
buffer = collections.\
        deque(maxlen=num_of_sample_words)
for _ in range(num_of_sample_words):
    buffer.append(data[data_index])
    data_index = (data_index + 1)
```

在第二个 for 循环的开始,我们定义一个 target_to_avoid 列表来存储已经在 buffer 中读取的单词的下标。在 buffer 中,一般目标单词就是位于 buffer 中间的第二个(下标为 skip_distance)。如果 skip_distance=1 且 num_of_samples=2,那么产生的 target_to_avoid 有[1,0,2]或[1,2,0]两种情况。

目标单词及生成样本需要的语境单词都来自 buffer。在第二个 for 循环嵌套的 for 循环里,会将目标单词两次添加到 batch[]中,并且会将语境单词分别添加到 labels[]中。跳出这个嵌套的 for 循环后意味着将产生下一个目标单词的样本,所以在最外层 for 循环结束前更新了 buffer 中的内容,并将 data_index 加 1,为下一轮循环做准备。以下是函数 generate_batch()中剩下的这部分的内容:

```
#Python 中//运算符会对商结果取整
for i in range(batch_size // num_of_samples):
    #target=1,它在一个三元素列表中位于中间的位置,
    #所以下标为 skip_distance 值,targets_to_avoid
    #是生成样本时需要避免的单词列表
    target = skip_distance
    targets_to_avoid = [skip_distance]

    for j in range(num_of_samples):
        while target in targets_to_avoid:
```

```
                    #使用 randint()函数用于产生 0 到
                    #num_of_sample_words-1 之间的随机整数,
                    #使得 target 不在 targets_to_avoid 中
                    target = random.\
                        randint(0, num_of_sample_words-1)
                #将需要避免的目标单词加入 targets_to_avoid,
                #在 while 后面使用 append 的方式可以避免 target
                #是两个重复的值,比如两个 0
                targets_to_avoid.append(target)

                #i*num_skips+j 最终会等于 batch_size-1
                #存入 batch 和 labels 的数据来源于 buffer,而
                #buffer 中的数据来源于 data,也就是说,数组 batch
                #存储了目标单词在 data 中的索引,而列表 labels 存储
                #了语境单词(与目标单词相邻的单词)在 data 中的索引
                batch[i * num_of_samples + j] = \
                              buffer[skip_distance]
                labels[i * num_of_samples + j, 0] = \
                              buffer[target]

            #在最外层的 for 循环使用 append()函数将一个新的
            #目标单词入队,清空队列最前面的单词
            buffer.append(data[data_index])
            data_index = (data_index + 1)
    return batch, labels
```

在编写完 generate_batch()函数后,可以传递进去一些参数来简单测试一下其功能,这一部分也属于尝试的内容,不参与构成代码。参数中令 batch_size=8,num_of_samples=2,skip_distance=1,然后执行 generate_ batch()函数获得返回的 batch 和 labels,打印 batch 和 labels 的数据(batch 和 labels 的数据都是标号)及其在 reverse_dictionary 字典中的实际单词,即可看到我们得到的样本来自语料库的前 6 个单词:

```
batch, labels = generate_batch(batch_size=8,
                               num_of_samples=2,
                               skip_distance=1)
for i in range(8):
    print(batch[i], reverse_dictionary[batch[i]],
    "->", labels[i, 0], reverse_dictionary[labels[i, 0]])
```

以下是打印的结果,一共打印出了 8 条信息(8 个 batch),分别是单词 originated 及其相邻的单词、单词 as 及其相邻的单词、单词 a 及其相邻的单

词、单词 term 及其相邻的单词。所以得到的 8 个样本分别为（anarchism,
originated）（originated,as）（originated,as）（as,a）（as,a）（a,term）（a,term）
和（term,of）。

```
'''打印的结果
   3082 originated -> 12 as
   3082 originated -> 5237 anarchism
   12 as -> 3082 originated
   12 as -> 6 a
   6 a -> 195 term
   6 a -> 12 as
   195 term -> 6 a
   195 term -> 2 of
   '''
```

　　Skip-Gram Word2Vec 模型的网络结构被定义在 Word2Vec_skip.py 文件
中，接下来我们就看一下该文件中的模型是如何实现的。在正式实现模型
之前，需要先导入之前定义的 vocabulary.py 以及一些相关的依赖库文件，
还需要定义一些将会用到的量。

　　定义训练时的 batch_size 为 128，即生成的样本数量为 128 个，这会
用到来自语料库的前 126 个单词；skip_distance，即前面提到的单词间最远
可以联系的距离，这里同样设为 1；num_of_samples，即对每个目标单词提
取的样本数，这里同样设为 2。这些都是函数 generate_batch()中需要用到的
参数。

　　在此最大的迭代次数为 10 万次。embedding_size 为 128，embedding_
size 即将单词转换为稠密向量的维度，一般是 50～1000 范围内的值，这里
使用 128 作为词向量的维度。vocabulary_size 为词汇量，这里设为 50000。

　　然后生成验证数据的下标 valid_examples，它是由 random.choice()函数
随机从0～100的整数中抽取16个数字而组成的数组，并且这些数字没有重
复。最后定义 num_sampled 为训练时用来做负样本的噪声单词的数量。以
下是文件中这部分的内容：

```
import tensorflow.compat.v1 as tf
import numpy as np
import math
import vocabulary

max_steps = 10000              #训练最大迭代次数10w 次
```

```
batch_size = 128
embedding_size = 128          #嵌入向量的尺寸
skip_distance = 1             #相邻单词数
num_of_samples = 2            #对每个单词生成多少样本

vocabulary_size = 50000       #词汇量

#numpy 中 choice()函数的原型为 choice(a,size,replace,p)
#choice()函数用于在 a 给出的范围内抽取 size 大小的数组成
#一个一维数组，当设置了 replace=False 则表示这个组成的一维数组
#中不能有重复的数字
valid_examples = np.random.choice(100, 16, replace=False)

num_sampled = 64              #训练时用来做负样本的噪声单词的数量
```

下面就开始定义 Skip-Gram Word2Vec 模型的网络结构。先在定义的一个默认的计算图中以 placeholder 的形式创建训练数据及其对应的 label，其中 train_inputs 在后续 feed 数据的时候得到了 generate_batch()函数的 batch 返回值，相应的 train_labels 得到了函数的 labels 返回值。

然后在 Variable()函数中使用 random_uniform()函数随机生成符合平均分布的单词表中的所有单词的词向量 embeddings，单词表词汇量的大小为 50000，每个单词的向量维度为 128，再使用 nn.embedding_lookup()函数查找输入 train_inputs 对应的向量值 embed。这部分的代码如下：

```
with tf.Graph().as_default():
    #train_inputs 和 train_labels 是训练数据及其
    #label 的 placeholder
    train_inputs = tf.\
        placeholder(tf.int32, shape=[batch_size])
    train_labels = tf.\
        placeholder(tf.int32, shape=[batch_size, 1])

    #embeddings 是所有 50000 高频单词的词向量,
    #向量的维度是 128，数值是由 random_uniform()函数生成的
    #在-1.0 到 1.0 之间平均分布的数值
    embeddings = tf.\
        Variable(tf.random_uniform([vocabulary_size,
                                    embedding_size],
                                   -1.0, 1.0))

    #embedding_lookup()函数用于选取一个张量里面索引
    #对应的元素，函数原型是: embedding_lookup(params,ids,
```

```
#partition_strategy,name,validate_indices,max_norm)
embed = tf.nn.\
        embedding_lookup(embeddings, train_inputs)
```

查找并生成 embed 的过程如图 9-12 所示，其中 train_inputs 是一个长度为 128 的向量，存储的是 generate_batch()函数返回的 batch（在后续过程中由 feed 数据的方式确定）。由于 generate_batch()函数的 batch_size 参数取值为 128，所以这里的 train_inputs 长度为 128。embeddings 就是一个 50000×128 大小的矩阵，里面的变量数据符合平均分布，我们用 x 表示这些值，其下标表示该值在矩阵中的位置。

查找的过程会先从 train_inputs 中下标为 0 的第一个元素开始，假设该元素的值是 n，就在 embeddings 中找行下标为 n 的行，将这一整行的数据放入到 result（也就是 embed）中；接着对 train_inputs 中下标为 1 的第二个元素进行相同的查找过程，将查找的结果堆叠在 result（也就是 embed）中的下一行；train_inputs 中之后的元素以此类推。

比如，对于 train_inputs 中的第 127 个元素，其值为 90，那么就会在 embeddings 中查找第 91 行的数据，并将这一整行的数据堆放在 result（也就是 embed）中的倒数第二行。

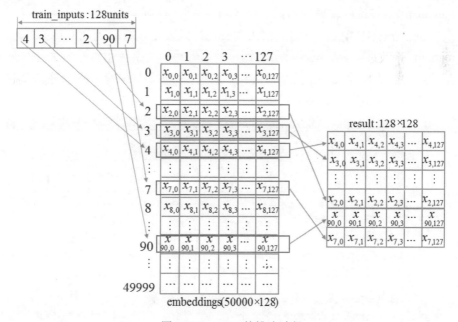

图 9-12 embed 的挑选过程

下面定义之前提到的 NCE loss。实现 NEC loss 可以使用 nn.nce_los()函数。在这个函数中，参数 inputs 就是查找出的 train_inputs 对应的向量，参数 num_sampled 可以看作噪声样本的数量。现假设 inputs 的尺寸为（batch_size,K），单词表词汇量的大小为 N，则权重参数 weights 的尺寸应为（N,K），偏置参数 biases 的尺寸应为（N）。在定义 NCE loss 之前，我们还使用 Variable()函数初始化了 NCE loss 中的权重参数 nce_weights，以及偏置参数 nce_biases。

在使用 nn.nce_loss()函数计算出词向量 embed 在训练数据上的 loss 后，还需要使用 reduce_mean()函数汇总求均值。优化器使用 SGD，将 NCE loss 作为训练的优化目标，且学习率为 1.0。

然后计算嵌入向量 embeddings 的 L2 范数 norm。计算 norm 用到了 reduce_sum()函数，一般情况下我们只给其传入第一个参数（需要求解的张量）即可，但是在这里将其第二个参数赋值为 1，这意味着 reduce_sum()函数会对求解平方之后的 embeddings 矩阵中的每一行的结果求和，然后将求和的结果汇总成一列长度为 50000 的向量。

normalized_embeddings 是将 embeddings 每行除以其一个相同的 L2 范数得到的标准化后的所有单词的词向量值，在此基础上再使用 nn.embedding_lookup()函数查询验证单词对应的嵌入向量。

similarity 是由验证单词的嵌入向量与词汇表中所有单词的向量值通过 matmul()函数进行矩阵乘法计算而得出的二者之间的余弦相似性（在上一小节的最后谈及 Skip-Gram 模型时谈到了余弦相似度）。这就是在会话之前需要完成的一些操作。这部分代码如下：

```
#用 truncated_normal()函数产生标准差为
#1.0/math.sqrt(embedding_size)的正态分布数据
#产生的 nce_weights 作为 NCE loss 中的权重参数
nce_weights = tf.Variable(tf.truncated_normal(
             [vocabulary_size,embedding_size],
             stddev=1.0/math.sqrt(embedding_size)))

#产生的 nce_biases 作为 NCE loss 中的偏置参数
nce_biases = tf.\
    Variable(tf.zeros([vocabulary_size]))

#计算词向量 embeddings 在训练数据上的 loss
#nce_loss()函数原型：
#nce_loss(weights, biases, inputs, labels,
```

```
#num_sampled, num_classes,num_true=1,
#sampled_values,remove_accidental_hits,
#partition_strategy,name)
nec_loss = tf.nn.\
    nce_loss(weights=nce_weights, biases=nce_biases,
            labels=train_labels, inputs=embed,
            num_sampled=num_sampled,
            num_classes=vocabulary_size)

#求 nce_loss 的均值
loss = tf.reduce_mean(nec_loss)

#创建优化器，学习率为固定的 1.0，最小化 loss
optimizer = tf.train.\
    GradientDescentOptimizer(1.0).minimize(loss)

#square()函数用于求平方，之后使用 reduce_sum()函数求和
#keep_dims=True 表示求和之后维度不会发生改变
norm = tf.sqrt(tf.reduce_sum(tf.square(embeddings),
                        1, keep_dims=True))

normalized_embeddings = embeddings / norm

#在标准化后的所有单词的词向量值中寻找随机抽取的 16 个单词
#对应的词向量值，在这之前，valid_inputs 是由数组
#valid_examples 进行 constant 操作转化为张量得来，
valid_inputs = tf.constant(valid_examples,
                        dtype=tf.int32)
valid_embeddings = tf.nn.\
    embedding_lookup(normalized_embeddings,
                    valid_inputs)

#使用 matmul()函数计算相似度，函数原型：
#matmul(a, b, transpose_a, transpose_b,
#       a_is_sparse, b_is_sparse, name)
#在函数 matmul()的定义中，name 参数默认为 None，除 a 和 b 外
#其他参数都有默认的 False 值，在这里我们设参数 transpose_b
#为 True，表示对参数 b 传入的矩阵进行转置
similarity = tf.\
    matmul(valid_embeddings,normalized_embeddings,
                        transpose_b=True)
```

接下来就是会话的一些内容。会话内首先初始化全部变量，接着定义 total_loss 和 average_loss 保存总损失和平均损失。然后会执行一个循环，循

环的次数是 100001 次，这是因为我们的设计是每经过 10000 次循环都会打印一些单词信息。每执行一次循环都会调用一次 generate_batch()函数，因为在该函数内对 data_index 参数进行了更改，所以每次调用 generate_batch()函数得到的 batch_inputs 和 batch_labels 都不一样。

然后调用 run()函数执行求解 loss 和使用梯度下降优化器最小化 loss 的过程，这个过程一般不会存在太大的问题，得到 loss 后，将其累积到 total_loss。当 step 是 1000 的倍数时，计算 total_loss 的平均损失并打印出来，这可以用一个 if 来判断完成。以下是完成这部分功能的代码：

```python
#开始训练
with tf.Session() as sess:
    tf.global_variables_initializer().run()

    #总损失与平均损失
    total_loss = 0
    average_loss = 0

    for step in range(max_steps + 1):

        #调用 generate_batch()函数生成用于训练的 batch
        #及其 labels
        batch_inputs, batch_labels = vocabulary.\
            generate_batch(batch_size,num_of_samples,
                                        skip_distance)

        #运行 loss 的计算及最小化 loss 的优化器
        loss_val, _ = sess.\
            run([loss, optimizer], feed_dict={
                        train_inputs: batch_inputs,
                        train_labels: batch_labels})

        #total_loss 用于计算总损失，在每一轮迭代后都会与
        #loss_val 相加
        total_loss += loss_val

        #每进行 1000 轮迭代就输出平均损失的值，并将
        #average_loss 和 total_loss 重新归 0，方便下一个
        #1000 轮的计算
        if step > 0 and step % 1000 == 0:
            average_loss = total_loss / 1000
            print("Average loss at %d step is:%f "
                        % (step, average_loss))
```

```
average_loss = 0
total_loss = 0
```

在会话的后一部分，我们每隔 5000 轮循环就计算一次验证单词与全部单词的相似度，并将与每个验证单词最相似的 8 个单词展示出来。以下是完成这部分功能的代码：

```
#每隔 5000 轮就打印一次与验证单词最相似的 8 个单词
if step > 0 and step % 5000 == 0:

    #执行计算相似性的操作
    similar = similarity.eval()

    #外层循环 16 次
    for i in range(16):

        #每执行一次最外层的循环，都会得到一个验证单词
        #对应的 nearest，这里有 8 个数据，是与验证单词
        #最相近的单词的编号，通过 reverse_dictionary
        #可以得到确切的单词
        nearest=(-similar[i,:]).argsort()[1:8+1]

        #定义需要打印的字符串，其中 valid_word 是通过
        #reverse_dictionary 得到的验证单词
        valid_word = vocabulary.\
            reverse_dictionary[valid_examples[i]]
        nearest_information = "Nearest to %s is:"\
                                % valid_word

        for j in range(8):
            #在 8 个循环内通过 reverse_dictionary 得到
            #与验证单词相近的 8 个单词的原型，并改进需要
            #打印的字符串
            close_word = vocabulary.\
                    reverse_dictionary[nearest[j]]
            nearest_information = " %s %s" % \
                (nearest_information,close_word)

        #打印出验证单词及与验证单词相近的 8 个单词
        print("valid_word is: %s"% valid_word)
        print(nearest_information)

final_embeddings = normalized_embeddings.eval()
```

根据笔者的测试，在平台 i5 4210m 和 GTX850m 上运行上述程序需要将近 12 分钟。以下展示了前 5000 个 step 的平均损失、后 5000 个 step 的平均损失以及最终的与验证单词相似度最高的 8 个单词：

```
'''打印的部分信息
Average loss at 1000 step is:144.843953
Average loss at 2000 step is:82.878892
Average loss at 3000 step is:59.059329
Average loss at 4000 step is:46.223544
Average loss at 5000 step is:36.587860
...
Average loss at 96000 step is:4.772862
Average loss at 97000 step is:4.625861
Average loss at 98000 step is:4.624545
Average loss at 99000 step is:4.689476
Average loss at 100000 step is:4.671744
valid_word is: he
Nearest to he is: it she they there who geralt
uriah but
valid_word is: they
Nearest to they is: he we there you it not who
abdullah
valid_word is: eight
Nearest to eight is: seven nine six five four zero
three two
valid_word is: united
Nearest to united is: thibetanus akita airstrips
phrase zef middle sip cicero
valid_word is: th
Nearest to th is: six nine bandanese seven five
eight viewpoint one
valid_word is: six
Nearest to six is: seven eight four five nine three
zero two
valid_word is: to
Nearest to to is: microcebus would must will abet
devito dasyprocta can
valid_word is: on
Nearest to on is: in at upon through during microcebus
aveiro under
valid_word is: called
Nearest to called is: zar agouti abet heard delphinus
atlanteans mischief tonk
```

```
valid_word is: if
Nearest to if is: when although where cegep while
propositions for before
valid_word is: four
Nearest to four is: five seven six eight three two nine
zero
valid_word is: about
Nearest to about is: leontopithecus queueing four
brontosaurus catalogs almighty product lengthy
valid_word is: unknown
Nearest to unknown is: dinar dasyprocta tamarin callithrix
agouti abet microsite michelob
valid_word is: at
Nearest to at is: in during on under gaku despite from with
valid_word is: s
Nearest to s is: discard his dasyprocta recitative reginae
akita microcebus and
valid_word is: that
Nearest to that is: which however this renouf but
microcebus what dinar

'''
```

从打印出的信息可以看到，我们训练的 Word2Vec Skip-Gram 模型对不同词性的单词有较好的相似词汇识别能力，这说明该模型有着非常不错的向量空间表达（Vector Representations）功能。

在这两个文件之后还有一个 Word2Vec.py 文件，用于可视化 Word2Vec 的效果。在 Python 的 sklearn 库中实现了 TSNE 类。TSNE 的主体是 TSNE 算法，该算法提供了一种有效的降维方式，可以使高于二维数据的聚类结果以二维的方式表达出来。关于 sklearn 库以及 TSNE 类的具体使用，这里不再做过多的解释。

TSNE 类中真正实现降维的函数是 TSNE.fit_transform()，对它一般传入需要降维的数据即可。经过 TSNE.fit_transform()函数，得到了降维到二维的单词的空间向量（low_dimembs）。我们将 low_dimembs 的值作为坐标值，并用这个坐标值在图表中展示每个单词的位置。plot_only=100 表示只展示 100 个单词的可视化结果。

Pyplot 的 scatter()函数用于显示散点图，散点图的坐标值由 low_dimembs 得来，这样就得到了单词的位置。或许我们想知道某一个点代表的单词究竟是什么，用 Pyplot 的 annotate()可以展示单词本身。最后，使用

  Pyplot 的 savefig()函数保存图片为本地文件（如果使用了 IDE，那么这个图片就在 IDE 的工作路径下，因为我们没有指定绝对路径）。Word2Vec.py 文件的内容就这么多，以下是该文件的源码：

```python
from sklearn.manifold import TSNE
import matplotlib.pyplot as plt
import vocabulary
import Word2Vec_skip

#初始化 TSNE 类构造函数定义原型:
#def __init__(self,n_components,perplexity,
#early_exaggeration,learning_rate,n_iter,
#n_iter_without_progress,min_grad_norm,metric,
#init,verbose,random_state,method,angle)
tsne = TSNE(perplexity=30, n_components=2,
            init="pca", n_iter=5000)
plot_only = 100

#执行降维操作
#函数原型: TSNE.fit_transform(Self,X,y)
low_dim_embs = tsne.\
    fit_transform(Word2Vec_skip.\
                  final_embeddings[:plot_only,:])

labels = list()
for i in range(plot_only):
    labels.append(vocabulary.reverse_dictionary[i])

#pyplot 的 figure()函数用于定义画布的大小，这里设为 20×20,
#你也可以尝试其他大小
plt.figure(figsize=(20, 20))

for j, label in enumerate(labels):
    x, y = low_dim_embs[j, :]

    plt.scatter(x, y)
    plt.annotate(label, xy=(x, y), xytext=(5, 2),
                 textcoords="offset points",
                 ha="right", va="bottom")

#以 png 格式保存图片
plt.savefig(fname="after_tsne.png")
#plt.savefig(filename="after_tsne.png")
```

图 9-13 所示即为可视化效果（打开图片 after_tsne.png）。从图 9-13 来看，一些语义上相近的词在坐标中的位置也非常靠近（例如，冠词 the、an、a 和 another 处在中部靠右的位置），而一些比较难以判断出关系的单个字母则分布在四周（图中右方有 f、左下方有 s、左方有 n、比较集中区域的左上方有 i 和 c）。图 9-13 难以具体地描述到底哪些单词距离比较近以及它们分布在什么区域，如果读者比较感兴趣，那么可以尝试自己运行一下这个程序并观察图片所展示出的结果。

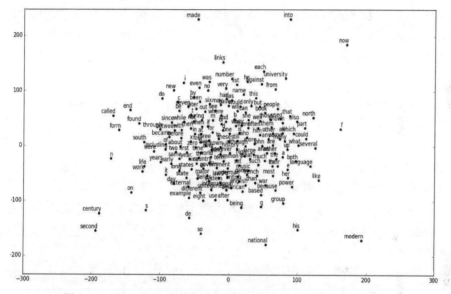

图 9-13　通过 TSNE 降维后的 Word2Vec 的嵌入向量可视化效果

训练 Word2Vec 可以使用更大型的语料库获得更好的结果；除此之外，合理地调整参数也对提高模型的性能有所帮助。实例程序只是提供了一个思路，具体的运行操作还是需要读者们勤加思考。

9.3　LSTM 实现自然语言建模

尽管 RNN 被设计成可以利用历史的信息来辅助当前的决策，例如使用之前出现的单词来加强对当前单词的理解，但是辅助 RNN 决策的主要还是最后输入的一些信号（即对最后输入的一些信号记忆最深），更早之前的信号会随着时间的推迟而变得强度越来越低、辅助的作用越来越弱。这样就给 RNN 带来了新的技术挑战——长期依赖（Long-Term Dependencies）问题。

这样的缺陷导致早期的 RNN 只能借助短期内的信息执行当前的任务，比如预测"The color of the sky is blue"中最后一个单词"blue"时，模型不需要记忆这句话之前更多的上下文信息，因为"color"和"sky"提供了足够的信息来对"blue"进行预测。这是一种典型的情况，相关信息和待预测词之间保持了很近的距离，我们称之为短期依赖（Short-Term Dependencies）。这样的话，循环神经网络可以比较容易地利用先前的信息，也就是说 RNN 能够解决短期依赖问题。

当遇到一些上下文信息场景更加复杂的情况时，比如当模型试着去预测"Here for several days of rain, so the air is very fresh"中最后一个单词"fresh"时，我们可以凭直观感觉填写出"fresh"或"good"等，但 RNN 模型仅仅根据短期依赖就无法很好地解决这种问题。因为根据"very"模型要判断出最后一个单词是形容词，根据"air"模型要判断出这个形容词要去形容"air"，但如果模型需要预测清楚具体用什么形容词去形容"air"，就需要考虑先前提到的但离当前位置较远的上下文信息，在这句话中就是上半句中的"rain"以及修饰"rain"的相关单词。这就增加了预测位置和相关上下文信息之间的距离。在复杂语言场景中，这个距离可以被继续增大，或者有用的信息没有距离相同的间隔，此时类似图 9-2 中给出的简单循环神经网络就无法实现对距离如此远的信息进行学习。于是，简单结构的 RNN 慢慢淡出了大家的视野。

而后，随着长短时记忆网络（Long Sort Term Memory，LSTM）的发明，长期依赖的问题得到解决，循环神经网络重新回到了大家的视野。也正是因为 LSTM，循环神经网络得以被大量地成功应用。在很多自然语言处理的任务上，采用 LSTM 结构的循环神经网络往往比标准的循环神经网络有着更佳的表现，如文本分类、语音识别、机器翻译、自动对话和为图像生成标题等。

9.3.1 长短时记忆网络（LSTM）

LSTM 结构由 Sepp Hochreiter 教授和 Jurgen Schmidhuber 教授于 1997 年

提出，它本身就是一种特殊的循环体结构。在一个整体的循环神经网络中，除了外部的 RNN 大循环（循环体是 LSTM）外，还需要考虑 LSTM 本身单元"细胞"之间的自循环。这个自环与简单的带有 tanh 结构的循环体在 RNN 中的循环不同，它由 LSTM 自身的 3 个"门"结构进行控制。图 9-14 展示了 LSTM 单元的结构，单元"细胞"间的循环关系也展示了出来。

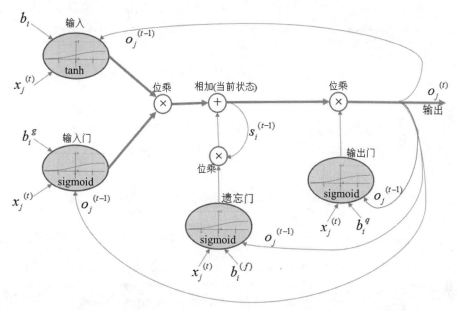

图 9-14　LSTM 单元"细胞"结构示意图

　　由于 LSTM 单元"细胞"循环（自环）的存在，以及靠一些"门"的结构让信息有选择性地影响循环神经网络中每个时刻的状态，因此 LSTM 不是简单地由输入和循环单元经过线性变换之后再逐元素施加非线性。

　　接下来解释一下所谓"门（Gate）"，它是一个使用 sigmoid 激活函数对输入的信息进行控制的结构。之所以将该结构叫作"门"，是因为它可以对通过这个结构的当前输入信息量进行控制。我们可以想象到，使用了 sigmoid 激活函数的全连神经网络层会输出一个 0～1 之间的数值。在 LSTM 中也是类似的，sigmoid 直接控制信息传递的比例，当门完全打开时（sigmoid 神经网络层输出为 1 时），全部信息都可以通过；当门完全闭合时（sigmoid 神经网络层输出为 0 时），任何信息都无法通过。

　　状态单元是一个 LSTM 结构中最重要的组成部分。状态单元当前时刻的值用 $s_i^{(t)}$ 来表示，上一个时刻的值用 $s_i^{(t-1)}$ 来表示。LSTM 单元"细胞"的自环指的就是状态单元的自循环，上一时刻的状态值通过与自循环权重进行位乘可以得到当前时刻状态值的一个加数。这个自循环权重就是遗忘门的输出，所以可以将遗忘门的作用理解为让循环神经网络"忘记"之前没有用的信息。

　　遗忘门会根据当前的输入、上一时刻的输出和门的偏置项共同决定哪一部分记忆需要被遗忘。一般用 $f_i^{(t)}$ 来表示当前时刻第 i 个 LSTM 单元的遗忘门的输出值，它可以用下式来计算：

$$f_i^{(t)} = \text{sigmoid}\,(b_i^f + \sum_j U_{i,j}^f x_j^{(t)} + \sum_j W_{i,j}^f o_j^{(t-1)})$$

式中，$x^{(t)}$ 代表当前时刻的输入向量，j 是它的数量；$o^{(t-1)}$ 包含一个 LSTM 细胞上一时刻的所有输出，它可以被看作当前隐藏层向量，其数量也是 j；b^f、U^f 和 W^f 分别是 LSTM 细胞遗忘门的输入偏置、输入权重和循环权重。

　　如果以 b 和 U 分别作为 LSTM 细胞输入单元的输入偏置和输入权重，以 W 作为输入单元的循环权重，其值等于遗忘门的循环权重，以 $g_i^{(t)}$ 表示当前时刻输入门的值，那么 LSTM 细胞内部状态会以如下方式更新：

$$s_i^{(t)} = f_i^{(t-1)} + g_i^{(t)}\tanh\left(b_i + \sum_j U_{i,j} x_j^{(t)} + \sum_j W_{i,j} o_j^{(t-1)} \right)$$

　　为了使循环神经网络更有效地保存长期记忆，除了"遗忘门"，"输入门"也发挥至关重要的作用。与"遗忘门"一样，它也是 LSTM 结构的核心。因为循环神经网络不仅需要"忘记"部分之前的记忆，它还需要补充最新的记忆，这可以通过输入门来控制。在图 9-14 中我们可以看到，输入门的更新方式和遗忘门类似，它会根据 $x^{(t)}$、b^g（输入门的输入偏置）和 $o^{(t-1)}$ 决定哪些部分将进入当前时刻的状态 $s_i^{(t)}$。如果用 U^g 和 W^g 分别作为 LSTM 细胞输入门的输入权重和循环权重，则它可以用下式进行计算：

$$g_i^{(t)} = \text{sigmoid}\left(b_i^g + \sum_j U_{i,j}^g x_j^{(t)} + \sum_j W_{i,j}^g o_i^{(t-1)} \right)$$

　　LSTM 结构在计算得到当前时刻的状态值 $s_i^{(t)}$ 后会进一步产生当前时刻的输出 $o_i^{(t)}$，这个过程是受控于输出门的。输出门会根据当前时刻最新的状态 $s_i^{(t)}$、上一时刻的输出 $o_i^{(t-1)}$ 和当前的输入 $x^{(t)}$ 来决定该时刻的输出 $o_i^{(t)}$。以 $q_i^{(t)}$ 来表示输出门的值，那么它可以按下式进行计算：

$$o_i^{(t)} = \tanh(s_i^{(t)})q_i^{(t)}$$

$$q_i^{(t)} = \text{sigmoid}\left(b_i^q + \sum_j U_{i,j}^q x_j^{(t)} + \sum_j W_{i,j}^q o_i^{(t-1)} \right)$$

式中，b^q、U^q 和 W^q 分别是偏置、输入权重和遗忘门的循环权重。在某些文献中介绍 LSTM 结构时，还选择了使用上一时刻的细胞状态 $s_i^{(t-1)}$ 作为输入门和遗忘门的额外输入。对于这种情况，LSTM 结构还需要增加额外的两个循环权重参数。

关于 LSTM 结构的简单介绍到这里就结束了。从 LSTM 结构来看，它似乎就是为了解决长期依赖问题而设计的，不需要调节太多的参数而默认就能记住长期的信息。如果使用 LSTM 结构作为循环体复现图 9-3 所示的 RNN，那么绘制出来的图大概如图 9-15 所示。在图 9-15 中，使用符号"σ"代表 sigmoid 函数，$h^{(t)}$ 作为这个时刻 LSTM 单元的输出值（也就是公式中的 $o^{(t)}$）。

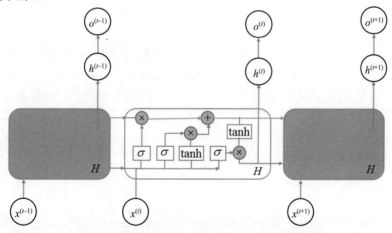

图 9-15　在 RNN 中使用 LSTM 作为循环体

因为自行定义 LSTM 结构并使用其实现循环神经网络的前向传播是一个相对比较复杂的过程，所以在这里就介绍如何实现 LSTM 结构了。幸运的是，TensorFlow 在 keras.layers 中提供了 LSTM 结构的封装，它就是 LSTM 类。下面展示了该类的构造函数定义原型。

```
'''
keras.layers.LSTM 类构造函数定义原型:
def __init__(units, activation='tanh',
        recurrent_activation='sigmoid',use_bias=True,
```

```
                  kernel_initializer='glorot_uniform',
                  recurrent_initializer='orthogonal',
                  bias_initializer='zeros',unit_forget_bias=True,
                  kernel_regularizer=None,
                  recurrent_regularizer=None,
              bias_regularizer=None,activity_regularizer=None,
              kernel_constraint=None,recurrent_constraint=None,
                  bias_constraint=None,dropout=0.0,
                  recurrent_dropout=0.0,implementation=2,
                  return_sequences=False,return_state=False,
                  go_backwards=False,stateful=False,
                  time_major=False,unroll=False, **kwargs)
'''
```

为了更便捷地搭建 LSTM 结构，在 keras.layers 中还提供了 LSTMCell 类。实际中用得较多的还是 LSTMCell 类，得益于 LSTMCell 类，基于 LSTM 循环体结构的 RNN 可以被很简单地实现。下面展示了 LSTMCell 类的构造函数定义原型。

```
'''
keras.layers.LSTMCell 类构造函数定义原型：
def __init__(units, activation='tanh',
             recurrent_activation='sigmoid',use_bias=True,
             kernel_initializer='glorot_uniform',
             recurrent_initializer='orthogonal',
             bias_initializer='zeros',unit_forget_bias=True,
             kernel_regularizer=None,
             recurrent_regularizer=None,
             bias_regularizer=None,kernel_constraint=None,
             recurrent_constraint=None, dropout=0.0,
             bias_constraint=None,recurrent_dropout=0.0,
             implementation=2,**kwargs)
'''
```

以下代码简要地示范了 LSTM 类的使用。keras.layers.RNN 类的作用是堆积 LSTM 结构形成循环神经网络层。我们在下面的代码中使用 RNN 类堆积了 LSTM 结构，所得到的循环神经网络层称为 rnn_layer，并把这个 rnn_layer 添加到模型 model 中作为第一层。

```
import tensorflow as tf
(train_images, train_labels),\
(test_images, test_labels) = tf.keras.datasets.\
```

```
                              mnist.load_data()
train_images,test_images = \
            train_images/255.0,test_images/255.0
sample, sample_label = train_images[0], train_labels[0]

#创建一个循环神经网络模型
def build_model():
    #keras.layers.RNN 类构造函数定义原型:
    #def __init__(cell, return_sequences=False,
    #return_state=False,go_backwards=False,stateful=False,
    #unroll=False,time_major=False,**kwargs)
    rnn_layer = tf.keras.layers.RNN(
        tf.keras.layers.LSTMCell(units=64),
        input_shape=(None, 28))

    model = tf.keras.models.Sequential(
        [rnn_layer,tf.keras.layers.BatchNormalization(),
        tf.keras.layers.Dense(units = 10,
                            activation='softmax')])
    return model

model = build_model()
model.compile(loss='sparse_categorical_crossentropy',
            optimizer='SGD',
            metrics=['accuracy'])
model.fit(train_images, train_labels,
        validation_data=(test_images,test_labels),
        batch_size=100,
        epochs=20)
model.summary()
```

　　上面这段代码是为了说明使用 TensorFlow 提供的 LSTMCell 类和 RNN 类能够很容易地实现循环体结构为 LSTM 的 RNN。也许你们会好奇为什么循环神经网络也能实现 MNIST 手写数字识别？事实上，在经过了 20 个 epoch 的迭代训练之后，这个模型也能达到90%以上的准确率。使用循环神经网络执行图片识别一类任务的训练，可以把图片数据的每一行都当作一个序列，然后每过一个时间步就训练一行数据。这样的结果也就说明了虽然循环神经网络在这一类任务上的效率比不上卷积神经网络，但是在处理和时间序列关系密切的训练任务时循环神经网络却能遥遥领先其他网络。

下面展示了 summary()函数打印出的模型规模信息。在使用 Sequential 类定义模型以及使用 add()函数逐层完善模型的这种模型构建策略下，通过 summary()函数打印模型规模信息之前不必再执行一次模型。

```
Model: "sequential"

Layer (type)                    Output Shape              Param #
=================================================================
rnn (RNN)                       (None, 64)                23808

batch_normalization_v2 (Batc    (None, 64)                256

dense (Dense)                   (None, 10)                650
=================================================================
Total params: 24,714
Trainable params: 24,586
Non-trainable params: 128
```

LSTM 属于一种门控的 RNN。在 LSTM 的基础上，2014 年 Cho 等提出了 GRU 结构（Gated Recurrent Unit，门控循环单元）。GRU 结构更加简单，它比 LSTM 减少了一个 Gate，这样可以提高计算的效率，并减少内存占用。在 GRU 结构中，为了与 LSTM 有所区分，我们称它的两个门为"复位门"和"更新门"。

其中，复位门可以用以下公式定义：

$$r_i^{(t)} = \text{sigmoid}\,(b_i^r + \sum_j U_{i,j}^r x_j^{(t)} + \sum_j W_{i,j}^r o_j^{(t-1)})$$

更新门可以用以下公式定义：

$$u_i^{(t)} = \text{sigmoid}\,(b_i^u + \sum_j U_{i,j}^u x_j^{(t)} + \sum_j W_{i,j}^u o_j^{(t-1)})$$

于是 GRU 结构的输出 $o^{(t)}$ 可定义为：

$$o_i^{(t)} = u_i^{(t-1)} o_i^{(t-1)} + (1 - u_i^{(t-1)})\text{sigmoid}(b_i + \sum_j U_{i,j} x_j^{(t)} + \sum_j W_{i,j}\, r_i^{(t-1)} o_j^{(t-1)})$$

在实际使用时，LSTM 和 GRU 得到的效果之间不存在太大的差异，一般最后得到的准确率结果都相似，但是严格来说，相比 LSTM，GRU 的训练速度稍快。

Keras 在 layers 模块下也提供了 GRU 结构的封装，下面展示了与之相关的 GRU 和 GRUCell 类的构造函数定义原型。

```
'''
keras.layers.GRU 类构造函数定义原型：
def __init__(units,activation='tanh',
recurrent_activation='sigmoid',use_bias=True,
kernel_initializer='glorot_uniform',
recurrent_initializer='orthogonal',bias_initializer='zeros',
kernel_regularizer=None,recurrent_regularizer=None,
bias_regularizer=None,activity_regularizer=None,
kernel_constraint=None,recurrent_constraint=None,
bias_constraint=None,dropout=0.0,recurrent_dropout=0.0,
implementation=2,return_sequences=False,
return_state=False,go_backwards=False,stateful=False,
unroll=False,time_major=False,reset_after=True,**kwargs)
'''
'''
keras.layers.GRUCell 类构造函数定义原型：
def __init__(units,activation='tanh',
recurrent_activation='sigmoid',use_bias=True,
kernel_initializer='glorot_uniform',
recurrent_initializer='orthogonal',bias_initializer='zeros',
kernel_regularizer=None,recurrent_regularizer=None,
bias_regularizer=None,kernel_constraint=None,
recurrent_constraint=None,bias_constraint=None,
dropout=0.0,recurrent_dropout=0.0,
implementation=2,reset_after=True,**kwargs)
'''
```

9.3.2 LSTM 在自然语言建模中的应用

在上一节中，我们介绍了通过 n-gram 模型进行语言建模的主要过程。除了 n-gram 模型，能够对时间序列进行预测的 RNN 也能用来对自然语言建模。

在一个对自然语言建模的 RNN 中（如图 9-16 所示，以 "The color of the sky is blue" 为例），网络每个时刻输入的是某一句话中的一个单词，网络的输出则是在该时刻或者之前时刻某些单词出现的情况下下一个会出现的单词的概率。这和 n-gram 模型计算概率的情况是一样的。通过循环神经网络求得 $p(x|\text{"The"})$、$p(x|\text{"The"},\text{"color"})$、$p(x|\text{"The"},\text{"color"},\text{"of"})$ 等类似的概率之后，可以进而求得最后一个单词是 "blue" 的概率，以及最后一个单

词在预测时的 perplexity 复杂度。

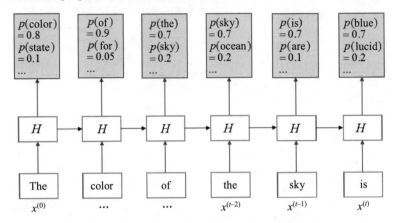

图 9-16　RNN 完成自然语言建模的过程示意图

　　PTB（Penn Treebank Dataset，文本数据集）是在语言模型训练中经常使用的一个数据集。这是一个具有较高质量的数据集，在这个数据集的基础上我们可以评测语言模型的准确率；同时因为数据集体积也比较小，所以能够得到较快的网络训练速度。

　　本节将在 PTB 数据集上使用循环神经网络实现语言模型。TensorFlow 也提供了一些 API 来实现对 PTB 数据集的支持。当然，在此之前我们需要下载来自 Tomas Mikolov 网站上的 PTB 数据集：

```
http://www.fit.vutbr.cz/~imikolov/rnnlm/simple-examples.tgz
```

　　获取到的是一个.tgz 格式的压缩文件，在解压缩后会得到一个名为 simple-examples 的文件夹，其中有一些子文件夹，如图 9-17 所示。

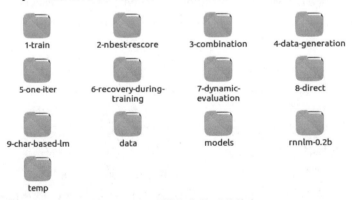

图 9-17　PTB 数据集的子文件夹

　　对这些子文件夹的介绍就不在这里一一展开了，我们只关心 data 文件夹下的数据，这里包含了模型所需要的训练数据集文件、验证数据集文件和评估数据集文件。这些文件分别是：

```
ptb.train.txt
ptb.valid.txt
ptb.test.txt
```

　　这 3 个数据集文件已经做了一些预处理，包含了 10 000 个不同的单词，并且有句尾的标记（在文本中就是换行符），同时将稀有的词汇统一在前面用特殊符号<unk>进行标记。下面展示了 ptb.train.txt 文件中的几行示例：

```
 aer banknote berlitz calloway centrust cluett fromstein gitano
guterman hydro-quebec ipo kia
memotec mlx nahb punts rake regatta rubens sim snack-food
ssangyong swapo wachter
 pierre <unk> N years old will join the board as a nonexecutive
director nov. N
 mr. <unk> is chairman of <unk> n.v. the dutch publishing group
 rudolph <unk> N years old and former chairman of consolidated
gold fields plc was named a
nonexecutive director of this british industrial conglomerate
```

　　除了这 3 个文件之外，data 文件夹下还有其他 4 个文件，这些都不是我们需要的，在这里就不介绍了。为了使用 PTB 数据集更加方便，TensorFlow 在 GitHub 上开源了 Models 库，其中有一些操作 PTB 数据集的 API。可以在终端执行以下命令获取整个 Models 库：

```
git clone https://github.com/tensorflow/models.git
```

　　我们使用的是 Models 库中/tutorials/rnn/ptb 路径下的 reader.py 文件，借助它来操作 PTB 数据集的内容。在这个文件中提供了 ptb_raw_data()函数来读取 PTB 的原始数据，并将原始数据中的单词转化为单词 ID；也提供了 ptb_producer()函数来产生特征数据以及对应的 label 数据。

　　Models 库提供了一些参考的程序模型，这些模型中就包括相应的数据预处理文件（例如，在第 7 章练习基本卷积神经网络的时候我们实现了对 Cifar-10 数据集的预处理，其思路就是来源于 Models 库里的文件）。完整的 Models 库文件较大，我们也可以到 https://github.com/tensorflow/models/tree/master/tutorials/rnn/ptb 中获取单独的 reader.py 文件。

　　在进行网络模型的设计前，我们需要对以上 3 个函数的使用方法有所了解。首先是 ptb_raw_data()函数，以下样例代码展示了该函数的用法：

```python
import tensorflow as tf
import reader
DATA_PATH = "/home/jiangziyang/PTB/simple-examples/data"

#ptb_raw_data()函数会返回4个值，其中train_data为
#ptb.train.txt中单词的ID,valid_data为ptb.valid.txt中
#单词的ID,test_data为ptb.test.txt中单词的ID

train_data, valid_data, test_data, _ = reader.\
                        ptb_raw_data (DATA_PATH)
#打印train_data中单词的数量
print("words in train_data:",len(train_data))
#打印train_data中前40个单词的ID
print(train_data[:40])

'''打印的内容
words in train_data: 929589
[9970, 9971, 9972, 9974, 9975, 9976, 9980, 9981, 9982, 9983, 9984,
9986, 9987, 9988, 9989, 9991, 9992, 9993, 9994, 9995, 9996, 9997,
9998, 9999, 2, 9256, 1, 3, 72, 393, 33, 2133, 0, 146, 19, 6, 9207,
276, 407, 3]
'''
```

从输出的情况可以看到训练数据中总共包含了 929589 个单词，这些单词被组织成了一个非常长的列表。在这个列表中，每句话结束的位置会用标识符 ID 为 2 来表示。尽管循环神经网络可以接受任意长度的序列，但是在训练时一般会将序列截断成某个固定的长度。reader.py 的 ptb_producer()函数提供了这样的功能，它接收 ptb_raw_data()函数返回的 ID 列表，可以将这个列表组织成 batch，并进行截断。ptb_producer()函数会返回两个值，一个是特征数据，另一个是特征数据的 label 数据。以下代码展示了如何使用 ptb_iterator 函数：

```python
import tensorflow.compat.v1 as tf
import reader
DATA_PATH="/home/jiangziyang/PTB/simple-examples/data"

train_data, valid_data, \
test_data, _ = reader.ptb_raw_data (DATA_PATH)

#函数原型：ptb_producer(raw_data,batch_size,num_steps,
```

```
#name=None)，这里将 train_data 中的 ID 组织成 3 个 batch 序列，
#并且截断长度为 4
result = reader.\
    ptb_producer(raw_data=train_data,batch_size=3,
                                    num_steps=4)


#最好在读取 batch 的时候使用多线程，如果不使用，那么处理的速度
#将比较慢，关于多线程的介绍可以参考第 11 章
with tf.Session() as sess:
    for i in range(2):
        #ptb_producer()函数会返回两个值，这里 x 代表了
        #返回的特征数据，y 代表了返回的 label 数据
        x,y=sess.run(result)
        print("input_data:\n",x)
        print("traget:\n",y)


'''输出的结果为
input_data:
 [[9970 9971 9972 9974]
 [1347  536   13    6]
 [  11   41   14 5718]]
traget:
 [[9971 9972 9974 9975]
 [ 536   13    6 3949]
 [  41   14 5718  102]]
input_data:
 [[9975 9976 9980 9981]
 [3949    5  438 9643]
 [ 102  824    1    2]]
traget:
 [[9976 9980 9981 9982]
 [   5  438 9643    2]
 [ 824    1    2   14]]
'''
```

图 9-18 形象地展示了 ptb_producer()函数实现的功能。ptb_producer()函数会将一个长序列划分为 batch_size 个序列段，其中每一段都是一个 batch。每次调用 ptb_producer()时，该函数会从每一个 batch 中截取一定长度的子序列并返回（返回的就是特征数据，在程序中这个子序列的长度一般用 num_steps 来表示）。

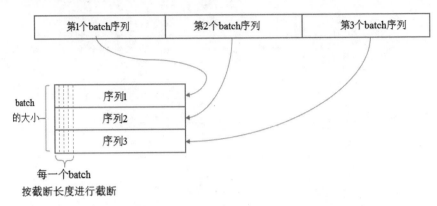

图 9-18　将一个长列表分成 batch 个子序列并进行截断的示意图

从上面代码的输出可以看到，在第一个 batch 的第一行中，这 4 个单词的 ID 和整个训练数据中前 4 个单词的 ID 是对应的；在第二个 batch 的第一行中，这 4 个单词的 ID 和整个训练数据中 5～8 个单词的 ID 是对应的。ptb_producer()函数在生成 batch 时会自动生成每个 batch 对应的正确答案并返回（也就是 label），从每一个单词的角度来看，它对应的正确答案就是后面一个单词。

对于数据集和 reader.py 中函数的使用就介绍到这里。结合上一小节介绍的语言模型的理论，下面给出一个通过循环神经网络实现语言模型的完整 TensorFlow 样例程序。在程序的一开始是导入一些包，这和之前的做法一致。对于预定义的变量，这里采取了划分到类的办法。

```
import time
import numpy as np
import tensorflow.compat.v1 as tf
import reader
```

在此使用一个类定义语言模型的结构，类名为 PTBModel。在其初始化函数__init__()中，参数 is_training 用于判断是否进行训练，一些特定的操作只在训练的过程中完成，如 Dropout。config 是网络的相关配置参数。在接下来的程序中，我们为了能使用规模大小不同的网络而将这些相关配置封装到了一个名为 Config 的类中，config 传入的即是这个类的实例。data 是网络的输入数据，它是 reader.py 文件中 ptb_raw_data()函数返回的 train_data、valid_data 和 test_data 中的三者之一。

BasicLSTMCell 类是在 TensorFlow 1.x 中提供的一个可以创建 LSTM 单元的功能类，它的作用基本上是和之前提到的 LSTMCell 是类似的。函数内首先使用 BasicLSTMCell 类创建 LSTM 单元 lstm_cell，设置其隐藏节点数量的属性 self.word_dimension 来自 Config 类。lstm_cell 中还配置了 forget_bias（即遗忘门的 bias 偏置）为 0，state_is_tuple 为 True，这表示接受和返回的 state 将是 2-tuple 的形式。当模型在训练状态且 Dropout 的 keep_prob 小于 1 时，则在 lstm_cell 单元之后接一个 Dropout 层。注意，这里是使用了 DropoutWrapper 类，关于使用这个类实现循环神经网络的 Dropout，在下一小节将会介绍。

　　cell_layer 是通过 MultiRNNCell 类堆叠前面构造的 lstm_cell 单元而得到的。MultiRNNCell 类同样是在 TensorFlow 1.x 中提供的，其功能作用可以类比到之前接触到的 RNN 类。堆叠的层数值 self.num_layers 来自 Config 类中的 num_layers 值，并且同样将 state_is_tuple 设为 True。在设置完网络结构后，用 MultiRNNCell 类的 zero_state()函数设置 LSTM 单元的初始化状态为 0。这部分代码如下：

```
class PTBModel(object):
    def __init__(self, is_training, config,
                             data, name=None):
        self.batch_size = config.batch_size
        self.num_steps = config.num_steps

        #设置 epoch 的大小
        self.epoch_size = ((len(data)//self.batch_size)
                    -1)//self.num_steps

        #使用 ptb_producer() 函数获取
        self.input_data,self.targets = reader.\
            ptb_producer(data, self.batch_size,
                    self.num_steps,name=name)

        #使用 layers.LSTMCell 类创建循环体结构单元，如果判断为是
        #在训练过程中，那么还要对 LSTM 结构使用 dropout
        self.keep_prob = config.keep_prob
        self.word_dimension = config.word_dimension
        lstm_cell = tf.nn.rnn_cell.\
            BasicLSTMCell(self.word_dimension,
                    forget_bias=0.0,state_is_tuple=True)
        if is_training and config.keep_prob < 1:
            lstm_cell = tf.nn.rnn_cell.\
                DropoutWrapper(lstm_cell,
```

```
                              output_keep_prob=self.keep_prob)

#使用 MultiRNNCell 类堆叠 lstm_cell 单元
#从而产生所需要的循环层
self.num_layers = config.num_steps
cell_layer = tf.nn.rnn_cell.MultiRNNCell(
    [lstm_cell for _ in range(self.num_layers)],
                          state_is_tuple=True)

#初始化最初的状态，即全 0 的向量
self.initial_state = \
        cell_layer.zero_state(self.batch_size,
                                    tf.float32)
```

在这里需要注意 LSTM 单元的一个特性：LSTM 单元在每读入一个单词后会结合之前储存的状态（state）计算下一个单词出现的概率分布，在这之后它会更新这个状态。在我们编写程序的时候，一定要把握好这个状态。

接着，创建网络的词嵌入 embedding 部分。与实践 Word2Vec 时相同，这里 embedding 同样是将 one-hot 编码格式的单词转换为向量表达的形式。首先初始化 embedding 矩阵，其行数设为词汇表数 self.vocab_size，列数设为 self.word_dimension（和 LSTM 单元中的隐藏节点数一致），也就是每个单词的向量表达的维数。接下来就是使用 nn.embedding_lookup()函数查询单词对应的向量表达并返回给 inputs。对于训练状态，最好在 inputs 上再添加一层 Dropout 处理。

```
#将单词的 ID 转为向量，embedding 为 embedding_lookup()
#函数的维度信息，单词总数通过 vocab_size 传入，每个单词向量
#的维度是 self.word_dimension(即 config.word_dimension),
#这样便得出 embedding 参数的维度
self.vocab_size = config.vocab_size
embedding = tf.get_variable("embedding",
                        [self.vocab_size,
                         self.word_dimension],
                        dtype=tf.float32)

#通过 embedding_lookup()函数将原本 batch_size*num_steps
#个单词 ID 转为单词向量，转化后的输入层维度为
#batch_size*num_steps*size
inputs = tf.nn.\
    embedding_lookup(embedding, self.input_data)
```

接下来，定义收集 LSTM 结构输出的列表 outputs。为了对训练过程中梯度的传播进行控制，我们通过 for 循环限制梯度在反向传播时可以展开的步数为 self.num_steps。函数 get_variable_scope.reuse_variables()在变量空间的作用是设置变量可以用来复用，在第 2 次循环开始，我们就通过这个函数设置复用 LSTM 结构中使用的变量。

在将 inputs 作为当前时刻的输入传入到堆叠的 LSTM 单元时，inputs[:,time_step,:]的形式代表了所有样本的第 time_step 个单词。采用这样的形式是因为 inputs 有 3 个维度，第 1 个维度代表了某一单词是 batch 中的第几个样本，第 2 个维度代表了某一单词是样本中的第几个单词，第 3 个维度代表了这个单词的向量维度。

接着，我们将输出列表 outputs 中的内容通过 concat()函数和 reshape()函数转换为一个很长的一维向量，以便提供给全连接层进行处理。以下是这部分的代码：

```
#定义输出列表，在这里对不同时刻 LSTM 结构的输出进行汇总，
#之后通过一个全连接层得到最终的输出
outputs = []
#定义 state 存储不同 batch 中 LSTM 的状态，并初始化为 0
state = self.initial_state
with tf.variable_scope("RNN"):
    for time_step in range(self.num_steps):
        if time_step > 0:
            tf.get_variable_scope().\
                        reuse_variables()
        #从输入数据获取当前时刻的输入并传入 LSTM 结构
        cell_output, state = \
            cell_layer(inputs[:,time_step,:],state)
        #使用 append()函数执行插入操作
        outputs.append(cell_output)

#concat()函数用于将输出的 outputs 展开
#[batch_size,size*num_steps]的形状之后，用 reshape()
#函数转为[batch_size*num_steps, size]的形状
output = tf.reshape(
    tf.concat(outputs,1),[-1,self.word_dimension])
```

接下来，将 LSTM 中得到的输出再经过全连接层得到最后的预测结果，最终的预测结果在每一个时刻上都是一个长度为 self.vocab_size 的数

组，再经过一个 softmax 层之后就能得到序列下一个位置是不同单词的概率。

loss 是定义的损失。对于损失，最好是使用 TensorFlow 提供的 legacy_seq2seq.sequence_loss_by_example()函数，它可以用来计算一个序列的交叉熵的和，这里直接用这个函数计算输出 logits（预测的结果）和 targets（期待的正确答案）之间的偏差。函数的第 3 个参数是损失的权重，这里的所有权重都是 1，表示不同 batch 在不同时刻的重要程度都相同。在得到 loss 后使用 reduce_sum()函数汇总这些损失的值，经过计算得到的 costs 属性就是平均到每个样本的误差。final_state 属性则用于保留最终的状态。

根据参数 is_training 判断是否处在训练状态，如果不是训练状态，则直接返回；如果处在训练状态，则通过 trainable_variables()函数获取全部可训练的参数 trainable_variables 并计算损失 self.cost 关于这些参数的梯度。在得到梯度数据后，使用 clip_by_global_norm()函数可以防止产生梯度爆炸的问题。clip_by_global_norm()函数可以规范梯度数据的最大范数（最大范数为max_gradnorm），这种方法也被称为 Gradient Clipping。

得到合适的梯度数据后就可以通过优化器对参数应用梯度。优化器选择的是 SGD 随机梯度下降优化器。GradientDescentOptimizer 类的 apply_gradients()函数用于将得到的梯度数据 clipped_grads 应用到所有可训练的参数，这一步也就是我们定义的训练步骤。以下是__init__()函数剩下的这部分的代码：

```python
weight = tf.\
    get_variable("softmax_w",[self.word_dimension,
                self.vocab_size],dtype=tf.float32)
bias = tf.get_variable("softmax_b",
                [self.vocab_size],dtype=tf.float32)
logits = tf.matmul(output, weight) + bias

#可以用 legacy_seq2seq.sequence_loss_by_example()
#函数用于计算一个序列的交叉熵的和
loss = tf.contrib.legacy_seq2seq.\
    sequence_loss_by_example([logits],
        [tf.reshape(self.targets, [-1])],
        [tf.ones([self.batch_size * self.num_steps],
                dtype=tf.float32)])

#计算每个 batch 的平均损失
```

```
self.cost = tf.reduce_sum(loss)/self.batch_size
self.final_state = state

#只在训练时定义反向传播操作
if not is_training:
    return

self.learning_rate = tf.Variable(.0,trainable=False)

#计算 self.cost 关于全部可以训练的参数的梯度
gradients = tf.\
    gradients(self.cost, tf.trainable_variables())

#进行梯度大小的控制，避免梯度膨胀
clipped_grads, _ = tf.clip_by_global_norm(
                gradients,config.max_grad_norm)

#使用随机梯度下降优化器并定义训练的步骤
SGDOptimizer = tf.train.\
    GradientDescentOptimizer(self.learning_rate)

self.train_op = SGDOptimizer.apply_gradients(
    zip(clipped_grads,tf.trainable_variables()),
    global_step=tf.train.get_or_create_global_step())

self.new_learning_rate = tf.placeholder(
    tf.float32, shape=[],name="new_learning_rate")

self.learning_rate_update = tf.assign(
        self.learning_rate, self.new_learning_rate)
```

　　在 PTBModel 类中，除了__init__()函数外，还有一个 assign_lr()函数，它用于对训练过程中的学习率进行控制。因为在训练过程中，我们会根据训练的轮数来设定学习率的衰减，得到学习率的衰减后会将计算出的新学习率传递到 assign_lr()函数。assign_lr()函数会将计算出的新学习率 feed 给模型的 self.new_learning_rate 属性，模型内部的 self.learning_rate_update 属性根据 self.new_learning_rate 属性的值应用 assign()函数就可以做到模型学习率的更新。assign_lr()函数代码非常简短，如下所示：

```
#定义学习率分配函数，该函数会在定义会话时用到
def assign_lr(self, session, lr_value):
```

```
session.run(self.learning_rate_update,
        feed_dict={self.new_learning_rate:lr_value})
```

PTBModel 类的全部内容到此就结束了。对于 PTBModel 类的构造函数，我们一直没有重点介绍 config，实际上 config 是一个类的实例，存储了模型规模的配置信息。接下来看一下这个类的定义。

在类中，init_scale 是网络中权重值的初始值；learning_rate 是学习速率的初始值；max_grad_norm 就是裁剪梯度时用到的梯度最大范数；num_layers 是深层循环神经网络（深层循环神经网络的介绍放到了下一节）中循环体可以堆叠的层数；max_epoch 是使用初始学习率对网络进行训练时可以训练的 Epoch 数，在达到这个 epoch 数之后要对学习率进行调整；total_epoch 是总共可训练的 epoch 数；keep_ prob 是 Dropout 操作时保留节点的比例；lr_decay 是学习率的衰减率；batch_size 是每个 batch 中样本的数量。

```
class Config(object):
    init_scale = 0.1
    learning_rate = 1.0
    max_grad_norm = 5
    num_layers = 2
    num_steps = 20
    word_dimension = 200
    max_epoch = 4
    total_epoch = 13
    keep_prob = 1.0
    lr_decay = 0.5
    batch_size = 20
vocab_size = 10000
```

至此，就完成了模型的定义部分。在 PTBModel 类外部，为了能够计算预测的复杂度，我们还需要定义一个函数来实现这一功能，这个函数就是 run_epoch()。

run_epoch() 函数的功能就是对具体的一个模型运行多次迭代过程。函数的一开始定义了初始化的损失函数 costs 和迭代数的变量 iters，这两个是计算复杂度时用到的辅助变量。在接下来的一次循环中我们通过定义的 feed_dict{} 字典接收来自全部 LSTM 单元的初始状态，并且在这次循环中执行模型的迭代过程。

run_epoch() 函数最后的打印信息中还会输出复杂度 perplexity，这项指标通过计算平均 cost（平均 cost 的值可以用累加 cost 得到的 costs 除以 iters 得到）的自然常数指数来完成，一般得到的复杂度值越低越好。

在每一个 epoch 中，每完成10%的迭代，就输出当前迭代的轮数、预测单词的复杂度和从数据集读取单词的速度（单词数/秒）。以下是 run_epoch() 函数的内容：

```
def run_epoch(session, model, train_op=None,
                        output_log=False):
    start_time = time.time()
    costs = 0.0
    iters = 0
    state = session.run(model.initial_state)

    fetches = {
        "cost": model.cost,
        "final_state": model.final_state,
    }
    if train_op is not None:
        fetches["train_op"] = train_op

    for step in range(model.epoch_size):
        feed_dict = {}
        for i, (c, h) in enumerate(model.initial_state):
            feed_dict[c] = state[i].c
            feed_dict[h] = state[i].h

        result = session.run(fetches,feed_dict)

        cost = result["cost"]
        state = result["final_state"]

        costs += cost
        iters += model.num_steps

        if output_log and step%(model.epoch_size//10)==10:
            print("step%.3f perplexity: %.3f speed: %.0f "
                "words/sec" %(step, np.exp(costs / iters),
                    iters*model.batch_size/
                        (time.time()-start_time)))

    return np.exp(costs / iters)
```

在 run_epoch()函数之后我们还需要通过使用 reader.ptb_raw_data()直接

读取数据集的数据，得到训练数据、验证数据以及测试数据。

之后通过 PTBModel 类定义 3 个网络模型，分别是用于训练的循环神经网络模型、用于验证的循环神经网络模型和用于测试的循环神经网络模型。对于用于测试的网络模型，我们保持其配置和用于训练的网络模型一致，只是修改了 num_steps 和 batch_size 的大小。这些网络模型会在会话中作为参数传递给 run_epoch()函数（函数的 model 参数）。这部分的代码如下：

```python
train_data,valid_data,test_data, _ = reader.\
                ptb_raw_data("/home/jiangziyang/PTB/"
                                "simple-examples/data/")


train_config = Config()
valid_config = Config()
test_config = Config()
test_config.batch_size = 1
test_config.num_steps = 1

with tf.Graph().as_default():
    initializer = tf.\
        random_uniform_initializer(-config.init_scale,
                            config.init_scale)

    #定义用于训练的循环神经网络模型
    with tf.name_scope("Train"):
        with tf.variable_scope("Model", reuse=None,
                            initializer=initializer):
            Model_train = PTBModel(is_training=True,
                            config=train_config,
                            data=train_data,
                            name="TrainModel")

    #定义用于验证的循环神经网络模型
    with tf.name_scope("Valid"):
        with tf.variable_scope("Model", reuse=True,
                            initializer=initializer):
            Model_valid = PTBModel(is_training=False,
                            config=valid_config,
                            data=valid_data,
                            name="ValidModel")

    #定义用于测试的循环神经网络模型
```

```
with tf.name_scope("Test"):
    with tf.variable_scope("Model", reuse=True,
                           initializer=initializer):
        Model_test = PTBModel(is_training=False,
                              config=test_config,
                              data=test_data,
                              name="TestModel")
```

接下来就可以创建会话并执行模型的迭代。会话的一开始会在一个 for 循环内执行训练多个 epoch 数据的过程。在每个 epoch 的循环内，我们会先根据当前进行的 epoch 轮数和变量 max_epoch 的比较确定是否使用衰减的学习率，当训练的 epoch 轮数达到或者超过 max_epoch 指定的轮数时，就对学习率进行衰减。

之后会通过 run_epoch()函数执行训练过程和验证过程，并输出当前的学习率、训练和验证集上的复杂度。在完成全部 epoch 的训练后，还要通过 run_epoch()函数计算并输出模型在测试集上的复杂度。以下是这部分的代码：

```
sv = tf.train.Supervisor()
with sv.managed_session() as session:
    for i in range(config.total_epoch):

        #确定学习率衰减，config.max_epoch 代表了
        #使用初始学习率的 epoch，在前四个 epoch 内
        #lr_decay 会是 1
        lr_decay = config.lr_decay ** \
                max(i + 1-config.max_epoch, 0.0)
        Model_train.\
            assign_lr(session,
                config.learning_rate * lr_decay)

        print("Epoch: %d Learning rate: %.3f" %
            (i+1,session.run(Model_train.
                        learning_rate)))

        #在所有训练数据上训练循环神经网络模型
        train_perplexity = \
            run_epoch(session, Model_train,
                    train_op=Model_train.train_op,
                    output_log=True)
        print("Epoch: %d Train Perplexity: %.3f" %
```

```
                    (i + 1, train_perplexity))

            #使用验证数据评测模型效果
            valid_perplexity = run_epoch(
                            session, Model_valid)
            print("Epoch: %d Valid Perplexity: %.3f" %
                (i + 1, valid_perplexity))

        #最后使用测试数据测试模型的效果
        test_perplexity = run_epoch(session, Model_test)
        print("Test Perplexity: %.3f" % test_perplexity)
```

到这里，模型的整体构建就完成了。在笔者使用的平台（CUP i5 4210m，GPU GTX850m，TensorFlow 配置支持 GPU）上运行这个模型可输出以下信息：

```
'''打印的信息
Epoch: 1 Learning rate: 1.000
step10.000 perplexity: 6100.590 speed: 4438 words/sec
step242.000 perplexity: 847.522 speed: 7950 words/sec
step474.000 perplexity: 636.565 speed: 7971 words/sec
...
step1634.000 perplexity: 326.372 speed: 7996 words/sec
step1866.000 perplexity: 304.983 speed: 7961 words/sec
step2098.000 perplexity: 285.320 speed: 7994 words/sec
Epoch: 1 Train Perplexity: 269.562
Epoch: 1 Valid Perplexity: 182.577
...
Epoch: 13 Learning rate: 0.002
step10.000 perplexity: 62.386 speed: 7997 words/sec
step242.000 perplexity: 46.007 speed: 8037 words/sec
step474.000 perplexity: 49.368 speed: 8011 words/sec
...
step1634.000 perplexity: 44.545 speed: 8343 words/sec
step1866.000 perplexity: 43.787 speed: 8343 words/sec
step2098.000 perplexity: 42.338 speed: 8431 words/sec
Epoch: 13 Train Perplexity: 42.233
Epoch: 13 Valid Perplexity: 116.282
Test Perplexity: 113.72

'''
```

从输出的信息可以看到，在第一个 epoch，复杂度一直维持在 300 左右；随着模型迭代的进行，在第 13 个 epoch 时模型在训练数据集的复杂度已经下降到了 40 左右；而在最终的测试数据集进行测试时也达到了复杂度 113 左右的好成绩。

纵观这个样例程序的全局，所使用的 API 大部分都出自 TensorFlow 1.x，编程风格和 TensorFlow 2.0 推荐的 Keras 有很大不同。习惯于那哪种编写网络模型的风格完全取决于个人，不过，这从另一个方面也说明了 TensorFlow 2.0 的环境能兼容绝大部分旧版本的 API，一些旧版本的网络模型的移植也变得简单。

在这个样例程序中用到的 Config 属于较小 RNN 网络的配置，读者也可以试试稍微大型的 RNN 网络配置，要做的就是降低 init_scale 以及 keep_prob 参数的取值以及适当增加参数 hidden_size、max_epoch 和 total_epoch 的取值。这些做法虽然对计算机硬件的计算性能的要求有所增加，但是对降低复杂度却有着很大的帮助。

当然也可以试着用 Keras 完成这个模型，主要就是用 LSTMCell 代替 BasicLSTMCell，用 RNN 代替 MultiRNNCell，以及用 Embedding 类完成词向量创建的功能。

9.3.3　循环神经网络的 Dropout

Dropout 方法的使用最常出现于卷积神经网络中，通过 Dropout 方法，卷积神经网络可以变得更加健壮（Robust）。Dropout 方法不仅可以用在卷积神经网络中，在循环神经网络中使用 Dropout 方法也可以获得良好的效果。

在对循环神经网络使用 Dropout 时，需要注意的是，一般 Dropout 只存在于相邻层的循环体结构之间，而同一层的循环体结构之间不会使用 Dropout。

循环神经网络使用 Dropout 的示意图如图 9-19 所示。以 $t-3$ 时刻的输入 $x^{(t-3)}$ 得到 $t+1$ 时刻的输出 $o^{(t+1)}$ 为例，$x^{(t-3)}$ 经过两层 LSTM 循环体结构得到这一时刻的输出 $o^{(t-3)}$ 的过程需要用到 Dropout，但是这两层 LSTM 循环体结构在将状态传递到下一时刻相应的 LSTM 循环体结构时没有使用 Dropout。在这之后的时刻，循环体结构的执行以及是否使用 Dropout 也可以参考这一时刻的情况。

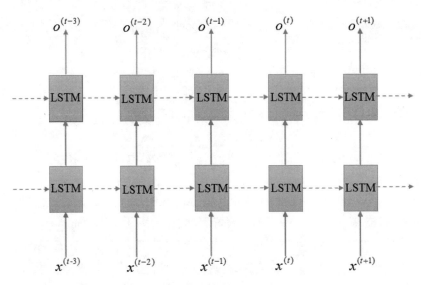

图 9-19　对循环神经网络使用 Dropout

在 TensorFlow 2.0 使用 Keras 中的 LSTMCell 时，Dropout 可以通过参数 dropout 指定，构造函数中默认给出的参数是 0.0。而使用 TensorFlow 1.x 的 API 中保留的 BasicLSTMCell 时，Dropout 不可以通过类构造函数的参数指定，最好的办法是使用 DropoutWrapper 类给创建好的 LSTM 结构增加一次 Dropout 处理操作

DropoutWrapper 类使用起来比较简单，下面简单展示了其使用：

```
Import tensorflow.compat.v1 as tf


#定义 LSTM 结构
lstm = tf.nn.rnn_cell.BasicLSTMCell(lstm_size)

#使用 DropoutWrapper 实现循环体的 Dropout 功能，类构造函数定义:
#def __init__(self,cell,input_keep_prob,
#             output_keep_prob,seed)
dropout_lstm = tf.nn.rnn_cell.DropoutWrapper(lstm,\
                            output_keep_prob=0.5)

#使用 MultiRNNCell 在深度方向堆叠循环体结构
stacked_lstm = tf.nn.rnn_cell.\
    MultiRNNCell([dropout_lstm]*number_of_layers)
```

在使用 DropoutWrapper 时，要注意其构造函数有两个重要的参数——

input_keep_prob 和 output_keep_prob，其中 input_keep_prob 用来控制对输入进行 Dropout 时的 keep_prob，而参数 output_keep_prob 用来控制对输出进行 Dropout 时的 keep_prob。

9.4　循环神经网络的变种

循环神经网络除了有不同的设计模式外，还能够造出一些比较实用的"变种"，用于提高循环神经网络解决一些特定问题的能力。常用的循环神经网络变种就是双向循环神经网络和深层循环神经网络，本节将会对这两个网络变种进行简要的介绍。

9.4.1　双向循环神经网络

到目前为止，我们讨论的循环神经网络只能将状态按照从前向后的方向传递，这意味着循环体在时刻 t 的状态只能从过去的输入序列 $x^{(t=0)}, \cdots, x^{(t-1)}$ 以及当前的输入 $x^{(t)}$ 中获取信息。

然而，在一些应用中，我们要得到的 $y^{(t)}$ 可能对整个输入序列都有依赖。也就是说，当前时刻的输出不仅取决于之前的状态，也要考虑到之后的状态。例如，在语音识别中，由于一些字词的发音相同但含义不同，所以对当前发音的正确解释可能取决于下一个（或多个）发音。又如，填补一个语句中空缺位置的单词，此时掌握这个位置之前的单词是必须的，但为了预测得更符合情景，最好还要考虑到这个位置之后的几个单词。

双向循环神经网络（Bidirectional RNN，Bi-RNN）的发明就是为了解决这类问题，在一些需要双向信息的应用中，Bi-RNN 得到了非常成功的应用。

顾名思义，Bi-RNN 结合了在时间序列上一个从起点开始执行的 RNN 和另一个从终点回溯执行的 RNN。将 Bi-RNN 以图的方式绘制出来的话，它看上去就像是由两个循环神经网络上下叠加在一起而组成，并且输出由这两个循环神经网络的状态共同决定。图 9-20 展示了一个双向循环神经网络的结构。

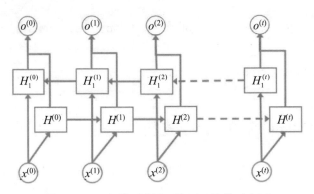

图 9-20　双向循环神经网络展开结构示意图

从图 9-20 中可以看到，在每一个时刻 t，例如 $t=2$，输入 $x^{(2)}$ 会同时提供给这两个方向相反的循环神经网络，而输出则是由这两个单向循环神经网络共同决定的。

Bi-RNN 是由 Mike Schuster 及 Kuldip K.Paliwal 等人于 1997 年首次提出的，年份与 LSTM 被提出的年份相同。在 Mike Schuster 及 Kuldip K.Paliwal 等人发表的论文《*Bidirectional Recurrent Neural Networks*》中有更多关于 Bi-RNN 的内容，感兴趣的读者可以参考这篇论文。另外，在 TensorFlow 的开源实现（https://github.com/aymericdamien/TensorFlowExamples/blob/master/examples/3_NeuralNetworks/bidirectional_rnn.py）中，提供了一个基于 LSTM 循环体结构的 Bi-RNN 样例程序。如果读者能读懂 9.3 节语言建模的例了，那么理解这个样例程序是问题不大的。

9.4.2　深层循环神经网络

通过将每一个时刻上的循环体重复执行多次，循环神经网络可以变得更深，由此就得到了深层循环神经网络（deepRNN）。深层循环神经网络可以看作是循环神经网络的另外一个变种，其设计的初衷是为了增强模型的表达能力。图 9-21 给出了深层循环神经网络的结构示意图。

在设计深层循环神经网络的参数时，处在相同层的循环体所使用的参数是一致的，而处在不同层的循环体可以使用不同的参数。实现深层循环神经网络也是比较简单的，在使用 RNN 类或 MultiRNNCell 类堆积 LSTM 单元时指定要堆积的数目就可以了。

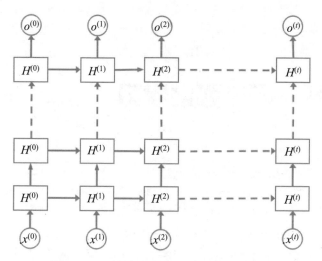

图 9-21 深层循环神经网络展开结构示意图

在上一节中使用 LSTM 循环体结构设计用于语言建模的 RNN 时采用的策略就是在 MultiRNNCell 中堆积多个 LSTM 单元形成深层循环神经网络，以下代码示意了 MultiRNNCell 类的一般用法：

```python
import tensorflow.compat.v1 as tf

#使用 LSTM 作为循环体结构
lstm = tf.nn.rnn_cell.BasicLSTMCell(lstm_size)

#使用 MultiRNNCell 类实现深层循环神经网络的前向传播过程，
#在构造类实例时，参数 number_of_layers 表示同一时刻的
#循环神经网络有多少层
stacked_lstm = tf.nn.rnn_cell.\
               MultiRNNCell([lstm] * number_of_layers)

#定义初始状态
state=stacked_lstm.zero_state(batch_size,tf.float32)

for i in range(num_steps):
    if i>0:
        tf.get_variable_scope().reuse_variables()
    stacked_lstm_output, state = \
                   stacked_lstm(current_input, state)
    final_output = fc(stacked_lstm_output)
    loss +=calculate_loss(final_output,expexted_output)
```

第 10 章　深度强化学习

本章将接触一些深度强化学习（Deep Reinforcement Learning）内容，共分为 4 节。通过 10.1 节和 10.2 节的介绍，我们会对实现深度强化学习的大概思路有所了解；10.3 节主要介绍了一些和深度强化学习密切相关的典型应用场景，以便更好地理解深度强化学习；10.4 节以深度 Q 学习为例，从数学角度具体分析深度强化学习。

深度强化学习是一个范围非常广的话题，即使使用一章的篇幅也未必能够对其进行透彻的说明，所以笔者挑选了一些颇有代表性的内容来大概地表达写作意图。本章没有涉及具体的程序设计，因为深度强化学习算法本身并不是很困难，基础还是之前掌握的深度学习算法，而且 TensorFlow 的开源实现中提供了实现深度强化学习很好的参考。

10.1　理解基本概念

强化学习（Reinforcement Learning）与深度学习同属机器学习的范畴，是其中一个重要的分支，主要用来解决连续决策的问题。强化学习受到了生物能够有效地适应环境的启发，能够在复杂的、不确定的环境中通过试错的机制与环境进行交互，并学习到如何实现我们设定的目标。

在详细了解强化学习前需要关注一个强化学习问题中包含的 3 个主要概念：环境状态（Environment State）、动作（Action）和奖惩（Reward）。强化学习的目标就是在回报的奖惩中获得较多的累计奖励，简而言之，模型要在训练的过程中不断作出尝试性的决策，错了就惩罚，对了就奖励，由此训练得到在各个环境状态中比较好的决策。

强化学习的应用场景很多，几乎囊括了所有需要作出一系列决策的问题。比如通过算法决定机器人的电机做出怎样的动作、设计一个逻辑实现模型玩游戏的功能或者在棋牌游戏中与人类对战等。

围棋是能够说明强化学习的最简单明了的一个例子。围棋（乃至全部棋牌类游戏）都可以归结为一个强化学习问题。在围棋中，环境状态就是整个已经形成的棋局，行动是指强化学习模型在某个位置落子，奖惩就是当前这步棋获得的目数（围棋中存在不确定性，在对弈时获得估计的目数，在结束后计算准确的目数。为了赢得最终的胜利，需要在结束对弈时总目数超过对手）。强化学习模型需要根据环境状态、行动和奖惩，学习出最佳落子的策略，并且以结束时的总目数超过对手为目标，即不能只看每一个落子行动所带来的奖惩，还要看到这个行动在未来的潜在价值（这个动作对后面的几个动作产生的影响）。

很多强化学习的例子都能以围棋走子的思路进行考虑。在强化学习中需要注意的是，强化不像无监督学习那样完全没有学习目标，也不像监督学习那样有非常明确的目标（如图像分类问题中的 label），强化学习的目标是不明确的，模型只会向着能够得到更多奖励的方向去学习。

10.2　深度强化学习的思路

强化学习有几十年的历史，它也经历了类似人工智能和人工神经网络的兴衰过程，并且直到最近几年对深度学习的研究有所突破，才使得强化学习有了比较大的发展。大体上可以认为强化学习源于 1956 年 Bellman 提出的动态规划方法，1977 年 Werbos 在此基础上提出了自适应的动态规划方法。受限于当时的硬件技术，动态规划方法在当时并没有被大范围普及。1989 年 Watkins 提出了 Q（状态-动作值函数）学习算法，这是最早的在线强化学习算法，同时也是强化学习中最重要的算法之一，其收敛性由Watkins 和 Dayan 于 1992 年共同证明。在这之后，又有几个著名的强化学习算法被相继提出，比如 1999 年 Thrum 提出了部分可观测马尔可夫决策过程中的蒙特卡罗方法、2006 年 Kocsis 提出了置信上限树算法、2014 年 Sliver 等提出了确定性策略梯度算法。

在人工智能领域，通常以感知、认知和决策的能力作为智能的衡量指标。深度学习（实现了深度学习算法的深度神经网络）使得硬件设备对外界的识别感知能力（例如对图像、语音信息的识别）得到了巨大的提升。强化学习的试错学习机制表明它可以不断地与环境进行交互，在决策能力持续获取收益为目标的前提下得到最优的决策。深度强化学习结合了深度学习的感知能力和强化学习的决策能力，从而可以使硬件设备直接根据输入的信息（视频、图像、语音或文字等）做出一系列动作。从工作的过程来看，这种学习模式更像是一种模拟了人类思维方式的人工智能实现。

图 10-1 展示的是实现深度强化学习过程的原理框架。

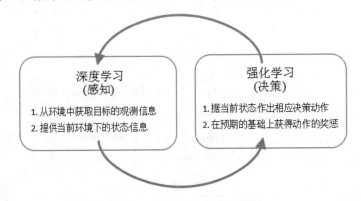

图 10-1　深度强化学习的框架

目前，以深度强化学习算法为核心的模型都可以通过动作-评判框架来表示，如图 10-2 所示。在图中，动作模块相当于一个执行机构，输入外部的状态 s，然后输出动作 a；评判模块相当于一个认知机构，根据历史动作 a' 和回馈 r 进行更新，即自我调整，然后影响整个行动模块。

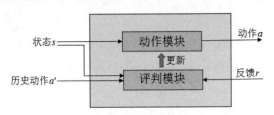

图 10-2　动作-评判框架

在动作-评判框架的指导下，2013 年 Google DeepMind 结合强化学习中的 Q 学习算法与深度学习，提出了 DQN（Deep Q-Network，深度 Q 网络）。DQN 可以看作第一个运用了深度强化学习算法的网络模型，它可以自动玩 Atari 2600 系列的游戏，并且能够达到人类的水平。借鉴 DQN 的一些成果，DeepMind 将策略网络（Policy Network）、估值网络（Value Network，即 DQN）与蒙特卡罗搜索树（Monte Carlo Tree Search）结合起来，实现了具有超高水平的围棋对战程序——AlphaGo。AlphaGo 首次出现在公众的视野是在 2015 年，一经出现就取得了不错的对战成绩，人工智能也因此成了世界范围内热议的一个话题。

除了 DQN 深度强化学习算法之外，DeepMind 还在 2015 年、2016 年 11 月提出了 A3C（Asynchronous Advantage Actor Critic）和 UNREAL（Unsupervised Reinforcement and Auxiliary Learning）两大深度强化学习算法。

在下一节，我们将看到一些深度强化学习在实际应用中的例子。

10.3　典型应用场景举例

深度强化学习的目的是实现通用人工智能（不需要人工对特定的问题进行编程，设备可以学习如何解决各种问题）。通用人工智能不会对环境有特别强的限制，因此可以很好地推广到其他环境，它的实现对于深度强化学习的研究和发展来说具有里程碑式的意义。

本节列举了深度强化学习的一些典型应用场景，通过对具体应用的分析，可以进一步领略深度强化学习的强大之处。

10.3.1　场景 1：机械臂自控

操控机械臂装置是深度强化学习最常见也是最经典的应用，如图 10-3 所示。例如，一个拾取零件的机械臂，它需要根据对零件品质的判断将零件分到合格与不合格两类区域中。在早些时候，实现这样的功能需要给机械臂装置编写逻辑非常复杂的控制代码；对于某类特定形状的零件，需要单独设计一套逻辑。执行动作时，先拍照识别零件的合格与否，然后通过电机控制代码拾取固定位置的零件并按照预设的路径与位置将零件放置好。

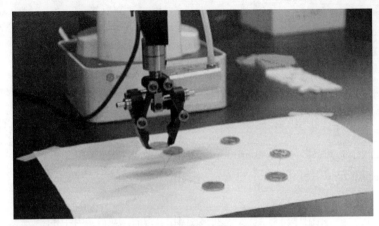

图 10-3　机械臂拾取小零件

　　但是这种做法不是很实用，因为现实的生产环境很复杂，如果换了其他形状的零件，或者零件的位置发生比较大的变化，就会造成识别的错误甚至是装置系统发生故障。使用深度强化学习算法，这些问题可以很容易地解决。

　　为了能让机械臂装置对物体进行识别，在深度强化学习模型中会首先搭建出卷积神经网络来处理和分析摄像头捕获的图像。当模型能"看见"物体及其在环境中所处的位置后，强化学习框架给了机械装置做出相应动作的信心。当然这需要一个学习的过程，学习使用什么样的动作可以高效地拾取物体以及什么样的零件是合格品或者是不合格品；此外，要学习的内容还有根据这些零件的品质划分到不同的类别中。

　　机械臂装置采用深度强化学习模型的好处是，当有新零件出现时，只需要再让装置学习一段时间，就可以掌握抓取新零件的方法。模型可以自动完成这样的学习过程，并且也不会忘记如何抓取并区分之前的零件。

10.3.2　场景 2：自动游戏系统

　　我们也可以通过深度强化学习设计出自动玩游戏的系统。如图 10-4（a）所示是使用 DeepMind 提出的 DQN 实现的模型自动玩《Flappy Bird》游戏，如图 10-4（b）所示是模型自动玩《Pong》游戏。在《Flappy Bird》游戏中，一只小鸟会在屏幕中上下跳跃，在它的上下有高低不等的柱子，玩法是控制小鸟飞行的高度，如果碰到柱子，则游戏失败。在《Pong》游戏中，左右两侧分别是两个乒乓球拍，玩法是根据乒乓球高度的不同调整拍子的高度将乒乓球反弹回去，如果拍子没有碰到飞过来的球，则游戏失败。

（a）Flappy Bird　　　　　　　　　　　　（b）Pong

图 10-4　使用 DQN 实现自动玩游戏的功能

DQN 前几层通常也是卷积层，卷积层特别擅长处理类似图像的网格数据，因此 DQN 获得了根据游戏图像像素进行游戏场景学习的能力，游戏图像中的物体由此被很好地识别。DQN 后几层的神经网络凭借强化学习算法可以对 Action（动作）的期望价值进行学习并做出一些游戏的动作。结合这两个部分，就可以很好地自动玩这些类似《*Flappy Bird*》的像素游戏。

不仅仅是简单的像素游戏，甚至非常复杂并且包含大量战术策略的《星际争霸 2》从理论上来讲也可以被深度强化学习模型掌握。设计出一个自动玩《星际争霸 2》游戏的深度强化学习模型，正是 DeepMind 目前的工作内容。

10.3.3　场景 3：自动驾驶

汽车的无人驾驶可以作为深度强化学习要攻克的下一个难题。实现汽车的无人驾驶是非常困难的，汽车通过摄像头、测距仪以及诸多的传感器（如速度传感器）采集周围环境信息，这些采集到的信息会先通过深度强化学习模型中较前的神经网络（如 CNN、RNN 等）进行抽象和转化等处理，处理后的结果会结合强化学习算法预测出汽车最应该执行的动作（例如，遇到行人时汽车应该做出避障或者减速的动作，指示灯倒计时的后几秒汽车应该设置好档位并准备好加速，类似的情况还有很多），从而实现自动驾驶，如图 10-5 所示。

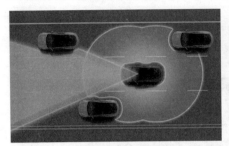

图 10-5 汽车的自动驾驶是一个根据环境识别的结果对
汽车的运动进行连续控制的过程

理论上来讲，无人驾驶汽车每次执行的动作，都会让它更接近目的地，这个逐渐缩短的距离就可以作为每次行动的奖励。如果汽车能安全、顺利地到达目的地，它还会获得最多的奖励。

除了无人驾驶汽车外，事实上，通过深度强化学习我们甚至可以让模型学会自动驾驶直升机，这样的一个概念由 Andrew Ng 在讲解强化学习时提出。

10.3.4 场景 4：智能围棋系统

下面以 Google DeepMind 的 AlphaGo 作为最后一个具体的例子来介绍深度强化学习在当前的发展状态。与之前的几个例子相比，AlphaGo 可以算是为深度强化学习的发展作出了里程碑式的贡献。在围棋的棋盘中，19×19 大小的棋盘使得整局棋共有 3^{361} 种 Deep Blue 个位置可能是白子、黑子或是无子状态。在这种情况下，计算机无法像深蓝那样以暴力搜索的方式来战胜人类。要想在围棋上战胜人类，就要求计算机必须拥有能够进行抽象思考的能力，而 AlphaGo 做到了这一点。

大体上看，AlphaGo 中使用的主要技术包括快速走子（Fast Rollout）、策略网络（Policy Network）、估值网络（Value Network）和蒙特卡罗搜索树等。

Policy Network 是由强化学习中的 Policy-based 方法（直接预测在某种

环境状态下应该采取的 Action）结合深度学习得来的，它的主要功能是通过学习前人棋谱来获取走子经验，并对下一步棋的走子策略作出预测。除此之外，它还可以通过多次的自我对弈实现预测能力的提升。

为了让模型直接从输入的视频或图像中了解环境信息（即具有相应的图像识别能力）并学习策略，在策略网络中会先通过 13 层的卷积神经网络接收当前的棋盘局势图作为输入。卷积神经网络的具体原理在第 7、8 章讲解过，卷积层是卷积神经网络中的重要组成部分，它可以用来提取图像中的一些重要特征并传给后面的层（一般是全连接层）来完成分类或者回归功能。但策略网络不同，它构建卷积神经网络的目的不是完成图像的分类，而是进行深度强化学习的训练，并根据环境图像输出决策。

AlphaGo 策略网络的大体结构如图 10-6 所示，假设当前的棋盘状态为 s，将 s 作为策略网络的输入，策略网络会输出在不同位置落子的概率 $p(a|s)$。

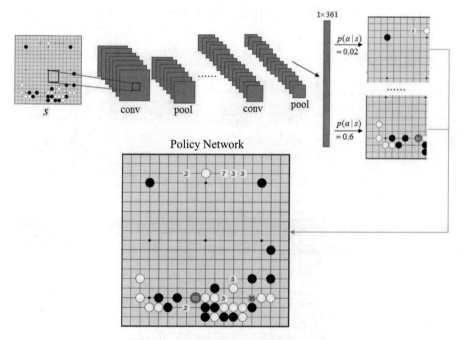

图 10-6　AlphaGo 策略网络的大体结构

策略网络又可进一步分为监督学习策略网络（Super-Vised Learning Policy Network，SL 策略网络）和增强学习策略网络（Reinforcement Learning Policy Network，RL 策略网络）。SL 策略网络和 RL 策略网络都是一个 13

层的卷积神经网络，它们的输入都是当前的盘面，输出是下一步棋落在棋盘上不同位置的概率。RL 策略网络和 SL 策略网络的区别在于，SL 策略网络是通过学习人类高手的棋谱得到一定的经验，RL 策略网络则是在 SL 策略网络的基础上以自我对弈的方式使得学习得到的经验得到进化。

Value Network 是由强化学习中的 Value-based 方法（预测某种环境状态下所有 Action 的期望价值（或称 Q 值），之后选择 Q 值最高的 Action 作为要执行的动作）结合深度学习得来的。估值网络也具有 13 层深的卷积神经网络结构。假设当前棋盘在执行动作 a 之后的状态为 s'，估值网络的参数为 θ，估值网络会输出一个标量值 $V_\theta(s')$ 来预测当前局势 s 下每个 Action 的期望价值（即估值网络不会直接将策略输出，输出的是每个动作对应的 Q 值），期望价值最大的那个 Action 往往会被作为要被执行的动作。注意，在表达式 $V_\theta(s')$ 中，s' 表示当前的状态 s 在执行动作 a 后的状态；如果可执行的 a 有很多，则会得到多个 $V_\theta(s')$ 值。

AlphaGo 估值网络的大体结构如图 10-7 所示。

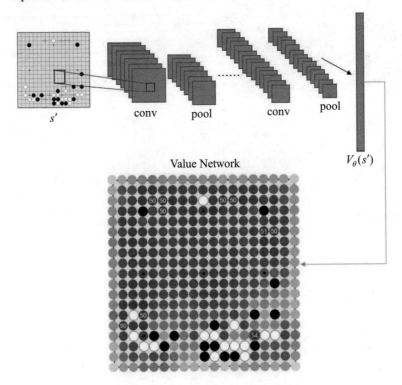

图 10-7　AlphaGo 估值网络的大体结构

强化学习中的 Policy-based 方法和 Value-based 方法是 AlphaGo 中用到的最主要的技术。在强化学习中，一般来说，Value-based 方法比较适用于 Action 少量且取值离散的环境下，而 Policy-based 方法则适用于 Action 种类较多或取值连续的环境下。对比看来，Policy-based 方法更具有通用性。

在 AlphaGo 中使用的其他技术，如快速走子结合可局部特征匹配与线性回归，并通过"剪枝"的选择办法来提高走子速度，这样的做法类似于 Deep Blue 的暴力搜索，主要用于对走子策略进行辅助。蒙特卡罗搜索树（MCTS）相当于总控，完成对策略空间的搜索（对前 3 个算法的选择，快速走子只考虑局部的走法，但速度比策略网络快了大概 1000 倍）以及计算出后续步的获胜概率，并按胜率最高的落子方法确定出最终的落子方案。快速走子技术和蒙特卡罗搜索树采用的都是机器学习算法中比较经典的一些方法。由于这两项技术都与深度强化学习本身的关系不大，所以在这里没有重点对其展开介绍。更细节的一些东西，可以参考 DeepMind 发表在《自然》杂志上的论文《*Mastering the Game of Go with Deep Neural Networks and Tree Search*》。

10.4　Q 学习与深度 Q 网络

在上一节的应用举例中提到了策略网络和估值网络，本节将主要介绍一些关于估值网络的内容。估值网络涉及 Q 学习与深度 Q 学习的一些理论，10.4.1 节将简要地了解一下这些理论。估值网络的典型代表是 Google 的 DeepMind 提出的 DQN，DQN 融合了强化学习和深度学习，10.4.2 节将分享关于它的一些想法。

10.4.1　Q 学习与深度 Q 学习

在强化学习中，Q 学习（Q Learning）是一种学习 Action 对应的期望价值（Expected Utility）的方法。Q 学习是 1989 年 Watkins 提出的，是最早的在线强化学习算法，同时也是强化学习最重要的算法之一，其收敛性由 Watkins 和 Dayan 于 1992 年共同证明。

Q 学习中的期望价值是指在一系列步骤的决策中总共可以获取的最

大期望奖励值（即 Q 值，也就是价值）。约定符号 x_t 表示模型连续做出 t 步动作后得到的观测结果（作为模型的输入），符号 a_t 表示在时刻 t 观测到 x_t 后所执行的动作（一般存在 $a_t \in \Lambda$，其中 Λ 表示在特定情况下所有合理动作的集合），符号 r_t 表示执行动作 a_t 所获得的奖惩（Reward，也就是动作的价值）。用 R_t 表示从开始到时刻 t 为止所获取的累计价值，那么 R_t 可以计算为：

$$R_t = \sum_{t=1}^{t} (\gamma_t \cdot r_t)$$

式中，γ 是一个取值范围为(0,1)的折扣因子。

在 Q 学习的决策过程中，每一步都可以被描述为一个 State->Action 的函数。对于 State->Action 的函数，最佳的策略就是在每一个状态（State）下，选择 Q 值最高的动作（Action）。

用 s 表示 t 时刻的状态，于是有：

$$s_t = (x_1, a_1, \cdots, x_{t-1}, a_{t-1}, x_t)$$

一般 State->Action 的函数可以用 $Q(s_t, a_t)$ 来表示，也就是 Q 学习中的状态-动作值函数。Q 学习的过程就是求解函数 $Q(s_t, a_t)$，即根据当前的环境状态估算出可选 Action 的期望价值。以下公式展示了 Q 学习如何以递归的方式学习状态-动作值函数：

$$\begin{cases} Q_{\text{next}} = (1-\sigma) \cdot Q_{\text{now}}(s_t, a_t) + \sigma \cdot \delta \\ \delta = r_{t+1} + \gamma \cdot \max_{a \in \Lambda} Q(s_{t+1}, a) \end{cases}$$

式中，σ 就是学习率；s_t 和 a_t 分别是第 t 步迭代之后获得的状态以及要执行的动作；r_{t+1} 就是在执行动作 a_t 后获得的奖惩；δ 就是 Q 学习的学习目标，这个学习的目标就是当前动作获得的奖惩加上下一步可获得的最大奖励期望值（最大期望价值）。在 δ 表达式中，s_{t+1} 就是在执行动作 a_t 后得到的最新状态，a 就是状态-动作值函数在状态 s_{t+1} 下可执行的动作。

在计算 $\max_{a \in \Lambda} Q(s_{t+1}, a)$ 时乘以一个 γ，即衰减系数（Discount Factor），这个参数决定了期望价值在学习中的重要性。如果 $\gamma = 0$，那么模型将会只关注当前的利益，而无法对未来的动作作出长远的预测；如果 $\gamma \geq 1$，那么会由于期望价值的无衰减累加导致算法不能有效地收敛。鉴于 γ 极端取值的两种情况，γ 一般会被设为一个比 1 稍小的值。

可以将公式 $Q(s_t, a_t)$ 理解为，当前步的 Q 学习函数 $Q_{\text{now}}(s_t, a_t)$ 以当前获得的奖励与下一步可获得的最大期望价值的总和为学习目标，按学习率 σ

（为保证学习过程的稳定，通常 σ 较小）进行学习，得到下一步的 Q 学习函数 $Q_{\text{next}}(s_t, a_t)$。

通常在进行 Q 学习前，需要对 x_t 进行人工形式的特征选取。通过第 1 章的介绍我们知道，传统机器学习算法模型的效果好坏依赖于特征选取的质量，Q 学习算法模型也是类似的。深度 Q 学习的动机是将 Q 学习中人工特征提取的步骤替换为深度学习下的特征学习，如基于卷积神经网络的特征学习，因为深度的特征学习相比于人工特征提取有着更高的效率。

在讨论深度 Q 学习前，需要了解其中一个被称为"经验回放（Experience Replay）"的概念。Q 学习以状态、行为、奖惩和下一个状态（$s_t, a_t, r_{t+1}, s_{t+1}$）构成一个训练样本。对于这样的样本，我们可以称之为强化学习模型在 t 步得到的经验。以 e_t 表示的话，则有：

$$e_t = (s_t, a_t, r_{t+1}, s_{t+1})$$

假设模型在结束时共执行了 t 步动作，那么经验回放可用集合表示为：

$$E = [e_1, e_2, e_3, \cdots, e_t]$$

其次，Q 学习中的状态–动作值函数改为：

$$Q(s, a) \rightarrow Q(\varphi(x), a)$$

式中，用 $\varphi(\cdot)$ 表示基于深度学习的特征学习，对于 Q 学习中的第 $t+1$ 步状态有：

$$s_{t+1} = (\phi(x_1), a_1, \cdots, \phi(x_t), a_t, \phi(x_{t+1}))$$

如果深度 Q 学习下的状态定义为 $\varphi(x)$，那么经验回放公式也要被适当更新：

$$\begin{cases} D \rightarrow \bar{D} = [\bar{e}_1, \bar{e}_2, \cdots, \bar{e}_t] \\ \bar{e}_t = (\phi(x_t), a_t, r_t, \phi(x_{t+1})) \end{cases}$$

从以上公式可以看出，经验 e_t 中的 s_t 和 s_{t+1} 不再依赖于人工特征提取，而是通过深度学习下的特征学习来完成。

10.4.2 深度 Q 网络

神经网络模型可以用来学习 Q Learning，这样得到的网络模型即是估值网络。深度 Q 网络（Deep Q Network，DQN）是 Google 的 DeepMind 于 2013 年提出的第一个深度强化学习算法（其他的还有 A3C 和 UNREAL），并在 2015 年做了进一步的完善。提出 DQN 的这篇论文《*Human-level*

Control Through Deep Reinforcement Learning》被发表在《自然》杂志上。

DQN 实现的是比较深的估值网络。DeepMind 将 DQN 应用在计算机玩 Atari 游戏上，并且仅使用游戏画面信息作为输入，模拟了人类玩游戏的场景。最终，这个使用 DQN 创建的计算机玩游戏模型达到了人类专家的水平。

图 10-8 展示了 DQN 的大体框架。与图 10-2 所示的动作-评判框架相比，在 DQN 中使用估值网络来作为评判模块，并且减去了动作模块，因为使用估值网络就可以估算出某个状态下可执行的动作能够带来的价值，价值最大的那个动作将被作为动作的输出。

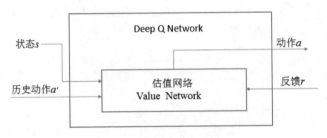

图 10-8　深度 Q 网络的大体框架

DeepMind 的 DQN 在基础上还是实现的 Q Learning，只不过在早期 Q Learning 学习简单模型的基础上，DQN 进行了很多方面的改进。这些改进的要素就是 DQN 的灵魂所在。接下来，我们分别看一下这些要素。

首先，在 DQN 中引入了卷积神经网络中的卷积层。

在第 7、8 章中实践卷积神经网络时，我们知道卷积层可以提取图像中重要目标的特征并传给后面的层来做分类或者回归，在 DQN 中引入卷积层可以使 DQN 识别出传递给它的 Atari 游戏的视频图像，这样就省去了人工游戏图像特征提取的步骤。众所周知，在机器学习中，特征提取质量的好坏能够对模型最终的训练结果产生较大的影响。我们之前接触到的以卷积层作为重要组成部分的卷积神经网络都被用作图像分类器，无论是 VGGNet、InceptionNet 还是 ResNet 都是如此；但是在 DQN 中，使用卷积层的目的不是用来对游戏视频图像进行分类，识别出的游戏视频图像会被用于强化学习的训练，网络最终的输出是根据游戏视频图像而得到的动作决策。

其次是经验回放（Experience Replay）的引入。

进行深度学习往往需要大量的样本，经验回放技术的引入相当于增大了样本量。它要做的就是存储模型训练过程中得到的经验（即训练样本），在每次训练时从这些被存储的样本中随机抽取一部分样本供给网络学习。采用经验回放的目的是综合、反复地巩固过往的经验，而避免模型只短视地学习到最近的样本。存储经验回放中的样本可以通过创建一个队列作为 buffer 的形式来完成，当 buffer 的容量满了以后，新样本应该以入队的方式替换最旧的样本（最旧的样本在队尾出队）。当需要获取训练样本时，应该以随机抽取的方式从 buffer 中拿到一些样本供给 DQN 进行训练，并且每个样本被随机抽到的概率应该相同。采用经验回放的方式既可以比较高效地利用到过往的样本，又可以让模型学习到比较新的一些样本。

接着是辅助 DQN 的设计，这个辅助 DQN 一般被称为 target DQN。

顾名思义，target DQN 主要用来计算 Q 学习的学习目标，也就是 $Q_{next}(s_t, a_t)$ 公式里的 $\max_{a \in \Lambda} Q(s_{t+1}, a)$。设计 target DQN 的原因很简单，使用主 DQN 来执行实际的训练，使用 target DQN 来制造学习的目标，这样可以让 Q 学习训练的目标清晰而训练的过程保持平稳。我们必须要知道的是，强化学习（甚至是具体的 Q Learning）的学习目标每次都在变化，在很大程度上取决于模型之前的输出以及参数的更新。如果参数更新得很频繁、幅度很大，整个训练过程就会陷入类似 $\max_{a \in \Lambda} Q(s_{t+1}, a)$ 与 $Q_{next}(s_t, a_t)$ 的取值循环中，最终的结果是模型难以收敛。为了尽可能地避免这种情况的发生，我们将 $\max_{a \in \Lambda} Q(s_{t+1}, a)$ 独立出来，得到较平稳的 $\max_{a \in \Lambda} Q(s_{t+1}, a)$ 值则需要 target DQN 进行低频率或者缓慢的学习。

然后是 Double DQN 的提出，Double DQN 可以看作在 target DQN 的基础上更进一步的做法。

DeepMind 的研究者们在其发表的关于 DQN 的第二篇论文《*Deep Reinforcement Learning with Double Q-Learning*》中指出，以往的 DQN 设计存在高估 Action 的 Q 值的情况。如果对每个 Action 的 Q 值的高估量都相同，那么这种缺陷可以忽略掉；然而事实情况是，对于每个 Action 的 Q 值，其高估量往往是随机的、不均匀的。这种随机且不均匀的 Q 值高估会导致一些非最优 Action 被作为最优 Action 输出。Double DQN 方法也是在这篇论文中被提出的。大体上，Double DQN 方法删减了 target DQN 的第二步，在 target DQN 上求解出 $Q(s_{t+1}, a)$ 之后，没有通过求解 max 的方式得到 target DQN 上的最大值，而是在主 DQN 上选择拥有最大 Q 值的 Action，然后获取这个 Action 在 target DQN 上的 Q 值。也就是说，主网络负责选择

Action，target DQN 负责生成这个被选中 Action 的 Q 值。经由 Double DQN 选择出的 Action 不一定具有最大的 Q 值，这样就有效地避免了因为高估的存在而导致最好的 Action 被埋没的情况发生。

最后是 Dueling DQN。

Dueling DQN 在 DeepMind 关于 DQN 的论文《*Dueling Network Architectures for Deep Reinforcement Learning*》中被首次提出。Dueling DQN 可以算是 DQN 的一个重大改进，它将求解 Q 值的函数 $Q(s_t, a_t)$ 拆分为两部分——$V(s_t)$ 和 $A(a_t)$。即：

$$Q(s_t, a_t) = V(s_t) + A(a_t)$$

式中，$V(s_t)$ 表示环境状态本身具有的价值（这里将其称为 Value）；$A(a_t)$ 表示通过选择某个 Action 额外带来的价值 $A(a_t)$（这里将其称为 Advantage）。在 Dueling DQN 网络最后的部分，不再是直接输出所有可执行 Action 的 Q 值，而是在得到这些可执行 Action 的 Advantage 值之后将 Value 值分别加到每一个 Advantage 值上，得到最后的结果。

关于 DQN 的介绍就到这里，如果有兴趣进一步了解 DQN 的相关内容，那么可以参考上述提到的论文。在 TensorFlow 的开源实现（https://github.com/awjuliani/DeepRL-Agents/blob/master/Double-Dueling-DQN.ipynb）中提供了一个很好的 DQN 设计样例，这是一个计算机自动玩 GridWorld 游戏的例子。另外，关于本节没有介绍的策略网络，在 TensorFlow 的开源实现（https://github.com/awjuliani/DeepRL-Agents/blob/master/Policy-Network.ipynb）中也提供了一个很好的设计样例，这是一个在 CartPole 环境中平衡树立在小车上的杆子的例子。

第 3 部分

TensorFlow 的使用进阶

第 11 章 数据读取

　　数据读取的主要内容可以理解为是向网络模型中输入数据，包括训练用的数据、测试用的数据以及验证用的数据等。在 TensorFlow 1.x 时代就支持了多种数据读取的方式，总结起来有以下三个。

　　（1）预加载数据：当数据量比较小时，通过在程序中定义常量或变量的方式来保存所有数据。这种方法比较简单，在本章中不再介绍。

　　（2）供给数据（Feeding）：这种方法实际上就是在会话（Session）中运行 run()函数的时候通过赋值给 feed_dict 参数的方式将数据注入placeholder 中，再启动运算过程。如果你仍在使用 1.x 版本的 TensorFlow，那么比较多的情况下接触到的将会是这种数据读取的方式，而随着TensorFlow 2.0 取消了会话，这种数据读取的方式自然也就不再支持了。

　　（3）从文件读取数据：这种读取数据的方法意味着在 TensorFlow 图的起始，让一个输入管线从文件中读取数据。此消彼长，TensorFlow 2.0 继续延续了从文件读取数据的这种方式，并且在整理了相关的 API 之后使之更为便捷和强大。在第 7 章中实践 Cifar-10 数据集读取的时候就使用了这种方法，在那里我们或许对队列、多线程、组合训练数据等概念不是特别清楚，但是在这一章，将集中介绍这些内容。

　　从文件读取数据，涉及文件格式的一些内容，在 11.1 节将介绍常用的TFRecord 格式和 CSV 格式，以及如何从这两种文件中读写数据。11.2 节和11.3 节专注于如何更高效地从文件中读取数据，这涉及队列和多线程的内容。输入到神经网络中的数据通常会被组织成一个 batch 的形式，在 11.4节将会介绍如何进行组织。

11.1　文件格式

　　为了使数据集更容易与网络应用架构相匹配，可以将任意的数据转换为 TensorFlow 所支持的格式。CSV（Comma-Separated Values，字符分隔值）和 TFRecord 都是常用的数据集打包格式，在本节将首先对 TFRecord 进行介绍，稍后是 CSV。

11.1.1　TFRecord 格式

从 TensorFlow 诞生之初，就提供了一种统一的格式——TFRecord 来存储数据。在本小节中将介绍如何从这种格式的文件中读取数据以及如何将数据转换为 TFRecord 文件。

第 2 章中曾介绍过 Protocol Buffer，它是一个处理结构化数据的工具。将数据存储为 TFRecord。在将数据存储为 TFRecord 之前，首先要对数据进行序列化处理。train.Example 协议内存块（Protocol Buffer）定义了将数据进行序列化时的格式。以下代码给出了 train.Example 的定义：

```
message Example{
  Features features = 1;
};

message Features{
  map<string, Feature> feature = 1;
};

message Feature{
  oneof kind{
    BytesList bytes_list = 1;
    FloatList float_list = 2;
    Int64List int64_list = 3;
  }
};
```

从以上代码可以看出，tf.train.Example 中包含了一个根据属性名称获取属性取值的字典（map<string, Feature>）。其中属性名称为一个字符串，属性的取值可以为字符串列表（BytesList）、实数列表（FloatList）或者整数列表（Int64List）。

作为一个示例，接下来我们将通过一段代码将 Fashion-MNIST 数据集转换为 TFRecord 文件。其过程大致就是先将数据填入到 Example 协议内存块，再将协议内存块序列化为一个字符串，并且通过 io.TFRecordWriter 类写入到 TFRecord 文件。代码如下：

```python
import tensorflow as tf
import numpy as np

(train_images, train_labels),\
(test_images, test_labels) = tf.keras.datasets.\
                             fashion_mnist.load_data()


#定义生成整数型和字符串型属性的方法，这是将数据填入到 Example 协议
#内存块(Protocol Buffer)的第一步，以后会调用到这个方法。
#使用 train.Feature 类可以理解为是将标准 TensorFlow 张量转换为
#train.Example 兼容的数据类型
def Int64_feature(value):
    return tf.train.Feature(int64_list=tf.train.\
                            Int64List(value=[value]))
def Bytes_feature(value):
    return tf.train.Feature(bytes_list=tf.train.\
                            BytesList(value=[value]))


#读取 Fashion-MNIST 中图片的像素信息和数量信息
pixels = train_images.shape[1]
num_examples = train_images.shape[0]

#输出 TFRecord 文件的地址(相对于系统根目录)
filename =
"/home/jiangziyang/TFRecord/fashion-MNIST.tfrecords"

#创建一个 io.TFRecordWriter 类的实例
writer = tf.io.TFRecordWriter(filename)

#for 循环执行了将数据填入到 Example 协议内存块的主要操作
for i in range(num_examples):
    #将图像矩阵转换成一个字符串
    image_to_string = train_images[i].tostring()

    #创建字典，暂时以键值对的形式保存由 train.Feature 产生的数据
    feature = {
        "pixels": Int64_feature(pixels),
        "label": Int64_feature(train_labels[i]),
        "image_raw": Bytes_feature(image_to_string)
    }
```

```
    features = tf.train.Features(feature=feature)

    #定义一个 Example，将相关信息写入到这个数据结构
    example = tf.train.Example(features=features)

    #将一个 Example 写入到 TFRecord 文件
    #函数定义原型：write(record)
    writer.write(example.SerializeToString())
print("writed ok")

#在写完文件后最好的习惯是调用 close()函数关闭
writer.close()
```

在上面的程序中，SerializeToString()函数用于将协议内存块序列化为一个字符串。这个函数在第 7 章中使用过，即实践卷积神经网络中读取Cifar-10 数据集时。io.TFRecordWriter 类的 writer()函数用于将序列化后的字符串写入到 TFRecord 文件。

程序执行完成后进入到存放 fashion-MNIST.tfrecords 文件的目录，会发现生成了一个二进制文件，其属性为"Binary (application/octet-stream)"。如果遇到数据量较大的情况，可以将数据写入到多个 TFRecord 文件中。

以上创建 TFRecord 文件的方式还是比较广泛、高效的，无论是TensorFlow 1.x 还是 TensorFlow 2.0 都能使用，不过需要注意，尽管思路相同，但是可能 TensorFlow 1.x 将某些类放置在了不同的模块/包中。

data 模块是在 TensorFlow 2.0 中被提供的用于读取文件中数据和写入数据到文件的工具，它的使命就是为了实现更便利的数据文件的读取和写入。在第 6 章的时候，我们就使用了 data 模块中的 Dataset 类完成了构建数据 batch 的设计，data 模块还包括一个名为 experimental 的子模块，其中主要包含的是一些用于构建输入管道的实验 API。

使用 data 模块中的类或函数也能实现将数据写入到 TFRecord 中。例如下面这段代码就实现了使用 data. experimental 模块中的 TFRecordWriter 类将Fashion-MNIST 数据集的数据写入到一个 TFRecord 文件中的功能。

```
import tensorflow as tf

(train_images, train_labels),\
(test_images, test_labels) = tf.keras.datasets.\
                    fashion_mnist.load_data()
def Int64_feature(value):
    return tf.train.Feature(int64_list=tf.train.\
```

```
                            Int64List(value=[value]))
def Bytes_feature(value):
    return tf.train.Feature(bytes_list=tf.train.\
                            BytesList(value=[value]))

pixels = train_images.shape[1]
num_examples = train_images.shape[0]
filename = "/home/jiangziyang/TFRecord/fashion-" \
           "MNIST2.tfrecords"

#data.experimental.TFRecordWriter 类可用于替代
#io.TFRecordWriter 类，其构造函数定义原型为：
#def __init__(self, filename, compression_type=None)
writer = tf.data.experimental.TFRecordWriter(filename)

#serialize_example()函数实际就是单独实现了上段代码的 for 循环
def serialize_example(i):
    image_to_string = train_images[i].tostring()
    feature = {
        "pixels": Int64_feature(pixels),
        "label": Int64_feature(train_labels[i]),
        "image_raw": Bytes_feature(image_to_string)
    }
    features = tf.train.Features(feature=feature)
    example_proto = tf.train.Example(features=features)
    return example_proto.SerializeToString()

#这里的 generator()函数实际就是使用 yield 的办法迭代执行
#serialize_example()函数
def generator():
    for i in range(num_examples):
        yield serialize_example(i)

#注意，如果使用 data.experimental.TFRecordWriter 类，那么其
#write()函数接收的参数一定是采用 data.Dataset 类生成的。
#例如这里就使用了 data.Dataset.from_generator()函数，
#这个函数的定义原型为：
#def from_generator(generator, output_types,
#                   output_shapes=None, args=None)
serialized_features_dataset = tf.data.Dataset.\
    from_generator(generator, output_types=tf.string,
                   output_shapes=())

writer.write(serialized_features_dataset)
```

```
print("writed ok")
#在写完文件后不必使用close()函数关闭writer
#writer.close()
```

从 TFRecord 文件中读取数据，可以先使用 data.TFRecordDataset 类读取到一个 TFRecord 文件，然后使用 io.parse_single_example()函数作为解析器。

parse_single_example()函数会将 Example 协议内存块解析为张量。以下代码展示了如何从 TFRecord 文件中解析数据：

```
import tensorflow as tf

filename = "/home/jiangziyang/TFRecord/fashion" \
        "-MNIST.tfrecords"
tfrecord_dataset = tf.data.TFRecordDataset(filename)

'''这部分是测试内容
for sample in tfrecord_dataset.take(5):
    print(repr(sample))
打印的内容如下:
<tf.Tensor: id=19, shape=(), dtype=string,
                    numpy=b'\n....\x00'>
<tf.Tensor: id=21, shape=(), dtype=string,
                    numpy=b'\n....\x00'>
<tf.Tensor: id=23, shape=(), dtype=string,
                    numpy=b'\n....\x00'>
<tf.Tensor: id=25, shape=(), dtype=string,
                    numpy=b"\n....\x1c">
<tf.Tensor: id=27, shape=(), dtype=string,
                    numpy=b'\n....\x1c'>
'''

def parse_function(example_proto):
    #用io.parse_single_example()函数解析tf.Example实例，原型:
    #parse_single_example(serialized,features,name,
    #                   example_names)
    #其features参数可以看作解析的依据，通常为字典的形式，要和创建
    #TFRecord文件时定义的feature拥有相同的键
    feature = tf.io.parse_single_example(example_proto,
        features={
            "pixels": tf.io.FixedLenFeature([], tf.int64),
            "label": tf.io.FixedLenFeature([], tf.int64),
            "image_raw": tf.io.FixedLenFeature([], tf.string),
```

```
                      })
      return feature

#经由 TFRecordDataset 类读取到的 TFRecord 数据集可以使用 map()函数
#遍历其中的每个样例，一般会在该函数中包含解析的操作，这样一来解析的
#操作也就会在遍历的时候完成。下面是 map()函数的定义原型：
#def map(map_func, num_parallel_calls=None)
parsed_dataset = tfrecord_dataset.map(parse_function)

'''这部分是测试内容
print(parsed_dataset)
打印的内容如下：
<MapDataset shapes: {image_raw: (), label: (), pixels: ()},
         types: {image_raw: tf.string, label: tf.int64,
                  pixels: tf.int64}>
'''

#TFRecordDataset 类的 take()函数可以只返回使用该类
#读取到的数据集中的一部分
for parsed_record in parsed_dataset.take(1):
    #io.decode_raw()函数用于将解析到的字符串形式的图像数据再
    #进一步解码成指定数据类型的列表，前提是维度没有发生变化，函数
    #定义: decode_raw(bytes,out_type,little_endian,name)
    #cast()函数可以进行类型转换
    images = tf.io.decode_raw(parsed_record["image_raw"],
                              tf.uint8)
    labels = tf.cast(parsed_record["label"], tf.int32)
    pixels = tf.cast(parsed_record["pixels"], tf.int32)
    print(images)
    print(labels)
    print(pixels)
    '''以下展示了打印的内容：
    tf.Tensor([  0   0  ... 225  ...0   0   0],
            shape=(784,), dtype=uint8)
    tf.Tensor(9, shape=(), dtype=int32)
    tf.Tensor(28, shape=(), dtype=int32)
    '''
```

需要注意的是，data.TFRecordDataset 类在 TensorFlow 1.x 较早的版本中是不存在的，替换者就是 io.TFRecordReader 类。如果说，数据集中的每个样本都被创建成为一个 train.Example 实例然后再序列化成字符串储存到 TFRecord 文件中，那么 parse_single_example()函数接收的第一个参数就是序列化之后的样本的 train.Example 实例。在给 features 参数赋值的字典中，

还用到了 io.FixedLenFeature 类。

io.FixedLenFeature 类起到了配置的作用，配置固定长度的输入解析之后的数据的形状（shape）和数据类型（dtype）。TensorFlow 还提供了其他的解析配置类，比如 io.VarLenFeature 类。io.VarLenFeature 类和 io.FixedLen-Feature 类的用法相同，只不过它可以支持不定长度的输入。

11.1.2　CSV 格式

有些数据集在提供的时候会被打包成 CSV 文件。

CSV（Comma-Separated Values，字符分隔值）文件以纯文本形式存储表格数据（数字和文本），这意味着该文件是一个字符序列，读取该文件不需要经过像二进制数据那样反序列化的过程。

CSV 文件包含任意数目的记录，记录间以换行符分隔。每条记录都是由字段组成的，字段与字段间的分隔符是其他字符或字符串，最常见的是逗号或制表符。对于 CSV 纯文本文件，如果想一窥内容，建议使用"记事本"或 Excel 表格来打开。

为了演示 CSV 文件的读取，笔者使用"记事本"制作了一个 data.csv 文件，其中共有 30 条记录，每条记录由 4 个字段组成，可以看作 30×4 大小的数组。图 11-1（a）展示了 data.csv 文件在 Excel 软件下打开的样子，图 11-1（b）展示了该文件在"记事本"中的样子。

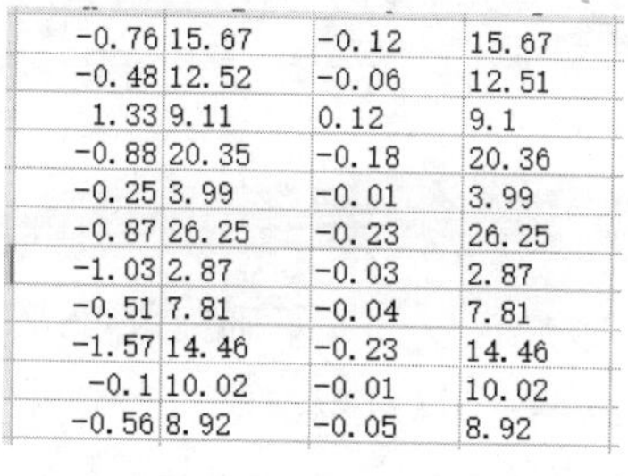

-0.76	15.67	-0.12	15.67
-0.48	12.52	-0.06	12.51
1.33	9.11	0.12	9.1
-0.88	20.35	-0.18	20.36
-0.25	3.99	-0.01	3.99
-0.87	26.25	-0.23	26.25
-1.03	2.87	-0.03	2.87
-0.51	7.81	-0.04	7.81
-1.57	14.46	-0.23	14.46
-0.1	10.02	-0.01	10.02
-0.56	8.92	-0.05	8.92

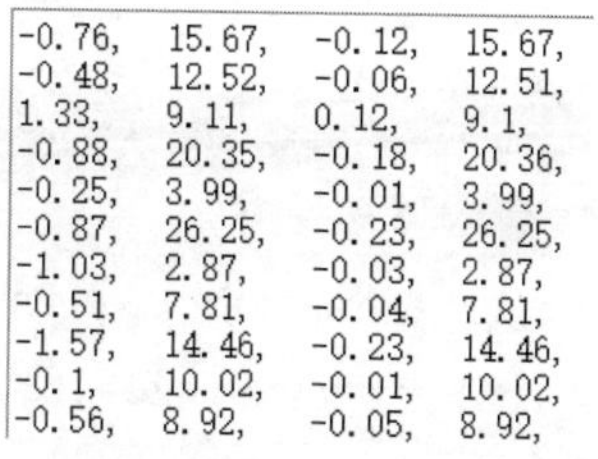

```
-0.76,    15.67,    -0.12,    15.67,
-0.48,    12.52,    -0.06,    12.51,
1.33,     9.11,     0.12,     9.1,
-0.88,    20.35,    -0.18,    20.36,
-0.25,    3.99,     -0.01,    3.99,
-0.87,    26.25,    -0.23,    26.25,
-1.03,    2.87,     -0.03,    2.87,
-0.51,    7.81,     -0.04,    7.81,
-1.57,    14.46,    -0.23,    14.46,
-0.1,     10.02,    -0.01,    10.02,
-0.56,    8.92,     -0.05,    8.92,
```

（a）Excel 中的 data.csv 文件　　　　（b）"记事本"中的 data.csv 文件

图 11-1　data.csv 文件部分内容

TensorFlow 程序从 CSV 文件中读取数据，可以使用 data.experimental.make_csv_dataset()函数，如下面的例子所示：

```
import tensorflow as tf
file_name = "/home/jiangziyang/CSV/data.csv"
```

```
'''data.experimental.make_csv_dataset()函数的定义原型为:
make_csv_dataset(file_pattern, batch_size,
                 column_names=None,column_defaults=None,
                 label_name=None, select_columns=None,
                 field_delim=',', use_quote_delim=True,
                 na_value='', header=True, num_epochs=None,
                 shuffle=True, shuffle_buffer_size=10000,
                 shuffle_seed=None,
                 prefetch_buffer_size=dataset_ops.AUTOTUNE,
                 num_parallel_reads=1, sloppy=False,
                 num_rows_for_inference=100,
               compression_type=None, ignore_errors=False)
'''
CSV_COLUMNS = ['col1', 'col2','col3','col4']
csv_dataset = tf.data.experimental.\
   make_csv_dataset(file_name, batch_size=10,shuffle=False,
                    column_names=CSV_COLUMNS,
                    ignore_errors=True)

'''以下是尝试的内容:
print(repr(csv_dataset))
打印的内容为:
<PrefetchDataset shapes: OrderedDict([(col1, (1,)), (col2,
(1,)),
                                     (col3, (1,)), (col4, (1,))]),
types: OrderedDict([(col1, tf.float32), (col2, tf.float32),
              (col3, tf.float32), (col4, tf.float32)])>
'''

examples= next(iter(csv_dataset))              #第一个批次
print(examples)
```

    data.experimental.make_csv_dataset()函数规定以行为基础读取 CSV 文件的内容，如果 batch_size=10，那就代表函数会一次读取 10 行的数据。另外，函数的 shuffle 默认为 True 表示数据读取之后行与行之间是打乱的，设为 False 可以避免这种情况。

    一般来说，CSV 文件的每列都会有相应的一个列名，如果在 CSV 文件的第一行不包含列名，那么需要手动地将列名通过字符串列表传给该函数的 column_names 参数。程序最后 print()函数的输出如以下所示：

    '''打印的结果:

```
OrderedDict(
[('col1', <tf.Tensor: id=61, shape=(10,), dtype=float32,
 numpy=array([-0.48,  1.33, -0.88, -0.25, -0.87, -1.03,
           -0.51, -1.57, -0.1 , -0.56],
           dtype=float32)>),
 ('col2', <tf.Tensor: id=62, shape=(10,), dtype=float32,
 numpy=array([12.52,  9.11, 20.35,  3.99, 26.25,  2.87,
           7.81, 14.46, 10.02,  8.92],
           dtype=float32)>),
 ('col3', <tf.Tensor: id=63, shape=(10,), dtype=float32,
 numpy=array([-0.06,  0.12, -0.18, -0.01, -0.23, -0.03,
           -0.04, -0.23, -0.01, -0.05],
           dtype=float32)>),
 ('col4', <tf.Tensor: id=64, shape=(10,), dtype=float32,
 numpy=array([12.51,  9.1 , 20.36,  3.99, 26.25,  2.87,
           7.81, 14.46, 10.02,  8.92],
           dtype=float32)>)])
'''
```

关于读取 CSV 文件程序，这里不再更多详细地解释，读者可以自己通过"记事本"或 Excel 制作各种形状的 CSV 文件并尝试编程去读取它。也不再给出打包数据为 CSV 文件的样例，这些更宽泛的内容可以通过其他渠道获取相关资料，例如在 https://tensorflow.google.cn/beta/tutorials/load_data/csv 就展示了 CSV 文件的使用，另外，在 https://tensorflow.google.cn/beta/tutorials/load_data/tf_records 也展示如何使用 TFRecord 文件。CSV 文件形式的数据集在后文中也会应用较少，但这并不意味着没有这种文件格式的数据集。

11.2　队列

在 7.4.2 节中介绍了使用 TensorFlow 提供的一些函数来完成对图像数据进行预处理的过程。尽管使用这些图像数据预处理的方法可以在一定程度上减小无关因素对图像识别模型效果的影响，这些复杂的预处理过程仍会拖慢整个训练的过程。

为了使得对更多、更大的图像进行预处理程序不会成为神经网络模型训练速度的瓶颈，TensorFlow 提供了队列加多线程处理输入数据的解决方案。不过，在进行这种解决方案的设计前，需要先看一下 TensorFlow 为我们准备的队列。

11.2.1 数据队列

在计算机科学中，队列（Queue）可以解释为一种先进先出的线性表数据结构。队列只允许在前端（Front）进行删除操作，而在后端（Rear）进行插入操作。进行插入操作的一端称为队尾，进行删除操作的一端称为队头。队列中没有元素时，称为空队列。

TensorFlow 中提供了 FIFOQueue 和 RandomShuffleQueue 两种队列，分别封装为 queue.FIFOQueue 类和 queue.RandomShuffleQueue 类其中 FIFOQueue 实现的就是一个先进先出队列，而 RandomShuffleQueue 会打乱队列中的顺序。

对于一个 TensorFlow 提供的队列，修改队列状态的函数主要有 enqueue_many()、dequeue()和 enqueue()，其功能分别是初始化队列中的元素、将队列队首的第一个元素出队和将一个元素加入队列队尾。

以下程序展示了如何使用这些函数来操作一个队列：

```python
import tensorflow as tf

#创建 FIFOQueue 先进先出队列，同时指定队列中可以保存的
#元素个数以及数据类型，函数定义原型: def _init_(self,
#capacity,dtypes,shared_name,names,shapes,name)
Queue = tf.queue.FIFOQueue(2, "int32")

#使用 FIFOQueue 类的 enqueue_many()函数初始化队列中的元素
#和初始化变量类似，在使用队列前需要明确调用初始化过程
#dequeue_many(self,n,name)
queue_init = Queue.enqueue_many(([10,100],))

for i in range(5):
    #FIFOQueue 类的 dequeue()函数可以将队列队首的第一个元素出队
    #dequeue(self,name)
    a = Queue.dequeue()
    b = a + 10
    #FIFOQueue 类的 enqueue()函数可以将一个元素在队列队尾入队
    #enqueue(self,vals,name)
    Queue_en = Queue.enqueue([b])
```

```
print(a)
'''打印的内容
tf.Tensor(10, shape=(), dtype=int32)
tf.Tensor(100, shape=(), dtype=int32)
tf.Tensor(20, shape=(), dtype=int32)
tf.Tensor(110, shape=(), dtype=int32)
tf.Tensor(30, shape=(), dtype=int32)
'''
```

上面的程序展示了 FIFOQueue 队列的用法。为了对队列先进先出的特点进行说明，图 11-2 展示了程序中的计算过程。

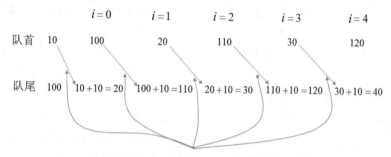

先从队首出队，再加 10，最后在队尾入队

图 11-2　先入先出队列的运算过程

RandomShuffleQueue 队列不是一个先进先出的队列，它会将队列中的元素打乱，每次出队列操作得到的是从当前队列所有元素中随机选择的一个。在训练神经网络时可能有随机抽取训练数据的需求，RandomShuffle-Queue 满足了我们的这种需求。在元素入队列时，RandomShuffleQueue 的表现和 FIFOQueue 一样，都是从队尾入队列。

RandomShuffleQueue 的使用流程和 FIFOQueue 一致，这里不再给出例子详细讨论。以下代码展示了该类的 __init__()函数、enqueue_many()函数、enqueue()函数、dequeue_many()函数和 dequeue()函数的定义：

```
#def __init__(capacity, dtypes, shapes=None,
#            names=None, shared_name=None,name='fifo_queue')
#def dequeue_many(n, name=None)
#def dequeue(name=None)
#def enqueue(vals, name=None)
#def enqueue_many(vals, name=None)
```

在本节只专注于介绍队列的相关内容，实际上 TensorFlow 中的队列不仅仅是一种数据结构，依托于 GPU 硬件强大的并行计算特性，我们可以创建多个线程，并实现这些线程同时向一个或多个队列中写入元素，当然也可以利用这些线程同时读取一个或多个队列中的元素。关于线程的知识，放到了 11.3 节。在此之前，我们会在下一小节介绍如何将文件编制成队列。

11.2.2 文件队列

和上一小节中介绍的 TensorFlow 的数据队列类似的，在部分 TensorFlow 1.x 的版本中还提供了对文件队列的支持，不得不说，文件队列确实是一个非常不错的设计。不过，目前已知的 TensorFlow 2.0 取消了文件队列的设计，但这并不影响我们在已有的 TensorFlow 1.x 中继续使用文件队列。

文件队列最常见的使用情景是，在想要将训练数据打包成一些类似于 TFRecord 格式的输入文件时，如果训练数据量较大，可以将数据分成多个文件存储来提高存储的效率，在将训练数据投放到网络中运行的时候，可以避免采取循环读取的方式而直接使用文件队列管理这些文件。

一般会将同一个数据集的不同文件赋予相同的名称，并在名称的后面添加具有区分作用的数字后缀。以 Fashion-MNIST 数据集的测试集图片数据为例，我们使用 11.1 节介绍的封装 TFRecord 文件的方式将该文件封装成两个命名方式满足正则表达式的 TFRecord 文件——data_tfrecords-0-of-2 和 data_tfrecords-1-of-2。代码如下：

```python
import tensorflow as tf
import numpy as np

(train_images, train_labels),\
(test_images, test_labels) = tf.keras.datasets.\
                        fashion_mnist.load_data()
def _int64_feature(value):
    return tf.train.Feature(int64_list=tf.\
                    train.Int64List(value=[value]))
def _bytes_feature(value):
    return tf.train.Feature(bytes_list=tf.\
                    train.BytesList(value=[value]))

pixels = test_images.shape[1]
num_examples = test_images.shape[0]
```

```
#num_files 定义总共写入多少个文件
num_files = 2

for i in range(num_files):
    #将数据写入多个文件时，为区分这些文件可以添加后缀
    filename = ("/home/jiangziyang/TFRecord/data_"
            "tfrecords-%.1d-of-%.1d" %(i,num_files))
    writer = tf.io.TFRecordWriter(filename)

    #将 Example 结构写入 TFRecord 文件，写入文件的过程和 11.1 节一样
    for index in range(num_examples):
        image_string = test_images[index].tostring()
        example = tf.train.Example(features=tf.train.\
                            Features (feature={
            "pixels": _int64_feature(pixels),
            "label": _int64_feature(np.
                        argmax(test_labels[index])),
            "image_raw": _bytes_feature(image_string)
        }))
        writer.write(example.SerializeToString())
print("writed ok")
writer.close()
```

这个程序的主体部分就是产生文件，和 11.1 节介绍的完全一致，改进的地方就是在外层加了一个 for 循环用于控制产生两个命名方式符合正则表达式的文件。进入到程序指定的目录下，可以发现产生了如图 11-3 所示的两个 TFRecord 文件。

图 11-3　产生的两个 TFRecord 文件

　　既然 TensorFlow 2.0 没有提供文件队列相关的 API，那么以下尝试就只能在 TensorFlow 1.x 中进行了。以使用 TensorFlow 1.0 为例，将文件组织成队列可以先使用 train.match_filenames_once()函数来获取符合一个正则表达式的所有文件。这个函数会返回一个文件列表，得到的文件列表可以通过 train.string_input_producer()函数进行有效的管理。

　　train.string_input_producer()函数会使用初始化时提供的文件列表创建一个输入文件队列，这个文件列表也可以不使用 train.match_filenames_once()函数返回的值而是直接给函数的参数赋予一个文件列表。函数创建的输入文件队列中的元素就是文件列表中的所有文件，这个队列可作为文件

读取函数（如 TFRecordReader 类的 read()函数）的参数。

　　每次调用文件读取函数时，train.string_input_producer()函数会先判断当前是否已有打开的文件可读，如果没有已打开的文件或者打开的文件已经读完，这个函数会从输入队列中出队一个文件并从这个文件开始读取数据。

　　接下来，我们使用 train.match_filenames_once()函数获取上述产生的两个 TFRecord 文件，并通过 train.string_input_producer()函数组织成一个队列进行文件的读取。

```python
import tensorflow as tf

#使用match_filenames_once()函数获取符合正则表达式的所有文件
#函数原型：match_filenames_once(pattern,name)
files = tf.\
    train.match_filenames_once("/home/jiangziyang/"
                               "TFRecord/data_tfrecords-*")

#通过string_input_producer()函数创建输入队列，输入队列
#的文件列表是files,函数原型:string_input_producer(
#string_tensor,num_epochs,shuffle,capacity,shared_name,
#name,cancel_op),其中的shuffle参数用于指定是否随机打乱读文件的顺序，
#在实际问题中会设置为True
filename_queue = tf.train.\
                string_input_producer(files, shuffle=False)

reader = tf.TFRecordReader()
_, serialized_example = reader.read(filename_queue)

#解析读取的样例
features = tf.parse_single_example(
    serialized_example,
    features={
        "image_raw":tf.FixedLenFeature([],tf.string),
        "pixels":tf.FixedLenFeature([],tf.int64),
        "label":tf.FixedLenFeature([],tf.int64)
    })
images = tf.decode_raw(features["image_raw"],tf.uint8)
labels = tf.cast(features["label"],tf.int32)
pixels = tf.cast(features["pixels"],tf.int32)
with tf.Session() as sess:
    tf.global_variables_initializer().run()
```

```
print(sess.run(files))
#打印文件列表，输出为
#[b'/home/jiangziyang/TFRecord/data_tfrecords-1-of-2'
#b'/home/jiangziyang/TFRecord/data_tfrecords-0-of-2']

coordinator = tf.train.Coordinator()
threads = tf.train.start_queue_runners(sess=sess,
                                       coord=coordinator)
for i in range(6):
    print(sess.run([images,labels]))
    #打印内容过多，不予展示，有兴趣的可以亲自运行尝试
coordinator.request_stop()
coordinator.join(threads)
```

在 11.1 节的程序中，我们对 train.string_input_producer()函数一笔带过，只是说明其可以产生一个队列，为了以后能灵活地运用队列，下面将重点介绍函数的几个参数。

（1）shuffle 参数用于选择是否随机打乱 train.string_input_producer()函数文件列表中文件出队的顺序。若 shuffle=True，文件列表中的文件在加入队列之前会被打乱顺序，因此出队的顺序也不固定。另外需要说明的是，随机打乱文件顺序的过程不会对获取文件的速度造成影响。

（2）在实际情况下，我们一般会定义多个文件读取线程对 train.string_input_producer()函数生成的输入文件队列进行读取操作，输入文件队列会将队列中的文件均匀地分给这些线程。

（3）参数 num_epochs 用来限制加载初始文件列表的最大轮数。当一个输入队列中的所有文件都被处理完后，train.string_input_producer()函数会将初始化时提供的文件列表中的文件全部重新加入队列，这算是又完成了一轮的加载。

设置 num_epochs 参数时需要注意，当队列中的文件达到了设定的轮数的加载（换句话说，就是所有文件被使用了设定的轮数）后，如果继续尝试加载并读取文件，会产生 OutOfRange 错误。

11.3　使用多线程处理输入的数据

TensorFlow 1.x 中的 Session 是支持多线程的，因此多个线程可以很方

便地在同一个会话下对同一个队列并行地执行操作，TensorFlow 2.0 继续提供了对多线程的支持。开启多线程可以借用 Python 本身就提供的创建线程的 API——threading.py，这个.py 文件提供了 Thread 类来创建线程，Thread 类的 start()函数可以用于启动线程。

然而，使用 Python 程序实现这样的并行运算却并不容易——需要控制所有线程能被同步终止；每个线程触发的异常必须能被正确捕获并报告；主体程序运行终止的时候，操作队列的多个线程必须能被正确关闭。

除了 Python 自身提供的 Thread 类之外，TensorFlow 也提供了 train.Coordinator 类来帮助实现多线程。不过，Coordinator 类稍微偏重于管理线程，可以用来协调同时停止多个工作线程，或者在线程发生异常时向那个在等待所有工作线程终止的程序报告异常。

11.3.1　使用 Coordinator 类管理线程

Coordinator 类的主要方法有 should_stop()、request_stop()和 join()，其功能分别如下。

（1）should_stop()：通过函数的返回值判断线程是否停止，如果线程停止了，则函数返回 True。

（2）request_stop()：请求该线程及其他线程停止。

（3）join()：等待被指定的线程终止。

接下来，以启动 Thread 创建的线程为例来说明 Coordinator 类及其 3 个函数的用法。在启动线程之前，需要先声明一个 Coordinator 类，并将这个类传入每一个创建的线程中。这些线程通常一直循环运行，并一直查询 Coordinator 类中提供的 should_stop()函数，直到 should_stop()返回值为 True 时才退出当前的线程。每一个启动的线程也可以通知其他启动的线程退出，它只需要调用 request_stop()函数即可；同时这个线程的 should_stop()函数将会返回 True，结果是所有线程都停下来。示例程序如下：

```
import tensorflow as tf
import numpy as np
import threading
import time

#定义每个线程执行的操作
def Thread_op(coordinator, thread_id):
```

```
    #判断 should_stop()函数的状态
    while coordinator.should_stop() == False:
        if np.random.rand() < 0.1:
            print("Stoping from thread_id: %d" %
                thread_id)
            #调用 request_stop()函数请求所有线程停止
            #函数原型: request_stop(self,ex)
            coordinator.request_stop()
        else:
            #打印当前的线程 thread_id
            print("Working on thread_id: %d" %
                thread_id)

        #如果线程没有停止，则休息 10 秒钟后再次执行循环
        time.sleep(10)


#创建 Coordinator 类实例
coordinator = tf.train.Coordinator()

#通过 Python 提供的 Thread 类的 Thread()函数创建 5 个线程，构造函数
#原型: _init_(self,group,target,name,args,kwargs,daemon)
threads = [threading.Thread(target=Thread_op,
                            args=(coordinator, i)) for i in
range(5)]

#启动创建的 5 个线程
for j in threads:
    #函数原型: start(self)
    j.start()

#将 Coordinator 类加入线程并等待所有线程退出
#函数原型: join(self,threads,stop_grace_period_secs)
coordinator.join(threads)
```

在上面的这段程序中，使用 Thread 类创建了 5 个线程，每个线程都只执行 Thread_op()函数操作；这些线程全部交由 Coordinator 类实例管理。

简单起见，先从一个线程的情况开始分析。在一个线程启动之后，函数 should_stop()的初始返回值是 False，在 while 循环内根据随机产生的数值判断是否执行 request_stop()函数来停止线程，如果不停止线程，则打印当前的线程 thread_id。接着过 10 秒之后再次执行 while 循环，直到产生的随机数达到了 if 的条件，此时打印发出 request_stop()操作请求的线程 thread_ id 并终止线程的执行。

需要注意的是，这里有 5 个线程，也就是说在同一时间有 5 个线程被执行。这时就要考虑不同线程之间的协作了，无论 5 个线程中的哪一个发出 request_stop()操作请求，这 5 个线程的 should_stop()函数返回值都会被置为 True，并且相应的发出 request_stop()操作请求的线程也会停止。运行上面的这段程序，得到以下所示的打印结果：

```
'''打印的内容
Working on thread_id: 0
Working on thread_id: 1
Working on thread_id: 2
Working on thread_id: 3
Working on thread_id: 4
Working on thread_id: 0
Working on thread_id: 1
Working on thread_id: 4
Working on thread_id: 3
Working on thread_id: 2
Working on thread_id: 1
Working on thread_id: 0
Working on thread_id: 2
Working on thread_id: 3
Working on thread_id: 4
Working on thread_id: 0
Working on thread_id: 1
Working on thread_id: 32
Working on thread_id: 2
Working on thread_id: 4
Stoping from thread_id: 0
'''
```

有时也会存在这样的情况，即在打印完"Stoping from thread_id："之后仍然打印"Working on thread_id:"，这是因为在这一轮 while 循环中，这些线程已经执行完了 should_stop()的判断，所以输出了线程 thread_id。

11.3.2　在 TensorFlow 1.x 中使用 QueueRunner 创建线程

在 TensorFlow 1.x 中可以使用 QueueRunner 类来创建线程，设计出 QueueRunner 类的目的大概就是用于代替 Python 自身的 Thread 类。从设计上来看，QueueRunner 类最好还是配合 Coordinator 类一起使用。

典型的搭配是先使用 QueueRunner 类创建多个线程来操作同一个队列，这些线程会通过 train.add_queue_runner()函数加入一个集合中（可以是自定义的集合或是默认的集合），之后明确地调用 train.start_queue_runners()函数来启动所有线程并通过参数指定管理这些线程的 Coordinator 类。

在 train.add_queue_runner()函数中如果没有指定自己的集合，那么这些线程会被加入计算图默认的 GraphKeys.QUEUE_RUNNERS 集合（在第 3 章介绍计算图的时候谈到了这个集合）。train.start_queue_runners()函数会默认启动 GraphKeys.QUEUE_RUNNERS 集合中所有的 QueueRunner。需要注意的是，这个函数只支持启动指定集合中的 QueueRunner，所以需要先将线程放入集合中。一般的做法是，将 train.add_queue_runner()函数指定的集合与 train.start_queue_runners()函数指定的集合保持一致。

以下代码基于 TensorFlow 1.x 运行，展示了上述所说的搭配：

```python
import tensorflow as tf

#创建先进先出队列
queue = tf.FIFOQueue(100, "float")
#入队操作，每次入队 10 个随机数值
enqueue = queue.enqueue([tf.random_normal([10])])

#使用 QueueRunner 创建 10 个线程进行队列入队操作
#构造函数原型为
#def __init__(self,queue,enqueue_ops,close_op,cancel_op,
#             queue_closed_exception_types,
#                        queue_runner_def,import_scope)
qr = tf.train.QueueRunner(queue, [enqueue] *10)

#将定义过的 QueueRunner 加入计算图的 GraphKeys.QUEUE_RUNNERS 集合
#函数原型 add_queue_runner(qr, collection)
tf.train.add_queue_runner(qr)

#定义出队操作
out_tensor = queue.dequeue()

with tf.Session() as sess:
    #使用 Coordinator 来协同启动的线程
    coordinator = tf.train.Coordinator()
```

```
    #调用 start_queue_runners()函数来启动所有线程，并通过参数
#coord 指定一个 Coordinator 来处理线程同步终止，函数原型：
start_queue_runners(sess,coord,daemon,start,collection)
    threads = tf.train.start_queue_runners(sess=sess,
coord=coordinator)

    #打印全部的 100 个结果
    for i in range(10):
        print(sess.run(out_tensor))
    #也可以这样定义打印的形式：打印每个入队操作的第一个结果
    #for i in range(10):print(sess.run(out_tensor)[0])

    coordinator.request_stop()
    coordinator.join(threads)
```

运行上述代码，先是定义了一个先进先出队列，以及一个入队操作，之后通过 QueueRunner 类创建了 5 个线程来执行这个入队操作。线程的真正运行需要调用 start_queue_runners()函数。最后在 for 循环内连续 10 次打印这个队列中的数据，打印的结果是 10 个列表，如下所示：

```
[-0.5138179  -0.5787466   0.8780443   0.7908842  -0.1992356
-1.4047263  -0.56497973  1.7846588   0.99663126 -0.24791671]
[ 0.06330355 -1.5310181   0.704869    1.1101143  -0.53824407
-1.9480687   1.3602873   0.9320023   0.41922575 -1.7172345 ]
[-1.0573804  -0.99736863 -0.5715641  -0.68886155  0.09560719
0.5215223   1.6442288   0.4700932  -1.0350585   0.9945127 ]
[ 0.48486537 -0.43419808 -0.8766951   0.3956359   1.0038627
1.137693    1.1832352   0.31452978 -0.43797427  0.08021389]
[ 1.8239247e+00  8.5035992e-01 -6.9525534e-01  1.1353226e+00
  2.2292472e-01  6.5897673e-02  2.7740184e-02  8.3382212e-05
 -3.6850822e-01 -4.1627470e-01]
[-1.3988316  -0.25067773 -0.19898203 -0.09438398  1.3409137
-0.77653724 -0.41146803  1.1225806  -1.0509661  -0.34168637]
[-0.4239797   0.9506758   1.3254855  -1.2801613  -1.2445736
-2.980367   -0.34643754 -0.46249673  0.9501352  -0.7910489 ]
[-1.751195   -0.55486584 -0.571904    1.6019359   0.63005006
1.0970982  -0.6663269  -0.5119013   1.5919927  -1.3580139 ]
[ 0.18923317  0.4689076   0.461787    0.15691961  0.15922032
0.20100537  1.5220312   0.22876483 -0.9833319   1.1149067 ]
[-0.88868773 -0.09442497 -0.017729    0.96746045  0.8079694
0.22173952 -0.48356757  0.62195206 -0.3672099  -0.49898425]
```

还有一点需要注意的是，入队操作的线程需要被明确地执行，否则当

调用出队操作时会因为队列中没有数据而导致程序一直等待入队操作被运行。

11.4 组织数据 batch

在 TensorFlow 1.x 中，组织数据 batch 是一项比较有挑战性和搭配灵活性的任务，结合前面几节对于队列和多线程的讨论，我们可以设计一个典型的从多个数据集文件中组织数据 batch 的流程框架，这个流程框架如图 11-4 所示。

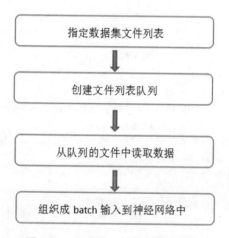

图 11-4　经典输入数据处理的流程

既然是在 TensorFlow 1.x 中，那我们就可以先使用 11.2.2 节介绍的 train.match_filenames_once() 函 数 将 文 件 整 理 成 文 件 列 表 以 及 用 train.string_input_producer()函数来创建和管理文件队列。

接着是从文件队列中读取某个文件，读取的时候可以参考 11.3 节介绍的将多线程应用于数据队列的读取，以实现使用多线程读取文件队列中的文件。

从文件队列中读取出来的内容可以进行进一步的预处理（例如图像的预处理，关于图像预处理部分的内容可以参考 7.4.2 节程序中对 Cifar-10 数据集进行预处理的过程），由于预处理不是本章的重点涉及内容，所以这里不再重复。

重要的还是图 11-4 中的最后一个步骤。这个步骤将处理好的单个训练数据整理成训练数据的多个 batch，这些 batch 就可以作为神经网络的输入。

在 TensorFlow 1.x 中可以使用 train 模块内的 batch() 函数和 shuffle_batch() 函数来将文件中读取到的多个样本组织成 batch 的形式并返回。相同的是，这两个函数都会生成一个队列，队列的入队操作是产生单个样本的方法，而每次出队得到的是一个 batch 的样本；不同的是，是否会将生成的多个单样本打乱顺序。

以较简单的 train.batch() 函数为例，以下代码展示了 train.batch() 函数的用法：

```python
import tensorflow as tf

files = tf.train.match_filenames_once("/home/jiangziyang/
TFRecord/data_tfrecords-*")
#创建文件队列，shuffle 参数设置为 True，打乱文件
filename_queue =
tf.train.string_input_producer(files,shuffle=True)

#在 TensorFlow 1.x 中读取 TFRecord 文件要使用 TFRecordReader 类
reader = tf.TFRecordReader()
_,serialized_example = reader.read(filename_queue)

#解析读取的样例，这部分和 11.1.1 节是相同的
features = tf.parse_single_example(
    serialized_example,
    features={
        "image_raw":tf.FixedLenFeature([],tf.string),
        "pixels":tf.FixedLenFeature([],tf.int64),
        "label":tf.FixedLenFeature([],tf.int64)
    })
images = tf.decode_raw(features["image_raw"],tf.uint8)
labels = tf.cast(features["label"],tf.int32)
pixels = tf.cast(features["pixels"],tf.int32)

#设置每个 batch 中样例的个数
batch_size = 10

#用于组合成 batch 的队列中最多可以缓存的样例个数
capacity = 5000 + 3 * batch_size
```

```
#set_shape()函数用来设置尺寸，这一步操作也可以使用
#image.resize_images()函数来完成。设置尺寸的操作是必须的，在1.0
#版的 TensorFlow 中如果没有这一步，会在 batch()函数的 capacity 参数
#处报错 ValueError: All shapes must be fully defined

#使用 batch()函数将样例组合成 batch,函数原型:
#batch(tensors,batch_size,num_threads,capacity,
#       enqueue_many, shapes,dynamic_pad,
#       allow_smaller_final_batch, shared_name,name)
image_batch, label_batch =
tf.train.batch([images, labels],batch_size=batch_size,
capacity=capacity,)

#接下来，就可以像之前的网络模型那样创建会话并开始训练了。与之前的
#训练过程相比，这里的会话中增加了多线程处理的相关代码
with tf.Session() as sess:
    tf.global_variables_initializer().run()
    coord = tf.train.Coordinator()
    threads = tf.train.start_queue_runners(sess=sess,
coord=coord)

    #一般在这个循环内开始训练，这里设定了训练轮数为 3
    #在每一轮训练的过程中都会执行一个组合样例为 Batch 的操作并打印出来
    for i in range(3):
        xs,ys=sess.run([image_batch,label_batch])
        print(xs,ys)

    coord.request_stop()
    coord.join(threads)
```

给 train.batch()函数提供的 tensors 参数指定了要组合的元素，在上面的程序中我们将要组合的元素设定为[images,labels]，也就是训练样本和其对应的正确答案标签。函数的 batch_size 参数指定了每个 batch 中样本的个数，在上面的程序中我们设置每个 batch 有 10 个样本。capacity 参数用于指定队列的最大容量，这个值设置得合理即可。

运行上面的程序能够得到以下所示的输出:

```
[[0 0 0 ... 0 0 0]
 [0 0 0 ... 0 0 0]
 [0 0 0 ... 0 0 0]
 ...
 [0 0 0 ... 0 0 0]
 [0 0 0 ... 0 0 0]
```

```
[0 0 0 ... 0 0 0]]  [7 2 1 0 4 1 4 9 5 9]
[[0 0 0 ... 0 0 0]
 [0 0 0 ... 0 0 0]
 [0 0 0 ... 0 0 0]
 ...
 [0 0 0 ... 0 0 0]
 [0 0 0 ... 0 0 0]
 [0 0 0 ... 0 0 0]]  [0 6 9 0 1 5 9 7 3 4]
[[0 0 0 ... 0 0 0]
 [0 0 0 ... 0 0 0]
 [0 0 0 ... 0 0 0]
 ...
 [0 0 0 ... 0 0 0]
 [0 0 0 ... 0 0 0]
 [0 0 0 ... 0 0 0]]  [9 6 6 5 4 0 7 4 0 1]
```

从输出的情况可以看到，train.batch()函数将单个的样例数据组织成
10 个一组的 batch。由于空间有限，打印的时候将 images 的某些数据折叠
起来。

再来看看 train.shuffle_batch()函数，以下代码展示了其定义原型：

```
#shuffle_batch(tensors,batch_size,capacity,
#            min_after_dequeue, num_threads,seed,
#            enqueue_many,shapes,allow_smaller_final_batch,
#            shared_name,name)
```

train.shuffle_batch()函数的使用类似于 train.batch()函数，参数也大部分
相同。只是对于 train.shuffle_batch()函数，在使用时一般会设置其 min_
after_dequeue 参数，这个参数为该函数所独有，用于限制出队时队列中元
素的最少个数。

当队列中样例数目较少时，随机打乱样例顺序的作用会表现得不是很
明显。因此，shuffle_batch()函数能够通过限制出队时队列中最少样例的个
数来保证随机打乱顺序的作用，当出队函数被调用但是队列中的样例数目
不够 min_after_dequeue 的标准时，出队操作将等待更多的样例入队才会完
成。需要说明的是，如果min_after_dequeue参数被设定，那么capacity参数
也应该相应调整为较大的值来满足性能需求。

在这里就不占用过多的篇幅对 shuffle_batch()函数的实际使用展开介
绍了，有兴趣的读者可以安装 TensorFlow 1.x 并自行编写代码进行相关的
试验。

对于 train.batch()函数或 train.shuffle_batch()函数来说，num_threads 也是一个非常重要的参数。合理地设置 num_threads 参数可以使 train.batch()函数和 train.shuffle_batch()函数以并行化多线程的方式完成将一个输入文件中的多个样例组织成 batch 的过程。

其实要想通过多个线程读取多个文件中的样例并组织数据 batch，那么使用 train.shuffle_batch_join()函数将是更佳的选择。这个函数可以看作 train.shuffle_batch()函数的升级版，会从输入文件队列中获取不同的文件，并尽量平均分发到不同的线程中。

还有一个 train.batch_join()函数，它可以看作 train.batch()函数的升级版。是否使用带"join"后缀的函数，要在具体的情况下具体分析。例如，用于训练的样例只放在了一个文件中，那么此时我们可能更倾向于使用不带"join"后缀的函数，而如果这些样例被放在了不同的多个文件中，那么此时我们可能更倾向于使用带"join"后缀的函数，并通过多线程的方式读取这些文件中的内容。

无论是使用哪个函数，在开启多线程时都要注意，需要根据机器的实际性能以及自己积累的经验设置一个比较合理的线程数，这样才不至于使神经网络的训练速度受到严重的影响。限于篇幅，这里不再列举这两个带"join"后缀的函数的使用样例，对它们的使用可以参考 TensorFlow 官方文档。以下是这两个函数的原型：

```
#shuffle_batch_join(tensors_list,batch_size,capacity,
#                   min_after_dequeue,seed,shapes,
#                   enqueue_many,allow_smaller_final_batch,
#                                  shared_name,name)

#batch_join(tensors_list,batch_size,capacity,enqueue_many,
#           shapes,dynamic_pad,allow_smaller_final_batch,
#                              shared_name,name)
```

现在我们来看看在 TensorFlow 2.0 中可以采用什么样的方式组织数据 batch。其实早在 TensorFlow 1.4 中就引入了 data 模块，作为处理和组织原始训练集数据的工具而使用。TensorFlow 2.0 继续支持 data 模块并完善了该模块的功能。在 TensorFlow 2.0 中，如果不想局限于使用 keras.Sequential.fit()函数的 batch_size 参数设置 batch 的大小，而是想体验一把自己组织数据 batch 并输入到网络中，那么能够使用的就只有 data 模块了。

第 6 章中，在从头编写层和模型的实践中，我们使用了 data.Dataset 类读取了来自原始数据集中的样本数据并把它们组织成了数据 batch 传递到网络中。在那里，我们是像下面这段代码所示使用 Dataset 类的。

```python
import tensorflow as tf

(train_images, train_labels),\
(test_images, test_labels) = tf.keras.datasets.\
                                    fashion_mnist.load_data()

train_images = train_images.reshape(60000, 784).\
                                    astype('float32')/255
test_images = test_images.reshape(10000, 784).\
                                    astype('float32')/255

train_dataset = tf.data.Dataset.\
    from_tensor_slices((train_images, train_labels))
train_dataset = train_dataset.\
    shuffle(buffer_size=1024).batch(100)

test_dataset = tf.data.Dataset.\
    from_tensor_slices((test_images, test_labels))
test_dataset = test_dataset.batch(100)
```

Dataset 类的 from_dataset_slices()函数可以用于创建数据集切片，我们给它唯一的参数赋值了一个元组，这样每一个 train_images 中的样本就和 train_labels 中的每一个标签都一一对应起来了。其函数定义原型为：

```python
@staticmethod
from_tensor_slices(tensors)
```

Dataset 类的 shuffle()函数可以实现随机打乱此读取到的数据集中的元素。只要是随机打乱，就都会在打乱的过程中设置一个缓冲区，shuffle()函数从数据集中读取多个样本填充到缓冲区，然后从缓冲区随机选取样本返回，该样本所在的位置会被缓冲区外的样本所替代。buffer_size 参数可以设置缓冲区的大小为了实现更好的打乱效果，缓冲区的大小一般小于或等于数据集的完整大小。下面是 shuffle()函数的定义原型：

```python
shuffle(buffer_size, seed=None,
        reshuffle_each_iteration=None)
```

Dataset 类的 batch()函数可以讲数据集的多个样本组合成 batch。在使用 batch()函数时，要为 batch_size 参数指定一个值，也就是这个 batch 的大小。经过 batch()函数之后，样本就获得了一个额外的维度值，即 batch_size。下面是batch()函数的定义原型：

```
batch(batch_size, drop_remainder=False)
```

下面我们来看看打印 train_dataset 的第一个 batch 会是什么样的结果。

```
for train_images, train_labels in train_dataset:
    print(train_images, train_labels)

'''train_dataset的第一个batch的打印结果
tf.Tensor(
[[0. 0. 0. ... 0. 0. 0.]
 [0. 0. 0. ... 0. 0. 0.]
 [0. 0. 0. ... 0. 0. 0.]
 ...
 [0. 0. 0. ... 0. 0. 0.]
 [0. 0. 0. ... 0. 0. 0.]
 [0. 0. 0. ... 0. 0. 0.]], shape=(100, 784), dtype=float32)
tf.Tensor([4 9 1 1 2 1 6 7 7 5 1 4 5 6 9 0 1 1 0 0 5 9 4 1
0 4 5 7 0 9 0 4 5 6 2 1 7 5 5 0 5 4 3 6 9 3 9 7 9 5 2 7 0 1
8 5 2 0 4 8 9 0 2 5 1 8 5 3 6 3 7 6 3 1 9 9 0 9 5 4 0 8 5 8
3 1 5 0 3 8 6 8 7 5 2 6 5 5 6 8], shape=(100,), dtype=uint8)
'''
```

除了上面所使用的 Dataset 类的函数之外，这个类里还提供了其他较为实用的函数，例如我们在前面使用的 take()函数，另外还有 enumerate()函数、map()函数以及 filter()函数等。下面更细致地展示了take()函数的使用。

```
import tensorflow as tf
import numpy as np

n_observations = int(1e4)

#创建四个NumPy的数组作为Dataset要读取的原始数据，其中
#feature0是只包含False和True的Boolean型数组，feature1是
#0到4随机选择的五个元素的整数型数组，feature2是字符串型数组
#feature2是浮点型数组
feature0 = np.random.choice([False, True], n_observations)
feature1 = np.random.randint(0, 5, n_observations)
strings = np.array([b'cat', b'dog', b'chicken',
                                b'horse', b'goat'])
feature2 = strings[feature1]
feature3 = np.random.randn(n_observations)
```

```
features_dataset = tf.data.Dataset.\
                    from_tensor_slices((feature0, feature1,
                                        feature2, feature3))

#使用 take(1) 从数据集中提取一个(且是第一个)示例
for f0,f1,f2,f3 in features_dataset.take(1):
    print(f0)
    print(f1)
    print(f2)
    print(f3)

'''下面是四行打印的内容:
tf.Tensor(False, shape=(), dtype=bool)
tf.Tensor(0, shape=(), dtype=int64)
tf.Tensor(b'cat', shape=(), dtype=string)
tf.Tensor(1.0276007906554734, shape=(), dtype=float64)
'''
```

限于篇幅，这里不再展示 Dataset 类其他函数的使用，想要试试它们，可以参考官方（https://tensorflow.google.cn/versions/r2.0/api_docs/python/tf/data/Dataset）对它们的说明。

最后的这段代码展示了对 Dataset 数据集使用 enumerate 遍历的办法。

```
import tensorflow as tf

(train_images, train_labels),\
(test_images, test_labels) = tf.keras.datasets.\
                                fashion_mnist.load_data()
train_images = train_images.reshape(60000, 784).\
                                astype('float32')/255
test_images = test_images.reshape(10000, 784).\
                                astype('float32')/255
train_dataset = tf.data.Dataset.\
    from_tensor_slices((train_images, train_labels))
train_dataset = train_dataset.shuffle(buffer_size=1024).\
                            batch(100)

for step, x_batch_train in enumerate(train_dataset):
    print(step,x_batch_train)
'''打印的内容:
599
(<tf.Tensor: id=2412, shape=(100, 784), dtype=float32,
numpy=array(
```

```
[[0., 0., 0., ..., 0., 0., 0.],
    [0., 0., 0., ..., 0., 0., 0.],
    [0., 0., 0., ..., 0., 0., 0.],
    ...,
    [0., 0., 0., ..., 0., 0., 0.],
    [0., 0., 0., ..., 0., 0., 0.],
    [0., 0., 0., ..., 0., 0., 0.]], dtype=float32)>,
<tf.Tensor: id=2413, shape=(100,), dtype=uint8,
numpy=array(
[4, 6, 5, 8, 0, 9, 2, 3, 9, 1, 0, 9, 5, 6, 3, 0, 8, 0,
 0, 6, 3, 1,5, 4, 5, 4, 3, 9, 8, 0, 6, 2, 1, 3, 6, 6,
 4, 7, 3, 7, 8, 9, 8, 2, 2, 9, 9, 0, 4, 5, 2, 8, 5, 2,
 1, 5, 4, 8, 8, 8, 8, 0, 8, 6, 9, 9, 8, 4, 8, 3, 2, 7,
 3, 2, 1, 6, 4, 0, 5, 7, 2, 6, 5, 9, 9, 6, 2, 7, 1, 6,
 3, 7, 9, 3, 2, 3, 7, 0, 5, 3], dtype=uint8)>)
'''
```

第 12 章　模型持久化

　　实现模型持久化（或者说模型保存）的目的在于可以使模型训练后的结果重复使用。这样做无疑节省了重复训练模型的时间，提高了编程工作的效率，因为当遇到稍大的神经网络往往要训练许多天之久。

　　在 TensorFlow 版本更替的过程中模型持久化的方式也发生了一些变化。在 12.1 节中，我们将体验到如何在 TensorFlow 1.x 的早期版本中使用低阶 API 完成模型的持久化，并且会以向量相加的例子为基础持久化了一个模型，之后又加载了这个被保存的模型。

　　模型持久化之后会得到若干个文件，12.2 节将通过解析这些文件的内容来介绍 TensorFlow 持久化的工作原理。Keras 中也提供了和模型持久化有关的高阶 API，这些 API 实际上就是替我们完成了低阶 API 的调用工作，以使得模型持久化的过程更加容易。12.3 节介绍了如何在 TensorFlow 2.0 中使用 Keras 提供的这些 API 保存模型，并通过持久化 Fashion-MNIST 服饰图像识别的例子展示了这些高阶 API 的使用。

12.1　典型的模型保存方式

　　train.Saver 类是 TensorFlow 1.x 中提供的用于保存和还原一个神经网络模型的低阶 API，它的使用非常简单，例如要持久化第 2 章中那个向量相加的例子，代码可以这样写：

```
import tensorflow as tf

#声明两个变量并计算其加和
a = tf.Variable(tf.constant([1.0,2.0],shape=[2]), name="a")
b = tf.Variable(tf.constant([3.0,4.0],shape=[2]), name="b")
result=a+b
```

```
#定义初始化全部变量的操作
init_op=tf.initialize_all_variables()

#定义 Saver 类对象用于保存模型
saver=tf.train.Saver()

with tf.Session() as sess:
    sess.run(init_op)
#模型保存到/home/jiangziyang/model 路径下的
#model.ckpt 文件，其中 model 是模型的名称
    saver.save(sess,"/home/jiangziyang/model/model.ckpt")
    #save 函数的原型是：
#save(self,ses,save_path,global_step,latest_filename,
#   meta_graph_suffix,write_meta_graph, write_state)
```

这就是简单的模型持久化功能的实现。save()函数的 ses 参数用于指定要保存的模型会话，save_path 参数用于指定路径。

在代码中，通过 Saver 类的 save()函数将 TensorFlow 模型保存到了一个指定路径下的 model.ckpt 文件中（TensorFlow 模型一般会保存在后缀名为.ckpt 的文件中，代码中可以省略.ckpt 后缀名，但是好的编程习惯是对其加以指定）。

虽然上面的程序只指定了一个文件路径，但是在这个文件目录下会出现 4 个文件，如图 12-1 所示。

checkpoint　　model.ckpt.data-　　model.ckpt.index　　model.ckpt.meta
　　　　　　　　00000-of-00001

图 12-1　持久化后的文件

其中，checkpoint 文件是一个文本文件，用文本编辑器就能打开。它保存了一个目录下所有的模型文件列表。以下代码展示了该文件的内容：

```
model_checkpoint_path: "/home/jiangziyang/model/model.ckpt"
all_model_checkpoint_paths:
"/home/jtangziyang/mode/model.ckpt"
```

checkpoint 文件会被自动更新。以上述 model 目录下的 model.ckpt 模型为例，当有更多的模型（如 model2.ckpt）被保存到 model 目录下时，该文件会将内容更新为最新保存的（model2.ckpt）。

其余 3 个文件全部是二进制文件，也就是说我们没有办法直接打开。

这些文件的作用分别如下：

> model.ckpt.data-00000-of-00001 文件保存了 TensorFlow 程序中每一个变量的取值。

> model.ckpt.index 文件保存了每一个变量的名称，是一个 string-string 的 table，其中 table 的 key 值为 tensor 名，value 值为 BundleEntryProto。

> model.ckpt.meta 文件保存了计算图的结构，或者说是神经网络的结构。

将一个模型分成多个文件保存的原因是 TensorFlow 会将模型的计算图结构以及参数的取值分开保存。在下一节介绍持久化原理的时候会有机会看到这些文件的内容是什么，但在这一节，我们的重点是使用与持久化相关的 API 函数。除了保存模型之外，TensorFlow 也提供了相应的函数来加载保存的模型。例如加载上述向量相加的模型，可以用下面的代码：

```
import tensorflow as tf

#声明两个变量并计算其加和
a = tf.Variable(tf.constant([1.0,2.0],shape=[2]), name="a")
b = tf.Variable(tf.constant([3.0,4.0],shape=[2]), name="b")
result=a+b

#定义 Saver 类对象用于保存模型
saver=tf.train.Saver()

with tf.Session() as sess:
    #使用 restore()函数加载已经保存的模型
saver.restore(sess,
            "/home/jiangziyang/model/model.ckpt")
    print(sess.run(result))
    #输出为[4. 6.]
    #restore 函数的原型是 restore(self,sess,save_path)
```

这和保存模型的代码很相似，但是省略了初始化全部变量的过程。使用 restore()函数需要在模型参数恢复前定义计算图上的所有运算，并且变量名需要与模型中存储的变量名保持一致，这样就可以将变量的值通过已保存的模型加载进来。

有时我们可能不希望重复定义计算图上的运算，因为这样的过程太烦琐。当然可以把模型的计算图也恢复出来，TensorFlow 支持直接加载已经

持久化的计算图。函数 import_meta_graph()实现了这一功能，其输入参数
为.meta 文件的路径（注意.meta 文件并没有存储参数的值）。它返回一个
Saver 类实例，再调用这个实例的 restore()函数就可以恢复其参数了。以下
代码给出了一个样例：

```python
import tensorflow as tf

#省略了定义计算图上运算的过程，取而代之的是通过
#.meta 文件直接加载持久化的计算图
meta_graph = tf.train.import_meta_graph(
          "/home/jiangziyang/model/model.ckpt.meta")

with tf.Session() as sess:
    #使用 restore()函数加载已经保存的模型
meta_graph.restore(sess,
           "/home/jiangziyang/model/model. ckpt")
    #获取默认计算图上指定节点处的张量
print(sess.run(tf.get_default_graph().\
                 get_tensor_by_name ("add:0")))
#输出结果为:
#Tensor("add:0", shape=(2,), dtype=float32)
    #import_meta_graph 函数的原型是:
#import_meta_graph(meta_graph_or_file,clear_devics,
#                        import_scope,kwargs)
#get_tensor_by_name()函数的原型是:
#get_tensor_by_name(self,name)
```

.ckpt.meta 文件保存了计算图的结构，通过 import_meta_graph()函数将
计算图导入到程序中并传递给 meta_graph，之后在会话中通过 restore()函数
对该计算图中变量的值进行加载。get_tensor_by_name()函数用于获取指定
节点处的张量（add:0 表示 add 节点的第一个输出）。在 TensorFlow 程序
中，可以通过节点的名称来获取相应的节点。下一节深入理解持久化原理
的时候，会对此有一番更加详细的解释。

上面的这 3 段代码保存和加载了 TensorFlow 计算图上定义的全部变
量。当然也可以保存或者加载部分变量，这样做使得我们在修改网络结构
时特别方便。实现保存和加载部分变量，可以在声明 train.Saver 类的同时提
供一个列表来指定需要保存或者加载的变量。以加载变量 a 为例，代码可
以这样写：

```python
import tensorflow as tf
```

```
#声明两个变量并计算其加和
a = tf.Variable(tf.constant([1.0,2.0],shape=[2]), name="a")
b = tf.Variable(tf.constant([3.0,4.0],shape=[2]), name="b")
result=a + b

#在声明 train.Saver 类的同时提供一个列表
#来指定需要加载的变量 a
saver = tf.train.Saver([a])

with tf.Session() as sess:
    #使用 restore()函数加载已经保存的模型
saver.restore(sess,
            "/home/jiangziyang/model/model.ckpt")
    print(sess.run(a))
    #打印输出[1. 2.]
```

保存部分变量也可以通过在声明 train.Saver 类的同时提供一个列表的方式来指定，这里不再列举。如果将 print(sess.run(a))替换成 print(sess.run(b))，那么在执行的过程中会出现变量未初始化的错误提示。

```
tensorflow.python.framework.errors_impl.FailedPrecondition
Error: Attempting to use uninitialized value b
[[Node: _send_b_0 = _Send[T=DT_FLOAT, client_terminated= true,
recv_device="/job:localhost/replica:0/task:0/cpu:0",
send_device="/ job:localhost/replica:0/task:0/cpu:0",
send_device_incarnation=-3743004834762113715,tensor_name="b:
0", _device="/job:localhost/replica:0/task:0/cpu:0"](b)]]
```

提示的信息很好理解，是说我们企图去使用一个未初始化的值 b。这是因为在初始化 Saver 类时只加载了 a，而没有加载 b，所以这种情况下对 b 进行调用就会出现这种错误。

除此之外，Saver 类也支持在保存或者加载时给变量重新命名，这通常用于代码中需要加载的变量和模型中保存的变量有不同名称时。以下代码就给出了一个样例：

```
import tensorflow as tf

#声明两个变量，但是名称和已经保存的模型中的变量名称不同
a = tf.Variable(tf.constant([1.0,2.0],shape=[2]),
                name="a2")
b = tf.Variable(tf.constant([3.0,4.0],shape=[2]),
                name="b2")
```

```
result =a+b
saver = tf.train.Saver()

with tf.Session() as sess:
    #使用 restore()函数加载已经保存的模型
saver.restore(sess,
               "/home/jiangziyang/model/model.ckpt")
    print(sess.run(result))
```

在声明变量 a 和 b 时 name 属性发生了改变，通过 Saver 默认的构造函数直接加载保存的模型会发生错误。在发生错误时，可能会遇到下面所给出的提示：

```
NotFoundError (see above for traceback): Key b2 not found in
checkpoint[[Node: save/RestoreV2_1 = RestoreV2[dtypes=
[DT_FLOAT], _device="/job:localhost/replica:0/task:0/cpu:0"]
(_recv_save/Const_0, save/RestoreV2_1/tensor_names, save/
RestoreV2_1/shape_and_slices)]]
```

为了解决这个问题，可以在初始化 Saver 类时以字典（Dictionary）的方式将模型保存时的变量名和需要加载的变量联系起来，使用这种方式初始化 Saver 类时的代码为：

```
saver = tf.train.Saver({"a": a,"b": b})
```

在 Python 中，字典包含一系列的"键：值"对，每一个键与一个值相关联。初始化 Saver 类时使用的字典指定了模型中名称为 a 的变量与变量 a（name 属性为 a2）相关联，模型中名称为 b 的变量与变量 b（name 属性为 b2）相关联。

通常我们不会刻意更改变量的 name 属性，然后使用这种字典的方式进行关联，虽然有时也存在这种必要。在早期的 TensorFlow 1.x 中进行函数式模型搭建的时候，常常会用到 TensorFlow 自带的变量滑动平均值特性以提升训练的效果。需要用到这种变量字典形式关联的情况就是在使用变量滑动平均值的时候。

所谓变量的滑动平均，指的就是模型对每一个变量都维护一个影子变量（shadow_variable），这个影子变量的初始值就是相应变量的初始值，如果变量本身发生变化，影子变量的值也会按照一个特定的公式连同发生变化，这个影子变量的值就是变量的滑动平均值。如果在加载模型时直接将影子变量的值赋给原变量，那么就可以省略单独调用函数来获取变量滑动平均值的过程了，这样大大方便了滑动平均模型的使用。下面的例子展示了滑动平均变量如何保存：

```python
import tensorflow as tf
a = tf.Variable(0, dtype=tf.float32, name="a")
b = tf.Variable(0, dtype=tf.float32, name="b")

#用 train.ExponentialMovingAverage 类定义滑动平均操作,
#该类的构造函数定义原型为:
#__init__(decay,num_updates=None,zero_debias=False,
#        name='ExponentialMovingAverage')
#其 apply()函数定义原型为: apply(var_list=None)
averages_class = tf.train.\
                ExponentialMovingAverage(0.99)
averages_op = averages_class.apply(tf.all_variables())

#输出这个计算图所有的变量，这些变量在集合
#tf.GraphKeys.VARIABLES 下
for variables in tf.global_variables():
    print(variables.name)
    #输出结果为
    #a:0
    #b:0
    #a/ExponentialMovingAverage:0
    #b/ExponentialMovingAverage:0

init_op = tf.global_variables_initializer()
saver = tf.train.Saver()
with tf.Session() as sess:
sess.run(init_op)

    #使用 assign()函数对变量值进行更新
    #函数原型为:
    #assign(ref,value,validate_shape,ues_locking,name)
    sess.run(tf.assign(a, 10))
    sess.run(tf.assign(b, 5))

    #执行滑动平均操作
    sess.run(averages_op)
saver.save(sess,
        "/home/jiangziyang/model/model2.ckpt")
    print(sess.run([a, averages_class.average(a)]))
    print(sess.run([b, averages_class.average(b)]))
    #输出结果为
```

```
#[10.0, 0.099999905]
#[5.0, 0.049999952]
```

通过滑动平均类生成的影子变量有一种固定的命名方式，那就是在原变量名的后面加上"/ExponentialMovingAverage"。这些影子变量会被加入原变量所属的集合中，所以在第一个 print 中，原变量和影子变量的值都被输出（此时还没有执行滑动平均操作）。

可以通过变量重命名的方式将变量的滑动平均值读取到原变量。下面的代码展示了将变量 a 和 b 的滑动平均值读到 a 和 b 中：

```
import tensorflow as tf
a = tf.Variable(0, dtype=tf.float32, name="a")
b = tf.Variable(0, dtype=tf.float32, name="b")

#在使用字典方式给变量赋值时可以不用定义滑动平均类
averages_class = tf.train.\
              ExponentialMovingAverage(0.99)

#使用字典的方式给变量 a 和 b 赋值
saver = tf.train.\
      Saver({"a/ExponentialMovingAverage":a,
             "b/ExponentialMovingAverage":b})

#也可以使用 train.ExponentialMovingAverage 类提供
#的 variables_to_restore()函数直接生成上面代码中提供
#的字典，所以下面这一句和上面那一句效果相同，函数原型：
#variables_to_restore(self,moving_avg_variable)
#saver = tf.train.Saver(averages_class.\
                       variables_to_restore())

with tf.Session() as sess:
saver.restore(sess,
           "/home/jiangziyang/model/model2.ckpt")
   print(sess.run([a, b]))
   #输出结果为：
   #[0.9561783, 0.47808915]

   print(averages_class.variables_to_restore())
   #输出结果为：
#{'a/ExponentialMovingAverage':< tensorflow.python.ops
#.variables.Variableobject at 0x7f35bff4ab70 >,
#'b/ExponentialMovingAverage': < tensorflow.python.ops
#.variables.Variablobject at 0x7f35b19b7dd8 >}
```

尽管这样加载变量的滑动平均值是行得通的，但是当变量的数量很多时，再使用这种方式就显得烦琐了。对于 TensorFlow 1.x 来说，变量可以通过 initializer 属性一次性地单个初始化，也可以在会话中使用 initialize_all_variables()函数将变量全部初始化。

类似地，为了方便加载时重命名滑动平均变量，train.Exponential-MovingAverage 类提供了 variables_to_restore()函数，这个函数可以生成 Saver 类所需的变量重命名字典。这个函数的用法非常简单，在上面的代码中使用被注释的 saver 进行代替即可，运行之后会得到相同的输出值。

12.2　模型持久化的原理

在上一节中，我们保存了一个向量相加的模型并得到了 4 个文件，然而并没有对这 4 个文件进行详细的介绍。本节在阐述模型持久化原理的同时也会对这些文件的具体内容加以介绍，理解文件的内容有助于我们理解模型持久化的原理。

除了 checkpoint 文件之外，剩余的 3 个文件都是模型保存的核心文件（二进制文件形式）。对于这些二进制文件，我们无法直接打开。此时可以通过一些 API 将这些二进制文件转换为我们容易打开的文件形式，进而一窥这些文件的真正面貌。

12.2.1　model.ckpt.mate 文件

model.ckpt.mate 文件中存储的是 TensorFlow 程序的元图数据。所谓元图数据，指的是计算图中的节点信息。元图数据的存储格式定义在 MetaGraphDef 中。以下就是 MetaGraphDef 的定义：

```
message MetaGraphDef{
    MetaInfoDef meta_info_def = 1;
    GraphDef graph_def = 2;
    SaveDef saver_def = 3;
    map<string, CollectionDef> collection_def = 4;
    map<string, SignatureDef> signature_def = 5;
};
```

　　这样定义的数据格式符合 Protocol Buffer 工具的要求。回顾第 2 章所讲的 Protocol Buffer 定义数据格式的相关内容，可知一个 message 就代表了一类结构化的数据。经过 Protocol Buffer 工具序列化之后的文件存储在二进制文件中，可以使用 Saver 类提供的 export_meta_graph()函数方便地查看文件的内容。这个函数支持以 json 的格式导出 Protocol Buffer 序列化之后的元图二进制数据。以下代码展示了如何使用这个函数：

```
import tensorflow as tf

#声明两个变量并计算其加和
a = tf.Variable(constant([1.0,2.0],shape=[2]), name="a"))
b = tf.Variable(constant([3.0,4.0],shape=[2]), name="b"))
result=a + b

#定义 Saver 类对象用于保存模型
saver = tf.train.Saver()
saver..export_meta_graph("/home/jiangziyang/model_ckpt_meta_json", as_text=True)

#export_meta_graph()函数的原型是：
#export_meta_graph(self,filename,collection_list,es_text,
#export_scope,clear_ devices)
```

　　通过上面的代码，可以将上一节中的计算图的元图以.json 的格式导出并存储在 model.ckpt.meta.json 文件中。打开 model.ckpt.meta.json 文件，会发现其中包含了很多嵌套的属性及属性值。在最外层，是 MetaGraphDef 中定义的 5 个属性：meta_info_def、graph_def、saver_def、collection_def 和 signature_def。接下来会依次介绍这些属性。

1. meta_info_def 属性

　　meta_info_def 属性是通过 MetaInfoDef 类型定义的。在定义中，meta_graph_version 属性用于记录 TensorFlow 计算图的版本号；any_info 属性用于记录其他的一些附加信息；tags 属性用于记录用户指定的某些标签。这些都不是重要的属性，所以如果没有在 saver 中特殊指定，这些属性都默认为空。以下是 MetaInfoDef 的定义：

```
message MetaInfoDef{
    string meta_graph_version = 1;
    OpList stripped_op_list = 2;
```

```
        google.protobuf.Any any_info = 3;
        repeated string tags = 4;
};
```

meta_info_def 属性中最重要的是 stripped_op_list 属性，它记录了 TensorFlow 计算图上用到的所有运算方法的信息，但是没有记录这些运算方法使用的次数。这就是说，即使在计算图中多次使用了相同的运算方法，在 stripped_op_list 中也只会被记录一次。

stripped_op_list 属性由许多 op 属性构成，每一个 op 属性记录了一个运算方法的信息。这些 op 是 OpDef 型的属性。以下代码给出了 OpDef 的定义：

```
message OpDef{
    string name = 1;
    repeated ArgDef input_arg = 2;
    repeated ArgDef output_arg = 3;
    repeated AttrDef attr = 4;

    string summary = 5;
    string description = 6;
    OpDeprecation deprecation = 8;

    bool is_aggregate = 16;
    bool is_stateful = 17;
    bool is_commutative = 18;
    bool allows_uninitialized_input = 19;
};
```

其中第一个属性 name 是运算的名称，在元图文件的其他属性中，可以通过 name 属性来引用不同的运算。第二个和第三个属性为 input_arg 和 output_arg，是运算的输入和输出，因为输入、输出都可以有多个，所以这两个属性都是可重复的（repeated）。第四个属性 attr 用于存储其他的运算参数信息。我们只关心这 4 个属性，因为这 4 个属性存储了一个运算最核心的信息。

在 stripped_op_list 属性中总共存在 8 个 op 属性，也就是说计算图中存在着 8 个运算。接下来将结合一个比较典型的 op 属性来说明 OpDef 的结构：

```
op {
    name: "Add"
```

```
input_arg {
  name: "x"
  type_attr: "T"
}
input_arg {
  name: "y"
  type_attr: "T"
}
output_arg {
  name: "z"
  type_attr: "T"
}
attr {
  name: "T"
  type: "type"
  allowed_values {
    list {
      type: DT_HALF
      type: DT_FLOAT
      type: DT_DOUBLE
      type: DT_UINT8
      type: DT_INT8
      type: DT_INT16
      type: DT_INT32
      type: DT_INT64
      type: DT_COMPLEX64
      type: DT_COMPLEX128
      type: DT_STRING
    }
  }
}
}
```

上面给出了加和运算的相关信息，这个运算的 name 属性为 Add，运算有两个输入和一个输出，输入、输出属性都指定了 name 属性，这个 name 属性的值和计算图上的不同，这和该运算的定义有关。对于 Add 运算，OpDef 的 attr 属性通过其子属性 allowed_values 指定了运算输入、输出允许的参数类型。

对于其他的运算，如 Assign、Const 等，可以参考运行得出的.json 文件，这里不再一一列举。

2. graph_def 属性

TensorFlow 计算图中的每一个节点都会对应到一个运算。在可视化的计算图中有时会看不到全部的运算，这是因为计算图对它们进行了"折叠"。

在 meta_info_def 属性中，stripped_op_list 属性的 op 子属性记录了计算图中用到的全部的运算，但我们还需要一些属性来记录计算图中某一节点的信息，比如该节点采用了什么运算，输入、输出来自哪里等。这些节点的信息被存储在 graph_def 属性中。graph_def 属性是通过 GraphDef ProtocolBuffer 定义的。以下代码给出了 GraphDef 类型的定义：

```
message GraphDef{
    repeated NodeDef node = 1;
    VersionDef versions = 4;
};
```

GraphDef 中的 VersionDef 类型的 versions 属性存储了 TensorFlow 的版本号。版本号不是一个非常重要的话题，所以这里省略了对 versions 属性的介绍。NodeDef 类型的 node 属性存储了 GraphDef 的主要信息。以下代码是 NodeDef 类型的定义：

```
message NodeDef{
    string name = 1;
    string op = 2;
    repeated string input = 3;
    string device = 4;
    map<string, AttrValue> attr= 5;
};
```

NodeDef 类型中的第一个属性 name 定义了该节点的名称。名称可以作为一个节点的唯一标识符，可以通过 name 属性在 TensorFlow 程序中引用相应的节点。

NodeDef 类型中的第二个属性 op 的值是该节点使用的运算方法的名称。这个名称和 OpDef 中 name 属性的值相同，通过这个名称可以在 meta_info_def 属性的子属性 stripped_op_list 中找到该运算的具体信息。

NodeDef 类型中的第三个属性 input 定义了运算的输入。这是一个字符串列表；每个字符串的取值格式都类似于 node:src_output。其中，node 代表该节点的名称，而 src_output 则代表这个输入是 node 节点的第几个输出。例如，add:0 表示名为 add 的节点的第一个输出。当 src_output 为 0 时，可以省略:src_output 部分。比如，add:0 也可以简写成 add。

NodeDef 类型中的 devices 属性指定了处理这个运算的设备。TensorFlow 程序的运行能够被放在多种或多个设备上，这些设备包括本地机器的 CPU 或 GPU，或者分布式机器的 CPU 或 GPU（在第 14 章有关于设备的详细介绍，这里不再赘述）。当 device 属性为空（指我们没有通过 device()函数手动指定进行计算的设备。对于这个函数的使用，在第 14 章也有专门的介绍）时，TensorFlow 在运行时会自动选取一个最合适的设备（TensorFlow 有一套能较快执行运算的节点选择方案，这个方案的简介也被放到了第 14 章）来运行这个运算。

最后 NodeDef 类型中的 attr 属性指定了和当前运算相关的配置信息。对于某一具体的运算，attr 属性的内容会不尽相同，但大体上 attr 保存的信息会包括尺寸、数值类型等，这些都是我们比较关心的。

对于一个向量相加的例子，尽管过程不是很复杂，代码段也不是很长，但是 graph_def 属性中的节点数却多达 23 个，其名称分别如下：

```
Const、a、a/Assign、a/read、Const_1、b、b/Assign、b/read、
add、save/Const、save/SaveV2/tensor_names、
save/SaveV2/shape_and_slices、save/SaveV2、
savecontrol_dependency、save/RestoreV2/tensor_names、
save/RestoreV2/shape_and_slices、save/RestoreV2、save/Assign、
save/RestoreV2_1/tensor_names、save/RestoreV2_1/
shape_and_slices、save/RestoreV2_1、save/Assign_1、
save/restore_all
```

按照 graph_def 属性代码中的各个节点的 input 子属性值，图 12-2 汇总了节点之间的连接关系。

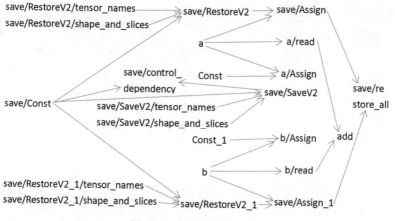

图 12-2　节点的连接网络

　　将 graph_def 属性的代码完全展示出来会占用很大的篇幅，所以在这里仅列举出笔者认为比较有代表性的几个节点来具体介绍 graph_def 属性。

```
graph_def {
 node {
  name: "Const"
  op: "Const"
  attr {
   key: "_output_shapes"
   value {
    list {
     shape {
      dim {
       size: 2
      }}}}
  }
  attr {
   key: "dtype"
   value {
    type: DT_FLOAT
   }
  }
  attr {
   key: "value"
   value {
    tensor {
     dtype: DT_FLOAT
     tensor_shape {
      dim {
       size: 2
      }
     }
     tensor_content: "\000\000\200?\000\000\000@"
    }}}
  }
 node {
  name: "a"
  op: "VariableV2"
   attr {
    key: "_output_shapes"
    value {
     list {
      shape {
       dim {
```

```
          size: 2
        } } } }
    }
    attr {
      key: "container"
      value {
        s: ""
      }
    }
    attr {
      key: "dtype"
      value {
        type: DT_FLOAT
      }
    }
    attr {
      key: "shape"
      value {
        shape {
          dim {
            size: 2
          }}}
    }
    attr {
      key: "shared_name"
      value {
        s: ""
      }}
}
...
node {
  name: "add"
  op: "Add"
  input: "a/read"
  input: "b/read"
  attr {
    key: "T"
    value {
      type: DT_FLOAT
    }
  }
  attr {
    key: "_output_shapes"
    value {
```

```
    list {
      shape {
        dim {
          size: 2
        } } } } }
 }
 ...
 versions {
  producer: 21
 }
}
```

第一个节点给出的是常量的运算，这个节点的 name 值为 Const，op 值为 Const。出现这个节点是因为在声明变量 a 和 b 时先通过 constant()函数将其初始值设置为常数，而在第 3 章的开始，我们知道 TensorFlow 会将常量转换成一种输出值永远固定的计算。

名称为 a 的节点是变量定义的运算，因为 TensorFlow 会将变量定义也视为一个运算。这个运算的名称为 a(name:"a")，运算的方法名称为 Variable(op: "Variable")。我们定义了两个变量——a 和 b，所以在 graph_def 属性中还有一个名称为 b(name: "b")的节点，但是运算方法都是 Variable(op: "Variable")，于是在 stripped_op_list 属性中只有一个名称为 Variable 的运算方法。attr 属性指定了和当前运算相关的配置信息，于是可以看到，在节点 a 中，通过 attr 属性指定了这个变量的维度及类型。有的节点会指定多个 attr 属性，比如 add 节点。对于拥有多个 attr 属性的节点，在分析时不要混淆 attr 属性之间的关系。

名称为 add 的节点就是代表加法运算的节点。它指定了两个输入，一个为 a/read，另一个为 b/read。其中 a/read 代表的节点可以读取变量 a 的值。因为 a 的值是节点 a/read 的第一个输出，所以后面的:0 就省略了。b/read 的情况也类似于 a/read。

在所有的 node 节点都列举完之后有一个 versions 属性，该属性指明了在生成这个.json 文件时所使用的 TensorFlow 版本号。对于这个属性，这里不再深入探讨。

3. saver_def 属性

saver_def 属性是通过 SaveDef 类型定义的，记录了持久化模型时需要的一些参数，比如保存到文件的文件名、保存操作和加载操作的名称以及保存频率、清理历史记录等。

SaveDef 类型定义如下：

```
message SaveDef{
    string filename_tensor_name = 1;
    string save_tensor_name = 2;
    string restore_op_name = 3;
    int32 max_to_keep = 4;
    bool sharded = 5;
    float keep_checkpoint_every_n_hours = 6;

    enum CheckpointFormatVersion{
        LEGACY = 0;
        V1 = 1;
        V2 = 2;
    }
    CheckpointFormatVersion = 7;
};
```

filename_tensor_name 属性是保存文件名的张量名称；save_tensor_name 属性给出了持久化 TensorFlow 模型的运算所对应的节点名称。restore_op_name 属性给出了加载 TensorFlow 模型的运算所对应的节点名称。

max_to_keep 属性搭配 keep_checkpoint_every_n_hours 属性设定了 Saver 类清理之前保存的模型的策略。如果设 max_to_keep 为 5（实际上 max_to_keep 属性的默认值就为 5），在第六次调用 saver.save()保存模型时，第一次保存的模型就会被自动删除。通过设置 keep_checkpoint_every_n_hours 属性，每 n 小时可以在 max_to_keep 属性值的基础上多保存一个模型。

在 model.ckpt.meta.json 文件中，saver_def 属性部分的内容比较简短。下面的代码就给出了该文件中 saver_def 属性的全部内容：

```
saver_def {
  filename_tensor_name: "save/Const:0"
  save_tensor_name: "save/control_dependency:0"
  restore_op_name: "save/restore_all"
  max_to_keep: 5
  keep_checkpoint_every_n_hours: 10000.0
  version: V2
}
```

从上述 saver_def 属性的全部内容中可以看出，filename_tensor_name 属性就是节点 save/Const 的第一个输出。对于模型持久化，save_tensor_name

属性的值就是在 graph_def 属性中给出的 save/control_dependency 节点的一个输出，restore_op_name 属性的值就是 graph_def 属性中给出的 save/restore_all 节点。没有经过 max_to_keep 属性和 keep_checkpoint_every_n_hours 属性的手动指定，则 max_to_keep 属性默认值为 5，代表在第六次调用 saver.save() 保存模型时，第一次保存的模型就会被自动删除。keep_checkpoint_every_n_hours 属性默认值为 10000，代表每过 10000 小时可以在 5 个模型保存的基础上多保存一个模型。

4. collection_def 属性

TensorFlow 的计算图（tf.Graph）通过维护不同集合的方式来管理不同类别的资源。关于这些集合的相关内容，在第 3 章中介绍计算图的时候已经有所涉及，某些集合在之前的章节中也有所使用，比如从 tf.GraphKeys.TRAINABLE_VARIABLES 集合中获取所有可以被训练的变量，以及使用 add_to_collection() 函数将变量加入一个集合中等。

虽然 collection_def 属性不直接参与这些集合的维护，但是在底层，collection_def 属性却提供了对这些集合进行维护的依据。

collection_def 属性的内容是一个从集合名称到集合内容的映射，其中集合的名称（key 值）为字符串，而集合内容（value 值）则通过 CollectionDef ProtocolBuffer 定义。以下代码给出了 CollectionDef 类型的定义：

```
message CollectionDef{
    message NodeList{
        repeated string value = 1;
    }
    message BytesList{
        repeated bytes value = 1;
    }
    message Int64List{
        repeated int64 value = 1[packed = true];
    }
    message {
        repeated floFloatListat value = 1;
    }
    message AnyList{
        repeated google.protocolbuf.Any value = 1;
    }
    oneof kind{
        NodeList node_list = 1;
```

```
        BytesList bytes_list = 2;
        Int64List int64_list = 3;
        FloatList float_list = 4;
        AnyList any_list = 5;
    }
};
```

从 CollectionDef 类型的定义中可以看出，TensorFlow 计算图上集合的内容大概可以分为 4 类，即计算图上节点的集合（由 NodeList 类型的属性进行维护）、字符串或者序列化之后的 Protocol Buffer 的集合（由 BytesList 类型的属性进行维护）、整数集合（由 Int64List 类型的属性进行维护）和实数集合（由 FloatList 类型的属性进行维护）。

为了进一步理解 collection_def 属性的具体内容以及 CollectionDef 类型与计算图所维护的集合之间的关系，下面给出 model.ckpt.meta.json 文件中 collection_def 属性的内容：

```
collection_def {
  key: "trainable_variables"
  value {
    bytes_list {
      value: "\n\003a:0\022\010a/Assign\032\010a/read:0"
      value: "\n\003b:0\022\010b/Assign\032\010b/read:0"
    }
  }
}
collection_def {
  key: "variables"
  value {
    bytes_list {
      value: "\n\003a:0\022\010a/Assign\032\010a/read:0"
      value: "\n\003b:0\022\010b/Assign\032\010b/read:0"
    }
  }
}
```

model.ckpt.meta.json 文件中存在两个 collection_def 属性，也就是说变量相加的样例程序中自动维护了两个集合：一个是所有变量的集合，这个集合的名称（即 key 值）为 variables；另外一个是可训练变量的集合，这个集合的名称（即 key 值）为 trainable_variables。在样例程序中，这两个集合的内容（即 value 值）是一样的，都属于 BytesList 类型。在 bytes_list 中有两个 value，分别表示的是 a 和 b。

介绍 MetaGraphDef 类型中的主要属性是本小节的主要内容，占据了大部分篇幅。TensorFlow 模型持久化得到的 model.ckpt.meta 文件中保存的就是 MetaGraphDef 类型的属性及其子属性在序列化之后的内容。

持久化 TensorFlow 中变量的取值同持久化 TensorFlow 计算图的结构一样是模型持久化时非常重要的一个部分。读取持久化之后变量的取值需要用到产生的.data 文件和.index 文件，这部分的内容放到了下一小节。

12.2.2　从 .index 与 .data 文件读取变量的值

读取持久化之后变量的取值，需要用到产生的.data 文件和.index 文件。其中.index 文件中保存了变量名，.data 文件中保存了变量的值。在读取变量的取值时，这两个文件缺一不可。

可以使用 TensorFlow 提供的 train.NewCheckpointReader 类来查看保存的变量信息。train.NewCheckpointReader 类会在给定的路径下找到 checkpoint 文件，并从该文件中找到最新保存的模型，然后读取该模型对应的.index 文件和.data 文件。以下代码展示了如何使用 tf.train.New-CheckpointReader 类：

```python
import tensorflow as tf

#构造函数 NewCheckpointReader()能够读取 checkpoint 文件中
#最新保存的模型对应的.index 与.data 文件。该函数仅有
#filepattern 一个参数，就是保存的模型的名称
reader = tf.train.NewCheckpointReader(
                "/home/jiangziyang/ model/model.ckpt")

#获取所有变量列表，得到的 all_variables 是一个从变量名
#到变量维度的字典
all_variables = reader.get_variable_to_shape_map()
print(all_variables)
#打印的结果{'b': [2], 'a': [2]}

#在一个 for 循环内遍历字典的内容
for variable_name in all_variables:
    print(variable_name, "shape is:",
                    all_variables [variable_name])
    #输出:
    #a shape is: [2]
```

```
    #b shape is: [2]

#使用get_tensor()函数获取张量的值,get_tensor()的函数原型为
#get_tensor(self, tensor_str),其中tensor_str参数
#就是传入的张量字符串
print("Value for variable a is:",reader.get_tensor("a"))
#输出 Value for variable a is: [1. 2.]
print("Value for variable b is:",reader.get_tensor("b"))
#输出 Value for variable b is: [3. 4.]
```

12.3　在 TensorFlow 2.0 中实现模型保存

演示在 TensorFlow 2.0 中保存模型,我们将还是以第 6 章中搭建的那个简单的模型为例子。在第 6 章,除了最开始搭建的简单的模型之外,我们还尝试了通过编写自定义类的方式从头编写层和模型,这也算是 Keras 暴露给我们的构建模型的方式之一。如果觉得通过编写自定义类的方式从头编写层和模型太过于面向对象了,那么也可以使用 Keras 暴露给我们的第三种构建模型的方式——函数式 API 构建模型。

下面我们就用函数式 API 搭建第 6 章中的那个简单的模型,并打算在这个模型的基础上进行模型保存和恢复。

```
import tensorflow as tf
from tensorflow.keras import layers

#获得输入的数据
(train_images, train_labels),\
(test_images, test_labels) = tf.keras.datasets.\
                    fashion_mnist.load_data()

#在还没有进入到输入层之前就将28×28的二维结构图片拉伸成一维的
#包括训练和测试用的图片,同时对它们归一化(像素数据在0~1间取值)
train_images = train_images.reshape(60000, 784).\
                            astype('float32')/255
test_images = test_images.reshape(10000, 784).\
                            astype('float32')/255

#定义模型的输入(层)
inputs = tf.keras.Input(shape=(784,), name='digits')
```

```
#定义模型的中间隐藏层
x = layers.Dense(500, activation='relu',
                    name='dense_1')(inputs)

#定义模型的输出层
outputs = layers.Dense(10, activation='softmax',
                    name='predictions')(x)

#通过实例化 Model 类构建一个模型
mlpmodel = tf.keras.Model(inputs=inputs, outputs=outputs,
                                    name='MLPModel')

#Model 类的 summary()函数可以用于在终端打印出某个模型的参数信息
#model.summary()

#同样是配置模型并使用 fit()函数开始训练和验证的过程
mlpmodel.compile(loss='sparse_categorical_crossentropy',
                optimizer=tf.keras.optimizers.SGD(),
                metrics=['accuracy'])
mlpmodel.fit(x = train_images, y = train_labels, epochs=10,
            batch_size=100,
            validation_data=(test_images, test_labels))
```

  Model 类本身提供了 save()函数可以把整个模型都保存到一个文件中，所谓的整个模型，包括模型的结构、模型权重和偏置参数值、传递给 compile()函数的模型的训练配置和所使用的优化器及其状态。

  在使用 save()函数时，只需要给它传入要保存到具体的哪个文件中就可以了。例如在上述的程序代码后面追加如下的这句：

```
#keras.Model.save()函数的构造原型：
#save(filepath, overwrite=True, include_optimizer=True,
#    save_format=None, signatures=None, options=None)
mlpmodel.save("/home/jiangziyang/model/model.h5")
```

  save()函数会把模型保存到一个 HDF5 文件中，所以文件的命名就要符合 HDF5 规范。经过 save()函数保存的模型可以使用 keras.models.load_model()函数加载。使用 load_model()函数加载的时候，等同于文件中重新创建相同的一个模型，即使我们从没有编写过该模型的代码。

  下面我们新建一个Python文件，在这里使用load_model()函数加载刚刚保存的模型。

```
import tensorflow as tf
import numpy as np

(train_images, train_labels),\
(test_images, test_labels) = tf.keras.datasets.\
                             fashion_mnist.load_data()
test_images = test_images.reshape(10000, 784).\
                         astype('float32')/255

#使用 keras.models.load_model()函数加载模型，函数定义原型为：
#load_model(filepath,custom_objects=None,compile=True)
load_mlpmodel = tf.keras.\
    models.load_model("/home/jiangziyang/model/model.h5")

#使用加载的模型进行测试过程
class_names = ['T-shirt/top', 'Trouser', 'Pullover','Dress',
        'Coat', 'Sandal', 'Shirt','Sneaker', 'Bag', 'Ankle
boot']
predictions = load_mlpmodel.predict(test_images)
for i in range(100):
    print("预测得到的分类结果: ",
            class_names[np.argmax(predictions[i])])
    print("正确的分类结果: ",class_names[test_labels[i]])
```

load_model()函数的参数没什么好解释的，它的 compile 用于选择是否在加载模型后编译模型。和第 6 章中的相同，上面这段程序会执行模型的测试过程，并打印出前 100 个样本测试结果和标准答案的对比。下面仅仅展示了前 10 个样本测试结果和标准答案的对比。

```
预测得到的分类结果: Ankle boot
正确的分类结果: Ankle boot
预测得到的分类结果: Pullover
正确的分类结果: Pullover
预测得到的分类结果: Trouser
正确的分类结果: Trouser
预测得到的分类结果: Trouser
正确的分类结果: Trouser
预测得到的分类结果: Shirt
正确的分类结果: Shirt
预测得到的分类结果: Trouser
正确的分类结果: Trouser
预测得到的分类结果: Coat
正确的分类结果: Coat
```

```
预测得到的分类结果：Shirt
正确的分类结果：Shirt
预测得到的分类结果：Sneaker
正确的分类结果：Sandal
预测得到的分类结果：Sneaker
正确的分类结果：Sneaker
```

不习惯 Keras 提供的这种新的模型保存方式？也可以将整个模型按照第一节所介绍的 TensorFlow 保存模型的经典格式进行导出，这就要用到 keras.experimental.export_saved_model()函数了。

我们先来试试这个函数会把模型保存成什么样子。在本节一开始展示的那段代码的最后添加如下这行代码：

```
#keras.experimental.export_saved_model()函数定义原型：
#export_saved_model(model, saved_model_path,
#custom_objects=None, as_text=False, input_signature=None,
#serving_only=False)
tf.keras.experimental.\
    export_saved_model(mlpmodel, "/home/jiangziyang/model/")
```

export_saved_model()函数的 model 参数就是我们要保存的模型，saved_model_path 参数就是模型保存的路径，一定要确保这个路径下是空的。程序执行完成后，我们就会发现在这个路径下多了一个名为 assets 的目录、一个名为 variables 的目录和一个名为 saved_model.pb 的文件。

先来看看 variables 目录，进入到这里面，你就会发现熟悉的 checkpoint 文件、.data 文件和.index 文件，它们的作用就不必再说了。assets 目录放置了一个json文件，保存的是网络的配置。saved_model.pb 文件的作用将会在下一节介绍。

使用 export_saved_model()函数导出的模型可以使用 keras.experimental .load_from_saved_model()函数进行加载。下面我们新建一个 Python 文件，在这里使用 load_from_saved_model()函数加载刚刚保存的模型。

```
import tensorflow as tf
import numpy as np

(train_images, train_labels),\
(test_images, test_labels) = tf.keras.datasets.\
                              fashion_mnist.load_data()
test_images = test_images.reshape(10000, 784).\
                              astype('float32')/255
```

```
#使用 keras.experimental.load_from_saved_model()函数
#加载模型，该函数定义原型为：
#load_from_saved_model(saved_model_path,custom_objects=None)
load_mlpmodel = tf.keras.experimental.\
        load_from_saved_model("/home/jiangziyang/model/")

#使用加载的模型进行测试过程
class_names = ['T-shirt/top', 'Trouser', 'Pullover',
               'Dress', 'Coat', 'Sandal', 'Shirt',
               'Sneaker', 'Bag', 'Ankle boot']
predictions = load_mlpmodel.predict(test_images)
for i in range(100):
    print("预测得到的分类结果：",
          class_names[np.argmax(predictions[i])])
    print("正确的分类结果：",class_names[test_labels[i]])
```

限于篇幅，测试的结果在这里就不予以展示了。

Keras 当然也提供了只保存模型部分成员的 API 功能函数。例如，如果想只保存整个模型的结构而不是权重/偏置参数以及优化器的状态，那么在这种情况下就可以通过 get_config()函数检索模型的结构。

检索的结果是一个 python 的字典，from_config()函数通过它能够重新创建相同的模型并从头开始初始化，而不会保留之前的训练过程中得到的任何参数值。试着在第一个程序案例的末尾加上如下这几行代码并运行。

```
config = mlpmodel.get_config()
load_mlpmodel = tf.keras.Model.from_config(config)

#使用加载的模型进行测试过程
class_names = ['T-shirt/top', 'Trouser', 'Pullover',
               'Dress', 'Coat', 'Sandal', 'Shirt',
               'Sneaker', 'Bag', 'Ankle boot']
predictions = load_mlpmodel.predict(test_images)
for i in range(100):
    print("预测得到的分类结果：",
          class_names[np.argmax(predictions[i])])
    print("正确的分类结果：",class_names[test_labels[i]])
```

从打印的结果来看，你会发现模型预测成功的样本少之又少。

或者说在对模型结构不感兴趣的时候可以只保存模型的权重参数。这就可以用到 get_weights()函数了。get_weights()函数可以将检索到的权重值作为 numpy 的数组列表返回，set_weights()函数可以获取到这些权重值并设置模型的状态。

将 get_config()函数/from_config()函数和 get_weights()函数/set_weights()
函数组合在一起使用是个非常不错的办法，但这样显然没有 save()函数方
便，因为在没有保存模型配置和优化器的状态下，如果想要继续训练模
型，那就必须调用 compile()函数对模型进行配置。

现在我们应该考虑在采用了从头构建层和模型的方法时，所构建的模
型又该怎样保存。在这种情况下，模型被实现为 Model 类的子类，模型的
架构是在 call()函数内定义的。目前还没办法完全序列化这种模型的体系结
构并保存，在加载模型时，必须需要访问创建它的代码。但是我们仍可以
使用 save_weights()函数创建一个模型的 checkpoint 文件，这个 checkpoint
文件将包含与模型关联的所有变量的值，包括层的权重/偏置参数以及优化
器的状态等。

下面我们试试使用 save_weights()函数。

```python
import tensorflow as tf
from tensorflow.keras import layers
#获得输入的数据
(train_images, train_labels),\
(test_images, test_labels) = tf.keras.datasets.\
                                fashion_mnist.load_data()
train_images = train_images.reshape(60000, 784).\
                                astype('float32')/255
#定义 Model 类的子类
class MLPModel(tf.keras.Model):
    def __init__(self, name=None):
        super(MLPModel, self).__init__(name=name)
        self.dense = layers.Dense(500, activation='relu',
                                        name='dense')
        self.dense_1 = layers.Dense(10, activation='softmax',
                                        name='dense_1')

    def call(self, inputs):
        x = self.dense(inputs)
        return self.dense_1(x)


#实例化模型并训练模型
mlpmodel = MLPModel()
mlpmodel.compile(loss='sparse_categorical_crossentropy',
                optimizer=tf.keras.optimizers.SGD())
history = mlpmodel.fit(train_images, train_labels,
                        batch_size=100, epochs=10)
```

```
#使用 save_weights() 函数保存参数和优化器状态
mlpmodel.save_weights('/home/jiangziyang/model/',
                                save_format='tf')
```

　　然后是在另一个 Python 文件中重新定义模型，在使用 load_weights()函数加载权重/偏置项参数和优化器状态后执行测试的过程。

```
import tensorflow as tf
from tensorflow.keras import layers
import numpy as np

#获得输入的数据
(train_images, train_labels),\
(test_images, test_labels) = tf.keras.datasets.\
                            fashion_mnist.load_data()
test_images = test_images.reshape(10000, 784).\
                            astype('float32')/255
#定义 Model 类的子类
class MLPModel(tf.keras.Model):
    def __init__(self, name=None):
        super(MLPModel, self).__init__(name=name)
        self.dense = layers.Dense(500, activation='relu',
                                    name='dense')
        self.dense_1 = layers.Dense(10, activation='softmax',
                                    name='dense_1')
    def call(self, inputs):
        x = self.dense(inputs)
        return self.dense_1(x)

#实例化模型并配置模型
new_model = MLPModel()
new_model.compile(loss='sparse_categorical_crossentropy',
            optimizer=tf.keras.optimizers.SGD())

#使用 load_weights() 函数加载权重/偏置参数和优化器状态
new_model.load_weights('/home/jiangziyang/model/')

#使用新的模型以及加载的权重参数进行测试过程
class_names = ['T-shirt/top', 'Trouser', 'Pullover',
            'Dress', 'Coat', 'Sandal', 'Shirt',
            'Sneaker', 'Bag', 'Ankle boot']
new_predictions = new_model.predict(test_images)
for i in range(100):
```

```
print("预测得到的分类结果: ",
        class_names[np.argmax(new_predictions[i])])
print("正确的分类结果: ",class_names[test_labels[i]])
```

12.4 PB 文件

使用 Saver 类会将 TensorFlow 的模型保存为.ckpt 格式,这样会保存模型中的全部信息,但是在一些情况下,这里的某些信息有可能是不需要的。比如在测试模型或者将模型应用到实际场合中时,只需要保存模型的结构以及参数变量的取值即可,因为在这种情况下神经网络模型要做的只是从输入层经过前向传播计算得到输出层结果而已,类似于变量初始化、反向传播的相关节点或模型保存等辅助节点都是不需要的。另外,将模型保存为.ckpt 格式意味着变量值和计算图结构会被分成不同的文件进行存储,这导致了在模型存储时会有一定的不方便。最重要的一点是,这种.ckpt 模型文件是依赖 TensorFlow 的,只能在该框架下使用。

Google 推荐将模型保存为 PB 文件。PB 文件本身就具有语言独立性,封闭的序列化格式意味着任何语言都可以解析它,同时 PB 文件可以被其他语言和深度学习框架读取和继续训练,所以在迁移训练好的 TensorFlow 模型时,PB 文件是最佳的格式选择。

在第 8 章中实践 InceptionV3 模型的时候,我们就使用了 Google 提供的该模型的 PB 文件。在一个不同于 ImageNet 的图像数据集上,基于 InceptionV3 模型新构建的模型也取得了一个不错的成绩。

将模型保存为 PB 文件的另外一个好处,就是模型的变量都会变成固定的常量,这样可以保证模型会被大大减小,适合在一些类似于手机的移动端运行。

接下来就演示一下在 TensorFlow 1.x 中如何将变量相加例子中的 add 节点保存到 PB 文件中。

TensorFlow 在早期提供了 convert_variables_to_constants()函数,用于将计算图中的变量及其取值通过常量的方式保存。在使用 convert_variables_to_constants()函数之前,需要得到计算图中的节点信息 GraphDef,可以通过 as_graph_def()函数完成这项操作。得到的 graph_def 会被作为 input_graph_def参数传入到convert_variables_to_constants()函数中。函数的另一个参数 output_node_names 就是 input_graph_def 中需要保存的节点，该参数通常会以列表的形式传入。

经过 convert_variables_to_constants() 函数之后就可以用 gfile.py 中 GFile 类的 write() 函数写入到文件中了，但在写入的时候还要进行序列化为字符串的操作。下面展示了一个可以参考的范例程序。

```python
import tensorflow as tf

#graph_util 模块定义在
tensorflow/python/framework/graph_util.py
from tensorflow.python.framework import graph_util

a = tf.Variable(tf.constant(1.0, shape=[1]), name="a")
b = tf.Variable(tf.constant(2.0, shape=[1]), name="b")
result = a + b
init_op = tf.global_variables_initializer()

with tf.Session() as sess:
    sess.run(init_op)

    #导出主要记录了 TensorFlow 计算图上节点信息的 GraphDef 部分
    #使用 get_default_graph() 函数获取默认的计算图
    graph_def = tf.get_default_graph().as_graph_def()

    #convert_variables_to_constants() 函数定义原型：
    #convert_variables_to_constants(sess,input_graph_def,
    #output_node_names,variable_names_whitelist,
    #                        variable_ names_blacklist)
    output_graph_def = graph_util.\
        convert_variables_to_constants(sess, graph_def,
                                                ['add'])

    #将导出的模型存入.pb 文件
    with tf.gfile.\
        GFile("/home/jiangziyang/model/model.pb","wb") as f:
        #SerializeToString() 函数用于将获取到的数据取出存到一个
        #string 对象中，然后再以二进制流的方式将其写入到磁盘文件中
        f.write(output_graph_def.SerializeToString())
```

注意，在 convert_variables_to_constants() 函数中为其传入 output_node_names 参数时没有写成 "add:0" 的形式，而是写成了 "add"，这是因为 ":0" 表示某个计算节点的第一个输出，而计算节点本身的名称后面是没

有 ":0" 的。

程序执行完毕，会在相应的路径下看到一个 PB 文件，这样就完成了一个模型的保存。当只需要从 PB 文件中得到计算图的某个节点的取值时，要做的同样非常简单。下面的程序示范了如何直接获得定义的加法运算的结果：

```
import tensorflow as tf

#gfile 模块定义在 tensorflow/python/platform/gfile.py，包含
#GFile、FastGFile 和 Open 3 个没有线程锁定的文件 I/O 包装器类
from tensorflow.python.platform import gfile

with tf.Session() as sess:
    #使用 FastGFile 类的构造函数返回一个 FastGFile 类
    with gfile.\
        FastGFile("/home/jiangziyang/model/model.pb",
                                                'rb') as f:
        graph_def = tf.GraphDef()
        #使用 FastGFile 类的 read()函数读取保存的模型文件，
        #并以字符串形式返回文件的内容，之后通过
        #ParseFromString()函数解析文件的内容
        graph_def.ParseFromString(f.read())

    #使用 import_graph_def()函数将 graph_def 中保存的计算图加载到
    #当前图中，函数定义原型：
    #import_graph_def(graph_def,input_map,return_elements,
    #                    name,op_dict,producer_op_list)
    result = tf.import_graph_def(graph_def,
                            return_elements=["add:0"])

    print(sess.run(result))
    #打印输出为:
    #[array([3.], dtype=float32)]
```

在第 8 章中实践 InceptionV3 模型迁移时就用到了这样的方法。大体的思路就是用 FastGFile 类的 read() 函数读取 PB 文件，然后通过 ParseFromString()函数得到解析序列化之后的数据。import_graph_def()函数的第一个参数要传递进来一个 GraphDef，第二个参数 return_elements 指定了要将 graph_def 中的哪一个节点作为函数返回的结果。使用 print()函数打印 result 在 run()函数内的运行结果，可以看到运算结果被打印出来。

第13章　TensorBoard 可视化

在之前的章节，我们专注于网络的设计。除了尝试设计并运行经典的深度神经网络外，训练并测试网络的各式各样的数据集我们也都予以了介绍。

在网络的设计过程中会用到很多参数，如权重、偏置、学习率以及损失等参数。训练网络的过程，就是各项参数都不断地进行优化并达到良好拟合效果的过程。或许我们想更进一步地了解这些参数值究竟是多少，当然可以在控制台打印出来，但这种方式往往没有统计图表那么直观。

我们详细介绍了所使用的每一个数据集，但这只是冰山一角。我们并没有看到过某一个数据集全部的内容，因为从官方获取到的数据集通常不是一种容易打开的格式，比如图片的 PNG 或 JPG 等格式、音频的 MP3 或 WAV 等格式、视频的 MP4 或 AVI 等格式。

可视化的目的就在于，让我们更加形象和具体地查看所设计的网络和使用的数据集。有时候我们关心网络中某些参数值的信息，有时候我们也想知道数据集中图片、音频或视频本来的样子。这些我们关心并且想知道的内容都能通过可视化来实现。而 TensorBoard 就是在 TensorFlow 框架中实现可视化的一个工具。

13.1　TensorBoard 简介

在使用 TensorFlow 训练大型深度学习神经网络时，中间的计算过程可能非常复杂。出于理解、调试和优化我们设计的网络的目的，模型训练过程中各种汇总数据都可以通过 TensorBoard 展示出来。在 TensorFlow 1.x 中，这些汇总数据包括标量（Scalars）、图片（Images）、音频（Audio）、计算图

（Graphs）、数据分布（Distributions）、直方图（Histograms）和嵌入向量（Embeddings）。TensorFlow 2.0 在 TensorFlow 1.x 的基础上扩展了 TensorBoard 能够展示的信息，新增的有：文本（Text）、自定义标量（Custom Scalars）、调试信息（Debugger）、公共关系曲线（Pr Curves）、配置文件（Profile）、推断工具（What-If Tool）和超参数调节（Hparams）。在所有的这些 TensorBoard 展示的信息中，可能会经常用到的有 Scalars、Images、Text、Audio、Graphs、Distributions、Histograms 和 Embeddings，这些都是相对简单的。

TensorBoard 是 TensorFlow 官方推出的可视化工具，在 TensorFlow 安装完成时，TensorBoard 会自动被安装，并不需要额外的安装过程。在 TensorFlow 程序运行过程中可以输出汇总了各种类型数据的日志文件，可视化 TensorFlow 程序的运行状态就是使用 TensorBoard 读取这些日志文件，解析数据并生成可视化的 Web 界面。这样我们就可以在浏览器中观察各种汇总的数据。

在 TensorFlow 1.x 中使用 TensorBoard 非常容易，只需要借助 summary.FileWriter 类将需要汇总的数据（如计算图、图片等）写入到日志文件中即可。以下代码展示了一个简单的 TensorFlow 加法程序，在这个程序中完成了日志保存的功能。

```
import tensorflow as tf

#定义一个简单的计算图，实现向量加法的操作
input1 = tf.constant([1.0, 2.0, 3.0], name="input1")
input2 = tf.Variable(tf.random_uniform([3]), name="input2")
output = tf.add_n([input1, input2], name="add")

#生成一个写日志的 writer，并将当前 TensorFlow 计算图
#写入日志，构造函数定义原型：
#__init__(self,logdir,graph,max_queue,flush_secs,graph_def)
#参数 logdir 是日志文件所在的路径，而 graph 就是需要写入日志的计算图
writer = tf.summary.FileWriter("/home/jiangziyang/log",
                               tf.get_default_graph())
writer.close()              #一定要有一个关闭的操作
```

FileWriter 就是一个用于写日志文件的类。TensorFlow 还在 summary.py 文件中提供了很多和计算图数据汇总相关的函数，在 13.2 节会捎带提及这些函数。执行完程序后会在 logdir 代表的路径下产生一个日志文件，我们

进入到 log 文件夹，会发现类似图 13-1 所示的
文件。

　　TensorBoard 和 TensorFlow 程序运行在不同
的进程中，TensorBoard 会自动读取最新的日志
文件，并呈现当前 TensorFlow 程序运行的最新

图 13-1　日志文件样例

状态。在终端，通过以下命令打开 TensorBoard 并对 logdir 参数赋值保存日
志文件的路径：

```
tensorboard --logdir=/home/jiangziyang/log
```

　　运行上面的命令会启动一个服务，这个服务的端口默认为 6006。命令
成功运行的话，会给出一些含有 successfully 字样的提示，最重要的是在最
后给出一个打开服务端口 6006 的类似 http://127.0.1.1:6006 或
http://jiangziyang-ubuntu:6006 的链接。

　　通过浏览器打开这个链接（比较便捷的方法是用鼠标右击 http 链接，
在弹出的快捷菜单中选择"打开链接"，之后系统会自动调用已安装的浏
览器。如果安装有多个浏览器，而不想使用相同默认选择的浏览器，也可
以复制这个链接到最倾向于使用的浏览器打开），随后在浏览器可以看到如
图 13-2 所示的 TensorBoard 初始界面。

图 13-2　TensorBoard 初始界面

　　在 TensorBoard 初始界面的上方，有 6 个分栏（TensorFlow 版本不一样
会导致该界面也略有不同，0.9.0 版本的 TensorFlow 有 5 个分栏），分别是

SCALARS（标量）、IMAGES（图片）、AUDIO（音频）、GRAPHS（计算图）、DISTRIBUTIONS（数据分布）、HISTOGRAMS（直方图）和 EMBEDDINGS（嵌入向量）。顾名思义，这里的每个选项卡都代表了一类信息的可视化结果。

打开的 TensorBoard 界面会默认进入 SCALARS 选项卡，如图 13-2 所示。因为上面的程序没有输出任何由 SCALARS 可视化的信息，所以在该选项卡中没有显示任何内容（有时也会有所提示，比如 No scalar data was found）。打开 GRAPHS 选项卡，可以看到上面程序 TensorFlow 计算图的可视化结果，如图 13-3 所示。

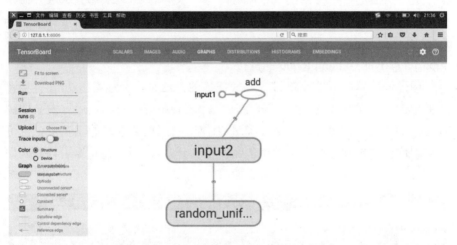

图 13-3　向量相加程序计算图可视化结果

需要查看某一节点（如 input2 和 random_uniform）具体包含了哪些运算时，可以将光标移动到该节点，单击右上角的"+"图标。图 13-4 展示了 input2 节点展开之后的详细信息，图 13-5 展示了 random_uniform 节点展开之后的详细信息。选中展示了详细信息的节点会使得其外框变为红色，并在页面的右上角显示关于该节点的一些控制选项。当计算图被放大到无法在整个页面容下时，在右下角会显示计算图的"地图"信息。

在界面的左侧，每个选项卡都有一个对应的控制栏，用于对可视化的结果进行一些辅助调节，或者对可视化后的元素进行图例注释。在后面介绍每个选项卡内容的同时，也会有一些关于其左侧控制栏的介绍。

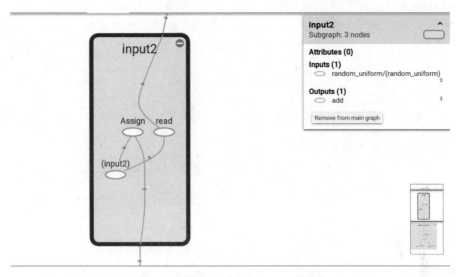

图 13-4　展开 input2 之后的详细信息

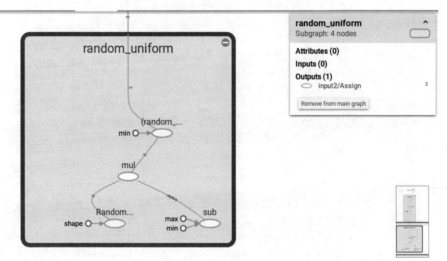

图 13-5　展开 random_uniform 之后的详细信息

　　换作是 TensorFlow 2.0 的话，上述日志保存的代码实现也有了一个不小的改观。首先如果使用最直接的网络构建方式的话，那么需要定义一个 TensorBoard 回调函数，然后在 fit()函数中通过 callbacks 参数执行这个回调。下面这个例子构建于第 6 章的第一个例子之上，通过 Sequential 类以及 Flatten 和 Dense 构建了一个全连接网络，稍有不同的地方就是在 fit()函数内使用了 callbacks 参数。

```python
import tensorflow as tf
import datetime

(train_images, train_labels),\
(test_images, test_labels) = tf.keras.datasets.\
                                   fashion_mnist.load_data()
#构建模型和配置模型
model = tf.keras.Sequential()
model.add(tf.keras.layers.Flatten(input_shape=[28, 28]))
model.add(tf.keras.layers.Dense(500, activation='relu'))
model.add(tf.keras.layers.Dense(10, activation='softmax'))
model.compile(optimizer='SGD',
            loss='sparse_categorical_crossentropy',
            metrics=['accuracy'])

#先创建一个存储日志文件的路径，datetime.datetime.now()函数
#的作用是获取当前的时间并精确到秒，strftime()函数起到了
#按格式输出的作用
log_dir="/home/jiangziyang/log/" + datetime.datetime.\
now().strftime("%Y%m%d-%H%M%S")

#接下来定义一个 TensorBoard 回调，在 TensorBoard 类的构造函数中
#log_dir 参数表示日志文件的路径，histogram_freq 参数表以一个
#epoch 为单位计算每层激活函数值和权重的直方图的频率。如果
#histogram_freq=0，就不会产生直方图。keras.callbacks.
#TensorBoard 类的构造函数原型：
'''
def __init__(log_dir='logs', histogram_freq=0,
          write_graph=True,write_images=False,
          update_freq='epoch', profile_batch=2,
          embeddings_freq=0, embeddings_metadata=None,
          **kwargs)
'''
tensorboard_callback = tf.keras.callbacks.\
                   TensorBoard(log_dir=log_dir,
histogram_freq=1)

#接下来在 fit()函数内使用上述定义的回调
model.fit(x = train_images, y = train_labels, epochs=5,
        validation_data=(test_images, test_labels),
        callbacks=[tensorboard_callback])
```

　　TensorBoard 类构造函数的其他参数，write_graph 表示是否在 GRAPHS 栏中展示出计算图的可视化结果，默认 write_graph 就是 True 的，这时，日志文件可能比 write_graph 为 False 时的还要大。write_images 参数表示是否将模型权重及偏置参数以可视化的图像的形式展示在 TensorBoard 界面的 IMAGES 一栏中。

　　构造函数的 update_freq 参数可以选择的值为'batch' 'epoch' 或者一个整数。如果是'batch'或者是'epoch' ，那么日志文件会在一个 batch 或者 epoch 之后更新统计的结果，TensorBoard 也会以一个 batch 或者 epoch 为单位进行展示。如果是一个整数，那么日志文件会在整数个样本输入到模型中之后更新统计的结果，TensorBoard 就会以这个样本数量为单位进行展示。

　　使用构造函数的 profile_batch 参数需要 TensorFlow 处于 Eager 模式下，此时 profile_batch 表示获取某个 batch 的样本的计算特征，设置 profile_batch=0 可以禁用该功能。embeddings_freq 参数的设置在第 9 章中介绍的循环神经网络中尤为普遍，它表示在一轮 epoch 中嵌入层（对应到 EMBEDDINGS 分栏的内容）的记录频率。如果 embeddings_freq=0 表示记录频率为 0，此时 EMBEDDINGS 分栏也无内容展示。

　　由于在 fit()函数中通过 validation_data 参数指定了验证数据，所以日志会被自动分为 train 和 validation 两个子目录保存。显而易见，train 目录下保存的是训练过程产生的日志，而 validation 目录下保存的是验证过程产生的日志。

　　就拿最后一个 epoch 的训练过程中产生的日志来看吧，在终端输入下面的命令：

```
tensorboard --logdir=/home/jiangziyang/log/ \
>20190820-234503/train
```

　　按照终端提示的链接打开浏览器，切换到 TensorBoard 的 GRAPHS 分栏，我们可以在图 13-6 中先看一下这个简单网络的计算图。

　　在尝试这个案例的时候，也可以双击打开计算图中的某个命名空间块（flatten、dense、loss 和 training 等都可以）查看其中具体的张量，或者切换到 SCALARS、DISTRIBUTIONS 等其他分栏提前预览一下别的汇总数据。

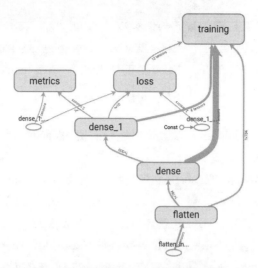

图 13-6　简单全连网络的计算图可视化

　　需要注意的是，放置日志文件的文件夹内最好不要放入一个以上的日志文件。虽然这样也可以，但是 TensorBoard 往往会读取最新的那个日志文件，并且这样做通常会产生如下所示的警告：

```
WARNING:tensorflow Found more than one graph event per run, or
there was a metagraph containing a graphdef,as well as one or
more graph events. Overwriting the graph with the newest event.
warNING:tensorflow:Found more than one metagraph event per run.
Overwriting the metagraph with the newest event.
```

13.2　Fashion-MNIST 服饰图像识别的可视化

　　上一节大致看过了如何定义并使用一个 TensorBoard 回调来使得 TensorFlow 汇总用于在 TensorBoard 上展示的计算图信息并保存到一个日志文件中，也看过了如何在命令行通过一行简短的命令打开指定的日志文件。本节还是在第 6 章的一个例子基础之上，我们将试着使用 TensorFlow 给出的一些其他方法来汇总更多的数据到日志文件中，并在 TensorBoard 界面展示出这些数据。

13.2.1　实现的过程

首先，把上一节完成的代码复制过来，实现的功能就是导入 TensorFlow、使用 Keras 下载到需要的数据集、设置日志文件保存路径 log_dir 以及构建模型和配置模型等。因为在这里我们要汇总图片数据，所以最好还要为图片数据的汇总另建一个日志文件保存路径。

下面展示了这部分的代码。

```python
import tensorflow as tf
import numpy as np
import math
import datetime

(train_images, train_labels),\
(test_images, test_labels) = tf.keras.datasets.\
                        fashion_mnist.load_data()

#log_dir 是创建的一个存储日志文件的路径，summary 包的
#create_file_writer()函数能够对给定的日志目录创建摘要文件
#编写器，以下是该函数的定义原型：
#summary.create_file_writer(logdir, max_queue=None,
#flush_millis=None, filename_suffix=None,name=None)
log_dir="/home/jiangziyang/log/" + datetime.datetime.\
    now().strftime("%Y%m%d-%H%M%S")
file_writer =
tf.summary.create_file_writer(log_dir+'/images')

#构建模型和配置模型
mlpmodel = tf.keras.Sequential()
mlpmodel.add(tf.keras.layers.Flatten(input_shape=[28, 28]))
mlpmodel.add(tf.keras.\
            layers.Dense(500, kernel_regularizer='l2',
                            activation='relu'))
mlpmodel.add(tf.keras.\
            layers.Dense(10, kernel_regularizer='l2',
                            activation='softmax'))
mlpmodel.compile(optimizer=tf.keras.optimizers.SGD(),
            loss='sparse_categorical_crossentropy',
            metrics=['accuracy'])
```

接着我们创建一个 summary_image()函数，作用就是汇总图片数据。

TensorFlow 在 summary 包里提供了一系列数据汇总的函数，其中的 image() 函数就实现的是图片数据汇总的功能，summary_image()函数主体就是调用了这个函数。

summary.image()函数的 name 参数是汇总的图片展示在 TensorBoard 界面上时所在分组的名称，它的 data 参数是所要汇总的图片数据。在给 data 参数传递要汇总的图片数据之前，这部分数据经过 NumPy 的 reshape()函数截取了前 100 个。image()函数的 max_outputs 参数可以设置最多汇总多少个图片的数据，我们设置该值为 30 意味着在 TensorBoard 界面中只会展示 30 张图片的汇总结果。image()函数 step 参数表示图片汇总的频率，赋值为 epoch 表示每过一个 epoch 进行一次汇总。

summary_image()函数没有返回值，只是会被作为 LambdaCallback 回调的动作参数。LambdaCallback 回调支持的六个参数中，on_epoch_begin 表示在每个 epoch 开始之前执行回调动作，on_epoch_end=None 表示在每个 epoch 结束之后执行回调动作，on_batch_begin 表示在每个 batch 开始之前执行回调动作，on_batch_end 表示在每个 batch 结束之后执行回调动作，on_train_begin 表示在训练过程开始之前执行回调动作，on_train_end 表示在训练结束之后执行回调动作。

下面展示了这部分的代码。

```
#定义一个汇总图片数据的函数，这个函数会作为LambdaCallback
#回调的参数
def summary_image(epoch,logs):
    with file_writer.as_default():
        images = np.reshape(train_images[0:100],
                                (-1, 28, 28, 1))
        #用 summary.image()函数创建日志文件的图像摘要，定义原型为:
        #image(name,data,step=None,max_outputs=3,
        #description=None)
        tf.summary.image("fashion-MNIST", images,
                        max_outputs=30, step=epoch)

#定义一个在每轮 epoch 结束之后都执行的回调，所使用的
#LambdaCallback 类用于动态创建简单的自定义回调。
#该类的构造函数定义原型为:
#def __init__(on_epoch_begin=None, on_epoch_end=None,
#          on_batch_begin=None, on_batch_end=None,
#          on_train_begin=None, on_train_end=None,
#                              **kwargs)
```

```
lambda_callback = tf.keras.\
  callbacks.LambdaCallback(on_epoch_end=summary_image)
```

如果可视化上一节所汇总的数据的话，除了能在 GRAPHS 一栏看到计算图，还能在 SCALARS 一栏看到有两组的标量数据，分别是 epoch_accuracy 和 epoch_loss，分别指的是训练过程和验证过程中每个 epoch 最终的准确率值和损失值。计算图和这两组标量数据都是默认汇总以及展示的。

除此之外，我们仍能选择汇总除了这两组标量数据之外的其他标量数据。在网络优化的过程中频繁调节的参数是学习率，在数据形式上它也属于是一种标量数据，那么我们不妨就可视化学习率吧。

keras.callbacks.LearningRateScheduler 回调类是 Keras 中定义的一个学习率动态调整的回调类，它和 TensorBoard 回调类以及 LambdaCallback 回调类都共同继承自 Callback 回调类基类。对于 Keras 来说，动态调整学习率既可以在使用 compile()函数配置网络时对其 learning_rate 参数赋值 keras.optimizers.schedules 包下的学习率动态调整类实例，也可以编写一个学习率动态调整函数并赋值给 LearningRateScheduler 回调类的 schedule 参数。

接下来我们就定义了一个学习率动态调整函数 lr_schedule()，逻辑上就是模仿的 ExponentialDecay 类实现的学习率指数衰减。lr_schedule()函数会返回一个学习率值，LearningRateScheduler 回调在每个 epoch 开始的时候执行，并把 epoch 值作为参数传递给 lr_schedule()函数。

在 lr_schedule()函数内使用了 summary.scalar()函数汇总计算出来的学习率值作为在 TensorBoard 中要展示的标量数据。同样地，name 参数是汇总的标量数据展示在 TensorBoard 界面上时所在的分组的名称，它的 data 参数是我们所要汇总的标量数据，它的 step 参数表示标量数据汇总的频率，赋值为 epoch 表示每过一个 epoch 进行一次汇总。

下面展示了这部分的代码。

```
#lr_decay()函数会返回一个自定义的学习率，该学习率随 epoch 的增加
#而降低，并作为 LearningRateScheduler 类实例的参数
def lr_schedule(epoch):
    #学习率的动态调整算法，因为使用 ExponentialDecay 类
    #不会返回浮点型的学习率，所以函数内选择模拟该类的计算方式
    initial_learning_rate = 0.001
    decay_rate=0.9
```

```
decayed_learning_rate = initial_learning_rate*\
                        math.pow(decay_rate,(epoch/10))

#和 summary.image()函数类似的，summary.scalar()函数用于
#创建日志文件的额外标量摘要，函数的定义原型为：
#scalar(name, data, step=None, description=None)
with file_writer.as_default():
    tf.summary.scalar('learning_rate',
                      data=decayed_learning_rate,
                                  step=epoch)
    return decayed_learning_rate

#LearningRateScheduler 类是一个学习速率调度器类，可以作为
#fit()函数的回调函数执行学习率的动态调整，该类的构造函数
#定义原型为：def __init__(schedule, verbose=0)
lr_callback = tf.keras.\
        callbacks.LearningRateScheduler(lr_schedule)
```

接下来就是最后的步骤了，创建一个 TensorBoard 回调实例，然后在 fit()函数中将这三个回调的实例（tensorboard_callback、lambda_callback 和 lr_callback）以列表的形式传递给 callbacks 参数。

下面展示了这部分的代码。

```
#定义一个 TensorBoard 回调
tensorboard_callback = tf.keras.\
    callbacks.TensorBoard(log_dir=log_dir,write_images=True,
                                  histogram_freq=1)

#在 fit()函数内使用上述定义的回调
mlpmodel.fit(x = train_images, y = train_labels, epochs=10,
        validation_data=(test_images, test_labels),
        callbacks=[tensorboard_callback,lambda_callback,
                              lr_callback])
```

执行上面的程序，在经过几分钟的迭代之后，IDE 的终端打印出了每个 epoch 的详细准确率值和损失值，下面摘取了最后一个 epoch 的部分打印内容。

```
'''打印的信息
Epoch 10/10
   32/60000 [..............................] - ETA: 10s
-loss: 3.6588 - accuracy: 0.8615
  416/60000 [..............................] - ETA: 8s
```

```
-loss: 3.7567 - accuracy: 0.8645
  800/60000 [..............................] - ETA: 8s
-loss: 3.7333 - accuracy: 0.8702
 1216/60000 [..............................] - ETA: 8s
-loss: 3.7356 - accuracy: 0.8701
 1568/60000 [..............................] - ETA: 8s
-loss: 3.7388 - accuracy: 0.8679
 1888/60000 [..............................] - ETA: 8s
-loss: 3.7298 - accuracy: 0.8681
 2272/60000 [>.............................] - ETA: 8s
-loss: 3.7294 - accuracy: 0.8684
 2528/60000 [>.............................] - ETA: 8s
-loss: 3.7350 - accuracy: 0.8675
 2912/60000 [>.............................] - ETA: 8s
-loss: 3.7429 - accuracy: 0.8675
 3264/60000 [>.............................] - ETA: 8s
-loss: 3.7551 - accuracy: 0.8678
...
57248/60000 [============================>..] - ETA: 0s
-loss: 3.6201 - accuracy: 0.8727
57600/60000 [============================>..] - ETA: 0s
-loss: 3.6194 - accuracy: 0.8737
57920/60000 [============================>..] - ETA: 0s
-loss: 3.6189 - accuracy: 0.8737
58272/60000 [============================>.] - ETA: 0s
-loss: 3.6182 - accuracy: 0.8737
58688/60000 [============================>.] - ETA: 0s
-loss: 3.6173 - accuracy: 0.8738
59104/60000 [============================>.] - ETA: 0s
-loss: 3.6169 - accuracy: 0.8736
59456/60000 [============================>.] - ETA: 0s
-loss: 3.6163 - accuracy: 0.8747
59872/60000 [============================>.] - ETA: 0s
-loss: 3.6159 - accuracy: 0.8745
60000/60000 [==============================] - 9s
151us/sample loss: 3.6160 - accuracy: 0.8750
val_loss: 3.6406 - val_accuracy: 0.8565
'''
```

　　整个程序到这里就结束了，如果运行过程中没有出错，那么进入到指定的路径下是可以发现程序以当前时间所创建的目录的。

　　如果我们来回顾一下整个程序，会发现其实汇总数据用到的就是

summary 包下的三个函数——create_file_writer()h=函数、image()函数和
scalar()函数。其实，在 summary 包下还有其他一些类似的函数，例如
audio()函数、flash()函数、histogram()函数和 text()函数等，它们都能汇总某
一类数据并在 TensorBoard 对应的栏里展示出来。对于这些函数，限于篇幅，
在这里就暂不展开介绍了，有兴趣的读者可浏览 https://tensorflow.google.cn/
versions/r2.0/api_docs/python/tf/summary 进行了解。

还需要在这一节的最后另外补充的是一些 TensorFlow 1.x 与 TensorFlow
2.0 之间在创建日志文件和汇总数据方面的差异。众所周知，TensorFlow 是
支持使用会话（Session）的，也就是说，在包含了 Keras 的 TensorFlow 1.x
后期版本中，完全可以向上述这样创建日志文件和汇总数据。如果在
TensorFlow 1.x 中不使用 Keras，那也可以采用函数式的编程办法编写整个
模型然后在会话中 feed 数据运行整个模型。

接下来探讨一下使用会话运行模型时日志文件该如何创建，数据又该
怎样汇总。在 TensorFlow 1.x 中会普遍使用命名空间管理，也就是
name_scope()函数搭配 with/as 环境上下文管理器。在某个命名空间下汇总
的数据，展示在 TensorBoard 界面上的时候就会被以命名空间的名称分组。

下面我们来看一个比较简短的代码样例，大概就示意了在 TensorFlow
1.x 中特别是使用会话时模型文件该如何创建以及数据又该怎么汇总，假设
一些需要定义的参数已经定义。

```python
#假设一些需要定义的参数已经定义，我们直接从构建网络模型
#的函数开始
def create_layer(input, input_num, output_num,
                 layer_name, act=tf.nn.relu):
  with tf.name_scope(layer_name):
    #在这个命名空间中创建权重参数，并汇总权重参数的最大、最小、
    #均值和方差标量数据
    with tf.name_scope("weights"):
      weights = tf.Variable(tf.\
              truncated_normal([input_num, output_num],
                               stddev=0.1))
      weights_mean = tf.reduce_mean(weights)
      tf.summary.scalar("weights_mean", weights_mean)
      weights_stddev = tf.\
          sqrt(tf.reduce_mean(tf.\
                  square(weights-weights_mean)))
      tf.summary.scalar("weights_stddev",
```

```
                                    weights_stddev)
        tf.summary.scalar("weights_max",
                              tf.reduce_max(weights))
        tf.summary.scalar("weights_min",
                              tf.reduce_min(weights))


    #在这个命名空间中创建偏置参数，并汇总偏置参数的最大、最小、
    #均值和方差标量数据
    with tf.name_scope("biases"):
        biases=tf.Variable(tf.constant(0.1,
                                    shape=[output_num]))
        biases_mean = tf.reduce_mean(biases)
        tf.summary.scalar("biases_mean", biases_mean)
        biases_stddev = tf.\
            sqrt(tf.reduce_mean(tf.\
                    square(biases-biases_mean)))
        tf.summary.scalar("biases_stddev", biases_stddev)
        tf.summary.scalar("biases_max",
                              tf.reduce_max(biases))
        tf.summary.scalar("biases_min",
                              tf.reduce_min(biases))

    #在这个命名空间中计算没有加入激活的线性变换的结果，
    #并通过 histogram()函数汇总为直方图数据
    with tf.name_scope("Wx_add_b"):
        pre_activate = tf.matmul(input,weights)+biases
        tf.summary.histogram("pre_activations",
                                  pre_activate)

        #计算激活后的线性变换的结果，并通过 histogram()函数
        #汇总为直方图数据
        activations = act(pre_activate, name="activation")
        tf.summary.histogram("activations", activations)

    return activations

#创建输入和标准答案两个 placeholder
x = tf.placeholder(tf.float32, [None, 784], name="x-input")
y_ = tf.placeholder(tf.float32, [None, 10], name="y-input")

#创建隐藏层和输出层
hidden_1 = create_layer(x, 784, 500, "layer_1")
```

```python
y = create_layer(hidden_1, 500, 10, "layer_y",
                                act=tf.identity)

#在这里汇总图片数据
with tf.name_scope("input_reshape"):
  image_shaped_input = tf.reshape(x, [-1, 28, 28, 1])
  tf.summary.image("input", image_shaped_input, 10)

#在这里汇总交叉熵标量数据
with tf.name_scope("cross_entropy"):
  cross = tf.nn.\
      softmax_cross_entropy_with_logits(logits=y,
                                    labels=y_)
  cross_entropy = tf.reduce_mean(cross)
  tf.summary.scalar("cross_entropy_scalar",
                              cross_entropy)

with tf.name_scope("train"):
  train_step = tf.train.AdamOptimizer(learning_rate).\
                      minimize(cross_entropy)

#计算预测精度并汇总为标量数据
with tf.name_scope("accuracy"):
  correct_prediction = tf.\
      equal(tf.argmax(y, 1), tf.argmax (y_, 1))
  accuracy = tf.\
      reduce_mean(tf.cast(correct_prediction,tf.float32))
  tf.summary.scalar("accuracy_scalar", accuracy)

#开始会话前使用 merge_all()函数直接获取所有汇总操作
merged = tf.summary.merge_all()
with tf.Session() as sess:
  tf.global_variables_initializer().run()

  #FileWriter 是早期版本写日志文件的类
  train_writer = tf.summary.FileWriter(log_dir + "/train",
                                    sess.graph)
  #test_feed 是训练过程要用到的数据
  test_feed = {x:mnist.test.images, y:mnist.test.labels}
  for i in range(max_steps):
    x_train, y_train = mnist.train.\
                  next_batch(batch_size=batch_size)
    run_options = tf.RunOptions(trace_level=
```

```
                            tf.RunOptions.FULL_TRACE)
run_metadata = tf.RunMetadata()
summary, _ = sess.run([merged, train_step],
                    feed_dict={x: x_train,
                               y_: y_train},
                    options=run_options,
                    run_metadata=run_metadata)

#将节点在运行时的信息写入日志文件
train_writer.add_run_metadata(run_metadata,
                              "step%03d" %i)
train_writer.add_summary(summary, i)

#关闭 FileWriter
train_writer.close()
```

感兴趣的读者可以安装 TensorFlow 1.0 然后尝试完善并运行上面这段代码，如果过程中没有报错，那么同样可以在命令行使用相同的 tensorboard 命令读取产生的日志文件。

13.2.2　标量数据可视化结果

以笔者所产生的日志文件为例，如果想要 TensorBoard 读取它们，那么可以在终端执行以下命令：

```
tensorboard --logdir=/home/jiangziyang/log/\
>20190911-222959
```

执行完命令后就可以在浏览器中打开 TensorBoard 界面了。打开的 TensorBoard 界面会默认进入 SCALARS 选项卡，我们对可视化内容的介绍也先从标量开始。如图 13-7 所示，在 SCALARS 选项卡中显示了 epoch_accuracy、epoch_loss 和 learning_rate 3 个折叠起来的分组，分组名称与在程序中使用 summary.scalar()函数汇总标量数据时所赋的 name 参数的值相对应，在分组名的最右侧显示了该分组下折叠了多少个独立的图表内容。

左边栏的内容可以先不管，以 epoch_accuracy 分组为例，它只包含了一个图表内容。单击展开该分组，可以看到一个折线图，这个折线图是以 epoch 为单位展示了准确率值的更新过程，将光标停在折线上时会在紧挨着图表的下方显示一个黑色的提示框，里面有折线图上某一点更精确的数值信息，甚至包括得到数值的时间，如图 13-8 所示。

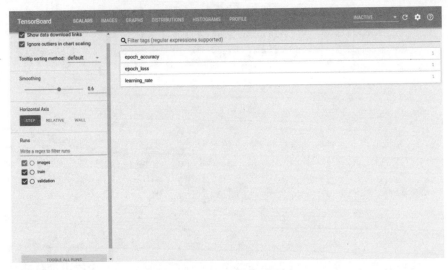

图 13-7　SCALARS 选项卡

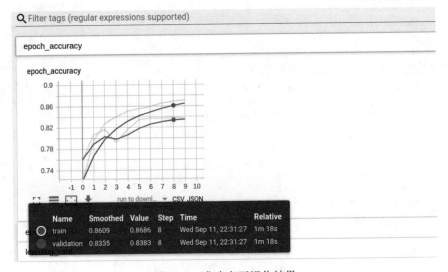

图 13-8　准确率可视化结果

从图 13-8 展示的结果来看，准确率在后几个 epoch 的增长速度明显减慢，但这并不意味着准确率就此饱和了；相反，准确率在 10 个 epoch 的训练之后仍有上升的趋势。如果增加 epoch 的数量，学习率还能再创新高。

紧挨着图表的左下方有四个蓝色按钮，最左边的蓝色按钮单击之后可以放大（或还原）这个图表，图 13-9 展示了准确率折线图放大之后的结果。

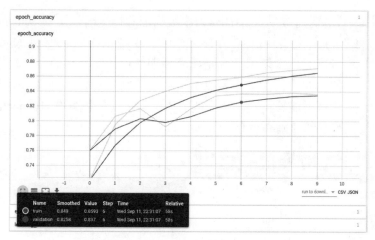

图 13-9　放大之后的准确率可视化结果

左侧第二个蓝色按钮（Toggle y-axis log scale）单击之后可以调整纵坐标轴的数值范围，以便更清楚地读取到数据值。左侧第三个蓝色按钮单击之后可以适应折线图在图中的摆放位置。将光标定位到折线图上然后滑动鼠标滚轮也可以缩放折线图以观察折线图的细节，在此之后如果想折线图居中并全部展示，那么就可以单击左侧第三个蓝色按钮，这样能使折线占据图上较大的空间。

图 13-10 展示了放大之后的损失数据汇总折线图。从图 13-10 中可以看出随着迭代轮数的增加，总损失迅速减小，如果继续增加训练的 epoch 数量，那么总损失将达到一个比较平稳的值。

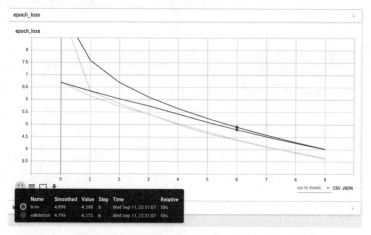

图 13-10　放大之后的损失数据可视化结果

图 13-11 展示了放大之后的学习率数据汇总折线图。在 lr_schedule()函数中，将学习率定义为初始值是 0.001，并且以指数的形式衰减，从图 13-11 中可以看出学习率的确是随着预期的设计而变化的，迭代轮数增加，学习率值在减小。大家也可以尝试使用不同的初始学习率和学习率衰减速率，看看是否能够找到一个合适的值组合以使得模型在 10epoch 内收敛得更快，得到的准确率更高。

图 13-11　放大之后学习率数据变化的可视化结果

现在看看 SCALARS 界面的左边栏有什么内容，这里是一些显示控制选项，下面来看一下这些选项能够帮助我们做些什么。

首先在中部有一个 Horizontal Axis 选项，它用于控制图表中横坐标的含义。默认的选择是 STEP，表示按照训练的步数展示相关汇总的信息。还可以选择 RELATIVE，表示完成汇总时相对于训练开始时所用的时间，单位是小时。以 epoch_accuracy 和 epoch_loss 为例，图 13-12 展示了横坐标是 RELATIVE 时的情况。当然还可以选择 WALL，这样就屏蔽了横坐标的信息。还是以 epoch_accuracy 和 epoch_loss 为例，图 13-13 展示了横坐标是 WALL 时的情况。

在 Horizontal Axis 选项的上部有一个 Smoothing 选项，通过调整 Smoothing 参数可以控制对折线的平滑处理，Smoothing 数值越小越接近真实值，但具有较大的波动；Smoothing 数值越大则折线越平缓，但与真实值可能偏差较大（真实值在图中是一条颜色较浅的折线，展示给我们的是在此基础上经过平滑处理的结果）。

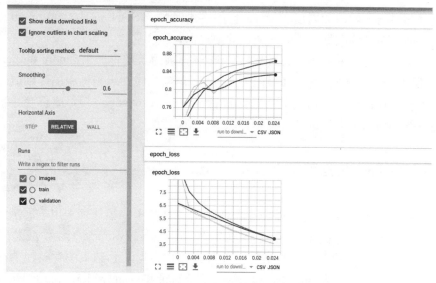

图 13-12　将横坐标设置为相对于起始时间

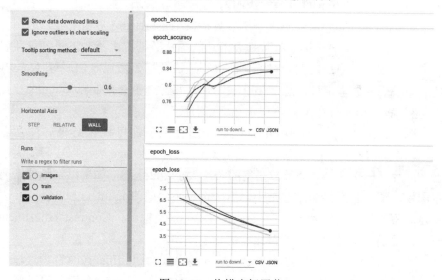

图 13-13　将横坐标屏蔽

接着，再往上有一个 Show data download links 选项（默认没有选中），用于从页面下载数据到本地。如果勾选这个复选框，就会在所有折线图下面紧挨着的地方展示蓝色小箭头形状的按钮（四个蓝色按钮中最右边的那个），同时还会发现折线图下面多了 CSV 和 JSON 两个链接项。

这个蓝色箭头按钮的作用就是下载折线图数据到本地。单击 CSV 可以选择将对应图表的数据以 CSV 文件的格式保存；JSON 也是一样，单击它会将对应图表的数据以 JSON 文件的格式保存。

最后，在 Show data download links 选择项的上部有一个 Ignore outliers in chart scaling 选项（默认是选中的），用于忽略折线图纵坐标中的详细值。其实可以这样理解，勾选了 Ignore outliers in chart scaling 之后纵坐标会显示更详细的值，取消勾选就会显示稍微少一点的值。

13.2.3　图像数据可视化结果

在 SCALARS 选项卡的右侧是 IMAGES 选项卡，该选项卡用于展示汇总的图片信息。我们在程序中确实使用 summary.image()函数汇总了 Fashion-MNIST 的二维图片数据，并且为图片数据汇总结果的存储在主路径下新建了一个名为 images 的目录，这个目录和 TensorFlow 自动创建的 train 目录及 validation 目录是同级的。

summary.image()函数的第一个参数是在 TensorBoard 界面上展示的图片分组的名称，第二个 data 参数是要汇总的图片数据，由于一下子汇总并展示全部的数万张图片数据会对汇总的过程造成负担，所以我们通过 NumPy 的 reshape()函数确定只汇总前 100 张图片，并通过第三个 max_outputs 参数设定在 TensorBoard 中最多可展示 30 张图片。

图 13-14 展示了 IMAGES 选项卡图片汇总的可视化结果。注意看图 13-14 所示界面上的左侧区域，Show actual image size 表示以实际的大小展示图片。Fashion-MNIST 数据集的图片大小是 28×28，如果以实际像素显示图片，那么会显得非常非常小。这个选项下面的 Brightness adjustment 表示在观察时临时对图片的亮度进行手动调整，类似的，Contrast adjustment 表示在观察时临时对图片的对比度进行手动调整。

图 13-14 所示界面左侧最下方的是 Write a regex to filter runs 选项区域，这里可以选择展示哪些子目录下存储的日志文件。注意，在汇总的时候，TensorFlow 自动在我们设定的路径下产生了 train 子目录和 validation 子目录，如果没有进行额外的汇总，那么这两个子目录下存储的分别是训练过程和验证过程汇总的准确率、损失以及计算图。图片数据汇总的结果被单独放在 images 子目录下，如果在这里没有勾选 images 选项，那么在 IMAGES 栏里是不会展示图片的。

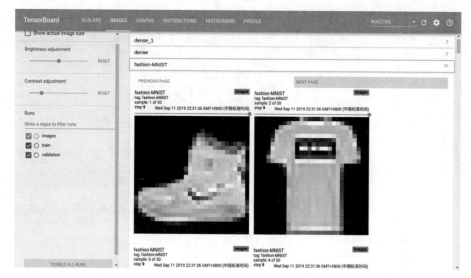

图 13-14　图片汇总的可视化结果

　　现在再来看看图 13-14 所示主界面上的图片汇总结果。单击界面最上方的 Fashion-MNIST 对应到在 image()函数中通过 name 参数设置的图片分组的名称，可以单击以展开或折叠图片的展示。TensorBoard 每一页可以展示 12 张图片，单击 PREVIOUS PAGE 按钮和 NEXT PAGE 按钮可以进行翻页。单击每张图片可以独立地控制该图片是否以实际大小进行展示。

　　在 IMAGES 一栏，除了数据集中的图片被展示之外，别忘了在 TensorBoard 回调中还设置了 write_images=True，这表示权重参数和偏置参数的取值也会被作为图片在 TensorBoard 的 IMAGES 一栏中展示出来。也许你会有一个疑问，权重参数和偏置参数怎么能以图片的形式展示呢？其实将网络中权重参数和偏置参数理解为浮点型矩阵就可以很好地解释这个疑问。

　　网络模型使用了两个 Dense 层类，每个 Dense 层类都设置了权重参数和偏置参数，TensorBoard 以 dense 和 dense_1 这两个分组代表所使用的两个 Dense 层类。图 13-15 展示了权重参数和偏置参数展示在 TensorBoard 上的效果。

　　需要说明一点，不只是原始数据集中的图片数据，所有在 summary.image()中汇总的图片数据都可以在这里看到，甚至是各种经过算法处理的图片，或是神经网络的中间节点输出。

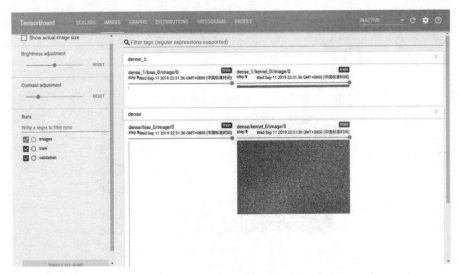

图 13-15　权重参数和偏置参数作为图片展示

和 IMAGES 一栏相比，经常使用的还有 AUDIO 一栏。在程序中，我们没有通过 summary.audio() 函数汇总音频数据，所以在 AUDIO 栏会显示 "No audio data was found." 提示信息，如图 13-16 所示。汇总音频数据的情况通常出现在解决自然语言处理的相关问题时，读者可以自己搜集一段 MP3 数据进行汇总，然后在 AUDIO 选项卡中查看汇总音频数据的情况。

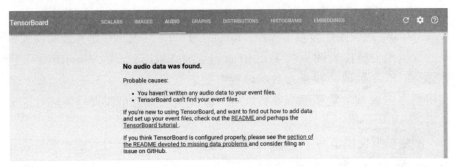

图 13-16　未找到音频数据

13.2.4　计算图可视化结果

IMAGES 选项卡的右侧是 GRAPHS 选项卡，也就是展示计算图可视化效果的地方。我们选择 GRAPHS 选项卡作为重点介绍的对象，实际上它也正是整个 TensorBoard 的灵魂所在。在 GRAPHS 选项卡中可以看到整个 TensorFlow 计算图的结构，如图 13-17 所示。

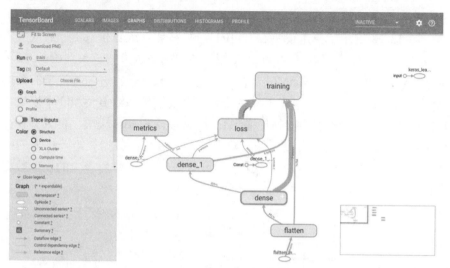

图 13-17　计算图可视化的结果

从图 13-17 可以看出，一些主要的部分已经用模块名称表示出来，例如 dense 和 dense_1，以及 flatten、loss 和 training 等。通过模块整理的形式确实是对完成共同功能的节点分类从而提升计算图可视化效果的很不错的做法。

除了节点模块化展示之外，TensorBoard 还会智能调整计算图上的节点展示的位置。例如，计算图中会有一些执行相同操作的节点，这会造成计算图中存在比较多的依赖关系，如果全部画在一张图上会使可视化得到的效果图非常拥挤，于是 TensorBoard 将计算图分成了主图（Main Graph）和辅助图（Auxiliary Graph）两个部分来呈现。在图 13-17 中，左侧较大面积展示的是计算图的主图部分；右侧比较小的一部分展示的是辅助图部分，辅助图部分包含一些单独列出来的节点。

在图 13-17 中，我们先来关注网络的前向传播过程。主图最下方的 flatten-input 节点代表训练神经网络需要输入的数据，这些输入数据会提供给输入层模块 flatten，输入层模块 flatten 处理之后的数据会传递到隐藏层模块 dense，dense 模块的输出会传递到输出层模块 dense_1 和损失计算模块 loss。图中几乎所有的模块，包括 flatten、dense、dense_1 和 loss 模块都会把数据提供给神经网络的优化过程，也就是图中 train 所代表的节点。

在图13-17中还要留意每个模块之间的边，它的箭头代表了数据的流动方向，此外仔细观察你会发现计算图可视化后的边上还标注了一些数字，它代表了张量的维度信息。

图 13-18 展示了单击模块右上角的"+"按钮（或直接双击）后放大的dense模块。从图中可以看出，flatten模块传出的数据直接进入到dense模块的 MatMul 子模块，在 MatMul 子模块内会产生权重数据并与传进来的数据做矩阵相乘的操作。MatMul 子模块的结果会继续传递给 BiasAdd 子模块，同时所产生的权重数据会向外传递到 training 模块和 loss 模块。再来看看在BiasAdd 子模块，这里会产生偏置数据并与传进来的数据做矩阵相加的操作，模块内计算的结果会继续传递给 ReLU 节点，同时所产生的权重数据会向外传递到 training 模块和 loss 模块。

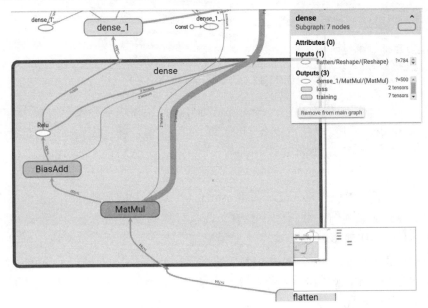

图 13-18　layer_1 节点的细节

计算图上的另外一种边是通过虚线表示的，虚线边表示模块之间存在控制条件上的依赖关系。这种边在这个样例中出现得较少，但要记住，虚线边中不存在数据的流动，这种边的作用是让它的起始模块执行完成之后再执行目标模块。使用这样的边方便对程序的执行进行灵活的条件控制。

比较方便的是，TensorBoard 也支持手工的方式来调整可视化结果。右键单击主图部分的某个模块（或者节点）会弹出一个 Remove from main graph 选项，选择该选项可以将模块/节点从主图中删除，如图 13-19 所示。以同样右键单击的方式单击辅助图中的某个模块（或者节点）会弹出一个 Add to main graph 选项，选择该选项可以将模块/节点添加到主图，如图 13-20 所示。

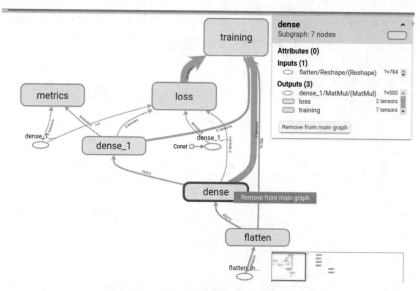

图 13-19　Remove from main graph 选项

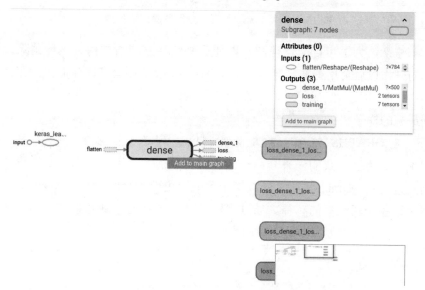

图 13-20　Add to main graph 选项

无论是在主图还是在辅助图，选中某一模块/节点后都会在 TensorBoard 界面的右上角显示相关的一些具体信息，我们称之为信息框。图 13-19 和图 13-20 中的右上角都展示了对应模块的信息框。在信息框里，最下面有添加或移除选项。如果模块/节点在主图，则其中的最后一个选项是 Remove from main graph；如果模块/节点在辅助图，则其中的最后一个选项是 Add to main graph。图 13-21 展示了将 dense 模块从主图移除之后的效果。

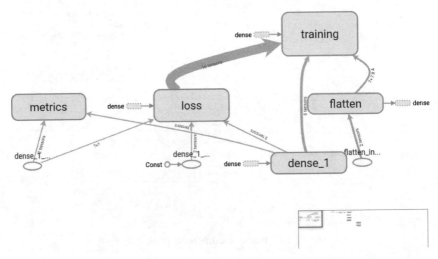

图 13-21　将 dense 节点从主图移除之后的效果

注意，为了可以简化视图，以便更好地观察网络结构。这种删除或添加的操作以后会用得非常频繁，但是 TensorBoard 不会真的允许我们在计算图中删除其某些组成部分，页面重新加载之后计算图可视化的结果就会回到最初的样子。

在 GRAPHS 选项卡的左侧控制区中列举了很多实用的功能，如图 13-22 所示。我们先来介绍一些比较简单的，最下面的部分是计算图绘制元素说明，Graph 一列是计算图中可能会出现的绘图元素，expandable 一列是这些绘图元素的解释。通过将实际计算图中的绘制元素对应到这些解释中，我们可以很容易地读懂计算图的处理过程。

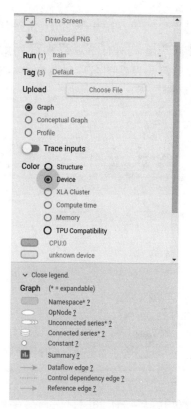

图 13-22　GRAPHS 选项卡的左侧控制区视图

在图 13-22 中，最上面的 Fit to screen 选项用于将计算图缩放到适应页面显示范围的状态，并提示我们哪个是主图，哪个是辅助图。在经过多次对计算图的放大缩小以及平移操作后，执行一次 Fit to screen 操作会很有帮助。

Fit to screen 选项的下面是 Download PNG 选项，用于将计算图的可视化结果全局保存到本地一张 PNG 格式的图片中。这样的一个功能也是比较实用的。

Color 部分的选项用于控制计算图的着色。勾选其中的 Structure 选项可以使具有相同结构的模块具有一样的颜色，勾选其中的 Device 选项可以使在同一个运算硬件上执行的节点具有一样的颜色。默认的选择是 Structure，但我们可以尝试着选择 Device，如果在程序运行时有多个设备参与运算，则计算图的节点会通过不同的着色来表示。图 13-23 展示了在选择

Device 之后计算图的可视化效果。由于笔者在运行程序时只使用了 CPU 设备，所以从图 13-23 中可以看到所有节点都被着以淡蓝色，并且在 Device 选项的下面给出了执行运算的设备的名称以及颜色示例。

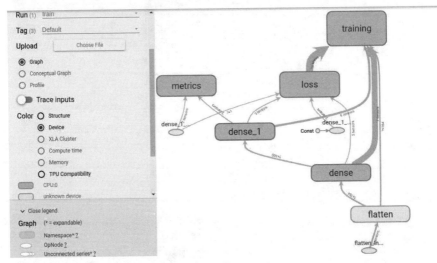

图 13-23　以运行设备为依据进行计算图着色

13.3　其他监控指标可视化

继续上一节介绍的 Fashion-MNIST 服饰图像识别可视化的例子，本节将对 DISTRIBUTIONS（数据分布）和 HISTOGRAMS（直方图）这两个选项卡（两个监控指标）进行介绍，实际上它们也没有什么过于复杂的地方。

对于 DISTRIBUTIONS 选项卡，TensorFlow 并没有在 summary.py 中提供 distribution()函数来汇总分布数据，它和 HISTOGRAMS 选项卡中的数据都是默认被汇总的，另外，DISTRIBUTIONS 选项卡和 HISTOGRAMS 选项卡中的数据内容也相同，只是可视化的形式不同。

图 13-24 展示了 DISTRIBUTIONS 选项卡的可视化结果，从中可以看到两个 Dense 层的权重参数和偏置参数在每一个 epoch 的取值分布情况。以 dense_1 的偏置参数为例，图 13-25 展示了其放大之后的结果。

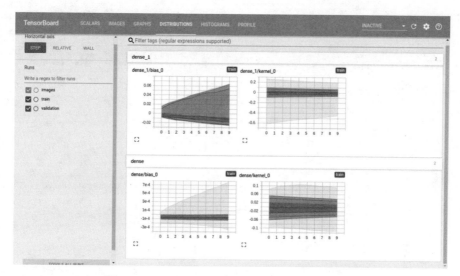

图 13-24　DISTRIBUTIONS 选项卡的可视化结果

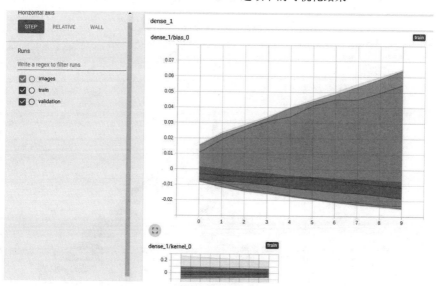

图 13-25　dense_1 的偏置参数分布在放大之后的显示

　　也可以将 DISTRIBUTIONS 选项卡中可视化数据的形式转换为直方图的形式。在该选项卡的右侧是 HISTOGRAMS 选项卡，这里展示的就是转换为直方图后的结果，如图 13-26 所示。还是以 dense_1 的偏置参数分布为例，图 13-27 展示了其放大之后的结果。在图 13-27 中，将光标停放在直方图的顶点，就会展示在该点的数据值以及坐标值，非常方便。

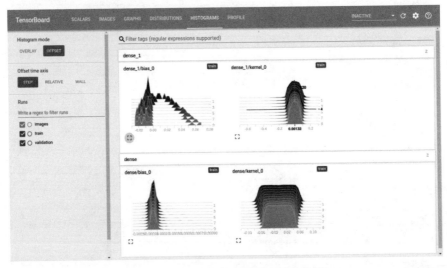

图 13-26　数据分布直方图可视化结果

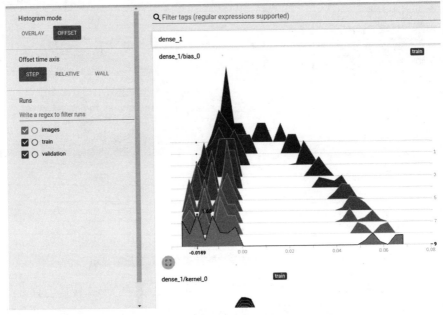

图 13-27　dense_1 的偏置参数分布直方图在放大之后的显示

第 14 章　加速计算

神经网络的训练过程中涉及了大量的计算过程，这是天生的，和使用哪种框架没有关系。性能卓越的运算设备一般比较昂贵，但是能够带来计算速度上的提升。除此之外，在使用 TensorFlow 实现神经网络算法时可以选择使用多个运算设备来加速程序的计算过程。

加速计算是本章的主要内容，为了设计出合理的并行训练的模型，首先需要对并行训练的原理进行了解，这些理论方面的内容放到了 14.3 节。在第 14.4 节我们将学习如何利用单机上的多个设备加速计算的过程，其中就用到了并行训练的原理。14.5 节将介绍如何使用 TensorFlow 完成分布式的模型训练，TensorFlow 的一些开源项目很好地示范了模型分布式训练。

14.1　TensorFlow 支持的设备

如图 14-1 所示，TensorFlow 支持的设备包括 CPU（一般是 x86 或 x64 架构的 CPU，也可以是手机端 ARM 架构的 CPU，不过由于 ARM 的 CPU 性能不是十分出众，所以一般不会在训练的过程中被采用）、GPU 和 TPU（Tensor Processing Unit，这是 Google 专门为大规模的深度学习计算而研发的特殊设备，目前没有公开发布）。

（a）CPU　　　　　　　　（b）GPU　　　　　　　　（c）TPU

图 14-1　TensorFlow 支持的设备

在之前的章节，我们都是以运行单机模式下的 TensorFlow 程序为主。

图 14-2 展示了单机模式下 TensorFlow 程序底层的实现情况，该图在第 3 章中介绍会话的时候也曾出现过。在单机模式下，Client、Master 和 Worker 全部工作在一台机器上的同一进程中，可以使用多个设备加速计算的过程，此时 Worker 会对这些设备进行统一的管理。

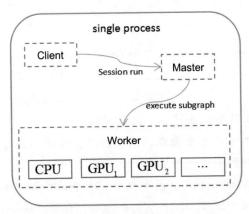

图 14-2 TensorFlow 单机版本示意图

图 14-3 展示了分布式模式下 TensorFlow 程序底层的实现情况，在图 14-2 的基础上，Master 管理了多个 Worker，每个 Worker 又管理了多个运算设备（Device）。在分布式模式下，Client、Master 和 Worker 被允许运行在不同机器上，可以使用多个设备加速计算的过程，此时 Worker 会对这些设备进行管理。

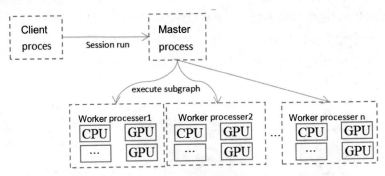

图 14-3 TensorFlow 分布式版本示意图

为了测试 TensorFlow 的性能，Google 公司使用分布式版本的 TensorFlow 训练了参加比赛的 Inception V1 模型。在训练的过程中，Google 统计了使用不同的 GPU 数量时整体的计算速度相对于使用单个 GPU 时的计算速度的提升幅度。根据 Google 公司公布的统计数据，绘制出如图 14-4 所示统计图。

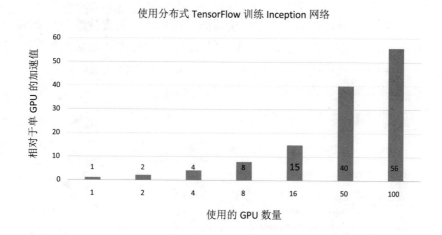

图 14-4　TensorFlow 分布式训练的性能

从图 14-4 中可以看到，在 GPU 数量小于 16 时，基本没有性能损耗（GPU 的数量等于相对于单 GPU 的加速值）；直到 50 块 GPU 时，依然可以获得 40 倍于单 GPU 的提速（每个 GPU 有 20% 的性能损耗）；在 100 块 GPU 时，能得到 56 倍的提速（每个 GPU 有 44% 的性能损耗）。由此可以得出结论，分布式的 TensorFlow 在实现大规模的分布式并行计算时依然能够获得令人满意的并行效率。

14.2　TensorFlow 单机实现

在一台机器只有一个运算设备（只有一个 CPU 而不含 GPU）的情况下，计算图的每个节点在执行时都不涉及设备的选择，所以计算图会按照依赖关系被顺序执行。当机器中含有多个运算设备（同时含有 CPU 和 GPU）时，每个计算节点的执行就涉及了设备的选择。

TensorFlow 支持查看执行每一个节点运算的设备，在 14.2.1 节将会介绍查看这些信息是怎么做到的。TensorFlow 也支持自行设置执行某些操作所使用的设备，14.2.2 节将介绍这方面的内容。

14.2.1　在 TensorFlow 1.x 和 2.0 中查看执行运算的设备

首先是 TensorFlow 1.x。在生成会话时，可以通过设置参数 log_device_placement=True 来打印执行每一个运算节点相应的设备。如果在机器上安装了仅支持 CPU 设备的 TensorFlow，那么尝试执行下面这段代码：

```
import tensorflow as tf
a = tf.Variable(tf.constant([1.0,2.0],shape=[2]),
            name="a")
b = tf.Variable(tf.constant([3.0,4.0],shape=[2]),
            name="b")
result=a+b
init_op=tf.initialize_all_variables()
#设置 log_device_placement 参数
with tf.Session(config=tf.\
        ConfigProto(log_device_placement= True)) as sess:
    sess.run(init_op)
    print(result)
    #打印 Tensor("add:0", shape=(2,), dtype=float32)
'''
运行结束后还会在控制台得到以下 log 日志输出:
Device mapping: no known devices.
b: (VariableV2): /job:localhost/replica:0/task:0/cpu:0
b/read: (Identity): /job:localhost/replica:0/task:0/cpu:0
b/Assign: (Assign): /job:localhost/replica:0/task:0/cpu:0
a: (VariableV2): /job:localhost/replica:0/task:0/cpu:0
a/read: (Identity): /job:localhost/replica:0/task:0/cpu:0
add: (Add): /job:localhost/replica:0/task:0/cpu:0
a/Assign: (Assign): /job:localhost/replica:0/task:0/cpu:0
init: (Noop): /job:localhost/replica:0/task:0/cpu:0
Const_1: (Const): /job:localhost/replica:0/task:0/cpu:0
Const: (Const): /job:localhost/replica:0/task:0/cpu:0
'''
```

注意观察控制台打印出的 log 日志，尤其是内容的格式。就以" a/Assign:(Assign):/job:localhost/replica:0/task:0/cpu:0 "为例，其中 /job;localhost 表示计算图运行在单机模式，task:0 是任务号，cpu:0 表示执行这个运算（如 Assign）的设备。

注意，在默认情况下，即使一台机器上有多个 CPU，TensorFlow 也不会区分它们，所有的 CPU 都使用/cpu:0 作为名称（只会用到一个 CPU）。但是对于一台机器上的多个 GPU 而言，不同的 GPU 具有不同的名称，比如第 1 个 GPU 名称为/gpu:0，第 2 个 GPU 名称为/gpu:1，以此类推，第 n 个 GPU 的名称为/gpu:n。

CPU 和 GPU 都可以被当作 TensorFlow 执行运算的设备。当一台机器有多个计算设备时，TensorFlow 会用一套类似贪婪策略的节点设备分配策略来决定使用哪个设备来执行相应的节点。该策略首先估计每一个节点在不同设备上的运行情况，然后按拓扑顺序模拟性地执行整个计算图。

模拟性执行计算图的结果是，运行每个节点所用综合时间最短的设备将会被选为这个节点的运算设备。出于种种原因（分支运算较多或者底层库支持不完善），某些节点只能在 CPU 上执行。当遇到这样的节点时，策略会放弃使用其他设备测试该节点。

节点分配策略并不保证能找到节省计算时间的最佳节点设备方案，但是可以用较快的速度找到一个不错的节点运算分配方案。除了运行时间之外，较新版本的 TensorFlow 在进行分配决策时还会对内存的最高使用峰值加以考虑。这涉及更多的内容，对于我们而言不需要在 TensorFlow 运行机制上做过多的了解，这里不再解释。

在确定好节点分配设备的方案后，整个计算图会被 Distributed Master 划分为许多子图，使用同一设备并且相邻的节点会被划分到同一个子图。两个使用不同设备的子图会通过一个或多个发送端的发送节点（Send Node）发送数据，通过一个或多个接收端的接收节点（Receive Node）接收数据，数据的流向可以采用从发送节点到接收节点的边来表示，如图 14-5 所示。

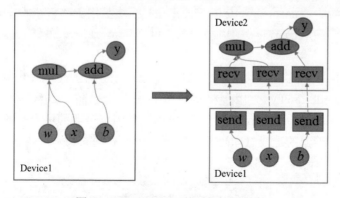

图 14-5　TensorFlow 的通信机制简图

所有的这些节点都由 TensorFlow 自动实现。为了避免数据的反复传输或者重复占用设备内存，如果在一个子图上有多个接收相同tensor的接收节点，那么所有这些接收节点会被自动合并为一个。对于发送节点，也会像这样被自动合并为一个。

如果在机器上安装了支持 GPU 设备的 TensorFlow，那么尝试执行上面这段代码后，很可能会得到如下 log 输出。

```
Device napping:
/job:localhost/replica:0/task:0/gpu:0 -> device: 0,name:
GeForce GTX 850M, pci bus id: 000:01:000
/job:localhost/replica:0/task:0/device:XLA_GPU:0
device:XLA_GPU device
/job:localhost/replica:0/task:0/device:XLA_CPU:0
device:XLA_CPU device
b: (VariableV2): /job:localhost/replica:0/task:0/gpu:0
b/read: (Identity): /job:localhost/replica:0/task:0/gpu:0
b/Assign: (Assign): /job:localhost/replica:0/task:0/gpu:0
a: (VariableV2): /job:localhost/replica:0/task:0/gpu:0
a/read: (Identity): /job:localhost/replica:0/task:0/gpu:0
add: (Add): /job:localhost/replica:0/task:0/gpu:0
a/Assign: (Assign): /job:localhost/replica:0/task :0/gpu:0
init: (NoOp): /job:localhost/replica:0/task:0/gpu:0
Const_1: (Const): /job:localhost/replica:0/task:0/gpu:0
Const: (Const): /job:localhost/replica:0/task:0/gpu:0
```

从上面的输出可以看到，TensorFlow 在支持 GPU 之后会将大量运算自动优先放置在GPU设备上。如果一台机器上含有多个GPU设备，在默认情况下，TensorFlow 只会将运算优先放到/gpu:0 设备上。

再来看看 TensorFlow 2.0。distribute 模块是用于跨多个设备运行模型计算的库，在 TensorFlow 1.14 被引入，并在 TensorFlow 2.0继续提供更多的支持。

distribute 模块在后面还会用到，这里先看一下它的 MirroredStrategy 类。MirroredStrategy 类用于将变量分布在多个设备上，继承自 Strategy 类，它的 num_replicas_in_sync 属性可以获取当前机器的可用设备数量。我们试着执行下面的这段打印当前机器可用设备数量的代码：

```
import tensorflow as tf
#distribute.MirroredStrategy 类构造函数定义原型:
#def __init__(devices=None, cross_device_ops=None)
strategy = tf.distribute.MirroredStrategy()
```

```
print('Number of devices: {}'.
    format(strategy.num_replicas_in_sync))
#打印的结果: Number of devices: 2
```

14.2.2　巧用 device()函数

　　TensorFlow 中的 device()函数用于在编程时指定运行每个运算操作的设备，这个设备可以是本地的 CPU 或 GPU，或者是分布式环境下的远程服务器。下面的代码给出了一个通过 device()函数手动指定本地机器内执行运算设备的样例：

```
import tensorflow.compat.v1 as tf

#通过 device()函数将运算指定到 CPU 设备上
with tf.device("/cpu:0"):
    a = tf.Variable(tf.constant([1.0, 2.0], shape=[2]),
              name="a")
    b = tf.Variable(tf.constant([3.0, 4.0], shape=[2]),
              name="b")
#通过 device()函数将运算指定到第一个 GPU 设备上
with tf.device("/gpu:0"):
    result = a + b

#log_device_placement 参数用来记录运行每一个运算的设备
with tf.Session(config=tf.
     ConfigProto(log_device_placement= True)) as sess:
    tf.initialize_all_variables().run()
    print(sess.run(result))
    #输出 Tensor("add:0", shape=(2,), dtype=float32)
'''
指定运算设备后的 log 输出：
Device mapping:
/job:localhost/replica:0/task:0/gpu:0 -> device: 0,name:
GeForce GTX 850M, pci bus id: 000:01:00.0
/job:localhost/replica:0/task:0/device:XLA_GPU:0
device:XLA_GPU device
/job:localhost/replica:0/task:0/device:XLA_CPU:0
device:XLA_CPU device
...省略一部分打印
add: (Add): /job:localhost/replica:0/task:0/gpu:0
```

```
...省略一部分打印
Const_1: (Const): /job:localhost/replica:0/task:0/cpu:0
Const: (Const): /job:localhost/replica:0/task:0/cpu:0
'''
```

上面这段代码将生成常数型变量 a 和 b 的运算放到了 CPU 上，而只有加法运算（Add 操作）通过指定"/gpu:0"由第一个 GPU 完成。可以通过这样的方式灵活地指定运行设备，不过需要注意的是，在 TensorFlow 中，不是所有的运算都可以指定被放在 GPU 上，强行将无法放在 GPU 上的运算指定到 GPU 上会导致程序发生错误。

以一个简单的例子来说明，在 GPU 上，Variable()操作只能接受实数型（float16、float32 和 double）的参数，如果在代码中将给定 Variable()操作的参数设置为整数型，程序就会发生错误。

这样的问题是可以避免的，在 TensorFlow 生成会话时通过指定 allow_soft_placement 参数为 True 就可以避免这个问题。这样，如果运算无法由 GPU 执行，那么它将会被自动放到 CPU 上执行。以下代码给出了一个使用 allow_soft_placement 参数的样例：

```python
import tensorflow.compat.v1 as tf

#通过 device()函数将运算指定到 GPU 设备上
with tf.device("/gpu:0"):
    a = tf.Variable(tf.constant([1, 2], shape=[2]), name="a")
    b = tf.Variable(tf.constant([3, 4], shape=[2]), name="b")
result = a + b
with tf.Session(config=tf.
      ConfigProto(log_device_placement=True,
         allow_soft_placement=True)) as sess:
    tf.initialize_all_variables().run()
    print(sess.run(result))
#打印的结果[4  6]
'''经过 allow_soft_placement=True 之后，log 会输出以下结果:
Device mapping:
/job:localhost/replica:0/task:0/gpu:0->device: 0,name:
GeForce GTX 850M,pci bus id:000:01:00.0
/job:localhost/replica:0/task:0/device:XLA_GPU:0
device:XLA_ GPU device
/job:localhost/replica:0/task:0/device:XLA_CPU:0
device:XLA_ CPU device
```

```
b: (VariableV2): /job:localhost/replica:0/task:0/cpu:0
b/read: (Identity): /job:localhost/replica:0/task:0/cpu:0
b/Assign: (Assign): /job:localhost/replica:0/task:0/cpu:0
a: (VariableV2): /job:localhost/replica:0/task:0/cpu:0
a/read: (Identity): /job:localhost/replica:0/task:0/cpu:0
add: (Add): /job:localhost/replica:0/task:0/gpu:0
a/Assign: (Assign): /job:localhost/replica:0/task :0/cpu:0
init: (NoOp): /job:localhost/replica:0/task:0/gpu:0
Const_1: (Const): /job:localhost/replica:0/task:0/gpu:0
Const: (Const): /job:localhost/replica:0/task:0/gpu:0
'''
```

从 log 的输出来看，不支持 GPU 的运算操作被自动放到了 CPU 上。在不同版本的 TensorFlow 之间相互切换时，需要注意的是运算操作对 GPU 设备的支持程度会因为版本的不同而不同，这意味着也许在更高的版本中 GPU 能够在 Variable()操作中接受整数型参数。为了在使用不同版本的 TensorFlow 时能有更好的可移植性，要做到尽量避免在程序中大面积使用强制指定设备的方式。

　　GPU 的专长是处理计算密集型的任务，在 TensorFlow 执行分配策略时会首先考虑将计算密集型的任务放到 GPU 中，而把其他运算操作放到 CPU 上（比如分支运算、逻辑判断等）。尽管如此，在某些情况下为了提高程序的运行速度依然需要通过 device()函数来指定运算设备，此时需要尽量将相关的运算放在同一个设备上，这样不仅可以做到减少发送节点和接收节点的数量，还能节省将计算放入或者移出 GPU 的时间，以及将数据从内存复制到 GPU 显存的时间。

14.3　并行训练的原理

　　TensorFlow 支持使用多个 GPU 或者机器实现深度学习模型的并行训练，接下来的两节会对这些内容做一些探讨，但在此之前需要了解并行训练的原理以及如何并行化地训练深度学习模型才更加合理。

　　大体上，实现深度学习模型的并行化训练可以分为两种不同的方式——数据并行的方式和模型并行的方式，在本节将对这两种方式进行介绍并比较二者间的优劣。

首先看一下不使用并行的方式训练深度学习模型的过程，整个过程如图 14-6 所示。图 14-6 可以看作图 4-8 的简化版本，在每一轮迭代训练中，当前参数的取值和 batch 数据传入到模型中，并经过模型的前向传播过程得到计算的结果，随后反向传播算法会根据损失函数计算参数的梯度并更新参数，更新后的参数会在下一轮迭代训练中和其他 batch 数据再经过模型的前向传播过程。

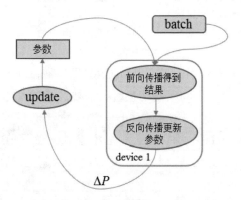

图 14-6　深度学习模型训练过程简图

在并行训练深度学习模型时，使用数据并行的方式会在不同设备（GPU 或 CPU）上运行这个迭代的过程，而使用模型并行的方式会将整个过程的计算图拆分成多个子图，交由不同设备（GPU 或 CPU）来运行。在 14.3.1 节有关于数据并行的具体介绍，模型并行的具体介绍放到了 14.3.2 节。

14.3.1　数据并行

数据并行的目的是实现梯度计算的并行化，具体是指将一个完整的 batch 拆分成多个 mini-batch 数据并放在不同设备上执行训练的过程。这样的操作会产生许多完全一样的子图的副本（也就是说不同的设备执行相同的计算图，只是输入的数据不同而已）。

这样的话，每一个设备都会得到一份参数的梯度值计算数据，共享的参数服务器（Parameter Server）会在一轮训练结束后接收来自每一个设备计算得到的参数梯度值数据，并用这些数据对参数进行更新（Update）操作。经由参数服务器更新后的参数会在下一轮的训练开始前传递到各个设备。

数据并行又可进一步划分为同步模式下的数据并行和异步模式下的数据并行，这两者之间的区别在于参数更新的方式有所不同。

1. 同步模式下的数据并行

同步模式下的数据并行如图 14-7 所示。

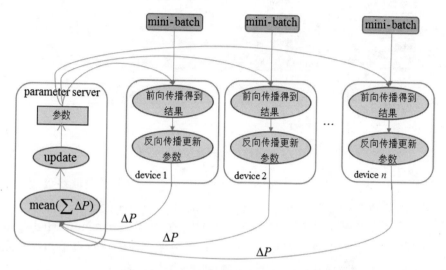

图 14-7　同步模式下的数据并行示意图

从图 14-7 中可以看到，在每一轮迭代开始时，这些设备首先会统一读取当前参数的取值，并获取一个 mini-batch 的数据。然后在不同设备上运行前向传播过程得到模型的预测结果，以及运行反向传播过程得到在各自 mini-batch 上参数的梯度 ΔP。

因为训练数据不同，因此即便所有设备使用的参数是一致的，最终得到的参数的梯度也有可能不一样。当所有设备完成反向传播的计算之后，共享的参数服务器需要计算出不同设备上参数梯度的平均值，最后再根据平均值对参数进行更新，更新后的参数会传递到每个设备用于下一轮的迭代训练。

2. 异步模式下的数据并行

同步的数据并行还可以改成异步的，图 14-8 所示为异步模式下的数据并行模型训练示意图。

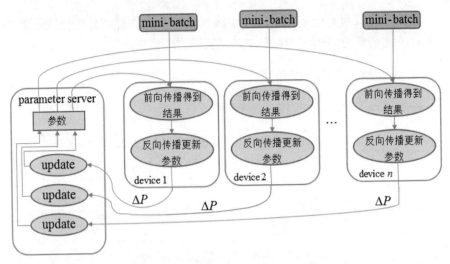

图 14-8   异步模式下的数据并行示意图

从图 14-8 中可以看到，在每一轮迭代时，不同设备会读取参数最新的取值，并根据当前参数的取值和获取到的 mini-batch 数据各自运行前向传播过程得到模型的预测结果，以及运行反向传播过程得到在 mini-batch 上参数的梯度 ΔP。与同步模式不同，异步模式下更新参数的过程也是相互独立的，尽管每个设备会从同一处读取参数。

在异步模式下，不同设备之间是完全独立的。可以简单地理解为异步模式就是单机模式的多个备份，每一个备份使用了不同的训练数据进行训练，并根据自身得到的梯度值进行参数的更新。

需要注意的是，因为不同设备训练同一个模型会消耗不同的时间，尽管有时候我们力求全部使用型号相同的设备，但是由于模型内部运算的复杂性还是会导致这种问题的发生。再加上各个设备之间的独立性，这就可能导致读取参数的时间不一样，即在相同轮数的训练开始前，这些设备得到的参数值有可能不一样。

一般我们会将这种问题称为异步模式下的梯度干扰，由此而引发的更严重的问题就是使用异步模式训练得到的深度学习模型有可能无法达到较优的训练结果。

图 14-9 中给出了一种典型的情况来说明异步模式下的梯度干扰问题。在图 14-9 中，函数 $J(\omega)$ 是需要优化的损失函数，ω 是损失函数的参数。在 t_1 时刻，两个设备 d_0 和 d_1 同时读取了参数的取值，根据梯度计算的结果，理论上两个设备都会做出增大参数取值的操作。假设 d_0 设备运行训练的过

程比较快，它在 t_2 时刻完成了反向传播的计算并更新了参数 ω，但是设备 d_1 并不知道参数已被更新，参数服务器会根据它在 t_3 时刻传递过来的梯度数据继续增大参数 ω 的取值。从图 14-9 中可以看到，t_3 时刻参数 ω 的取值并没有落在最优值附近。

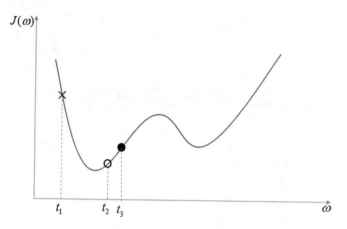

图 14-9　异步模式的梯度干扰问题示意图

　　为了避免更新不同步的问题，可以使用同步模式。在同步模式下，所有的设备同时读取参数的取值，并且等待所有设备完成一轮训练后同步更新参数的取值，这样就解决了梯度干扰的问题。尽管如此，同步模式还是有着一定的缺陷——其效率低于异步模式。因为需要等待，所以整体的速度取决于最慢的设备能否快速结束，这样就降低了快速设备的效率。

　　虽然理论上异步模式的缺陷是对每一组梯度数据的利用效率都有所降低，但因为使用的随机梯度下降本身就是一种无法保证达到全局最优值的近似解法，所以在实际应用中，很难评判在训练模型时使用异步模式或者同步模式孰优孰劣。

　　最后要说的是，这两种训练模式在实践中都有非常广泛的应用。在接下来的介绍中，尽可能以同步模式为主，因为它比较简单，但是这并不代表异步模式不受欢迎。

14.3.2　模型并行

　　模型并行是指将计算图的不同组成部分放在不同的设备上运算（这些

组成部分会在某一设备上被复制一份或者多份），这样设计的出发点在于可以减少每一轮训练迭代的时间。模型并行的前提条件是模型本身可以拆分为多个可以并行运行，且互相不依赖或者依赖程度不高的子图。TensorFlow中的模型并行如图 14-10 所示。

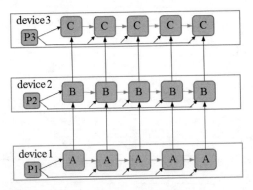

图 14-10　模型并行示意图

模型并行方式下的硬件计算性能的损耗存在于不同设备的通信过程中。例如，在多核的 CPU 上使用 SIMD（Single Instruction Multiple Data，单指令多数据流）技术是基本没有额外开销的，当机器上安装有多个 GPU并且使用这些GPU完成模型并行时的损耗主要存在于 PCIe 线路的带宽，使用分布式实现模型并行时的主要损耗是网络的开销。

相比于模型并行，数据并行的方式是最常见的选择，因为数据并行的方式带来的计算性能损耗非常小。除此之外，数据并行的方式还非常易于设计，它不要求我们对模型的结构进行拆分。

14.4　使用多 GPU 加速 TensorFlow 程序

在上一节，我们介绍了模型并行和数据并行的工作过程。相比模型并行而言，数据并行比较通用，并且能简便地实现大规模并行，而模型并行实现起来则稍微麻烦些，因为要将模型中不同计算节点规划在不同硬件资源上运算。

TensorFlow 2.0 所提供的 distribute 模块可以让模型使用更多 GPU 设备进行训练以便更快地实现，尤其是用 Keras 中的 API 所搭建的模型。此外，因为 TensorFlow 2.0 能够兼容旧版本的 API，所以传统的模型使用多个 GPU 设备进行并行训练的方法也可以实现。

下面将很快地看一下只用旧版本的 API 如何在 TensorFlow 2.0 中实现模型的并行运行。接着会看到如何使用 distribute 模块实现 Keras 模型的并行运行。

14.4.1　传统的办法

通过传统的办法在一个机器上使用多个 GPU，无非就是使用 tf.device() 函数手动指定运算的设备，在计算得到梯度数据后再打包返回。

首先来做一些准备工作，包括导入相关的库、定义变量、加载数据、定义相关路径等。

```
import tensorflow as tf2
import tensorflow.compat.v1 as tf
from datetime import datetime
import time

batch_size = 100
learning_rate_base = 0.001
learning_rate_decay = 0.99
num_steps = 1000

n_GPU = 3    #定义使用到的 GPU 的数量
log_dir = "/home/jiangziyang/log/"

(train_images, train_labels),\
(test_images, test_labels) = tf2.keras.datasets.\
                        fashion_mnist.load_data()
train_images = train_images.\
        reshape(60000, 784).astype('float32')/255
test_images = test_images.\
        reshape(10000, 784).astype('float32')/255
train_dataset = tf.data.Dataset.\
    from_tensor_slices((train_images,train_labels))
train_dataset = train_dataset.shuffle(buffer_size=1024).\
                        batch(batch_size)
```

基础的部分是模型的前向传播过程，这个过程定义在一个 inference() 函数内。

```
def inference(input_tensor):
    #L2 正则化项
    regularizer = tf.contrib.layers.l2_regularizer(0.0001)
    init_w = tf.truncated_normal_initializer(stddev=0.1)
    init_b = tf.constant_initializer(0.0)
    with tf.variable_scope("layer_1"):
        weights = tf.get_variable("weights", [784, 500],
                                  initializer=init_w)
        tf.add_to_collection("losses", regularizer(weights))
        biases = tf.get_variable("biases", [500],
                                 initializer=init_b)
        layer1 = tf.nn.\
            relu(tf.matmul(input_tensor,weights)+biases)

    with tf.variable_scope("layer_y"):
        weights = tf.get_variable("weights", [500, 10],
                                  initializer=init_w)
        tf.add_to_collection("losses", regularizer(weights))
        biases = tf.get_variable("biases", [10],
                                 initializer=init_b)
        layery = tf.matmul(layer1,weights) + biases
    return layery
```

tower_loss()函数是定义的损失函数，可以计算的损失包括 L2 正则化损失和交叉熵损失。得到当前这个 GPU 上的 L2 loss 可以使用 get_collection()函数（通过 scope 限定了范围）。

```
def tower_loss(x, y_, scope, reuse_variables=None):
    with tf.variable_scope(tf.get_variable_scope(),
                           reuse=reuse_variables):
        y = inference(x)
    cross_entropy = tf.nn.\
        sparse_softmax_cross_entropy_with_logits(logits=y,
                                                 labels=y_)
    cross_entropy_mean = tf.reduce_mean(cross_entropy)
    regularization_loss = tf.add_n(
                tf.get_collection("losses", scope))
    loss = cross_entropy_mean+regularization_loss
    return loss
```

还需要定义一个函数 average_gradients()，它负责将不同 GPU 计算出的梯度进行合成。函数的输入参数 tower_grads 是包含梯度值的双层列表，外层的列表区分了由不同的 GPU 计算得到的梯度，内层的列表是具体某个

GPU 计算得到的不同参数对应的梯度。最内层列表中的每一个元素都可表示为（grads, variable）的形式，其中 grads 为参数的梯度，variable 为相应的参数。即 tower_grads 的基本元素为二元组。

更详细地，将二元组放到列表中，则 tower_grads 参数的具体形式可以表示为[[(grad0_gpu0,var0_gpu0),(grad1_gpu0,var1_gpu0)...],[(grad0_gpu1, var0_gpu1),(grad1_gpu1,var1_gpu1),...],...]，其中后缀 gpu0 表示经由哪一个 GPU 计算得来。

在函数内先创建一个列表 average_grads，它负责存储不同 GPU 计算得到的梯度在平均之后的结果。在 for 循环内迭代 tower_grads 中的元组前先使用 zip(*tower_grads) 将这个双层列表转置，转置后的形式可以表示为[[(grad0_gpu0,var0_gpu0),(grad0_gpu1,var0_gpu1),...],[(grad1_gpu0,var1_gpu0), (grad1_gpu1,var1_gpu1),...],...]，即转置后的列表中每一个内层列表都包含与使用的 GPU 数量相同的元组。

嵌套的内层 for 循环会迭代转置之后的列表中每一个元组的两个值。由于计算梯度的过程中用到了多个 GPU，所以每一个参数的梯度值应该是一个多维的向量（维数取决于使用的 GPU 的数量），这样，就需要进行扩维（expand_dims()函数）、拼接（concat()函数）再求平均（reduce_mean()函数）等一系列的操作。这个函数的代码如下：

```
def average_gradients(tower_grads):
    average_grads = []

    #通过枚举的方式获得所有变量和变量在不同 GPU 上计算得出的梯度
    for grad_and_vars in zip(*tower_grads):
        #求解所有 GPU 上计算得到的梯度平均值
        grads = []
        for g, _ in grad_and_vars:
            expanded_g = tf.expand_dims(g, 0)
            grads.append(expanded_g)
        grad = tf.concat(grads, 0)
        grad = tf.reduce_mean(grad, 0)

        v = grad_and_vars[0][1]
        grad_and_var = (grad, v)

        #将计算得到的平均梯度放到列表中，并且和变量是一一对应的
        average_grads.append(grad_and_var)
    return average_grads
```

选择使用的优化器为随机梯度下降优化器 GradientDescentOptimizer。在使用这个优化器时，指定学习率为使用 train.exponential_decay()函数创建的指数衰减学习率，这个函数的第 1 个参数为初始学习率，第 2 个参数为全局训练的步数，第 3 个参数为每次衰减需要的步数，第 4 个参数为学习率的衰减率。

```
global_step = tf.get_variable("global_step", [],
            initializer=tf.constant_initializer(0),
                            trainable=False)
#指数衰减的学习率
learning_rate = tf.train.\
    exponential_decay(learning_rate_base,global_step,
                60000/batch_size,learning_rate_decay)

SGDOptimizer = tf.train.\
            GradientDescentOptimizer(learning_rate)
```

计算图中关键的一环是通过多 GPU 计算得出网络参数的平均梯度。在此之前，先定义存储各 GPU 计算结果的列表 tower_grads。接着，创建一个次数为 GPU 数量的循环。在每一个循环内，使用 tf.device 限定使用第几个 GPU，如 gpu0、gpu1。此外，循环内还使用 TensorFlow 的 name_scope()函数将命名空间定义为 GPU_0、GPU_1 等的形式。

当循环到某一 GPU 时，先使用前面定义好的函数 tower_loss()计算网络前向传播过程中的损失，然后设置 reuse_variables = True 使得 GPU 共用一个模型及完全相同的参数，再使用 GradientDescentOptimizer 类提供的 compute_gradients()函数计算在每个 GPU 下应有的梯度。

跳出 for 循环后要做的第一步就是使用前面写好的函数 average_gradients()计算汇总到tower_grads列表中的梯度平均值，以及使用 opt.apply_gradients 更新模型参数。这样就完成了多 GPU 的同步训练和参数更新。这部分的代码如下：

```
#计算损失值及梯度值的任务被放在几个单独的 GPU 上，
#列表 tower_grads 用于存储每个 GPU 计算得到的梯度的值
tower_grads = []
reuse_variables = False
for i in range(n_GPU):
    with tf.device("/gpu:%d" % i):
        with tf.name_scope("GPU_%d" % i) as scope:
            for train_images, train_labels in train_dataset:
```

```
                    #计算损失值
                    loss=tower_loss(train_images,train_labels,
                                    scope, reuse_variables)
                    reuse_variables = True
                    #计算梯度值
                    grads = SGDOptimizer.compute_gradients(loss)
                    tower_grads.append(grads)

#调用 average_gradients()函数计算变量的平均梯度
grads = average_gradients(tower_grads)
for grad, var in grads:
    if grad is not None:
        tf.summary.histogram("gradients_on_average/%s" %
                                var.op.name, grad)

#使用平均梯度更新参数
apply_gradient_op = SGDOptimizer.\
        apply_gradients(grads, global_step=global_step)
```

计算图中接下来的几步就容易了很多，包括使用 TensorBoard 统计直方图数据、计算变量的滑动平均值以及定义一个 train_op（训练）操作：

```
#使用 TensorBoard 统计直方图的方式展示可训练变量的取值
for var in tf.trainable_variables():
    tf.summary.histogram(var.op.name, var)

#计算变量的滑动平均值
variable_averages = tf.train.\
    ExponentialMovingAverage(0.99, global_step)
variables_averages_op = variable_averages.\
    apply(tf.trainable_variables())

#每一轮迭代需要更新变量的取值并更新变量的滑动平均值
with tf.control_dependencies([apply_gradient_op,
                            variables_averages_op]):
    train_op = apply_gradient_op = tf.no_op("train")
```

计算图最后的一部分是会话。在会话中，先进行所有变量的初始化以及队列的启动，然后在一个 for 循环中进行网络模型的迭代。每隔 100 轮迭代要展示当前的训练进度和 loss 值，并通过 summary_op 执行所有的汇总操作。

在定义会话时，使用了参数 allow_soft_placement=True。对于一些特殊情况，例如机器上包含的 GPU 与定义的 n_GPU 数量不同，此时会话仍能继续运行，只是将相应的计算放到了其他设备（如 CPU）进行预算。如果没有指定这个参数并且 n_GPU 定义得偏大，那么程序在运行过程中将会发生错误。会话部分的代码如下：

```python
summary_op = tf.summary.merge_all()
config=tf.ConfigProto(allow_soft_placement=True,
                      log_device_placement=True)
with tf.Session(config=config) as sess:

    tf.initialize_all_variables().run()

    summary_writer=tf.summary.\
                        FileWriter(log_dir,
                                       sess.graph)

    for step in range(num_steps):
        #执行神经网络训练操作，并记录训练操作的运行时间
        start_time = time.time()
        _, loss_value = sess.run([train_op, loss])
        duration = time.time() - start_time

        if step != 0 and step % 100 == 0:
            examples_per_sec=(batch_size*n_GPU)/duration
            sec_per_batch = duration / n_GPU

            print("%s: step %d, %.1f examples/sec and %.3f "
                  "sec/batch,loss = %.2f"
                  %(datetime.now(),step,examples_per_sec,
                   sec_per_batch, loss_value))

            summary = sess.run(summary_op)
            summary_writer.add_summary(summary, step)
```

程序运行的过程中会打印出一些信息，包括损失值和训练速度等，限于篇幅这里就不再展示。

程序运行完成后，可以通过之前介绍的方式打开 TensorBoard 观察在程序中汇总得到的数据。图 14-11（a）展示了通过 TensorBoard 可视化得到的以上样例程序的计算图主图。从中可以看出，在 shuffle_batch 节点之后是 3 个以命名空间 GPU_0、GPU_1 和 GPU_2 为名的节点。图 14-11（b）展示了在 TensorBoard 界面右侧的辅助图（主图中可以被独立列出来的一些内容）。

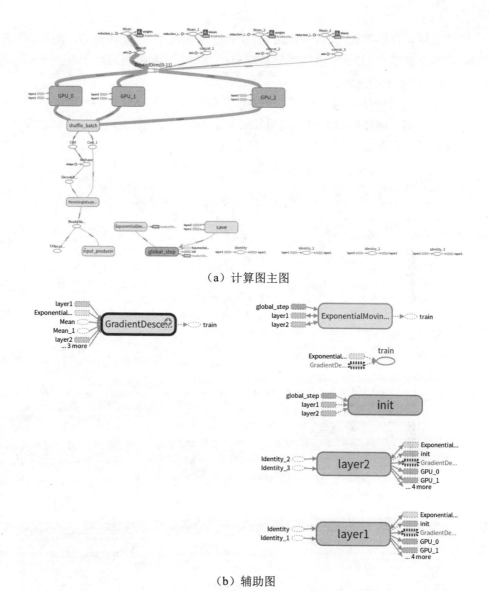

（a）计算图主图

（b）辅助图

图 14-11　TensorBoard 可视化多 GPU 并行的结果

14.4.2　新颖的办法

在 TensorFlow 2.0 的 distribute 模块中，MirroredStrategy 允许模型在一台计算机上的多个 GPU 上执行训练。实际上，MirroredStrategy 采用的就是

同步数据并行的方式，它将模型的所有变量复制到每个 GPU 设备，然后，它合并来自所有 GPU 设备的参数梯度值，并将合并后的值应用于模型在每个 GPU 设备上的副本。

接下来试着使用这个类。导入要用到的模块或库、加载输入到网络模型中的数据、制作数据集以及使用 Keras 模块提供的类搭建模型，这些之前习惯的操作，在这里都一气呵成。

```python
import tensorflow as tf
import os
import json

(train_images, train_labels),\
(test_images, test_labels) = tf.keras.datasets.\
                             fashion_mnist.load_data()

train_images = train_images.reshape((60000,28,28,1)).\
             astype('float32')/255
test_images = test_images.reshape((10000,28,28,1)).\
             astype('float32')/255

#只定义每个 GPU 上的模型复制所用的 batch 的大小
#通过 MirroredStrategy 类的 num_replicas_in_sync 属性
#可以得到当前设备（包括 CPU）的总数，进而得到总的 batch
batch_size_per_replica = 100
strategy = tf.distribute.MirroredStrategy()
batch_size = batch_size_per_replica * \
           strategy.num_replicas_in_sync

train_dataset_unbatched = tf.data.Dataset.\
   from_tensor_slices((train_images,train_labels)).\
   shuffle(buffer_size=1024)
train_dataset = train_dataset_unbatched.batch(batch_size)

def build_and_compile_cnn_model():
   model = tf.keras.Sequential([
       tf.keras.layers.Conv2D(32, 3, activation='relu',
                       input_shape=(28, 28, 1)),
       tf.keras.layers.MaxPooling2D(),
       tf.keras.layers.Flatten(),
       tf.keras.layers.Dense(64, activation='relu'),
       tf.keras.layers.Dense(10, activation='softmax')
   ])
```

```
model.compile(loss=tf.keras.losses.\
                    sparse_categorical_crossentropy,
              optimizer=tf.keras.optimizers.\
                        SGD(learning_rate=0.001),
    metrics=['accuracy'])
return model
```

实际的模型要在 MirroredStrategy 的 scope 上下文管理器中创建，在这里，也可以定义一些回调（例如学习率衰减回调或者 TensorBoard 或其他自定义的回调等），甚至可以将整个模型的定义都转移到进来。

```
with strategy.scope():
    model = build_and_compile_cnn_model()
    #TensorBoard日志文件路径
    lod_dir = "/home/jiangziyang/log"

    #学习率衰减
    def decay(epoch):
        if epoch < 3:
            return 1e-3
        elif epoch >= 3 and epoch < 7:
            return 1e-4
        else:
            return 1e-5

    #模型训练过程中的回调
    callbacks = [
        tf.keras.callbacks.TensorBoard(log_dir=lod_dir),
        tf.keras.callbacks.LearningRateScheduler(decay),
    ]
```

使用 fit()函数执行模型，模型的执行可以在 MirroredStrategy 的 scope 上下文管理器之外。

```
model.fit(train_dataset,epochs=12,callbacks=callbacks)
```

上面的代码中使用了 TensorBoard 回调，所以在终端使用 tensorBoard 命令可以读取指定的路径下的日志文件。限于篇幅，这里不再展示计算图的可视化结果。读者也可以亲自尝试在拥有多个 GPU 设备的机器上运行上述代码，看看是否会得到同一个模型被复制成多份执行的计算图可视化结果。

同样是在 distribute 模块中，MultiWorkerMirroredStrategy 类是一个比 MirroredStrategy 类功能更强大的模型分布式运行类。想让 TensorFlow 2.0 以

分布式的方式训练模型，除了使用这个类之外，还要对 TensorFlow 2.0 环境进行一个配置。

在 TensorFlow 2.0 中，配置 TF_CONFIG 环境变量可以让模型在多台机器上进行分布式训练并给每台机器赋予不同的角色。

TF_CONFIG 环境变量有两个部分：cluster 和 task。cluster 部分包含的是由用于分布式训练的整个集群中各台机器（或称为 Worker）的主机名称信息组成的 dict。在分布式训练中，每个 Worker 都会承担训练任务，它们是普通的，不过总会有一个 Worker 要承担一些额外的任务，例如分发训练数据、分配模型参数、保存模型或者保存 TensorBoard 的汇总摘要文件等，官方将这些 Worker 称之为 chief Worker。task 部分提供当前任务的信息。

假设搭建了一个需要分布式训练的模型，在与我们实际交互的机器上要首先配置 TF_CONFIG 环境变量，并将 task 的类型设置为 Worker，同时任务索引设置为 0（默认任务索引为 0 的 Worker 就是 chief Worker）。

在分布式训练时，其他机器也需要配置 TF_CONFIG 环境变量，并且它应该具有相同的集群 dict。唯一要注意的是，根据机器的角色不同，任务索引值自然也不相同。在编写程序时，TF_CONFIG 环境变量通过 json 格式就能配置，可以直接在代码中添加下面示例的两台机器组成集群的 TF_CONFIG 环境变量配置。

```
os.environ['TF_CONFIG'] = json.dumps({
    'cluster': {
        'worker': ["localhost:6006", "localhost:xxxx"]
    },
    'task': {'type': 'worker', 'index': 0}
})
```

下面就是创建模型（在 MultiWorkerMirroredStrategy 类的 scope 环境上下文管理器里面）并训练这个模型了。当然 batch_size 也要适当地调整，可以是先定义每台机器上所用数据 batch 的大小再乘以 Worker 的数量。

```
num_workers = 2
batch_size = batch_size_per_replica * num_workers
train_dataset = train_dataset_unbatched.batch(batch_size)

#在 MultiWorkerMirroredStrategy 类的 scope 环境上下文管理器
with strategy.scope():
    multi_worker_model = build_and_compile_cnn_model()
multi_worker_model.fit(x=train_dataset, epochs=3)
```